高等学校规划教材

建筑结构（第二版）

（工程管理、建筑学专业适用）

郭继武　主编

中国建筑工业出版社

图书在版编目（CIP）数据

建筑结构/郭继武主编. —2 版. —北京：中国建筑工业出版社，2017.2（2023.12重印）
高等学校规划教材. 工程管理、建筑学专业适用
ISBN 978-7-112-20365-9

Ⅰ. ①建… Ⅱ. ①郭… Ⅲ. ①建筑结构-高等学校-教材 Ⅳ. ①TU3

中国版本图书馆 CIP 数据核字（2017）第 013845 号

《建筑结构》是高等学校工程管理、建筑学、土木工程等专业的主干课程之一。是根据《高等学校工程管理本科指导性专业规范》、《高等学校建筑学本科指导性专业规范》并参考相关规范编写的。

全书分为四篇：建筑结构概率极限状态设计法；混凝土结构；砌体结构和建筑抗震设计。内容包括：建筑结构荷载，建筑结构概率极限状态设计法；钢筋和混凝土材料的力学性能，受弯、受压、受拉、受扭构件承载力计算，钢筋混凝土构件变形和裂缝计算，预应力混凝土构件的计算，现浇钢筋混凝土楼盖设计；砌体材料及其力学性能，砌体结构构件承载力计算，混合结构房屋墙、柱设计；抗震设计原则，场地、地基与基础，地震作用与结构抗震验算，钢筋混凝土房屋抗震设计，多层砌体房屋抗震设计。

本书第二版是根据新版《混凝土结构设计规范》GB 50010—2010（2015 年版）和新版《建筑抗震设计规范》GB 50011—2010（2016 年版）内容修订的。

本书可作为高等学校工程管理、建筑学、土木工程专业教材，也可供建筑结构设计、建筑施工、工程管理、工程监理等工程技术人员学习新规范的参考。

* * *

责任编辑：牛　松　吉万旺
责任校对：李欣慰　姜小莲

高等学校规划教材
建 筑 结 构（第二版）
（工程管理、建筑学专业适用）
郭继武　主编
*
中国建筑工业出版社出版、发行（北京海淀三里河路 9 号）
各地新华书店、建筑书店经销
霸州市顺浩图文科技发展有限公司制版
建工社（河北）印刷有限公司印刷
*
开本：787×1092 毫米　1/16　印张：31¼　字数：775 千字
2019 年 6 月第二版　　2023 年 12 月第十五次印刷
定价：**60.00** 元
ISBN 978-7-112-20365-9
（29900）

第二版前言

《混凝土结构设计规范》GB 50010—2010（2015 年版）和《建筑抗震设计规范》GB 50011—2010（2016 年版）已公布施行。为了满足教学和工程界广大读者学习新规范的需要，参照新版规范有关内容对本书第一版进行了修订。

一、混凝土结构部分

新版《混凝土结构设计规范》GB 50010—2010（2015 年版）主要对混凝土结构用钢筋的品种和规格进行了调整。具体修改内容如下：

1. 取消 HRBF335、限制使用 HRB335 和 HPB300 钢筋的规定。

2. HRB500 钢筋抗拉强度设计值由原来的 410N/mm^2 调整为 435 N/mm^2。

3. 对轴心受压构件，当钢筋抗压强度设计值大于 400/mm^2 时，应取 400/mm^2。

4. 预应力螺纹钢筋的抗压强度设计值由原来的 410N/mm^2 调整为 400 N/mm^2。

根据上述规定，除第 3 款本书第 5 章已按规定计算外，对本书第一版相关内容都做了修订和调整。

二、建筑抗震设计部分

1. 介绍了《建筑抗震设计规范》GB 50011—2010（2016 年版）修改后的我国主要城镇新的抗震设防烈度、设计基本地震加速度和设计地震分组。

2. 调整了桩基可不进行承载力抗震验算的建筑类别。

3. 补充说明地震设防烈度与地震系数之间的关系。

4. 对土的液化标准贯入试验判别法计算公式作了补充说明。

5. 进一步说明设计特征周期 T_g 的确定原则和方法。

6. 补充了建筑形体及其构件布置的规则性要求。

7. 补充了抗震墙约束边缘构件的范围及配筋要求的说明。

8. 增加了多层砌体房屋的建筑布置和结构体系的要求。

本书第一版于 2012 年 6 月出版至 2016 年 10 月 4 年间印刷达 7 次，许多高校采用本书作为专业教材，承蒙师生的好评。本次修订仍保持第一版的特点，即紧密结合国家最新的标准规范，力求内容由浅入深，循序渐进，理论联系实际。编者认为，作为教材不应仅只给出规范公式，还要说明其来源，作必要的数学推导，这不仅使学生深入地了解公式的物理概念，同时也可学习到科研的方法。从而提高他们解决问题的能力。

在编写本书时，参考了公开发表的一些文献。谨向这些作者表示感谢。

由于编者水平所限，书中可能存在不足和疏漏之处，请读者批评指正。

第一版前言

《建筑结构》是高等学校工程管理、建筑学及土木工程专业主干课程之一。众所周知，其特点是内容多、符号多、计算公式多、构造规定多，涉及的相关规范多。因此，应根据工程管理专业培养目标的要求，把涉及建筑结构学科的相关课程加以整合。对其内容采取删繁就简的同时，还应注意到学科的科学性、系统性，并保证具有一定的深广度。

本教材就是根据这一思路，按照高等学校工程管理及建筑学本科指导性专业规范并参考相关结构设计规范编写的。教学时数为128学时。内容包括：第一篇　建筑结构概率极限状态设计法（建筑结构荷载，建筑结构概率极限状态设计法）；第二篇　混凝土结构（钢筋和混凝土材料的力学性能，受弯、受压、受拉、受扭构件承载力计算，钢筋混凝土构件变形和裂缝的计算，预应力混凝土构件计算，现浇钢筋混凝土楼盖、楼梯的计算）；第三篇　砌体结构（砌体材料及其力学性能，砌体结构构件承载力的计算，混合结构房屋设计）；第四篇　建筑抗震设计（抗震设计的原则，场地、地基与基础，地震作用与结构抗震验算，钢筋混凝土房屋抗震设计，多层砌体房屋抗震设计）。

在编写本教材时，笔者力求由浅入深，循序渐进，理论联系实际。对规范的一些条文规定、有关公式等作了必要的解释和说明。在讲授某些概念时，力求简明易懂，而又不失严密性。例如：

（1）在叙述以概率为基础的极限状态设计法时，为了使学生理解这一方法的实质内容，包括可靠度的概念，建筑荷载的确定、混凝土和钢筋强度取值等，教材对概率论的基本知识作了讲解和复习。这样，学生对概率分布、分位值等内容就不会生疏了。在接受荷载标准值、准永久值和频遇值及材料强度标准值等这些概念就可迎刃而解。

（2）混凝土正截面等效矩形应力图系数是混凝土教学中的一个难点。为了使学生掌握它的确定原则和方法，在教材中用不太多的篇幅把它讲清楚是很有必要的，例如，规范对混凝土强度等级C80的图形系数 α_1 为何取0.94，β_1 为何取0.74，了解了这些系数的来源，这对理解问题的物理概念是有帮助的。

（3）在钢筋混凝土偏压构件中，新版《混凝土结构规范》编入了 P-δ 效应新的计算方法，即 C_m-η_{ns} 法。该方法考虑了杆端不同弯矩的情形。为了说明这一方法的物理概念，本教材采用了“等代柱法”进行讲解，这样，学生就很容易理解和接受 C_m-η_{ns} 法的含义了。

（4）在讲述底部剪力法公式时，避开了从振型分解反应谱法推导，而是将多质点体系折算成等效单质点体系。折算的原则是，两者的底部剪力相等、相应的振动周期相同，这样就可求出等效单质点体系的底部剪力 F_{Ek}，然后，将 F_{Ek} 按分配系数分给多质点体系各质点，即可得到水平地震作用 F_i。

（5）在工程设计中，经常遇到双向板的计算。本教材重点介绍了塑性理论方法。并编制了计算系数用表，给出了直接计算配筋面积的计算公式。使计算得以简化。这一方法已为大量工程所证明，它是安全可靠的。

本教材绪论、第一、第二、第四篇由郭继武编写，第三篇由郭仝编写。

由于笔者水平所限，书中可能有疏漏之处，特别是有些看法仅为一孔之见，尚请广大读者批评指正。编写本书过程中，参考了公开发表的一些文献和专著，谨向这些作者表示感谢。

目　录

第三篇　砌体结构

第四篇　建筑抗震设计

绪　论

§0.1　建筑结构的分类及其应用范围

在房屋建筑中，由构件（如梁、板、柱、墙体、基础等）组成的能承受“作用”的骨架体系，叫作建筑结构。这里的“作用”是指施加在结构上的荷载或引起建筑结构外加变形或约束变形的原因（如地震作用、基础沉降、温度变化等）。前者称为直接作用，后者称为间接作用。

建筑结构可按所用的材料和承重结构的类别分类。

0.1.1　按所用材料来分

1. 混凝土结构

以混凝土为主制成的结构称为混凝土结构。它又分为以下三类：

（1）素混凝土结构

由无筋或不配置受力钢筋的混凝土制成的结构，称为素混凝土结构。

（2）钢筋混凝土结构

由配置受力的普通钢筋、钢筋网或钢筋骨架的混凝土制成的结构，称为钢筋混凝土结构。

（3）预应力混凝土结构

由配置受力的预应力钢筋，通过张拉或其他方法建立预加应力的混凝土制成的结构，称为预应力混凝土结构。

混凝土结构在土木建筑工程中应用十分广泛。例如，多、高层民用建筑、单层和多层工业厂房、电视塔、桥梁、水工结构等大多采用钢筋混凝土或预应力混凝土建造。

图 0-1 为中央电视塔，电视塔高 386.5m。它就是由钢筋混凝土建造的。

混凝土结构应用之所以这么广泛，是因为它具有以下优点：

（1）强度较高

目前，我国生产的混凝土的强度等级可达到 C80，即其立方体抗压强度 f_{cu}可达到 $80N/mm^2$，普通钢筋的抗拉强度设计值 f_y则可达到 $435N/mm^2$。因此，钢筋混凝土的强度比砖、石的强度高得多。近代的一些高层建筑大多采用钢筋混凝土建造。

（2）耐久性好

混凝土强度高、密实性好，钢筋配置在混凝土中，有一定厚度的保护层加以保护，在正常情况下，不易锈蚀，维修费用很少。故钢筋混凝土结构的耐久性好。

（3）可模性好

根据建筑和结构的需要，可浇筑成各种形状和尺寸的钢筋混凝土结构构件。这将有利于建筑造型，同时也为选择合理的结构形式提供了可能性。

图 0-1　中央电视塔

(4) 耐火性能好

钢筋混凝土为不燃烧体，以结构厚度或截面最小尺寸为 180mm 为例，其耐火极限可达到 3.5h，比木结构、钢结构耐火性能要好得多。

(5) 整体性好

现浇钢筋混凝土结构整体性好。因此，其抗震性能比砌体结构好得多，因此，钢筋混凝土房屋可建得很高。由于其整体性很好，也有利于抵抗振动和冲击波的作用。

钢筋混凝土还存在一些缺点，如自重大、抗裂性能差、现浇时耗费模板多、施工复杂、工期长等。随着生产和科学技术的发展，钢筋混凝土这些缺点正逐步得到克服。如采用轻骨料高强混凝土，以减轻普通混凝土的自重，采用预应力混凝土提高构件的抗裂度，以及采用预制钢筋混凝土构件克服模板耗费多和工期长等缺点。

2. 砌体结构

砌体结构是由块体和砂浆砌筑而成的墙、柱作为建筑物主要受力构件的结构。是砖砌体、砌块砌体和石砌体结构的总称。

砌体结构有就地取材、造价低廉、耐火性能好，以及容易施工等优点。因此，在工业与民用建筑中获得了广泛的应用。此外，在构筑物中，如烟囱、水塔、小型水池和重力挡土墙等，砌体结构也获得了广泛的应用。

砌体结构的缺点是自重大、强度低、抗震性能差。因此，在地震高烈度区的砌体房屋不应建得太高。

3. 钢结构

钢结构是由钢材制成的结构。一般由型钢和钢板等制成梁、桁架、柱、板等构件组成。各部分之间用焊接、螺栓或铆钉连接，有些钢结构还部分采用钢丝绳或钢丝束。

钢结构多用于重工业厂房的承重骨架和吊车梁，大跨度建筑的屋盖结构，多层和高层建筑骨架，大跨度的桥梁，塔桅结构，可拆卸、搬运的轻型房屋等。

钢结构的优点是：强度高，重量轻、材质均匀，可靠性高、安装方便，施工期限短等。它的缺点是：耐火性差、耐锈蚀性差，需定期维护。

4. 木结构

木结构是指全部或大部用木材制成的结构。所以木结构要消耗大量木材，由于木材产量受到自然生长条件的限制，因此，节约木材对我国社会主义建设具有十分重要的意义。目前，在房屋建筑中已很少采用木结构。

0.1.2　按承重结构类型来分

1. 混合结构

混合结构是指由砌体制成的竖向承重构件（墙、柱），并与钢筋混凝土或预应力混凝土楼盖、屋盖组成的房屋建筑结构。

由于混合结构具有就地取材，施工方便，造价低廉等优点，所以，它在城市和广大农村应用颇为广泛。它多用于六层以下的住宅、旅馆、商店、办公楼、教学楼以及单层工业厂房等建筑中。

2. 框架结构

框架结构是由横梁、纵梁和柱组成的结构。目前，我国框架结构多采用钢筋混凝土建造。框架结构具有布置灵活，可任意分割房间，容易满足生产工艺和使用要求。它既可以用于大空间的商场，工业生产车间、礼堂、食堂，也可用于住宅、办公楼、医院和学校建筑。因此，框架结构在单层和多层工业与民用建筑中获得了广泛应用。

现浇钢筋混凝土框架结构比混合结构有较高的承载力，较好的延性和整体性，因此它的抗震性能好。

框架结构超过一定高度后，其侧向刚度将显著减小。这时，在风荷载或水平地震作用下侧向位移较大。因此，钢筋混凝土框架结构多用于10层以下的建筑，个别也有超过10层的。如北京长城饭店采用的就是18层的钢筋混凝土框架结构（图0-2）。

图0-2　北京长城饭店

3. 框架-剪力墙结构

计算表明，房屋在风荷载或水平地震作用下，靠近底层的承重构件的内力（弯矩M、剪力V）和屋顶的侧向位移随房屋的高度的增加而急剧增大。因此，当房屋高度超过一定限度时，再采用框架结构，其梁、柱横截面尺寸就会很大。这样，房屋投资不仅增加，而且建筑使用面积也会减小。在这种情况下，通常采用钢筋混凝土框架-剪力墙结构。

钢筋混凝土框架-剪力墙结构，是在框架结构纵、横方向的适当位置。在柱与柱之间设置几道厚度大于140mm的钢筋混凝土墙体而形成的。由于在这种结构中的剪力墙平面内的侧向刚度比框架的侧向刚度大得多，所以，在风荷载或水平地震作用下，产生的剪力主要由剪力墙承担，一小部分由框架承担，而框架主要承受竖向荷载。由于框架-剪力墙结构充分发挥了剪力墙和框架的各自优点。因此，在高层建筑中采用框架-剪力墙结构比框架结构更为合理。

北京饭店东楼（18层，高80.55m）采用的就是钢筋混凝土框架-剪力墙结构。

4. 剪力墙结构

剪力墙结构是由纵、横向的钢筋混凝土墙体所组成的结构。这种墙体除抵抗水平荷载和竖向荷载外，还对房屋起围护和分割作用。这种结构适用于高层住宅、旅馆等建筑。图0-3所示为高93m、23层的北京西苑饭店；图0-4所示为高115m、28层的北京国际饭店，它们采用的都是钢筋混凝土剪力墙结构。

图0-3　北京西苑饭店

5. 筒体结构

随着房屋层数进一步增加，结构需具有更大的侧移刚度，以抵抗风荷载或地震作用，因而出现了筒体结构。

筒体结构是用钢筋混凝土墙围成侧移刚度很大的筒体，其受力特点与一个固定于基础上的筒形悬臂构件相似。为了满足采光和通风的要求，在筒壁上开有洞口，这种筒体称为空腹筒。当建筑物高度更高，侧向刚度要求更大时，可采用筒中筒结构。这种筒体由空腹外筒和实腹内筒组成。内外筒之间用平面内刚度很大的楼板相联系，使之共同工作，形成一个空间结构。

图0-4　北京国际饭店

筒体结构多用于高层和超高层（$H \geqslant 100$m）公共建筑，如饭店、银行、通讯大楼等。图0-5所示为北京彩电中心大楼（高106m，26层），它采用的就是钢筋混凝土筒体结构。

6. 大跨结构

大跨结构是指竖向承重构件采用钢筋混凝土柱，屋盖采用钢网架、薄壳或悬索结构。这种结构多用于体育馆、大型火车站、航空港等公共建筑。

首都体育馆是我国首先采用钢网架屋盖的大跨度的建筑。它的屋盖宽度99m，长度

图 0-5　北京彩电中心大楼

112.2m，用钢量仅为 65kg/m²。之后，上海体育馆、福州体育馆、南京体育馆等也相继采用了这种屋盖体系，收到了良好的效果。

§0.2　建筑结构发展简史

大量的考古发掘资料表明，我国在新石器时代末期（约 6000～4500 年前）就已有地面木架建筑。至西周时期（公元前 1134～公元前 771 年）已有烧制的瓦，在战国时期，（公元前 403～公元前 221 年）有了烧制的砖。到东晋（公元 317～公元 419 年）砖的使用已十分普遍。砖的出现使人们开始广泛的大量修建房屋、城防建筑等。

石料在我国的应用历史也是十分悠久的。多用于建造桥梁、房屋的台基、栏杆等。

在公元前两世纪修建、驰名中外的万里长城，它是我国古代劳动人民勇敢、智慧和血汗的结晶，是伟大中华民族的象征。

我国古代石拱桥的杰出代表当属举世闻名的赵州桥（位于河北省赵县）。由隋朝（公元 581～617 年）石工李春所建。该桥是一座单孔空腹式石拱桥，净跨 37.37m，拱的矢高 7.23m，桥宽 9m。在拱圈两肩各设有两个跨度不等的腹拱（图 0-6），这样，既能减轻桥身自重，节省材料，又利于排洪，增加美观。赵州桥的设计构思和工艺技巧，在我国古代桥梁史上是首屈一指。据世界桥梁的考证，像这样的敞肩拱桥，欧洲到 19 世纪中期才出现，比我国晚了 1200 多年。

赵州桥迄今已逾 1300 年，虽经历洪水和大地震的袭击，但仍屹立于中华大地而完好无损。足见我国古代劳动人民的造桥技术水平之高。

伟大的万里长城、优美的赵州桥以及许许多多的宏伟的宫殿和寺院、宝塔等中国古代建筑，都充分显示出我国古代劳动人民对建筑工程有着相当高的技艺。但由于当时生产力的发展水平的限制，这些无数的建筑高超技艺未能提炼成系统的科学理论。

图 0-6　赵州桥

17 世纪工业革命后，随着资本主义国家工业化的发展，建筑、铁路和水利工程的兴建，推动了建筑结构的发展，17 世纪 70 年代开始使用生铁，19 世纪初开始用熟铁建造桥梁和房屋，这是钢结构出现的前奏，自 19 世纪中叶开始，在冶金业中冶炼并轧成强度高、延性好、质地均匀的建筑钢材，随后又生产出高强钢丝、钢索。为适应社会生产发展的需要，钢结构获得了蓬勃的发展。新的结构形式，如桁架、框架、网架和悬索结构不断推出，建筑结构的跨度从砖（石）结构和木结构的几米，几十米发展到钢结构的百米、几百米，直到千米。建筑高度也不断增加，达到几百米。如英国的亨伯钢索桥跨度达 1410.8m，美国芝加哥的钢结构西乐斯大厦为 110 层，高 443m。

19 世纪 20 年代波特兰水泥制成后，混凝土相继问世。但由于混凝土抗拉强度低，应用受到限制。随后出现了钢筋混凝土结构。使混凝土受压，钢筋受拉，发挥两种材料各自的优点。从而，自 20 世纪初以来，钢筋混凝土结构广泛应用于建筑工程各个领域。由于钢筋混凝土结构抗裂性能差、刚度小的缺点，20 世纪 30 年代出现了预应力混凝土结构，使混凝土应用范围更加广泛。混凝土的出现给建筑带来新的、经济和美观的建筑结构形式。这不能不说是建筑工程发展的一次飞跃。

19 世纪末 20 纪初，我国开始采用钢筋混凝土结构建造梁、板和柱等构件。但是，直到新中国成立前夕，钢筋混凝土结构发展十分缓慢，高层建筑寥寥无几。

20 世纪 50 年代～80 年代，这一阶段初期，我国工业蓬勃发展，兴建大量单层工业厂房，装配式钢筋混凝土结构广泛采用。在砖混结构中，钢筋混凝土预制构件，如预应力圆孔板、进深梁等大量采用。这时，混凝土结构应用范围进一步扩大。预应力混凝土结构广泛采用。国内结构计算采用破损阶段计算理论。进入 20 世纪 80 年代，我国《建筑结构设计统一标准》GBJ 68—84 公布实施，建筑结构计算采用极限状态设计理论。

进入 20 世纪 80 年代，随着我国改革开放进一步发展，城市建设进程加快，北京、上海等大城市高层建筑如雨后春笋般拔地而起。有轨交通纵横交错，混凝土强度和钢材强度进一步提高，钢筋混凝土和预应力混凝土应用范围不断地扩大。这一时期建筑结构设计理论进入一个崭新的阶段，一些建筑结构国家标准和相关规范相继公布实施，这些标准和规范包括：《建筑结构可靠度设计统一标准》GB 50068—2001、《建筑结构荷载规范》GB 50009—2012、《混凝土结构设计规范》GB 50010—2010、《建筑地基基础设计规范》GB 50007—2011、《建筑抗震设计规范》GB 50011—2010 和《高层建筑混凝土结构技术规程》

JGJ 3—2010 等。这些标准和规范充分反映了国家半个世纪以来建筑结构设计的经验及科研成果。使我国建筑构设计理论达到了国际先进水平。

§0.3　本课程内容及学习要求

《建筑结构》是高等学校工程管理、建筑学及土木工程专业主干课程之一。本教材根据高等学校工程管理及建筑学本科指导性专业规范编写，包括以下内容：

1. 建筑结构概率极限状态设计法

概率论基础知识，建筑荷载的分类及荷载代表值，概率极限状态设计法。

掌握建筑结构荷载分类及其取值，熟悉结构极限状态的意义及实用设计表达式。

2. 混凝土结构基本构件

混凝土、钢筋的材料力学性能，受弯、受压、受拉、受扭构件承载力的计算，钢筋混凝土构件变形和裂缝的计算，预应力混凝土构件的计算，现浇钢筋混凝土楼盖的设计。

掌握混凝土和钢筋的力学性能，熟悉混凝土与钢筋的锚固，掌握受弯构件正截面承载力和斜截面受剪承载力的计算，轴心和偏心受压构件正截面承载力计算，熟悉受拉、受扭构件承载力计算，熟悉钢筋混凝土构件变形和裂缝的计算，掌握施加预应力方法，熟悉张拉控制应力和预应力损失，熟悉预应力混凝土轴心受拉构件的计算，掌握单向板和双向板楼盖设计，熟悉楼梯设计。

3. 砌体结构构件计算

砌体材料及其力学性能，砌体结构构件承载力计算，混合结构房屋墙、柱设计与计算掌握砌体结构构件承载力计算，熟悉混合结构房屋墙、柱设计计算。

4. 建筑结构抗震设计

建筑抗震设计原则，场地、地基和基础，地震作用与结构抗震验算，钢筋混凝土房屋抗震设计要点及抗震构造措施，多层砌体房屋抗震设计及抗震构造措施。

熟悉建筑抗震设防分类、设防标准和设防目标（三水准，二阶段设计），熟悉建筑场地的分类，了解天然地基基础承载力验算，了解土的液化判别及消除液化土的措施，了解地震作用与结构抗震验算，了解钢筋混凝土房屋抗震设计要点和抗震构造措施，了解多层砌体房屋抗震验算和抗震构造措施。

第一篇

建筑结构概率极限
状态设计法

第1章　建筑结构荷载

§1.1　结构可靠度应用概率论简介

1.1.1　概率论基本术语

一、随机现象和随机变量

对于具有多种可能发生的结果，而究竟发生哪一结果不能事先肯定的现象称为随机现象。表示随机现象各种结果的变量称为随机变量。例如，作用在结构上的荷载、混凝土和钢筋的强度等，都是随机变量。

二、随机事件

在概率论中，为叙述方便，通常把一个科学试验或对某一事物的某一特征的观察，统称为试验。而把每一可能的结果，称为随机事件，简称事件。

三、频率和概率

在试验中，事件 A 发生的次数 k（又称频数）与试验的总次数 n 之比称为事件 A 发生的频率。

由试验和理论分析可知，当试验次数 n 相当大时，事件 A 出现的频率 $\frac{k}{n}$ 是很稳定的，即频率数值总是在某个常数 p 附近摆动。因此，可用常数 p 表示事件 A 出现的可能性的大小，并把这个数值 p 称为事件 A 的概率，并记作 $P(A)=p$。

四、频率密度直方图

下面通过工程实例说明密度直方图的用法及应用。

【例题1-1】 为了分析某工程混凝土的抗压强度的波动规律性，在浇筑混凝土过程中，制作了348个试块并进行了抗压强度试验，获得一批试验数据，见表1-1。试绘制该工程混凝土强度频率密度直方图。

混凝土的抗压强度分组统计表　　表1-1

组序号	分组强度 x(N/mm^2)	频数 k_i	频率 f_i^*	累积频率 $\sum f_i^*$	频率密度 $f(x)$
1	17.0～18.0	1	0.003	0.003	0.003
2	>18.0～19.0	0	0	0.003	0
3	>19.0～20.0	1	0.003	0.006	0.003
4	>20.0～21.0	6	0.017	0.023	0.017
5	>21.0～22.0	3	0.009	0.032	0.009
6	>22.0～23.0	7	0.020	0.052	0.020
7	>23.0～24.0	10	0.029	0.080	0.029

续表

组序号	分组强度 x(N/mm²)	频数 k_i	频率 f_i^*	累积频率 $\sum f_i^*$	频率密度 $f(x)$
8	>24.0～25.0	25	0.072	0.152	0.072
9	>25.0～26.0	33	0.095	0.247	0.095
10	>26.0～27.0	44	0.126	0.373	0.126
11	>27.0～28.0	57	0.164	0.537	0.164
12	>28.0～29.0	56	0.161	0.698	0.161
13	>29.0～30.0	48	0.138	0.836	0.138
14	>30.0～31.0	28	0.080	0.917	0.080
15	>31.0～32.0	27	0.078	0.994	0.078
16	>32.0～33.0	2	0.006	1.000	0.006
总计	—	348	1.000		

【解】 (1) 找出试验数据中最大值和最小值，并计算出它们的极差，即求出差值：

$$R=x_{\max}-x_{\max}=33.0-17.0=16.0\text{N/mm}^2$$

(2) 确定组距和组数

将数据从小到大，分成若干组，组数可根据试验数多少而定，本例选择组距 $C=1\text{N/mm}^2$，于是组数为：

$$K=\frac{R}{C}=\frac{16.0}{1.0}=16组$$

(3) 确定各组混凝土强度范围（即确定各组分点数值）

(4) 算出各组数据出现的频数 k_i

(5) 算出各组出现的频率

$$f_i^*=\frac{k_i}{n} \tag{1-1}$$

式中 n 为全部试验数据个数，本例中 $n=348$。

(6) 算出累积频率

$$\sum_{j=1}^{i} f_j{}^*=\frac{1}{n}\sum_{j=1}^{i} k_j \tag{1-2}$$

(7) 计算各组频率密度，即各组频率与组距之比

$$f(x)=\frac{f_i{}^*}{C} \tag{1-3}$$

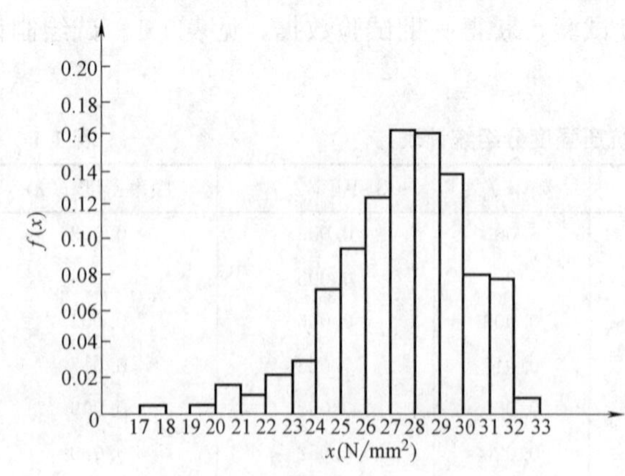

图 1-1　频率密度直方图

(8) 绘频率密度直方图

绘直角坐标系，以横坐标表示混凝土抗压强度，以纵坐标表示频率密度。从各组强度分点绘出一系列高为各组频率密度的矩形（图 1-1），这个图形就是所要求的频率密度直方图（简称直方图）。

由直方图中数据，可以得出以下几点结论：

1）直方图中任一矩形面积表示随机变量（混凝土强度）ξ 落在该区间（x_i，x_{i+1}）内的概率近似值。

因为直方图中每一矩形面积

$$P^*(x_i \leqslant \xi \leqslant x_{i+1}) = f(x) \cdot C = \frac{f_i^*}{C} \cdot C = f_i^* \tag{1-4}$$

等于随机变量 ξ 落在该区间（x_i，x_{i+1}）的频率。所以它可以用来估计随机变量落在那个区间内的概率 P（$x_i \leqslant \xi \leqslant x_{i+1}$）。

例如，ξ 落在第 5 组内的频率为第 5 组的矩形面积，于是

$$P(21 \leqslant \xi \leqslant 22) = 0.009$$

2）直方图中各矩形面积之和等于 1。

因为
$$\sum_{i=1}^{s} f_i^* = \sum_{i=1}^{s} \frac{k_i}{n} = \frac{1}{n} \sum_{i=1}^{s} k_i$$

式中　k_i——第 i 组的频数；

s——试验数据分组数。

而
$$\sum_{i=1}^{s} k_i = n$$

所以
$$\sum_{i=1}^{s} f_i^* = 1 \tag{1-5}$$

3）由直方图可求出随机变量 $\xi \leqslant x_{i+1}$ 的概率近似值。

显然

$$P(\xi \leqslant x_{i+1}) = \sum_{j=1}^{i} f_j^* \tag{1-6}$$

例如，若求混凝土强度 $\xi \leqslant x_{i+1} = 19\text{N/mm}^2$ 的概率近似值，则由上式可得：

$$P(\xi \leqslant 19) = \sum_{j=1}^{2} f_j^* = 0.003 + 0 = 0.003$$

即混凝土强度小于和等于 19N/mm^2 的概率近似值等于 0.3%。

五、平均值、标准差和变异系数

1. 算术平均值

算术平均值是最常用的平均值，又称为均值。用 μ 表示。

$$\mu = \frac{1}{n}(x_1 + x_2 + \cdots + x_n) = \frac{1}{n} \sum_{i=1}^{n} x_i \tag{1-7}$$

2. 标准差

算术平均值只能反映一组数据总的情况，但不能说明它们的分散程度。因此，引入标准差的概念。它的表达式

$$\sigma = \sqrt{\frac{1}{n} \sum_{i=1}^{n} (x_i - \mu)^2} \tag{1-8a}$$

不难看出，σ 愈大，这组数据愈分散，即变异性（相互不同的程度）愈大；σ 愈小，这组数据愈集中，即变异性愈小。

为简化计算，式（1-8a）可写成：

$$\sigma=\sqrt{\frac{1}{n}\sum_{i=1}^{n}x_i^{\ 2}-\mu^2} \tag{1-8b}$$

应当指出，只有当随机变量的试验数据较多时（例如 $n\geqslant30$），按式（1-8b）计算随机变量总体标准差才是正确的。这是因为随机变量总体试验数据较其部分数据分散程度大的缘故。为此，当 $n<30$，应将标准差公式（1-8a）予以修正。

$$\sigma=\sqrt{\frac{1}{(n-1)}\sum_{i=1}^{n}(x_i-\mu)^2} \tag{1-9a}$$

$$\sigma=\sqrt{\frac{\sum_{i=1}^{n}x_i^{\ 2}-n\mu^2}{n-1}} \tag{1-9b}$$

3. 变异系数

标准差只能反映两组数据在同一平均值时的分散程度。此外，标准差是有单位的量，单位不同时不便比较数据的分散程度。为此，提出变异系数的概念。它等于标准差与算术平均值之比。

$$\delta=\frac{\sigma}{\mu} \tag{1-10}$$

【例题 1-2】 表 1-2 为两批（每批 10 根）钢筋试件抗拉强度试验结果。试判断哪批钢筋质量较好。

钢筋试件抗拉强度（N/mm²）　　**表 1-2**

批号	试件号									
	1	2	3	4	5	6	7	8	9	10
第一批	1100	1200	1200	1250	1250	1250	1300	1300	1350	1400
第二批	900	1000	1200	1250	1250	1300	1350	1450	1450	1450

【解】（1）计算两批钢筋抗拉强度平均值

经计算这两批钢筋抗拉强度平均值相同，均为 $\mu=1260\text{N/mm}^2$。故可按它们的标准差大小来判断其质量的优劣。

（2）分别计算它们的标准差

第 1 批钢筋

$$\sum_{i=1}^{10}x_i^{\ 2}=15940000$$

$$\sigma=\sqrt{\frac{\sum x_i^2-n\mu^2}{n-1}}=\sqrt{\frac{15940000-10\times1260^2}{10-1}}=\sqrt{7111.11}=84.32\text{N/mm}^2$$

第 2 批钢筋

$$\sum_{i=1}^{10}x_i^2=16322500$$

$$\sigma=\sqrt{\frac{\sum x_i^2-n\mu^2}{n-1}}=\sqrt{\frac{16322500-10\times1260^2}{10-1}}=\sqrt{49611.11}=222.74\text{N/mm}^2$$

第 1 批钢筋的标准差小，即其抗拉强度离散性小，故它的质量较好。

【例题 1-3】 已知一批混凝土试块的抗压强度标准差 $\sigma=4\text{N/mm}^2$，平均值 $\mu=30\text{N/}$

mm²，钢筋试件抗拉强度标准差 $\sigma=8\text{N/mm}^2$，平均值 $\mu=300\text{N/mm}^2$，试判断它们离散性。

【解】（1）计算混凝土的变异系数

$$\delta=\frac{\sigma}{\mu}=\frac{4}{30}=0.133$$

（2）计算钢筋的变异系数

$$\delta=\frac{\sigma}{\mu}=\frac{8}{300}=0.026$$

由计算结果可知，混凝土的变异系数大于钢筋的值，故混凝土的离散性大。

1.1.2　概率密度函数、分布函数和特征值

一、概率密度函数

我们知道，频率密度直方图是根据有限次的试验数据绘制的。不难设想，如果试验次数不断增加，分组愈来愈多，组距愈来愈小，则频率密度直方图顶部的折线就会变成一条连续、光滑的曲线。并设它可以用函数 $f(x)$ 表示（图1-2）。这个函数就称为随机变量 ξ 的概率密度函数。

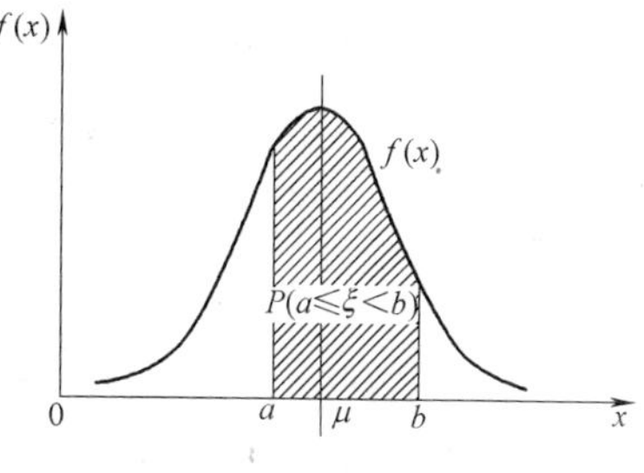

图1-2　概率密度函数

显然，概率密度函数 $f(x)$ 有下列性质

（1）随机变量 ξ 在任一区间（a，b）内的概率等于在这个区间上曲线 $f(x)$ 下的曲边梯形面积，即

$$P(a<\xi\leqslant b)=\int_a^b f(x)\mathrm{d}x \tag{1-11}$$

式中　ξ——连续型随机变量；

$f(x)$——随机变量 ξ 的概率密度函数（又称分布密度函数），简称分布密度。

（2）概率密度函数 $f(x)$ 为非负的函数，即 $f(x)\geqslant 0$。

（3）在区间（$-\infty$，∞）上曲线 $f(x)$ 下的面积等于1。

$$\int_{-\infty}^{\infty} f(x)\mathrm{d}x=1$$

（4）随机变量 $\xi<x$ 的概率为：

$$P(\xi\leqslant x)=\int_{-\infty}^{x} f(x)\mathrm{d}x \tag{1-12}$$

二、分布函数

式（1-11）$P(\xi\leqslant x)$ 是 x 的函数，令

$$F(x)=P(\xi\leqslant x)=\int_{-\infty}^{x} f(x)\mathrm{d}x \tag{1-13}$$

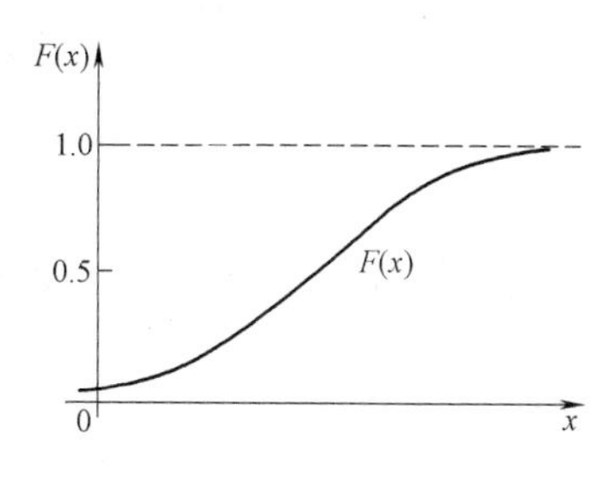

图1-3　概率分布函数

式中 $F(x)$ 称为随机变量 ξ 的概率分布函数，简称分布函数。$F(x)$ 的图形如图1-3所示。

三、两种常用的概率分布

上面讨论了概率密度函数 $f(x)$ 的性质及其应用，根据概率论可知，对于不同的随机变量 ξ，应采用不同的 $f(x)$ 表示，即选择不同的概率分布。例如，对于材

料强度、结构构件自重，它比较符合正态分布；对于楼面上的可变荷载，比较符合极值Ⅰ型分布。现将这两种的概率分布分述如下。

1. 正态分布

正态分布是最常用的概率分布。若随机变量ξ的概率密度函数为：

$$f(x)=\frac{1}{\sigma\sqrt{2\pi}}e^{-\frac{(x-\mu)^2}{2\sigma^2}}\quad(-\infty<x<+\infty)\tag{1-14}$$

则称ξ服从参数μ、σ的正态分布，记作ξ—N（μ、σ）。其中μ、σ分别为ξ的平均值和标准差。

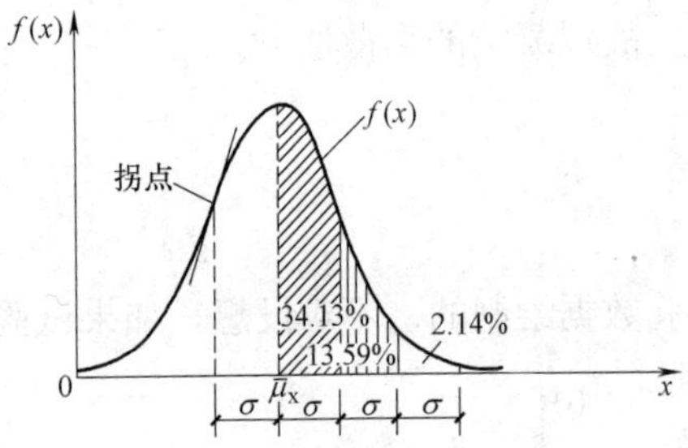

图 1-4　正态分布密度函数曲线

正态分布密度函数曲线简称正态分布曲线（图 1-4）。它有以下特点：

（1）它是一个单峰曲线，峰值在$x=\mu$处，并以直线$x=\mu$为对称轴，曲线在$x=\mu\pm o$处分别有一个拐点，且向左右对称地无限延伸，并以x轴为渐近线。

（2）曲线$f(x)$以下，横轴以上的总面积，即变量ξ落在区间（$-\infty$，∞）的概率等于 1：

$$P(-\infty<\xi<\infty)=\int_{-\infty}^{\infty}f(x)\mathrm{d}x=1$$

落在（$\mu-\sigma$，$\mu+\sigma$）的概率为 68.26%；

落在（$\mu-2\sigma$，$\mu+2\sigma$）的概率为 95.44%；

落在（$\mp\infty$，$\mu\pm1.645\sigma$）的概率为 95%；

落在（$\mp\infty$，$\mu\pm2\sigma$）的概率为 97.72%。

（3）标准差σ愈大，则曲线$f(x)$愈平缓；σ值愈小，则曲线$f(x)$愈窄、愈陡。

平均值$\mu=0$，标准差$\sigma=1$，的正态分布，即ξ—N（0，1），称为标准正态分布（图 1-5）。它的密度函数写成：

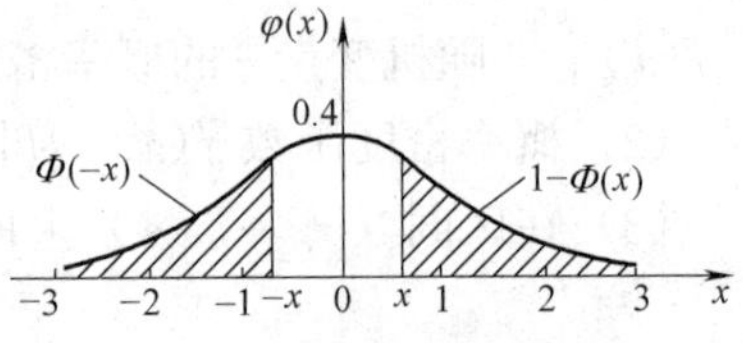

图 1-5　标准正态分布密度函数

$$\varphi(x)=\frac{1}{\sqrt{2\pi}}e^{-\frac{x^2}{2}}\quad(-\infty<x<+\infty)\tag{1-15}$$

设

$$\Phi(x)=\int_{-\infty}^{x}\varphi(t)\mathrm{d}t=\frac{1}{\sqrt{2\pi}}\int_{-\infty}^{x}e^{-\frac{t^2}{2}}\mathrm{d}t\tag{1-16}$$

由图 1-5 可见，在$x\sim\infty$之间的阴影的面积为$1-\Phi(x)$，而$-\infty\sim-x$之间的阴影的面积为$\Phi(-x)$，显然，

$$\Phi(-x)=1-\Phi(x)\tag{1-17}$$

函数$\Phi(x)$已制成表格，可供查用。

正态分布是一种重要的理论分布，它概括了一些常见的连续型随机变量概率分布的特性。因而应用最为广泛。

2. 极值分布

在工程设计中，作用在结构上的荷载数值，人们关心的是它的最大值或极值。为此，必须考虑极值的分布理论。

如果随机变量 ξ 的概率分布函数为

$$F(x)=e^{-e^{-\lambda(x-u)}} \tag{1-18}$$

则称这种指数分布为极值Ⅰ型分布。其中 $u=\mu-\dfrac{0.57722}{\lambda}$，$\lambda=\dfrac{1.28255}{\sigma}$，$\mu$、$\sigma$ 为随机变量 ξ 的平均值和标准差。对式（1-18）求导数，可得极值Ⅰ型密度函数：

$$f(x)=\alpha e^{-\lambda(x-u)}e^{-e-\lambda(x-u)} \tag{1-19}$$

在工程中，一些可变荷载（如楼面可变荷载、雪荷载及风荷载等）最大值的概率分布，基本上符合极值Ⅰ型分布。

四、分位值

在工程中，通常要求出现的事件不大于或不小于某一数值，这个数值就称为分位值。如把不小于或不超过分位值的概率确定为某一数值，则分位值可按下式计算：

$$f_k=\mu\pm\alpha\sigma=\mu(1\pm\alpha\delta) \tag{1-20}$$

式中　f_k——分位值；

μ——试验数据平均值；

σ——标准差；

δ——变异系数；

α——与分位值取值保证率相应的系数。

分位值也可定义为：

设 ξ 为随机变量，若 f_k满足条件：

$$P(\xi\leqslant f_k)=p_k \tag{1-21}$$

则称 f_k为 ξ 的概率分布的 p_k分位值（图 1-6），而 p_k称为分位值 f_k的百分位。

在工程中，一般取分位值的保证率为 95% 。如事件的概率分布为正态分布，则保证率系数 $\alpha=1.645$。而事件小于或超越分位值的概率为 5%（图 1-7）。

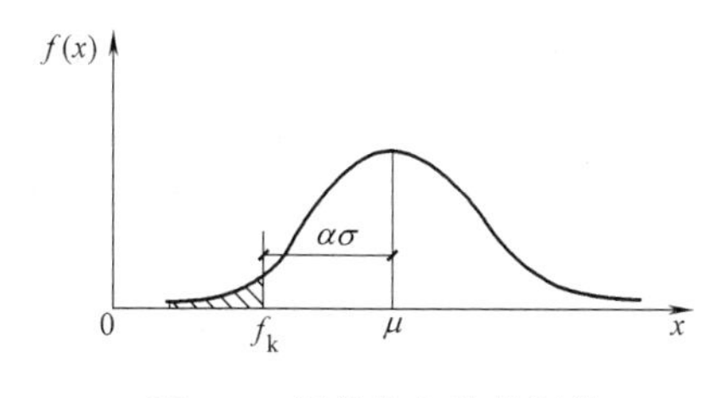

图 1-6　概率分布的特征值

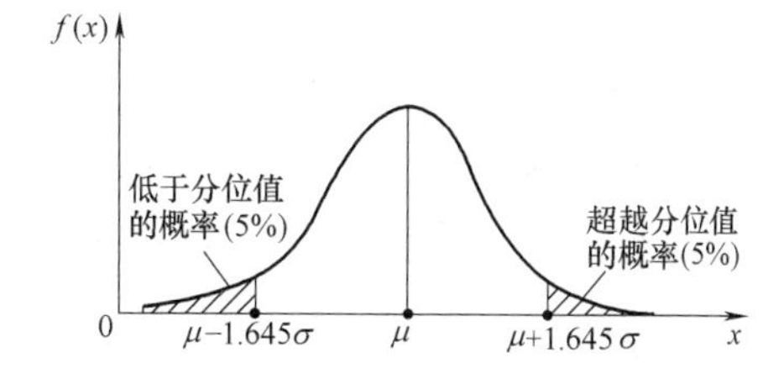

图 1-7　概率分布与特征值

【例题 1-4】　已知一批混凝土试块立方体抗压强度的平均值 $\mu=29\text{N/mm}^2$，标准差$\sigma=3.6\text{N/mm}^2$。试求该混凝土具有 95%保证率的抗压强度。

【解】　混凝土立方体抗压强度概率分布服从正态分布（图 1-8），因此与分位值取值保证率为 95%的相应系数 $\alpha=1.645$。由式（1-20）算出相应的混凝土立方体抗压强度

$$f_k=\mu-\alpha\sigma=29-1.645\times3.6=23.08\text{N/mm}^2$$

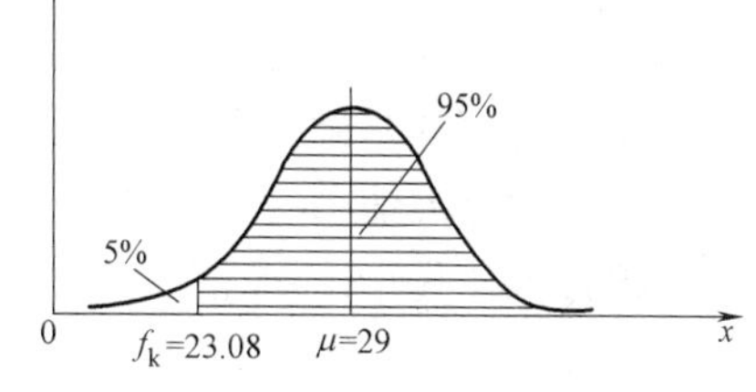

图 1-8　【例题 1-4】附图

即低于混凝土立方体抗压强度 $f_k=23.08\ N/mm^2$ 的概率为5%。

§1.2　建筑结构荷载的分类及其代表值

如前所述，建筑结构在使用期间要承受各种“作用”。这里所指的“作用”包括施加在结构上的集中或分布荷载，以及引起结构外加变形或约束变形的原因（如地震、基础沉降和温度变化等）。前者称为直接作用，习惯上称为荷载；后者称为间接作用。本章仅讨论作用于结构上的荷载。

1.2.1　荷载的分类

结构上的荷载可按下列性质分类；

一、按随时间的变异分类

1. 永久荷载 在结构使用期间内其值不随时间而变化，或其变化与平均值相比可以忽略不计的荷载。例如，结构自重、土压力、预加应力等。永久荷载也叫作恒载。

2. 可变荷载 在结构使用期间内其值随时间而变化，且其变化与平均值相比不可忽略的荷载。例如，楼面可变荷载、风荷载、雪荷载、吊车荷载等。可变荷载也叫作活荷载。

3. 偶然荷载 在结构使用期间内不一定出现的荷载，但它一旦出现，其量值很大且其持续时间很短。例如，爆炸力、撞击力等。

二、按随空间位置的变异分类

1. 固定荷载 在结构空间位置上具有固定分布的荷载。例如，结构构件的自重、工业厂房楼面固定设备荷载等。

2. 自由荷载 在结构空间位置上的一定范围内可以任意分布的荷载。例如，工业与民用建筑楼面上人的荷载、吊车荷载等。

三、按结构的反应特点分类

1. 静态荷载 不使结构产生加速度，或所产生加速度可忽略不计的荷载。例如，结构自重、住宅、办公楼楼面的活荷载等。

2. 动态荷载 使结构产生的加速度不能忽略不计的荷载。例如，吊车荷载、机器的动力荷载、作用在高耸结构上的风荷载等。

1.2.2　荷载代表值

结构设计时，应根据不同的设计要求，采用不同的荷载数值，即所谓荷载代表值。《建筑结构荷载规范》GB 50009—2012❶ 给出了四种荷载代表值，即标准值、组合值、频遇值和准永久值。永久荷载采用标准值作为代表值，可变荷载采用标准值、组合值、频遇值和准永久值作为代表值。荷载标准值是结构设计时采用的荷载基本代表值。而其他代表值都可在标准值的基础上乘以相应的系数得到。

一、荷载标准值

荷载标准值是指结构在使用期间内，在正常情况下可能出现的最大荷载值。

---

❶ 本书以后简称《荷载规范》。

1. 永久荷载标准值

由于永久荷载的变异性不大，因此其标准值可按结构设计规定的尺寸和材料或构件单位体积（或单位面积）的自重平均值确定。按这种方法确定的永久荷载标准值，一般相当于永久荷载概率分布的 0.5 的分位值，即正态分布的平均值。对于某些重量变异性较大材料和构件（如屋面保温材料、防水材料、找平层以及现浇钢筋混凝土板等），考虑到结构的可靠性，在设计中应根据该荷载对结构有利或不利，分别取其自重的下限或上限。关于材料单位重可按《荷载规范》附录 A 采用。

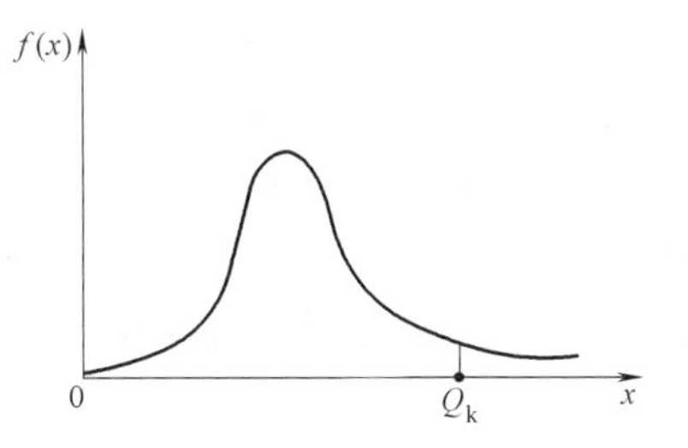

图 1-9　可变荷载标准值的确定

2. 可变荷载标准值

可变荷载标准值应根据荷载设计基准期（为确定可变荷载而选用的时间参数，一般取 50 年）最大荷载概率分的某一分位值确定（图 1-9）。即

$$Q_k=\mu+\alpha\sigma=\mu(1+\alpha\delta) \tag{1-22}$$

式中　Q_k——可变荷载标准值；

μ——设计基准期最大荷载平均值；

σ——设计基准期最大荷载标准差；

α——荷载标准值的保证率系数；

δ——设计基准期最大荷载变异系数。

（1）民用楼面可变荷载标准值

早年，我国有关单位对办公楼、住宅和商店等民用建筑的楼面可变荷载进行了调查，经统计分析表明，在设计基准期内民用楼面最大可变荷载概率分布服从极值Ⅰ型分布。同时得到，办公楼、住宅和商店最大荷载平均值分别为 1.047kN/m^2、1.288kN/m^2 和 2.841kN/m^2，标准差分别为 0.302kN/m^2、0.300kN/m^2 和 0.553kN/m^2。

《建筑结构荷载规范》GBJ 9—1987 规定，办公楼、住宅和商店楼面可变荷载标准值分别为 1.5kN/m^2、1.5kN/m^2 和 3.5kN/m^2。它们分别相当于设计基准期最大荷载概率分布平均值加 1.5、0.7 和 1.2 倍各自的标准差 σ_{LT}，于是，楼面可变荷载标准值分别为：

办公室　　$Q_k=\mu+\alpha\sigma=1.047+1.5\times0.302=1.50\text{kN/m}^2$

住宅　　$Q_k=\mu+\alpha\sigma=1.288+0.7\times0.300=1.50\text{kN/m}^2$

商店　　$Q_k=\mu+\alpha\sigma=2.841+1.2\times0.553=3.50\text{kN/m}^2$

由式（2-18）可算出它们的保证率。例如，对于办公室，其中

$$x=Q_k=1.5\text{kN/m}^2$$

$$\lambda=\frac{1.28255}{\sigma}=\frac{1.28255}{0.302}=4.247$$

$$u=\mu-\frac{0.57722}{\lambda}=1.047-\frac{0.57722}{4.247}=0.9111\text{kN/m}^2$$

$$\lambda(x-u)=4.247(1.50-0.9111)=2.501$$

将以上数值代入式（1-18），即可求得办公室与 $\alpha=1.5$ 对应的可变荷载的保证率为

$$F_1(x)=e^{-e^{-\lambda(x-u)}}=e^{-e^{-2.501}}=0.921=92.1\%$$

亦即办公室可变荷载取保证率为92.1%的分位值。

同样，可求得住宅和商店的可变荷载的保证率分别为79.1%和88.5%。由此可见，1987年版《荷载规范》可变荷载的保证率是不一致的，其中住宅的可变荷载的保证率偏低较多。考虑到工程界普遍的意见，认为对于建筑工程量较大的办公楼和住宅来说，其可变荷载标准值与国外相比偏低，又鉴于民用建筑的楼面可变荷载今后的变化趋势也难以预测。因此，2012年版《荷载规范》将办公室和住宅的楼面可变荷载的最小值取为2.0kN/m²。由式（2-18）可算出它们的保证率，分别为99.0%和97.3%。2012年版《荷载规范》办公楼和住宅可变荷载的保证率有了较大的提高。而商店的楼面活荷载仍保持原标准值。

民用建筑楼面活荷载标准值及其组合系数值、频遇值系数和准永久值系数的取值，不应小于表1-3的规定。

民用建筑楼面均布活荷载标准值及其组合值、频遇值和准永久值系数　　表1-3

项次	类别			标准值 (kN/m²)	组合值系数 ψ_c	频遇值系数 ψ_f	准永久值系数 ψ_q
1	(1)住宅、宿舍、旅馆、办公楼、医院病房、托儿所、幼儿园			2.0	0.7	0.5	0.4
	(2)教室、试验室、阅览室、会议室、医院门诊室			2.0	0.7	0.6	0.5
2	教室、食堂、餐厅、一般资料档案室			2.5	0.7	0.6	0.5
3	(1)礼堂、剧场、影院、有固定座位的看台			3.0	0.7	0.5	0.3
	(2)公共洗衣房			3.0	0.7	0.6	0.5
4	(1)商店、展览厅、车站、港口、机场大厅及其旅客等候室			3.5	0.7	0.6	0.5
	(2)无固定座位的看台			3.5	0.7	0.5	0.3
5	(1)健身房、演出舞台			4.0	0.7	0.6	0.5
	(2)运动场、舞厅			4.0	0.7	0.6	0.3
6	(1)书库、档案库、贮藏室			5.0	0.9	0.9	0.8
	(2)密集柜书库			12.0	0.9	0.9	0.8
7	通风机房、电梯机房			7.0	0.9	0.9	0.8
8	汽车通道及客车停车库	(1)单向板楼盖(板跨不小于2m)和双向板楼盖(板跨不小于3m×3m)	客车	4.0	0.7	0.7	0.6
			消防车	35.0	0.7	0.5	0.0
		(2)双向板楼盖(板跨不小于6m×6m)和无梁楼盖(柱网尺寸不小于6m×6m)	客车	2.5	0.7	0.7	0.6
			消防车	20.0	0.7	0.5	0.0
9	厨房	(1)餐厅		4.0	0.7	0.7	0.7
		(2)其他		2.0	0.7	0.6	0.5
10	浴室、卫生间、盥洗室：			2.5	0.7	0.6	0.5
11	走廊、门厅	(1)宿舍、旅馆、医院病房、托儿所、幼儿园、住宅		2.0	0.7	0.5	0.4
		(2)办公楼、餐厅、医院门诊部		2.5	0.7	0.6	0.5
		(3)教学楼及其他可能出现人员密集的情况		3.5	0.7	0.5	0.3
12	楼梯	(1)多层住宅		2.0	0.7	0.5	0.4
		(2)其他		3.5	0.7	0.5	0.3
13	阳台	(1)可能出现人员密集的情况		3.5	0.7	0.6	0.5
		(2)其他		2.5	0.7	0.6	0.5

注：1. 本表所给各项活荷载适用于一般使用条件，当使用荷载较大、情况特殊或有专门要求时，应按实际情况采用；

2. 第6项书库活荷载当书架高度大于2m时，书库活荷载尚应按每米书架高度不小于2.5kN/m²确定；

3. 第8项中的客车活荷载仅适用于停放载人少于9人的客车；消防车活荷载适用于满载总重为300kN的大型车辆；当不符合本表的要求时，应将车轮的局部荷载按结构效应的等效原则，换算为等效均布荷载；

4. 第8消防车活荷载，当双向板楼盖板跨介于3m×3m～6m×6m之间时，应按跨度线性插值确定；

5. 第12项楼梯活荷载，对预制楼梯踏步平板，尚应按1.5kN集中荷载验算；

6. 本表各项荷载不包括隔墙自重和二次装修荷载，对固定隔墙的自重应按永久荷载考虑，当隔墙位置可灵活自由布置时，非固定隔墙的自重应取不小于1/3的每延米长墙重（kN/m）作为楼面活荷载的附加值（kN/m²）计入，且附加值不应小于1.0kN/m²。

设计楼面梁、墙、柱及基础时，表1-3中楼面活荷载标准值的折减系数取值不应小于下列规定：

1）设计楼面梁时：

① 第1（1）项当楼面梁从属面积超过25m^2时，应取0.9；

② 第1（2）～7项当楼面梁从属面积超过50m^2时，应取0.9；

③ 第8项对单向板楼盖的次梁和槽形板的纵肋应取0.8，对单向板楼盖的主梁应取0.8，对双向板楼盖的梁应取0.8；

④ 第9～13项应采用与所属房屋类别相同的折减系数。

2）设计墙、柱和基础时：

① 第1（1）项应按表1-4规定采用；

② 第1（1）～7项应采用与其楼面梁相同的折减系数；

③ 第8项的客车，对单向板楼盖应取0.5，对双向板楼盖和无梁楼盖应取0.8；

④ 第9～13项应采用与所属房屋类别相同的折减系数。

活荷载按楼层折减系数　　表1-4

墙柱和基础计算截面以上的层数	1	2～3	4～5	6～8	9～20	＞20
计算截面以上各楼层活荷载总和的折减系数	1.00 (0.90)	0.85	0.70	0.65	0.60	0.55

注：1. 楼面梁的从属面积应按梁两侧各延伸二分之一梁间距的范围内的实际面积确定；
2. 当楼面梁的从属面积超过25m^2时，应采用括号内的数值。

（2）屋面活荷载

房屋建筑的屋面，其水平投影面上的屋面均布活荷载的标准值及其组合值系数、频遇值系数和准永久值系数的取值，不应小于表1-5的规定。

屋面均布活荷载标准值及其组合值系数、频遇值系数和准永久值系数　　表1-5

项次	类　别	标准值(kN/m^2)	组合值系数 ψ_c	频遇值系数 ψ_f	准永久值系数 ψ_q
1	不上人的屋面	0.5	0.7	0.5	0.0
2	上人的屋面	2.0	0.7	0.5	0.4
3	屋顶花园	3.0	0.7	0.6	0.5
4	屋顶运动场地	3.0	0.7	0.6	0.4

注：1. 不上人的屋面，当施工或维修荷载较大时，应按实际情况采用；对不同类型的结构应按有关设计规范的规定采用；
2. 当上人的屋面兼作其他用途时，应按相应楼面活荷载采用；
3. 对于因屋面排水不畅，堵塞等引起的积水荷载，应采取构造措施加以防止；必要时，应按积水的可能深度确定屋面活荷载；
4. 屋顶花园活荷载不应包括花园土石等材料自重。

（3）雪荷载标准值

屋面水平投影面上的雪荷载标准值，按下式计算：

$$s_k = \mu_s s_0 \tag{1-23}$$

式中　s_k——雪荷载标准值（kN/m^2）；

μ_r——屋面积雪分布系数，即地面基本雪压换算为屋面雪荷载的换算系数；其值根据不同类型的屋面形式，按《荷载规范》表7.2.1采用；

s_0——基本雪压（kN/m^2），按《荷载规范》附录E.5中附表E.5给出的雪压采用。

（4）风荷载标准值

垂直于建筑物表面上的风荷载标准值，应按下列公式计算：

1）当计算主要承重结构时

$$w_k = \beta_z \mu_s \mu_z w_0 \tag{1-24}$$

式中　w_k——风荷载标准值（kN/m^2）；

β_z——高度 z 处的风振系数，按《荷载规范》8.4 和 8.5 条规定确定；

μ_s——风荷载体型系数，按《荷载规范》表 8.3.1 采用；

μ_z——风压高度变化系数，按《荷载规范》表 8.2.1 采用；

w_0——基本风压（kN/m^2），按《荷载规范》附录 E.5 中附表 E.5 给出的风压采用，但不得小于 $0.3kN/m^2$。

2）当计算围护结构时

$$w_k = \beta_{gz} \mu_{sl} \mu_z w_0 \tag{1-25}$$

式中　β_{gz}——高度 z 处阵风系数，计算直接承受风压的幕墙构件（包括门窗）风荷载的阵风系数，应按《荷载规范》表 8.6.1 确定；

μ_{sl}——风荷载局部体型系数，按《荷载规范》8.3.3 条规定采用。

其余符号意义同前。

二、荷载组合值

当考虑两种或两种以上可变荷载在结构上同时作用时，由于所有荷载同时达到其单独出现的最大值的可能性很小，因此，除主导荷载（产生荷载效应最大的荷载）仍以其标准值作为代表值外，对其他伴随的荷载应取小于标准值的组合值为其代表值。

可变荷载组合值可写成：

$$Q_c = \psi_c Q_k \tag{1-26}$$

式中　Q_c——可变荷载组合值；

Q_k——可变荷载标准值；

ψ_c——可变荷载组合值系数，民用建筑楼面和屋面均布活荷载组合值系数分别见表 1-3 和表 1-5；雪荷载组合值系数可取 0.7；风荷载组合值系数可取 0.6。

三、荷载频遇值

荷载频遇值是正常使用极限状态按频遇组合[1]设计时可采用的一种可变荷载代表值。其值可根据在设计基准期内达到或超过该值的总持续时间与设计基准期的比值为 0.1 的条件确定。

可变荷载频遇值可按下式计算：

$$Q_f = \psi_f Q_k \tag{1-27}$$

式中　Q_f——可变荷载频遇值；

ψ_f——频遇值系数；民用建筑楼面和屋面均布活荷载频遇值系数分别见表 1-3 和表 1-5；雪荷载频遇值系数可取 0.6；风荷载频遇值系数可取 0.4；

Q_k——可变荷载标准值。

[1] 关于正常使用极限状态和荷载效应组合的意义见 § 2.4。

四、荷载准永久值

荷载准永久值是正常使用极限状态按准永久组合和按频遇组合设计采用的一种可变荷载代表值。

在进行结构构件变形和裂缝验算时，要考虑荷载长期作用对构件刚度和裂缝的影响。永久荷载长期作用在结构上，故取荷载标准值。可变荷载不像永久荷载那样，在设计基准期内全部作用在结构上。因此，在考虑荷载长期作用时，可变荷载不能取其标准值，而只能取在设计基准期内经常作用在结构上的那部分荷载。它对结构的影响类似于永久荷载，这部分荷载就称为荷载准永久值。可变荷载准永久值，根据在设计基准期内荷载达到和超过该值的总持续时间与设计基准期的比值为0.5的条件确定（见图1-10）。

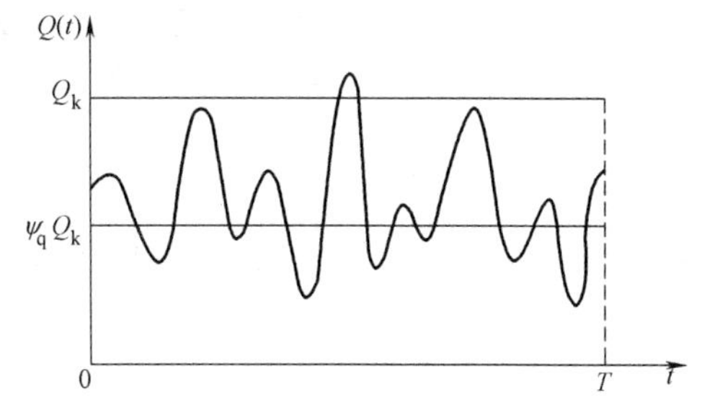

图1-10　荷载准永久值的确定

可变荷载准永久值可写成

$$Q_q = \psi_q Q_k \quad (1\text{-}28)$$

式中　Q_q——可变荷载准永久值；

Q_k——可变荷载标准值；

ψ_q——准永久值系数，民用建筑楼面和屋面均布活荷载准永久值系数分别见表1-3和表1-5；雪荷载准永久值系数应按雪荷载分区Ⅰ、Ⅱ和Ⅲ的不同，分别取0.5、0.2和0；雪荷载分区应按《荷载规范》附录D.5中表D.5采用，亦可由附录E.6中附图E.6.1直接查出；风荷载准永久值系数可取0。

小　　结

1. 对于具有多种可能发生的结果，而究竟发生哪一结果不能事先肯定的现象称为随机现象。表示随机现象各种结果的变量称为随机变量。例如，作用在结构上的荷载、混凝土和钢筋的强度等，都是随机变量。

2. 在概率中，通常将一个科学试验或对某一现象的观察统称试验，而把每一可能的结果，称为随机事件，简称事件。在试验中，事件A发生的次数k（又称频数）与试验的总次数n之比称为事件A发生的频率。

3. 由试验和理论分析可知，当试验次数n相当大时，事件A出现的频率$\frac{k}{n}$是很稳定的，即频率数值总是在某个常数p附近摆动。因此，可用常数p表示事件A出现的可能性的大小，并把这个数值p称为事件A的概率，并记作$P(A)=p$。

4. 概率分布的统计参数标准差σ、平均值μ，以及分位值的概念等，在荷载的确定和材料强度的取值计算中都要用到。因此要加以掌握。常用的概率分布，除正态分布和极值Ⅰ型分布外，在地震烈度危险性分析中，还要用到极值Ⅲ型分布，这将在第四篇中叙述。

5. 结构设计时，应根据不同的设计要求，采用不同的荷载数值，即所谓荷载代表值。《建筑结构荷载规范》GB 50009—2012给出了四种荷载代表值，即标准值、组合值、频遇值和准永久值。永久荷载采用标准值作为代表值；可变荷载采用标准值、组合值、频遇值和准永久值作为代表值。荷载标准值是结构设计时采用的荷载基本代表值。而其他代表值都可在标准值的基础上乘以相应的系数得到。

思　考　题

1-1　什么是永久荷载和可变荷载？如何确定它们的数值？

1-2　什么是荷载标准值、组合值和准永久值？如何确定它们的数值？

第2章　建筑结构概率极限状态设计法

§2.1　建筑结构的设计使用年限和安全等级

2.1.1　建筑结构设计使用年限

随着我国市场经济的发展，建筑市场迫切要求明确建筑结构设计使用年限。《建筑结构可靠度设计统一标准》GB 50068—2001 首次正式提出了“设计使用年限”，明确了设计使用年限是设计规定的一个时期，在这一规定时期内，只需进行正常维护而不需进行大修即可按预期目的使用，完成预定的功能。

《建筑结构可靠度设计统一标准》GB 50068—2001 规定，结构设计使用年限遵循表2-1的标准。

建筑结构设计使用年限分类　　**表 2-1**

类别	设计使用年限（年）	示　例	类别	设计使用年限（年）	示　例
1	5	临时性建筑	3	50	普通房屋和构筑物
2	25	易于替换的结构构件	4	100	纪念性建筑和特别重要的建筑结构

2.1.2　建筑结构的安全等级

建筑结构设计时，应根据建筑结构破坏可能产生的后果（危及人的生命，造成经济损失，产生社会影响等）的严重性，采用不同的安全等级。建筑结构安全等级的划分，应符合表 2-2 要求。

建筑结构的安全等级　　**表 2-2**

安全等级	破坏后果	建筑物类型	安全等级	破坏后果	建筑物类型
一级	很严重	重要的房屋	三级	不严重	次要的建筑物
二级	严重	一般的房屋			

注：1. 对特殊的建筑物，其安全等级应根据具体情况另行确定；
2. 地基基础设计安全等级及按抗震要求设计的建筑安全等级，尚应符合国家现行有关规范的规定。

应当指出，建筑物中各类结构构件的安全等级，宜与整个结构的安全等级相同。对其中部分结构构件的安全等级可进行调整，但不得低于三级。

§2.2　概率极限状态设计法

2.2.1　结构的功能及其极限状态

一、结构的功能

任何结构在规定的时间内，在正常条件下，均应满足预定功能的要求。这些功能的要求是：

1. 安全性　建筑结构应能承受在正常施工和正常使用过程中可能出现的各种作用（如荷载、温度变化、基础沉降等），以及应能在偶然事件（如爆炸、强烈地震等）发生时及发生后保证必需的整体稳定性。

2. 适用性　建筑结构在正常使用过程中，应有良好的工作性能。例如构件应具有足够的刚度，以避免在荷载作用下产生过大的变形或振动。

3. 耐久性　建筑结构在正常维护条件下，应能完好地使用到设计所规定的年限。例如不致出现混凝土保护层剥落和裂缝过宽而使钢筋锈蚀。

结构安全性、适用性和耐久性总称为结构的可靠性。

结构的可靠性以可靠度来度量。所谓结构可靠度，是指在规定的时间内（一般取50年），在规定的条件下（指正常设计、正常施工和正常使用），完成预定的功能的概率。因此，结构可靠度是其可靠性的一种定量描述。

二、结构功能的极限状态

整个结构或结构的一部分，超过某一特定状态就不能满足设计规定的某一功能要求，此特定状态称为该功能的极限状态。

建筑结构设计的目的就在于，以最经济的效果，使结构在规定的时间内，不超过各种功能的极限状态。我国《建筑结构可靠度设计统一标准》GB 50068—2001考虑到结构的安全性、适用性和耐久性的功能，将结构的极限状态分为认下两类。

1. 承载能力极限状态

这种极限状态对应于结构或结构构件达到最大承载力或不适于继续承载的变形。

当结构或结构构件出现下列情况之一时，应认为超过了承载能力极限状态：

（1）整个结构或结构的一部分作为刚体失去平衡，如结构或结构构件发生滑移或倾覆。

（2）结构构件或连接因材料强度不足而破坏（包括疲劳破坏），或因过度塑性变形而不适于继续承受荷载。

（3）结构转变为机动体系。

（4）结构或构件丧失稳定（如压曲等）。

2. 正常使用极限状态

这种极限状态对应于结构或结构构件达到正常使用或耐久性能的某项规定限值。

当结构或结构构件出现下列情况之一时，应认为超过了正常使用极限状态：

（1）影响正常使用或外观的变形。

（2）影响正常使用或耐久性能的局部损坏（包括裂缝）。

（3）影响正常使用的振动。

（4）影响正常使用的其他特定状态。

由上不难看出，承载能力极限状态是考虑有关结构安全性功能的，而正常使用极限状态则是考虑结构适用性和耐久性功能的。由于结构或结构构件一旦出现承载能力极限状态，它就有可能发生严重的破坏，甚至倒塌，造成人身伤亡和重大经济损失。因此，应当把出现这种极限状态的概率控制得非常严格。而结构或结构构件出现正常使用极限状态，要比出现承载能力极限状态的危险性小得多，还不会造成人身伤亡和重大经济损失。因此，可以把出现这种极限状态的概率略微放宽一些。

2.2.2　极限状态设计法

如前所述，结构的极限状态分为两类：承载能力极限状态和正常使用极限状态。

在进行结构设计时，就应针对不同的极限状态，根据结构的特点和使用要求给出具体的标志及限值，以作为结构设计的依据。这种以相应于结构各种功能要求的极限状态作为结构设计依据的设计方法，就称为“极限状态设计法”。

一、失效概率与可靠指标

按极限状态设计的目的，在于保证结构安全可靠，这就要求作用在结构上的荷载或其他作用（如地震、温度影响等）对结构产生的效应[1]（如内力、变形、裂缝）不超过结构在到达极限状态时的抗力（如承载力、刚度、抗裂等），即

$$S \leqslant R \tag{2-1}$$

式中　S——结构的荷载或其他作用效应[1]；

R——结构的抗力。

将式（2-1）写成

$$Z=g(S,R)=R-S=0 \tag{2-2}$$

式（2-2）称为“极限状态方程”。其中 $Z=g$（S，R）称为功能函数。S、R 称为基本变量。

显然

当 $Z>0$（即 $R>S$）时，结构处于可靠状态；

当 $Z<0$（即 $R<S$）时，结构处于失效状态；

当 $Z=0$（即 $R=S$）时，结构处于极限状态。

结构所处的状态见图 2-1。由此可见，通过结构功能函数 Z 可以判别结构所处的状态。

应当指出，由于决定效应 S 的荷载，以及决定结构抗力 R 的材料强度和构件尺寸都不是定值，而是随机变量，故 S 和 R 亦为随机变量。因此，在结构设计中，保证结构绝对安全可靠是办不到的，而只能做到大多数情况下结构处于 $R \geqslant S$ 失效状态的失效概率足够小，我们就可以认为结构是可靠的。

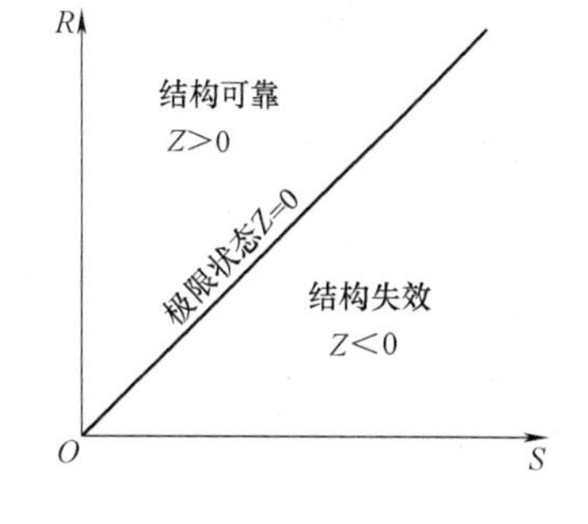

图 2-1　结构所处的状态

下面建立结构失效概率的表达式。

设基本变量 R、S 均为正态分布，故它们的功能函数

$$Z=g(R,S)=R-S \tag{2-3}$$

亦为正态分布（见图 2-2）。

---

[1] 为叙述简便，以下简称荷载效应。

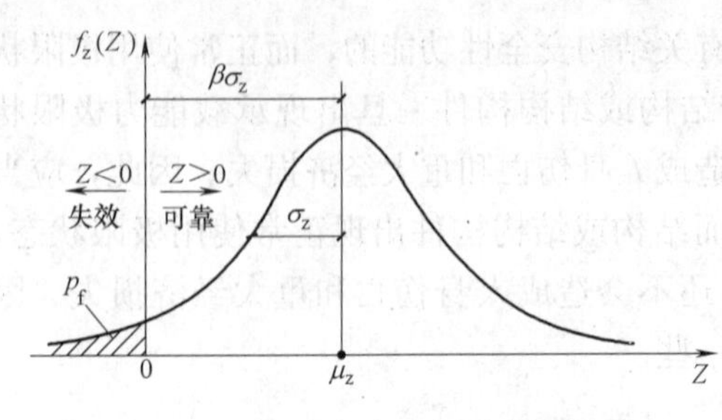

图 2-2　结构构件 p_f 与 β 之间的关系

在图 2-2 中，$Z<0$ 的一侧表示结构处于失效状态，而 f_Z（Z）的阴影面积则为失效概率，即：

$$p_f = P(Z<0) = \int_{-\infty}^{0} f_Z(Z)\mathrm{d}Z \tag{2-4}$$

设变量 Z 的平均值

$$\mu_Z = \mu_R - \mu_S \tag{2-5}$$

和标准差

$$\sigma_Z = \sqrt{\sigma_R^{\ 2} + \sigma_S^{\ 2}} \tag{2-6}$$

式中　μ_R、μ_S——结构抗力和荷载效应平均值；

σ_R、σ_S——结构抗力和荷载效应标准差。

将式（2-4）写得具体一些，于是

$$p_f = \frac{1}{\sqrt{2\pi}}\int_{-\infty}^{0}\frac{1}{\sigma_Z}e^{-\frac{(Z-\mu_Z)^2}{2\sigma_Z^{\ 2}}}\mathrm{d}Z \tag{2-7}$$

为计算方便，将式（2-7）中的被积函数进行坐标变换，即将一般正态分布变换成标准正态分布。为此，设

$t=\dfrac{Z-\mu_Z}{\sigma_Z}$，则得 $\mathrm{d}t=\dfrac{\mathrm{d}Z}{\sigma_Z}$，即得 $\mathrm{d}Z=\sigma_Z\mathrm{d}t$，积分上限由原来的 $Z=0$ 变换成 $t=\dfrac{0-\mu_Z}{\sigma_Z}=-\dfrac{\mu_Z}{\sigma_Z}$，

令

$$\beta = \frac{\mu_Z}{\sigma_Z} = \frac{\mu_R - \mu_S}{\sqrt{\sigma_R^{\ 2}+\sigma_S^{\ 2}}} \tag{2-8}$$

将上列关系式代入式（2-7），并注意到式（2-16）和式（2-17），得

$$p_f = \frac{1}{\sqrt{2\pi}}\int_{-\infty}^{-\beta} e^{-\frac{t^2}{2}}\mathrm{d}t = \Phi(-\beta) = 1-\Phi(\beta) \tag{2-9}$$

式（2-9）就是所要建立的失效概率表达式。由式中可以看出，β 值与失效概率 p_f 在数字上具有一一对应关系，两者也具有相对应的物理意义。若已知 β 值，则可求得 p_f 值。参见表 2-3。由于 β 值愈大，p_f 值愈小，即结构愈可靠。因此，β 值称为“可靠指标”。

可靠指标 β 与失效概率 p_f 的对应关系　　**表 2-3**

β	p_f	β	p_f
1.0	1.59×10^{-1}	3.0	1.35×10^{-3}
1.5	6.68×10^{-2}	3.5	2.33×10^{-4}
2.0	2.28×10^{-2}	4.0	3.17×10^{-5}
2.5	6.21×10^{-3}	4.5	3.40×10^{-5}

由于以 p_f 度量结构的可靠度具有明确的物理意义，能较好地反映问题的本质，这已为国际所公认。但是，计算 p_f 在数学上比较复杂，而计算 β 比较简单，且表达上也较直观。因此，现有国际标准、其他国家标准以及我国《建筑结构可靠度设计统一标准》GB 50068—2001 都采用可靠指标 β 代替失效概率 p_f 来度量结构的可靠度。

当已知两个正态分布的基本变量 R 和 S 的统计参数：μ_R、μ_S 及 σ_R、σ_S 后，即可按式（2-8）直接求出 β 值。对于多个正态和非正态基本变量的情况，其基本概念仍相同。

由式（2-8）可见，β 直接与基本变量的平均值和标准差有关，而且还可以考虑基本变量的概率分布类型。这就是说，它已概括了各有关基本变量的统计特性，从而可较全面地反映各影响因素的变异性。此外，β 是从结构功能函数 Z 出发，综合地考虑了荷载和抗力变异性对结构可靠度的影响。

二、概率极限状态设计法

如上所述，以结构的失效概率或可靠指标来度量结构可靠度，并建立了结构可靠度与结构极限状态之间的数学关系，这种设计方法就是所谓的“以概率理论为基础的极限状态设计法”，简称“概率极限状态设计法”。

按概率极限状态设计法设计，当验算结构的承载力时，一般是根据结构已知各种基本变量的统计特性（如平均值、标准差等），求出可靠指标 β，使之大于或等于设计规定的可靠指标 $[\beta]$，即：

$$\beta \geqslant [\beta] \tag{2-10}$$

当设计截面时，一般是已知各种基本变量的统计特性，然后根据设计规定的可靠指标 $[\beta]$ 求出所需的结构构件的抗力平均值，再求出抗力标准值，最后选结构构件的择截面尺寸。

设计规定的可靠指标 $[\beta]$ 简称设计可靠指标，理论上应根据各种结构构件的重要性、破坏性质（脆性、延性）及失效后果以优化方法分析确定。

限于目前的条件，并考虑到规范、标准的连续性，不使其出现大的波动，原《建筑结构设计统一标准》GBJ 68-84（“简称 84 标准”），对设计可靠指标 $[\beta]$ 采用了“校准法”确定。所谓“校准法”就是通过对现有的结构构件可靠度的反演计算和综合分析，确定今后设计时所采用的结构构件可靠指标 $[\beta]$ 的方法。

为了确定结构构件承载能力的设计可靠指标，“84 标准”选择了 14 种有代表性的构件进行了分析，分析表明，对这 14 种构件，按 20 世纪 70 年代编制的设计规范计算，它们的设计可靠指标 $[\beta]$ 总平均值为 3.30，其中，属于延性破坏的构件平均值为 3.22。这就是我国现行建筑结构可靠度的一般水准。

根据这一校准结果，对于承载力极限状态，“84 标准”规定，安全等级为二级的属延性破坏的结构构件取 $[\beta]=3.2$，属脆性破坏的结构构件取 $[\beta]=3.7$；对其他安全等级，β 值在此基础上分别增减 0.5，与此值相应的 50 年内的失效概率 p_f 运算值约差一个数量级。

《建筑结构可靠度设计统一标准》GB 50068—2001 规定，结构构件承载能力极限状态的设计可靠指标 $[\beta]$，不应小于表 2-4 的数值。

结构构件承载能力极限状态的设计可靠指标 $[\beta]$　　　　**表 2-4**

破坏类型	安全等级		
	一级	二级	三级
延性破坏	3.7	3.2	2.7
脆性破坏	4.2	3.7	3.2

由上可见，采用“校准法”，根据我国 20 世纪 70 年代编制的规范的平均可靠指标来确定今后设计时采用的可靠指标，其实质是从总体上继承现有的可靠度水准。这是一种稳

妥可行的办法，这种方法也为其他国家广为采用。

结构构件正常使用极限状态的设计可靠指标，我国《建筑结构可靠度设计统一标准》GB 50068—2001 规定，根据其作用效应的可逆程度宜取 0～1.5。ISO 2394：1998 规定，对可逆的正常使用极限状态，其设计可靠指标取为 0；对不可逆的正常使用极限状态，其设计可靠指标取为 1.5。

这里的不可逆的正常使用极限状态是指，产生超越状态的作用被移掉后，仍将永久保持超越状态的一种极限状态；可逆的正常使用极限状态是指，产生超越状态的作用被移掉后，将不再保持超越状态的一种极限状态。

【例题 2-1】 某结构钢拉杆受永久荷载作用，其轴向力 N_G 服从正态分布，其平均值 $\mu_{N_G}=125\text{kN}$，标准差 $\sigma_{N_G}=9\text{kN}$。截面承载力 R 亦服从正态分布，其平均值 $\mu_{R_G}=180\text{kN}$，标准差 $\sigma_{R_G}=14.3\text{ kN}$。若拉杆的设计可靠指标要求 $[\beta]=3.2$，试校核该拉杆的可靠度，并计算失效概率。

【解】 本题为两个正态分布的基本变量 S 和 R 的情形。其状态方程为

$$Z=g(R,S)=R-S=0$$

因此，可直接采用式（2-8）计算 β 值。于是

$$\beta=\frac{\mu_R-\mu_S}{\sqrt{\sigma_R{}^2+\sigma_S{}^2}}=\frac{180-125}{\sqrt{14.3^2+9^2}}=3.26>[\beta]=3.2$$

故该拉杆可靠度符合要求。

钢拉杆的失效概率按式（2-9）计算

$$p_f=\frac{1}{\sqrt{2\pi}}\int_{-\infty}^{-\beta}e^{-\frac{t^2}{2}}dt=\Phi(-\beta)=1-\Phi(\beta)=1-\Phi(3.26)=1-0.9994=0.6\times10^{-3}$$

其中 $\Phi(3.26)=0.9994$ 由标准正态分布函数表查得。

三、极限状态设计实用表达式

如上所述，按概率极限状态设计法设计时，一般是已知各种基本变量统计特性，然后根据设计可靠指标，按照相应的公式，求出所需要的结构构件的抗力平均值，进而求出抗力标准值。最后选择截面尺寸。

显然，直接根据设计可靠指标 $[\beta]$ 按极限状设计法进行设计，特别是对于基本变量多于两个，又非服从正态分布，极限状态方程又非线性时，计算工作量是相当繁琐的。

长期以来，工程界已习惯于采用基本变量的标准值和分项系数进行结构构件设计。考虑到这一习惯，并为了应用上的简便，《建筑结构可靠度设计统一标准》GB 50068—2001 给出了，以各基本变量标准值和分项系数形式表示的极限状态设计实用表达式。其中，分项系数是根据下列原则经优选确定的：在各项标准值已给定的情况下，要选择一组分项系数，使按实用表达式设计与按概率极限状态设计法设计，结构构件可靠指标的误差最小。

1. 按承载能力极限状态设计

《建筑结构可靠度设计统一标准》GB 50068—2001 规定，进行承载能力极限状态设计时，应采用荷载效应的基本组合或偶然组合，并按下列设计表达式进行设计：

$$\gamma_0 S_d\leqslant R_d \tag{2-11}$$

式中　γ_0——结构重要性系数，对安全等级为一级、二级、三级的结构构件可分别取

1.1、1.0、0.9；

S_d——荷载效应组合设计值；

R_d——结构构件抗力设计值。

（1）基本组合

对于基本组合，荷载效应组合的设计值 S_d 应从下列组合中取最不利值确定：

1）由可变荷载效应控制的组合：

$$S_d = \sum_{j=1}^{m}\gamma_{G_j}S_{G_jk} + \gamma_{Q_1}\gamma_{L_1}S_{Q_1k} + \sum_{i=2}^{n}\gamma_{Q_i}\gamma_{L_i}\psi_{c_i}S_{Q_ik} \tag{2-12}$$

式中　γ_{G_j}——永久荷载的分项系数，当其作用效应对结构不利时，对由可变荷载效应控制的组合，应取 1.2；对由永久荷载效应控制的组合，应取 1.35；当其作用效应对结构有利时，一般情况下应取 1.0；

γ_{Q_i}——第 i 个可变荷载的分项系数，其中 γ_{Q_1} 为主导可变荷载 Q_1 的分项系数，一般情况下取 1.4；对于标准值大于 4kN/m^2 的工业房屋的楼面可变荷载，取 1.3；

γ_{L_i}——第 i 个可变荷载考虑设计使用年限的调整系数，其中 γ_{L_1} 为主导可变荷载 Q_1 考虑设计使用年限的调整系数；楼面和屋面活荷载考虑设计使用年限的调整系数，当设计使用年限为 5 、50 和 100 年时，分别取 0.9、1.0 和 1.1；

S_{G_jk}——按第 j 个永久荷载标准值 G_{jk} 计算的荷载效应值；

S_{Q_ik}——按第 i 个可变荷载标准值 Q_{ik} 计算的荷载效应值，其中 S_{Q_1k} 为诸可变荷载效应中起控制作用者；

ψ_{c_i}——第 i 个可变荷载组合系数，当风荷载与其他可变荷载组合时，采用 0.6；其他情况，采用 1.0；

m——参与组合的永久荷载数；

n——参与组合的可变荷载数。

2）由永久荷载效应控制的组合：

$$S_d = \sum_{i=1}^{m}\gamma_{G_j}S_{G_jk} + \sum_{i=1}^{n}\gamma_{Q_i}\gamma_{L_i}\psi_{c_i}S_{Q_ik} \tag{2-13}$$

（2）偶然组合

对于偶然组合，荷载组合的效应设计值 S_d 可按下列规定采用：

1）用于承载能力极限状态计算的效应设计值，应按下式进行计算：

$$S_d = \sum_{j=1}^{m}S_{G_jk} + S_{A_d} + \psi_{f_1}S_{Q_1k} + \sum_{i=2}^{n}\psi_{q_i}S_{Q_ik} \tag{2-14}$$

式中　S_d——荷载效应组合的设计值；

S_{A_d}——按偶然荷载标准值 A_d 计算的荷载效应值；

ψ_{f_1}——第 1 个可变荷载的频遇值系数；

ψ_{q_i}——第 i 个可变荷载的准永久值系数。

2）用于偶然事件发生后受损结构整体稳固性验算的效应设计值，应按下式进行验算：

$$S_d = \sum_{j=1}^{m}S_{G_jk} + \psi_{f_1}S_{Q_1k} + \sum_{i=2}^{n}\psi_{q_i}S_{Q_ik} \tag{2-15}$$

2. 按正常使用极限状态设计

对于正常使用极限状态，应根据不同的设计要求，采用荷载效应的标准组合、频遇组合或准永久组合，并应按下列设计表达式进行设计：

$$S_d \leqslant C \tag{2-16}$$

式中　S_d——荷载效应组合的设计值；

C——结构或结构构件达到正常使用要求的规定限值（变形、裂缝、振幅、加速度、应力等限值），应按各有关建筑结构设计规范的规定采用。

（1）标准组合

主要用于当一个极限状态被超越时将产生严重的永久性损害的情况。组合时永久荷载采用标准值效应，对参加组合的可变荷载，除效应最大的主导荷载采用标准值效应外，其余的可变荷载均采用组合值效应。荷载标准组合的效应设计值 S_d 应按下式进行计算：

$$S_d = \sum_{j=1}^{m} S_{G_j k} + S_{Q_1 k} + \sum_{i=2}^{n} \psi_{c_i} S_{Q_i k} \tag{2-17}$$

式中　ψ_{c_i}——可变荷载 Q_i 的组合值系数，可由表 1-3 查得。

（2）频遇组合

主要用于当一个极限状态被超越时将产生局部损害、较大的变形或短暂的振动等情况。组合时永久荷载采用标准值效应，对参加组合的可变荷载，除效应最大的主导荷载采用频遇值效应外，其余的可变荷载均采用准永值效应。荷载频遇组合的效应设计值 S_d 应按下式进行计算：

$$S_d = \sum_{j=1}^{m} S_{G_j k} + \psi_{f_1} S_{Q_1 k} + \sum_{i=2}^{n} \psi_{q_i} S_{Q_i k} \tag{2-18}$$

式中　ψ_{f_1}——可变荷载 Q_1 的频遇值系数，可由表 1-3 查得；

ψ_{q_i}——可变荷载 Q_i 的准永久值系数，可由表 1-3 查得。

（3）准永久组合

主要用于当长期效应是决定性因素时的一些情况。组合时永久荷载采用标准值效应，可变荷载均采用准永久值效应。荷载准永久组合的效应设计值 S_d 应按下式进行计算：

$$S_d = \sum_{j=1}^{m} S_{G_j k} + \sum_{i=1}^{n} \psi_{q_i} S_{Q_i k} \tag{2-19}$$

§2.3　混凝土结构的耐久性

2.3.1　混凝土结构的环境类别

混凝土结构暴露的环境类别应按表 2-5 的要求划分。

混凝土结构的环境类别　　　**表 2-5**

项次	环境类别	条　件
1	一	室内干燥环境； 无侵蚀性静水浸没环境

续表

项次	环境类别	条　　件
2	二 a	室内潮湿环境； 非严寒和非寒冷地区的露天环境； 非严寒和非寒冷地区与无侵蚀性的水或土壤直接接触的环境； 严寒和寒冷地区的冰冻线以下与无侵蚀性的水或土壤直接接触的环境
3	二 b	干湿交替环境； 水位频繁变动的环境； 严寒和寒冷地区的露天环境； 严寒和寒冷地区的冰冻线以上与无侵蚀性的水或土壤直接接触的环境
4	三 a	严寒和寒冷地区冬季水位变动区环境； 受除冰盐影响环境； 海风环境
5	三 b	盐渍土环境； 受除冰盐作用环境； 海岸环境
6	四	海水环境
7	五	受人为或自然的侵蚀性物质影响的环境

注：1. 室内潮湿环境是指构件表面经常处于结露或潮湿环境；
2. 严寒和寒冷地区的划分应符合现行国家标准《民用建筑热工设计规范》GB 50176 的有关规定；
3. 海岸环境和海风环境宜根据当地，考虑主导风向及结构所处迎风、背风部位等因素的影响，由调查研究和工程经验确定；
4. 受除冰盐影响环境是指受到除冰盐盐雾影响的环境；受除冰盐作用环境是指被除冰盐溶液溅射的环境以及使用除冰盐地区的洗车房、停车楼等建筑；
5. 暴露的环境是指混凝土结构表面所处的环境。

2.3.2　结构混凝土材料的耐久性基本要求

设计使用年限为 50 年的混凝土结构，其混凝土材料宜符合表 2-6 的规定。

结构混凝土材料的耐久性基本要求表　　表 2-6

环境等级	最大水胶比	最低强度等级	最大氯离子含量（%）	最大碱含量（kg/m^3）
一	0.60	C20	0.30	不限制
二 a	0.55	C25	0.20	3.0
二 b	0.50(0.55)	C30(C25)	0,15	
三 a	0.45(0.50)	C35(C30)	0.15	
三 b	0.40	C40	9,19	

注：1. 氯离子含量系指其占胶凝材料总量的百分比；
2. 预应力混凝土中的最大氯离子含量为 0.06%，其最低混凝土强度等级宜按表中的规定提高两个等级；
3. 素混凝土构件的水胶比及最低强度等级的要求可适当放松；
4. 有可靠工程经验时，二类环境中的最低混凝土强度等级可降低一个等级；
5. 处于严寒和寒冷地区二 b、三 a 环境中的混凝土应使用引气剂，并可采用括号中的有关参数；
6. 当采用非碱活性骨料时，对混凝土中的碱含量可不用限制。

【例题 2-2】　某办公楼屋盖预制圆孔板，计算跨度 l_0＝3.14m，板宽 1.20m，屋面材料做法：二毡三油上铺小石子，20mm 厚水泥砂浆找平层。60mm 加气混凝土保温层，板底 20mm 厚水泥砂浆抹灰。屋面活荷载标准值为 0.50kN/m^2，雪荷载标准值为 0.30kN/m^2。

试确定相应于荷载效应基本组合时，屋面板最大弯矩设计值。

【解】（1）标准值

1）永久荷载

二毡三油、小石子	$0.35\ \text{kN/m}^2$
20mm 厚水泥砂浆找平层	$20\times0.02=0.40\text{kN/m}^2$
60mm 加气混凝土保温层	$60\times0.06=0.36\text{kN/m}^2$
预制圆孔板	2.00kN/m^2
20mm 厚板底抹灰	$20\times0.02=0.40\text{kN/m}^2$
	3.51kN/m^2
作用在板上的线荷载标准值	$3.51\times1.20=4.21\text{kN/m}$

2）可变荷载

因为屋面活荷载大于雪荷载，故取活载计算，其线荷载标准值

$$q_k=0.50\times1.20=0.60\text{kN/m}$$

（2）荷载效应（弯矩）设计值

经比较本题由永久荷效应控制组合，故 $\gamma_G=1.35$，而 $\gamma_{Q1}=1.4$，$\psi_{c1}=0.7$。将这些数值代入式（2-41），得：

$$M_{max}=\gamma_G S_{Gk}+\gamma_Q\psi_c S_Q$$

$$=1.35\times\frac{1}{8}\times4.21\times3.14^2+1.4\times0.7\times\frac{1}{8}\times0.6\times3.14^2$$

$$=7.73\text{kN}\cdot\text{m}$$

【例题 2-3】 某教学楼一外伸梁，跨度 $l=6\text{m}$，$a=2\text{m}$。作用在梁上的永久荷载标准值 $g_k=16.17\text{kN/m}$，可变荷载标准值 $q_k=7.20\text{kN/m}$（图 2-3）。试求 AB 跨最大弯矩设计值。

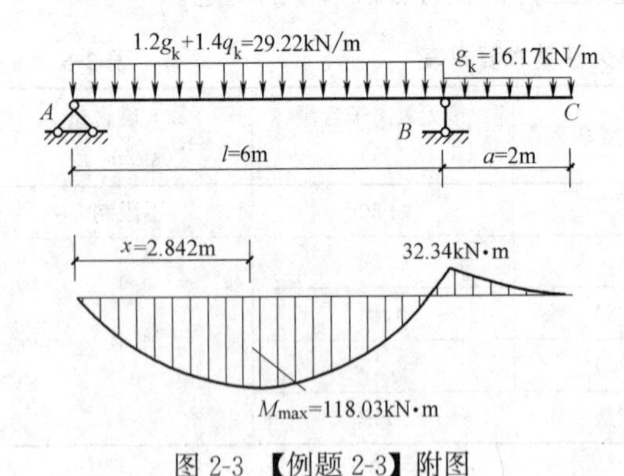

图 2-3 【例题 2-3】附图

【解】（1）荷载最不利位置和分项系数

为了求得 AB 跨最大弯矩设计值，可变荷载应仅布置在该跨内，且 BC 跨的永久荷载分项系数应取 1.0，而 AB 跨的永久荷载分项应取 1.2。

（2）荷载设计值

永久荷载设计值

AB 跨：　$\gamma_G g_K=1.2\times16.17=19.14\text{kN/m}$

BC 跨：　$\gamma_G g_K=1.0\times16.17=16.17\text{kN/m}$

可变荷载设计值

$$\gamma_{Q1}q_1=1.4\times7.20=10.08\text{kN/m}$$

AB 跨总的线荷载

$$p=\gamma_{G}g_{K}+\gamma_{Q}q=19.14+10.08=29.22\text{kN/m}$$

（3）AB 跨最大弯矩设计值

$$M_{x}=R_{A}x-\frac{1}{2}px^{2}=83.05x-\frac{1}{2}\times 29.22x^{2}$$

$$\frac{dM_{x}}{dx}=83.05-29.22x=0$$

解得：

$$x=2.842\text{m}$$

于是，AB 跨最大弯矩设计值：

$$M_{max}=83.05\times 2.842-\frac{1}{2}\times 29.48\times 2.842^{2}=118.03\text{kN}\cdot\text{m}$$

小　　结

1. 结构设计的目的在于，以最经济的手段，使结构在规定的时间内，具备预定的各种功能——安全性、适用性和耐久性，统称为可靠性。结构的可靠性用可靠度来度量。它的定义是："结构在规定的时间内，在规定的条件下，完成预定功能的概率"。

2. 结构能够完成预定功能的概率也称为"可靠概率"，一般用 p_s表示；相对地，结构不能完成预定功能的概率称为"失效概率"，用 p_f表示。显然 $p_s+p_f=1$。因此，可以用 p_s或者 p_f来度量结构的可靠度。《建筑结构可靠度设计统一标准》GB 50068—2001 采用的是后者。但是，计算 p_f在数学上比较复杂，所以，各个国家的设计标准都以可靠指标 β 代替 p_f来度量结构的可靠度。

3. β 直接与基本变量的平均值和标准差有关，而且还可考虑基本变量的概率分布和类型。这就是说，它已概括了各有关基本变量的统计特性，从而可较全面地反映各种影响因素的变异性。此外，β 是从结构的功能函数出发，综合地考虑了荷载和抗力变异性对结构可靠度的影响。

4. 长期以来，人们已习惯于采用基本变量（如荷载标准值、材料强度标准值）和分项系数（如荷载系数、材料强度系数）进行结构构件设计。考虑到这一习惯，并为了应用上的简便，《建筑结构可靠度设计统一标准》GB 50068—2001 给出了实用设计表达式。应当指出，实用设计表达式，虽然形式上与我国以往采用过的多系数设计表达式相似，但实质上却是不同的。主要在于，以往设计表达式中采用的各种系数是根据经验确定的，而实用设计表达式中采用的各种分项系数，则是根据基本变量的统计特性，以结构可靠度的概率分析为基础经优选确定的，它们起着相当于 β 值的作用。采用实用设计表达式后，结构的具体设计方法仍与传统的设计方法相同，并不直接涉及统计参数和概率运算。

5. 荷载效应基本组合用于结构按承载能力极限状态设计；荷载效应标准组合、频遇组合和准永久组合用于结构按正常使用极限状态设计（如结构构件变形、裂缝计算）。前者表达式中含荷载分项系数，后者表达式中不含荷载分项系数。

思　考　题

2-1　结构应满足哪些功能要求？什么是结构的可靠性？什么是可靠度？

2-2　什么是结构功能的极限状态？

2-3　什么是结构承载能力的极限状态？什么是结构正常使用的极限状态？

2-4　结构的失效概率 p_f 与可靠指标 β 有何关系？

习　　题

2-1　某办公楼楼面永久荷载引起预应力圆孔板的弯矩标准值 $M_{Gk}=13.23kN\cdot m$，楼面可变荷载引起该板的弯矩标准值 $M_{Lk}=3.80kN\cdot m$，试求基本组合时预应力圆孔板的弯矩设计值。

2-2　试分别求习题 2-1 标准组合和准永久组合时，板的弯矩设计值。

2-3　试求例题 2-3 基本组合时支座 B 的最大负弯矩 $M_{B,max}$ 的设计值。

第二篇

混凝土结构

第3章 钢筋和混凝土材料的力学性能

混凝土结构，除素混凝土结构外，是由钢筋、混凝土两种受力性能不同的材料组成的。为了掌握混凝土结构的受力特征和计算原理，必须了解混凝土和钢筋的力学性能。

§3.1 混凝土的力学性能

3.1.1 混凝土强度

1. 立方体抗压强度

按照标准方法制作养护的边长为150mm的立方体试块（图3-1a），在28d龄期，用标准试验方法测得的抗压强度，叫作立方体抗压强度，用符号 f_{cu} 表示。

根据混凝土立方体抗压强度标准值❶的数值，我国《混凝土结构设计规范》GB 50010—2010（2015年版）以下简称《混凝土设计规范》规定，混凝土强度等级分为14级：C15、C20、C25、C30、C35、C40、C45、C50、C55、C60、C65、C70、C75、C80。其中C（concrete）表示混凝土，C后面的数字表示混凝土立方体抗压强度标准值，单位为 N/mm^2。

素混凝土结构的强度等级不应低于C15；钢筋混凝土结构的强度等级不应低于C20；采用HRB400级钢筋时混凝土强度等级不宜低于C25；当采用HRB500级钢筋时，混凝土强度等级不宜低于C30。

承受重复荷载的钢筋混凝土构件，混凝土强度等级不应低于C30。预应力混凝土结构的混凝土强度等级不宜低于C40，且不应低于C30。

试块放在压力机上、下垫板之间加压时，使其纵向受压而缩短，而其横向将伸长。由于压力机垫板与试块上、下表面之间摩擦力的影响，垫板好像起了“箍”的作用，将试块上、下端箍住（图3-1b），阻碍试块上、下端的横向变形。而试块中间部分“箍”的影响减小，混凝土比较容易发生横向变形。随着荷载的增加，试块中间部分的混凝土首先鼓出剥落，形成对顶的两个角锥体，其破坏形态如图3-1（c）所示。

混凝土立方体抗压强度 f_{cu} 是混凝土强度的基本代表值，其他强度可由它换算得到。

2. 轴心抗压强度

在工程中，钢筋混凝土轴心受压构件，如柱、屋架的受压腹杆等，它们的长度比其横截面尺寸小得多。因此，钢筋混凝土轴心受压构件中的混凝土强度，与混凝土棱柱体轴心抗压强度接近。所以，在计算这类构件时，混凝土强度应采用棱柱体轴心抗压强度，简称轴心抗压强度。

---

❶ 混凝土立方体抗压强度标准值的确定方法见3.1.2。

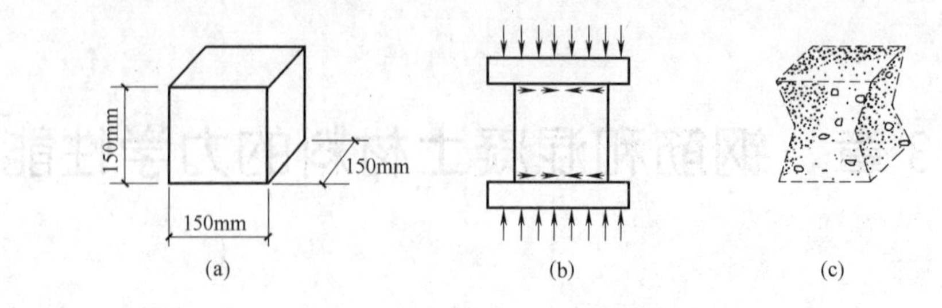

图 3-1　混凝土立方体抗压强度试验

混凝土轴心抗压强度，按照标准方法制作养护的截面为 150mm×150mm，高度为 300mm 的棱柱体（图 3-2），经 28d 龄期，用标准试验方法测得的抗压强度，用符号 f_c 表示。

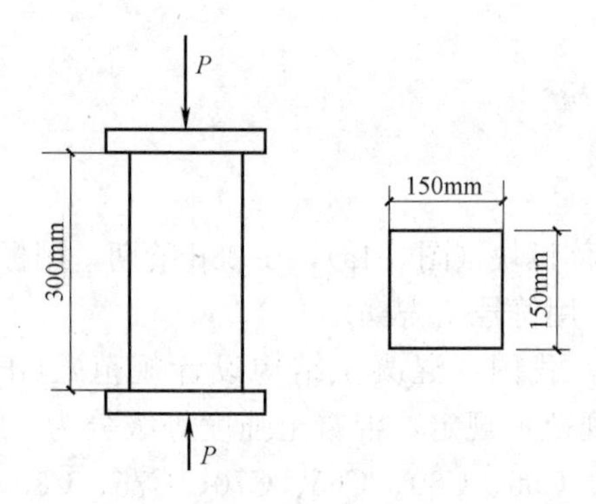

图 3-2　混凝土轴心抗压强度试验

早期我国所做的 394 组棱柱体抗压强度试验，结果如图 3-3 所示。由图中可见，混凝土轴心抗压强度平均值 μ_{f_c} 与立方体抗压强度平均值 $\mu_{f_{cu}}$ 的关系呈线性关系：$\mu_{f_c}=\alpha_{c1}\mu_{f_{cu}}$。其次，考虑到结构构件中混凝土强度与试件的差异，根据经验，并结合试验数据分析，为安全计，对试件强度乘以修正系数 0.88。此外，由于强度等级 C40 以上的混凝土在受压时强度破坏时有明显的脆性性质，故它们的轴心抗压强度平均值，应再乘以强度降低系数 α_{c2}。于是，轴心抗压强度平均值可写成：

$$\mu_{f_c}=0.88\times\alpha_{c1}\alpha_{c2}\mu_{f_{cu}} \tag{3-1}$$

式中　α_{c1}——轴心抗压强度平均值与立方体的比值，对 C50 及以下的混凝土取 0.76，对 C80 取 0.82，中间按线性插入法取值；

α_{c2}——考虑混凝土脆性的强度降低系数，对 C50 及其以下的混凝土取 1.0，对 C80 取 0.87，中间按线性插入法取值。

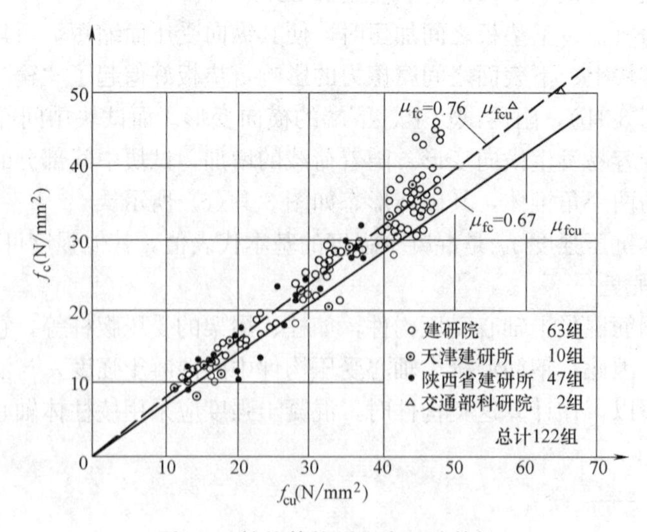

图 3-3　棱柱体抗压强度试验数据

3. 轴心抗拉强度

计算钢筋混凝土和预应力混凝土构件抗裂或裂缝宽度时，要应用混凝土轴心抗拉强度。混凝土轴心抗拉强度试验的试件如图 3-4 所示。试件是用一定尺寸钢模浇筑而成。两端预埋直径 20mm 变形钢筋，钢筋应与试件的轴线重合，试验时，将拉力机的夹具夹紧试件两端钢筋，使试件均匀受拉。当试件破坏时，试件截面上的拉应力就是轴心抗拉强度，用符号 f_t 表示。

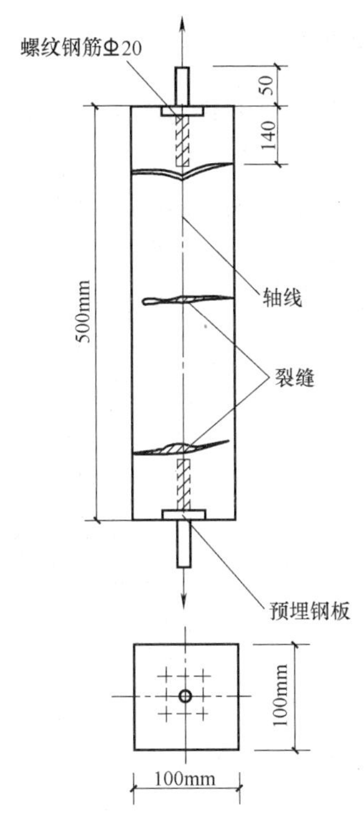

图 3-4　混凝土轴心抗拉强度试验

我国早期进行的 72 组轴心抗拉强度试验结果如图 3-5 所示。由图中可以看出，混凝土轴心抗拉强度平均值 μ_{f_t} 与立方体抗压强度平均值 $\mu_{f_{cu}}$ 之间呈非线性关系。

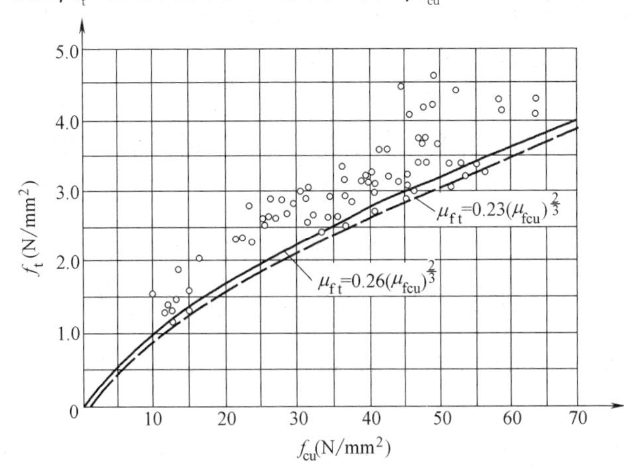

图 3-5　混凝土 μ_{f_t} 和 $\mu_{f_{cu}}$ 试验关系曲线

根据近年11组高强度混凝土的试验数据，再加上早期的试验结果，经回归统计得到轴心抗拉强度平均值μ_{f_t}与立方体的抗压强度平均值之间的表达式为：

$$\mu_{f_t}=0.395\mu_{f_{cu}}{}^{0.55} \tag{3-2a}$$

同样，考虑到结构构件与试件的差异和混凝土的脆性性质，需对上式进行修正：

$$\mu_{f_t}=0.88\times\alpha_{c2}0.395\mu_{f_{cu}}{}^{0.55} \tag{3-2b}$$

式中，符号意义同前。

3.1.2 混凝土强度的变异性及其取值

混凝土强度是影响混凝土结构构件承载力的主要因素之一。对其强度的取值合理与否，将直接影响结构构件的可靠性和经济效果。

按同一标准生产的混凝土各批之间的强度不会相同，即使同一次搅拌的混凝土其强度也有差别，这就是所谓材料强度的变异性。为了保证结构的安全性，在设计时应确定材料强度的标准值。所谓材料强度的标准值，是指在正常情况下，可能出现的最小材料强度。《建筑结构可靠度设计统一标准》GB 50068—2001规定，材料强度的标准值应根据材料强度概率分布某一分位值确定。材料强度概率分布一般采用正态分布。

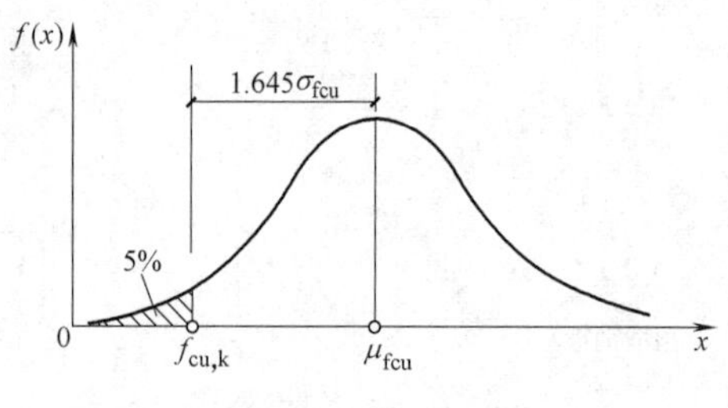

图3-6　混凝土强度标准值的取值

1. 混凝土强度标准值

《混凝土设计规范》规定，混凝土强度标准值取其平均值减去1.645倍的标准差，即取混凝土强度概率分布0.05（百分位）的分位值（图3-6）。这时混凝土强度的保证率为95%。例如，对于强度等级为C20的混凝土，其立方体抗压强度标准值不应低于20N/mm^2，即：

$$f_{cuk}=\mu_{f_{cu}}-1.645\sigma_{f_{cu}}\geqslant 20\text{N/mm}^2 \tag{3-3}$$

式中　f_{cuk}——混凝土立方体抗压强度标准值；

$\mu_{f_{cu}}$——混凝土立方体抗压强度平均值；

$\sigma_{f_{cu}}$——混凝土立方体抗压强度标准差。

根据上述混凝土强度标准值的取值原则，以及关系式（3-1）和式（3-2b），可以推算出混凝土轴心抗压强度标准值和轴心抗拉强度标准值。

（1）混凝土轴心抗压强度标准值

现以混凝土强度等级C20为例，说明轴心抗压强度标准值的计算方法。根据混凝土强度标准值的取值原则，

$$f_{cuk}=\mu_{f_{cu}}-1.645\sigma_{f_{cu}}=\mu_{f_{cu}}(1-1.645\delta) \tag{3-4}$$

$$f_{ck}=\mu_{f_c}-1.645\sigma_{f_c}=\mu_{f_c}(1-1.645\delta)^{❶} \tag{3-5}$$

由式（3-1）得$\mu_{f_c}=0.67\mu_{f_{cu}}$。将它代入式（3-5），并考虑到式（3-4），则得：

❶ 在推导公式时，假定同一等级的混凝土有相同的变异系数，即$\frac{\sigma_{f_{cu}}}{\mu_{f_{cu}}}=\frac{\sigma_{f_c}}{\mu_{f_c}}=\delta$。

$$f_{ck}=0.67\frac{f_{cuk}}{1-1.645\delta}(1-1.645\delta)$$

即

$$f_{ck}=0.67f_{cuk} \tag{3-6}$$

于是，C20 混凝土轴心抗压强度标准值为：

$$f_{ck}=0.67f_{cuk}=0.67\times20\approx13.4\text{N/mm}^2$$

《混凝土设计规范》取 $f_{ck}=13.4\text{N/mm}^2$。

混凝土轴心抗压强度标准值见表 3-1。

混凝土轴心抗压强度标准值（N/mm²）　　表 3-1

强度	混凝土强度等级													
	C15	C20	C25	C30	C35	C40	C45	C50	C55	C60	C65	C70	C75	C80
f_{ck}	10.0	13.4	16.7	20.1	23.4	26.8	29.6	32.4	35.5	38.5	41.5	44.5	47.4	50.2

（2）混凝土轴心抗拉强度标准值

现仍以混凝土强度等级 C20 为例，说明轴心抗拉强度标准值的计算方法。根据混凝土强度标准值的取值原则，

$$f_{tk}=\mu_{f_t}-1.645\sigma_{f_t}=\mu_{f_t}(1-1.645\delta) \tag{3-7}$$

由式（3-2b）得，$\mu_{f_t}=0.348\mu_{f_{cu}}^{0.55}$，将它代入式（3-7），并考虑到式（3-4），则得：

$$f_{tk}=0.348\left(\frac{f_{cuk}}{1-1.645\delta}\right)^{0.55}(1-1.645\delta)$$

经整理后，得：

$$f_{tk}=0.348(f_{cuk})^{0.55}(1-1.645\delta)^{0.45} \tag{3-8}$$

根据我国 1979～1980 年全国 10 个省市和自治区的混凝土强度的统计调查结果，各种强度等级混凝土的变异系数，如表 3-2 所示。

混凝土变异系数 δ　　表 3-2

混凝土强度等级	C15	C20	C25	C30	C35	C40	C45
变异系数 δ	0.21	0.18	0.16	0.14	0.13	0.12	0.12
混凝土强度等级	C50	C55	C60	C65	C70	C75	C80
变异系数 δ	0.11	0.11	0.10	0.10	0.10	0.10	0.10

由表 3-1 查得，C20 混凝土的变异系数 $\delta=0.18$，于是，C20 混凝土轴心抗拉强度标准值为：

$$\begin{aligned}f_{tk}&=0.348(f_{cuk})^{0.55}(1-1.645\delta)^{0.45}\\&=0.348\times20^{0.55}(1-1.645\times0.18)^{0.45}=1.543\end{aligned}$$

《混凝土设计规范》取 $f_{tk}=1.54\text{N/mm}^2$。

混凝土轴心抗拉强度标准值见表 3-3。

混凝土轴心抗拉强度标准值（N/mm²）　　表 3-3

强度	混凝土强度等级													
	C15	C20	C25	C30	C35	C40	C45	C50	C55	C60	C65	C70	C75	C80
f_{tk}	1.27	1.54	1.78	2.01	2.20	2.39	2.51	2.64	2.74	2.85	2.93	2.99	3.05	3.11

2. 混凝土强度设计值

《混凝土设计规范》规定，混凝土结构构件按承载能力计算时，应采用基本组合或偶然组合，混凝土强度应采用设计值。

混凝土强度设计值，等于混凝土强度标准值除以混凝土的材料分项系数 γ_c。《混凝土设计规范》规定，$\gamma_c=1.40$。它是根据可靠指标及工程经验并经分析确定的。

混凝土轴心抗压强度设计值，参见表 3-4。

混凝土轴心抗压强度设计值（N/mm²）　　　**表 3-4**

强度	混凝土强度等级													
	C15	C20	C25	C30	C35	C40	C45	C50	C55	C60	C65	C70	C75	C80
f_c	7.2	9.6	11.9	14.3	16.7	19.1	21.1	23.1	25.3	27.5	29.7	31.8	33.8	35.9

混凝土轴心抗拉强度设计值，参见表 3-5。

混凝土轴心抗拉强度设计值（N/mm²）　　　**表 3-5**

强度	混凝土强度等级													
	C15	C20	C25	C30	C35	C40	C45	C50	C55	C60	C65	C70	C75	C80
f_t	0.91	1.10	1.27	1.43	1.57	1.71	1.80	1.89	1.96	2.04	2.09	2.14	2.18	2.22

3.1.3　混凝土弹性模量、变形模量、泊松比和剪变模量

计算混凝土构件变形和预应力混凝土构件预应力时，需要应用混凝土的弹性模量。但是，在一般情况下，混凝土的应力和应变呈曲线变化，见图 3-7。因此，混凝土的弹性模量并不是常数，那么怎样定义混凝土的弹性模量？又如何取值呢？

1. 混凝土弹性模量

通过一次加载的混凝土关系 σ-ε 曲线原点的斜率，叫作原点弹性模量，以符号 E_c 表示。由图 3-8 看出：

$$E_c=\tan\alpha_0 \tag{3-9}$$

式中　E_c——原点弹性模量；

　　α_0——通过混凝土 σ-ε 曲线原点处的切线与横坐标轴的夹角。

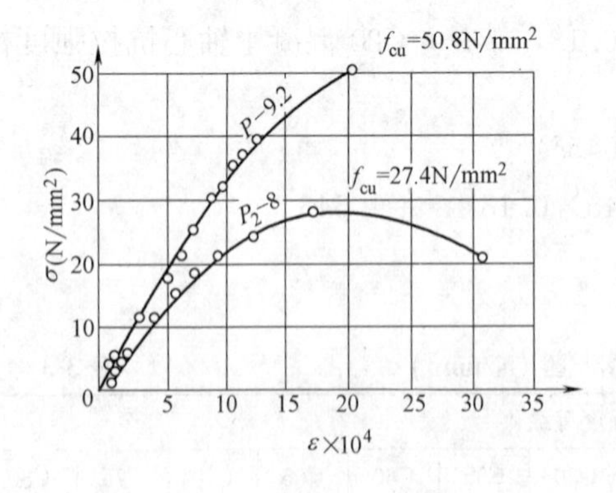

图 3-7　混凝土 σ-ε 曲线

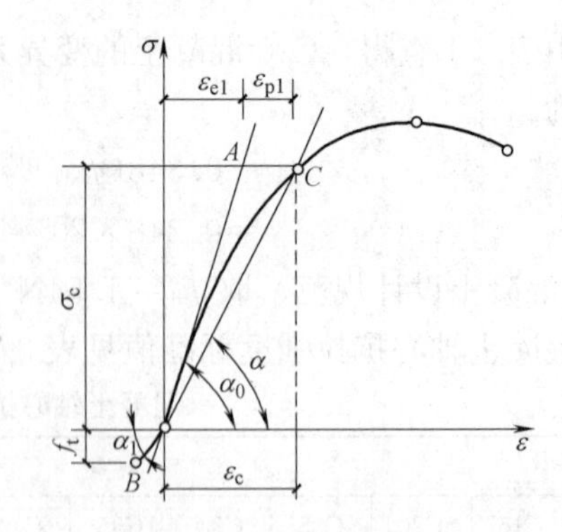

图 3-8　混凝土棱柱体一次加载的 σ-ε 曲线

但是，E_c的准确值不易从一次加载的σ-ε曲线上求得。《混凝土设计规范》规定的E_c值是在重复加载σ-ε曲线上求得的。试验采用棱柱体试件，选用应力$\sigma=(0.4\sim0.5)f_c$，反复加载5～10次。由于混凝土是弹塑性材料，每次卸载至零时，变形不能完全恢复，尚存有塑性变形。随着荷载重复次数的增加，每次卸载的塑性变形将逐渐减小。试验表明，重复加载次数达到5～10次后，塑性变形已基本稳定。σ-ε关系基本接近直线（图3-9），并平行于相应原点弹性模量的切线。因此，我们可以取$\sigma=(0.4\sim0.5)f_c$重复加载5～10次后的σ-ε直线的斜率作为混凝土的弹性模量E_c。

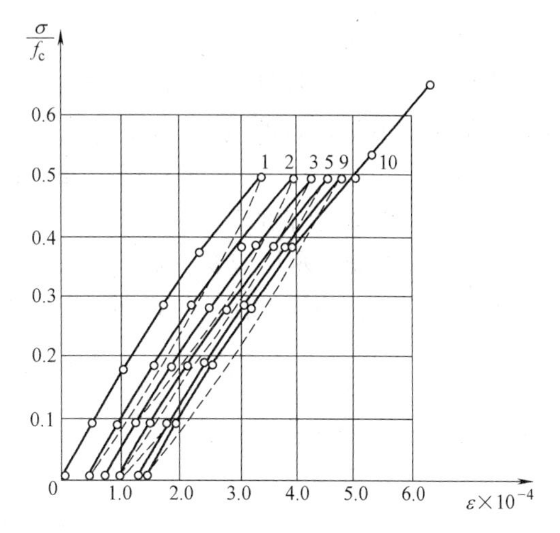

图3-9　混凝土棱柱体重复加载的σ-ε曲线

《混凝土设计规范》对不同强度等级的混凝土所做的试验结果，如图3-10所示，并给出了弹性模量的计算公式：

$$E_c=\frac{10^5}{2.2+\frac{34.7}{f_{cuk}}} \tag{3-10}$$

式中　E_c——混凝土弹性模量（N/mm^2）；

f_{cuk}——混凝土立方体抗压强度（N/mm^2）。

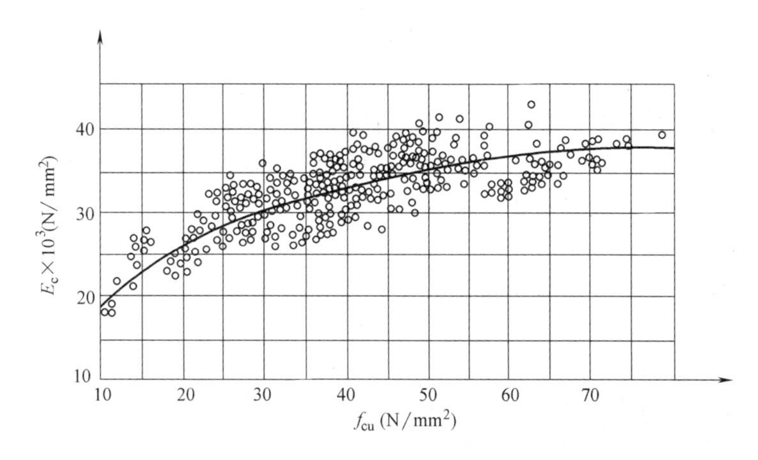

图3-10　混凝土E_c与f_{cuk}的关系曲线

根据式（3-10）求得不同强度等级的混凝土弹性模量，见表3-6。

混凝土弹性模量（$\times10^4N/mm^2$）　　**表3-6**

混凝土强度等级	C15	C20	C25	C30	C35	C40	C45	C50	C55	C60	C65	C70	C75	C80
E_c	2.20	2.55	2.80	3.00	3.15	3.25	3.35	3.45	3.55	3.60	3.65	3.70	3.75	3.80

注：当有可靠试验依据时，弹性模量值也可根据实测数据确定。

2. 混凝土变形模量

当应力 σ 较大，超过 $0.5f_c$ 时，弹性模量 E_c 已不能反映这时的 σ-ε 之间的关系。为此，我们给出变形模量的概念。σ-ε 曲线上任一点 C 的应变 ε_c 由两部分组成（图 3-8）：

$$\varepsilon_c=\varepsilon_{el}+\varepsilon_{pl} \tag{3-11}$$

式中　ε_{el}——混凝土弹性应变；

ε_{pl}——混凝土塑性应变。

原点 0 与 σ-ε 曲线上任一点 C 的连线（割线）的斜率，称为变形模量，即

$$E_c'=\tan\alpha=\frac{\sigma_c}{\varepsilon_c} \tag{3-12}$$

设弹性应变 ε_{el} 与总应变 ε_e 之比，

$$\nu=\frac{\varepsilon_{el}}{\varepsilon_c} \tag{3-13}$$

将式（3-13）代入式（3-12），得

$$E_c'=\nu E_c \tag{3-14}$$

式中　E_c'——混凝土变形模量；

E_c——混凝土弹形模量；

ν——混凝土弹性系数。

混凝土弹性系数 ν 反映了混凝土的弹性性质，它随应力 σ 的增加而减小，变形模量降低。当 $\sigma=0.5f_c$ 时，ν 的平均值为 0.85；当 $\sigma=0.8f_c$ 时，ν 的平均值为 0.4～0.7。

3. 混凝土泊松比

混凝土泊松比是指试件在短期一次加载（纵向）作用下横向应变与纵向应变之比，即

$$\mu_c=\frac{\varepsilon_x}{\varepsilon_y} \tag{3-15}$$

式中　μ_c——混凝土泊松比；

ε_x、ε_y——分别为混凝土的横向应变和纵向应变。

试验结果表明，当试件压应力较小时，μ_c 值为 0.15～0.18；当试件接近破坏时，μ_c 值可达 0.50 以上。《混凝土设计规范》取 $\mu_c=0.2$。

4. 混凝土剪变模量

由材料力学可知，剪变模量可按下式计算：

$$G_c=\frac{E_c}{2(1+\mu_c)} \tag{3-16}$$

式中　G_c——混凝土剪变模量。

其余符号意义同前。

若取 $\mu_c=0.2$，则 $G_c=0.417$，《混凝土设计规范》取 $G_c=0.4E_c$。

3.1.4　混凝土的收缩与徐变

1. 混凝土的收缩

混凝土在空气中硬化过程中体积减小的现象称为收缩。我国铁道科学研究院对混凝土的自由收缩进行了试验。试验结果见图 3-11。由图中可以看出，收缩随时间而增长。初期收缩发展较快，一个月约完成全部收缩量的 50%。三个月后增长减慢，一般两年后就

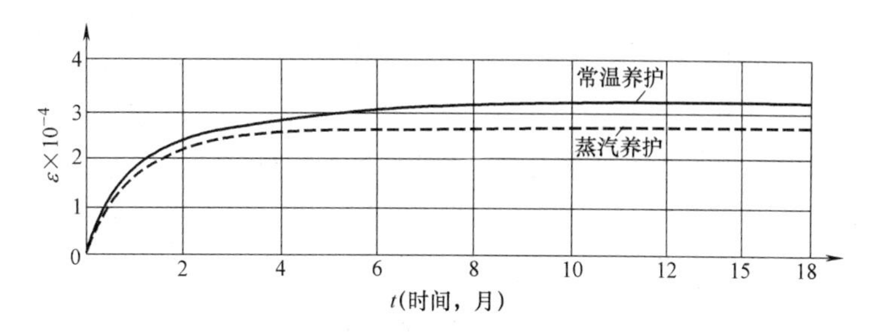

图 3-11　混凝土收缩随与时间的关系

趋于稳定。由图还可以看出，采用蒸汽养护时，混凝土的收缩量要小于常温下的数值。

一般认为，产生收缩的主要原因是由于混凝土硬化过程中，化学反应产生的凝结收缩和混凝土内的自由水蒸发产生的收缩。

混凝土的收缩对钢筋混凝土和预应力混凝土构件会产生十分有害的影响。例如，混凝土构件受到约束（如支座）时，混凝土的收缩会使构件产生拉应力。拉应力过大，就会使构件产生裂缝，以致影响结构的正常使用；在预应力混凝土构件中，混凝土收缩将引起预应力损失，等等。因此，应当设法减小混凝土的收缩，避免对结构产生有害的影响。

试验表明，混凝土的收缩与下列一些因素有关：

（1）水泥用量愈多，水灰比愈大，收缩愈大；

（2）强度高的水泥制成的混凝土构件收缩大；

（3）骨料的弹性模量大，收缩小；

（4）在结硬过程中，养护条件好，收缩小；

（5）混凝土振捣密实，收缩小；

（6）使用环境湿度大，收缩小。

2. 混凝土的徐变

混凝土在长期不变荷载作用下，变形随时间继续增长的现象，叫作混凝土的徐变。徐变特性主要与时间有关。图 3-12 表示当棱柱体应力 $\sigma=0.5f_c$时的徐变与时间的关系曲线。由图中可见，当加荷至 $\sigma=0.5f_c$时，其加荷载瞬间产生的应变为瞬时应变 ε_{el}。当荷载保持不变时，随着荷载作用时间的增加，应变也继续增长，这就是徐变应变 ε_{cr}。徐变开始时增长较快，以后逐渐减慢，经过较长时间趋于稳定。

产生徐变的原因，目前研究得尚不够充分。一般认为，产生的原因有两个：一个是混凝土受荷后产生的水泥胶体黏性流动要持续比较长的时间，所以，混凝土棱柱体在不变荷载作用下，这种黏性流动还要继续发展；另一个是混凝土内部微裂缝在荷载长期作用下将继续发展和增加，从而引起裂缝的增长。

混凝土的徐变对结构构件产生十分不利的影响，如增大混凝土构件的变形，在预应力混凝土构件中引起预应力损失等。

试验表明，徐变与下列一些因素有关：

（1）水泥用量愈多，水灰比愈大，徐变愈大。当水灰比在 0.4～0.6 范围变化时，单位应力作用下的徐变与水灰比成正比；

（2）增加混凝土骨料的含量，徐变减小。当骨料的含量由 60％增大到 75％时，徐变将减小 50％；

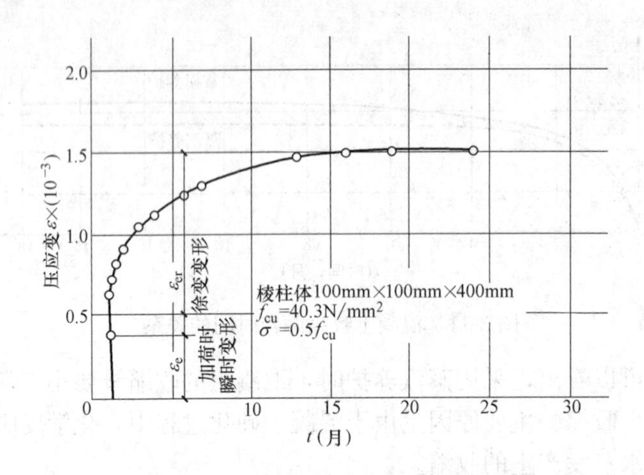

图 3-12　混凝土的徐变与时间的关系曲线

（3）养护条件好，水泥水化作用充分，徐变就小；

（4）构件加载前混凝土的强度愈高，徐变就愈小；

（5）构件截面的应力愈大，徐变愈大。

§3.2　钢筋的种类及其力学性能

3.2.1　钢筋的种类及化学成分

建筑用的钢筋，要求具有较高的强度，良好的塑性，便于加工和焊接。为了检查钢筋的这种性能，就要掌握钢筋的化学成分、生产工艺和加工条件。

1. 钢筋的种类

建筑工程所用的钢筋，按其加工工艺不同分为两大类：

（1）普通钢筋

用于混凝土结构构件中的各种非预应力钢筋，统称为普通钢筋。这种钢筋为热轧钢筋，是由低碳钢或普通合金钢在高温下轧制而成。按其强度不同分为：HPB300、HRB335、HRB400（HRBF400、RRB400）、HRB500（HRBF500）四级。其中，第一个字母表示生产工艺，如 H 表示热轧（Hot-Rolled），R 表示余热处理（Remained heat treatment ribbed）；第二个字母表示钢筋表面形状，如 P 表示光面（Plain round），R 表示带肋（Ribbed）；第三个字母 B（Bar）表示钢筋。在 HRB 后面加字母 F（Fine）的，为细精粒热轧钢筋。英文字母后面的数字表示钢筋屈服强度标准值，如 400，表示该级钢筋的屈服强度标准值为 400N/mm^2。

细精粒热轧钢筋是《混凝土设计规范》为了节约合金资源，新列入的具有一定延性的控轧 HRBF 系列热轧带肋钢筋。

考虑到各种类型钢筋的使用条件和便于在外观上加以区别。国家标准《钢筋混凝土用钢　第 1 部分：热轧光圆钢筋》GB 1499.1—2008 规定，HPB300 级钢筋外形轧成光面，故又称光圆钢筋。国家标准《钢筋混凝土用钢　第 2 部分：热轧带肋钢筋》GB 1499.2—

2007规定，HRB335、HRB400、RRB400级钢筋外形轧成肋形（横肋和纵肋）。横肋的纵截面为月牙形，故又称月牙肋钢筋。月牙肋钢筋（带纵肋）❶ 表面及截面形状如图3-13所示。

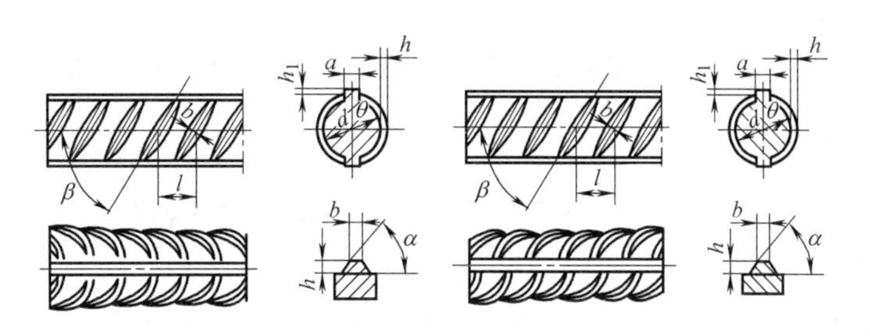

图3-13　月牙肋钢筋（带纵肋）表面及截面形状

余热处理钢筋是在钢筋热轧后经淬火，再利用芯部余热回火处理而形成的。经这样处理后，不仅提高了钢筋的强度，还保持了一定延性。

（2）预应力钢筋

用于混凝土结构构件中施加预应力的消除应力钢丝、钢绞线、预应力螺纹钢筋和中强度预应力钢丝，统称为预应力钢筋。

消除应力钢丝分为光面钢丝、螺旋肋钢丝。光面钢丝是将钢筋冷拔后，校直，再经中温回火消除应力并经稳定化处理而成的钢丝。螺旋肋钢丝是将低碳钢或低合金钢热轧成盘条经冷轧缩径后再冷轧成有肋钢丝。

钢绞线是指用冷拔钢丝在绞线机上绞扭而成。以一根直径稍粗的直钢丝为中心，其余钢丝则围绕其进行螺旋状绞合，再经低温回火处理而成。

精轧螺纹钢筋是《混凝土设计规范》新增加的一种大直径预应力钢筋品种，外形轧成肋形，横肋为螺纹状。

2. 钢筋的化学成分

钢筋的化学成分主要是铁，但铁的强度低，需要加入其他化学元素来改善其性能。加入铁中的化学元素有：

（1）碳（C）——在铁中加入适量的碳可以提高其强度。钢依其含碳量的多少，可分为低碳钢（含碳量≤0.25%）、中碳钢（含碳量0.26%～0.60%）和高碳钢（含碳量>0.6%）。在一定范围内提高含碳量，虽能提高钢筋的强度，但同时却使其塑性降低，可焊性变差。在建筑工程中，主要使用低碳钢和中碳钢。

（2）锰（Mn）、硅（Si）——在钢中加入少量锰、硅元素可以提高钢的强度，并能保持一定的塑性。

（3）钛（Ti）、钒（V）——在钢中加入少量的钛、钒元素可以显著提高钢的强度，并可提高其塑性和韧性，改善焊接性能。

在钢的冶炼过程中，会出现清除不掉的有害元素：磷（P）和硫（S）。它们的含量多了会使钢的塑性变差，容易脆断，并影响焊接质量。所以，合格的钢筋产品应该限制两种

❶　带肋钢筋通常带有纵肋，也有不带纵肋的。图中符号意义见国家标准《钢筋混凝土用钢第2部分：热轧带肋钢筋》1499.2—2007。

元素的含量。国家标准《钢筋混凝土用钢第 2 部分：热轧带肋钢筋》GB 1499.2—2007 规定，磷的含量≤0.045%，硫的含量≤0.045%。

含有锰、硅钛和钒的合金元素的钢，叫作合金钢。合金钢元素总含量小于 5%的合金钢，叫作低合金钢。

各种直径的圆钢和变形钢筋横截面面积及重量，详见附录 B 附表 B-1。

3.2.2　钢筋的力学性能

钢筋混凝土结构所用的钢筋，分为有屈服点的钢筋（热轧钢筋）和无屈服点的钢筋（钢丝和钢绞线等预应力钢筋）。

有屈服点的钢筋拉伸应力-应变曲线，如图 3-14 所示。由图中可见，在应力达到 a 点以前，应力与应变成正比，a 点上的应力称为比例极限。应力达到 b 点，钢筋开始屈服，即应力基本保持不变，应变继续增长，直到 c 点。b 点称为屈服上限；c 点称为屈服下限。由于 b 点应力不稳定，所以，一般以屈服下限 c 点作为钢筋屈服强度或屈服点。c 点以后的应力和应变呈现出一个水平段 cf，称为屈服台阶或流幅。在屈服台阶钢筋几乎按理想塑性状态工作。超过屈服台阶终点 f 后，应力与应变的关系又获得相应增长性质，应力-应变曲线又表现为上升曲线，这时钢筋具有弹性和塑性两重性质。这种性质一直维持到 d 点，钢筋产生颈缩现象，应力-应变曲线呈现下降。d 点所对应的应力称为极限强度。应力达到曲线 e 时钢筋被拉断。

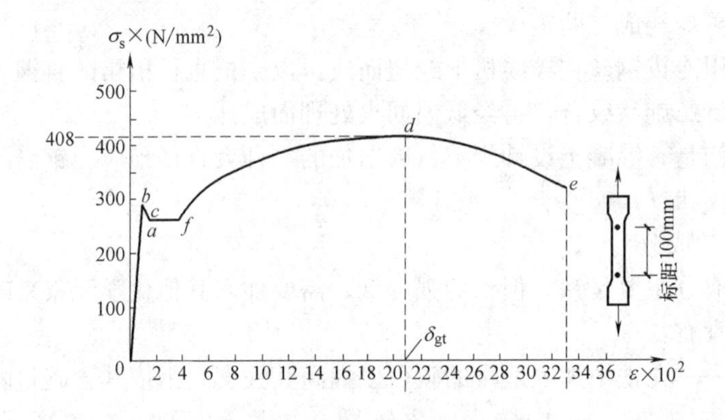

图 3-14　有屈服点钢筋的 σ-ε 曲线

与应力-应变曲线 e 点对应的应变值，反映钢筋拉断前的塑性变形程度，因此，可用它来表示钢筋的塑性变形性能指标，称为延伸率。由于它包含了断口颈缩区的局部应变，故不能正确地反映变形能力。近年来，国际上采用对应于最大应力（极限强度）的应变 δ_{gt} 来反映钢筋拉断前的塑性变形程度，δ_{gt} 称为均匀延伸率。我国新版《混凝土结构设计规范》也采用了 δ_{gt} 来表示钢筋的塑性变形性能指标，见附录 A 附表 A-11。

在钢筋混凝土结构计算中，对具有屈服点的钢筋，均取屈服点作为钢筋强度限值。这是因为，构件内的钢筋应力达到屈服点后它将产生很大的塑性变形；即使卸载，这部分变形也不能恢复。这就会使结构构件出现很大的变形和裂缝，以致影响结构正常使用。

没有屈服点的钢筋，它的极限强度高，但延伸率小（图 3-15）。虽然这种钢筋没有屈服点，但我们可以根据屈服点的特征，为它在塑性变形明显增长处找到一个假想的屈服点（或称条件屈服点），并把该点作为这种没有明显屈服点钢筋的可资利用的应力上限。通常取残余塑性应变为0.2%的应力$\sigma_{0.2}$作为假想屈服点。由试验得知，$\sigma_{0.2}$大致相当于钢筋极限强度σ_b的0.85，即，

$$\sigma_{0.2}=0.85\sigma_b \tag{3-17}$$

钢筋屈服台阶的大小，随钢筋品种而异，屈服台阶大的钢筋，延伸率大，塑性好，配有这种钢筋的钢筋混凝土结构构件，破坏前有明显预兆；无屈服台阶或屈服台阶小的钢筋，延伸率小，塑性差，配有这种钢筋的构件，破坏前无明显预兆，破坏突然，属于脆性破坏。

图3-16所示为不同强度等级的热轧钢筋和钢丝的σ-ε曲线。由图可见，钢筋随强度的提高，其塑性性能明显降低。

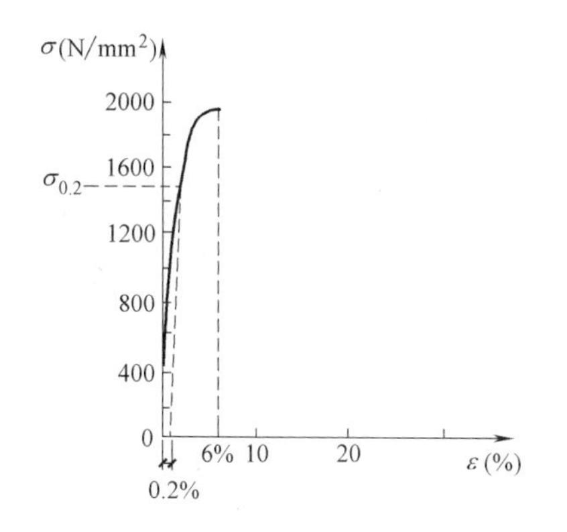

图3-15　无屈服点钢筋的σ-ε曲线

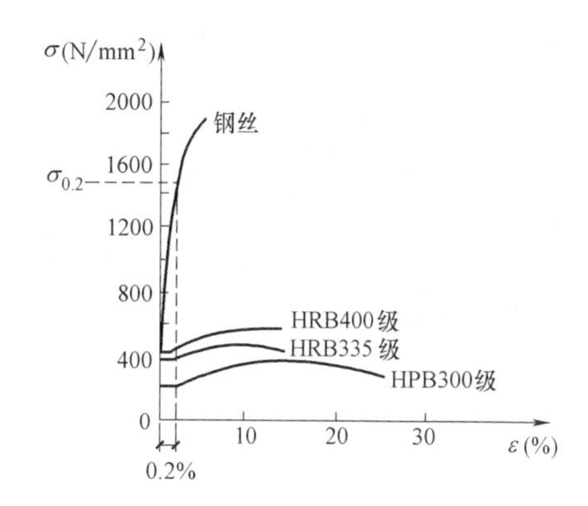

图3-16　不同强度钢筋和钢丝的σ-ε曲线

钢筋受压时的屈服强度与受拉时基本相同。

冷弯是检验钢筋塑性性能的另一项指标。为使钢筋在加工、使用时不开裂、弯断或脆断，应对钢筋试件进行冷弯试验，参见图3-17。试验时要求钢筋绕一辊轴弯转而不产生裂缝、鳞落或断裂现象。弯转角α愈大、辊轴直径愈小，钢筋的塑性愈好。

国家标准《钢筋混凝土用钢　第2部分：热轧带肋钢筋》GB 1499.2—2007对有屈服点的力学性能指标（屈服点、抗拉强度、伸长率和冷弯性能）均作出了规定。可作为钢筋检验的标准。

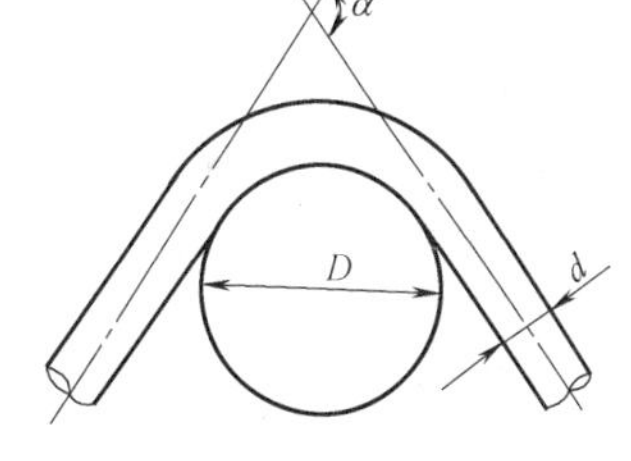

图3-17　钢筋冷弯试验

3.2.3　钢筋强度的变异性及其取值

钢筋强度是随机变量。按同一标准不同时间生产的钢筋，各批之间的强度不会完全相同。即使同一炉钢轧制的钢筋，其强度也有差异，即材料具有变异性。因此，在结构设计中，需确定钢筋强度标准值。

1. 钢筋强度标准值

为了保证钢材的质量，国家相关标准规定，产品出厂前要进行抽样检查，检查的标准

为“废品限值”，即强度标准值。

对于有明显屈服点的普通钢筋，“废品限值”是根据钢材的屈服强度的统计资料，既考虑了使用钢材的可靠性，又考虑了钢厂的经济核算而制定的标准。这一标准相当于钢筋的屈服强度平均值减2倍的标准差（见图3-18），即钢筋强度标准值：

$$f_{yk}=\mu_{f_y}-2\sigma_{f_y} \tag{3-18}$$

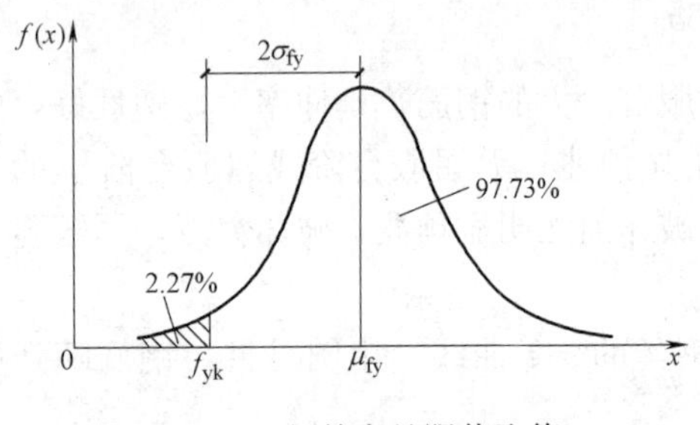

图3-18　钢筋废品限值取值

式中　f_{yk}——钢筋强度标准值；

μ_{f_y}——钢筋屈服强度平均值；

σ_{f_y}——钢筋屈服强度标准差。

当发现某批钢筋的实测屈服强度低于废品限值时，即认为是废品，不得按合格品出厂。例如，国家冶金工业标准规定，对HPB300级钢筋，其废品限值为300N/mm²；对HRB335级钢筋，其废品限值为335 N/mm²，等等。由式（3-18）可知，国家相关标准规定的废品限值的保证率为97.73％。符合《混凝土设计规范》对普通钢筋的强度标准值f_{yk}应具有不小于95％保证率的规定。

对于没有明显屈服点的预应力钢筋，取其极限抗拉强度σ_b作为极限强度标准值，用f_{ptk}表示，一般取0.002残余应变所对应的应力$\sigma_{p0.2}$作为其条件屈服强度标准值f_{pyk}。对传统的预应力钢丝、钢绞线，取$0.85\sigma_b$作为条件屈服点。

预应力钢筋的强度标准值亦应具有不小于95％的保证率。

普通钢筋的强度标准值按表3-7采用；预应力钢筋的强度标准值按表3-8采用。

普通钢筋的强度标准值（N/mm²）　　**表3-7**

牌　号	符号	公称直径 d(mm)	屈服强度标准值 f_{yk}(N/mm²)	极限强度标准值 f_{stk}(N/mm²)
HPB300	Φ	6～22	300	420
HRB335	Φ	6～50	335	455
HRB400 HRBF400 RRB400	Φ Φ^F Φ^R	6～50	400	540
HRB500 HRBF500	Φ Φ^F	6～50	500	630

2. 钢筋强度设计值

《混凝土设计规范》规定，混凝土结构构件按承载能力计算时，应采用基本组合或偶然组合。当采用基本组合时，钢筋强度应采用设计值。

对于延性较好的普通钢筋强度设计值f_y，等于其强度标准值f_{yk}除以材料分项系数γ_s。其中γ_s取1.1；但对新列入《混凝土设计规范》的高强度HRB500级的钢筋，为了适当提高其安全储备，γ_s取1.15。

预应力钢筋强度标准值（N/mm²）　　　　**表 3-8**

种类		符号	公称直径 d(mm)	屈服强度标准值 f_{pyk}	极限强度标准值 f_{ptk}
中强度预应力钢丝	光面螺旋肋	ϕ^{PM} ϕ^{HM}	5、7、9	620	800
				780	970
				980	1270
预应力螺纹钢筋	螺纹	ϕ^{T}	18、25、32、40、50	785	980
				930	1080
				1080	1230
消除应力钢丝	光面 螺旋肋	ϕ^{P} ϕ^{H}	5	—	1570
				—	1860
			7	—	1570
			9	—	1470
				—	1570
钢绞线	1×3（三股）	ϕ^{S}	8.6、10.8、12.9	—	1570
				—	1860
				—	1960
	1×7（七股）		9.5、12.7、15.2、17.8	—	1720
				—	1860
				—	1960
			21.6	—	1860

注：强度为1960MPa级的钢绞线作后张预应力配筋时，应有可靠的工程经验。

对于延性稍差的预应力钢筋强度设计值 f_{py}，等于其条件屈服强度标准值 f_{pyk} 除以材料分项系数 γ_s。其中 γ_s 一般取不小于1.2；对传统的预应力钢丝、钢绞线，γ_s 取1.2，保持原规范值；对新增的中强度预应力钢丝和螺纹钢筋，按上述原则计算并考虑工程经验适当调整。

普通钢筋抗拉强度设计值 f_y 和抗压值强度设计值 f'_y，按表3-9采用；预应力钢筋抗拉强度设计值 f_{py} 和抗压值强度设计值 f'_{py} 按表3-10采用。

普通钢筋强度设计值（N/mm²）　　　　**表 3-9**

牌号	抗拉强度设计值 f_y	抗压强度设计值 f'_y
HPB300	270	270
HRB335、HRB335	300	300
HRB400、HRBF400、RRB400	360	360
HRB500、HRBF500	435	435

预应力钢筋强度设计值（N/mm^2） **表 3-10**

种类	极限强度标准值 f_{ptk}	抗拉强度设计值 f_{py}	抗压强度设计值 f'_{py}
中强度预应力钢丝	800	510	410
	970	650	
	1270	810	
消除应力钢丝	1470	1040	410
	1570	1110	
	1860	1320	
钢绞线	1570	1110	390
	1720	1220	
	1860	1320	
	1960	1390	
预应力螺纹钢筋	980	650	400
	1080	770	
	1230	900	

注：当预应力筋的强度标准值不符合表 3-10 的规定时，其强度设计值应进行相应的比例换算。

3.2.4　钢筋在最大拉力下的总伸长率

普通钢筋及预应力筋在最大拉力下总伸长率 δ_{gt}应不小于表 3-11 规定的数值。

普通钢筋及预应力筋在最大拉力下总伸长率限值 **表 3-11**

钢筋品种	普通钢筋			预应力筋
	HPB300	HRB335、HRBF335、HRB400、HRBF400、HRB500	RRB400	
δ_{gt}(%)	10.0	7.5	5.0	3.5

3.2.5　钢筋的弹性模量

钢筋的弹性模量 E_s，取其比例极限内的应力与应变的比值。各类钢筋的弹性模量，按表 3-12 采用。

钢筋弹性模量（$\times 10^5 N/mm^2$） **表 3-12**

项次	钢筋种类	E_s(N/mm^2)
1	HPB300	2.10
2	HRB335、HRB400、HRB500、HRBF335、HRBF400、HRBF500、RRB400 预应力螺纹钢筋	2.00
3	消除应力钢丝中强度预应力钢丝	2.05
4	钢绞线	1.95

注：必要时可采用实测的弹性模量。

§ 3.3　钢筋与混凝土的粘结、锚固长度

3.3.1　钢筋与混凝土的粘结

钢筋混凝土构件在外力作用下，在钢筋与混凝土接触面上将产生剪应力。当剪应力超过钢筋与混凝土之间的粘结强度时，钢筋与混凝土之间将发生相对滑动，而使构件早期破坏。

钢筋与混凝土之间的粘结强度，实质上，是钢筋与混凝土处于极限平衡状态时两者之间产生的极限剪应力，即抗剪强度。粘结强度的大小和分布规律，可通过钢筋抗拔试验确定，试件如图 3-19（a）所示。钢筋受到拉力作用下，在钢筋与混凝土接触面上产生应力 τ，当它不超过粘结强度 τ_f时，钢筋就不会拔出。

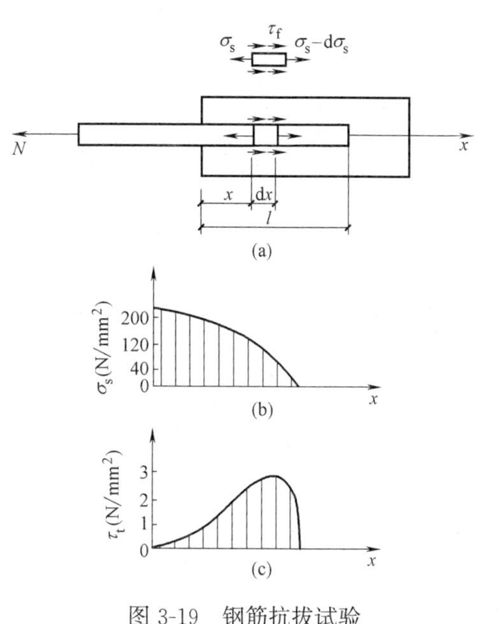

图 3-19　钢筋抗拔试验

现来分析钢筋与混凝土之间的粘结强度及其分布规律。设钢筋在拉力作用下，钢筋与混凝土处于极限平衡状态。从距试件端部 x 处，切取一钢筋微分体来加以分析，由平衡条件可得：

$$\Sigma X=0,\qquad (\sigma_s-d\sigma_s-\sigma_s)\frac{1}{4}\pi d^2+\tau_f\pi d\,dx=0$$

式中　d——钢筋直径；

σ_s——钢筋应力。

经整理后，得 x 点处粘结强度

$$\tau_f=\frac{d}{4}\cdot\frac{d\sigma}{dx} \tag{3-19}$$

在抗拔试验中，只要测得钢筋应力分布规律（图 3-19b），即可按式（3-19）求得各点的粘结强度 τ_f值，从而绘出 τ_f的分布图（图 3-19c）。

当钢筋处于极限平衡状态时，作用在钢筋上的外力，应等于钢筋与混凝土之间在长度 l 范围内的粘结强度总和，即：

$$N=\pi d\int_0^l \tau_f dx=\bar{\tau}_f.\ \pi dl$$

其中　$\bar{\tau}_f$——为平均粘结强度。

因为

$$N=\sigma_{s,max}.\ \frac{1}{4}\pi d^2$$

所以

$$\bar{\tau}_f=\frac{1}{4l}d\sigma_{s,max} \tag{3-20}$$

式中　$\sigma_{s,max}$——拔出时钢筋最大拉应力。

试验表明，钢筋与混凝土之间的粘结强度与混凝土立方体抗压强度和钢筋的表面特征有关，参见图3-20。对于光面钢筋，$\bar{\tau}_f=1.5\sim3.5\text{N/mm}^2$；变形钢筋 $\bar{\tau}_f=2.5\sim6.5\text{N/mm}^2$。

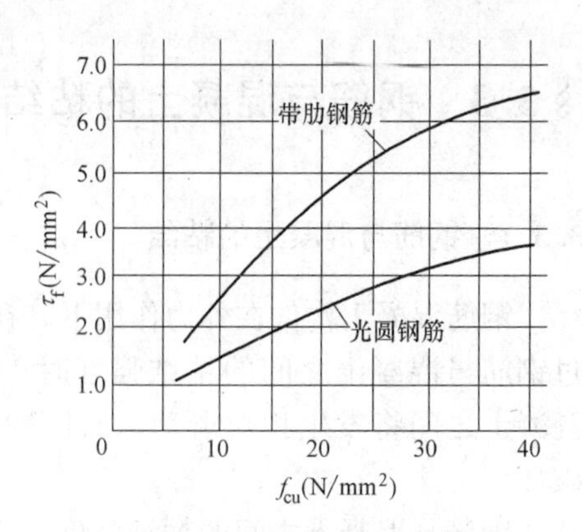

图3-20　粘结强度与混凝土立方体抗压强度之间的关系

3.3.2　钢筋锚固长度

1. 基本锚固长度

当钢筋最大应力 σ_{smax} 与屈服强度 f_y 相等时，按式（3-20）可算得钢筋埋入混凝土中的长度，把它称为钢筋基本锚固长度，用 l_{ab} 表示：

$$l_{ab}=\frac{df_y}{4\bar{\tau}_f} \tag{3-21}$$

将不同种类的钢筋屈服强度 f_y 和不同强度等级的粘结强度 $\bar{\tau}_f$，代入式（3-21）中，可求得钢筋锚固长度理论值。《混凝土设计规范》将式（3-21）中的 $\bar{\tau}_f$ 换算成混凝土抗拉强度 f_t 和与钢筋外形有关的系数 α，经可靠度分析并考虑我国经验，便可得到《混凝土设计规范》的受拉钢筋的基本锚固长度公式：

$$l_{ab}=\alpha\frac{df_y}{f_t} \tag{3-22}$$

式中　l_{ab}——受拉钢筋的基本锚固长度；

d——钢筋直径；

f_y——普通钢筋强度设计值；

f_t——混凝土轴心抗拉强度，当混凝土强度等级高于C60时，按C60采用；

α——钢筋外形系数，光面钢筋 $\alpha=0.16$；带肋钢筋 $\alpha=0.14$。光面钢筋末端应做成180°弯钩。弯后平直段长度不应小于 $3d$，但做受压钢筋时可不弯钩。

2. 钢筋锚固长度

受拉钢筋锚固长度应根据锚固条件按下列公式进行计算，且不应小于200mm：

$$l_a=\zeta_a l_{ab} \tag{3-23}$$

式中　ζ_a——锚固长度修正系数，对普通钢筋应按下列规定采用，当多于一项时，可按连乘计算，但不应小于0.60：

（1）当带肋钢筋的公称直径大于25mm时取1.10；

（2）环氧树脂涂层带肋钢筋取1.25；

（3）施工过程中易受扰动的钢筋取1.10；

（4）当纵向受力钢筋的实际配筋面积大于其设计计算面积时，修正系数取设计计算面积与实际配筋面积的比值，但对有抗震设防要求及直接承受动力荷载的结构构件，不应考虑此项修正；

（5）锚固钢筋的保护层厚度为 $3d$ 时修正系数可取0.80，保护层厚度为 $5d$ 时修正系数可取0.70，中间按内插取值，此处 d 为锚固钢筋的直径。

当纵向受拉普通钢筋末端采用弯钩或机械锚固措施时，包括弯钩或锚固端头在内的锚固长度（投影长度）可取为基本长度 l_{ab} 的 60%。弯钩和机械锚固形式（图 3-21）和技术要求应符合表 3-13 的要求。

钢筋弯钩和机械锚固的形式和技术要求　　表 3-13

锚固形式	技术要求
90°弯钩	末端 90°弯钩，弯钩内径 $4d$，弯钩直段长度 $12d$
135°弯钩	末端 135°弯钩，弯钩内径 $4d$，弯钩直段长度 $5d$
一侧贴焊锚筋	末端一侧贴焊长 $5d$ 同直径钢筋
两侧贴焊锚筋	末端两侧贴焊长 $3d$ 同直径钢筋
焊端锚板	末端与厚度 d 的锚板穿塞焊
螺栓锚头	末端旋入螺栓锚头

注：1. 焊缝和螺纹长度应满足承载力要求；
2. 螺栓锚头和接端锚板的承压净面积不应小于锚固钢筋截面积的 4 倍；
3. 螺栓锚头的规格应符合相关标准；
4. 螺栓锚头和焊接锚板的钢筋净间距不宜小于 $4d$，否则应考虑群锚效应的不利影响；
5. 截面角部的弯钩和一侧贴焊锚筋的布筋方向宜向截面内侧偏斜。

混凝土结构中的纵向受压钢筋，当计算中充分利用其抗压强度时，锚固长度不应小于相应受拉锚固长度的 70%。

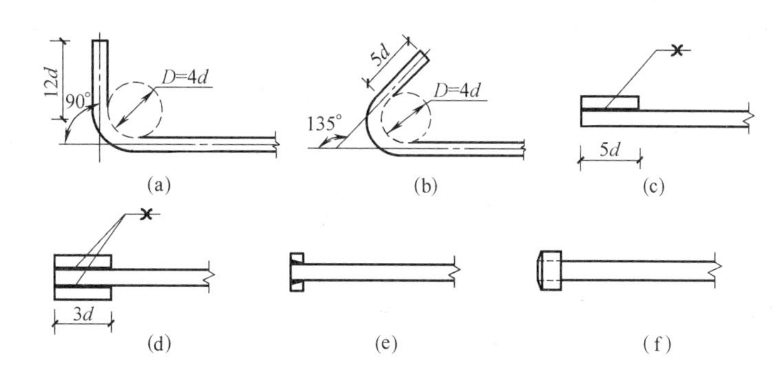

图 3-21　弯钩和机械锚固的形式和技术要求
（a）90°弯钩；（b）135°弯钩；（c）一侧贴焊钢筋；（d）两侧贴焊锚筋；
（e）穿孔塞焊锚板；（f）螺栓锚头

小　　结

1. 关于混凝土强度，本章介绍了立方体抗压强度、轴心抗压强度和轴心抗拉强度。混凝土强度等级是根据立方体抗压强度标准值确定的，立方体抗压强度标准值系指按照标准方法制作养护的边长为 150mm 的立方体，在 28d 龄期用标准方测得的具有 95%保证率的抗压强度。它是混凝土各种力学指标的基本代表值。

2. 混凝土强度标准值等于混凝土强度平均值减去 1.645 倍标准差，它具有 95%的保证率；普通钢筋强度标准值等于屈服强度平均值减去 2 倍标准差，它具有 97.73% 的保证率。混凝土和钢筋强度设计值分别等于其标准值除以各自的材料分项系数。混凝土强度标准值和强度设计值可分别由附录A附表A-1、Λ-3和附表A-4、A-5查到。

3. 混凝土的弹性模量用通过混凝土应力-应变曲线原点的切线表示，其值可由公式计算，或由附录A附表A-6查到。

钢筋的弹性模量等于其比例极限内的应力与应变之比，各种钢筋的弹性模量可由附录A附表A-12查到查得。

4. 混凝土在空气中硬化时体积减小的现象，称为收缩；混凝土在长期荷载作用下应变随时间增长的现象，称为徐变。混凝土的收缩和徐变对混凝土结构受力有一定的影响，在工程中应采取措施，减小混凝土的收缩和徐变。

5. 建筑工程所用的钢筋，按其加工工艺不同分为两大类：普通钢筋和预应力钢筋。前者按其强度分为HPB300、HRB335、HRB400、RRB400和HRB500四级，而后者按其加工工艺分为中强度预应力钢丝、消除应力钢丝、钢绞线和预应力螺纹钢筋四种。

6. 对有屈服点的钢筋，它的强度标准值为f_{yk}；其材料分项系数$\gamma_s=1.10\sim1.15$，它的抗拉强度设计值$f_y=f_{yk}/\gamma_s$；而没有屈服点的钢筋，对传统的消除应力钢丝、钢绞线，取抗拉极限强度$\sigma_b=f_{ptk}$（f_{ptk}称为极限强度标准值）的0.85作为它的条件屈服点f_{pyk}，材料分项系数$\gamma_s=1.20$，故它的抗拉强度设计值$f_{py}=f_{pyk}/\gamma_s=0.85f_{ptk}/1.2=f_{puk}/1.41$，保持了原规范的数值；对新增的中强度预应力钢丝和螺纹钢筋，按上述原则计算并考虑工程经验适当调整，其强度设计值列于表3-10。

7. 钢筋与混凝土之间的粘结强度是钢筋与混凝土共同工作的基础。粘结强度取决于钢筋的种类、混凝土的强度等级。钢筋的锚固长度是结构构件设计中一个十分重要的问题，在设计时应加以注意。

思　考　题

3-1　什么是混凝土立方体抗压强度？什么是它的标准值？混凝土强度等级是怎样划分的？

3-2　什么是混凝土轴心抗压强度和轴心抗拉强度？怎样确定？

3-3　什么是混凝土收缩和徐变？它对工程结构有何危害？如何减小混凝土收缩和徐变？

3-4　简述钢筋的种类及其应用范围。

3-5　什么是没有屈服点钢筋的条件屈服强度？怎样确定？

3-6　怎样确定受拉钢筋的基本锚固长度？它的数值与哪些因素有关？

第4章　受弯构件承载力计算

§4.1　概述

在工业与民用建筑中，梁、板是典型的受弯构件。钢筋混凝土梁、板，按制作工艺可分为现浇和预制两类。图4-1（a）为现浇钢筋混凝土楼盖，楼板是以梁作为支承的多跨连续板，而梁是以墙作为支承的简支梁；图4-1（b）为现浇雨篷，它是以墙或梁作为支承的悬臂板。图4-1（c）为预制圆孔板，它是以墙或梁作为支承的简支板。

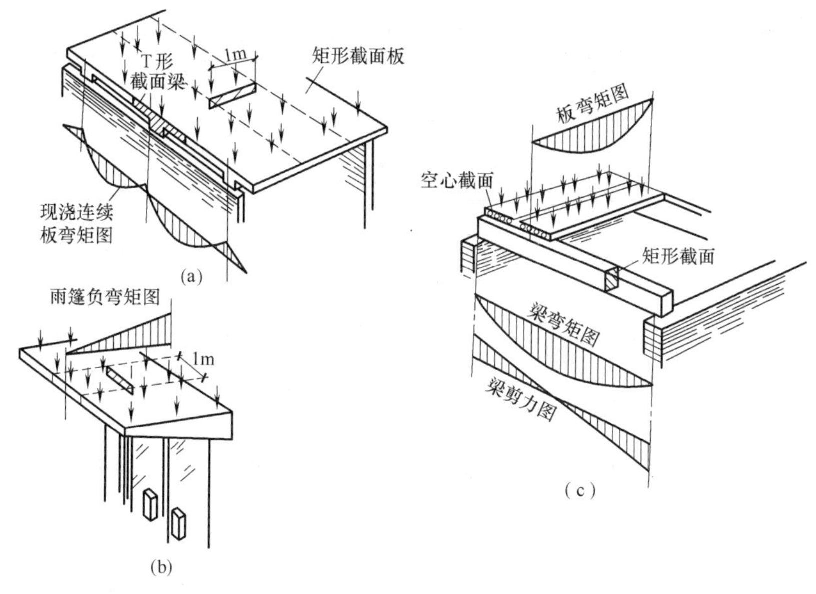

图4-1　钢筋混凝土梁和板的实例

（a）现浇钢筋混凝土楼盖；（b）现浇雨篷；（c）预制圆孔板

在荷载作用下，在这些受弯构件截面内将产生弯矩和剪力。试验和理论分析表明，它们的破坏有两种可能，一种情况是由于弯矩而引起的破坏，破坏截面与梁的轴线垂直，称为正截面破坏（图4-2a）；另一种情况是由于剪力和弯矩而引起的破坏，破坏截面与梁的

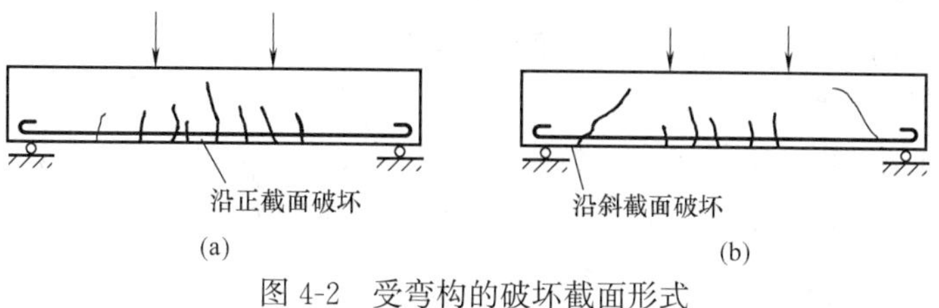

图4-2　受弯构的破坏截面形式

（a）沿正截面破坏；（b）沿斜截面破坏

轴线倾斜，称为斜面截面破坏（图 4-2b）。因此，设计钢筋混凝土受弯构件时，要进行正截面和斜截面的承载力计算。

§4.2　梁、板的一般构造

4.2.1　梁的截面形式和配筋

1. 梁的截面形式和尺寸

梁的截面形式有矩形、T 形、I 字形、L 形和倒 T 形以及花篮形等（图 4-3）。梁的截面尺寸要满足承载力、刚度和抗裂度三方面的要求。梁的截面尺寸从刚度条件考虑，根据经验，简支梁、连续梁、悬臂梁的截面高度可按表 4-1 采用。

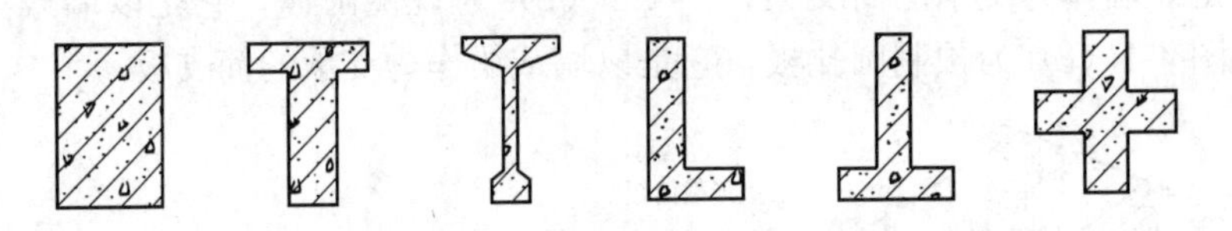

图 4-3　梁的截面形式

梁的截面高度取值　　**表 4-1**

项次	构件种类		简支	连续	悬 臂
1	现浇肋形楼盖	次梁	$l_0/15$	$l_0/20$	$l_0/8$
		主梁	$l_0/12$	$l_0/15$	$l_0/6$
2	独立梁		$l_0/12$	$l_0/15$	$l_0/6$

注：表中 l_0 为梁的计算跨度，当梁的跨度大于 9m 时，表中的数值应乘以 1.2。

梁的宽度 b 一般根据梁的高度 h 确定。对于矩形梁，取 $b=$（1/2.5～1/2）h；对于 T 形梁，取 $b=$（1/3～1/2.5）h。

为了施工方便，并有利于模板定型化，梁的截面尺寸应按统一规格采用。一般取为：

梁高＝150mm、180mm、200mm、250mm，大于 250mm 时，则按 50mm 进级。

梁宽＝120mm、150mm、180mm、200mm、220mm、250mm，大于 250mm 时，则按 50mm 进级。

2. 梁的材料强度等级

（1）混凝土强度等级

梁的混凝土强度等级一般采用 C20、C25、C30、C35 和 C40。计算表明，提高混凝土的强度等级，对提高梁的承载力效果并不十分显著。

（2）钢筋的强度等级

梁的钢筋强度等级一般采用热轧钢筋 HRB335、HRB400、RRB400 级。在工程中，宜优先选择 HRB400 级钢筋。这种钢筋不仅强度高，而且粘结性能也好。

3. 梁的配筋形式

现以图 4-4 所示简支梁为例，说明梁内的钢筋的形式：

（1）纵向受力钢筋①❶

纵向受力钢筋主要是用来承受由弯矩在梁内产生的拉力，所以，这种钢筋要放在梁的受拉一侧。钢筋直径一般采用 14～25mm。当梁高 $h>300$mm 时，不应小于 10mm；当梁高 $h<300$mm 时，不应小于 8mm。为了便于施工和保证混凝土与钢筋之间具有的粘结力，钢筋之间要有足够净距。《混凝土设计规范》规定，梁内下部纵向受力钢筋的水平方向的净距不小于 25mm，同时不小于钢筋的直径 d；上部纵向受力钢筋的水平方向净距不小于 30mm 和 1.5d（图 4-7）。梁的下部纵向钢筋配置多于两层时，两层以上的钢筋水平方向的中距应比下面两层的中距增大一倍。各层之间的净距不小于 25mm 和直径 d。

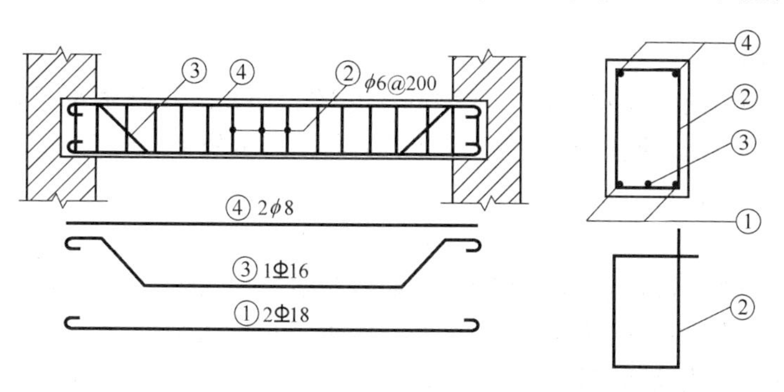

图 4-4 梁的配筋形式

（2）箍筋②

箍筋主要用来承受由剪力和弯矩共同作用，在梁内产生的主拉应力。同时，箍筋通过绑扎或焊接把它和纵向钢筋连系在一起，形成一个空间的骨架。

箍筋的直径和间距应由计算确定。如按计算不需设置箍筋时，对截面高度大于 300mm 的梁，仍应按构造要求，沿梁全长设置箍筋；对截面高度为 150～300mm 的梁，可仅在构件的端部各 1/4 跨度范围内设置箍筋。对截面高度为 150mm 以下的梁，可不设置箍筋。

当梁中配有计算需要的纵向受压钢筋时，箍筋应做成封闭式的（图 4-5d）；箍筋的间距在绑扎骨架中，不应大于 15d，在焊接骨架中，不应大于 20d（d 为纵向受压钢筋的最小直径）。同时在任何情况下，均不应大于 400mm。当一层内的纵向受压钢筋 多于 5 根且直径大于 18mm 时，箍筋间距不应大于 10d。

箍筋最小直径与梁的截面高度有关。对截面高度大于 800mm 的梁，其箍筋直径不宜小于 8mm；对截面高度为 800mm 及其以下的梁，其箍筋直径不宜小于 6mm；对截面高度为 250mm 及其以下的梁，其箍筋直径不宜小于 4mm。当梁中配有计算需要的纵向受压钢筋时，箍筋直径尚不应小于 $d/4$（d 为纵向受压钢筋的最大直径）。

为了保证纵向受力钢筋可靠地工作，箍筋的肢数一般按下面规定采用：

当梁的宽度 $b\leqslant150$mm 时，采用单肢（图 4-5a）。

当梁的宽度 150mm$<b\leqslant350$mm 时，采用双肢（图 4-5b）。

当梁的宽度 $b>350$mm 时，或在一层内纵向受拉钢筋多于 5 根，或纵向受压钢筋多于

❶ 这里的①为图 4-4 中钢筋编号。

3 根，采用四肢（图 4-5c）。

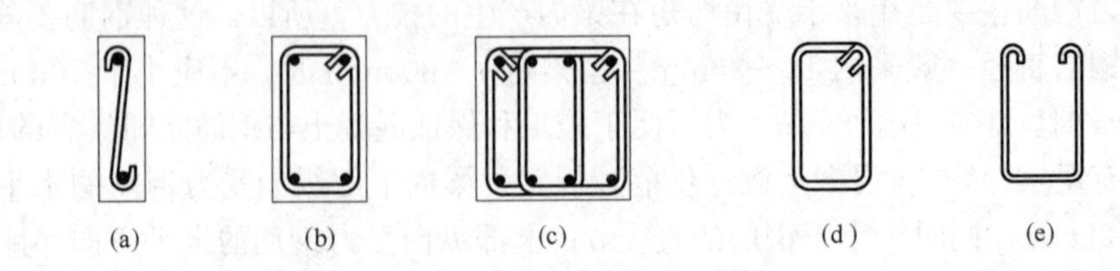

图 4-5　梁的箍筋形式和肢数

（a）单肢箍；（b）双肢箍；（c）四肢箍；（d）封闭箍；（e）开口箍

（3）弯起钢筋③

这种钢筋是由纵向受拉钢筋弯起成型的。它的作用，除在跨中承受弯矩产生的拉力外，在靠近支座的弯起段则用来承受弯矩和剪力共同产生的主拉应力。弯起钢筋的弯起角度，当梁高 $h \leqslant 800$mm 时，采用 45°；当梁高 $h > 800$mm 时，采用 60°。

（4）架立钢筋④

为了固定钢筋的正确位置和形成钢筋骨架，在梁的受压区两侧，需布置平行于受力纵筋的架立钢筋（如在受压区已配置受压钢筋，则可不再配置架立钢筋）。此外，架立钢筋还可防止由于混凝土收缩而使梁上缘产生裂缝。

架立钢筋的直径与梁的跨度有关，当梁的跨度小于 4m 时，架立钢筋的直径不宜小于 6mm；当梁的跨度等于 4～6m 时，不宜小于 8mm；跨度大于 6m 时，不宜小于 10mm。

4.2.2　板的厚度和配筋

1. 板的厚度

板的厚度要满足承载力、刚度和抗裂度三方面的要求。从刚度条件考虑，板的厚度可按表 4-2 确定，同时也不小于表 4-3 的要求。

板厚度的确定　　**表 4-2**

项　次	支座的构造特点	板的厚度
1	简 支	$l_0/30$
2	弹性约束	$l_0/40$
3	悬 臂	$l_0/12$

注：表中 l_0 为板的计算跨度。

现浇板的最小厚度（mm）　　**表 4-3**

屋面板	一般楼板	密肋楼板	车道下楼板	悬臂板
50	60	50	80	70(根部)

2. 板的材料强度等级

（1）混凝土强度等级

板的混凝土强度等级一般采用 C20、C25、C30、C35 等。

（2）钢筋的强度等级

板的钢筋强度等级，一般采用热轧钢筋 HRB335、HRB400 级。在工程中，宜优先选择 HRB400 级钢筋。这种钢筋不仅强度高，而且粘结性也好，当用于板的配筋时，与光面钢筋 HPB300 相比，可以有效地减小板的裂缝。

3. 板的配筋形式

这里仅叙述受力类似于梁的梁式板的配筋。这种板的受力特点是，主要沿板的一个方向弯曲。故仅沿该方向配筋。

梁式板的抗主拉应力能力较强，一般不会发生斜裂缝破坏。故梁式板中仅配纵向受力钢筋和分布钢筋。纵向受力钢筋沿跨度方向受拉区布置；分布钢筋则沿垂直受力钢筋方向布置，参见图 4-6。

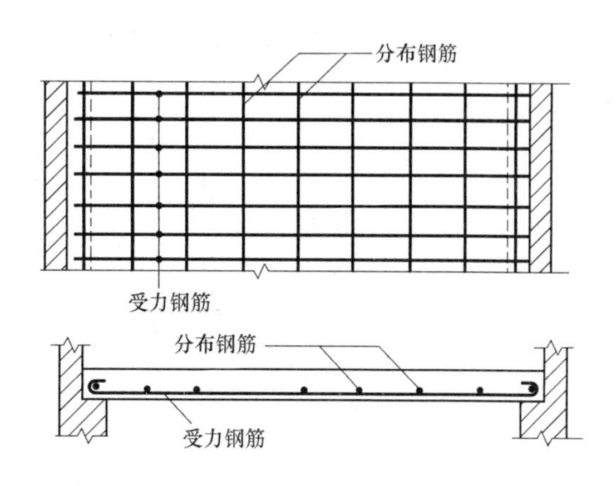

图 4-6　梁式板的配筋形式

板中的受力钢筋直径一般采用 8～12mm，对于大跨度板，特别是基础板，直径可采用 14～18mm，或更粗的钢筋。钢筋间距，当板厚 $h \leqslant 150$mm 时，不宜大于 200mm；当板厚 $h > 150$mm 时，不宜大于 $1.5h$，且不宜大于 250mm。为了保证施工质量，钢筋间距也不宜小于 70mm。

梁式板中分布钢筋的直径不宜小于 6mm。梁式板中单位长度上的分布钢筋截面面积，不宜小于单位长度上受力钢筋截面面积 15%，且不宜小于该方向板截面面积的 0.15%，其间距不宜大于 250mm。对集中荷载较大的情况，分布钢筋截面面积应适当增加，其间距不宜大于 200mm。

4.2.3　梁、板的混凝土保护层及截面有效高度

为了防止钢筋锈蚀和保证钢筋和混凝土的粘结，梁、板都应具有一定厚度的混凝土保护层。《混凝土设计规范》规定，不再按传统的以纵向受力钢筋的外缘，而以最外层钢筋（包括箍筋、构造钢筋或分布钢筋等）的外缘计算保护层厚度。设计使用年限为 50 年的混凝土结构，混凝土保护层的最小厚度应按附录 C 附表 C-1 的规定采用，且不小于受力钢筋的直径 d。规范同时规定，当有充分依据并采取下列措施时，可适当减小混凝土保护层的厚度：

（1）构件表面有可靠的防护层，如表面抹灰及其他各种有效的保护性涂料层；

（2）采用工厂化生产的预制构件；

（3）在混凝土中掺加阻锈剂或采用阴极保护处理等防锈措施；

（4）当对地下室墙体采取可靠的建筑防水做法或防护措施时，与土层接触一侧钢筋的保护层厚度可适当 减少，但不应小于 25mm。

梁、板保护层最小厚度参见附录 C 附表 C-1，梁、板受力纵筋净距或间距可按图 4-7 采用。

在计算梁、板受弯构件承载力时，因为受拉区混凝土开裂后，拉力完全由钢筋承担。这时梁、板能发挥作用的截面高度，应为受拉钢筋截面形心至梁的受压区边缘的距离，称为截面有效高度。见图 4-7（a）、（b）。

根据上述钢筋净距和混凝土保护层最小厚度的规定，并考虑到梁、板常用钢筋直径和

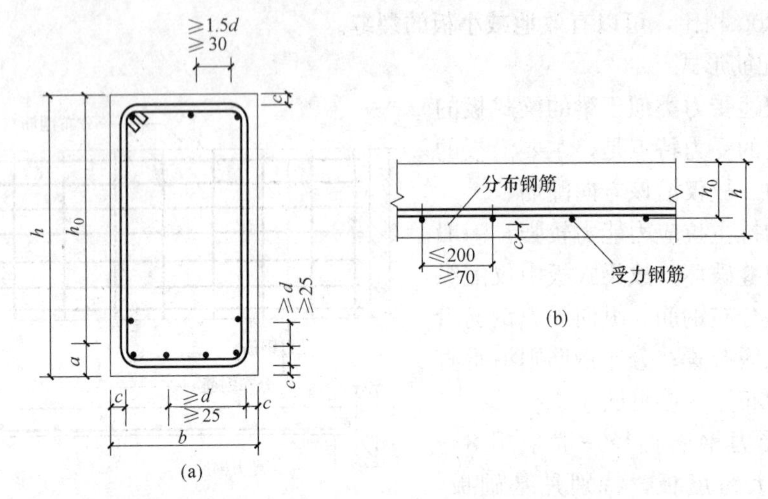

图 4-7　室内正常环境下梁、板保护层及有效高度

（a）梁；（b）板

室内干燥环境，且构件表面有抹灰时，梁、板截面的有效高度 h_0 和梁、板的高度 h 有下列关系：

对于梁：$h_0=h-35$mm（一层钢筋）；

或 $h_0=h-60$mm（两层钢筋）；

对于板：$h_0=h-20$mm。

§4.3　受弯构件正截面承载力的试验研究

为了建立受弯构件的正截面承载力公式，必须通过试验，了解钢筋混凝土构件截面的应力、应变分布规律，以及构件的破坏过程。

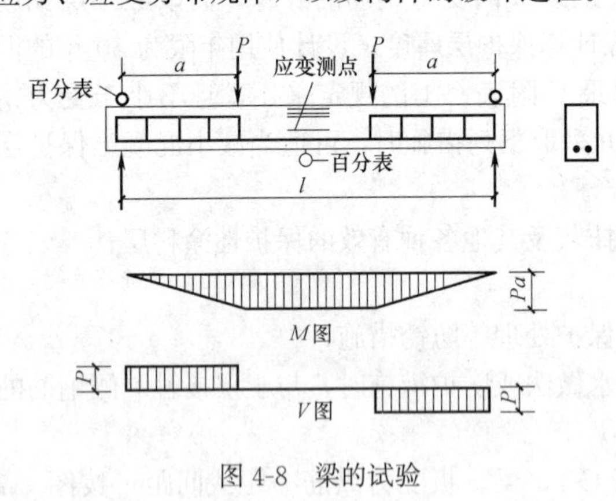

图 4-8　梁的试验

图 4-8 为钢筋混凝土简支梁。为了消除剪力对正截面应力分布的影响，采用两点对称加载方式。这样，在两个集中荷载之间，就形成了只有弯矩而没有剪力的“纯弯段”。我们所需要的正截面破坏过程的一些数据，就可以从纯弯段实测得到。试验时，荷载从零逐级施加，每加一级荷载后，用仪表测量混凝土纵向纤维和钢筋的应变及梁的挠度。并观察梁的外形变化，直至梁破坏为止。

根据梁的配筋多少，钢筋混凝土梁分为：适筋梁、超筋梁和少筋梁。试验表明，它们的破坏特征是很不同的，现分述如下：

4.3.1　适筋梁

适筋梁的破坏过程可分为三个阶段（图 4-9）：

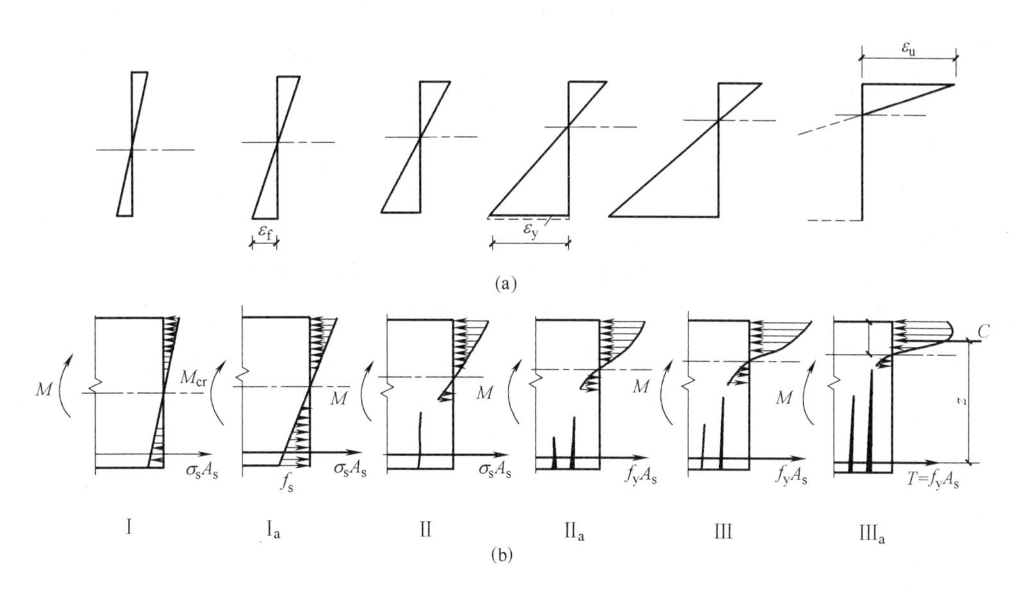

图 4-9　适筋梁破坏过程的三个阶段

（a）应变图；（b）应力图

1. 第Ⅰ阶段——从开始加载至混凝土开裂前的阶段

当刚开始加载时，梁的纯弯段弯矩很小，因而截面的应力也很小。这时，混凝土处于弹性工作阶段，梁的截面应力和应变成正比。受压区与受拉区混凝土的应力图形均为三角形。受拉区的拉力由混凝土和钢筋共同承担。这个阶段称为弹性阶段。

随着荷载的增加，当梁的受拉边缘的混凝土的应力接近其抗拉强度时，应力和应变关系表现出塑性性质，即应变比应力增加为快，受拉区应力图形呈曲线变化。受压区的压应力仍远小于混凝土的抗压强度，应力图形呈三角形化。当荷载继续增加时，受拉区边缘的应变接近混凝土受弯时极限拉应变，梁的受拉边缘处于即将开裂状态。这时，第Ⅰ阶段达到最后阶段，称为Ⅰa 阶段。

这一阶段可作为受弯构件抗裂验算的依据。

2. 第Ⅱ阶段——混凝土开裂至钢筋屈服前阶段

荷载稍许增加，受拉区边缘的应变达混凝土极限拉应变，梁出现裂缝，随着荷载继续增加，裂缝向上开展，横截面中性轴上移。开裂后的混凝土不再承担拉应力，拉力完全由钢筋承担。受压区混凝土由于应力增加，而表现出塑性性质，这时，压应力呈现曲线变化。继续增加荷载直至钢筋接近屈服强度。这时，第Ⅱ阶段达到最后阶段，称为Ⅱa 阶段。

这一阶段可作为受弯构件裂缝宽度验算的依据。

3. 第Ⅲ阶段——钢筋屈服至构件破坏阶段

荷载增加，钢筋屈服，梁的试验进入第Ⅲ阶段，随着荷载进一步增加，钢筋应力将保持不变，而其应变继续增加，裂缝急剧伸展，横截面中性轴继续上移。虽然这时钢筋的总拉力不再增大，但由于受压区高度不断减小。因此，混凝土压应力迅速增大，混凝土塑性性质更加明显，受压区的应力图形更加丰满。当受压区边缘的应变达到混凝土极限压应变时，出现水平裂缝而被压碎，梁随即达到破坏阶段，称为Ⅲa 阶段。

这一阶段可作为受弯构件正截面承载力计算的依据。

综上所述，适筋梁的破坏过程，有以下几个特点：

（1）图 4-10（a）给出了各个阶段钢筋应力 σ_s 和梁的截面弯矩相对值 M/M_u 之间的关系。这里的 M 为各级荷载下的实测弯矩；M_u 为试验梁所能承受的极限弯矩。由图可见，第Ⅰ阶段，混凝土和钢筋共同承受拉力，钢筋应力 σ_s 增加较慢，直至Ⅰa 阶段，混凝土开始出现裂缝，钢筋应力突然增加。接着，达到Ⅱa 阶段，钢筋开始屈服，即 $\sigma_s = f_y$，这时，荷载增加，而钢筋应力不再增加。随着荷载继续增大，钢筋经过一段流幅后，受压区混凝土达到极限压应变被压碎，梁就破坏了。

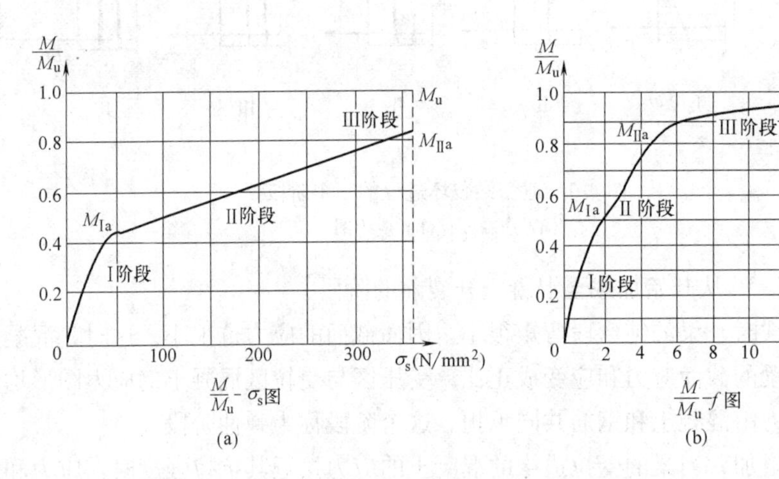

图 4-10　M/M_u-σ_s 图及 M/M_u-f 图

（2）由大量试验记录表明，在各阶段中，梁的截面应变成直线分布，见图 4-10（a）。因此，在建立正截面承载力计算公式时，可采用平截面假设。

（3）在梁的加载过程中，梁的挠度与荷载不成比例关系，见图 4-10（b）。由图可见，在第Ⅰ阶段挠度增加较慢；到达第Ⅱ阶段，由于受拉区混凝土开裂退出工作，所以，挠度增加较快；在第Ⅲ阶段，由于钢筋出现流幅，裂缝向上迅速开展，挠度急剧增大；最后，梁发生破坏。

由上可见，由于适筋梁在破坏前裂缝开展很宽，挠度较大，这就给人们以破坏的预兆，这种破坏称为塑性破坏。由于适筋梁受力合理，可以充分发挥材料强度。因此，在工程中都把梁设计成适筋梁。

4.3.2　超筋梁

受拉钢筋配得过多的梁，称为超筋梁。这种梁在试验中发现，由于钢筋过多，所以，梁在破坏时，钢筋应力还没有达到屈服强度，受压区混凝土则因达到极限压应变而破坏。破坏时梁的受拉区裂缝开展不大，挠度也小。破坏是突然发生的，没有明显预兆。这种破坏称为脆性破坏（图 4-11）。同时，由于钢筋应力未达到屈服强度，即 $\sigma_s < f_y$，钢筋强度

未被充分利用，因而也是不经济的。因此，在工程中不允许采用超筋梁。

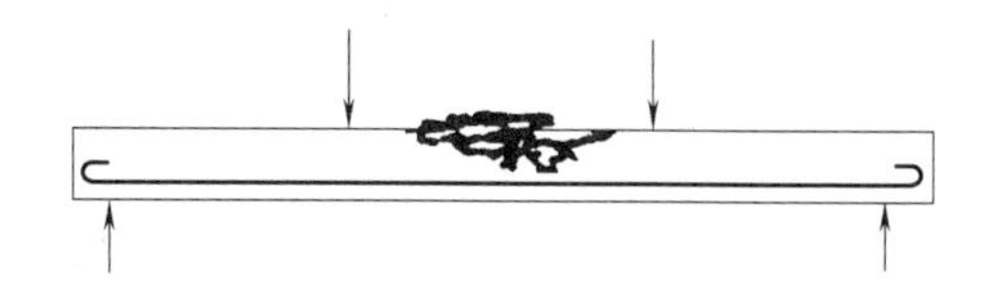

图4-11　超筋梁试验

4.3.3　少筋梁

梁内受拉钢筋配得过少，以致这样的梁开裂后的承载能力，比开裂前梁的承载力还要小。这样的梁称为少筋梁。梁加载后，在受拉区混凝土开裂前，截面上的拉力主要由混凝土承受，一旦出现裂缝，钢筋应力突然增加，拉力完全由钢筋承担，由于钢筋配置过少，钢筋应力立即达到屈服强度，并迅速进入强化阶段，甚至钢筋被拉断而使梁破坏（图4-12）。因此，在工程中不允许采用少筋梁。

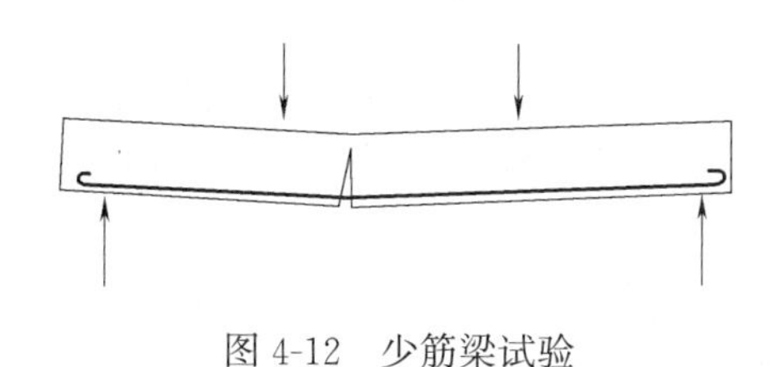

图4-12　少筋梁试验

§4.4　单筋矩形截面受弯构件正截面承载力计算基本理论

仅在受拉区配置纵向受拉钢筋的矩形截面受弯构件，称为单筋矩形截面受弯构件。

4.4.1　基本假设

如前所述，钢筋混凝土受弯构件的承载力计算，是以适筋梁Ⅲa阶段作为计算依据的。为了建立基本公式，现采用下列一些假定：

（1）构件发生弯曲变形后，正截面应变仍保持平面，即符合“平截面假定”

试验表明，当量测混凝土和受拉钢筋的应变的标距 d 选用得足够大（跨过一条或几条裂缝）时，则在试验全过程中，所测得的平均应变沿截面高度分布是符合平截面假定的(4-9a)。应当指出，严格说来，在破坏截面的局部范围内，受拉钢筋应变和受压混凝土应变，并不保持直线关系。但是，构件的破坏总是发生在构件一定长度区段内的，所以，采用一定大小的标距所量测的平均应变仍是合理的。因此，平截面的假定是可行的。

（2）拉力完全由钢筋承担，不考虑受拉区混凝土参加工作。

由于混凝土的抗拉强度很低，在Ⅲa阶段应力作用下，混凝土早已开裂退出工作。所以，假定拉力完全由钢筋承担，不考虑受拉区混凝土参加工作，是符合实际情况的.

（3）采用理想的混凝土受压应力-应变（σ_c-ε_c）关系曲线作为计算的依据。

由于受弯构件受压混凝土的 σ_c-ε_c 关系曲线较为复杂。因此，《混凝土设计规范》在分析了国外规范所采用的混凝土 σ_c-ε_c 曲线及试验资料基础上，将 σ_c-ε_c 关系曲线简化成图4-13所示的理想化曲线，它的表达式可写成：

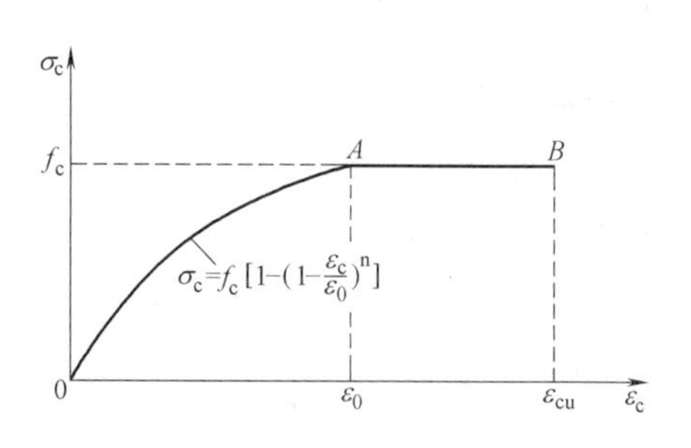

图4-13　混凝土应力-应变曲线

当 $\varepsilon_c \leqslant \varepsilon_0$ 时（上升段）

$$\sigma_c=f_c\left[1-\left(1-\frac{\varepsilon_c}{\varepsilon_0}\right)^n\right] \qquad (4\text{-}1a)$$

当$\varepsilon_0<\varepsilon_c\leqslant\varepsilon_{cu}$时（水平段）

$$\sigma_c=f_c \tag{4-1b}$$

$$n=2-\frac{1}{60}(f_{cu,k}-50) \tag{4-2}$$

$$\varepsilon_0=0.002+0.5(f_{cu,k}-50)\times10^{-5} \tag{4-3}$$

$$\varepsilon_{cu}=0.0033-(f_{cu,k}-50)\times10^{-5} \tag{4-4}$$

式中　σ_c——对应于混凝土压应变ε_c时的混凝土压应力；

ε_c——混凝土压应变；

f_c——混凝土轴心抗压强度设计值；

ε_0——对应于混凝土压应力刚达到f_c时混凝土的压应变，当计算的ε_0值小于0.002时，应取0.002；

ε_{cu}——正截面混凝土极限压应变，当处于非均匀受压时，按式（4-4）计算，当ε_{cu}值大于0.0033时，应取0.0033；当处于轴心受压时，取ε_0；

$f_{cu,k}$——混凝土立方体抗压强度标准值；

n——系数，当计算的n值大于2.0时，应取2.0。

（4）纵向的钢筋应力取钢筋应变与其弹性模量的乘积，但其绝对值不应大于其相应的强度设计值，纵向钢筋的极限拉应变取为0.01。

这一假定表明钢筋应力-应变（σ_s-ε_s）关系可采用弹性-全塑性曲线（图4-14）。它的表达式可写成：

当$\varepsilon_s\leqslant\varepsilon_y$时（上升段）　$\sigma_s=E_s\varepsilon_s$　　(4-5a)

当$\varepsilon_s\geqslant\varepsilon_y$时（水平段）　$\sigma_s=f_y$　　(4-5b)

式中　σ_s——相应于钢筋应变为ε_s时的钢筋应力；

E_s——钢筋弹性模量；

ε_y——钢筋的屈服应变；

f_y——钢筋的屈服强度设计值。

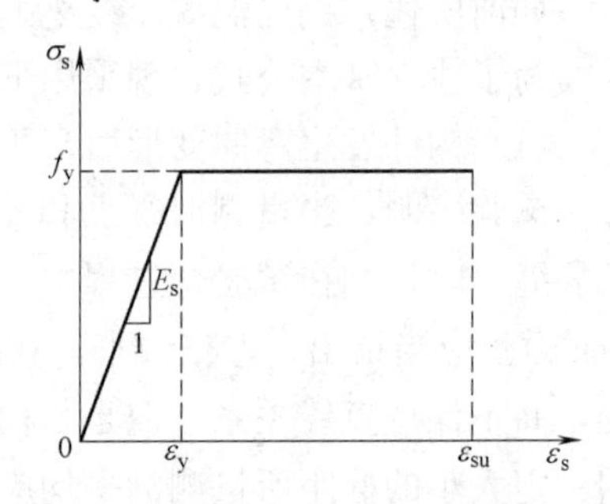

图4-14　钢筋应力-应变曲线

对纵向受拉钢筋的极限拉应变ε_{su}取0.01，这是构件达到承载能力极限状态的标志之一。对有明显屈服点的钢筋，它相当于已进入屈服台阶；对无明显屈服点的钢筋，这一取值限制了强化强度。同时，也是保证结构构件具有必要的延性条件。

4.4.2　受弯承载力基本方程

根据上面的假设，单筋矩形截面梁达到承载能力极限状态（即适筋梁Ⅲa阶段）时的应力和应变分布，如图4-15所示。

由图4-15（b）可见，梁的截面受压边缘混凝土极限压应变$\varepsilon_u=0.0033$，钢筋拉应变大于或等于钢筋的屈服应变，即$\varepsilon_s\geqslant\varepsilon_y$。设混凝土受压区高度为$x_c$，则受压区任一高度$t$处的混凝土压应变为：

$$\varepsilon_c=\frac{t}{x_c}\varepsilon_{cu} \tag{4-6}$$

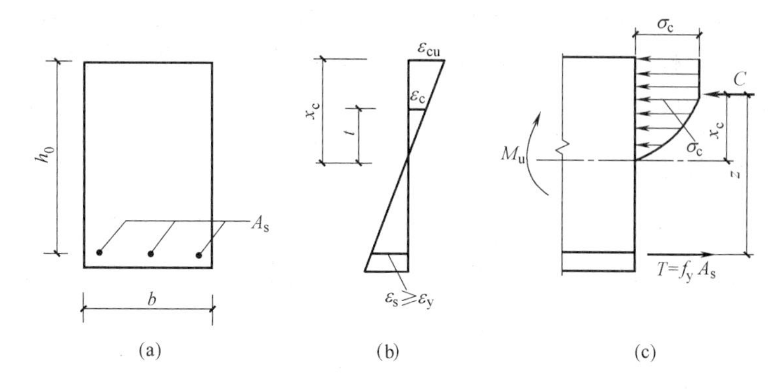

图 4-15　单筋矩形截面梁的分析

(a) 梁的横截面；(b) 应变分布图；(c) 应力分布图

而受拉钢筋的应变：

$$\varepsilon_s=\frac{h_0-x_c}{x_c}\varepsilon_{cu} \tag{4-7}$$

式中　t——受压区任一高度；

h_0——梁的有效高度。

由图 4-15（c）可见，截面混凝土压应力呈曲线分布，其应力值按式（4-1a）、（4-1b）计算，其合力 C 可按下式计算：

$$C=\int_0^{x_c}\sigma_c(\varepsilon_c)\cdot b\mathrm{d}t \tag{4-8}$$

合力 C 的作用点至中性轴的距离为：

$$x_c{}^*=\frac{\int_0^{x_c}\sigma_c(\varepsilon_c)\cdot bt\,\mathrm{d}t}{C} \tag{4-9}$$

现求钢筋的拉力 T。设受拉钢筋的面积为 A_s，这时钢筋的应力 $\sigma_s=f_y$，于是：

$$T=A_s f_y \tag{4-10}$$

根据截面内力平衡条件，$\Sigma X=0$，得：

$$\int_0^{x_c}\sigma_c(\varepsilon_c)\cdot b\mathrm{d}t=A_s f_y \tag{4-11}$$

和 $\Sigma M=0$，得：

$$M_u=Cz \tag{4-12a}$$

或

$$M_u=Tz \tag{4-12b}$$

其中　M_u——单筋矩形正截面受弯承载力设计值；

z——混凝土压应力的合力 C 与钢筋拉力 T 之间的距离，称为内力臂：

$$z=(h_0-x_c+x^*) \tag{4-13}$$

或进一步写成

$$M_u=\int_0^{x_c}\sigma_c(\varepsilon_c)\cdot b(h_0-x_c+t)\mathrm{d}t \tag{4-14}$$

$$M_u=A_s f_y(h_0-x_c+x^*) \tag{4-15}$$

利用上面一些公式虽然可以计算正截面受弯承载力，但要进行积分运算，计算很不方便。因此，在实际工程设计中，一般都应用等效矩形应力分布图形代替曲线的应力分布图形，这可使计算大为简化。

4.4.3　等效矩形应力图形

如上所述，由于受压区实际应力图形计算十分复杂，所以。应寻求简化的方法进行计算。我国和许多国家混凝土结构设计规范，大都采用等效矩形应力分布图形代替曲线的应力分布图形（图 4-16）。

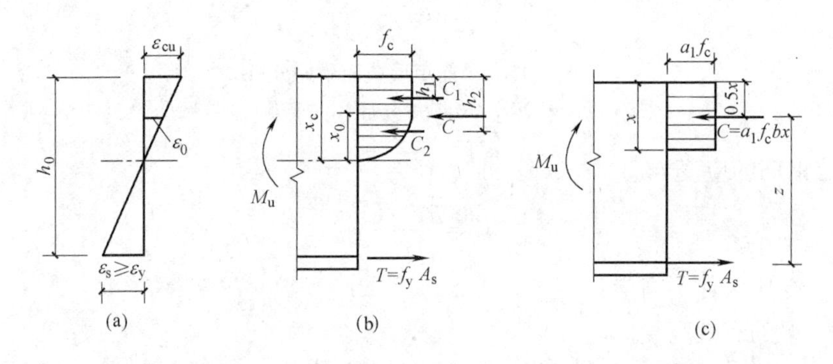

图 4-16　单筋矩形梁的应力和应变图

（a）截面应变图；（b）截面应力图；（c）等效矩形应力图

等效矩形应力图形应满足以下两个条件：

（1）等效矩形应力图形的面积与曲线图形面积（二次抛物线加矩形的面积）应相等，两者的合力大小应相等；

（2）等效矩形应力图形的形心与曲线图形的心位置应一致，即两者的合力作用点位置应相同。

下面来确定等效矩形应力图形代换的一些系数：

设曲线应力图形的受压区高度为 x_c；等效矩形应力图形的受压区高度为 x，

令

$$x=\beta_1 x_c \tag{4-16}$$

曲线应力图形的最大应力值为 $\sigma_0=f_c$；矩形应力图形的压应力值为 $\alpha_1 f_c$（图 4-16b、c）。同时，设曲线应力图形和矩形应力图形形心至受压区边缘的距离为 $0.5x$，于是，根据图 4-16 的几何关系，即可求出两个图形系数 α_1、β_1。

为了简化计算，《混凝土设计规范》将所求得的两个参数取整，则得：

当混凝土的强度等级不超过 C50 时，$\alpha_1=1.0$，$\beta_1=0.8$；当混凝土的强度等级为 C80 时，$\alpha_1=0.94$，$\beta_1=0.74$。当混凝土的强度等级为 C50～C80 时，α_1、β_1 值可按线性内插法取值，也可按表 4-4 采用。

受压区等效矩形应力图形系数　　**表 4-4**

混凝土强度等级	≤C50	C55	C60	C65	C70	C75	C80
α_1	1.00	0.99	0.98	0.97	0.96	0.95	0.94
β_1	0.80	0.79	0.78	0.77	0.76	0.75	0.74

下面说明受压区等效矩形应力图形系数 α_1 和 β_1 的来源。现以混凝土强度等级 C80 为例计算如下：

现考察曲线应力图形（图 3-16b），它是由抛物线和矩形两部分图形组成的。设抛物线的高度为 x_0，则矩形的高度为 x_c-x_0。由图 4-16a、b 的几何关系，得：

$$\frac{\varepsilon_{cu}}{\varepsilon_0}=\frac{x_c}{x_0} \tag{4-17}$$

由式（4-4）得：

$$\varepsilon_{cu}=0.0033-(f_{cuk}-50)\times10^{-5}=0.0033-(80-50)\times10^{-5}=0.003$$

由式（4-3）得：

$$\varepsilon_0=0.002+0.5(f_{cuk}-50)\times10^{-5}=0.002+0.5\times(80-50)\times10^{-5}=0.00215$$

将上列数值代入式（4-17），经整理后，可求得抛物线图形高度表达式：

$$x_0=\frac{\varepsilon_0}{\varepsilon_{cu}}x_c=\frac{0.00215}{0.003}x_c=0.717x_c \tag{4-18}$$

于是，矩形应力图形高度表达式：

$$x_c-x_0=x_c-0.717x_c=0.283x_c \tag{4-19}$$

由图 4-16（b）的几何关系，可求得矩形应力图形的面积，再乘以梁的截面宽度 b，即得到该压应力图形的合力

$$C_1=b(x_c-x_0)f_c=0.283bx_cf_c$$

同时，可求出相应于抛物线的压应力图形的合力，由于它是曲线图形，故其面积需按积分方法求得。为此，将抛物线方程（4-1a）进行坐标变换，由式（4-17）得

$$\varepsilon_0=\frac{x_0}{x_c}\varepsilon_{cu} \tag{4-20}$$

将式（4-20）、式（4-6）代入式（4-1a），化简后得

$$\sigma_c=f_c\left[1-\left(1-\frac{t}{x_0}\right)^n\right] \tag{4-21}$$

式（4-21）的图像如图 4-17（a）所示。它是以梁的中性轴和纵向对称面交点为原点，以受压区混凝土压应力 σ_c 为纵坐标，以梁的高度方向的几何尺寸 x 为横坐标的直角坐标系表示的抛物线方程的图像。其中，指数 n 按式（4-2）计算：

$$n=2-\frac{1}{60}(f_{cu,k}-50)=2-\frac{1}{60}(80-50)=1.5$$

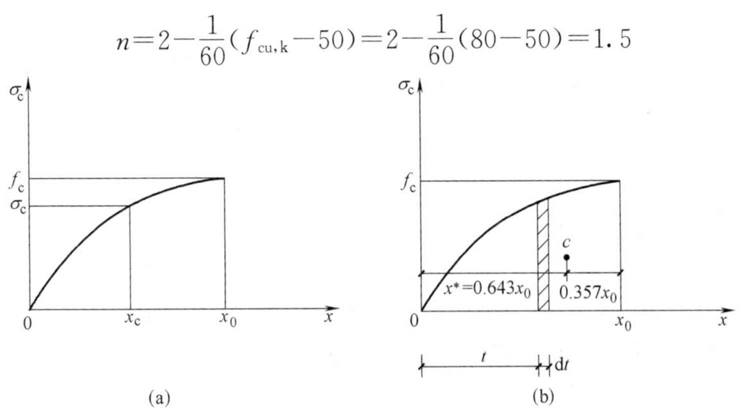

图 4-17　等效矩形压力图形系数 α_1 和 β_1 的计算

抛物线形的面积乘以梁的宽度 b，即相应于该图形压应力的合力

$$C_2 = b\int_0^{x_0} \sigma_c \mathrm{d}t = b\int_0^{x_0} f_c\left[1-\left(1-\frac{t}{x_0}\right)^{1.5}\right]\mathrm{d}t \tag{4-22}$$

$$=0.6bf_c x_0 = 0.6bf_c \times 0.717x_c = 0.430bx_c f_c$$

其作用点，即抛物线图形面积的形心，它与纵轴 σ_c 之间的距离（图 4-17b）为

$$x^* = \frac{b}{C_2}\int_0^{x_0} tf_c\left[1-\left(1-\frac{t}{x_0}\right)^{1.5}\right]\mathrm{d}t = 0.643x_0 \tag{4-23}$$

而作用点距抛物线面积的右端的距离为：

$$x_0 - x^* = (1-0.643)x_0 = 0.357x_0 \tag{4-24}$$

显然，合力 C_1 和 C_2 作用线距受压区的边缘的距离（图 4-16b）分别为：

$$h_1 = \frac{1}{2}(x_c - x_0) = \frac{1}{2}\times 0.283x_c = 0.142x_c \tag{4-25}$$

$$h_2 = (x_c - x_0) + 0.357x_0 = 0.283x_c + 0.357\times 0.717x_c = 0.539x_c \tag{4-26}$$

现求压应力总的合力 C 和它的作用点：

压应力总的合力为

$$C = C_1 + C_2 + 0.283bx_c f_c + 0.430bx_c f_c = 0.713bx_c f_c$$

其作用点距梁的上边缘的距离（图 4-16c）为

$$0.5x = \frac{C_1h_1 + C_2h_2}{C} = \frac{0.283bx_c f_c \times 0.142x_c + 0.430bx_c f_c \times 0.539x_c}{0.713bx_c f_c}$$

$$=0.3814x_c$$

由此，得等效矩形应力图形受压区高度

$$x = 2\times 0.3814x_c = 0.763x_c$$

将它与式（4-16）加以比较，可知图形系数理论值 $\beta_1 = 0.763$。《混凝土设计规范》取 $\beta_1 = 0.74$。

等效矩形应力的合力应等于曲线应力的合力，故

$$\alpha_1 f_c bx = 0.713bx_c f_c \tag{4-27}$$

于是，得图形系数理论值

$$\alpha_1 = \frac{0.713x_c}{x} = \frac{0.713x_c}{\beta_1 x_c} = \frac{0.713}{0.763} = 0.935$$

《混凝土设计规范》取 $\alpha_1 = 0.94$。

这样，根据混凝土等效矩形应力图形（图 4-16c），就可很方便地建立受弯构件正截面受弯承载力的计算公式：

$\Sigma X = 0$，
$$\alpha_1 f_c bx = f_y A_s \tag{4-28}$$

$\Sigma M = 0$，
$$M_u = \alpha_1 f_c bx\left(h_0 - \frac{x}{2}\right) \tag{4-29}$$

或
$$M_u = f_y A_s\left(h_0 - \frac{x}{2}\right) \tag{4-30}$$

4.4.4　受弯构件相对界限受压区高度和最大配筋率

1. 相对界限受压区高度

为了保证受弯构件适筋破坏，不出现超筋情况，必须把配筋率控制在某一限值范围

内。为了求得这个限值，现来考虑适筋梁发生破坏时的截面应变分布情况。

一般情况下，当构件为适筋梁时，发生破坏时的截面应变分布如图 4-18 中的直线 ac 所示。这时，受拉钢筋应变 ε_s 已经超过屈服应变 ε_y，受压边缘混凝土达到极限压应变 $\varepsilon_{cu}=0.0033$，由应变图三角形比例关系，得：

$$\frac{x_c}{h_0}=\frac{\varepsilon_{cu}}{\varepsilon_{cu}+\varepsilon_s} \tag{4-31}$$

注意到 $x=\beta_1 x_c$，于是上式可写成：

$$\xi=\frac{x}{x_0}=\frac{\beta_1\varepsilon_{cu}}{\varepsilon_{cu}+\varepsilon_s} \tag{4-32}$$

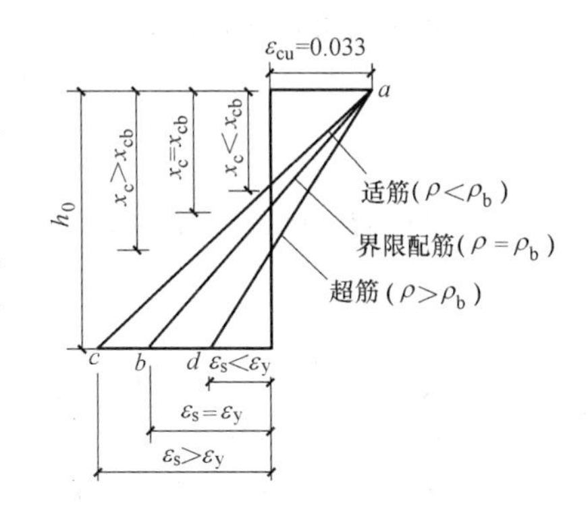

图 4-18 不同配筋率 ρ 时钢筋应变 ε_s 的变化

由式（4-28）得

$$\xi=\frac{x}{h_0}=\frac{f_yA_s}{\alpha_1 f_cbh_0}=\rho\frac{f_y}{\alpha_1 f_c} \tag{4-33}$$

式中 ξ——相对受压区高度；

ρ——梁的配筋率，即钢筋的面积与梁的有效截面面积之比。

$$\rho=\frac{A_s}{bh_0} \tag{4-34}$$

由式（4-32）、式（4-33）和图 4-18 可以看出，随着配筋率 ρ 的提高，钢筋应变 ε_s 将逐渐减小。当 ρ 增大到某一限值 ρ_{max}（即图 4-18 中的 ρ_b），ε_s 减小到恰好等于屈服应变 ε_y 时，这时钢筋刚好屈服，同时受压区边缘混凝土也达到极限应变 ε_{cu}，这种破坏状态通常称为“界限破坏”。界限破坏时的应变分布图，如图 4-18 中的 ab 线所示。若配筋率 ρ 再提高，则钢筋应变 ε_s 将进一步减小，以致它小于屈服应变，即 $\varepsilon_s<\varepsilon_y$，使梁变成超筋梁。这种破坏状态下梁的应变分布图，如图 4-18 中 ad 线所示。

综上所述，界限破坏时 $\varepsilon_s=\varepsilon_y$，并注意到，$\varepsilon_y=\frac{f_y}{E_s}$，把它们代入式（4-32），则得界限破坏时相对受压区高度

$$\xi_b=\frac{x_b}{h_0}=\frac{\beta_1}{1+\frac{f_y}{E_s\varepsilon_{cu}}} \tag{4-35}$$

式中 ξ_b——相对界限受压区高度；

x_b——界限受压区高度。

对不同强度等级的混凝土和有明显屈服点钢筋的受弯构件，按式（4-35）可算出相对界限受压区高度，见表 4-5。

受弯构件相对界限受压区高度 ξ_b **表 4-5**

钢筋类别	混凝土强度等级						
	≤C50	C55	C60	C65	C70	C75	C80
HPB300	0.576	0.566	0.556	0.547	0.537	0.528	0.518
HRB335	0.550	0.541	0.531	0.522	0.521	0.503	0.493
HRB400,RRB400	0.518	0.508	0.499	0.490	0.481	0.472	0.463
HRB500	0.482	0.473	0.464	0.455	0.447	0.438	0.429

对无明显屈服点的钢筋，混凝土受弯构件的相对界限受压区高度，应按下式计算：

$$\xi_b=\frac{\beta_1}{1+\frac{0.002}{\varepsilon_{cu}}+\frac{f_y}{E_s\varepsilon_{cu}}} \tag{4-36}$$

无明显屈服点钢筋的所对应的应变为

$$\varepsilon_s=0.002+\frac{f_s}{E_s} \tag{4-37}$$

将上式代入式（4-32），并注意到界限破坏时 $\varepsilon_s=\varepsilon_y$，经整理后即可得到式（4-36）。

2. 适筋梁最大配筋率

由式（4-33）可见，当界限破坏时 $\xi=\xi_b$ 和 $\rho=\rho_{max}$，于是得最大配筋率计算公式：

$$\rho_{max}=\xi_b\frac{\alpha_1 f_c}{f_y} \tag{4-38}$$

对不同强度等级的混凝土和有明显屈服点的不同类别钢筋的受弯构件，按式（4-38）可算出相应的最大配筋率，见表 4-6。

受弯构件适筋时最大配筋率 ρ_{max}（%）　　**表 4-6**

钢筋类别	混凝土强度等级						
	C15	C20	C25	C30	C35	C40	C45
HPB300	1.54	2.05	2.54	3.05	3.56	4.07	4.50
HRB335	1.32	1.76	2.18	2.622	3.07	3.51	3.89
HRB400,RRB400	1.03	1.38	1.71	2.06	2.40	2.74	3.05
HRB500	0.80	1.06	1.32	1.59	1.85	2.12	2.34
钢筋类别	混凝土强度等级						
	C50	C55	C60	C65	C70	C75	C80
HPB300	4.93	5.25	5.55	5.83	6.07	6.28	6.47
HRB335	4.24	4.52	4.77	5.01	5.21	5.38	5.55
HRB400,RRB400	3.32	3.54	3.74	3.92	4.08	4.21	4.34
HRB500	2.56	2.73	2.88	3.02	3.14	3.23	3.33

由图 4-18 可见，根据相对受压区高度 ξ 或配筋率 ρ 的大小，可判断受弯构件正截面破坏的类型。若 $\xi\leqslant\xi_b$ 或 $\rho\leqslant\rho_{max}$，则属于适筋破坏；若 $\xi>\xi_b$ 或 $\rho>\rho_{max}$，则属于超筋破坏。

4.4.5　受弯构件适筋时最小配筋率

为了保证受弯构件不发生少筋破坏，必须控制其截面的配筋率不小于某一限值，这个配筋率称为受弯构件适筋时的最小配筋率 ρ_{min}。

试验表明，梁的配筋率小于适筋时的最小配筋率。当它出现第一条裂缝时，该截面的钢筋立即超过钢筋的屈服强度，钢筋超过全部流幅进入强化阶段，甚至被拉断。这时梁的极限弯矩小于开裂弯矩，即 $M_u<M_{cr}$。

图 4-19a 是由试验记录到的荷载-挠度（即 P-f）图及破坏过程，由图中可见，这根梁的极限荷载 P_u 小于开裂荷载 P_{cr}。

最小配筋率 ρ_{min} 是少筋梁和适筋梁的界限配筋率。其值可根据适筋梁Ⅲa 阶段的正截面承载力与同样截面、同一强度等级的素混凝土梁承载力（即出现裂缝时的弯矩 M_c）相等的条件确定。

下面来建立最小配筋率 ρ_{min} 的计算公式。

矩形截面素混凝土梁的正截面开裂弯矩 M_c，可根据适筋梁Ⅰa 阶段截面应力图形（假设受拉应力图形为矩形），利用力矩平衡条件求得（图 4-19c）：

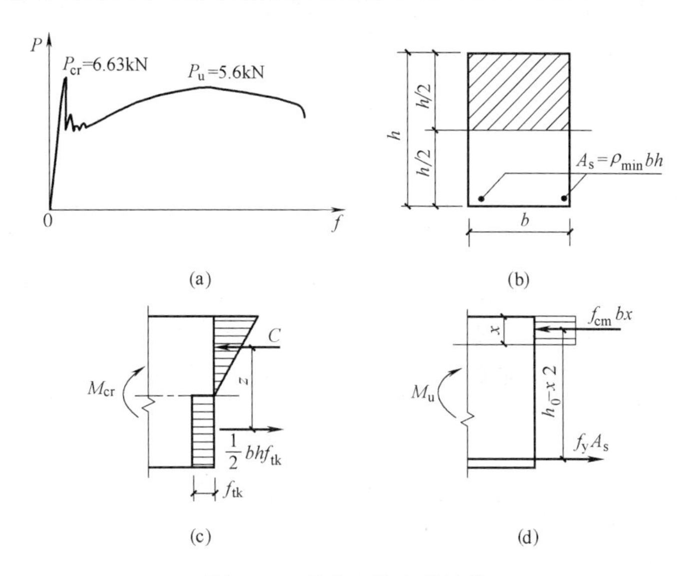

图 4-19　最小配筋率的计算

(a) 少筋梁 P-f 图；(b) 梁的横截面；(c) 素混凝土梁；(d) 配有 ρ_{min} 的钢筋混凝土梁

$$\Sigma M=0, M_c=Tz=\frac{1}{2}bhf_{tk}\left(\frac{1}{4}h+\frac{2}{3}\times\frac{h}{2}\right)=0.292bh^2f_{tk} \tag{4-39}$$

配有最小配筋率 ρ_{min} 的钢筋混凝土梁受弯正截面承载力，可按式（4-30）计算：

$$M_u=f_{yk}A_s\left(h_0-\frac{x}{2}\right)$$

因为配筋率很小，由式（4-33）可知，受压区高度 x 会很小，设取 $\frac{1}{2}x=0.05h_0$。于是，式（4-30）可写成：

$$M_u=0.95f_{yk}A_sh_0=0.95\frac{A_s}{bh}f_{yk}bh_0h \tag{4-40}$$

$$M_u=0.95\rho_{min}f_{yk}bh_0h$$

其中

$$\rho_{min}=\frac{A_s}{bh} \tag{4-41}$$

式（2-39）和式（2-40）采用材料强度标准值，是考虑到计算更接近素混凝土梁实际开裂弯矩和钢筋混凝土梁实际极限弯矩。

根据最小配筋率的确定条件：$M_u=M_c$，即式（4-39）与式（4-40）相等，并取 $h_0=0.95h$。则得：

$$\rho_{min}=0.324\frac{f_{tk}}{f_{yk}} \tag{4-42}$$

因为《混凝土设计规范》是用材料强度设计值表示最小配筋率 $\rho_{\min}$ 的。为此取 $f_{tk}=1.4f_t$，$f_{yk}=1.1f_y$，于是，$\frac{f_{tk}}{f_{yk}}=\frac{1.4f_t}{1.1f_y}=1.273\frac{f_t}{f_y}$。将它代入式（4-42），经整理后，得

$$\rho_{\min}=0.413\frac{f_{tk}}{f_{yk}} \tag{4-43}$$

考虑到材料强度的离散性，混凝土收缩、温度应力的不利影响，以及过去的经验，《混凝土设计规范》取最小配筋率为：

$$\rho_{\min}=0.45\frac{f_t}{f_y} \tag{4-44}$$

和 0.2%值中的较大值，即：

$$\rho_{\min}=\max\left(0.45\frac{f_t}{f_y},0.2\%\right)^{❶} \tag{4-45}$$

应当指出，《混凝土设计规范》是采用式（4-41）表示最小配筋率的。它和梁的配筋率的定义式（4-34）有所不同，前者分母为 bh，而后者为 bh_0。因此，若验算梁的受力纵筋配筋率是否大于或等于最小配筋率时，则梁的配筋率应以梁的实际配筋面积除以梁的全截面积计算，即 $\rho=\frac{A_s}{bh}$，然后再与式（4-45）进行比较。此外，不同形状的截面的梁宽取法也应予以注意，对 T 形截面应取肋宽；对倒 T 形和工字形截面，应考虑下翼缘悬挑部分面积参加工作。

§4.5　单筋矩形截面受弯构件正截面承载力计算

4.5.1　基本计算公式及其适用条件

1. 基本计算公式

在§4-4 中介绍了受弯构件正截面承载力的基本方程。在进行构件承载力计算时，必须保证构件具有足够的可靠度。因此，要求由荷载设计值在构件内产生的弯矩小于或等于由式（4-29）或式（4-30）所确定的构件承载力设计值。

这样，根据图 4-20 及§4-4 中的式（4-28）～式（4-30），即可写出单筋矩形截面受弯构件正截面承载力基本计算公式：

$$\sum X=0 \qquad \alpha_1 f_c bx=f_y A_s \tag{4-46}$$

$$\sum X=0 \qquad M\leqslant M_u=\alpha_1 f_c bx\left(h_0-\frac{x}{2}\right) \tag{4-47}$$

或

$$M\leqslant M_u=f_y A_s\left(h_0-\frac{x}{2}\right) \tag{4-48}$$

式中　M——弯矩设计值；

M_u——正截面承载力设计值；

α_1——混凝土受压区等效矩形应力图形系数；

---

❶ 对于基础梁、板的最小配筋率可取0.15%。

f_c——混凝土轴心抗压强度设计值；

b——构件截面宽度；

x——混凝土受压区高度；

f_y——钢筋抗拉强度设计值；

A_s——受拉区纵向钢筋截面面积；

h_0——构件截面有效高度。

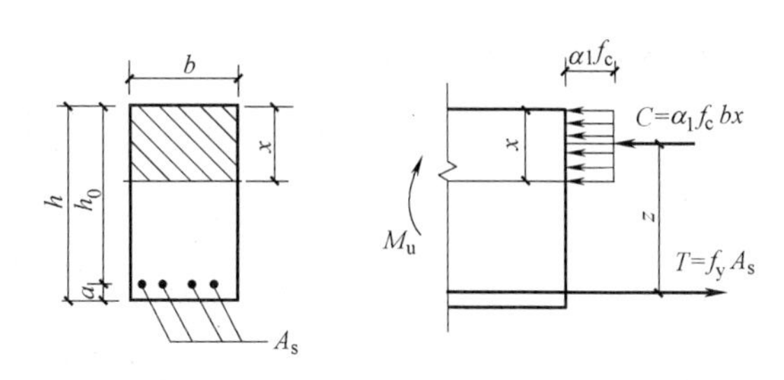

图4-20　音筋矩形截面受弯构件正截面承载力计算

2. 适用条件

为了保证受弯构件适筋破坏，上列公式必须满足下列条件：

（1）防止超筋破坏

$$x \leqslant x_b = \xi_b . h_0 \tag{4-49}$$

或

$$\xi \leqslant \xi_b \tag{4-50}$$

其中

$$\xi = \frac{x}{h_0} = \frac{A_s f_y}{\alpha_1 f_c b h_0} \tag{4-51}$$

或

$$\rho = \frac{A_s}{bh_0} \leqslant \rho_{max} = \xi_b \frac{\alpha_1 f_c}{f_y} \tag{4-52}$$

（2）防止少筋破坏

$$\rho = \frac{A_s}{bh} \geqslant \rho_{min} \tag{4-53}$$

将界限受压区高度 $x_b = \xi_b . h_0$ 代换式（4-29）中的 x，可求得单筋矩形截面所能承受极限弯矩：

$$M_{umax} = \alpha_1 f_c b h_0^2 \xi_b (1 - 0.5\xi_b) \tag{4-54}$$

4.5.2　基本计算公式的应用

1. 计算表格的编制

受弯构件正截面承载力计算公式（4-46）～式（4-48），在设计中，一般都不直接应用。因为式（4-47）为 x 的二次方程，计算很不方便。因此，《混凝土设计规范》根据基本计算公式编制了实用计算表格，可供设计应用，现将表格的编制原理叙述如下：

将式（4-47）改写成

$$M = \alpha_1 f_c b h_0^2 \frac{x}{h_0}\left(1 - 0.5\frac{x}{h_0}\right) = \alpha_1 f_c b h_0^2 \xi (1 - 0.5\xi)$$

令

$$\alpha_s = \xi (1 - 0.5\xi) \tag{4-55}$$

则

$$M = \alpha_1 f_c \alpha_s b h_0^2 \tag{4-56}$$

由此

$$\alpha_s = \frac{M}{\alpha_1 f_c b h_0^2} \tag{4-57}$$

由式（4-55）得

$$\xi = 1 - \sqrt{1 - 2\alpha_s} \tag{4-58}$$

由式（4-51），可算出钢筋面积：

$$A_s = \xi \cdot b h_0 \frac{\alpha_1 f_c}{f_y} \tag{4-59}$$

将式（4-48）改写成

$$M=f_{y}A_{s}h_{0}\left(1-0.5\frac{x}{h_{0}}\right)=f_{y}A_{s}h_{0}(1-0.5\xi)$$

令
$$\gamma_{s}=1-0.5\xi \tag{4-60}$$

或
$$\gamma_{s}=\frac{1+\sqrt{1-2\alpha_{s}}}{2} \tag{4-61}$$

则
$$M=f_{y}A_{s}\gamma_{s}h_{0} \tag{4-62}$$

于是，钢筋面积也可按下式计算：

$$A_{s}=\frac{M}{\gamma_{s}h_{0}f_{y}} \tag{4-63}$$

现来分析一下式（4-56）和式（4-62）的物理概念。由材料力学可知，对于弹性匀质材料的矩形截面梁，其承载力计算式为 $M=W[\sigma]=\frac{1}{6}bh^{2}[\sigma]$，把它和式（4-56）加以比较就可看出，$\alpha_{s}bh_{0}^{2}$ 相当是钢筋混凝土受弯构件截面的抵抗矩，但它不是常数，而是 ξ 的函数。此外，由式（4-63）可以看出 $\gamma_{s}h_{0}$ 为截面的内力臂 z，γ_{s} 称为内力臂系数。它也是 ξ 的函数。

因为 α_{s}・γ_{s} 都是 ξ 的函数，故可将它们的关系编成表格，见表 4-7，供设计中应用。在表 4-7 中，常用的钢筋所对应的相对界限受压区高度 ξ_{b} 值用横线示出。因此，只要计算出来的相对受压区高度 ξ 不超出横线范围，即表明由基本计算公式计算结果已满足不超筋的要求，即已满足式（4-49）～式（4-52）的条件。

钢筋混凝土矩形和 T 形截面受弯构件正截面承载力计算系数表　　表 4-7

ξ	γ_s	$\alpha_s\xi$	ξ	γ_s	α_s
0.01	0.995	0.010	0.32	0.840	0.269
0.02	0.990	0.020	0.33	0.835	0.276
0.03	0.985	0.030	0.34	0.830	0.282
0.04	0.980	0.039	0.35	0.825	0.289
0.05	0.975	0.049	0.36	0.820	0.295
0.06	0.970	0.058	0.37	0.815	0.302
0.07	0.965	0.068	0.38	0.810	0.308
0.08	0.960	0.077	0.39	0.805	0.314
0.09	0.955	0.086	0.40	0.800	0.320
0.10	0.950	0.095	0.41	0.795	0.326
0.11	0.945	0.104	0.42	0.790	0.332
0.12	0.940	0.113	0.43	0.785	0.338
0.13	0.935	0.122	0.44	0.780	0.343
0.14	0.930	0.130	0.45	0.775	0.349
0.15	0.925	0.139	0.46	0.770	0.354
0.16	0.920	0.147	0.47	0.765	0.360
0.17	0.915	0.156	0.48	0.760	0.365
0.18	0.910	0.164	0.482	0.759	0.366
0.19	0.905	0.172	0.50	0.750	0.375
0.20	0.900	0.180	0.51	0.745	0.380
0.21	0.895	0.188	0.518	0.741	0.384
0.22	0.890	0.196	0.52	0.740	0.385
0.23	0.885	0.204	0.53	0.735	0.390
0.24	0.880	0.211	0.54	0.730	0.394
0.25	0.875	0.219	0.550	0.725	0.399
0.26	0.870	0.226	0.56	0.720	0.403
0.27	0.865	0.234	0.576	0.712	0.410
0.28	0.860	0.241	0.58	0.710	0.412
0.29	0.855	0.248	0.59	0.705	0.416
0.31	0.845	0.262	0.60	0.700	0.420
			0.614	0.693	0.426

注：当混凝土强度等级为 C50 以下时，表中 ξ_b＝0.576、0.550、0.518 和 0.482 分别为 HPB300 级、HRB335、HRB400 级和 HRB500 级钢筋的界限相对受压区高度。

2. 实用计算步骤

进行单筋矩形截面受弯构件承载力计算时，一般会遇到两种情况：截面设计和截面复核。

(1) 截面设计

已知：截面弯矩设计值M，材料强度等级及其强度设计值f_c、f_t和f_y，构件截面尺寸bh。

求：钢筋截面面积并选择钢筋直径及根数。

解：

第1步　根据已知的弯矩设计值M、截面尺寸bh和混凝土轴心抗压强度f_c，按式(4-57)算出系数：

$$\alpha_s=\frac{M}{\alpha_1 f_c b h_0{}^2}$$

第2步 查表4-7，若α_s值位于表4-7的横线以下（即$\xi>\xi_b$），则说明截面尺寸偏小，应重新选择截面尺寸，或提高混凝土强度等级，或采用双筋截面。

第3步 若α_s值位于表中横线以上（即$\xi\leqslant\xi_b$），则可根据α_s值查出系数ξ或γ_s，然后，按式(4-59)或式(4-63)算出钢筋截面面积：

$$A_s=\xi.bh_0\frac{\alpha_1 f_c}{f_y}$$

$$A_s=\frac{M}{\gamma_s h_0 f_y}$$

第4步　选择钢筋直径及根数，并按式(4-53)检查适筋梁条件，即验算$A_s\geqslant\rho_{min}bh$条件。

(2) 截面复核

已知：截面尺寸$b\times h$，混凝土轴心抗压和抗拉强度设计值f_c、f_t，钢筋强度设计值f_y，截面面积A_s，截面承受的弯矩设计值M。

求：构件截面受弯承载力M_u，并验算构件是否安全。

解：

第1步　验算最小配筋率条件$\rho=\frac{A_s}{bh}\geqslant\rho_{min}$，是否满要求，若不满足，则说明所给受弯构件为少筋构件。这时应重新设计截面。

第2步　根据A_s、f_y、bh和f_c按式(4-51)算出：

$$\xi=\frac{A_s f_y}{\alpha_1 f_c b h_0}$$

第3步　若ξ值位于表4-7横线以上，则查出γ_s值，根据式(4-62)算出构件截面受弯承载力M_u：

$$M_u=\gamma_s h_0 A_s f_y$$

若ξ值位于表4-7横线以下（$\xi>\xi_b$），则构件截面最大受弯承载力：

$$M_{umax}=\alpha_1 f_c b h_0{}^2\xi_b(1-0.5\xi_b)$$

第4步　验算构件是否安全，若$M_u\geqslant M$或$M_{umax}\geqslant M$，则构件安全；否则，不安全。

【例题4-1】　钢筋混凝土矩形截面简支梁，计算跨度6m，承受均布荷载，其中永久荷载标准值9.8kN/m（不包括梁重）；可变荷载标准值7.8kN/m。混凝土强度等级为C20，采用HRB335级钢筋。结构安全等级为二级。环境类别属于一类。

试确定梁的截面尺和纵向受拉钢筋。

【解】（1）确定材料强度设计值

由附录A表A-3和表A-4分别查得，当混凝土强度等级C20时，$f_c=9.6\text{N/mm}^2$，和$f_t=1.1\text{N/mm}^2$由附录表A-8查得，钢筋为HRB335级时，$f_y=300\text{N/mm}^2$。

（2）确定梁的截面尺

由表4-1，选取梁高

$$h=\frac{1}{12}l=\frac{1}{12}\times 6000=500\text{mm}$$

梁宽取

$$b=\frac{1}{2.5}h=\frac{1}{2.5}\times 500=200\text{mm}$$

（3）内力计算

永久荷载分项系数为1.2；可变荷载分项系数为1.4。结构重要性系数$\gamma_0=1.0$，钢筋混凝土单位重取2.5kN/m^3。作用在梁上的总线荷载设计值：

$$q=(9.8+0.2\times 0.5\times 25)\times 1.2+7.8\times 1.4=25.68\text{kN/m}$$

梁内最大弯矩设计值：

$$M=\gamma_0\frac{1}{8}ql^2=1.0\times\frac{1}{8}\times 25.68\times 6^2=115.6\text{kN}\cdot\text{m}=115.6\times 10^6\ \text{N}\cdot\text{mm}$$

（4）配筋计算

梁的有效高度

$$h_0=h-35=500-35=465\text{mm}$$[1]

按式（4-57）计算

$$\alpha_s=\frac{M}{\alpha_1 f_c b h_0{}^2}=\frac{115.6\times 10^6}{1\times 9.6\times 200\times 465^2}=0.278$$

根据$\alpha_s=0.278$，由表查出$\gamma_s=0.833$，把它代入式（4-63），得

$$A_s=\frac{M}{\gamma_s h_0 f_y}=\frac{115.6\times 10^6}{0.833\times 465\times 300}=994.8\text{mm}^2$$

查附录B表B-1，选3Φ22（$A_S=1140\text{mm}^2$）

（5）检查最小配筋率条件

$$\rho=\frac{A_s}{bh}=\frac{1140}{200\times 500}=1.14>\max\left(0.20\%,0.45\frac{f_t}{f_y}=0.45\times\frac{1.1}{300}=0.165\%\right)=0.20\%$$

符合要求。

配筋布置见图4-21。

【例题4-2】 钢筋混凝土矩形截面简支梁，承受弯矩设计值$M=148\text{kN}\cdot\text{m}$，梁的截面尺寸为200mm×400mm。混凝土强度等级为C30，采用HRB400级钢筋。结构安全等级为二级。环境类别属于二a类。

[1] 本教材例题均按构件表面有抹灰考虑，故混凝土保护层厚度取得较小。

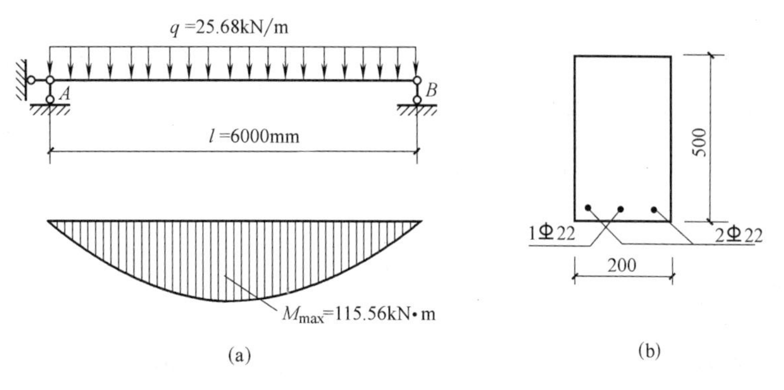

图 4-21　【例题 4-1】附图

试确定梁的截面尺和纵向受拉钢筋。

【解】　(1) 确定材料强度设计值

由附录表 A-3 和 A-4 查得，混凝土强度等级 C30 时，$f_c=14.3\text{N/mm}^2$，$f_t=1.43\text{N/mm}^2$。由附录表 A-8 查得，钢筋为 HRB400 级时，$f_y=360\text{N/mm}^2$。

(2) 配筋计算

梁的有效高度

$$h_0=h-35=400-35=365\text{mm}$$

按式 (4-57) 计算

$$\alpha_s=\frac{M}{\alpha_1 f_c b h_0{}^2}=\frac{148\times10^6}{1\times14.3\times200\times365^2}=0.388$$

按式 (4-58) 计算

$$\xi=1-\sqrt{1-2\alpha_s}=1-\sqrt{1-2\times0.388}=0.526>\xi_b=0.518$$

属于超筋，一般采取增大截面尺寸，重新计算。

【例题 4-3】　试设计图 4-22a 所示钢筋混凝土雨篷板。板的悬挑长度 $l_0=1200\text{mm}$。各层做法如图所示。作用于板自由端的施工活荷载标准值 $F=1\text{kN/m}$ (沿板宽方向)，混凝土强度等级为 C20，采用 HRB335 级钢筋。结构安全等级为二级。环境类别属于二 a 类。

试确定板的截面尺寸和纵向受拉钢筋。

【解】　(1) 确定材料强度设计值

由附录 A 表 A-3 和 A-4 分别查得，混凝土强度等级 C25 时，$f_c=11.9\text{N/mm}^2$ 和 $f_t=1.27\text{N/mm}^2$。由附录 A 表 A-8 查得，钢筋为 HRB335 级时，

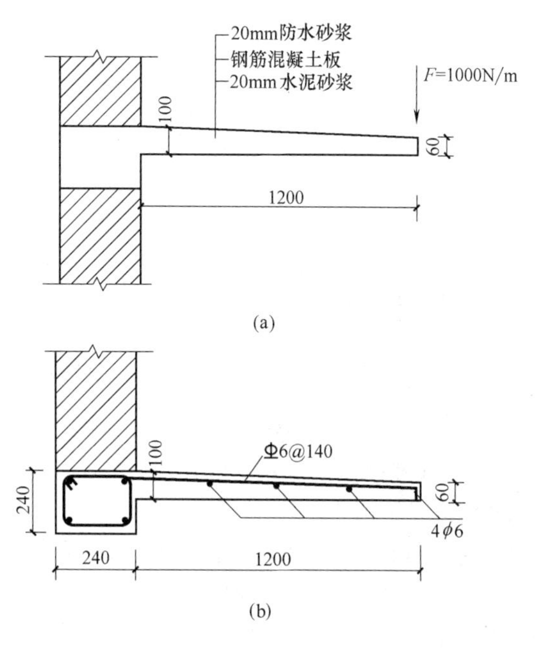

图 4-22　【例题 4-3】附图

$f_y=300\ \text{N/mm}^2$。

（2）确定板的厚度

由表 4-2，选悬臂板的根部厚度

$$h=\frac{1}{12}l_0=\frac{1}{12}\times1200=100\text{mm}$$

板的自由端厚度取 60mm。

（3）荷载计算

板上恒载标准值

20mm 厚防水浆	$0.02\times20=0.40\text{kN/m}^2$
板重（取平均板厚 80mm）	$0.08\times25=2.00\text{kN/m}^2$
20mm 厚底板抹灰	$0.02\times20=0.40\text{kN/m}^2$
	2.80kN/m^2

取 1m 板宽进行计算

$$q=2.80\times1=2.80\text{kN/m}$$

板上活荷载标准值

$$F=1\text{kN/m}$$

（4）内力计算

板的固定端截面最大弯矩设计值

$$M=\gamma_0\left(\frac{1}{2}ql_0{}^2\gamma_G+F\cdot l_0\gamma_Q\right)=1.0\left(\frac{1}{2}\times2.80\times1.2^2\times1.2+1\times1.2\times1.4\right)=4.10\text{kN}\cdot\text{m}$$

（5）配筋计算

板的有效高度

$$h_0=h-25=100-25=75\text{mm}$$

按式（4-57）计算

$$\alpha_s=\frac{M}{\alpha_1f_cbh_0{}^2}=\frac{4.10\times10^6}{1\times11.9\times1000\times75^2}=0.0613$$

根据 $\alpha_s=0.0613$，由表 4-7 查出 $\gamma_s=0.968$，把它代入式（4-63），得

$$A_s=\frac{M}{\gamma_sh_0f_y}=\frac{4.10\times10^6}{0.968\times75\times300}=188.2\text{mm}^2$$

查附录 B 表 B-2，选Φ6 @150$A_S=189\text{mm}^2>188.2\text{mm}^2$

（6）检查最小配筋率条件

$$\rho=\frac{A_s}{bh}=\frac{189}{1000\times100}=0.189\%<\max\left(0.2\%,\ 0.45\frac{f_t}{f_y}\right)=0.20\%$$

不符合要求，最后取 $A_s=0.20\%\times1000\times100=200\text{mm}^2$。

选取Φ8 @140$A_S=202\text{mm}^2$

配筋布置见图 4-22b。

【例题 4-4】 钢筋混凝土矩形截面梁，截面尺寸为 200mm×450mm。混凝土强度等级为 C25，配有 HRB335 级纵向受拉钢筋 4Φ16（$A_s=804\text{mm}^2$）。承受弯矩设计值 $M=80\text{kN}\cdot\text{m}$。结构安全等级为二级。环境类别属于一类。

试验算梁的承载力。

【解】　(1) 确定材料强度设计值

由附录 A 表 A-3 和 A-4 分别查得，混凝土强度等级 C25 时，$f_c=11.9\text{N/mm}^2$ 和 $f_t=1.27\text{N/mm}^2$。由附录 A 表 A-8 查得，钢筋为 HRB335 级时，$f_y=300\text{N/mm}^2$。

(2) 验算最小配筋率条件

$$\rho=\frac{A_s}{bh}=\frac{804}{200\times450}=0.89\%\geqslant\max\left(0.2\%,0.45\frac{f_t}{f_y}\right)=0.2\%$$

符合适筋条件。

(3) 确定梁的有效高度

$$h_0=h-\left(c+\frac{d}{2}\right)=450-\left(20+\frac{16}{2}\right)=422\text{mm}$$

(4) 按式 (4-51) 计算

$$\xi=\frac{A_s f_y}{\alpha_1 f_c b h_0}=\frac{804\times300}{1\times11.9\times200\times422}=0.240$$

由附表 4-7 查得 $\gamma_s=0.88$

(5) 按式 (4-62) 计算

$$M_u=f_y A_s \gamma_s h_0=300\times804\times0.88\times422=88.51\times10^6\ \text{N}\cdot\text{m}>80\times10^6\ \text{N}\cdot\text{m}$$

梁的极限承载力大于弯矩设计值，故此梁安全。

§4.6　双筋矩形截面受弯构件正截面承载力计算

4.6.1　概述

当梁需要承受较大弯矩，而增大截面尺寸有困难，或提高混凝土的强度等级不能收效时，可采用双筋截面梁。即在梁的受压区设置受压钢筋，以提高梁的承载能力（图 4-23）。但是，在受压区配置受压钢筋协助混凝土承受压力是不经济的，故不宜在工程中广泛采用。

由试验可知，只要满足适筋梁条件，双筋截面梁的破坏特征与单筋截面适筋梁的塑性破坏特征基本相似。即受拉钢筋首先屈服，随后受压区边缘的混凝土达到极限应变而被压碎。

试验表明，当梁内配置一定数量的封闭箍筋，能防止受压钢筋过早地压屈时，受压钢筋就能与混凝土一起共同变形。此外，试验还表明，只要受压区高度满足一定条件，受压钢筋就能和混凝土同时达到各自的极限变形。这时混凝土被压碎，受压钢筋将屈服。

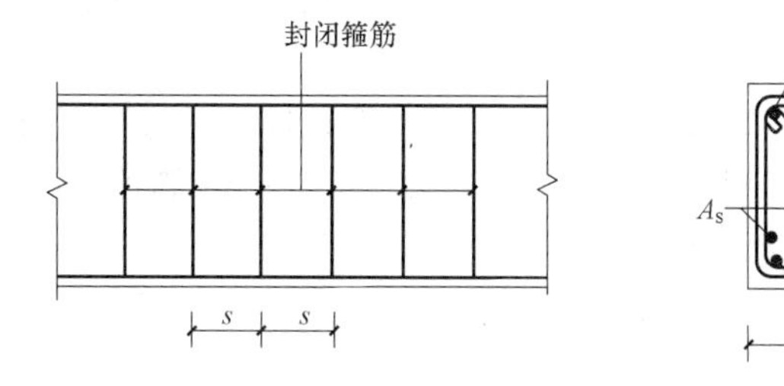

图 4-23　双筋截面梁

下面讨论双筋矩形截面梁受压区高度所应满足的条件。

设受压钢筋的合力至受压区的边缘距离为 a'_s（图 4-24），受压钢筋的应变为 ε'_s，由于受压钢筋与混凝土共同变形的缘故，受压钢筋处混凝土纤维的应变 ε'_c 与受压钢筋的应变 ε'_s 相同。根据图 4-24 所示应变图形中三角形比例关系，得

$$\varepsilon'_s=\varepsilon'_c=\frac{x_c-a'_s}{x_c}\varepsilon_{cu}$$

或

$$\varepsilon'_s=\left(1-\frac{a'_s}{x_c}\right)\varepsilon_{cu} \tag{4-64}$$

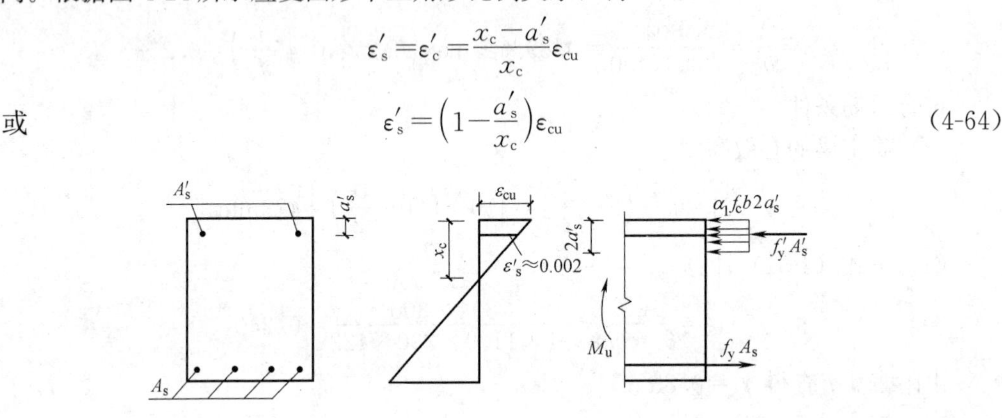

图 4-24　受压区高度的计算

由式（4-15）可知

$$x_c=\frac{x_c}{\beta_1}$$

将上式代入式（4-64），得

$$\varepsilon'_s=\left(1-\frac{\beta_1 a'_s}{x}\right)\varepsilon_{cu} \tag{4-65}$$

由上式可见，受压区高度 x 愈小，受压钢筋的应变 ε'_s 愈小。即钢筋的压应力

$$\sigma'_s=E_s\varepsilon'_s \tag{4-66}$$

愈小。也就是说，受压钢筋愈不容易发挥其作用。

现在来考察，若取 $x=2a'_s$ 作为受压区高度的最不利条件，那么，这时受压钢筋的应力 σ'_s 是多少？是否达到受压屈服强度？为了回答这个问题，将 $x=2a'_s$ 代入式（4-65），并注意到，当混凝土强度等级为 C50 及以下时，$\beta_1=0.8$，$\varepsilon_{cu}=0.0033$，得

$$\varepsilon'_s=\left(1-\frac{0.8a'_s}{2a'_s}\right)\times0.0033=0.6\times0.0033=0.00198$$

于是，

$$\sigma'_s=E_s\varepsilon'_s=2\times10^6\times0.00198\approx400\text{N/mm}^2$$

即当 $x=2a'_s$ 时，且当混凝土强度等级为 C50 及以下时，受压区混凝土被压碎时，受压钢筋的应力值 σ'_s 为 400N/mm²。

因此，当 $x=2a'_s$ 时，且当混凝土强度等级为 C50 及以下时，钢筋受压强度设计值可按下列规定采用：

1. 当钢筋受压强度设计值 $f'_y\leqslant400\text{N/mm}^2$ 时，取钢筋受压强度设计值 f'_y；

2. 当钢筋受压强度设计值 $f'_y>400\text{N/mm}^2$ 时，取钢筋受压强度设计值 $f'_y=400\text{N/mm}^2$。

4.6.2　基本计算公式

根据上面的分析，双筋矩形截面梁破坏时的应力状态，可取图 4-25 所示的图形。

为便于分析，将双筋矩形截面应力图形分成两部分：一部分由受压混凝土的压力与相应受拉钢筋 A_{s1} 的拉力组成；另一部分由受压钢筋 A'_{s1} 与相应的一部分受拉钢筋 A_{s2} 的拉力组成。

这样，双筋矩形截面受弯构件正截面承载力设计值可写成

$$M_u = M_{u1} + M_{u2} \tag{4-67}$$

式中　M_{u1}——受压混凝土的压力与相应受拉钢筋 A_{s1} 的拉力组成的受弯承载力设计值；

M_{u2}——受压钢筋 A'_{s1} 的压力与相应受拉钢筋 A_{s2} 的拉力组成的受弯承载力设计值。

受拉钢筋的总面积为

$$A_s = A_{s1} + A_{s2} \tag{4-68}$$

根据平衡条件，对两部分可分别写出以下基本公式：

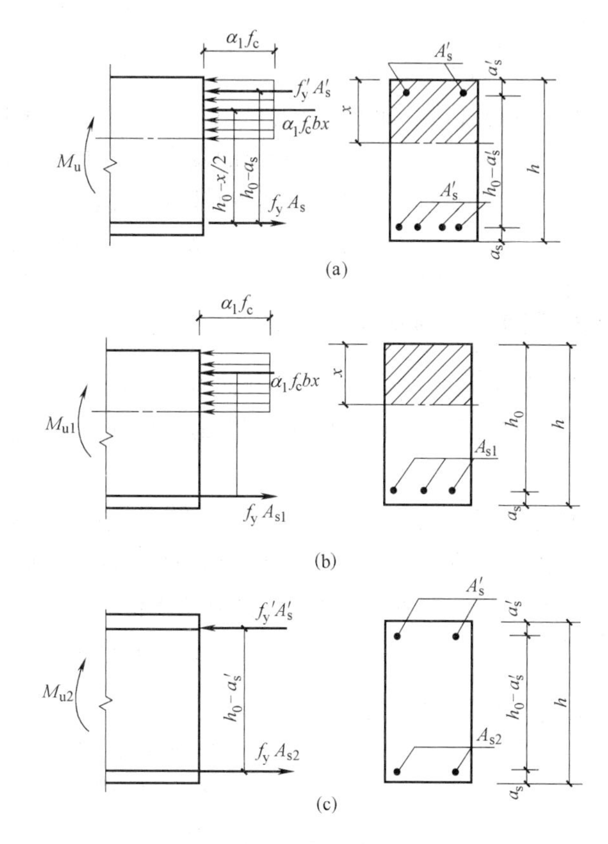

图 4-25　双筋矩形截面受弯构件正截面应力图形
（a）整个截面；（b）第 1 部分截面；（c）第 2 部分截面

第 1 部分　$\alpha_1 f_c bx = f_y A_{s1}$　(4-69)

$$M_{u1} = \alpha_1 f_c bx\left(h_0 - \frac{x}{2}\right) \tag{4-70}$$

第 2 部分

$$f'_y A'_s = f_y A_{s2} \tag{4-71}$$

$$M_{u2} = f'_y A'_s (h_0 - a'_s) = f_y A_{s2} (h_0 - a'_s) \tag{4-72}$$

综合上述两部分，双筋矩形截面正截面受弯承载力基本公式为

$$\alpha_1 f_c bx + f'_y A'_s = f_y A_s \tag{4-73}$$

$$M \leqslant M_u = \alpha_1 f_c bx\left(h_0 - \frac{x}{2}\right) + f'_y A'_s (h_0 - a'_s) \tag{4-74}$$

以上公式的适用条件为：

1. 为了防止出现超筋破坏，应满足

$$x \leqslant \xi_b h_0 \tag{4-75}$$

或

$$\rho_1 = \frac{A_{s1}}{bh} \leqslant \rho_{max} = \xi_b \frac{\alpha_1 f_c}{f_y} \tag{4-76}$$

或

$$M_{u1} \leqslant \alpha_1 f_c b h_0^2 \xi_b (1 - 0.5\xi_b) \tag{4-77}$$

2. 为了保证受压钢筋达到规定的应力，应满足

$$x \geqslant 2a'_s \tag{4-78}$$

或 $$z \leqslant h_0 - a'_s \tag{4-79}$$

式中 z——内力臂，$z=\gamma_s h_0$。

在工程设计中，如不能满足式（4-78）时，严格说来，应根据平截面假定确定受压钢筋的应变，进而按式（4-66）确定的应力σ'_s，并把它代入基本公式计算。为了简化计算，可近似地取$x=2a'_s$，对受压钢筋重心取矩，则得

$$M \leqslant M_u = f_y A_s (h_0 - a'_s) \tag{4-80}$$

4.6.3 基本公式的应用

在计算双筋截面时，一般有下列两种情况：

1. 已知截面弯矩设计值M，截面尺寸bh，混凝土强度等级和钢筋级别。求钢筋面积A_s和A'_s。

由式（4-73）和式（4-74）可见，两式中有三个未知数：x、A_s和A'_s，不能求得唯一解。在这种情况下，可采用充分利用混凝土的抗压能力，使总钢筋用量尽量减少作为补充条件。为此，取$\xi=\xi_b$，即使M_{u1}达到最大值。

$$M_{u1} = \alpha_1 f_c b h_0^2 \xi_b (1-0.5\xi_b) \tag{4-81}$$

由式（4-74）解出：

$$A'_s = \frac{M - \alpha_1 f_c b h_0^2 \xi_b (1-0.5\xi_b)}{f'_y (h_0 - a'_s)} \tag{4-82}$$

将$x=\xi_b h_0$代入式（4-69），可求得A_{s1}，并注意到式（4-71），于是总受拉钢筋面积为

$$A_s = A_{s1} + A_{s2} = \xi_b \frac{\alpha_1 f_c}{f_y} b h_0 + A'_s \frac{f'_y}{f_y} \tag{4-83}$$

2. 已知截面弯矩设计值M，截面尺寸bh，受压钢筋A'_s，混凝土强度等级和钢筋级别。求受拉钢筋面积A_s。

由于已知A'_s，故

$$M_{u2} = f'_y A'_s (h_0 - a'_s) \tag{4-84}$$

则 $$M_{u1} = M - M_{u2} \tag{4-85}$$

这时，应验算$M_{u1} \leqslant \alpha_1 f_c b h_0^2 \xi_b (1-0.5\xi_b)$条件，若满足，则按单筋矩形截面受弯构件求出$M_{u1}$所需要的钢筋截面面积$A_{s1}$。最后，求出总的受拉钢筋面积：

$$A_s = A_{s1} + A'_s \tag{4-86}$$

若不满足，表示受压钢筋偏小，应按第1种情况处理。

【例题 4-5】 钢筋混凝土矩形截面梁，截面尺寸为200mm×500mm。混凝土强度等级为C20，采用HRB335级钢筋。梁承受弯矩设计值$M=190\text{kN}\cdot\text{m}$。结构安全等级为二级。环境类别属于一类。

试计算梁的纵向受力钢筋。

【解】 （1）确定材料强度设计值

由附录A附表A-3和A-4查得，混凝土强度等级C20时，$f_c=9.6\text{N/mm}^2$，$f_t=$

1.1N/mm^2。由附表A-8查得，钢筋为HRB335级时，$f_y=300\text{N/mm}^2$。

（2）计算单筋截面最大承载力

考虑到弯矩较大，设采用双排钢筋，则

$$h_0=h-60=500-60=440\text{mm}$$

由4-5查得$\xi_b=0.55$，于是

$$M_{umax}=\alpha_1 f_c b h_0{}^2 \xi_b(1-0.5\xi_b)=1\times9.6\times200\times440^2\times0.55(1-0.5\times0.55)$$

$$=148.22\times10^6\text{N}\cdot\text{mm}=148.22\text{kN}\cdot\text{m}<M=190\text{kN}\cdot\text{m}$$

不满足要求，故采用双筋截面。

（3）计算受压钢筋面积

按式（4-82）计算

$$A'_s=\frac{M-\alpha_1 f_c b h_0{}^2\xi_b(1-0.5\xi_b)}{f'_y(h_0-a'_s)}=\frac{190\times10^6-148\times10^6}{300\times(440-35)}=343.86\text{mm}^2$$

（4）计算总受拉钢筋面积

由式（4-83）得：

$$A_s=\xi_b\frac{\alpha_1 f_c}{f_y}bh_0+A'_s\frac{f'_y}{f_y}=0.55\times\frac{1\times9.6}{300}\times200\times440+343.86=1892.66\text{mm}^2$$

（5）选配钢筋

受压钢筋A'_s选用2Φ16，（$A_s=402\text{mm}^2$）；受拉钢筋A_s选用6Φ20，（$A_s=1884\text{mm}^2$）。

配筋如图4-26所示。

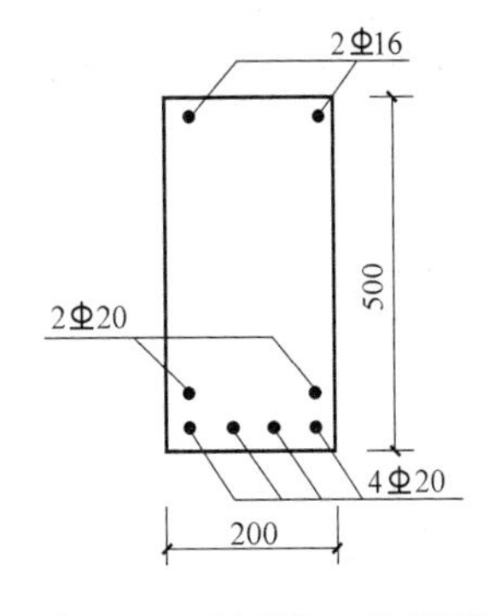

图4-26　【例题4-5】附图

【例题4-6】 钢筋混凝土矩形截面梁，截面尺寸为250mm×500mm。混凝土强度等级为C20，采用HRB335级钢筋。受压区已配有2Φ18（$A'_s=509\text{mm}^2$）受压钢筋。梁承受弯矩设计值$M=130\text{kN}\cdot\text{m}$。结构安全等级为二级。环境类别属于一类。

试计算梁的纵向受拉钢筋。

【解】　（1）确定材料强度设计值

由附表A-3和A-4查得，混凝土强度等级C20时，$f_c=9.6\text{N/mm}^2$，$f_t=1.1\text{N/mm}^2$。由附表A-8查得，钢筋为HRB335级时，$f_y=300\text{N/mm}^2$。

（2）计算受压钢筋和与其相应的受拉钢筋承受的弯矩值M_{u2}

设$a_s=a'_s=35\text{mm}$

$$h_0=h-35=500-35=465\text{mm}$$

由式（4-84）得

$$M_{u2}=f'_yA'_s(h_0-a'_s)=300\times509(465-35)=65.66\times10^6\ \text{N}\cdot\text{mm}$$

（3）计算受压混凝土压力和与其相应的受拉钢筋承受的弯矩值M_{u1}

由式（4-85）得

$$M_{u1}=M-M_{u2}=130\times10^6-65.66\times10^6=64.34\times10^6\text{N}\cdot\text{mm}$$

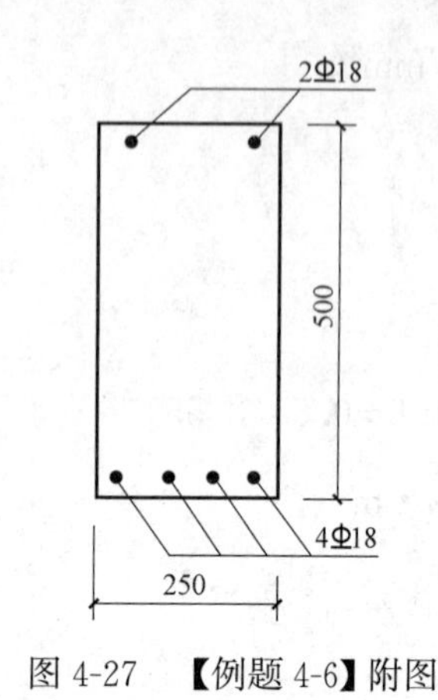

图 4-27 【例题 4-6】附图

(4) 验算$\xi \leqslant \xi_b$和$x \geqslant 2a'_s$条件，并计算系数

$$\alpha_s=\frac{M_{u1}}{\alpha_1 f_c b h_0{}^2}=\frac{64.34\times10^6}{1\times9.6\times250\times465^2}=0.124$$

按式（4-58）计算

$$\xi=1-\sqrt{1-2\alpha_s}=1-\sqrt{1-2\times0.125}=0.134<\xi_b=0.55$$

$$x=\xi\cdot h_0=0.134\times465=62.32\text{mm}<2\times35=70\text{mm}$$

故按式（4-80）计算

$$A_s=\frac{M}{f_y(h_0-a'_s)}=\frac{130\times10^6}{300(465-35)}=1008\text{mm}^2$$

选配 4Φ18（A_s=1017)mm²，配筋如图 4-27 所示。

§4.7 T形截面受弯构件正截面承载力计算

4.7.1 概述

如前所述，矩形截面受弯构件正截面承载力计算是按照Ⅲa 阶段进行的。按这一阶段计算时不考虑受拉区混凝土参加工作。因此，如果将受拉区的混凝土减少一部分做成 T 形截面，这既可以节约材料，又可以减轻构件自重。除独立 T 形梁外，槽形板、圆孔板、I 形梁以及现浇楼盖中的主、次梁的跨中截面等也都按 T 形截面计算（图 4-28）。因此，T 形截面受弯构件在工程中应用十分广泛。

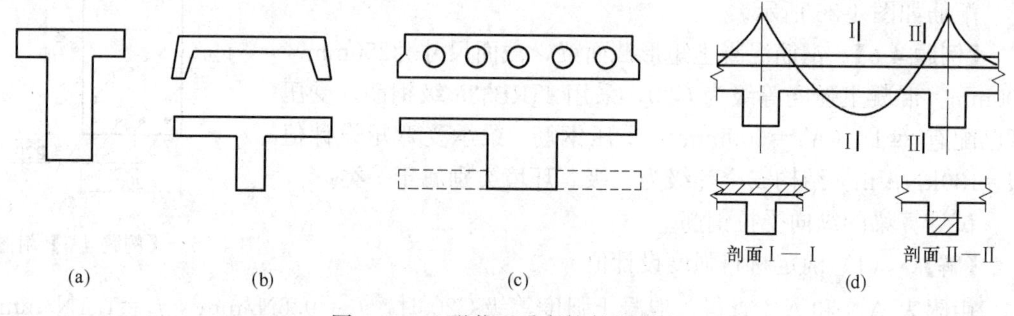

图 4-28 T 形截面受弯构件的形式

4.7.2 T形截面的分类及翼缘计算宽度的确定

1. T 形截面的分类及其判别

T 形截面伸出的部分称为翼缘，中间部分称为肋，翼缘宽度用 b'_f表示；肋宽用 b 表示；T 形截面的总高用 h 表示；翼缘厚度度用 h'_f表示（图 4-29）。

T 形截面根据受力大小，中性轴可能通过翼缘（$x \leqslant h'_f$），也可能通过肋部（$x \geqslant h'_f$）。通常将前者称为第一类 T 形截面（图 4-29a）；而将后者称为第二类 T 形截面（图 4-29b）。

为了建立 T 形截面类型的判别式，首先分析中性轴恰好通过翼缘下边界（$x=h'_f$）时的基本计算公式（图 4-30）。

由平衡条件

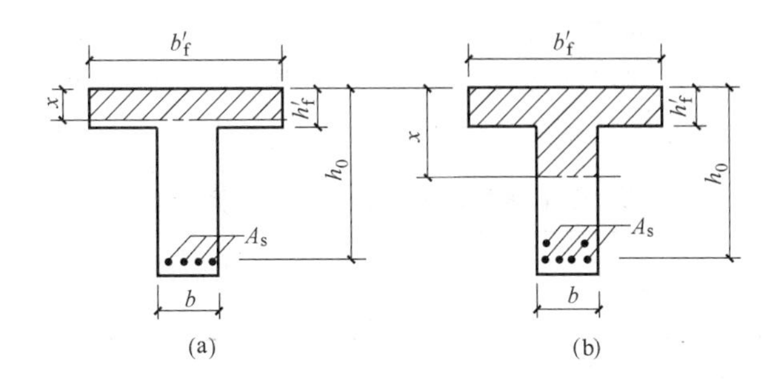

图 4-29　T 形截面的类型
(a) 第一类 T 形截面；(b) 第二类 T 形截面

$$\sum X=0,\qquad \alpha_1 f_c b'_f x = f_y A_s \tag{4-87}$$

$$\sum M=0,\qquad M'_u=\alpha_1 f_c b'_f h'_f\left(h'_0-\frac{h'_f}{2}\right) \tag{4-88}$$

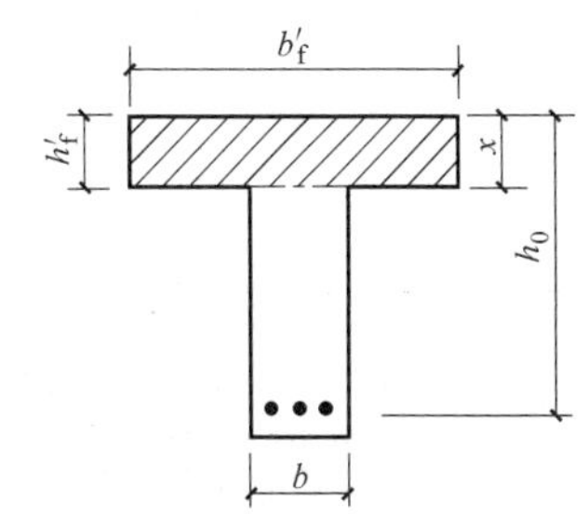

图 4-30　T 形截面的类型的判别

在判断 T 形截面类型时，可能遇到以下两种情况：

(1) 截面设计

这时已知弯矩设计值 M，可用式 (4-88) 来判别类型。

如果

$$M\leqslant M'_u=\alpha_1 f_c b'_f h'_f\left(h'_0-\frac{h'_f}{2}\right) \tag{4-89a}$$

即 $x\leqslant h'_f$，则属于第一类 T 形截面

如果

$$M>M_u=\alpha_1 f_c b'_f h'_f\left(h'_0-\frac{h'_f}{2}\right) \tag{4-89b}$$

即 $M>h'_f$，则属于第二类 T 形截面。

(2) 截面复核

因为这时 $A_s f_y$ 为已知，故可按下式来判别类型。

如果

$$A_s f_y\leqslant \alpha_1 f_c b'_f h_f \tag{4-90}$$

则属于第一类 T 形截面。

如果

$$A_s f_y>\alpha_1 f_c b'_f h_f \tag{4-91}$$

则属于第二类 T 形截面。

2. 翼缘计算宽度的确定

理论分析和试验结果表明，T 形截面受弯构件承受荷载后，受压区翼缘的压应力分布并不均匀，愈接近肋部压应力愈大，愈远离肋部压应力愈小。因此，为了计算方便，假定只在翼缘一定宽度范围内作用压应力，并呈均匀分布，而认为在这个宽度范围以外的翼缘不参加工作。将参加工作的翼缘宽度称为翼缘计算宽度。翼缘计算宽度与受弯构件的跨度 l、翼缘厚度 h'_f 和受弯构件的布置有关。《混凝土设计规范》规定，翼缘计算宽度可按表 4-8 中最小值采用。

4.7.3　基本公式及适用条件

1. 第一类 T 形截面

如前所述，这类T形截面受压区高度 $x\leqslant h'_{\mathrm{f}}$，中性轴通过翼缘，受压区形状为矩形（图4-32），故可按宽度为 b'_{f} 的矩形截面计算其承载力。它的计算公式与单筋矩形截面的相同，仅需将计算公式中的 b 改为翼缘计算 b'_{f}，即

T形、倒L形截面受弯构件翼缘计算宽度　　**表4-8**

项次	考虑情况		T形截面、I形截面		倒L形截面
			肋形梁(板)	独立梁	肋形梁(板)
1	按计算跨度 l_0 考虑		$\frac{1}{3}l_0$	$\frac{1}{3}l_0$	$\frac{1}{6}l_0$
2	按梁(纵肋)净距 s_{n} 考虑		$b+s_{\mathrm{n}}$	—	$b+\frac{s_n}{2}$
3	按翼缘高度 h'_{f} 考虑	$h'_{\mathrm{f}}/h_0\geqslant0.1$	—	$b+12h'_{\mathrm{f}}$	—
		$0.1>h'_{\mathrm{f}}/h_0\geqslant0.05$	$b+12h'_{\mathrm{f}}$	$b+6h'_{\mathrm{f}}$	$b+5h'_{\mathrm{f}}$
		$h'_{\mathrm{f}}/h_0<0.05$	$b+12h'_{\mathrm{f}}$	b	$b+5h'_{\mathrm{f}}$

注：1. 表中 b 为梁的腹板（肋）宽度（图4-31a）；
2. 如肋形梁在梁跨内设有间距小于纵肋间距的横肋时（图4-31b），则可不遵守表中项次3的规定；
3. 对有加腋的T形和倒L形截面（图4-31c），当受压区加腋的高度 $h_{\mathrm{h}}\geqslant h'_{\mathrm{f}}$，且加腋的宽度 $b_{\mathrm{h}}\leqslant3h_{\mathrm{h}}$ 时，则其翼缘计算宽度可按表中项次3的规定分别增加 $2b_{\mathrm{h}}$（T形截面）和 b_{h}（倒L形截面）；
4. 独立梁受压区的翼缘板，在荷载作用下如产生沿纵肋方向的裂缝（图4-31d），则计算宽度取用肋宽 b。

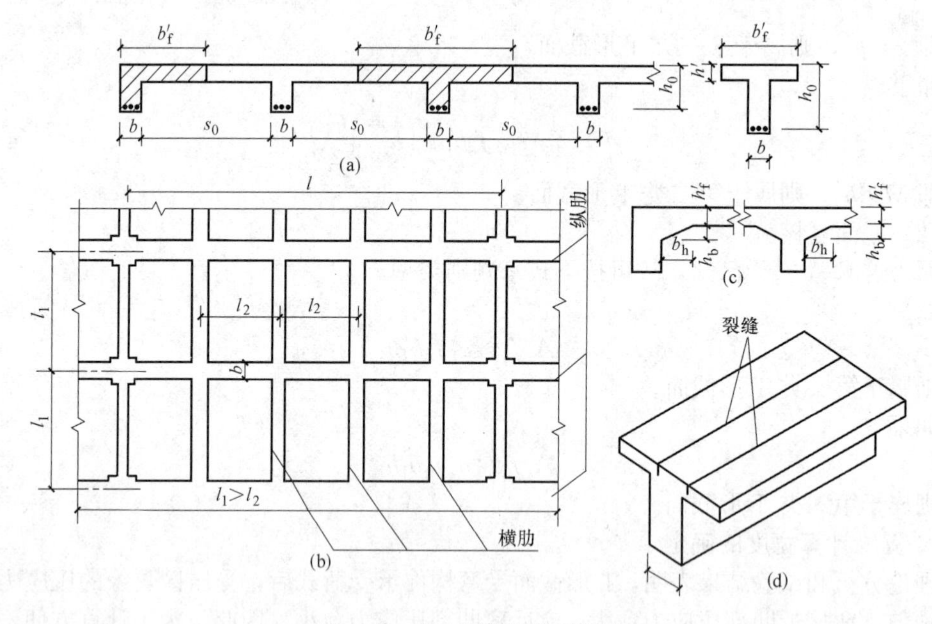

图4-31　表4-8注的说明附图

$$\alpha_1 f_{\mathrm{c}} b'_{\mathrm{f}} x = f_{\mathrm{y}} A_{\mathrm{s}} \tag{4-92}$$

$$M\leqslant M_{\mathrm{u}}=\alpha_1 f_{\mathrm{c}} b'_{\mathrm{f}} x\left(h'_0-\frac{x}{2}\right) \tag{4-93}$$

基本公式（4-92）、（4-93）的适用条件为：

（1）$x\leqslant\xi_{\mathrm{b}}h_0$。

在一般情况下，翼缘厚度 h'_{f} 都较小，当中性轴通过翼缘时，x 值均很小，故上面条

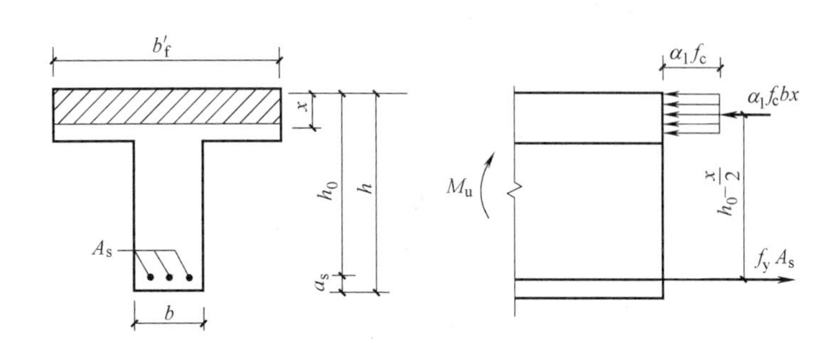

图 4-32　第一类 T 形截面计算简图

件都可以满足。故对第一类 T 形截面这一条件可不进行验算。

（2）$\rho \geqslant \rho_{max}$。

如前所述，《混凝土设计规范》规定，T 形截面的配筋率按下式计算：

$$\rho = \frac{A_s}{bh}$$

式中 b 为肋宽。这是因为最小配筋率是根据钢筋混凝土受弯构件Ⅲa 阶段的承载力与同样条件下的素混凝土受弯构件开裂时的承载力相等得出的。由于 T 形截面翼缘悬挑部分对素混凝土受弯构件开裂承载力影响甚小，故计算时用肋宽。

【例题 4-7】 某现浇钢筋混凝土肋形楼盖次梁，承受弯矩设计值 $M=84\text{kN}\cdot\text{m}$，计算跨度 $l_0=5.10\text{m}$，板厚为 80mm，梁的截面尺寸为 $bh=200\text{mm}\times400\text{mm}$，间距 3m（图 4-33）。混凝土强度等级为 C20，采用 HRB335 级钢筋。结构安全等级为二级。环境类别属于一类。

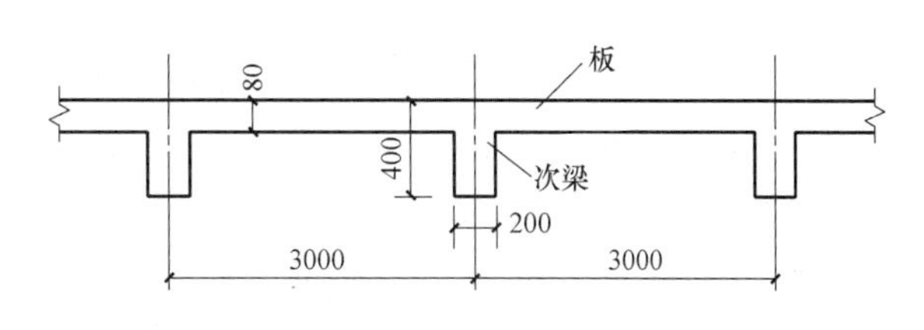

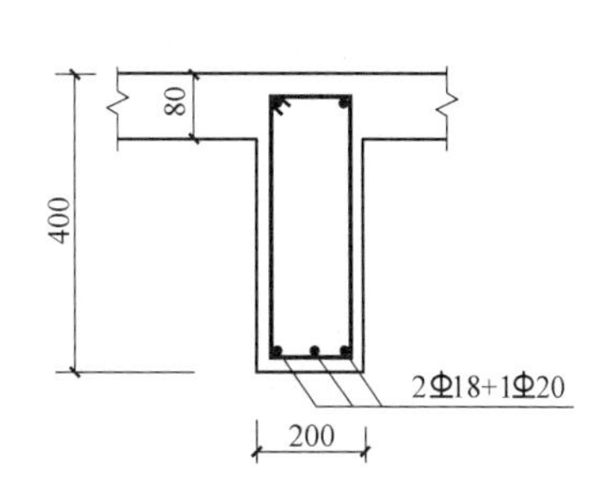

图 4-33　【例题 4-7】附图

试计算次梁的纵向受拉钢筋。

【解】（1）确定材料强度设计值

由附表 A-3 和 A-4 查得，混凝土强度等级 C20 时，$f_c=9.6\text{N/mm}^2$，$f_t=1.1\text{N/mm}^2$。由附表 A-8

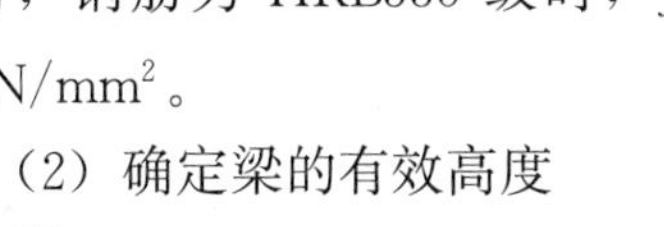

查得，钢筋为 HRB335 级时，$f_y=300\text{N/mm}^2$。

（2）确定梁的有效高度

设 $a_s=35\text{mm}$，　　$h_0=h-35=400-35=365\text{mm}$

（3）确定翼缘计算宽度

根据表 4-8 可得：

按梁的计算跨度 l_0 考虑

$$b'_f=\frac{l_0}{3}=\frac{5100}{3}=1700\text{mm}$$

按梁的净距 s_0 考虑

$$b'_f=b+s_0=200+2800=3000\text{mm}$$

按梁的翼缘厚度 b'_f 考虑

$$\frac{h'_f}{h_0}=\frac{80}{365}=0.219>0.10$$

故翼缘计算宽度不受此项限制。

最后，取前两项较小者为翼缘计算宽度，即 $b'_f=1700\text{mm}$。

(4) 判别 T 形截面类型

$$M_u=\alpha_1 f_c b'_f h'_f\left(h'_0-\frac{h'_f}{2}\right)=1\times9.6\times1700\times80\left(365-\frac{80}{2}\right)$$

$$=424\times10^6\text{N}\cdot\text{mm}>M=84\times10^6\text{N}\cdot\text{mm}$$

属于第一类 T 形截面

(5) 求纵向受拉钢筋截面面积

$$\alpha_s=\frac{M}{\alpha_1 f_c b_f h_0{}^2}=\frac{84\times10^6}{1\times9.6\times1700\times365^2}=0.0386$$

由表 4-7 查得 $\gamma_s=0.980$

$$A_s=\frac{M}{\gamma_s h_0 f_y}=\frac{84\times10^6}{0.98\times365\times300}=783\text{mm}^2$$

选配 2Φ18＋1Φ20（$A_s=823\text{mm}^2$），配筋图参见图 4-33。

2. 第二类 T 形截面

这类 T 形截面 $x>h_f$，中性轴通过肋部。其应力图形如图 4-34（a）所示。为了便于分析起见，将第二类 T 形截面应力图形看作是由两部分组成：一部分由受压翼缘挑出部分的混凝土的压力和相应的受拉钢筋 A_{s1} 组成（图 4-34b）；另一部分是肋部受压混凝土压

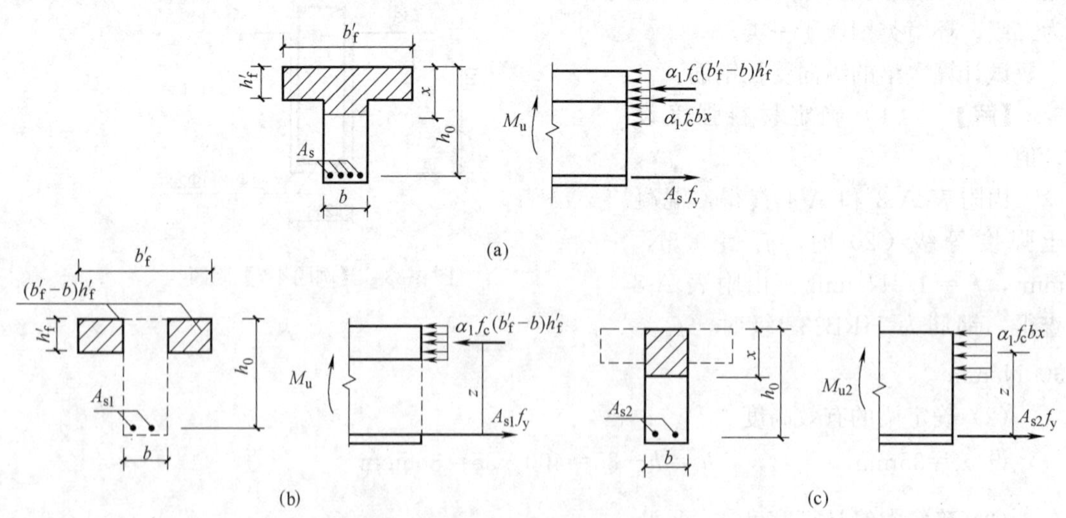

图 4-34　第二类 T 形截面应力图形

（a）全部截面；（b）第 1 部分应力；（c）第 2 部分应力

力和相应的受拉钢筋 A_{s2} 所组成（图 4-34c）。

这样，第二类 T 形截面承载力可写成

$$M_u=M_{u1}+M_{u2}$$

式中　M_{u1}——翼缘挑出部分的混凝土压力与相应的受拉钢筋 A_{s2} 形成的弯矩；

M_{u2}——肋部受压区混的压力与相应的受拉钢筋 A_{s1} 形成的弯矩。

根据平衡条件，对两部分可分别写出以下基本计算公式

第一部分

$$\alpha_1 f_c(b'_f-b)h'_f=f_y A_{s1} \tag{4-94}$$

$$M_{u1}=\alpha_1 f_c(b'_f-b)h'_f\left(h_0-\frac{h'_f}{2}\right) \tag{4-95}$$

第二部分

$$\alpha_1 f_c bx=f_y A_{s2} \tag{4-96}$$

$$M_{u2}=\alpha_1 f_c bx\left(h_0-\frac{x}{2}\right)$$

这样，整个 T 形截面的承载力基本计算公式为

$$\alpha_1 f_c(b'_f-b)h'_f+\alpha_1 f_c bx=f_y A_s \tag{4-97}$$

$$M\leqslant M_u=\alpha_1 f_c(b'_f-b)h'_f\left(h_0-\frac{h'_f}{2}\right)+\alpha_1 f_c bx\left(h_0-\frac{x}{2}\right) \tag{4-98}$$

上述基本公式应满足下列条件：

（1）不出现超筋破坏

$$x\leqslant\xi_b h_0 \tag{4-99}$$

或

$$\rho_2=\frac{A_{s2}}{bh_0}\leqslant\xi_b\frac{\alpha_1 f_c}{f_y} \tag{4-100}$$

或

$$M_{u2}\leqslant\alpha_1 f_c bh_0{}^2\xi_b(1-0.5\xi_b) \tag{4-101}$$

（2）不出现少筋破坏

$$\rho=\frac{A_{s2}}{bh}\geqslant\rho_{min} \tag{4-102}$$

因为 T 形截面配筋较多，一般都能满足最小配筋率的要求，故不必验算这一条件。

【例题 4-8】 钢筋混凝土独立 T 形梁，梁的截面尺寸为：$b'_f=600$mm，$b=300$mm，$h'_f=100$mm，$h=800$mm。承受弯矩设计值 $M=656.06$kN·m（图 4-35）。混凝土强度等级为 C20，采用 HRB335 级钢筋。结构安全等级为二级。环境类别属于一类。

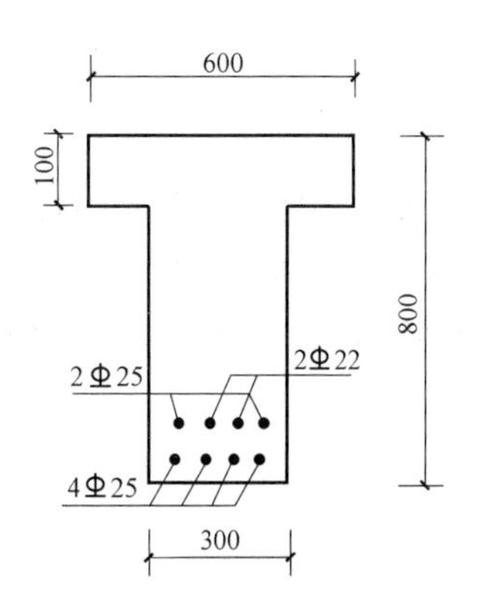

图 4-35　【例题 4-8】附图

试计算 T 形梁的纵向受拉钢筋面积。

【解】　（1）确定材料强度设计值

由附表 A-3 和 A-4 查得，$f_c=9.6\text{N/mm}^2$，$f_t=1.1\text{N/mm}^2$。由附表 A-8 查得，$f_y=300\text{N/mm}^2$。

（2）确定梁的有效高度

设采用双排钢筋，取 $a_s=60$mm，　　$h_0=h-a_s=800-60=740$mm

（3）判别 T 形截面类型

由式（4-88）算

$$M'_u=\alpha_1 f_c b'_f h'_f\left(h_0-\frac{h'_f}{2}\right)=1\times9.6\times600\times100\times\left(740-\frac{100}{2}\right)$$

$$=397.4\times10^6\text{N}\cdot\text{mm}<M=656.06\times10^6\text{N}\cdot\text{mm}$$

属于第二类 T 形截面。

按式（4-94）得

$$A_{S1}=\frac{\alpha_1 f_c(b'_f-b)h'_f}{f_y}=\frac{1\times9.6\times(600-300)\times100}{300}=960\text{mm}$$

（4）求 M_{u1}

按式（4-95）计算

$$M_{u1}=\alpha_1 f_c(b'_f-b)h'_f\left(h_0-\frac{h'_f}{2}\right)$$

$$=1\times9.6\times（600-300）\times100\times\left(740-\frac{100}{2}\right)=198.7\times10^6\text{N}\cdot\text{mm}$$

（5）求 M_{u2} 和 A_{s2}

$$M_{u2}=M-M_{u1}=656.06-198.7=457.36\text{kN}\cdot\text{m}$$

$$\alpha_s=\frac{M_{u2}}{\alpha_1 f_c b h_0{}^2}=\frac{457.36\times10^6}{1\times9.6\times300\times740^2}=0.290$$

由表 4-7 查得 $\gamma_s=0.825$，$\xi=0.35$。

$$A_{s2}=\frac{M_{u2}}{\gamma_s h_0 f_y}=\frac{457.36\times10^6}{0.825\times740\times300}=2497.1\text{mm}^2$$

所需总的受拉钢筋面积

$$A_{s1}+A_{s2}=960+2497.1=3457.1\text{mm}^2$$

选 2Φ22＋6Φ25（$A_s=3706\text{mm}^2$），见图 4-35。

§4.8　受弯构件斜截面受剪承载力计算

4.8.1　概述

在一般情况下，受弯构件截面除作用有弯矩外，还作用有剪力。受弯构件同时作用有弯矩和剪力的区段称为剪弯段（图 4-36a）。弯矩和剪力在构件横截面上分别产生正应力 σ 和剪应力 τ。在受弯构件开裂前，正应力 σ 和剪应力 τ 组合起来将产生主拉应力 σ_{pt} 和主压应力 σ_{pc}。

$$\sigma_{pt}=\frac{\sigma}{2}+\sqrt{\frac{\sigma^2}{4}+\tau^2} \tag{4-103a}$$

$$\sigma_{pc}=\frac{\sigma}{2}-\sqrt{\frac{\sigma^2}{4}+\tau^2} \tag{4-103b}$$

主应力的作用方向与梁纵向轴线的夹角 α 由下式确定：

$$\tan2\alpha=\frac{-2\tau}{\sigma} \tag{4-104}$$

图 4-36（b）中实线表示主拉应力迹线；与它垂直的虚线表示主压应力迹线。当荷载较小时，受拉区混凝土出现裂缝前，钢筋应力很小，主拉应力主要由混凝土承担。

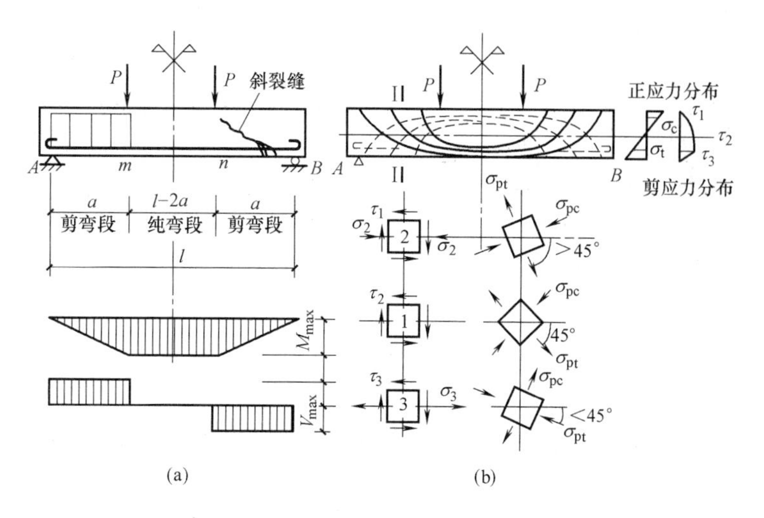

图 4-36　受弯构件斜截面受力分析

(a) 梁的斜截面形成；(b) 主应力迹线示意图

随着荷载的增加，构件内的主拉应力 σ_{pt} 也将增加。当主拉应力超过混凝土的抗拉强度，即 $\sigma_{pt}>f_t$ 时，混凝土便沿垂直主拉应力方向出现斜裂缝，进而发生斜截面破坏。为了防止发生这种破坏，需进行斜截面承载力计算。

4.8.2　受弯构件斜截面承载力的实验研究

为了解决钢筋混凝土受弯构件斜截面承载力计算问题，国内外进行了大量的试验研究。试验证明，影响斜截面承载力的因素很多，诸如：混凝土的强度、腹筋（箍筋和弯起钢筋）和纵筋配筋率、截面尺寸和形状、荷载种类和作用方式，以及剪跨比[1]等。

试验结果表明，斜截面受剪破坏主要有下列三种破坏形态：

1. 斜压破坏

斜压破坏是指梁的剪弯段中的混凝土被压碎，而腹筋尚未达到屈服强度时的破坏(4-37a)。这种破坏多发生在下列情况：

(1) 梁的剪跨比适当（$1\leqslant\lambda<3$），但箍配置得过多，当荷载较大，使梁发生斜裂缝时，箍筋应力达不到屈服强度，致使剪弯段的混凝土被压碎而造成梁的斜压破坏。这种破坏与正截面超筋梁破坏相似，腹筋强度得不到充分发挥。

(2) 当梁的剪跨比较小（$\lambda<1$）时，这时在梁的剪弯段范围内，横截面上的剪力相对较大。随着荷载的增加，首先在梁的中性轴附近出现斜裂缝，由于主拉应力随着离开中性轴而很快减小，故斜裂缝宽度开展缓慢。这时，荷载直接由其作用点通过混凝土传给支座。当荷载很大时，这部分混凝土被压碎形成斜压破坏。斜压破坏的形态见图 4-37a。

2. 斜拉破坏

当剪跨比较大（$\lambda\geqslant3$），且箍筋配置得过少时，在荷载作用下，梁一旦出现斜裂缝，箍筋应力立即达到屈服强度；这条斜裂缝迅速伸展到梁的受压区边缘，使构件很快裂为两

[1] 集中荷载作用点至支座的距离称为剪跨 a，剪跨 a 与梁的截面有效高度 h_0 之比称为剪跨比，即 $\lambda=\frac{a}{h_0}$。

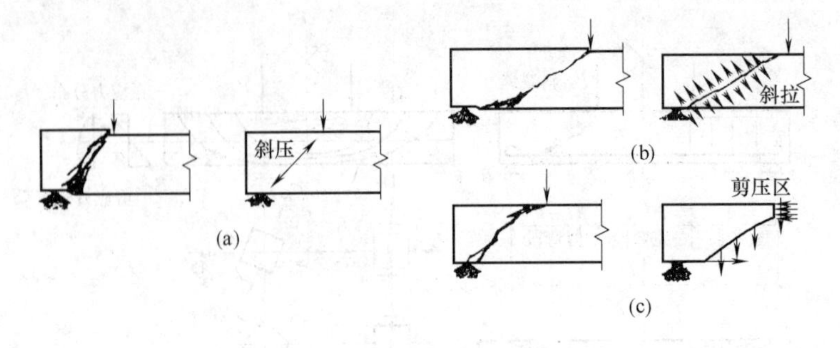

图 4-37　梁斜截面破坏的主要形式

(a) 斜压破坏；(b) 斜拉破坏；(c) 剪压破坏

部分而破坏（图 4-37b）。它的破坏情况与正截面少筋梁的破坏相似，这种破坏称为斜拉破坏。

3. 剪压破坏

如剪跨比适当（$1 \leqslant \lambda < 3$），或虽剪跨比较大（$\lambda \geqslant 3$），但箍筋配置得适量时，随着荷载的增加，首先在剪弯段受拉区出现垂直裂缝，随后斜向延伸，形成斜裂缝。当荷载增加到一定值时，就会出现一条主要斜裂缝，称为临界斜裂缝。荷载进一步增加，与临界斜裂缝相交的箍筋应力达到屈服强度，由于钢筋塑性变形发展，斜裂缝逐渐扩大，斜截面末端受压区不断缩小，直至受压区混凝土在正应力和剪应力共同作用下混凝土应变达到极限状态而破坏（图 4-37c）。这种破坏称为剪压破坏。

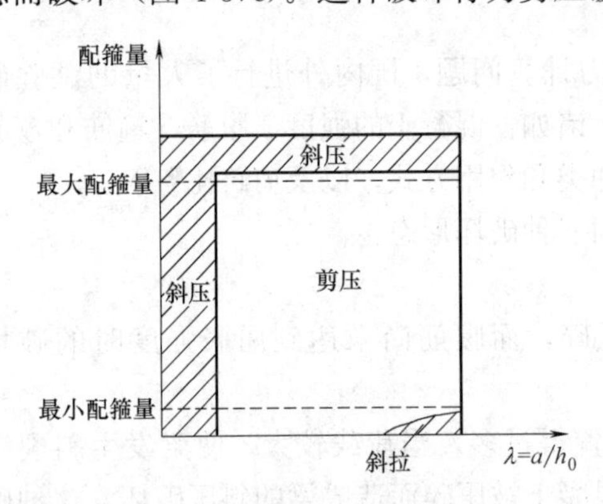

图 4-38　梁斜截面三种破坏形态与其发生条件示意图

综上所述，可以把梁的剪弯段三种破坏形态的条件用图 4-38 表示出来。图中横坐标轴表示剪跨比 $\lambda = a/h_0$；纵坐标轴表示配箍量。由上可知，斜压破坏将发生在配箍量较多或剪跨比较小的情况；斜拉破坏将发生在剪跨比较大，而配箍量过少的情况；其余为剪压破坏。

由于斜压破坏箍筋强度不能充分发挥作用，而斜拉破坏又十分突然，故这两种破坏形态在设计时均应避免。因此，在设计中应把构件控制在剪压破坏类型。为此，《混凝土设计规范》给出了梁的配箍量不得超过最大配箍量的条件，以避免形成斜压破坏；同时，也规定了最小配箍量，以防止发生斜拉破坏。至于避免由于剪跨比过小而发生的斜压破坏，《混凝土设计规范》则采用控制截面尺寸或提高混凝土强度等级来加以保证。试验表明，这种处理是偏于安全的。因为这时斜压破坏的受剪承载力远远高于剪压破坏时的受剪承载力。

4.8.3　斜截面受剪承载力计算公式

1. 基本公式的建立

如前所述，斜截面受剪承载力计算应以剪压破坏形态为依据。当发生这种破坏时，与斜截面相交的腹筋（箍筋和弯起钢筋）应力达到屈服强度，斜截面剪压区混凝土达到极限应变。这时受弯构件沿斜截面分成左右两部分。现取斜截面左侧为隔离体（图4-39）研究它的平衡条件。

在荷载作用下，设在BA斜截面上产生的剪力设计值为V。当构件发生剪压破坏时，在斜截面BA上抵抗剪力设计值的有：剪压区混凝土剪力承载力设计值V_c、与裂缝相交的箍筋受剪承载力V_{sv}及与裂缝相交的弯起钢筋受剪承载力设计值V_{sb}。根据平衡条件，可写出构件受剪承载力计算基本公式：

$$\sum Y=0 \qquad V \leqslant V_u = V_c + V_{sv} + V_{sb} \tag{4-105a}$$

或

$$V \leqslant V_u = V_{cs} + V_{sb} \tag{4-105b}$$

式中　V_u——构件斜截面受剪承载力设计值；

V_{cs}——构件斜截面上混凝土和箍筋受剪承载力设计值。

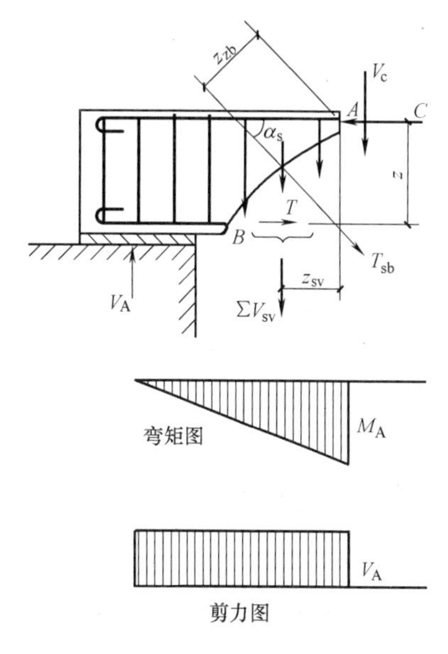

图4-39　斜截面的受力分析

$$V_{cs} = V_c + V_{sv} \tag{4-105c}$$

2. 仅配置箍筋的受弯构件斜截面受剪承载力V_{cs}的计算

仅配有箍筋的受弯构件斜截面受剪承载力V_{cs}，等于斜截面剪压区混凝土受剪承载力V_c和与斜截面相交的箍筋的受剪承载力V_{sv}之和。试验表明，影响V_{cs}的因素很多，而且V_c和V_{sv}之间又相互影响，很难单独确定它们的数值。目前，对V_{cs}是采用理论与试验相结合的方法确定的。

根据对仅配有箍筋梁的斜截面受剪破坏试验的分析，V_{cs}值可按下列公式计算：

（1）对承受均布荷载矩形、T形和I形截面的受弯构件

$$V_{cs} = 0.7 f_t b h_0 + f_{yv} \frac{A_{sv}}{s} h_0 \tag{4-106a}$$

或

$$\frac{V_{cs}}{f_t b h_0} = 0.7 + \frac{f_{yv}}{f_t} \rho_{sv} \tag{4-106b}$$

式中　f_t——混凝土轴心抗压强度设计值；

b——梁的宽度；

h_0——梁的截面有效高度；

f_{yv}——箍筋抗拉强度设计值；

A_{sv}——配置在同一截面内箍筋各肢的全部截面面积，$A_{sv} = nA_{sv1}$；

n——在同一截面内箍筋的肢数；

A_{sv1}——单肢箍筋的截面面积；

ρ_{sv}——箍筋配筋率，$\rho_{sv} = \frac{nA_{vs1}}{sb}$；

s——箍筋的间距。

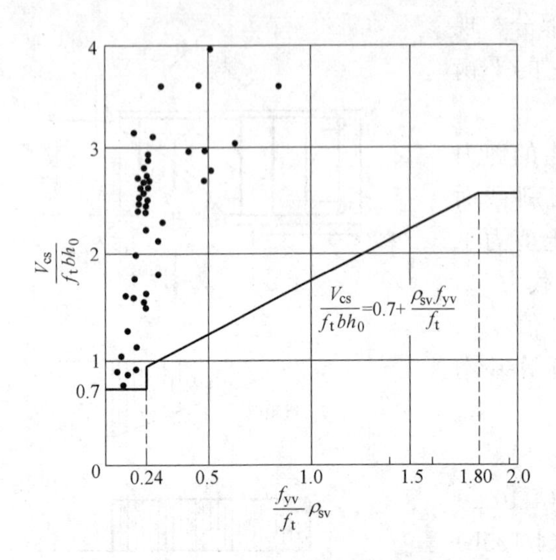

图 4-40　承受均布荷载简支梁试验值与按式（4-106b）计算值的比较

承受均布荷载的简支梁受剪承载力实测相对值$\frac{V_{cs}}{bh_0 f_t}$与按式（4-106b）算得的受剪承载力关系曲线如图 4-40 所示。由图中可以看出，按式（4-106b）计算是相当安全的。

（2）对于承受以集中荷载为主的独立梁

试验表明，对于集中荷载作用下的矩形截面独立梁，当剪跨比 λ 比较大时，按式（4-106a）计算是偏于不安全的。因此，《混凝土设计规范》规定：对于集中荷载作用下的矩形截面独立梁（包括作用有多种荷载，其中集中荷载对支座截面所产生的剪力值占该截面总剪力值的 75％以上的情况），V_{cs}值应按下式计算：

$$V_{cs}=\frac{1.75}{\lambda+1}f_t bh_0+f_{yv}\frac{A_{sv}}{s}h_0 \tag{4-107a}$$

或

$$\frac{V_{vs}}{bh_0 f_t}=\frac{1.75}{\lambda+1}+\frac{f_{yv}}{f_{th}}\rho_{sv} \tag{4-107b}$$

式中　λ——计算截面的剪跨比，$\lambda=\frac{a}{h_0}$。当 λ＜1.5 时，取 λ＝1.5；当 λ＞3 时，取λ＝3；

α——集中荷载作用点距支座边缘的距离。

应当指出，当 λ＜1.5 时，取 λ＝1.5，这一方面是为了避免 λ 太小使构件过早地出现斜裂缝和形成斜压破坏；另一方面，当 λ＝1.5 时，式（4-107a）等号右边第一项与式（4-106a）相应项一致。当 λ＞3 时，计算结果较试验数值偏低，故 λ＞3 时，取 λ＝3。

承受集中荷载矩形截面简支梁的$\frac{V_{cs}}{f_t bh_0}$试验值，与按式（4-107b）当 λ＝1.5 和 λ＝3 时求得的值的关系曲线，见图 4-41。由图可见，按式（4-107b）确定受剪承载力是十分安全的。

3. 同时配置箍筋和弯起钢筋的斜截面受剪承载力的计算

（1）对承受均布荷载的矩形、T 形和 I 形截面的受弯构件

$$V_{cs}=0.7f_t bh_0+f_{yv}\frac{A_{sv}}{s}h_0+0.8f_y A_{sb}\sin\alpha_s \tag{4-108}$$

式中　A_{sb}——同一弯起平面内的弯起钢筋的截面面积（图 4-39）；

α_s——弯起钢筋与梁的纵轴之间的夹角，当梁高 h＜800mm 时，α_s取 45°；当 h＞800mm 时，α_s取 60°。

其余符号意义同前。

式（4-108）等号右侧第三项中的 0.8，是考虑弯起钢筋与临界斜裂缝的交点有可能

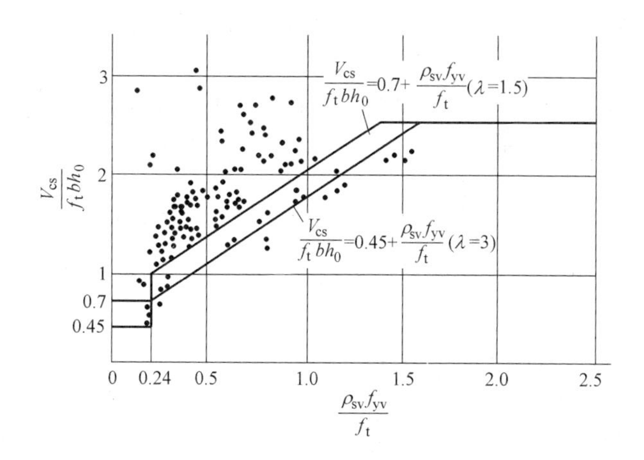

图 4-41　承受集中荷载的矩形截面简支梁试验值与按式（4-107b）计算值的比较

过分靠近混凝土剪压区时，弯起钢筋达不到屈服强度而采用的强度降低系数。

（2）对于承受以集中荷载为主的独立梁

$$V_{cs}=\frac{1.75}{\lambda+1}f_t bh_0+f_{yv}\frac{A_{sv}}{s}h_0+0.8f_y A_{sb}\sin\alpha_s \tag{4-109}$$

式中符号意义和 λ 取值范围与前相同。

4. 计算公式的适用条件

式（4-106a）～式（4-109）是根据斜截面剪压破坏试验得到的。因此，这些公式的适用条件也就是剪压破坏时所应具有的条件。

（1）上限值——最小截面尺寸

由式（4-107a）～式（4-109）可以看出，若无限制地增加箍筋（A_{sv}/s）和弯起钢筋（A_{sb}）就可随意增大梁的受剪承载力。但实际上这是不正确的。试验表明，当梁的截面尺寸过小，配置的腹筋过多或剪跨比过小时，在腹筋尚未达到屈服强度以前，梁腹部混凝土已发生斜压破坏。试验还表明，斜压破坏受腹筋影响很小，主要取决于截面尺寸和混凝土轴心抗压强度。

为了防止斜压破坏，《混凝土设计规范》根据试验结果，对矩形、T 形和 I 形截面受弯构件，给出了剪压破坏的上限条件，即截面最小尺寸条件

当$\frac{h_w}{b}\leqslant 4$ 时

$$V\leqslant 0.25\beta_c f_c bh_0 \tag{4-110a}$$

当$\frac{h_w}{b}\geqslant 6$ 时

$$V\leqslant 0.20\beta_c f_c bh_0 \tag{4-110b}$$

当 $4<\frac{h_w}{b}<6$ 时，按线性内插法确定。

式中　V——构件斜截面上最大剪力设计值；

β_c——混凝土强度影响系数：当混凝土强度等级不超过 C50 时，取 $\beta_c=1$；当混凝土强度等级等于 C80 时，取 $\beta_c=0.8$；其间按线性内插法确定；

b——矩形截面宽度，T 形截面或 I 形截面的腹板宽度；

h_w——截面的腹板高度。矩形截面取有效高度 h_0；T 形截面取有效高度减去翼缘高度；I 形截面取腹板净高。

受弯构件斜截面受剪承载力上限条件（4-110a）和（4-106b），实际上也就是最大配箍率的条件。例如对于 C30 的混凝土，将式（4-110a）代入式（4-106b），并注意到 $f_t = 0.1f_c$，即可求得 $\frac{h_w}{b} \leqslant 4$ 时且仅配置箍筋时的最大配箍率：$\rho_{sv,max} = 1.80 f_c / f_{yv}$。

在图 4-40 和图 4-41 中的上面的水平线 $V_{cs}/f_c bh_0 = 0.25$ 表示公式（4-110a）规定的上限条件。

（2）下限值——最小配箍率

式（4-106a）和（4-106b），只有箍筋的含量达到一定数值时才是正确的。如前所述，当只配置箍筋且数量很少时，一旦出现裂缝，就发生斜拉破坏。因此，对构件的箍筋要规定一个下限值，即最小配箍率。

由图 4-40 和 4-41 可以看出，最小配箍率等于：

$$\rho_{sv} = 0.24 \frac{f_t}{f_{yv}} \tag{4-111}$$

此外，为了充分发挥箍筋的作用，除满足式（4-111）最小配箍率条件外，尚须对箍筋直径和最大间距加以限制。

箍筋最大间距 s 的限制，见表 4-9。

梁内箍筋和弯起钢筋最大间距 s 的限制　　**表 4-9**

梁高(mm)	$V > 0.7 f_c bh_0$	$V \leqslant 0.7 f_c bh_0$
$150 < h \leqslant 300$	150	200
$300 < h \leqslant 500$	200	300
$500 < h \leqslant 800$	250	350
$h > 800$	300	400

4.8.4　斜截面受剪承载力计算步骤

1. 梁的截面尺寸复核

梁的截面尺寸一般先由正截面承载力和刚度条件确定，然后进行斜截面受剪承载力的计算，这时首先应按式（4-110a）或（4-110b）进行截面尺寸复核。若不满足要求时，则应加大截面尺寸或提高混凝土的强度等级。

2. 确定是否需要进行斜截面受剪承载力计算

若受弯构件所承受的剪力设计值较小，截面尺寸较大，或混凝土强度等级较高，当满足下列条件时：

矩形、T 形及 I 形截面梁

$$V \leqslant 0.7 f_t bh_0 \tag{4-112}$$

承受集中荷载为主的独立梁

$$V \leqslant \frac{1.75}{\lambda + 1} f_t bh_0 \tag{4-113}$$

则不需进行斜截面受剪承载力计算，仅要求按构造配置腹筋；反之，需按计算配置腹筋。

式（4-112）和式（4-113）中符号意义及λ取值方法，与式（4-106a）和式（4-107a）相同。

3. 确定斜截面受剪承载力剪力设计值的计算位置

在计算斜截面受剪承载力时，其剪力设计值的计算位置应按下列规定采用：

（1）支座边缘处的截面（图4-42a、b斜截面1-1）；

（2）受拉区弯起钢筋弯起点处的截面（图4-42a截面2-2和3-3）；

（3）箍筋截面面积或间距改变处的截面（图4-42b截面4-4）；

（4）腹板宽度改变处的截面。

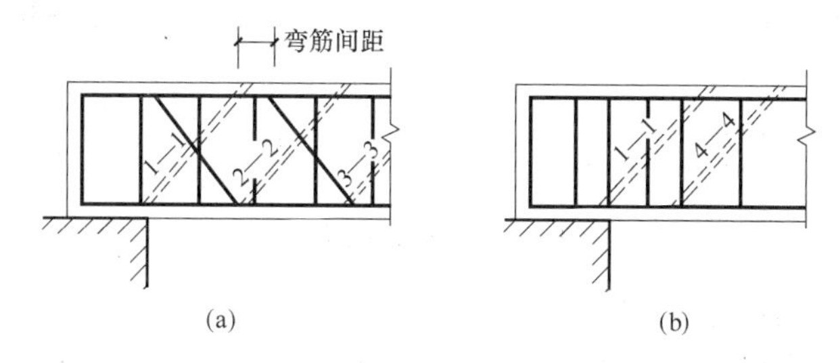

图4-42　斜截面受剪承载力剪力设计值的计算截面

（a）弯起钢筋；（b）箍筋

4. 计算箍筋的数量

当设计剪力全部由混凝土和箍筋承担时，箍筋数量可按下式计算：

对于矩形，T形及I形截面的一般构件

$$\frac{A_{sv}}{s} \geqslant \frac{V - 0.7 f_t b h_0}{f_{yv} h_0} \tag{4-114}$$

承受集中荷载为主的独立梁

$$\frac{A_{sv}}{s} \geqslant \frac{V - \dfrac{1.75}{\lambda + 1} f_t b h_0}{f_{yv} h_0} \tag{4-115}$$

求出$\frac{A_{sv}}{s}$后，再选定箍筋肢数n和单肢数横截面面积A_{sv1}，并算出$A_{sv} = nA_{sv1}$，最后确定箍筋的间距s。

箍筋除满足计算外，尚应符合构造要求。

5. 计算弯起钢筋数量

若剪力设计值较大，需同时由混凝土、箍筋及弯起钢筋共同承担时，可先按经验选定箍筋数量，按式（4-106a）或式（4-107a）算出V_{cs}，然后按下式确定弯起钢筋横截面面积。

$$A_{sb} = \frac{V - V_{cs}}{0.8 f_y \sin\alpha_s} \tag{4-116}$$

在计算弯起钢筋时，剪力设计值按下列规定采用：

（1）当计算第一排（对支座而言）弯起钢筋时，取用支座边缘处的剪力设计值。

（2）当计算以后每一排弯起钢筋时，取用前一排（对支座而言）弯起钢筋弯起点的剪力设计值。

弯起钢筋除满足计算要求外，其间距尚应符合表 4-9 的要求。

【例题 4-9】 矩形截面简支梁，截面尺寸为 200mm×550mm（图 4-43），轴线间距离 $l=6.24$m，承受均布荷载设计值为 $q=46$kN/m（包括自重），混凝土强度等级为 C20，经正截面受弯承载力计算，已配置纵向受力钢筋 4Φ20，箍筋采用 HPB300 级钢筋。求箍筋数量。

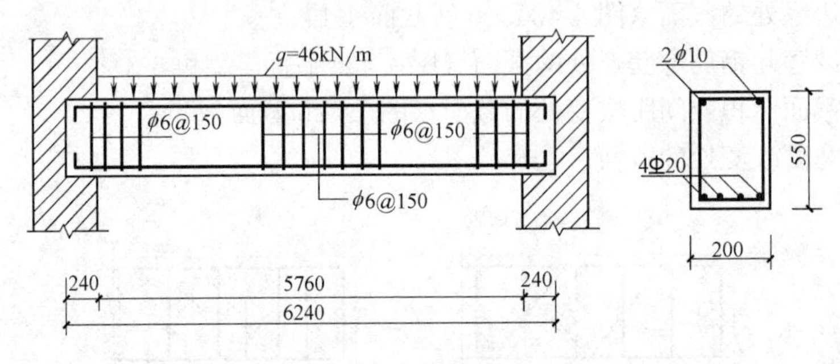

图 4-43　【例题 4-9】附图

【解】　(1) 计算剪力设计值

最大剪力设计值发生在支座处，而危险截面位于支座边缘处。该处剪力略小于支座处剪力值，可近似地按净跨 l_n 计算。

$$V=\frac{1}{2}ql_n=\frac{1}{2}\times46\times5.76=132.48\text{kN}$$

(2) 材料强度设计值

由附表 A-3 和 A-4 查得 $f_c=9.6\text{N/mm}^2$，$f_t=1.1\text{N/mm}^2$，由附表 A-8 查得 $f_y=270\text{N/mm}^2$。

(3) 复核梁的截面尺寸

$$h_0=550-35=515\text{mm}$$

因为，$h_0/b=515/200=2.58<4$，由（4-110a）得：

$$0.25\beta_c f_t bh_0=0.25\times1\times9.6\times200\times515=247.2\text{kN}>132.48\text{kN}$$

故截面尺寸符合要求。

(4) 验算是否需要按计算配置腹筋

按式（4-112）计算

$$0.7f_t bh_0=0.7\times1.1\times200\times515=79310\text{N}$$
$$=79.31\text{kN}<132.48\text{kN}$$

故应按计算配置腹筋。

(5) 计算箍筋数量

根据式（4-114）得

$$\frac{A_{sv}}{s}\geqslant\frac{V-0.7f_t bh_0}{f_{yv}h_0}=\frac{132.48\times10^3-0.7\times1.1\times200\times515}{270\times515}=0.382\text{mm}^2/\text{mm}$$

选择双肢箍 ϕ6（$A_{sv1}=28.3\text{mm}^2$），于是箍筋间距为

$$s\leqslant\frac{A_{sv}}{0.382}=\frac{nA_{sv1}}{0.393}=\frac{2\times28.3}{0.382}=148\text{mm}\approx150\text{mm}$$

采用 $s=150\text{mm}$，并沿梁全长布置。

由于 $V \leqslant 0.25\beta_c f_c b h_0$，故不会超过最大配箍率。实际配箍率为：

$$\rho_{sv}=\frac{nA_{sv1}}{bs}=\frac{2\times 28.3}{200\times 150}=0.189\% > \rho_{min}$$

$$=0.24\frac{f_t}{f_{yv}}=0.24\frac{1.1}{270}=0.098\%$$

由此可见，配箍率满足最小配箍率的要求。箍筋配置见图 4-43。

【例题 4-10】 矩形截面简支梁，截面尺寸为 200mm×650mm（图 4-44），净跨 $l_n=6.60\text{m}$，承受均布荷载设计值为 $q=60\text{kN/m}$（包括自重），混凝土强度等级为 C20，经正截面受弯承载力计算，已配置 HRB335 级纵向受力钢筋 4Φ20＋4Φ22（$A_s=2020\text{mm}^2$），箍筋采用 HRB300 级钢筋。求箍筋数量。

【解】 （1）绘制梁的剪力图

支座边缘剪力设计值

$$V=\frac{1}{2}ql_0=30\times 6.60=198\text{kN}$$

（2）确定材料强度设计值

C20 混凝土：$f_c=9.6\text{N/mm}^2$，$f_t=1.1\text{N/mm}^2$，HRB335 级钢筋：$f_y=300\text{N/mm}^2$，HPB300 级钢筋：$f_y=270\text{N/mm}^2$

（3）复核梁的截面尺寸

$$h_0=650-60=590\text{mm},\frac{h_0}{b}=\frac{590}{250}=2.36<4$$

由式（4-110a）得

$$0.25\beta_c\cdot f_c b h_0=0.25\times 1.0\times 9.6\times 250\times 590=354000\text{N}=354\text{kN}>198\text{kN}$$

故截面尺寸符合要求。

（4）验算是否需要按计算配置腹筋

按式（4-112）计算

$$0.7f_t bh=0.7\times 1.1\times 250\times 590=113.58\times 10^3\text{kN}=113.58\text{kN}<198\text{kN}$$

故应按计算配置腹筋。

（5）计算腹筋用量

1）计算箍筋用量

设选用箍筋Φ6，双肢箍，则 $A_{sv1}=28.3\text{mm}^2$，$n=2$。

根据式（4-114）

$$\frac{A_{sv}}{s}\geqslant\frac{V-0.7f_t b h_0}{f_{yv}h_0}=\frac{198\times 10^3-0.7\times 1.1\times 250\times 590}{270\times 590}=0.530\text{mm}^2/\text{mm}$$

选用双肢箍Φ6（$A_{sv1}=28.3\text{mm}^2$），于是箍筋间距为

$$s\leqslant\frac{A_{sv}}{0.530}=\frac{nA_{sv1}}{0.545}=\frac{2\times 28.3}{0.530}=106.8\text{mm}$$

采用 $s=150\text{mm}$，并沿梁全长布置，这时配箍率为

$$\rho_{sv}=\frac{nA_{sv1}}{bs}=\frac{2\times28.3}{250\times150}=0.151\%>\rho_{min}$$

$$=0.24\frac{f_t}{f_{yv}}=0.24\frac{1.1}{270}=0.0985\%$$

2）计算弯起筋用量

按式（4-106a）计算：

$$V_{cs}=0.7f_tbh_0+f_{yv}\frac{A_{sv}}{s}h_0$$

$$=0.7\times1.1\times250\times590+270\times\frac{2\times28.3}{150}\times590$$

$$=173.68\times10^3\text{N}$$

计算第一排弯起钢筋，截面 l-1 的剪力 $V=198000\text{N}$，按式（4-116）计算：

$$A_{sb}=\frac{V-V_{cs}}{0.8f_y\sin\alpha_s}=\frac{198000-173680}{0.8\times300\times\sin45^\circ}=143.33\text{mm}^2$$

将纵向钢筋弯起 l⏀22，$A_{sb}=380.1\text{mm}^2>153.11\text{mm}^2$，故满足要求。

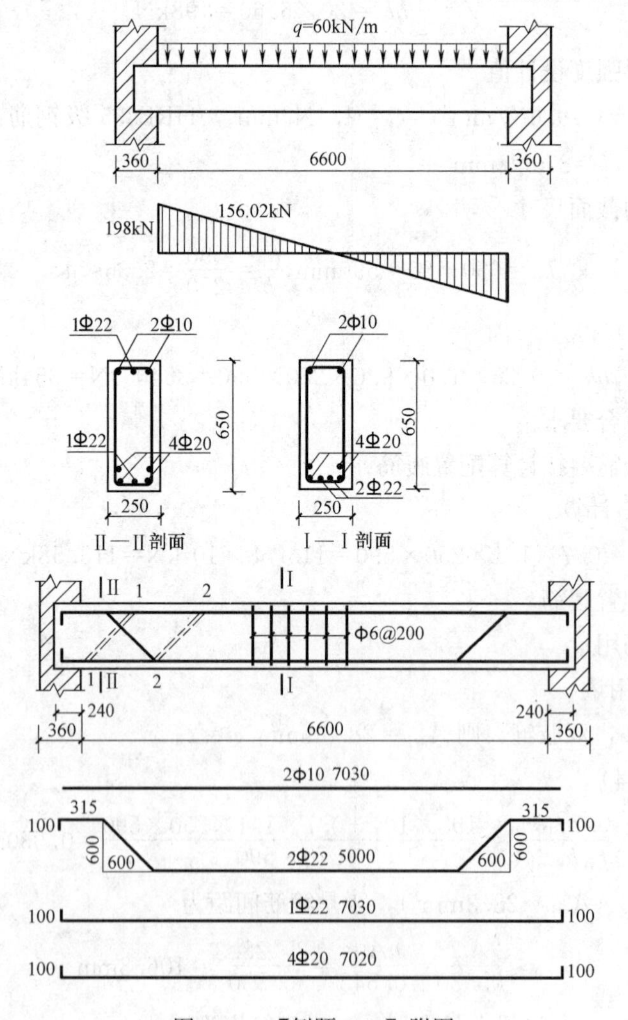

图 4-44　【例题 4-10】附图

弯起 1Φ22 以后，还需验算弯起钢筋弯起点处截面 2-2 的受剪承载力。设第一根钢筋的弯起终点至支座边缘距离为 100mm＜250mm（见表 4-14），则弯起钢筋起点至支座边缘距离为 600＋100＝700mm。于是，可由三角形比例关系求得截面 2-2 的剪力

$$V_2=\frac{3.3-0.7}{3.3}V_1=0.788\times198=156.02<172.02\text{kN}$$

由上面计算可知，2-2 截面的受剪承载力满足要求，故不需再进行计算。

梁的腹筋配置情况见图 4-44。

【例题 4-11】 矩形截面简支梁，承受图 4-45 所示均布线荷载设计值 $q=8\text{kN/m}$ 和集中荷载设计值 100kN，梁的横截面尺寸 $bh=250\text{mm}\times600\text{mm}$，净跨 $l_n=6.00\text{m}$。混凝土强度等级为 C25（$=11.9\text{N/mm}^2$，$f_t=1.27\text{N/mm}^2$），箍筋采用 HPB300 级钢筋：$f_y=270\text{N/mm}^2$。

试求箍筋数量。

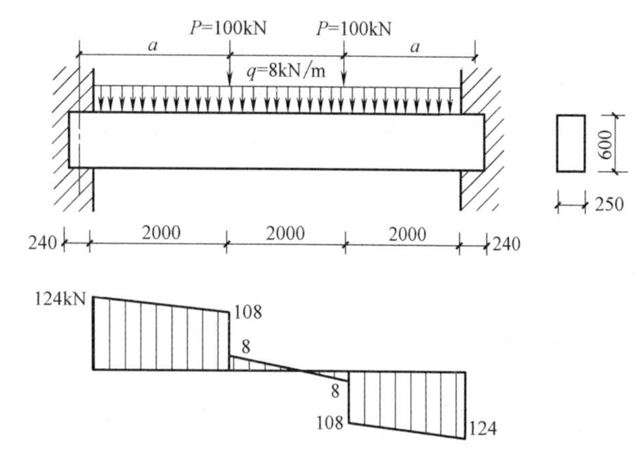

图 4-45　【例题 4-11】附图

【解】（1）计算剪力设计值

由均布线荷载在支座边缘处产生的剪力设计值为：

$$V_q=\frac{1}{2}ql_n=\frac{1}{2}\times8\times6=24\text{kN}$$

由集中荷载在支座边缘处产生的剪力设计值为：

$$V_p=100\text{kN}$$

在支座截面处总剪力为

$$V=V_q+V_p=24+100=124\text{kN}$$

集中荷载对支座截面产生的剪力值占该截面总剪力值的百分比：100/124＝80.7%＞75%，故应按集中荷载作用下相应公式计算斜截面受剪承载力。

（2）复核截面尺寸

纵向受力钢筋按两层考虑，故

$$h_0=h-60=600-60=540\text{mm}\qquad\frac{h_0}{b}=\frac{540}{250}=2.16<4$$

根据式（4-110a）得

$$0.25\beta_c f_c bh_0=0.25\times1\times11.9\times250\times540=401.6\times10^3\text{N}>V=124\times10^3\text{N}$$

截面尺寸满足要求。

（3）验算是否需按计算配置箍筋

剪跨比　$\lambda=a/h_0=2/0.54=3.70>3$，取 $\lambda=3$。

按式（4-113）得

$$\frac{1.75}{\lambda+1}f_t bh_0=\frac{1.75}{3+1}\times1.27\times250\times540=75\times10^3\text{N}<V=124\times10^3\text{N}$$

故应按计算配置箍筋

(4) 计算箍筋数量

按式 (4-115) 计算箍筋数量

$$\frac{A_{sv}}{s} \geqslant \frac{V-\frac{1.75}{\lambda+1}f_t b h_0}{f_{yv} h_0} = \frac{124000-\frac{1.75}{3+1}\times 1.27\times 250\times 540}{270\times 540} = 0.336\text{mm}^2/\text{mm}$$

选用双肢箍Φ8，即 $n=2$，$A_{sv1}=50.3\text{mm}^2$，于是箍筋间距为

$$s=\frac{nA_{sv1}}{0.336}=\frac{2\times 50.3}{0.4336}=299\text{mm}$$

采用 $s=250$mm，沿梁全长布置。

(5) 验算最小配箍率条件

$$\rho_{sv}=\frac{nA_{sv1}}{bs}=\frac{2\times 50.3}{250\times 250}=0.16\%>\rho_{min}$$

$$=0.24\frac{f_t}{f_{yv}}=0.24\times\frac{1.27}{270}=0.112\%$$

由此可见，配箍率满足最小配箍率的要求。箍筋配置见图 4-45。

§4.9　纵向受力钢筋的切断与弯起

梁内纵向受力钢筋是根据控制截面的最大弯矩设计值计算的。若把跨中控制截面承受正弯矩的全部钢筋伸入支座，或把支座控制截面承受负弯矩的全部钢筋通过跨中。显然，这样的配筋方案是不经济的。因此，根据需要常将跨中多余的纵筋弯起，以抵抗剪力，而把支座承受负弯矩的钢筋在适当位置处切断。下面来讨论纵筋在什么部位可以弯起和切断，以及钢筋弯起和切断的数量问题。

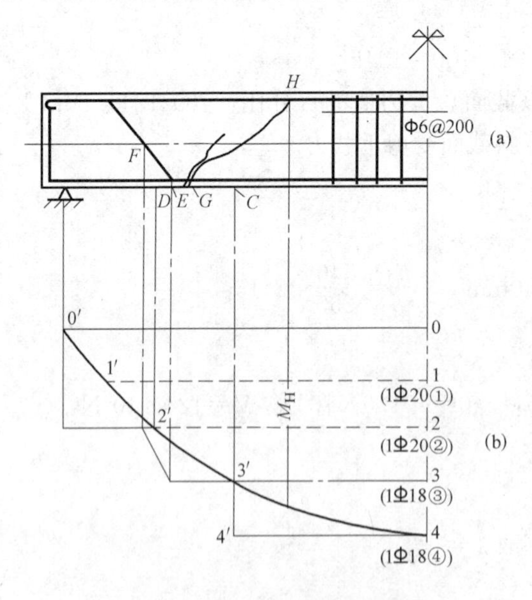

图 4-46　承受均布荷载的简支梁设计弯矩图与抵抗弯矩图

4.9.1　抵抗弯矩图

所谓抵抗弯矩图，是指梁按实际配置的钢筋绘出的各正截面所能承受的弯矩图形。抵抗弯矩图也叫作材料图。

图 4-46 (a) 表示承受均布荷载的简支梁，图 4-46 (b) 中的曲线为设计弯矩图（简称 M 图）。根据跨中控制截面最大弯矩设计值配置了 2Φ20＋2Φ18 的纵筋，钢筋面积 $A_s=1137\text{mm}^2$，其抵抗弯矩为：

$$M_u=A_s f_y\left(h_0-\frac{f_y A_s}{2\alpha_1 f_c b}\right) \quad (4-117)$$

第 i 根钢筋的抵抗弯矩为

$$M_{ui}=\frac{A_{si}}{A_s}M_u \quad (4-118)$$

式中　A_{si}——第 i 根钢筋的面积。

其余符号意义同前。

现以绘制设计弯矩图相同的比例，将每根钢筋在各正截面上的抵抗弯矩绘在设计弯矩图上，便得到如图 4-46（b）所示的抵抗弯矩图。

显然，在截面 C 处，即 3-3′水平线与 M 图交点所对应的截面，可以减少 1Φ18（④号钢筋），而其余钢筋便能满足该截面的受弯承载力要求；同样，在截面 D 处，即 2-2′水平线与 M 图交点所对应的截面，可以再减少 1Φ18（③号钢筋）。因此，我们将截面 C 称为④号钢筋的不需要点。因为③号钢筋到了截面 C 才得到充分利用，故截面 C 也称为③号钢筋的充分利用点。同样，截面 D 称为③号钢筋的不需要点，同时也是②号钢筋的充分利用点。

一根钢筋的不需要点也叫理论断点。对正截面受弯承载力的要求而言，这根钢筋既然是多余的，理论上就可以把它切断。切断后抵抗弯矩图在该截面将发生突变。例如，在图 4-46*b* 中，④号钢筋在截面 C 切断后，抵抗弯矩图在该处将发生了突变。

当钢筋弯起时，抵抗弯矩图亦将发生变化。如果在图 4-46（a）中将③号钢筋在截面 E 处弯起，则抵抗弯矩将发生改变，但由于弯起的过程中，弯起钢筋还能抵抗一定的弯矩，所以，不像切断钢筋那样突然，而是逐渐减小的，直到 F 点处，弯起钢筋伸进梁的中性轴，进入受压区后，弯起钢筋的抗弯能力才认为消失。因此，在钢筋弯起点 E 处抵抗弯矩图的纵标为 03，在弯起钢筋与梁的轴线的交点 F 处抵抗弯矩图纵标为 02，在截面 E、F 之间抵抗弯矩图按斜直线变化（见图 4-46b）。

4.9.2　纵向受力钢筋的实际断点的确定

如前所述，就满足正截面受弯承载力的要求而言，在理论断点处即可把不需要的钢筋切断（图 4-46b）。但是，受力纵筋这样截断是不安全的。例如，若将④号钢筋在 C 截面处切断，则当发生斜裂缝 GH 时，C 截面的钢筋（2Φ20＋1Φ18）就不足以抵抗斜裂缝处的弯矩 M_H，这是因为 $M_H > M_C$。为了保证斜截面的受弯承载力，就要求在斜裂缝 GH 长度范围内有足够的箍筋穿越，以其拉力对 H 取矩来补偿被切断的④号纵筋的抗弯作用。这一条件在设计中一般是不能满足的。为此，通常是将钢筋自理论断点处延伸一段长度 l_w（称为延伸长度）再进行切断（见图 4-47）。这就可以在出现斜裂缝 GH 时，④号钢筋仍能起抗弯作用，而在出现斜裂缝 IH 时，④号钢筋虽已不起抗弯作用，但这时却已有足够的箍筋穿过斜裂缝 IH，其拉力再对 H 取矩就足以补偿④号钢筋的抗弯作用。

显然，延伸长度 l_w的大小与被切断的钢筋直径有关，钢筋直径越粗，它原来所起的抗弯作用就越大，则所需要补偿的箍筋就越多，因此所需的 l_w值就越大。此外，l_w还与箍筋的配置多少有关，配箍率越小，所需 l_w值就越大。

为安全计，在实际工程设计中，跨中下部受拉钢筋，除必须弯起外，一般是不切断的，都伸入支座。连续梁支座处承受负弯矩的纵向受拉钢筋，在受拉区也不宜切断，当必须切断时，应符合下列规定（图 4-48）：

1. 当 $V \leqslant 0.7f_tbh_0$时，应延伸至按正截面受弯承载力计算不需要该钢筋的截面外不小于 $20d$ 处截断，且从该钢筋强度充分利用截面伸出的长度不应小于 $1.2l_a$（l_a为钢筋锚固长度）；

2. 当 $V \geqslant 0.7f_tbh_0$时，应延伸至按正截面受弯承载力计算不需要该钢筋的截面外不小于h_0且不小于 $20d$ 处截断，且从该钢筋强度充分利用截面伸出的长度不应小于是$1.2l_a+h_0$；

3. 若按上述规定确定的截断点仍位于负弯矩受拉区内，则应延伸至按正截面受弯承载力计算不需要该钢筋的截面以外不小于$1.3h_0$且不小于 $20d$ 处截断，且从该钢筋强度充分利用截面伸出的长度不应小于$1.2l_a+1.7h_0$。

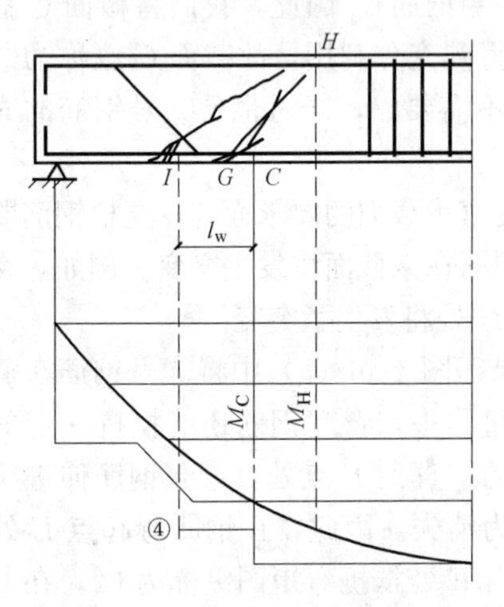

图 4-47　纵向钢筋实际切断点的确定

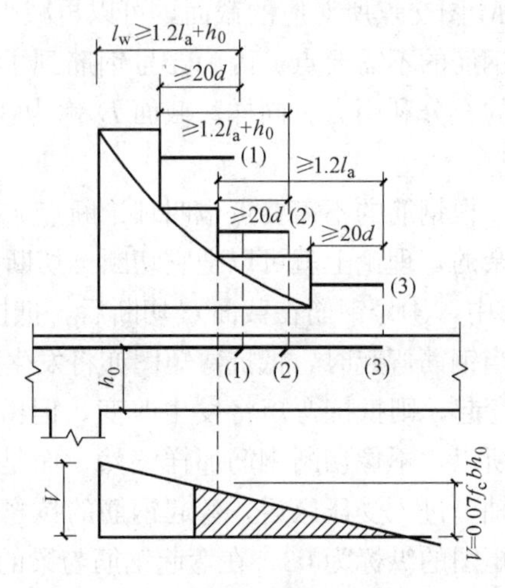

图 4-48　梁内钢筋的延伸长度

4.9.3　弯起钢筋实际起弯点的确定

弯起钢筋不能在充分利用点起弯，否则亦将不能保证斜截面的受弯承载力。弯起钢筋应伸过充分利用点一段距离 s 后再起弯，且弯起钢筋与梁轴线的交点应在该钢筋理论断点之外。

现以图 4-49a 中③号钢筋弯起为例，说明 s 值的确定方法。

截面 C 是③号钢筋的充分利用点，在伸过一段距离 s 后，③号钢筋（1Φ18）被弯起。显然，在正截面 C 的抵抗弯矩为：

$$(M_{抵})_{正}=T_{(2Φ20+1Φ18)}z$$

设有一条斜裂缝 IE 发生在如图 4-49a 所示的位置。作用在斜截面上的弯矩仍为 M_c，这时斜截面的抵抗矩为

$$(M_{抵})_{斜}=T_{(2Φ20)}z+T_{(1Φ18)}z_b$$

为了保证斜截面的受弯承载（M抵）正力，必须满足下述条件：

$$(M_{抵})_{斜}>(M_{抵})_{正}$$

即

$$T_{(2Φ20)}z+_{(1Φ18)}z_b>T_{(2Φ20+1Φ18)}z$$

$$T_{(1Φ18)}z_b>T_{(1Φ18)}z$$

或
$$z_b>z \tag{a}$$

由图 4-49b 的几何关系

$$z_b = s\sin\alpha_s + z\cos\alpha_s \tag{b}$$

将式（b）代入式（a），得：

$$s \geqslant \frac{z(1-\cos\alpha_s)}{\sin\alpha_s} \tag{c}$$

α_s一般取 45°或 60°，并近似取 $z=0.9h_0$。分别代入式（c），则得：

当 $\alpha_s=45°$时，$s=0.37h_0$；

当 $\alpha_s=60°$时，$s=0.52h_0$

为了简化计算起见，《混凝土设计规范》规定，统一取弯起钢筋实际起弯点至充分利用点的距离 $s \geqslant 0.50h_0$。

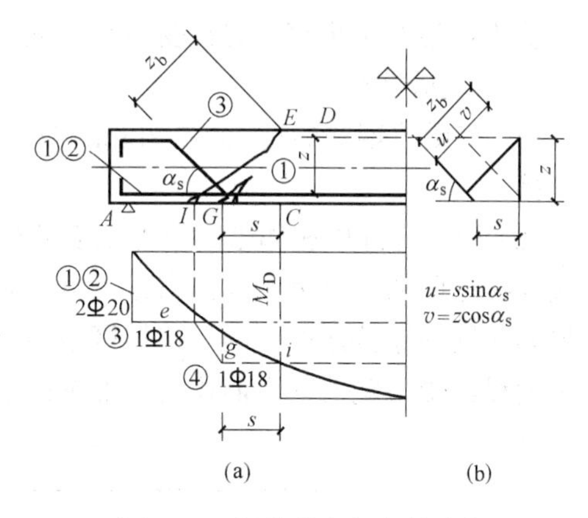

图 4-49　钢筋的弯起点的确定

§ 4.10　受弯构件钢筋构造要求的补充

4.10.1　纵向受力钢筋在支座内的锚固

梁的简支端正截面的弯矩 $M=0$，按正截面要求，纵筋适当伸入支座即可。但在主拉应力作用下，沿支座开始发生斜裂缝时，则与裂缝相交的纵筋所承受的弯矩由原来的 M_C 增加到 M_D（图 4-50）。因此，纵筋的拉力将明显增加。若无足够的锚固长度，纵筋就会从支座内拔出，使梁斜截面受弯承载力不足发生破坏。

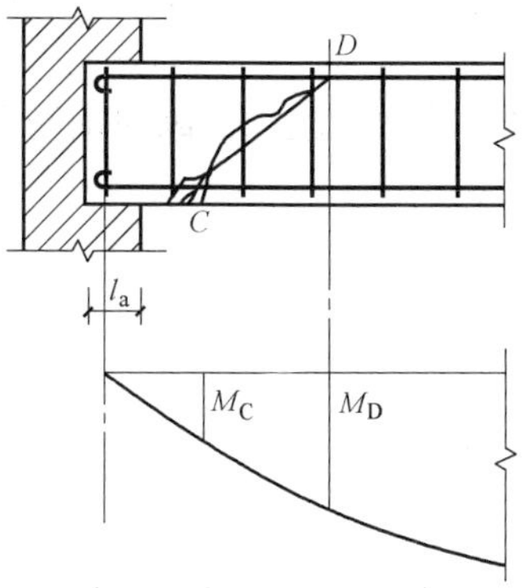

图 4-50　纵向受力钢筋伸入梁的支座内的锚固

《混凝土设计规范》根据试验和设计经验规定，钢筋混凝土简支梁和连续梁简支端的下部纵向受力钢筋，其伸入梁支座范围内的锚固长度 l_{as}（图 4-50）应符合下列规定：

1. 当 $V \leqslant 0.7f_tbh_0$时

$$l_{as} \geqslant 5d$$

2. 当 $V \geqslant 0.7f_tbh_0$时

带肋钢筋　　$l_{as} \geqslant 12d$

光面钢筋　　$l_{as} \geqslant 15d$

其中 d 为纵向受力钢筋直径。

如纵向受力钢筋伸入梁支座范围内的锚固长度不符合上述要求时，应采取在钢筋上加焊锚固钢板或将钢筋端部焊接在梁端预埋件上等有效锚固措施。

简支板下部纵向受力钢筋伸入支座长度 $l_{as} \geqslant 5d$

4.10.2　钢筋的连接

钢筋的连接分为：机械连接、焊接和绑扎搭接。施工中宜优先采用机械连接或焊接。机械连接和焊接的类型和质量要求应符合国家现行有关标准。

受力钢筋的接头宜设置在受力较小处。在同一根钢筋上宜少设接头。

1. 绑扎搭接接

（1）当受拉钢筋的直径 $d \geqslant 28$mm 及受压钢筋的直径 $d \geqslant 32$mm 时，不宜采用绑扎搭接连接

（2）同一构件中相邻纵向受力钢筋的绑扎搭接接头的位置应相互错开。钢筋绑扎搭接接头连接区段的长度为 1.3 倍搭接长度，凡搭接接头中点位于该连接区段长度内的搭接接头均属于同一连接区段。同一连接区段内纵向钢筋搭接接头面积百分率为该区段内有搭接接头的纵向受力钢筋截面面积与全部纵向受力钢筋截面面积的比值（图 4-51）。

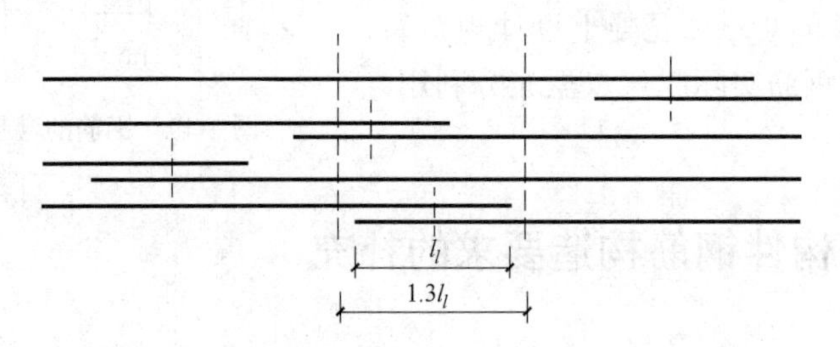

图 4-51　同一连接区段内的纵向受拉钢筋绑扎搭接接头

（3）位于同一连接区段内的纵向受拉钢筋搭接接头面积百分率：对梁类、板类构件，不宜大于 25%。当工程中确有必要增大受拉钢筋搭接接头面积百分率时，对梁类构件应大于 50%；对板类构件，可根据实际情况放宽。

纵向受拉钢筋绑扎搭接接头的搭接长度，应根据位于同一连接区段内的纵向钢筋搭接接头面积百分率按下列公式计算：

$$l_l = \zeta . l_a \tag{4-119}$$

式中　l_l——纵向受拉钢筋的搭接长度；

l_a——纵向受拉钢筋的锚固长度；

ζ——纵向受拉钢筋的搭接长度修正系数，按表 4-10 采用。

纵向受拉的搭接长度修正系数　　**表 4-10**

纵向受拉钢筋搭接接头面积百分率	≤25	50	100
ζ	1.2	1.4	1.6

（4）在任何情况下，纵向受拉钢筋绑扎搭接接头的搭接长度均不应小于 300mm。

（5）构件中的纵向受压钢筋，当采用绑扎搭接接头时，其搭接长度不应小于按式（4-119）计算结果的 0.7 倍。且在任何情况下，不应小于 200mm。

（6）在纵向受力钢筋搭搭接长度范围内应配置箍筋，其直径不应小于搭接钢筋较大直径的 0.25 倍。当钢筋受拉时，箍筋间距不应大于搭接钢筋较小直径的 5 倍，且不应大于 100mm；当钢筋受压时，箍筋间距不应大于搭接钢筋较小直径的 10 倍，且不应大于 200mm。当受压钢筋直径 $d \geqslant 25$mm 时，尚应在搭接接头两个端面外 100mm 范围内各设两个箍筋。

2. 机械连接接头

（1）纵向受力钢筋机械连接接头宜相互错开。钢筋机械连接接头连接区段的长度为

35d（d 为纵向受力钢筋的较大直径），凡接头中点位于该连接区段长度内的机械连接接头均属于同一连接区段。

在受力较大处设置机械连接接头时，位于同一连接区段内的纵向受拉钢筋接头面积百分率不应大于 50%；纵向受压钢筋接头面积百分率不受限制。

（2）机械连接接头连接件的混凝土保护层厚度宜满足纵向受力钢筋最小保护层厚度的要求。连接件之间的横向净距不宜小于 25mm。

3. 焊接连接接头

纵向受力钢筋焊接接头应相互错开。钢筋焊接接头连接区段的长度为 35d（d 为的较大直径），且不小于 500mm。凡接头中点位于该连接区段长度内的焊接接头，均属于同一连接区段。

位于同一连接区段内的纵向受力钢筋的焊接接头面积百分率，对纵向受拉钢筋接头，不应大于 50%；对纵向受压钢筋的接头面积百分率可不受限制。

4.10.3　梁内箍筋和弯起钢筋的最大间距

梁内箍筋和弯起钢筋间距不能过大，以防止在箍筋或弯起钢筋之间发生斜裂缝（图 4-52），从而降低梁的斜截面受剪承载力。《混凝土设计规范》规定，梁内箍筋和弯起钢筋间距 s 不得超过表 4-9 规定的最大间距 s_{max}。

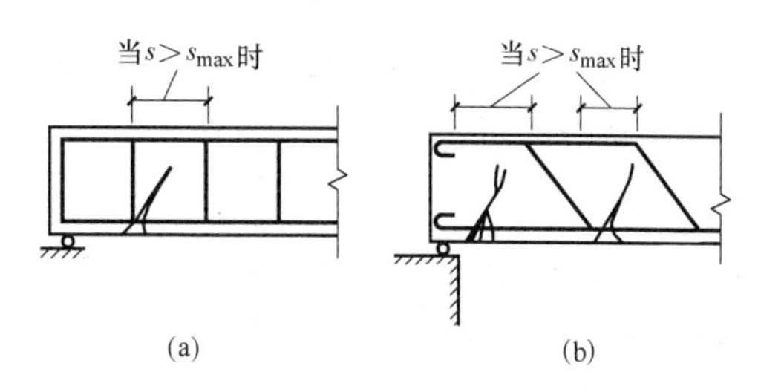

图 4-52　箍筋和弯起钢筋间距不符合要求

（a）斜裂缝未与箍筋相交；（b）斜裂缝未与弯起钢筋相交

4.10.4　弯起钢筋的构造

弯起钢筋在终弯点处应再沿水平方向向前延伸一段锚固长度（见图 4-53）。这一锚固长度在受拉区和受压区分别不小于 20d 和 10d。当不能将纵筋弯起而需单独设置弯筋时，应将弯筋两端锚固在受压区内，不得采用“浮筋”（见图 4-54）。

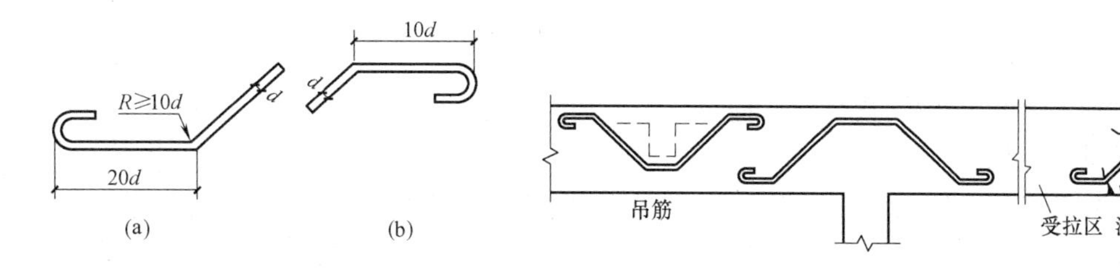

图 4-53　弯起钢筋的锚固

图 4-54　独立弯起钢筋的位置

4.10.5　腰筋与拉筋

当梁的腹板高度 h_w 不小于 450mm 时，在梁的两个侧面应沿高度配置纵向构造钢筋（腰筋）①（图 4-55），每侧腰筋（不包括梁上、下部受力钢筋及架力钢筋）的间距。不宜大于 200mm，截面面积不应小于腹板截面面积（$b\times h_w$）的 0.1%，但当梁宽较大时可以适当放松。腰筋用拉筋②连系，拉筋间距一般取箍筋间距的 2 倍。设置腰筋的作用，是防止梁太高时由于混凝土收缩和温度变化而产生竖向裂缝，同时也是为了加强钢筋骨架的刚度，避免浇筑混凝土时钢筋位移。

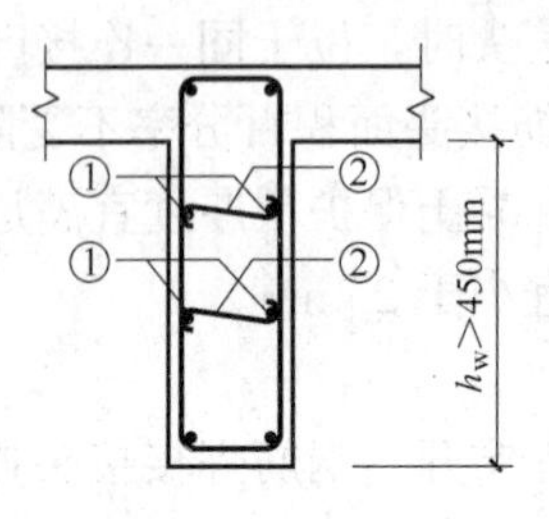

图 4-55　腰筋与拉筋

小　　结

1. 钢筋混凝土受弯构件正截面破坏有三种形态：1）适筋破坏；2）超筋破坏；3）少筋破坏。其中适筋破坏为正常破坏；超筋和少筋破坏是非正常破坏，通过限制条件加以避免。

2. 钢筋混凝土受弯构件适筋破坏，可分三个阶段，即第Ⅰ阶段（未裂阶段）、第Ⅱ阶段（裂缝阶段）和第Ⅲ阶段（破坏阶段）。受拉区混凝土开裂和钢筋屈服是划分三个受力阶段的界限状态。

3. 受弯构件正截面承载力计算是以第Ⅲ阶段末，即Ⅲa 阶段的应力图形作为依据的，计算时认为：1）构件发生弯曲变形后正截面仍为平面（即平截面假定）；2）不考虑拉区混凝土工作；3）受压区混凝土取等效应力图形，并达到抗压强度设计值 f_c；4）钢筋应力达到抗拉强度设计值 f_y。

4. 单筋矩形截面受弯构件确定钢筋面积的步骤是：计算系数 $\alpha_s = M/\alpha_1 f_c b h_0{}^2$，根据 α_s 值由表 4-7 查得系数 γ_s；计算钢筋截面面积 $A_s = M/\gamma_s h_0 f_y$；检查最小配筋率条件 $\rho = A_s/bh \leqslant \rho_{min}$。截面复核的步骤是：验算最小配筋率条件 $\rho \geqslant \rho min$；求出 $\alpha_s = M/\alpha_1 f_c b h_0{}^2$；由表 4-7 查出 γ_s；按相应公式计算 M_u。

5. 受拉区与受压区均设置受力纵向钢筋的梁称为双筋梁。这种梁是不经济的，故在设计中应尽量避免采用。

6. T 形截面受弯构件正截面承载力计算方法，适用于多种截面形状构件。因为在受弯承载能力计算时，假定受拉区混凝土不参加工作。因此，有许多外形虽然不是 T 形截面，例如Ⅰ形截面、倒 L 形截面、箱形截面梁等，都可按 T 形截面计算。

7. T 形截面分为两类：第一类 T 形截面（中性轴通过翼缘）和第二类 T 形截面（中性轴通过肋部）。前者按翼缘宽度 b'_f 的矩形截面梁计算；后者按 T 形截面进行计算。

8. 斜截面受剪破坏有三种形态：剪压破坏、斜拉破坏和斜压破坏。剪压破坏为正常破坏，通过计算防止这种破坏。斜拉和斜压破坏为非正常破坏形态，通过控制最小配箍率和限制截面尺寸防止这两种破坏。

9. 保证斜截面受弯承载能力也是受弯构件斜截面设计的一个重要内容。一般通过采取构造措施来实现。如纵向钢筋应伸过其理论断点一定长度后再切断；弯起钢筋可在其理论断点前弯起；但弯起钢筋与梁中心线的交点，应在理论断点之外；弯起点与其充分利用点之间的距离，不应小于 $h_0/2$。

思 考 题

4-1 试述少筋梁、适筋梁和超筋梁的破坏特征。在设计中如何防止少筋梁和超筋梁破坏？

4-2 对于≤C50的混凝土处于正截面非均匀受压时，其极限压应变 ε_u 为多少？

4-3 在适筋梁的正截面计算中，如何将混凝土受压区的实际应力图形换算成等效矩形应力图形？

4-4 在受弯构件中，什么是相对界限受压区高度 ξ_b？怎样确定它的数值？它和最大的配筋率 ρ_{max} 有何关系？

4-5 写出钢筋混凝土受弯构件纵向拉钢筋配筋率表达式，它与验算最小配筋率公式 $\rho=\frac{A_s}{bh}\leqslant\rho_{min}$ 中的配筋率表达式有何不同？为什么？

4-6 单筋矩形截面的极限弯矩 M_{umax} 与哪些因素有关？

4-7 为什么要求双筋矩形截面的受压区高度 $x\geqslant 2a'_s$（a'_s 为受压钢筋合力至受压区边缘的距离）？若不满足这一条件，怎样计算双筋梁正截面受弯承载力？

4-8 T形截面有何优点？为什么T形截面的配筋率公式中的b为肋宽？

4-9 在受弯构件中，斜截面受剪有哪几种破坏形态？它们的特点是什么？以何种破坏形态作为计算的依据？如何防止斜压破坏和斜拉破坏？

4-10 什么是剪跨比？它对梁的斜截面受剪承载力有何影响？在计算中为什么当 $\lambda<1.5$ 时，取 $\lambda=1.5$；当 $\lambda>3$ 时，取 $\lambda=3$？

4-11 为什么说梁的斜截面受剪承载力上限条件（4-106a）和（4-106b），实际上就是最大配箍率的条件？

4-12 什么是抵抗弯矩图？什么是钢筋的理论断点和充分利用点？

4-13 为了保证梁的斜截面受弯承载力，纵向受力钢筋弯起时应注意哪些问题？

4-14 在外伸梁和连续梁中，支座负筋截断时应注意哪些要求？

4-15 什么是腰筋？它的作用是什么？设置腰筋有何要求？

4-16 为什么箍筋和弯起钢筋间距要满足一定要求？

4-17 钢筋混凝土简支梁和连续梁的简支端的下部纵向受力钢筋，其伸入支座的锚固长度是多少？

习 题

4-1 已知梁的截面尺寸 $bh=250\text{mm}\times500\text{mm}$，承受弯矩设计值 $M=90\text{kN/m}$，混凝土强度等级为C20，采用HRB335级钢筋，结构安全等级为二级，环境类别为一类。求所需纵向钢筋的截面面积。

4-2 已知矩形截面简支梁，梁的截面尺寸 $bh=200\text{mm}\times450\text{mm}$，梁的计算跨度 $l_0=$

5.20m，承受均布线荷载：活荷载标准值 10kN/m，恒载标准值 9.5kN/m（不包括梁的自重），采用 C25 级混凝土和 HRB400 级钢筋，结构安全等级为二级，环境类别为一类。试求所需纵向钢筋的截面面积。

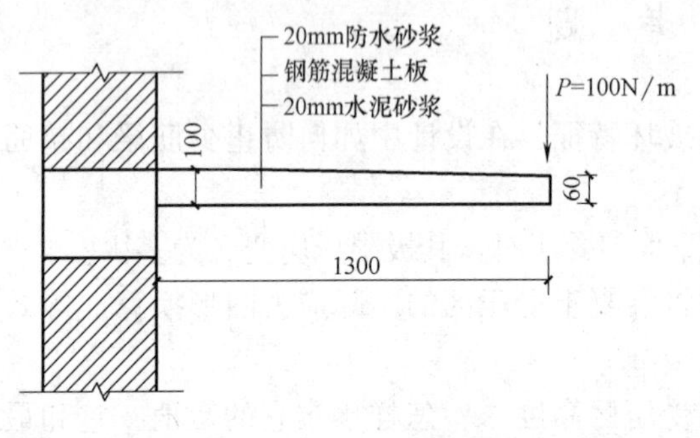

图 4-56　习题 4-3 附图

4-3　图 4-56 所示为钢筋混凝土雨篷。已知雨篷板根部厚度为 80mm，端部厚度为 60mm，计算跨度为 1.3m，各层做法如图所示。板除承受恒载外，尚在板的自由端每米宽作用 1kN/m 的施工活荷载。板采用 C25 级混凝土和 HRB335 级钢筋。结构安全等级为二级，环境类别为二 a 类。

试计算雨篷的受力钢筋。

4-4　已知梁的截面尺寸 $bh=200\text{mm}\times450\text{mm}$，混凝土强度等级为 C20，配置 HRB335 级钢筋 4Φ16（$A_s=804\text{mm}^2$），若承受弯矩设计值 $M=70\text{kN}\cdot\text{m}$。结构安全等级为一级，环境类别为一类。试验算此梁正截面承载力是否安全。

4-5　现浇肋形楼盖次梁，承受弯矩设计值 $M=65\text{kN}\cdot\text{m}$，计算跨度为 4800mm，截面尺寸如图 4-57 所示，混凝土强度等级为 C20，采用 HRB335 级钢筋。结构安全等级为二级，环境类别为一类。试确定次梁的纵向受力钢筋截面面积。

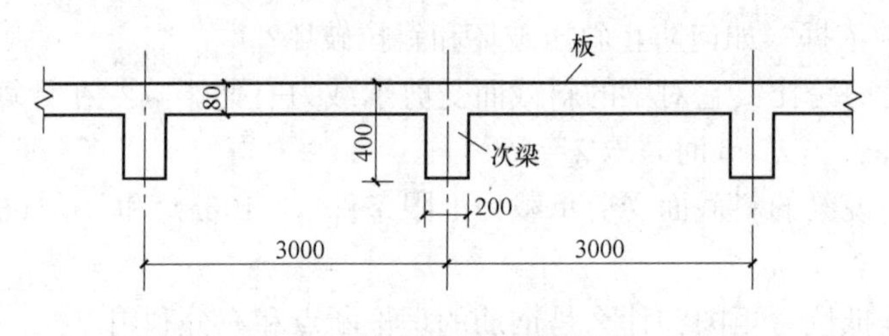

图 4-57　习题 4-5 附图

4-6　T 形截面梁，$b'_f=550\text{mm}$，$h'_f=100\text{mm}$，$b=250\text{mm}$，$h=750\text{mm}$，承受弯矩设计值 $M=500\text{kN}\cdot\text{m}$。混凝土强度等级采用 C20，钢筋采用 HRB335 级，试求纵向钢筋截面面积。

4-7　矩形截面简支梁 $bh=250\text{mm}\times550\text{mm}$，净度 $l_n=6000\text{mm}$，承受荷载设计值（包括梁的自重）$q=50\text{kN/m}$，混凝土强度等级为 C25，经正截面承载力计算已配 4Φ20 纵筋（图 4-58），箍筋采用 HPB235 级钢筋。结构安全等级为一级，环境类别为一类。

试确定箍筋数量。

4-8　矩形截面简支梁，截面尺寸 $bh=250\text{mm}\times600\text{mm}$，净跨 $l_n=6300\text{mm}$，承受均布线荷载设计值 $q=56\text{kN/m}$（图 4-59），混凝土采用 C20，经正截面承载力计算已配纵向受力钢筋 4Φ20＋2Φ22，箍筋采用 HPB300 级钢筋。结构安全等级为一级，环境类别为一类。

试确定箍筋和弯起钢筋的数量。

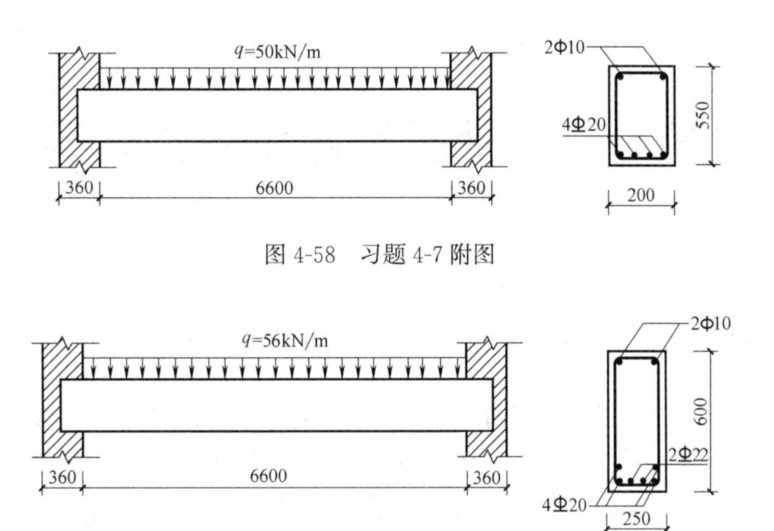

图 4-58　习题 4-7 附图

图 4-59　习题 4-8 附图

第5章　受压构件承载力计算

§5.1　概述

工业与民用建筑中，钢筋混凝土受压构件应用十分广泛。例如，多层框架结构柱（图5-1a）、单层工业厂房柱（图5-1b）和屋架受压腹杆（图5-1c）等。都属于受压构件的例子。

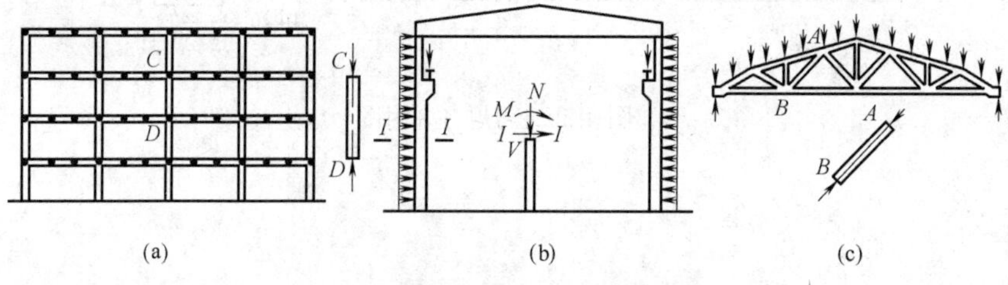

图5-1　钢筋混凝土受压构件实例

钢筋混凝土受压构件，按其轴向压力作用点与截面形心的相互位置不同，可分为轴心受压构件和偏心受压构件。

当轴向压力作用点与构件正截面形心重合时，这种构件称为轴心受压构件（图5-2a），在实际工程中，由于施工的误差造成截面尺寸和钢筋位置的不准确，混凝土本身的不均匀性，以及荷载实际作用位置的偏差等原因，很难使轴向压力与构件正截面形心完全重合。所以，在工程中理想的轴心受压构件是不存在的。但是，为了简化计算，只要由于上述原因所引起的初始偏心距不大，就可将这种受压构件按轴心受压构件考虑。

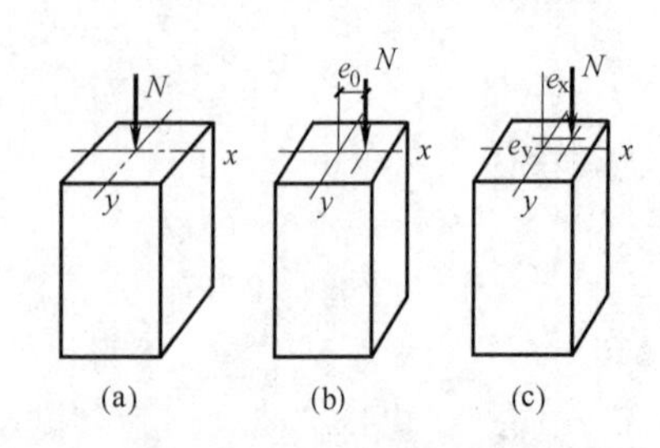

图5-2　轴心受压与偏心受压构件
（a）轴心受压；（b）单向偏心受压；（c）双向偏心受压

当轴向压力的作用点不与构件正截面形心重合时，这种构件称为偏心受压构件。如果轴向压力作用点只对构件正截面的一个主轴存在偏心距，则这种构件称为单向偏心受压构件（图5-2b）；如果轴向压力作用点对构件正截面的两个主轴存在偏心距，则称为双向偏心受压构件（图5-2c）。

§5.2　受压构件的构造要求

5.2.1　材料强度等级

为了减小受压构件截面尺寸，节省钢材，在设计中宜采用C25、C30、C40或强度等级更高的混凝土，钢筋一般采用 HRB335、HRB400 和 RRB400 级，而不宜采用强度更高的钢筋来提高受压构件的承载能力。因为在受压构件中，高强度钢筋不能充分发挥其作用。

5.2.2　截面形状和尺寸

为了便于施工，钢筋混凝土受压构件通常采用正方形或矩形截面。只有特殊要求时，才采用圆形或多边形截面，为了提高受压杆件的承载能力，截面不宜过小，一般截面的短边尺寸为（1/10—1/15）l_0。在一般情况下，受压构件的截面不能直接求出。在设计时，通常根据经验或参考已有的类似设计，假定一个截面尺寸，然后根据公式求出钢筋截面面积。为了减少模板规格和便于施工，受压构件截面尺寸要取整数，在 800mm 以下者，取用 50mm 的倍数；在 800mm 以上者，采用 100mm 的倍数。

5.2.3　纵向受力钢筋

柱中纵向钢筋的配置应符合下列规定：

1. 纵向受力钢筋的截面面积应由计算确定。《混凝土设计规范》规定，纵向钢筋直径不宜小于 12mm，纵向钢筋的配筋率不应小于最小配筋率（参见附录 C 附表 C-5)。柱中纵向钢筋的配筋率通常在 0.5％～2％之间，全部纵向钢筋配筋率不宜超过 5％。

2. 柱内纵筋的净距不应小于 50mm，且不宜大于 300mm。对水平浇筑的混凝土装配式柱，纵筋间距可按梁的规定采用。纵筋混凝土保护层厚度应按附录 C 附表 C-4 采用。

3. 偏心受压柱的截面高度不小于 600mm 时，在柱的侧面上应设置直径不小于 10mm 的纵向构造钢筋，并相应设置复合箍筋或拉筋。

4. 为了增加钢筋骨架的刚度，减少箍筋用量，纵筋的直径不宜过细，通常采用 12～32mm，一般以选用根数少、直径较粗的纵筋为好，对于矩形柱，纵筋根数不应少于 4 根；圆形柱不宜少于 8 根，不应少于 6 根，且宜沿周边均匀布置。

5. 在偏心受压构件中，垂直于弯矩作用平面的侧面上的纵向受力钢筋以及轴心受压柱中各边的纵向受力钢筋，其中距不宜大于 300mm。

6. 在多层房屋中，柱内纵筋接头位置一般设在各层楼面处，其搭接长度 l_l 应按 4.10.2 中有关规定采用。柱每边的纵筋不多于 4 根时，可在同一水平截面处接头（图 5-3a)；每边为 5～8 根时，应在两个水平截面上接头（图 5-3b)；每边为 9～12 根时，应在三个水平截面上接头（图 5-3c)。当上柱截面尺寸小于下柱截面尺寸，且上下柱相互错开尺寸与梁高之比（即柱的纵筋弯折角的正切）小于或等于 1/6 时，下柱钢筋可弯折伸入上柱（图 5-5d)；当上下柱相互错开尺寸与梁高之比大于 1/6 时，应设置短筋，短筋直径和根数与上柱相同（图 5-3e)。

5.2.4　箍筋

箍筋的作用，既可保证纵向钢筋的位置正确，又可防止纵向钢筋压曲，从而提高柱的承载能力。

柱中的箍筋应符合下列规定：

1. 箍筋形状和配置方法应视柱截面形状和纵向钢筋根数而定，箍筋直径不应小于 $d/$

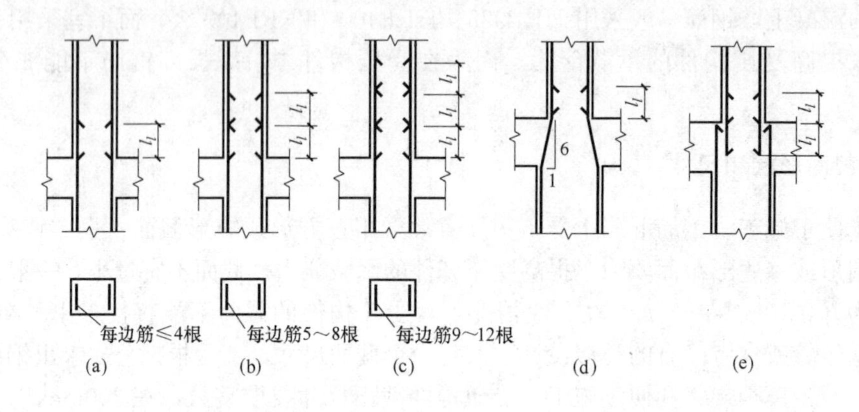

图 5-3　柱的钢筋接头

4，且不小于 6mm，d 为纵向钢筋最大直径。

2. 箍筋间距，不应大于 400mm 及构件横截面的短边尺寸，且不应大于 15d，d 为纵向钢筋最小直径。

3. 柱及其他受压构件中的周边箍筋应做成封闭式。对圆柱中的箍筋，搭接长度不应小于锚固长度，且末端应做成 135°弯钩，弯钩末端平直段长度不应小于 5d，d 为箍筋直径。

4. 当柱截面短边尺寸不大于 400mm 和长边尺寸不大于 500mm，且各边纵向钢筋不多于 4 根时，可不设置复合箍筋，其他情况应设置复合箍筋，参见图 5-4。

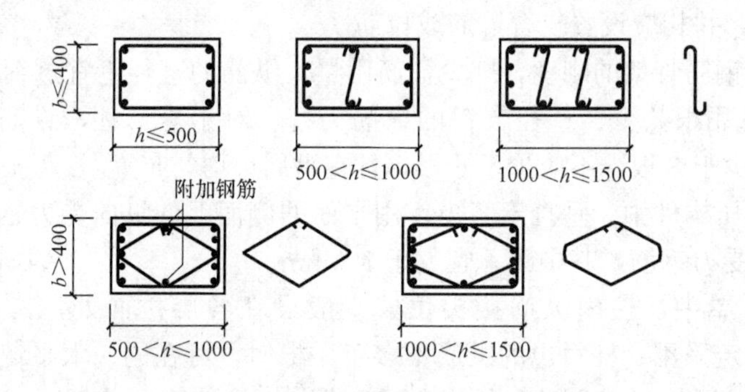

图 5-4　箍筋的配置（单位：mm）

5. 柱中全部纵向受力钢筋的配筋率大于 3%时，箍筋直径不应小于 8mm，间距不应大于 10 d（d 为纵向钢筋最小直径），且不应大于 200mm。箍筋末端应做成 135°弯钩，且弯钩末端的平直段长度不应小于 10d。

6. 在配有连续螺旋式或焊接环式箍筋柱中，如在正截面受压承载力计算中考虑间接钢筋的作用时，箍筋间距不应大于 80mm 及 $d_{cor}/5$，且不宜小于 40mm，d_{cor} 为按箍筋内表面确定的核心截面直径。

7. I 形截面柱的翼缘厚度不宜小于 120mm，腹板厚度不宜小于 100mm。当腹板开孔时，宜在孔洞周边每边设置 2～3 根直径不小于 8mm 的补强钢筋，每个方向补强钢筋的截面面积不宜小于该方向被截断钢筋的截面面积。

§5.3 轴心受压构件

5.3.1　配置普通箍筋轴心受压短柱的试验研究

一、受力分析和破坏过程

为了正确地建立钢筋混凝土轴心受压构件的承载力计算公式，首先需要了解轴心受压短柱在轴向压力作用下的破坏过程，以及混凝土和钢筋的应力状态。图 5-5a 表示矩形截面配有对称纵向受力钢筋和箍筋的钢筋混凝土短柱。柱的端部沿轴线方向受轴向压力 N 的作用。由试验知道，当轴向压力较小时，构件的压缩变形主要为弹性变形，轴向压力在截面内产生的压应力由混凝土和钢筋共同承担。

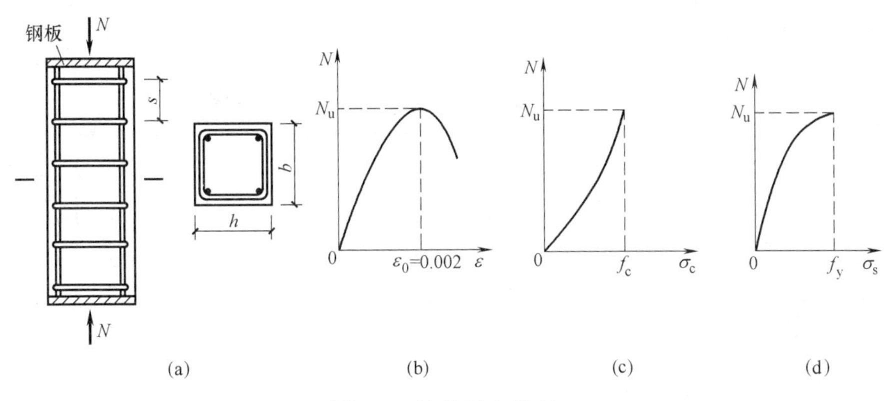

图 5-5　柱的受力状态

随着荷载的增加，构件变形迅速增大（图 5-5b），这时混凝土塑性变形增加，弹性模量降低，应力增加减慢（图 5-5c）。而钢筋应力增加加快（图 5-5d）。当构件临界破坏时，混凝土达到极限应变 $\varepsilon_0=0.002$，由于一般低强度和中等强度的钢筋（例如 HPB300 级、HRB335 级钢筋和 HRB400）屈服时的应变 ε_y 小于混凝土的极限应变 ε_0。所以构件临界破坏时，钢筋应力可达屈服强度，即 $\sigma_s=f_y$。对于高强度钢筋，由于其屈服时的应变大于混凝土的极限应变，所以构件临界破坏时，这种钢筋的应力达不到屈服强度，即 $\sigma_s<f_y$。这时钢筋的应力 σ_s 应根据虎克定律确定，钢筋应力 $\sigma_s=E_s\varepsilon_s=2.0\times10^5\times0.002=400\text{N/mm}^2$。显然，配置高强度钢筋的钢筋混凝土受压构件，不能充分发挥钢筋的作用。这一情况在钢筋混凝土受压构件设计中，应当加以注意。

二、截面承载力计算

根据上述短柱的试验分析，在轴心受压构件截面承载力计算时，混凝土和钢筋应力值可分别取用混凝土轴心抗压强度设计值 f_c 和纵向钢筋抗压强度设计值 f'_y。

考虑到实际工程中多为细长受压构件，需要考虑纵向弯曲对构件截面受压承载力降低的影响。根据力的平衡条件，可写出轴心受压构件承载力计算公式（图 5-6）：

$$N\leqslant0.9\varphi(f_cA+f'_yA'_s) \tag{5-1}$$

式中　N——轴向压力设计值；

　　0.9——可靠度调整系数；

φ——钢筋混凝土轴心受压构件稳定系数，按表 5-1 采用；

f_c——混凝土轴心抗压强度设计值，按表 4-3 采用；

A——构件截面面积，当纵向钢筋的配筋率大于 3% 时，A 应改用（$A-A'_s$）；

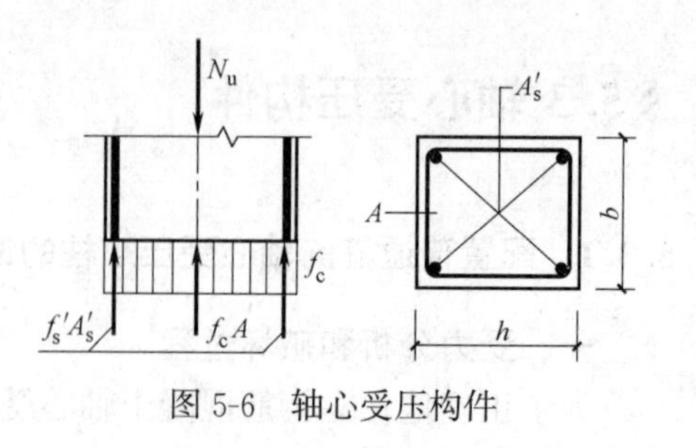

图 5-6　轴心受压构件

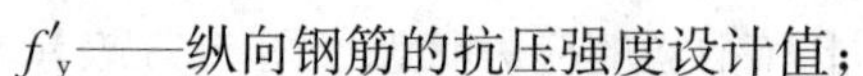

f'_y——纵向钢筋的抗压强度设计值；

A'_s——全部纵向钢筋截面面积。

钢筋混凝土轴心受压构件的稳定系数　　**表 5-1**

l_0/b	≤8	10	12	14	16	18	20	22	24	26	28
l_0/d	≤7	8.5	10.5	12	14	15.5	17	19	21	22.5	24
l_0/i	≤28	35	42	48	55	62	69	76	83	90	97
φ	1.00	0.98	0.95	0.92	0.87	0.81	0.75	0.70	0.65	0.60	0.56
l_0/b	30	32	34	36	38	40	42	44	46	48	50
l_0/d	26	28	29.5	31	33	34.5	36.5	38	40	41.5	43
l_0/i	104	111	118	125	132	139	146	153	160	167	174
φ	0.52	0.48	0.44	0.40	0.36	0.32	0.29	0.26	0.23	0.21	0.19

注：l_0——构件计算长度；
　　b——矩形截面的短边尺寸；
　　d——圆形截面的直径；
　　i——截面最小回转半径。

表 5-1 中的计算长度 l_0，可按下列规定采用：

一般多层房屋中梁柱为刚接的框架结构，各层柱的计算长度 l_0 可按表 5-2 取用。

框架结构各层柱的计算长度　　**表 5-2**

楼盖类型	柱的类型	l_0
现浇楼盖	底层柱	1.00H
	其余各层柱	1.25H
装配式楼盖	底层柱	1.25H
	其余各层柱	1.50H

注：表中 H 对底层柱为从基础顶面到一层楼盖顶面的高度；对其余各层柱为上、下两层楼盖顶面之间的高度。

三、计算步骤

轴心受压构件截面受压承载力计算有两类问题：截面设计和截面复核。

1. 截面设计

已知轴向力设计值和构件计算长度，要求设计构件截面。这时，一般是先选择材料强度等级和截面尺寸 bh，然后按式（5-1）求出钢筋截面面积 A_s。最后按构造配置箍筋。

2. 截面复核

轴心受压柱的截面受压承载力复核步骤比较简单。已知柱的截面面积 bh；纵向受压钢筋面积 A'_s；钢筋抗压强度设计值 f'_y；混凝土轴心抗压强度设计值 f_c，并根据 l_0/b（或

l_0/i)，由表5-1查出φ值。将这些数据代入式（5-1)，即可求得构件所能承担的轴向压力设计值，如果这个数值大于或等于外部设计荷载在构件内产生的轴向压力设计值，则表示该构件截面受压承载力足够，否则表示构件不安全。

【例题5-1】 已知某多层现浇钢筋混凝土框架结构，首层柱的轴向压力设计值$N=1950$kN，柱的横截面面积$bh=400\text{mm}\times400\text{mm}$，混凝土强度等级为C20（$f_c=9.6\text{N/mm}^2$)，采用HRB335级钢筋（$f_y=300\text{N/mm}^2$)，其他条件见图5-7a。

试确定纵向钢筋截面面积。

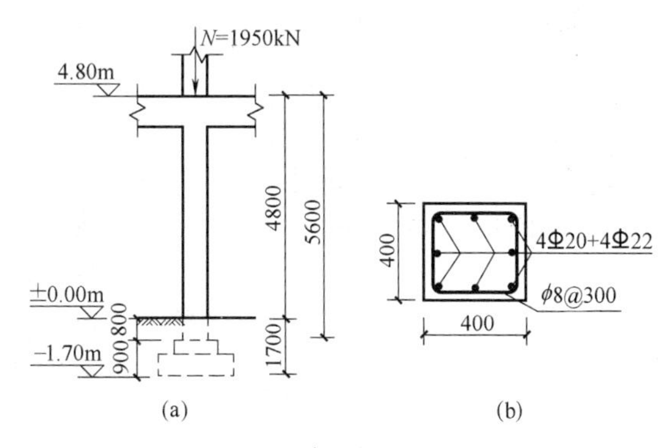

图5-7 【例题5-1】附图

【解】 柱的计算长度

本例为现浇框架首层柱，故柱的计算长度

$$l_0=1.0H=1.0\times(4.80+0.8)=5.60\text{m}$$

长细比

$$m=\frac{l_0}{b}=\frac{5600}{400}=14$$

由表5-1查得稳定系数$\varphi=0.92$

由式（5-1）算得钢筋截面面积

$$A'_s=\frac{\dfrac{N}{0.9\varphi}-f_cA}{f'_y}=\frac{\dfrac{1950\times10^3}{0.9\times0.92}-9.6\times400\times400}{300}=2730\text{mm}^2$$

选用4Φ20＋4Φ22（$A'_s=2777\text{mm}^2$)，箍筋选$\phi8$@300，截面配筋见图5-7*b*。

【例题5-2】 轴心受压柱，横截面尺寸$b\times h=300\text{mm}\times300\text{mm}$，配有4Φ20（$A'_s=1256\text{mm}^2$)，箍筋Φ8@300。计算长度$l_0=4000$mm，混凝土强度等级为C20。

求该柱所能承受的最大轴向压力设计值。

【解】 柱的长细比

$$\frac{l_0}{b}=\frac{4000}{300}=13.3$$

由表5-1查得$\varphi=0.931$。

由式（5-1）算得最大轴向压力设计值

$$\begin{aligned}N&=0.9\varphi(f_cA+f'_sA'_s)=0.9\times0.931(9.6\times300\times300+300\times1256)\\&=1039.7\times10^3\text{N}=1039.7\text{kN}\end{aligned}$$

5.3.2 配置螺旋箍筋轴心受压短柱的试验研究

一、受力分析和破坏过程

当柱的轴力较大，而其截面尺寸在建筑上又受到限制时，设计中常采用配置连续螺旋箍筋或焊接环式箍筋的轴心受压柱。其截面形状一般采用圆形或多边形（图5-8)。

试验研究结果表明，配置连续螺旋箍筋或焊接环式箍筋的轴心受压柱，随着荷载的增

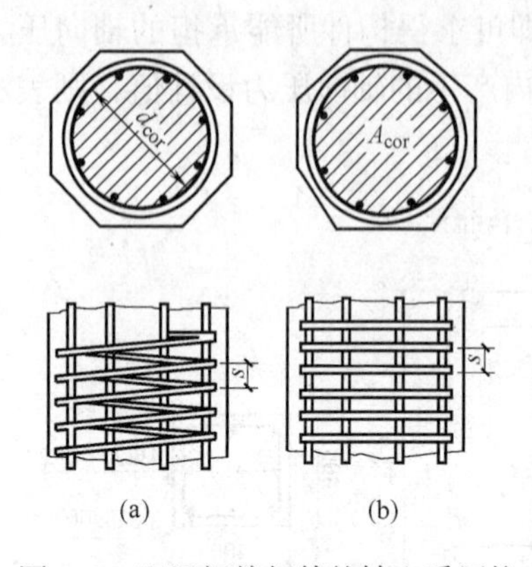

图 5-8　配置间接钢筋的轴心受压柱
（a）螺旋箍筋；（b）焊接环式箍筋

加，这种箍筋有效地约束了箍筋内（即截面核心）的混凝土的横向变形，使截面核心混凝处于三向受压状态。因此，显著地提高了截面核心混凝土的抗压强度和变形能力。同时，螺旋箍筋或焊接环式箍筋受到较大的拉应力。当箍筋应力达到屈服强度时，箍筋将失去约束混凝土的作用，截面核心的混凝土横向变形急剧增大，这时构件即宣告破坏。

因为在柱内配置连续螺旋箍筋或焊接环式箍筋可间接提高柱的承载力和变形能力，因此，工程上将这种配筋方式称为“间接钢筋”。

根据混凝土圆柱试件三向压应力试验可知，处于三向受压状态的混凝土轴心抗压强度远高于单轴向的轴心抗压强度。其值可近似按下式计算：

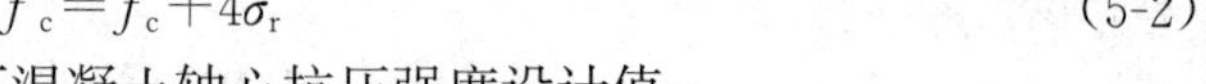

$$f'_c = f_c + 4\sigma_r \tag{5-2}$$

式中　f'_c——处于三向受压状态下混凝土轴心抗压强度设计值；

f_c——混凝土轴心抗压强度设计值；

σ_r——当间接钢筋屈服时柱的核心混凝土受到的径向压应力值。

二、截面承载力计算

根据间接钢筋（箍筋）间距 s 范围内的径向压力 σ_r 的合力与箍筋拉力平衡条件（图 5-9），得：

$$s\int_0^{\pi} \sigma_r \frac{d_{cor}}{2} d\varphi \sin\varphi = 2f_y A_{ss1} \tag{5-3}$$

由此

$$\sigma_r = \frac{2f_y A_{ss1}}{s d_{cor}} = \frac{2f_y A_{ss1} \pi d_{cor}}{4\dfrac{\pi d_{cor}^2}{4} s} = \frac{f_y A_{ss0}}{2A_{cor}} \tag{5-4}$$

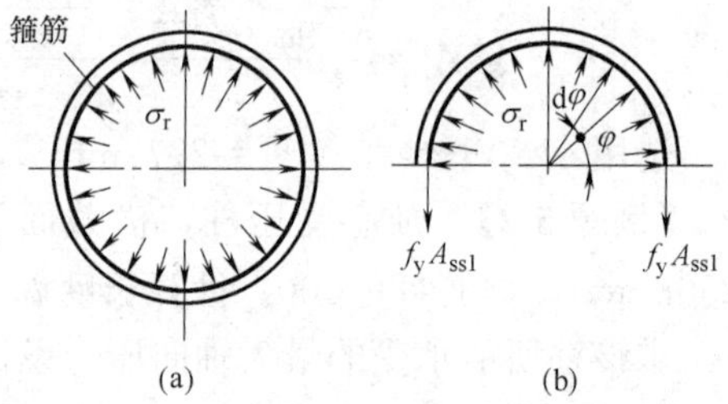

图 5-9　混凝土受到的径向压应力

式中　A_{ss1}——单根间接钢筋的截面面积；

f_y——间接钢筋抗拉强度设计值；

s——间接钢筋的间距；

d_{cor}——构件核心直径，按间接钢筋内表面确定；

A_{cor}——构件核心截面面积；

A_{ss0}——间接钢筋的换算截面面积，按下式计算

$$A_{ss0} = \frac{\pi d_{cor} A_{ss1}}{s} \tag{5-5}$$

因为间接钢筋受到较大拉应力时，混凝土保护层将开裂，故在计算时不考虑它的受力，同时，考虑到对于高强混凝土，径向应力 σ_r 对核心混凝土强度的约束作用有所降低，式（5-2）第二项应适当折减，《混凝土设计规范》规定，应乘以系数 α。于是，柱的正截面承载力计算公式可写成：

$$N_u = (f_c + 4\alpha\sigma_r)A_{cor} + f'_y A'_s \tag{5-6}$$

式中　α——间接钢筋对混凝土约束折减系数：当混凝土强度等级不超过 C50 时，取 1.0；

当混凝土强度等级为C80时，取0.85，其间按线性内插法取用。

将式（5-4）代入式（5-6），并将上式等号右端乘以可靠度调整系数0.9，就得到连续螺旋箍筋或焊接环式箍筋柱的承载力计算公式：

$$N_u = 0.9(f_c A_{cor} + 2\alpha . f_y A_{ss0} + f'_y A'_s) \tag{5-7}$$

应当指出，采用式（5-7）计算受压构件承载力设计值时，应符合下列要求：

1. 为了防止配置间接钢筋应力过大，使柱的混凝土保护层剥落，按式（5-7）所算得的构件受压承载力设计值不应大于式（5-1）计算结果的1.5倍。

2. 当遇到下列任一种情况时，不应考虑间接钢筋作用，而应按式（5-1）计算构件受压承载力设计值：

（1）当$l_0/d>12$时，这时因受压构件长细比较大，有可能因纵向弯曲而使配置间接钢筋不能发挥作用；

（2）当按式（5-7）算得的受压承载力设计值小于按式（5-1）所算得的数值；

（3）当间接钢筋的换算截面面积A_{ss0}小于纵向钢筋的全部截面面积的25%时，认为间接钢筋配置太少，套箍作用不明显。

3. 为了使间接钢筋可靠地工作，其间距应满足：$40\text{mm}<s\leqslant 80\text{mm}$且$s\leqslant d_{cor}/5$。间接钢筋的直径按柱的箍筋有关规定采用。

【例题5-3】 某办公楼门厅为现浇钢筋混凝土柱，采用配置连续螺旋箍筋，截面为圆形，直径为$d=450\text{mm}$。柱的计算长度$l_0=4600\text{mm}$，承受轴向力设计值$N=3000\text{kN}$，混凝土强度等级为C30（$f_c=14.3\text{N/mm}^2$），采用HRB335级纵向受力钢筋（$f'_y=300\text{N/mm}^2$），箍筋采用HPB300级钢筋（$f_y=270\text{N/mm}^2$）（图5-10）。试计算柱的配筋。

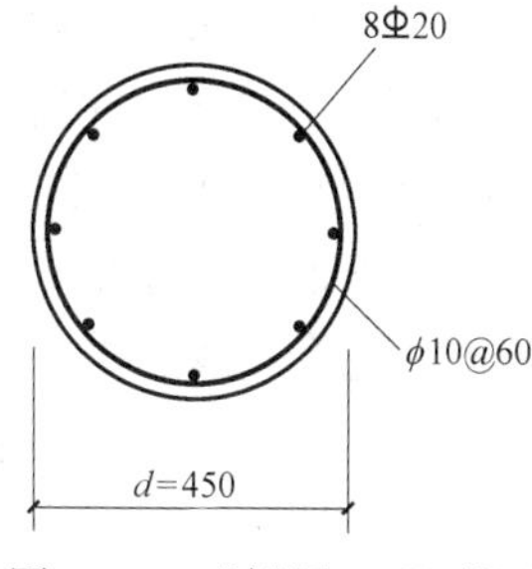

图5-10 【例题5-3】附图

【解】 （1）选用纵向钢筋

设选取纵向钢筋配筋率为2%，则纵向受力筋面积为

$$A'_s = \rho' \frac{\pi d^2}{4} = 0.015 \frac{\pi \times 450^2}{4} = 2385\text{mm}^2$$

选取8Φ20，$A'_s=2512\text{mm}^2$

（2）按式（5-1）计算配置普通箍筋柱的承载力

$$l_0/d = 4600/450 = 10.2 < 12$$

符合要求，故可采用连续螺旋箍筋。

由表5-1查得$\varphi=0.96$，配置普通箍筋柱的承载力设计值为

$$N_u = 0.9\varphi(f_c A + f'_y A'_s) = 0.90 \times 0.96 \times (14.3 \times 159043 + 300 \times 2512)$$
$$= 2616.1 \times 10^3 \text{N} = 2616\text{kN} < N = 3000\text{kN}$$

因为$N=3000\text{kN}<1.5N_u=1.5\times 2616=3924\text{kN}$，故可采用螺旋箍筋。

（3）计算截面核心面积

混凝土保护层厚度取30mm，截面核心直径$d_{cor}=d-2\times 30=450-2\times 30=390\text{mm}$，则

$$A_{cor} = \frac{\pi d_{ocr}^2}{4} = \frac{\pi \times 390^2}{4} = 119459\text{mm}^2$$

（4）计算换算钢筋截面面积

取 $\alpha=1$，纵向钢筋仍采用 8Φ20，$A'_s=2512\text{mm}^2$，按式（5-7）计算

$$A_{ss0}=\frac{\frac{N}{0.9}-f_cA_{cor}-f'_yA'_s}{2\alpha.f_y}=\frac{\frac{3000\times10^3}{0.9}-14.3\times119459-300\times2512}{2\times1\times270}=1613\text{mm}^2$$

$$>0.25A'_s=0.25\times2512=760\text{mm}^2$$

满足构造要求。

（5）计算间接钢筋间距

取间接钢筋直径 $d_{ss1}=10\text{mm}$，则 $A_{ss1}=78.5\text{mm}^2$

$$s=\frac{\pi d_{cor}A_{ss1}}{A_{ss0}}=\frac{\pi\times390\times78.5}{1613}=59.6\text{mm},$$

取 $s=60\text{mm}$，且 $40\text{mm}<s<d_{cor}/5=390/5=78\text{mm}$。满足构造要求。

§5.4　偏心受压构件正截面受力分析

5.4.1　破坏特征

由试验研究知道，偏心受压短柱的破坏特征与轴向压力、偏心距和配筋情况有关，归纳起来，可分以下两种情况：

1. 第 1 种情况：当轴向压力相对偏心距较大，且截面距轴向压力较远一侧的配筋不太多时，截面一部分受压，另一部分受拉。当荷载逐渐增加时，受拉区混凝土开始产生横向裂缝。随着荷载的进一步增加，受拉区混凝土裂缝继续开展，受拉区钢筋达到屈服强度 f_y。混凝土受压区高度迅速减小，应变急剧增加，最后受压区混凝土达到极限应变 ε_{cu} 而被压碎，同时受压钢筋应力也达到屈服强度 f'_y（图 5-11a）。破坏过程的性质与适筋双筋梁相似。这种构件称为大偏心受压构件。

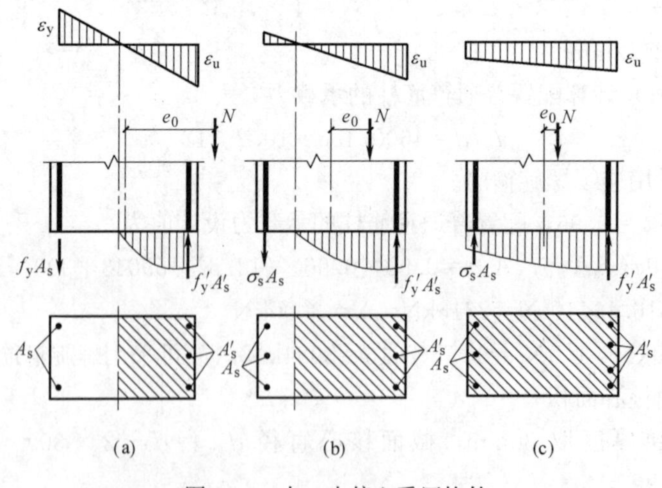

图 5-11　大、小偏心受压构件

2. 第 2 种情况：当轴向压力相对偏心距虽较大，但截面距轴向力较远一侧配筋较多

（图 5-11b），或当轴向压力相对偏心距较小，构件截面大部或全部受压（图 5-11c），这两种情况，截面的破坏都是由于受压区混凝土达到极限应变 ε_{cu} 被压碎，截面距轴向压力较近一侧的钢筋达到受压屈服强度 f'_y 所致。而构件截面另一侧的钢筋应力 σ_s，无论是受拉还是受压均较小，都达不到屈服强度。这种构件称为小偏心受压构件。

5.4.2　大小偏心的界限

由于大小偏心受压构件的破坏特征不同。因此，这两种构件的截面承载力计算方法也就不同。现来研究大小偏心的界限。

显然，在大小偏心破坏之间必定存在一种界限破坏。当构件处于界限破坏时，受拉区混凝土开裂，受拉钢筋达到屈服强度 f_y，受压区混凝土达到极限应变 ε_{cu} 而被压碎，同时受压钢筋也达到屈服强度 f'_y。

根据界限破坏特征和平截面假设，界限破坏时截面相对受压区高度仍可按式（4-28）计算：

$$\xi_b=\frac{x_b}{h_0}=\frac{\beta_1}{1+\frac{f_y}{E_s\varepsilon_{cu}}}$$

当 $\xi\leqslant\xi_b$ 时，为大偏心受压构件；当 $\xi>\xi_b$ 时，为小偏心受压构件。

5.4.3　附加偏心距和初始偏心距

偏心受压构件的破坏特征，与轴向压力的相对偏心距大小有着直接关系。为此，必须掌握几个不同的偏心距概念。

作用在偏心受压构件截面的弯矩 M 除以轴向压力 N，就可求出轴向力对截面形心的偏心距，即 $e_0=M/N$。

由于实际工程中构件轴向压力作用位置的不准确性、混凝土的不均匀性以及施工的偏差等因素影响，有可能产生附加偏心距。因此，《混凝土设计规范》规定，在偏心受压构件正截面承载力计算中，应计入轴向压力在偏心方向的附加偏心距 e_a，并规定其值应取 20mm 和偏心方向截面最大尺寸的 1/30 两者中的较大值。因此，在偏心受压构件计算中，初始偏心距应按下式计算：

$$e_i=e_0+e_a \tag{5-8}$$

式中　e_i——初始偏心距。

5.4.4　偏心受压构件 P・δ 效应

偏心受压构件在偏心距为 e_0 的轴向力 N 作用下，将产生单向弯曲，设控制截面的挠度为 δ（图 5-12）。则在该截面的弯矩由 Ne_0 增加为 $N(e_0+\delta)$。通常将 Ne_0 称为一阶弯矩；而将 $N\delta$ 称为二阶弯矩或二阶效应（也称 $P\cdot\delta$ 效应）。

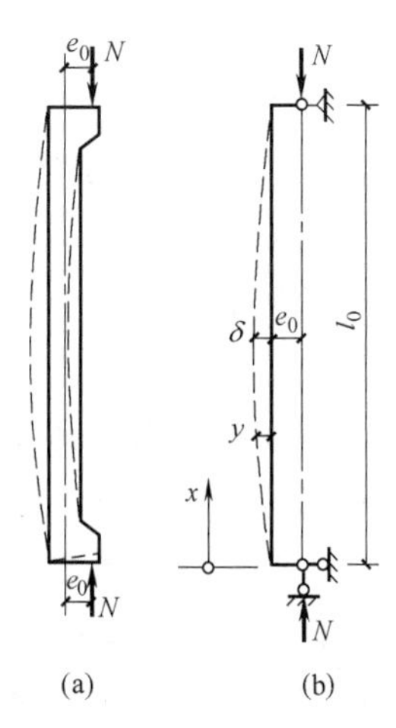

图 5-12　两端铰支的等偏心距受压构件

对于计算内力时已考虑侧移影响或无侧移的结构的偏心受压构件，若杆件的长细比较大时，在轴向压力作用下，应考虑由于杆件自身挠曲对截面弯矩产生的不利影响。$P\cdot\delta$ 效应一般会增大杆件中间区段截面的弯矩，特别是当杆件较细长，杆件两端弯矩同号（即均使杆件同侧受拉）且两端弯矩的比值接近 1.0 时，将出现杆件中间区段截面的一阶弯矩 Ne_i 考虑 $P \cdot \delta$ 效应后的弯矩值超过杆端弯矩的情况。从而使杆件中间区段截面成为设计的控制截面。

相反，在结构中常见的反弯点位于柱高中部的偏心受压构件，二阶效应虽能增大构件除两端区域外各截面的曲率和弯矩，但增大后的弯矩通常不可能超过柱两端控制截面的弯矩。因此，在这种情况下，$P \cdot \delta$ 效应不会对杆件截面的偏心受压承载力产生不利影响。

《混凝土结构设计规范》GB 50010—2010 根据分析结果并参考国外规范给出了可不考虑 $P \cdot \delta$ 效应的条件。规范规定，弯矩作用平面内截面对称的偏心受压构件，当同一主轴方向的杆端弯矩比$\frac{M_1}{M_2}$不大于 0.9，且轴压比不大于 0.9，若杆件长细比满足式（5-9）条件，则可不考虑轴向压力在该方向挠曲杆件中产生的附加弯矩的影响。否则应按两个主轴方向分别考虑轴向压力在挠曲杆件中产生的附加弯矩影响。

$$\frac{l_0}{i} \leqslant 34-12\left(\frac{M_1}{M_2}\right) \tag{5-9}$$

式中　M_1、M_2——分别为已考虑侧移影响的偏心受压构件两端截面按结构弹性分析确定的对同一主轴的组合弯矩设计值，绝对值较大端为 M_2，绝对值较小端为 M_1，当构件按单曲率弯曲时，$\frac{M_1}{M_2}$取正值，否则取负值；

l_0——构件的计算长度，可近似取偏心受压构件相应主轴方向上下支撑点之间的距离；

i——偏心方向的截面回转半径。

5.4.5　控制截面弯矩设计值

控制截面是指在偏心受压构件中弯矩最大的截面。

《混凝土设计规范》在偏心受压构件考虑轴向压力在挠曲杆件中产生二阶效应计算中编入了新的计算方法，即 $C_m-\eta_{ns}$ 法。该方法考虑了杆端弯矩不等的情形。显然，这一计算方法更符合构件的实际受力情况。

图 5-13a 表示两端铰支不等偏心距的单向压弯构件。设 A 端的弯矩为 $M_1=Ne_{01}$；B 端弯矩为 $M_2=Ne_{02}$，并设$|M_2|\geqslant|M_1|$。在二阶弯矩的影响下其总弯矩图如图 5-13b 所示，其控制截面弯矩为 $M_{\mathrm{I}\max}$。在确定 $M_{\mathrm{I}\max}$值时，可采用等代柱法。

所谓等代柱法，是指把求两端铰支不等偏心距（e_{01}、e_{02}）的压弯构件控制截面弯矩设计值，变换成求与其等效的两端铰支等偏心距 $C_m e_{02}$ 的压弯构件控制截面的弯矩设计值。并把前者称为原柱（A 柱），后者称为等代柱（B 柱）。其中 C_m 为待定系数，称为构件端部截面偏心距调节系数，参见图 5-13c。

等代柱两端的一阶弯矩为 $NC_m e_{02}$，在二阶弯矩的影响下其总弯矩图如图 5-13d 所示，控制截面位于构件 1/2 高度处，其弯矩为 $M_{\mathrm{II}\max}$。为了使两柱等效，显然，应令两者的承载力相等，即 $M_{\mathrm{I}\max}=M_{\mathrm{II}\min}=M$。

下面，首先讨论原柱控制截面弯矩设计值的计算，其次确定等代柱端部截面偏心距调

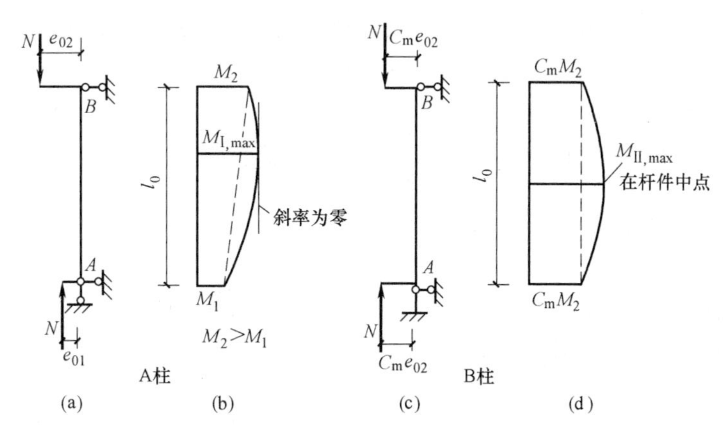

图 5-13　两端铰支不等偏心距受压构件的计算

(a) 原柱；(b) 原柱弯矩图；(c) 等代柱；(d) 等代柱弯矩图

节系数 C_m，然后计算弯矩增大系数 η_{ns}，最后给出控制截面弯矩设计值表达式。

一、原柱控制截面弯矩设计值的计算

1. 挠曲线微分方程的建立

图 5-14 为两端铰支不等偏心距的单向压弯构件，取铰支座 B 为原点，建立直角坐标系。任一截面 x 的弯矩表达式：

$$M(x)=M_2+Ny-Vx \tag{a}$$

式中　V——构件支座水平反力。

$$V=\frac{M_2-M_1}{l} \tag{b}$$

$$EI\frac{d^2y}{dx^2}=-M(x)=-M_2-Ny+Vx$$

将式 (b) 代入上式，经整理后，得：

$$\frac{d^2y}{dx^2}+\frac{N}{EI}y=\frac{M_2-M_1}{lEI}x-\frac{M_2}{EI} \tag{c}$$

令

$$k^2=\frac{N}{EI} \tag{5-10}$$

式 (c) 可写成：

$$\frac{d^2y}{dx^2}+k^2y=\frac{M_2-M_1}{lEI}x-\frac{M_2}{EI} \tag{5-11}$$

式 (5-11) 就是要建立的两端铰支不等偏心距的单向压弯构件考虑二阶效应后的挠曲线微分方程。它是二阶常系数非齐次线性方程。它的解由两部分组成：一个是对应式 (5-11) 齐次微分方程的通解，另一个是式 (5-11) 的特解。

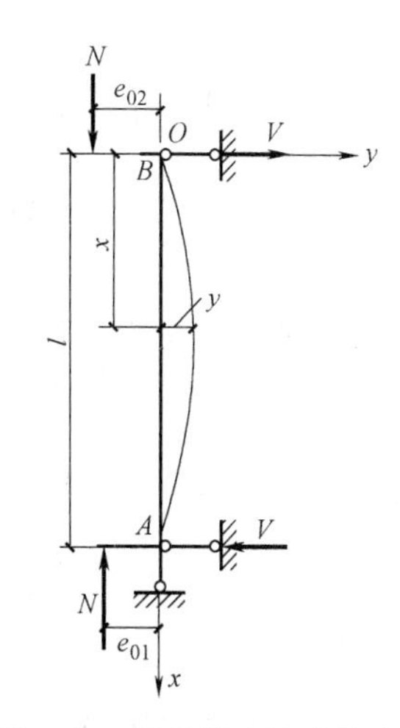

图 5-14　挠曲线表达式的建立

2. 微分方程的解

(1) 齐次微分方程的通解

对应的齐次微分方程为：

$$\frac{d^2y}{dx^2}+k^2y=0 \tag{5-12}$$

因为其特征方程 $r^2+k^2=0$，$r=ik$，$r=-ik$，故齐次微分方程的通解为：

$$y_1=C_1\cos kx+C_2\sin kx$$

（2）非齐次微分方程的特解

根据非齐次微分方程理论可知，式（5-11）的特解为：

$$y^*=ax+b \tag{5-13}$$

将 y^* 及其二阶导数代入式（5-11）得：

$$k^2(ax+b)=\frac{M_2-M_1}{lEI}x-\frac{M_2}{EI}$$

将上式展开，等号两边的同类项系数应相等，得；

$$a=\frac{M_2-M_1}{lk^2EI}\qquad b=-\frac{M_2}{k^2EI}$$

于是，非齐次微分方程的特解为：

$$y^*=\frac{M_2-M_1}{lk^2EI}x-\frac{M_2}{k^2EI}$$

因此，微分方程的通解：

$$y=y_1+y^*=C_1\cos kx+C_2\sin kx+\frac{M_2-M_1}{lk^2EI}x-\frac{M_2}{k^2EI} \tag{5-14}$$

积分常数由边界条件确定：

当 $x=0$ 时，$y(0)=0$；当 $x=l$ 时，$y(l)=0$。于是，得：

$$C_1=\frac{M_2}{k^2EI},$$

$$C_2=\frac{1}{k^2EI}(M_1-M_2\cos kl)\frac{1}{\sin kl}$$

将积分常数 C_1 和 C_2 代入式（5-14），并设 $\alpha=\frac{M_1}{M_2}$，经整理后，可得偏心受压柱挠曲线方程：

$$y=\frac{M_2}{N}\left[\frac{\alpha-\cos kl}{\sin kl}\sin kx+\cos kx+(1-\alpha)\frac{x}{l}-1\right] \tag{5-15}$$

3. 控制截面弯矩设计值的计算：

将式（5-15）微分两次，并代入下式，经化简后，得：

$$M=-EI\frac{d^2y}{dx^2}=M_2\left(\frac{\alpha-\cos kl}{\sin kl}\sin kx+\cos kx\right) \tag{5-16}$$

对式（5-16）求一阶导数，并令其等于零。可得控制截面位置表达式：

$$\tan kx_0=\frac{\alpha-\cos kl}{\sin kl} \tag{5-17}$$

其中 x_0 为控制截面位置的坐标，于是，控制截面最大弯矩设计值为：

$$M_{\mathrm{I\,max}}=M_2\left(\frac{\alpha-\cos kl}{\sin kl}\sin kx_0+\cos kx_0\right) \tag{5-18}$$

由式（5-17）可得：

$$\sin kx_0=\frac{\alpha-\cos kl}{\sqrt{\sin^2 kl+(\alpha-\cos kl)^2}}\quad \cos kx_0=\frac{\sin kl}{\sqrt{\sin^2 kl+(\alpha-\cos kl)^2}}$$

将上列关系式代入式（5-18），并经化简，就可得到两端铰支不等偏心距偏压构件考

虑 $P\cdot\delta$ 效应后控制截面的弯矩设计值：

$$M_{\mathrm{I\,max}}=M_2\frac{\sqrt{\alpha^2-2\alpha\cos kl+1}}{\sin kl}$$

或写成：

$$M_{\mathrm{I\,max}}=M_2\sec\frac{kl}{2}\frac{\sqrt{\alpha^2-2\alpha\cos kl+1}}{2\sin\frac{kl}{2}} \tag{5-19}$$

由式（5-19）不难证明，当原柱两端为铰支等偏心距，并设 $M_1=M_2$，即 $\alpha=M_1/M_2=1$ 时，可得考虑 $P\cdot\delta$ 效应后控制截面（1/2 柱高处）的弯矩设计值为：

$$M_{\max}=M_2\sec\frac{kl}{2} \tag{5-20}$$

令

$$\eta=\sec\frac{kl}{2} \tag{5-21}$$

于是，(5-20) 可写成

$$M_{\max}=\eta M_2 \tag{5-22}$$

式（5-22）表明，对于两端铰支等偏心距偏压构件，在其 1/2 高度处最大弯矩值等于杆端弯矩 M_2 值乘以系数 η。故 η 称为弯矩增大系数，

二、等代柱控制截面弯矩设计值的计算

1. 杆件端部截面偏心距调节系数

等代柱为两端铰支等偏心距的偏压构件（图 5-13c），于是，控制截面在构件高度的 1/2 处弯矩设计值可写成：

$$M_{\mathrm{II\,max}}=N(C_{\mathrm{m}}e_{02}+\delta_{\mathrm{m}})=N\left(1+\frac{\delta_{\mathrm{m}}}{C_{\mathrm{m}}e_{02}}\right)C_{\mathrm{m}}e_{02} \tag{5-23a}$$

令

$$\eta_{\mathrm{ns}}=1+\frac{\delta_{\mathrm{m}}}{C_{\mathrm{m}}e_{02}} \tag{5-24}$$

其中 δ_{m} 为等代柱 1/2 高度处的挠度。由材料力学可知，其值可由下式计算：

$$\delta_{\mathrm{m}}=C_{\mathrm{m}}e_{02}\left(\sec\frac{kl}{2}-1\right)^{❶} \tag{5-25}$$

将式（5-24）代入式（5-23a），得：

$$M_{\mathrm{II\,max}}=\eta_{\mathrm{ns}}C_{\mathrm{m}}M_2 \tag{5-23b}$$

将式（5-25）代入式（5-24）得：

$$\eta_{\mathrm{ns}}=\sec\frac{kl}{2} \tag{5-26}$$

由式（5-26）和式（5-21）可见，等代柱与原柱当 $\alpha=M_1/M_2=1$ 时的弯矩增大系数相同。

根据原柱与等代柱控制截面弯矩设计值相等，可求出等代柱端部截面偏心距调节系数。令式（5-19）与式（5-23b）相等：

$$M=M_{\mathrm{I\,max}}=M_2\sec\frac{kl}{2}\frac{\sqrt{\alpha^2-2\alpha\cos kl+1}}{2\sin\frac{kl}{2}}=M_{\mathrm{II\,max}}=\eta_{\mathrm{ns}}C_{\mathrm{m}}M_2=\sec\frac{kl}{2}C_{\mathrm{m}}M_2 \tag{5-27}$$

❶ 见参考文献［8］式（139）：$\delta=e\left(\sec\frac{kl}{2}-1\right)$，由此不难看出，挠度 δ 与杆端偏心距 e 成正比。这里对该式符号按本教材符号作了调整。

比较上式等号两端各项可知，构件端部截面偏心距调节系数：

$$C_m=\frac{\sqrt{\alpha^2-2\alpha\cos kl+1}}{2\sin\frac{kl}{2}} \tag{5-28a}$$

或写成：

$$C_m=\frac{\sqrt{(M_1/M_2)^2-2(M_1/M_2)\cos(\pi\sqrt{N/N_{cr}})+1}}{2\sin\left(\frac{\pi}{2}\sqrt{N/N_{cr}}\right)} \tag{5-28b}$$

式中　N_{cr}——构件的临界轴向力，$N_{cr}=\frac{\pi^2 EI}{l_0{}^2}$。

由式（5-28b）可见，偏心距调节系数C_m值不仅与M_1/M_2的比值有关，还与N/N_{cr}的比值有关。为了简化计算，我国规范与其他许多国家规范都忽略了N/N_{cr}项的影响。根据国内所做的试验结果，并参照国外规范的相关内容，《混凝土设计规范》将式(5-28b)偏于安全地取成直线式：

$$C_m=0.7+0.3\frac{M_1}{M_2}\geqslant 0.7 \tag{5-29}$$

2. 弯矩增大系数

为了保持规范的连续性，《混凝土设计规范》在确定弯矩增大系数时仍采用我国习惯的极限曲率表达式。

根据式（5-24）可知，弯矩增大系数

$$\eta_{ns}=1+\frac{\delta_m}{C_m e_{02}}$$

由式（5-25）可知，这里的δ_m是等代柱在端弯矩C_mM_2（偏心距为$C_m e_{02}$）和轴向压力N作用下在1/2高度处产生的挠度值。由参考文献［5］式（139）不难看出，它与原柱两端在等弯矩M_2（偏心距为e_{02}）和轴向压力N作用下在同一截面产生的挠度值δ有下列关系：

$$\delta_m=C_m\delta \tag{a}$$

下面确定钢筋混凝土柱两端在等弯矩M_2和轴向压力N作用下，柱达到或接近极限承载力时柱高中点产生的挠度值δ。

由材料力学可知，这时，两端铰接压杆的曲率公式可写作：

$$\frac{1}{r_c}=\frac{M}{EI}\approx-\frac{d^2y}{dx^2} \tag{b}$$

其中y为杆件的挠曲变形，试验分析表明，两端铰接等偏心距偏压杆件实测挠曲线接近正弦曲线。因此，可以把它写成：

$$y=\delta\sin\frac{\pi x}{l_0} \tag{c}$$

将式（c）对x微分两次并代入式（b），得

$$\frac{1}{r_c}=-\frac{d^2y}{dx^2}=\delta\frac{\pi^2}{l_0{}^2}\sin\frac{\pi}{l_0}x \tag{d}$$

构件在$x=\frac{l_0}{2}$处截面的曲率为

$$\frac{1}{r_0}=\delta\frac{\pi^2}{l_0{}^2} \tag{e}$$

于是，柱高中点的侧向挠度可以写成：

$$\delta=\frac{1}{r_c}\frac{l_0^{\ 2}}{\pi^2}\approx\frac{1}{r_c}\cdot\frac{l_0^{\ 2}}{10} \tag{5-30}$$

由上式可知，求挠度 δ 值，最后归结为求截面曲率$\frac{1}{r_c}$值。为此，设在构件 1/2 高度处截取高为 ds 的微分体（图 5-15），在极限偏心轴力作用下，距轴向压力较近一侧截面边缘混凝土缩短 Δ_u，而距轴向压力较远一侧的钢筋伸长 Δ_s。由图中的几何关系可得：

$$\frac{ds}{r_c}=\tan(d\theta)\approx d\theta=\frac{\Delta_u+\Delta_s}{h_0} \tag{5-31}$$

由此，

$$\frac{1}{r_c}=\frac{1}{h_0}\left(\frac{\Delta_u}{ds}+\frac{\Delta_s}{ds}\right)=\frac{\varepsilon_c+\varepsilon_s}{h_0} \tag{5-32}$$

对于界限破坏情况，混凝土受压区边缘应变值

$$\varepsilon_c=\varepsilon_u=0.0033\times1.25=000413$$

其中 1.25 为考虑荷载长期作用下，混凝土徐变引起的应变增大系数。在计算钢筋应变时，《混凝土设计规范》考虑到新版规范所用钢材强度总体有所提高，故计算 ε_y 值时，f_y 值取 HRB400 和 HRB500 级钢筋抗拉强度标准值的平均值，这时

$$\varepsilon_s=\varepsilon_y=\frac{f_y}{E_s}=\frac{450}{2\times10^5}\approx0.00225 \tag{a}$$

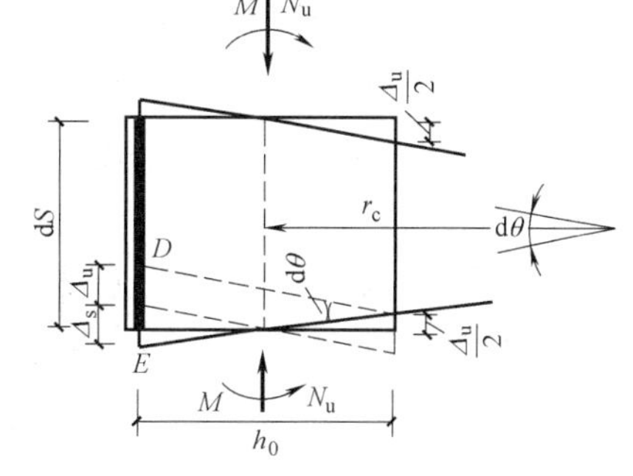

图 5-15　偏心受压柱 1/2 高处的微分体

于是式（5-32）可写成：

$$\frac{1}{r}=\frac{0.00413+0.00225}{h_0}=\frac{0.00638}{h_0} \tag{b}$$

将式（b）代入式（5-30），并取 $h_0=\frac{1}{1.1}h$，可求得界限破坏时柱的中点的最大挠度值：

$$\delta=\frac{1}{1300\frac{1}{h_0}}\left(\frac{l_c}{h}\right)^2\zeta_c \tag{5-33}$$

式中 ζ_c称为偏心受压构件截面曲率修正系数。

试验表明，对大偏心受压构件，构件破坏时实测曲率与界限破坏时相近，而对小偏心受压构件，其纵向受拉钢筋的应力达不到屈服强度，为此，引进了截面曲率修正系数 ζ_c，根据试验分析结果并参考国外规范，ζ_c值可按下式计算：

$$\zeta_c=\frac{N_b}{N}=\frac{0.5f_cA}{N} \tag{5-34}$$

式中 N_b为构件受压区高度 $x=x_b$时构件界限受压承载力设计值，《混凝土设计规范》近似取 $N_b=0.5f_cA$，当 $N\leqslant N_b$时，为大偏心受压破坏，即 $\zeta_c\geqslant1$，这时应取 $\zeta_c=1$；当 $N\geqslant N_b$时，为小偏心受压破坏，应取计算值 $\zeta_c\leqslant1$。

将式（5-33）代入式（5-24），并注意到 $\delta_m=C_m\delta$，于是，就得到弯矩增大系数最后表达式：

$$\eta_{ns}=1+\frac{1}{1300\frac{e_{02}}{h_0}}\left(\frac{l_0}{h}\right)^2\zeta_c \tag{5-35a}$$

或

$$\eta_{ns}=1+\frac{1}{1300\frac{(M_2/N)}{h_0}}\left(\frac{l_0}{h}\right)^2\zeta_c \tag{5-35b}$$

式中　η_{ns}——弯矩增大系数；

h——截面高度；

l_0——构件计算长度，可近似取偏心受压构件相应主轴方向上下支撑点之间的距离；

M_2——构件端部截面较大弯矩设计值；

N——与弯矩设计值M_2相应的轴向压力设计值；

ζ_c——截面曲率修正系数，当计算值大于1.0时取1.0；

h_0——与偏心距平行的截面有效高度。对环形截面，取$h_0=r_2+r_s$；对圆形截面，取$h_0=r+r_s$；此处，r_2、r分别为环形截面外半径和圆形截面半径；r_s为环形截面纵向普通钢筋重心所在圆周的半径。

应当指出，新版规范中的η_{ns}表达式并未采用式（5-35b），而是借用了02版规范偏心距增大系数η的形式❶，并作了调整。其表达式为：

$$\eta_{ns}=1+\frac{1}{1300\frac{(M_2/N)+e_a}{h_0}}\left(\frac{l_0}{h}\right)^2\zeta_c \tag{5-36}$$

式中　e_a——附加偏心距。

3. 控制截面弯矩设计值

将式（5-27）等号右侧中的$\eta_{ns}=\sec\frac{kl}{2}$，以式（5-36）的$\eta_{ns}$代换，则得钢筋混凝土偏压柱控制截面弯矩设计值最后表达式：

$$M=\eta_{ns}C_mM_2 \tag{5-37}$$

式中　M——控制截面弯矩设计值；

C_m——构件端部截面偏心距调节率数，当$C_m<0.7$时取0.7；

M_2——构件端部截面弯矩较大值；

η_{ns}——弯矩增大系数，按式（5-36）计算。

当$\eta_{ns}C_m$计算值小于1.0时，取1.0；对剪力墙及核心筒墙，可取$\eta_{ns}C_m=1.0$。

为了理解式（5-29）C_m值和式（5-37）中$\eta_{ns}C_m$值取值限制条件，现将其含义说明如下：

（1）关于C_m当计算值小于0.7时，取0.7的问题

由式（5-29）不难看出，对于反弯点在中间区段（即端弯矩异号）的构件，C_m值将恒小于0.7。规范规定，当C_m计算值小于0.7时取0.7，这就等于规定，对于反弯点在中

❶《混凝土结构设计规范》GB 50010—2010（2015年版）式（6.2.17-4）中$e_0=M/N$，其中$M=C_m\eta_{ns}M_2$。由此，$e_0=C_m\eta_{ns}M_2/N$，而“2015年版”规范中η_{ns}内含附加偏心距e_a项，显然，这与e_0定义相矛盾，且使η_{ns}计算值偏小而导致柱的承载力不安全。

间区段的构件，取杆端弯矩绝对值较小者 M_1 为零，这时构件将产生单曲率弯曲，显然，这一处理方案对构件的承载力而言是偏于安全的。

(2) 关于式 (5-37) 中 $\eta_{ns}C_m$ 小于 1.0 时，取 1.0 的问题

在有些情况下，例如在结构中常见的反弯点位于柱高中部的偏压构件中，这时二阶效应虽能增大构件中部各截面的曲率和弯矩，但增大后的弯矩通常不可能超过柱两端截面的弯矩。这时就会出现 $\eta_{ns}C_m$ 小于 1.0 的情况，由式 (5-37) 可见，说明这时 M 小于 M_2，实际上，这时端弯矩 M_2 为控制截面的弯矩。因此，《混凝土设计规范》规定，当 $\eta_{ns}C_m$ 小于 1.0 时取 1.0 。

(3) 对剪力墙及核心筒墙，取 $\eta_{ns}C_m=1.0$ 的问题

对于剪力墙及核心筒墙，因为它们的二阶弯矩影响很小，可忽略不计，故 $\eta_{ns}C_m$ 取 1.0。

§5.5　矩形截面偏心受压构件正截面承载力计算

5.5.1　大偏心受压情况 ($\xi\leqslant\xi_b$)

1. 基本计算公式

根据试验分析结果，当截面为大偏心受压破坏时，在承载力极限状态下，截面的试验应力图形和计算应力图形分别如图 5-16a、b 所示。由计算应力图可见：

(1) 受拉区混凝土不参加工作，受拉钢筋应力达到抗拉强度设计值 f_y；

(2) 受压区混凝土应力图形简化成矩形，其合力 $\alpha_1 f_c bx$；

(3) 受压钢筋应力达到抗压强度设计值 f'_y。

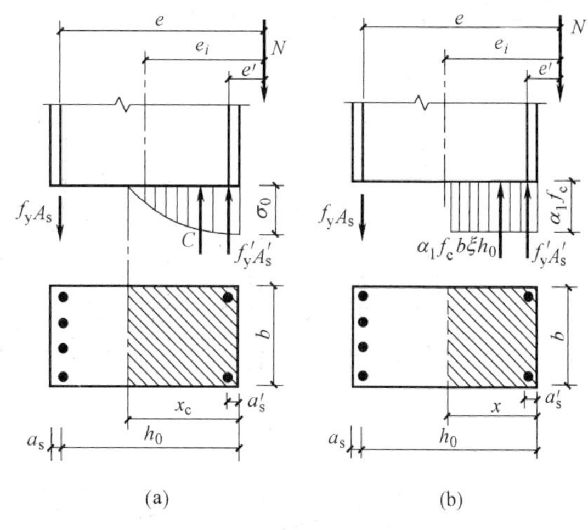

图 5-16　大偏心受压破坏计算简图

根据图 5-16b 截面应力图形，不难写出正截面承载力计算公式

$$\sum Y=0,\quad N\leqslant N_u=\alpha_1 f_c bx+f'_y A'_s-f_y A_s \tag{5-38}$$

$$\sum M_{A_s}=0,\quad Ne\leqslant N_u e=\alpha_1 f_c bx(h_0-0.5x)+f'_y A'_s(h_0-a'_s) \tag{5-39}$$

式中　N——轴向压力设计值；

N_u——构件偏心受压承载力设计值；

e——轴向压力作用点至受拉钢筋截面重心的距离；

$$e=e_i+\frac{h}{2}-a_s \tag{5-40}$$

e_i——初始偏心距。

2. 适用条件

(1) 为了保证截面破坏时受拉钢筋应力达到其抗拉强度设计值，必须满足下列条件：

$$x \leqslant \xi_b \cdot h_0 \tag{5-41a}$$

或

$$\xi \leqslant \xi_b \tag{5-41b}$$

（2）为了保证截面破坏时受压钢筋应力达到屈服强度必须满足下列条件：

$$x \geqslant 2a'_s \tag{5-42a}$$

或

$$\xi h_0 \geqslant 2a'_s \tag{5-42b}$$

若不满足式（5-42a）的条件，则与双筋受弯构件一样，取受压区高度 $x=2a'_s$，并对受压钢筋重心取矩，得：

$$Ne' = N_u e' = f_y A_s (h_0 - a'_s) \tag{5-43}$$

式中　e'——轴向压力 N 作用点至受压钢筋 A'_s 重心的距离。

$$e' = e_i - \frac{h}{2} + a'_s \tag{5-44}$$

5.5.2　小偏心受压情况（$\xi > \xi_b$）

如前所述，根据试验研究可知，小偏心受压破坏时，距轴向压力较近一侧混凝土达到极限压应变，受压钢筋的应力 σ'_s 值达到抗压强度设计值 f'_y，而另一侧钢筋的应力值不论受拉还是受压均未达到其强度设计值，即 $\sigma_s < f'_y$（或 f'_y）。截面应力图形分别见图 5-17a、b。

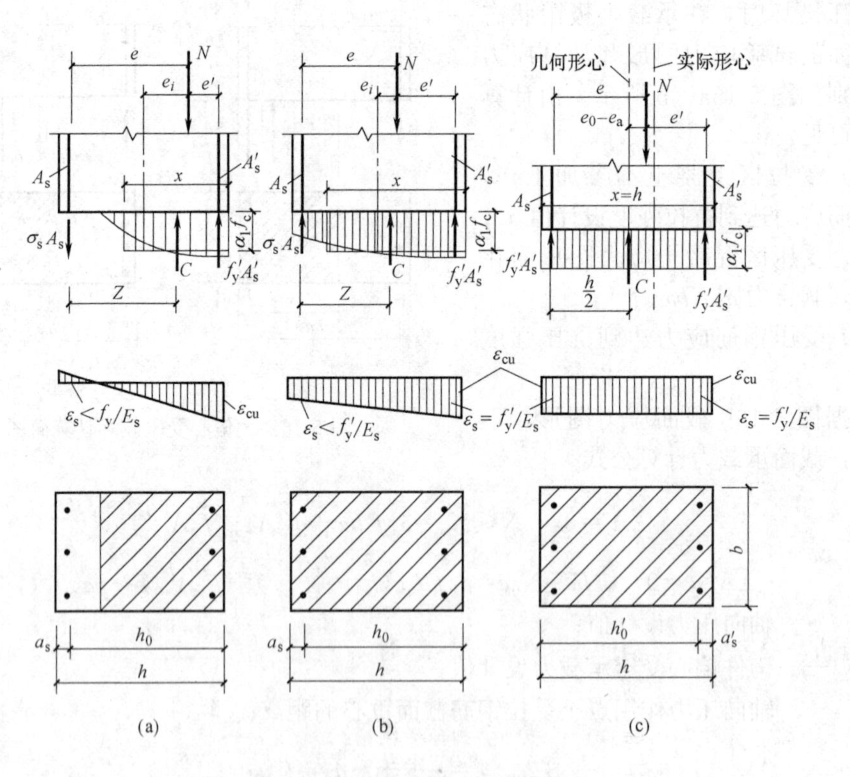

图 5-17　小偏心受压破坏计算简图

根据力的平衡条件和力矩平衡条件，可得：

$$\sum Y = 0, \qquad N \leqslant N_u = \alpha_1 f_c bx + f'_y A'_s - \sigma_s A_s \tag{5-45}$$

$$\sum M_{A_s}=0,\quad Ne\leqslant N_u e=\alpha_1 f_c bx\left(h_0-\frac{x}{2}\right)+f'_y A'_s(h_0-a'_s) \tag{5-46}$$

或

$$\sum M_{A'_s}=0,\quad Ne'\leqslant N_u e'=\alpha_1 f_c bx\left(\frac{x}{2}-a'_s\right)-\sigma_s A_s(h_0-a'_s) \tag{5-47}$$

$$e=e_i+\frac{h}{2}-a_s \tag{5-48a}$$

$$e'=\frac{h}{2}-e_i-a'_s \tag{5-48b}$$

在应用式（5-45）和式（5-47）计算正截面承载力时，必须确定距轴向力较远一侧的钢筋应力σ_s值。《混凝土设计规范》根据试验结果（图5-18），给出了简化计算公式：

$$\sigma_s=\frac{\xi-\beta_1}{\xi_b-\beta_1}f_y \tag{5-49}$$

按上式计算，当σ_s为正时，表示σ_s为拉应力，σ_s应满足下列条件：

$$-f'_y\leqslant\sigma_s\leqslant f_y$$

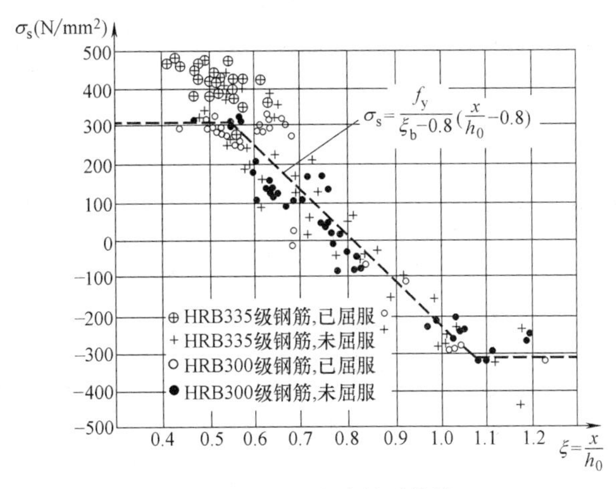

图5-18　σ_s-ξ试验关系曲线

应当指出，对于轴向压力作用点靠近截面形心的小偏心受压构件，当A'_s比A_s大得多，且轴力很大时，截面实际形心轴偏向A'_s一边，以致轴向力的偏心改变了方向，有可能使离轴向力较远的一侧的A_s受压屈服，这种情况称为非对称配筋小偏压反向破坏（图5-17c）。

为了防止发生这种反向破坏，《混凝土设计规范》规定，矩形截面非对称配筋的小偏心受压构件，当$N>f_c bh$❶时除按式（5-45）、式（5-46）、式（5-47）计算外，尚应按下列公式进行式验算：

$$Ne'\leqslant N_u e'=f_c bh\left(h'_0-\frac{h}{2}\right)+f'_y A_s(h'_0-a_s) \tag{5-50}$$

$$e'=\frac{h}{2}-a'_s-(e_0-e_a) \tag{5-51}$$

❶ 计算表明，当$N\leqslant f_c bh$时钢筋A_s的配筋将由最小配筋率控制，故不会发生反向破坏。

式中　e'——轴向压力作用点至受压区纵向钢筋的合力点的距离；

　　h'_0——钢筋 A'_s 合力点至截面远边的距离。

式（5-50）是根据下面的假定建立的（图 5-17c）：

（1）构件混凝土处于全截面均匀受压状态，即 $x=h$。且混凝土压应力达到轴心抗压强度 f_c；

（2）基于构件混凝土处于全截面均匀受压状态，故钢筋 A_s 和 A'_s 的应力均达到屈服强度 f'_y；

（3）考虑到附加偏心距 e_a 对反向破坏的不利影响，故取初始偏心距 $e_i=e_0-e_a$。

应当指出，除按上述计算弯矩作用平面方向受压承载力外。尚应按轴心受压构件验算垂直于弯矩作用平面方向的受压承载力。

§5.6　矩形截面对称配筋偏心受压构件正截面承载力计算

偏心受压构件在各种不同荷载组合下，例如在风荷载或地震作用与垂直荷载组合时，要承受不同符号的弯矩。这时，通常设计成对称配筋，即 $A_s=A'_s$。其配筋率应不小于最小配筋率。需要指出，这里的最小配筋率是按全部纵向钢筋截面面积计算的，即 $\rho_{min}=(A_s+A'_s)/bh$。

5.6.1　截面设计

一、大偏心受压情况（$\xi\leqslant\xi_b$）

在一般情况下，$f_y=f'_y$，于是，由式（5-38）得：

$$\xi=\frac{N}{\alpha_1 f_c bh} \tag{5-52}$$

求出 ξ 值后，并取 $x=\xi h_0$，代入式（5-23），经整理后可得配筋计算公式

$$A_s=A'_s=\frac{Ne-\alpha_1 f_c bx(h_0-0.5x)}{f_y(h_0-a'_s)} \tag{5-53}$$

其中

$$e=e_i+\frac{h}{2}-a_s$$

若 $\xi\cdot h_0<2a'_s$，由式（5-43）得：

$$A_s=A'_s=\frac{Ne'}{f_y(h_0-a'_s)} \tag{5-54}$$

其中

$$e'=e_i-\frac{h}{2}+a'_s$$

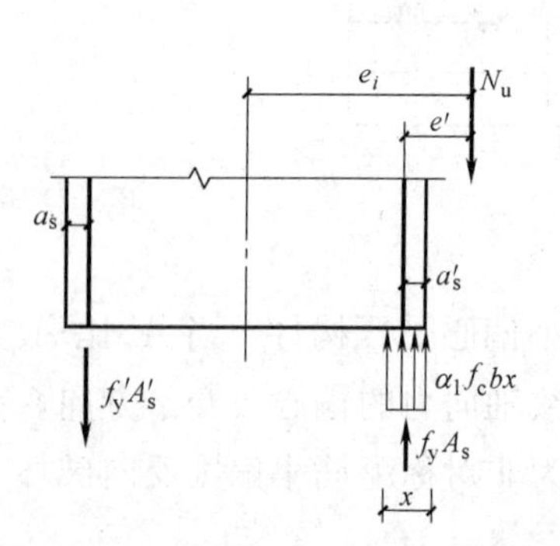

图 5-19　$\xi\cdot h_0<2a'_s$ 柱的承载力计算

上式符号意义见图 5-19。

二、小偏心受压情况（$\xi<\xi_b$）

取 $f_y=f'_y$，并将式（5-49）代入式（5-45）、再将式（5-46）中的 x 换成 ξh_0，则基本方程变为：

$$N\leqslant N_u=\alpha_1 f_c b\xi h_0+f'_yA'_s\frac{\xi_b-\xi}{\xi_b-\beta_1} \tag{5-55}$$

$$Ne \leqslant N_u e = \alpha_1 f_c b h_0^2 \xi(1-0.5\xi) + f'_y A'_s (h_0 - a'_s) \tag{5-56}$$

由式（5-55）得

$$f'_y A'_s = \frac{N - \alpha_1 f_c b h_0 \xi}{\dfrac{\xi_b - \xi}{\xi_b - \beta_1}}$$

将上式代入式（5-56）

$$Ne \leqslant N_u e = \alpha_1 f_c b h_0^2 \xi(1-0.5\xi) + \frac{N - \alpha_1 f_c b h_0 \xi}{\dfrac{\xi_b - \xi}{\xi_b - \beta_1}}(h_0 - a'_s) \tag{5-57}$$

经整理后得

$$Ne\left(\frac{\xi_b - \xi}{\xi_b - \beta_1}\right) = \alpha_1 f_c b h_0^2 \xi(1-0.5\xi)\left(\frac{\xi_b - \xi}{\xi_b - \beta_1}\right) + (N - \alpha_1 b \xi h_0)(h_0 - a'_s)$$

将上式等号两边同除以 $\alpha_1 f_c b h_0^2$，并令

$$\alpha = \frac{Ne}{\alpha_1 f_c b h_0^2}, \beta = \frac{N}{\alpha_1 f_c b h_0} \quad 和 \quad \gamma = \frac{h_0 - a'_s}{h_0}$$

于是

$$\alpha\left(\frac{\xi_b - \xi}{\xi_b - \beta_1}\right) = \xi(1-0.5\xi)\left(\frac{\xi_b - \xi}{\xi_b - \beta_1}\right) + (\beta - \xi)\gamma \tag{5-58}$$

这是一个关于 ξ 的三次方程。解出未知数 ξ，再代入基本方程（5-55）、（5-56），即可求得 A_s 和 A'_s。但是，手算解三次方程十分不便，现介绍一种简化方法。

如果以 $0.43(\xi_b - \xi)/(\xi_b - \beta_1)$ 代替式（5-58）等号右边第一项，即代替 $\xi(1-0.5\xi) \times \left(\dfrac{\xi_b - \xi}{\xi_b - \beta_1}\right)$，通过计算表明，$\xi = \xi_b \sim 1.0$ 范围内所带来的误差不会超过3%。这样，式（5-56）可写成：

$$\alpha\left(\frac{\xi_b - \xi}{\xi_b - \beta_1}\right) = 0.43\left(\frac{\xi_b - \xi}{\xi_b - \beta_1}\right) + (\beta - \xi)\gamma \tag{5-59}$$

将 α、β 和 γ 的表达式代回式（5-59），得：

$$\left(\frac{Ne}{\alpha_1 f_c b h_0^2} - 0.43\right)\left(\frac{\xi_b - \xi}{\xi_b - \beta_1}\right) = \left(\frac{N}{\alpha_1 f_c b h_0} - \xi\right)\frac{h_0 - a'_s}{h_0}$$

将上式加以整理，即可解出

$$\xi = \frac{N - \xi_b \alpha_1 f_c b h_0}{\dfrac{Ne - 0.43\alpha_1 f_c b h_0^2}{(\beta_1 - \xi_b)(h_0 - a'_s)} + \alpha_1 f_c b h_0} + \xi_b \tag{5-60}$$

由式（5-56）得：

$$A_s = A'_s = \frac{Ne - \xi(1-0.5\xi)\alpha_1 f_c b h_0^2}{f'_y (h - a'_s)} \tag{5-61}$$

这样，由式（5-60）求得的 ξ 值，再代入上式，即可求得小偏心受压构件对称配筋的纵筋截面筋面积。

5.6.2　截面承载力复核

在进行截面承载力复核时，一般已知截面尺寸 b、h，钢筋面积 A_s 和 A'_s，材料强度设计值 f_c、f_y 和 f'_y，构件计算长度 l_0，以及柱端的轴向压力设计值 N，求控制截面的弯矩

设计值，或已知初始偏心距 e_i，柱端的轴向压力设计值 N，求控制截面的弯矩设计值。

一、弯矩作用平面内承载力复核

1. 已知柱端的轴向压力设计值 N，求控制截面的弯矩设计值 M

按大偏压基本公式（5-38）求出受压区高度 x，若 $x \leqslant \xi_b h_0$，则截面为大偏心受压，当 $x \geqslant 2a'_s$时，将 $\xi = \frac{x}{h_0}$值代入式（5-39）求出 e 值，再由式（5-40）求出 e_i；而当$x \leqslant 2a'_s$时，则按式（5-43）求出 e'值，再由式（5-44）求出 e_i值；若 $x \geqslant \xi_b h_0$，则截面为小偏心受压，则按式（5-45）和式（5-49）求出 x 值，将 x 代入式（5-46）求出 e，由式（5-48a）求出 e_i值；再按式（5-8）求出 e_0，最后求出控制截面的弯矩设计值 $M = Ne_0$ 和杆端弯矩 M_2。

2. 已知偏心距 e_0，求轴向压力设计值 N

根据图 5-16（b）截面应力图形，各力对轴向压力 N 作用点取矩可求得受压区高度 x。若 $x \leqslant x_b$，则为大偏心受压；当 $x \geqslant 2a'_s$时，将 x 及有关数据代入式（5-38），即可求得轴向压力设计值；当 $x \leqslant 2a'_s$时，则按式（5-43）求出求得轴向压力设计值；若 $x \geqslant x_b$，则为小偏心受压；将已知数据代入式（3-45）和（5-49）联立解出小偏心受压区高度 x。最后代入式（3-46）求出求轴向压力设计值 N。

二、弯矩作用平面外承载力复核

当弯矩作用平面外方向的截面尺寸 b 小于另一方向截面尺寸 h，或弯矩作用平面外方向的计算长度大于平面内方向的计算长度时，须复核弯矩作用平面外的截面承载力，验算时按轴心受压构件考虑。

【例题 5-4】 钢筋混凝土框架柱，截面尺寸 $bh = 400\text{mm} \times 450\text{mm}$。柱的计算长度 $l_0 = 5000\text{mm}$，承受轴向压力设计值 $N = 480\text{kN}$，柱端弯矩设计值 $M_1 = M_2 = 350\text{kN} \cdot \text{m}$。$a_s = a'_s = 40\text{mm}$，混凝土强度等级为 C30（$f_c = 14.3\text{N/mm}^2$），采用 HRB400 级钢筋（$f_y = f'_y = 360\text{N/mm}^2$），采用对称配筋，试确定纵向钢筋截面面积 $A_s = A'_s$。

【解】 （1）判断是否需考虑二阶效应

因为
$$\frac{M1}{M_2} = \frac{350}{350} = 1 \geqslant 0.9$$

故需考虑二阶效应的影响。

（2）计算弯矩增大系数

$$e_a = \frac{h}{30} = \frac{450}{30} = 15\text{mm} \leqslant 20\text{mm}，\quad 取 e_a = 20\text{mm}$$

$$h_0 = h - a_s = 450 - 40 = 410\text{mm}$$

按式（5-34）计算

$$\zeta_c = \frac{0.5 f_c A}{N} = \frac{0.5 \times 14.3 \times 180000}{480 \times 10^3} = 2.681 \geqslant 1，取 \zeta_c = 1.0$$

按式（5-36）计算

$$\eta_{ns} = 1 + \frac{1}{1300\frac{(M_2/N) + e_a}{h_0}}\left(\frac{l_0}{h}\right)^2 \zeta_c = 1 + \frac{1}{1300\frac{(350 \times 10^6/480 \times 10^3) + 20}{410}}\left(\frac{5000}{450}\right)^2 \times 1.0 = 1.052$$

（3）计算控制截面的弯矩设计值

按式（5-29）计算

$$C_m=0.7+0.3\frac{M_1}{M_2}=1.0$$

按式（5-37）计算控制截面的弯矩设计值：

$$M=\eta_{ns}C_mM_2=1.052\times1.0\times350=368.2\text{kN}\cdot\text{m}$$

（4）判别大小偏心

按式（5-52）算出

$$\xi=\frac{N}{\alpha_1 f_c bh_0}=\frac{480\times10^3}{1\times14.3\times400\times410}=0.205\leqslant\xi_b=0.518$$

属于大偏心受压，且

$$x=\xi h_0=0.205\times410=84.05\text{mm}\geqslant2a_s=2\times40=80\text{mm}$$

（5）计算配筋

$$e_0=\frac{M}{N}=\frac{368.2\times10^6}{480\times10^3}=767.1\text{mm}$$

$$e_i=e_0+e_a=767.1+20=787.1\text{mm}$$

$$e=e_i+\frac{h}{2}-a_s=787.1+\frac{450}{2}-40=972.1\text{mm}$$

按式（5-53）计算

$$A_s=A'_s=\frac{Ne-\alpha_1 f_c bx(h_0-0.5x)}{f_y(h_0-a'_s)}$$

$$=\frac{480\times10^3\times972.1-1\times14.3\times400\times84.05(410-0.5\times84.05)}{360\times(410-40)}$$

$$=2175\text{mm}^2$$

截面每侧各配置 2Φ22＋3Φ25（$A_s=2233\text{mm}^2$）。

最小配筋率

$$\rho=\frac{A_s+A'_s}{bh}=\frac{2\times2233}{400\times450}=2.48\%\geqslant\rho_{min}=0.55\%$$

符合要求。

（6）垂直于弯矩作用平面外承载力验算

$\frac{l_0}{b}=\frac{5000}{400}=12.5$，由表5-1查得 $\varphi=0.943$

按式（5-1）得

$$N=0.9\varphi(f_cA+f'_yA'_s)=0.9\times0.943(14.3\times400\times450+360\times2\times2233)$$
$$=1855.5\times10^3N\geqslant480\times10^3N$$

安全。

配筋如图5-20所示。

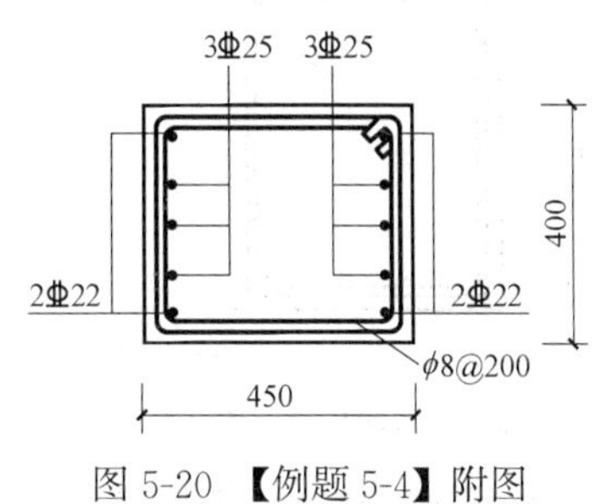

图5-20 【例题5-4】附图

【例题5-5】 钢筋混凝土框架柱，截面尺寸 $bh=400\text{mm}\times450\text{mm}$。柱的计算长度 $l_0=4000\text{mm}$，$a_s=a'_s=40\text{mm}$。承受轴向压力设计值 $N=320\text{kN}$，柱端弯矩设计值 $M_1=-100\text{kN}\cdot\text{m}$，$M_2=300\text{kN}\cdot\text{m}$。混凝土强度等级为30（$f_c=14.3\text{N/mm}^2$），采用HRB400级

钢筋（$f_y=f'_y=360\text{N/mm}^2$），采用对称配筋，试确定纵向钢筋截面面积 $A_s=A'_s$。

【解】（1）判断是否需考虑二阶效应

因为

$$\frac{M_1}{M_2}=\frac{-100}{300}\leqslant 0.9$$

$$\frac{N}{f_c bh}=\frac{320000}{14.3\times400\times450}=0.111\text{N/mm}^2<0.9$$

且
$$A=bh=400\times450=180000\text{mm}^2,$$

$$I=\frac{1}{12}bh^3=\frac{1}{12}\times400\times450^3=3037.5\times10^6\text{mm}^4$$

$$h_0=h-a_s=450-40=410\text{mm}$$

$$i=\sqrt{\frac{I}{A}}=\sqrt{\frac{3037.5\times10^6}{180000}}=129.90\text{mm}$$

$$\frac{l_0}{i}=\frac{4000}{129.90}=30.79<34-12\left(\frac{M_1}{M_2}\right)=34-12\left(\frac{-100}{300}\right)=38$$

故可不考虑二阶效应的影响。

（2）判别大小偏心

按式（5-52）算出

$$\xi=\frac{N}{\alpha_1 f_c bh}=\frac{320\times10^3}{1\times14.3\times400\times410}=0.136\leqslant\xi_b=0.518$$

属于大偏心受压，且

$$x=\xi h_0=0.136\times410=55.76\text{mm}<2a'_s=2\times40=80\text{mm}$$

（3）计算配筋

$$e_0=\frac{M_2}{N}=\frac{300\times10^6}{320\times10^3}=937.5\text{mm}$$

$$\frac{h}{30}=\frac{450}{30}=15\text{mm}<20\text{mm},\text{取 } e_a=20\text{mm}$$

$$e_i=e_0+e_a=937.5+20=957.5\text{mm}$$

$$e'=e_i-\frac{h}{2}+a'_s=957.5-\frac{450}{2}+40=772.5\text{mm}$$

按式（5-54）计算

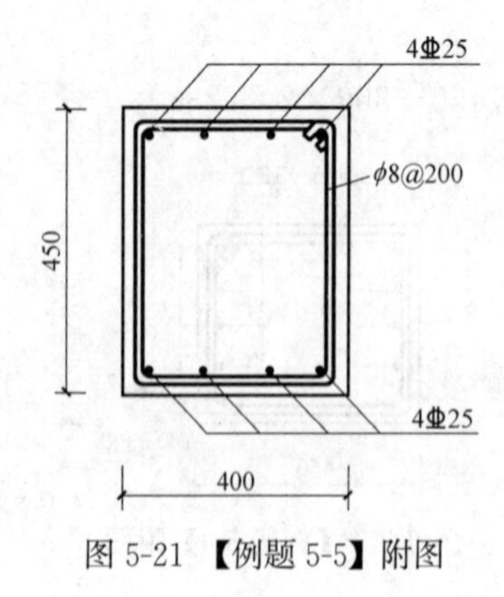

图 5-21 【例题 5-5】附图

$$A_s=A'_s=\frac{Ne'}{f_y(h_0-a'_s)}=\frac{320\times10^3\times772.5}{360(410-40)}=1856\text{mm}^2$$

截面每侧各配置 4Φ25（$A_s=1964\text{mm}^2$），配筋如图 5-20 所示。

最小配筋率

$$\rho=\frac{A_s+A'_s}{bh}=\frac{2\times1964}{400\times450}=2.18\%\geqslant\rho_{\min}=0.55\%$$

符合要求。

（4）垂直于弯矩作用平面外承载力验算（从略）

配筋如图 5-21 所示。

【例题 5-6】 钢筋混凝土框架柱，计算长度 $l_0=6000\text{mm}$，其他条件与【例题 5-5】相同。采用对称配筋，试确定纵向钢筋截面面积 $A_s=A'_s$。

【解】（1）判断是否需考虑二阶效应

由【例题 5-5】可知，柱截面的回转半径 $i=129.9\text{mm}$，于是

$$\frac{l_0}{i}=\frac{6000}{129.9}=46.19>34-12\left(\frac{M_1}{M_2}\right)34-12\left(\frac{-100}{300}\right)=38$$

故应考虑二阶弯矩的影响。

（2）计算弯矩增大系数

$$e_a=\frac{h}{30}=\frac{600}{30}=20\text{mm},\quad 取\ e_a=20\text{mm}$$

$$h_0=h-a_s=600-40=560\text{mm}$$

按式（5-34）计算

$$\zeta_c=\frac{0.5f_cA}{N}=\frac{0.5\times9.6\times180000}{320\times10^3}=4.02>1.0，取\ \zeta_c=1.0$$

按式（5-37）计算

$$\eta_{ns}=1+\frac{1}{1300\dfrac{(M_2/N)+e_a}{h_0}}\left(\frac{l_0}{h}\right)^2\zeta_c$$

$$=1+\frac{1}{1300\dfrac{(300\times10^6/320\times10^3)+20}{410}}\left(\frac{6000}{450}\right)^2\times1.0=1.059$$

（3）计算控制截面弯矩设计值

按式（5-29）计算

$$C_m=0.7+0.3\frac{M_1}{M_2}=0.7+0.3\times\left(\frac{-100}{300}\right)=0.60<0.7$$

取 $C_m=0.7$（即相当取 $M_1=0$），

$$C_m\eta_{ns}=0.7\times1.059=0.74<1.0,\quad 取\ C_m\eta_{ns}=1.0$$

按式（5-37）计算：

$$M=C_m\eta_{ns}M_2=1.0\times300=300\text{kN}\cdot\text{m}$$

（4）判别大小偏心

按式（5-52）算出

$$\xi=\frac{N}{\alpha_1f_cbh}=\frac{320\times10^3}{1\times14.3\times400\times410}=0.136\leqslant\xi_b=0.518$$

属于大偏心受压，且

$$x=\xi h_0=0.136\times410=55.76\text{mm}\leqslant2a'_s=2\times40=80\text{mm}$$

$$e_0=\frac{M_2}{N}=\frac{300\times10^6}{320\times10^3}=937.5\text{mm}$$

$$\frac{h}{30}=\frac{450}{30}=15\text{mm}<20\text{mm},取\ e_a=20\text{mm}$$

$$e_i=e_0+e_a=937.5+20=957.5\text{mm}$$

$$e'=e_i-\frac{h}{2}+a'_s=957.5-\frac{450}{2}+40=772.5\text{mm}$$

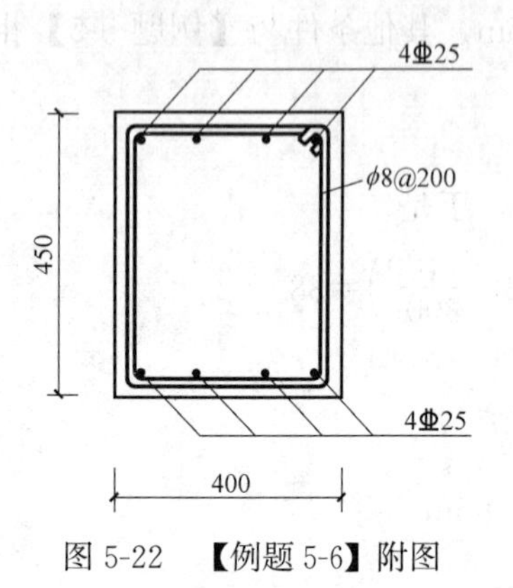

图 5-22　【例题 5-6】附图

（5）计算配筋

按式（5-54）计算

$$A_s=A'_s=\frac{Ne'}{f_y(h_0-a'_s)}=\frac{320\times10^3\times772.5}{360(410-40)}=1856\text{mm}^2$$

截面每侧各配置 4Φ25（$A_s=1964\text{mm}^2$），最小配筋

$$\rho=\frac{A_s+A'_s}{bh}=\frac{2\times1964}{400\times450}=2.18\%\geqslant\rho_{min}=0.55\%$$

符合要求。

（6）垂直于弯矩作用平面外承载力验算（从略）

配筋如图 5-22 所示。

本题计算结果与【例题 5-5】相同。这是因为，虽然本题需考虑柱中间区段截面的二阶弯矩影响，但其值为：

$$M=C_m\eta_{ns}M_2=0.7\times1.059\times300=222.3\text{kN}\cdot\text{m}$$

小于杆端较大弯矩 $M_2=300\text{kN}\cdot\text{m}$，即杆端为控制截面。

【例题 5-7】 已知偏心受压柱截面尺寸 $bh=400\text{mm}\times600\text{mm}$，$a_s=a'_s=40\text{mm}$，轴向压力设计值 $N=2500\times10^3\text{kN}$，弯矩设计值 $M_1=50\text{kN}\cdot\text{m}$，$M_2=80\text{kN}\cdot\text{m}$。柱的计算长度 $l_0=6\text{m}$。混凝土强度等级为 C20，采用 HRB335 级钢筋，截面采用对称配筋。试求钢筋面积 $A_s=A'_s$。

【解】（1）判断是否需考虑二阶效应

$$A=bh=400\times600=240000\text{mm}^2,$$

$$I=\frac{1}{12}bh^3=\frac{1}{12}\times400\times600^3=7200\times10^6\text{mm}^4$$

$$i=\sqrt{\frac{I}{A}}=\sqrt{\frac{7200\times10^6}{240000}}=173.2\text{mm}$$

因为 $$\frac{l_0}{i}=\frac{6000}{173.2}=43.7>34-12\left(\frac{M_1}{M_2}\right)=34-12\left(\frac{50}{80}\right)=26.5$$

故需考虑二阶效应的影响。

（2）计算弯矩增大系数

$$e_a=\frac{h}{30}=\frac{600}{30}=20\text{mm},\quad 取\ e_a=20\text{mm}$$

$$h_0=h-a_s=600-40=560\text{mm}$$

按式（5-34）计算

$$\zeta_c=\frac{0.5f_cA}{N}=\frac{0.5\times9.6\times240000}{2500\times10^3}=0.460$$

按式（5-36）计算

$$\eta_{ns}=1+\frac{1}{1300\dfrac{(M_2/N)+e_a}{h_0}}\left(\frac{l_0}{h}\right)^2\zeta_c=1+\frac{1}{1300\dfrac{(80\times10^6/2500\times10^3)+20}{560}}\left(\frac{6000}{600}\right)^2\times0.460=1.381$$

（3）计算控制截面的弯矩设计值

按式（5-29）计算

$$C_m=0.7+0.3\frac{M_1}{M_2}=0.7+0.3\times\frac{50}{80}=0.888$$

$$\eta_{ns}C_m=1.381\times0.888=1.226>1.0$$

按式（5-36）计算

$$M=\eta_{ns}C_mM_2=1.381\times0.888\times80=98.11\text{kN}\cdot\text{m}$$

（4）判别大小偏心

按式（5-52）算出

$$\xi=\frac{N}{\alpha_1 f_c bh}=\frac{2500\times10^3}{1\times9.6\times400\times560}=1.162\geqslant\xi_b=0.55$$

属于小偏心受压

（5）计算截面相对受压区高度

$$e_0=\frac{M}{N}=\frac{98.11\times10^6}{2500\times10^3}=39.24\text{mm}$$

$$\frac{h}{30}=\frac{600}{30}=20\text{mm}，取\ e_a=20\text{mm}$$

$$e_i=e_0+e_a=39.24+20=59.24\text{mm}$$

$$e=\eta e_i+\frac{h}{2}-a'_s=59.24+\frac{600}{2}-40=319.24\text{mm}$$

按式（5-60）计算相对受压区高度

$$\xi=\frac{N-\xi_b\alpha_1 f_c bh_0}{\dfrac{Ne-0.43\alpha_1 f_c bh_0{}^2}{(\beta_1-\xi_b)(h_0-a'_s)}+\alpha_1 f_c bh_0}+\xi_b$$

$$=\frac{2500\times10^3-0.55\times1\times9.6\times400\times560}{\dfrac{2500\times10^3\times319.24-0.43\times1\times9.6\times400\times560^2}{(0.8-0.55)(560-40)}+1\times9.6\times400\times560}+0.55$$

$$=0.857$$

（6）计算配筋

按式（5-61）计算

$$A_s=A'_s=\frac{Ne-\xi(1-0.5\xi)\alpha_1 f_c bh_0{}^2}{f'_y(h-a'_s)}$$

$$=\frac{2500\times10^3-0.857(1-0.5\times0.857)\times1\times9.6\times400\times560^2}{300(560-35)}=1337\text{mm}^2$$

截面每侧各配置 4Φ22（$A_s=1520\text{mm}^2$），最小配筋率

$$\rho=\frac{A_s+A'_s}{bh}=\frac{2\times1520}{400\times600}=1.27\%\geqslant\rho_{min}=0.55\%$$

符合要求。

（7）垂直于弯矩作用平面外承载力验算（从略）

配筋如图 5-23 所示。

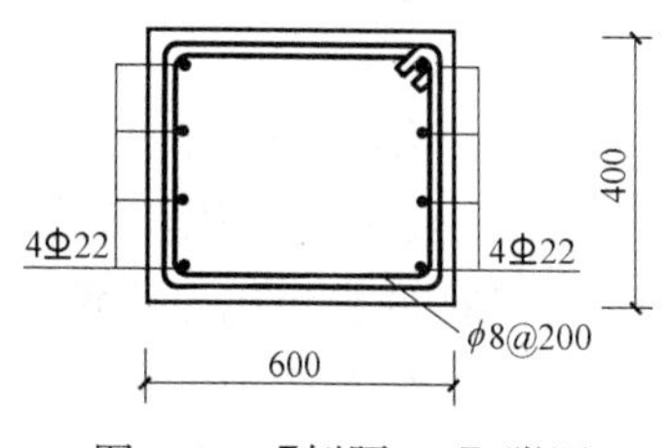

图 5-23 【例题 5-7】附图

§5.7　偏心受压构件斜截面受剪承载力计算

如偏心受压构件除受有偏心作用的轴向压力 N 外，还受到剪力 V 的作用，则偏心受压构件尚需进行斜截面受剪承载力计算。

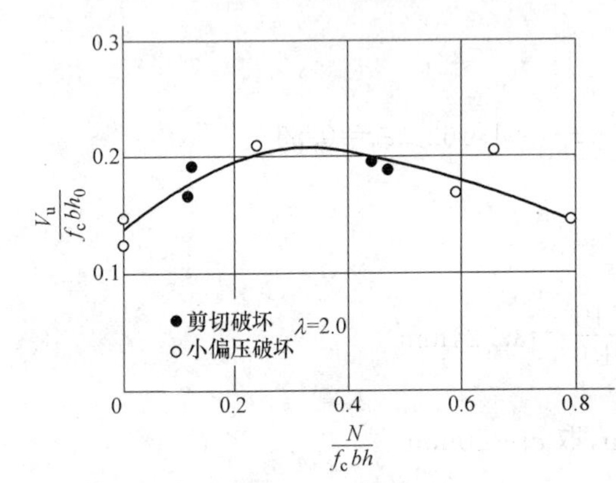

图 5-24　轴压力对构件受剪承载力的影响

试验结果表明，轴向压力对构件斜截面受剪承载力有提高的作用。这是由于轴向压力能阻止或减缓斜裂缝的出现和开展。此外，由于轴向压力的存在，使构件混凝土剪压区高度增加，从而提高了混凝土的抗剪能力。试验还表明，临界斜裂缝的水平投影长度与无轴向压力构件相比基本相同，故箍筋的抗剪能力没有明显影响。

轴向压力对构件斜截面受剪承载力的提高是有一定限度的，图 5-24 绘出了这种试验结果。当轴压比 $\frac{N}{f_c bh}=0.3\sim0.5$ 时，斜截面受剪承载力有明显的提高，再增加轴向压力将使受剪承载力降低。

基于试验分析，《混凝土设计规范》规定，对于矩形、T 形和 I 形钢筋混凝土偏心受压构件，其受剪承载力计算，作如下规定：

1. 为了防止斜压破坏，截面尺寸应符合下列要求：

当 $\frac{h}{b}\leqslant 4$ 时

$$V\leqslant 0.25\beta_c f_c bh_0 \tag{5-62}$$

当 $\frac{h}{b}\geqslant 6$ 时

$$V\leqslant 0.25\beta_c f_c bh_0 \tag{5-63}$$

当 $4\leqslant h/b\leqslant 6$ 时，按线性内插法确定。

2. 矩形、T 形和 I 形钢筋混凝土偏心受压构件，其斜截面受剪承载力应按下列公式计算：

$$V\leqslant\frac{1.75}{\lambda+1}f_t bh_0+f_{yv}\frac{A_{sv}}{s}h_0+0.07N \tag{5-64}$$

式中　V——剪力设计值；

N——与剪力设计值 V 相应的轴向压力设计值，当 $N>0.3f_c A$ 时，取 $N=0.3f_c A$；

A——构件截面面积；

λ——偏心受压构件计算截面的剪跨比，取为 $M/(Vh_0)$。

计算截面的剪跨比 λ 应按下列规定采用：

(1) 对框架结构中的框架柱，当其反弯点在层高范围内时，可取为 $H_n/(2h_0)$。H_n 为柱净高。

当$\lambda<1$时，取$\lambda=1$；当$\lambda>3$时，取$\lambda=3$。此处，M为计算截面上与剪力设计值V相应的弯矩设计值。

(2) 其他偏心受压构件，当承受均布荷载时，取1.5。

由式(5-40)可见，《混凝土设计规范》是在无轴向压力的受弯构件斜截面受剪承载力公式的基础上，采用增加一项抗剪能力的办法来考虑轴向压力对受剪承载力有利影响的。

(3) 对于矩形、T形和I形钢筋混凝土偏心受压构件，当符合下列条件时，则不需进行斜截面受剪承载计算，而仅需按构造要求配置箍筋。

$$V\leqslant\frac{1.75}{\lambda+1}f_tbh_0+0.07N \tag{5-65}$$

小　　结

1. 轴心受压构件的承载力由混凝土和纵向受力钢筋两部分抗压能力组成，同时要考虑纵向弯曲对构件截面承载力的影响。其计算公式为$N\leqslant0.9\varphi(f_cA+f'_yA'_s)$。

高强度钢筋在受压构件中，不能充分发挥作用，其最大应力只能达到$400N/mm^2$，因此，在受压构件中不宜采用高强度钢筋。

2. 偏心受压构件按其破坏特征不同，分为大偏心受压构件和小偏心受压构件。大偏心受压构件破坏时受拉钢筋先达到屈服强度，最后另一侧受压区的混凝土被压碎，应变达到0.0033、受压钢筋也达到屈服强度。小偏心受压构件破坏时，距轴向力较近一侧混凝土被压碎、受压钢筋达到屈服强度；构件截面另一侧，混凝土和钢筋应力一般都比较小，达不到各自强度限值。

3. 从小偏心受压破坏过渡到大偏心受压破坏，中间存在一种界限状态，这时受拉区钢筋和受压区混凝土同时达到各自强度限值，相应的受压区高度称为大小偏心界限高度，用x_b表示，相对界限受压区高度用ξ_b表示。这样，当$\xi\leqslant\xi_b$时为大偏心受压；当$\xi\leqslant\xi_b$时为小偏心受压。

4. 初始偏心距$e_i=e_0+e_a$，此处$e_0=M/N$，e_a为附加偏心距，其值取$h/30$和20mm较大值。

5. 当$M_1/M_2\leqslant0.9$且轴压比$N/f_cbh\leqslant0.9$时，如构件长细比满足条件：$\frac{l_c}{i}\leqslant34-12\left(\frac{M_1}{M_2}\right)$，可不考虑轴向压力在该方向挠曲杆件中产生的附加弯矩的影响。

6. 除排架柱外，端弯矩不等的偏心受压构件，考虑轴心压力在挠曲杆件中产生的二阶效应后控制截面弯矩设计值可按下式计算：$M=C_m\eta_{ns}M_2$。其中构件端截面偏心距调节系数计算公式为$C_m=0.7+0.3M_1/M_2$，它是根据等代柱与原柱控制截面弯矩相等为条件得到的。公式的形式与我国《钢结构设计规范》GB 50017—2003偏心受压构件的表达式相同，但式中的系数不同，这主要反映了混凝土柱非弹性特征和破坏准则不同的影响。

7. 在实际工程中，偏心受压柱在不同的内力组合下（如地震作用，风荷载），经常承受变号弯矩作用。所以，在这种情况下一般多设计成对称配筋。因此，对称配筋比非对称配筋应用更为广泛。

思　考　题

5-1　在轴心受压构件中，钢筋抗压强度设计值取值应注意什么问题?

5-2　怎样确定受压构件的计算长度?

5-3　怎样确定受压构件的混凝土强度等级、构件截面面积和钢筋直径和间距?

5-4　偏心受压构件分哪两类?怎样划分?它们的破坏特征如何?

5-5　试分别绘出大、小偏心受压构件截面的计算应力图形，并按应力图形写出基本公式。

5-6　什么是偏心距调节系数 C_m?它的取值有何规定?

5-7　什么是弯矩增大系数?它是怎样推导出来的?

习　　题

5-1　已知轴心受压柱的截面为 400mm×400mm，计算长度 $l_0=6400$mm，混凝土强度等级为C20，采用 HRB300 级钢筋，承受轴向力设计值 $N=1500$kN（作用于柱顶），求纵向钢筋截面面积。

5-2　已知现浇钢筋混凝土柱，截面尺寸为 300mm×300mm，计算高度 $l_0=4.80$m，混凝土强度等级为C20，配有 HRB300 级钢筋 4Φ25。求所能承受的最大轴向力设计值。

5-3　已知钢筋混凝土柱的截面尺寸：$bh=300$mm×400mm，计算长度 $l_0=3.90$mm，$a_s=a_s=35$mm，混醍土强度等级为C20，钢筋级别为 HRB300 级，承受弯矩设计值 $M=100$kN·m，轴向力设计值 $N=450$kN. 试确定对称配筋的钢筋面积。

5-4　已知矩形柱截面尺寸 $bh=400$mm×500mm，计算长度 $l_0=5.0$mm，$a_s=a_s=35$mm，混凝土强度等级为C20，采用 HRB300 级钢筋，柱承受弯矩设计值 $M=400$kN·m，轴向力设计值 $N=1500$kN。求对称配筋的钢筋面积。

第6章 受拉构件承载力计算

§6.1 概述

受拉构件可分为轴心受拉构件和偏心受拉构件。当轴向拉力作用点与截面形心重合时称为轴心受拉构件；当轴向拉力作用点与截面形心不重合时，则称为偏心受拉构件。

在工程中，受拉构件和受压构件一样，应用也十分广泛。例如，屋架的下弦杆（图6-1a），自来水压力管（图6-1b）就是轴心受拉构件。单层厂房的双肢柱（图6-2a）和矩形水池（图6-2b）则属偏心受拉构件。

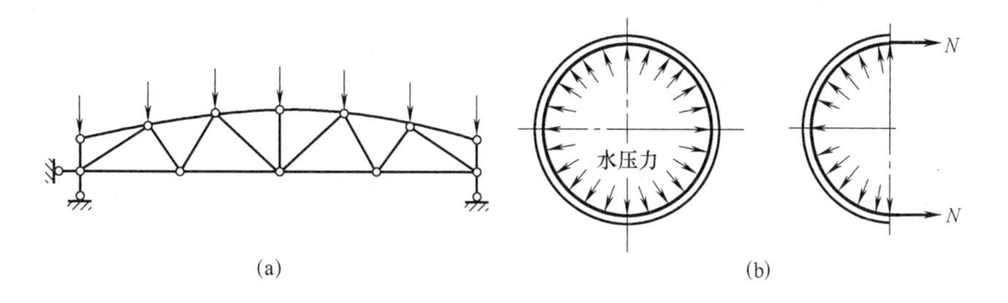

图6-1 受拉构件

（a）屋架下弦；（b）圆形水池

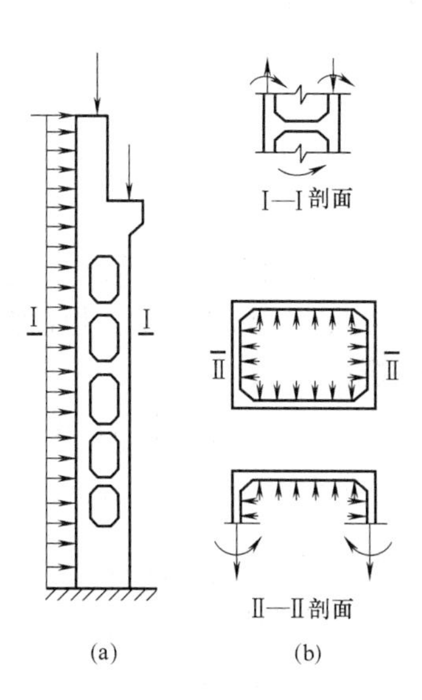

图6-2 双肢柱及矩形水池

（a）双肢柱；（b）矩形水池

§6.2　轴心受拉构件正截面受拉承载力计算

由于混凝土抗拉强度很低，开裂时极限拉应变很小（$\varepsilon_c=0.1-0.15$）$\times10^{-3}$，所以当构件承受不大的拉力时，混凝土就要开裂，而这时钢筋中的应力还很小，以 HRB335 级钢筋为例，钢筋应力只有 $\sigma_s=\varepsilon_c E_s$❶$=(\varepsilon_c=0.1-0.15)\times10^{-3}\times2.0\times10^5=20-30\text{N/mm}^2$。因此，轴心受拉构件按正截面承载力计算时，不考虑混凝土参加工作，这时拉力全部由纵向钢筋承担。

轴心受拉构件正截面受拉承载力应按下列公式计算（图 6-3）：

$$N\leqslant f_y A_s \tag{6-1}$$

式中　N——轴向拉力设计值；

f_y——钢筋抗拉强度设计值；

A_s——受拉钢筋的全部截面面积。

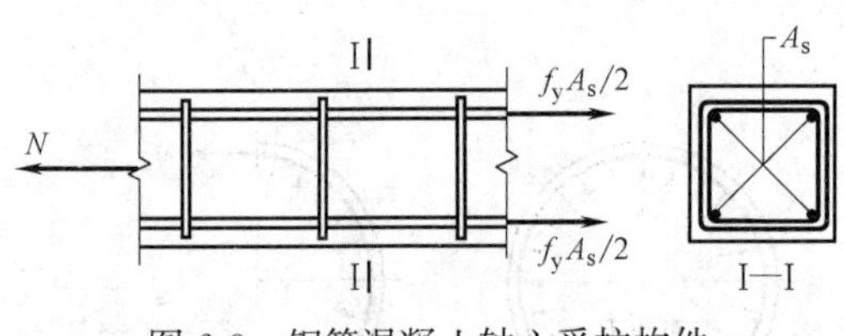

图 6-3　钢筋混凝土轴心受拉构件

【例题 6-1】 钢筋混凝土屋架下弦杆，截面尺寸 $b\times h=180\text{mm}\times180\text{mm}$，混凝土强等级为 C30，钢筋为 HRB335 级。承受轴向拉力设计值为 $N=250\text{kN}$。试求纵向钢筋面积 A_s。

【解】 按式（6-1）算得

$$A_s=\frac{N}{A}=\frac{250\times10^3}{300}=833.3\text{mm}^2$$

配置 4Φ18（$A_s=1017\text{mm}^2$）。

§6.3　偏心受拉构件承载力计算

6.3.1　偏心受拉构件正截面承载力计算

1. 试验研究

设矩形截面 bh 的构件上作用偏心轴向力 N，其偏心距为 e_0，距轴向力 N 较近一侧的钢筋截面面积为 A_s，较远一侧的为 A'_s。试验表明，根据偏心轴向力的作用位置不同，构件的破坏特征可分为以下两种情况。

第一种情况：轴向拉力 N 作用在钢筋 A_s 合力点和 A'_s 合力点之间 $\left(e_0\leqslant\frac{h}{2}-a_s\right)$（图 6-4）。

当轴向力的偏心距较小时，整个截面将全部受拉，随着轴向力的增加，混凝土达到极限拉应变而开裂，最后，钢筋达到屈服强度，构件破坏；当偏心距 e_0 较大时，混凝土开裂前，截面一部分受拉，另一部分受压。随着轴向拉力的不断增加，受拉区混凝土开裂，并

❶　由于钢筋与混凝土变形相同，故它们的应变相等，即 $\varepsilon_s=\varepsilon_c$。

使整个截面裂通，混凝土退出工作。构件破坏时，钢筋A_s应力达到屈服强度，而钢筋A'_s应力，是否达到屈服强度，则取决于轴向力作用点的位置及钢筋A'_s与A_s的比值。为了使钢筋（$A_s+A'_s$）用量最小，可假定钢筋A'_s应力达到屈服强度。

因此，只要偏心轴向拉力N作用在钢筋A_s和A_s合力点之间，不管偏心距大小如何，构件破坏时均为全截面受拉。这种情况称为小偏心受拉。

第二种情况：轴向力N作用在钢筋A_s和A_s合力点以外时$\left(e_0>\frac{h}{2}-a_s\right)$（图6-5）。

因为这时轴向力的偏心距e_0较大，截面一部分受拉，另一部分受压，随着轴向拉力的增加，受拉区混凝土开裂，这时受拉区钢筋A_s承担拉力，而受压区由混凝土和钢筋A'_y承担全部压力。随着轴向拉力进一步增加，裂缝开展，受拉区钢筋A_s达到屈服强度f_y，受压区进一步缩小，以致混凝土被压碎，同时受压区钢筋A'_s应力也到达屈服强度f'_y。其破坏形态与大偏心受压构件类似。这种情况称为大偏心受拉。

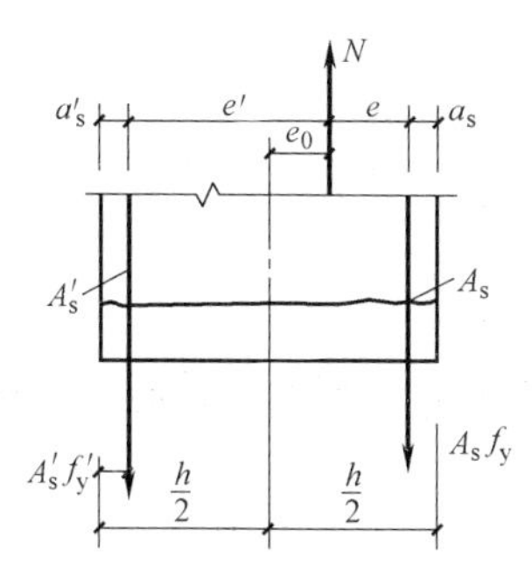

图6-4　小偏心受拉破坏情况

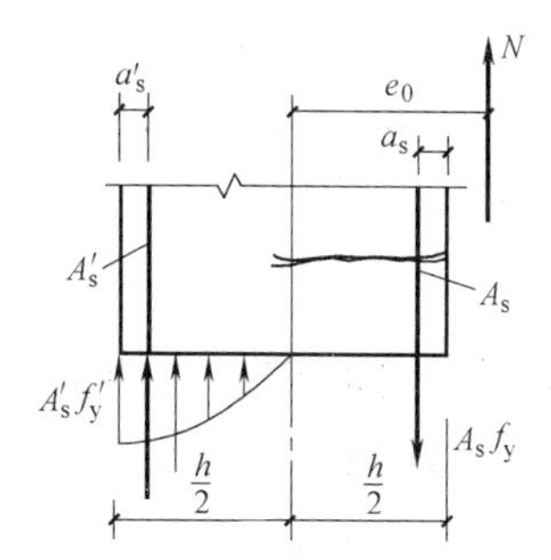

图6-5　大偏心受拉破坏情况

2. 基本计算公式

（1）小偏心受拉构件

如前所述，小偏心受拉构件在轴向拉力N作用下，截面达到破坏时，拉力全部由钢筋A_s和A'_s承担。截面应力计算图形如图6-6所示。

$$\Sigma Y=0 \qquad N\leqslant f_yA_s+f_yA_s \tag{6-2}$$

$$\Sigma A'_s=0 \qquad Ne'\leqslant f_yA_s(h_0-a'_s) \tag{6-3}$$

$$\Sigma A_s=0 \qquad Ne\leqslant f_yA'_s(h_0-a'_s) \tag{6-4}$$

式中

$$e=\frac{h}{2}-a_s-e_0 \tag{6-5}$$

$$e'=\frac{h}{2}-a'_s+e_0 \tag{6-6}$$

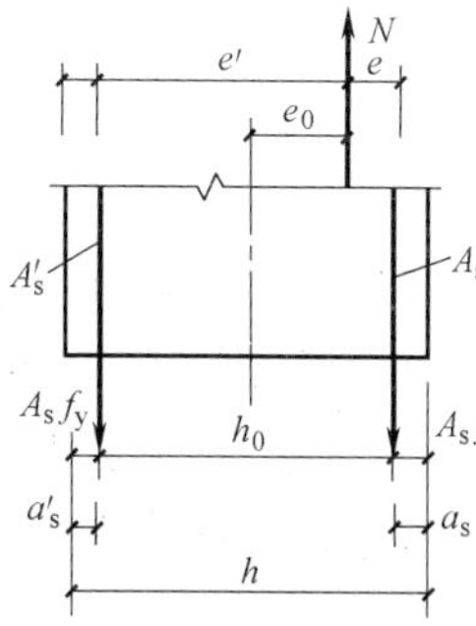

图6-6　小偏心受拉构件截面应力计算图形

（2）大偏心受拉构件

大偏心受拉构件在轴向拉力N作用下，截面破坏时，受拉区钢筋A_s达到屈服强度f_y，受压区混凝土被压碎，同时受压区钢筋A'_s应力也到达屈服强度f'_y。截面应力计算图形如图6-7所示。

$$\Sigma Y=0 \qquad N\leqslant f_yA_s-f'_yA_s-\alpha_1 f_c bx \tag{6-7}$$

$$\Sigma A_s=0 \qquad Ne\leqslant \alpha_1 f_c bx\left(h_0-\frac{x}{2}\right)+f_yA'_s(h_0-a'_s) \tag{6-8}$$

式中

$$e=e_0-\frac{h}{2}+a_s \tag{6-9}$$

式（6-7）和（6-8）的适用于条件为：

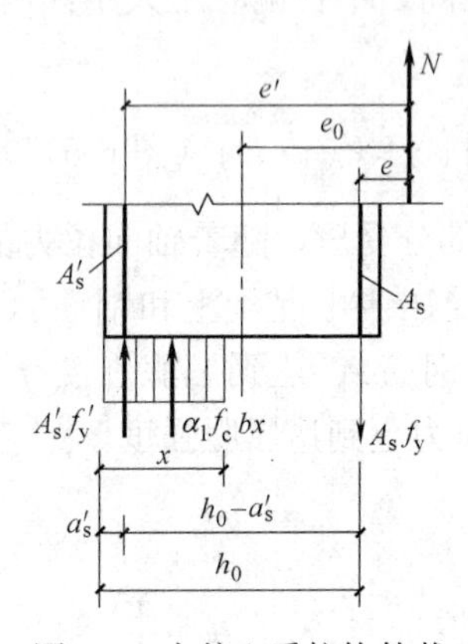

图 6-7　大偏心受拉构件截面应力计算图形

$$2'a_s \leqslant x \leqslant \xi h_0 \tag{6-10}$$

$$\rho=\frac{A_s}{bh}>\rho_{min} \tag{6-11}$$

其中 ρ_{min} 为偏心受拉构件最小配筋率，见附录 C 附表 C-2。

3. 截面设计

已知截面尺寸 b、h，轴向拉力和弯矩设计值 N、M，材料强度设计值 f_c、f_y、f'_y，求纵向钢筋截面面积 A_s 和 A'_s。

（1）小偏心受拉构件$\left(e_0 \leqslant \frac{h}{2}-a_s\right)$

由式（8-3）和（8-4）可得

$$A_s \geqslant \frac{Ne'}{f_y(h_0-a'_s)} \tag{6-12}$$

$$A'_s \geqslant \frac{Ne}{f'_y(h_0-a'_s)} \tag{6-13}$$

若采用对称配筋，则钢筋 A'_s 应力达不到屈服强度，因此，在截面设计时，钢筋 A'_s 应按式（6-12）计算。

（2）大偏心受拉构件$\left(e_0>\frac{h}{2}-a_s\right)$

1）A_s 和 A'_s 均为未知时。

由式（6-7）和（6-8）可见，其中共有三个未知数：x、A_s 和 A'_s。为了求解，取 $x=\xi_b h_0$，并分别代入式（6-8）和式（6-7），得：

$$A'_s=\frac{Ne-\xi_b \alpha_1 f_c b h_0{}^2(1-0.5\xi_b)}{f_y(h_0-a'_s)} \tag{6-14}$$

$$A_s=\xi_b \frac{\alpha_1 f_c b h_0}{f_y}+A'_s \frac{f'_y}{f_y}+\frac{N}{f_y} \tag{6-15}$$

如果由式（6-14）算得的 A'_s 为负值或小于 ρ_{min}，则应取 $A'_s=\rho_{min} bh$ 或按构造要求配筋。而按已知 A'_s 求 A_s 的情况计算。

2）已知 A'_s 求 A_s 时

将已知条件代入式（6-8），算出

$$\alpha_s=\frac{Ne-f'_y A'(h_0-a'_s)}{\alpha_1 f_c b h_0{}^2}$$

并计算 $\xi=1-\sqrt{1-2\alpha_s}$，将 $x=\xi h_0$ 和 A'_s 代入式（6-7）得：

$$A_s=\frac{\alpha_1 f_c b \xi h_0}{f_y}+A'_s \frac{f'_y}{f_y}+\frac{N}{f_y} \tag{6-16}$$

同时，应满足 $A_s \geqslant \rho_{min} bh$。

显然，受压区高度应满足条件：$2a'_s \leqslant x \leqslant \xi_b h_0$。若 $x<2a'_s$，则取 $x=2a'_s$，并对 A'_s 取矩，可得：

$$A_s \geqslant \frac{Ne'}{f_y(h_0-a'_s)} \tag{6-17}$$

式中
$$e'=\frac{h}{2}-a'_s+e_0$$

4. 截面复核

进行截面复核时，由于这时截面尺寸 bh，材料强度设计值 f_c、f_y、f'_y，钢筋截面面积 A_s、A'_s和偏心距 e_0 均为已知。要求计算轴向拉力 N。

（1）对于小偏心受拉构件，可分别按式（6-3）和（6-4）求出轴向拉力。然后取其中较小者，即为截面实际所能承受的轴向力设计值。

（2）对于大偏心受拉构件，由式（6-7）和式（6-8）求出 x 值。然后按下述步骤计算：

1）按若 $2a'_s \leqslant x \leqslant \xi_b h_0$，则将 x 代入式（6-7）即可求出轴向拉力 N；

2）若 $x<2a'_s$，则应按（6-17）计算 N；

3）若 $x>\xi_b h_0$，则表明 A'_s配置不足，可近似取 $x=\xi_b h_0$，并分别代入式（6-7）和式（6-8）求出 N 值，然后取其中较小者。

【例题 6-2】 偏心受拉构件截面尺寸 $b \times h=200\text{mm}\times 400\text{mm}$，承受轴心拉力设计值为 $N=560\text{kN}$，弯矩设计值 $M=50\text{kN}\cdot\text{m}$，$a_s=a'_s=40\text{mm}$，混凝土强度等级为 C20，采用 HRB335 级钢筋，试计算钢筋面积。

【解】（1）判断大小偏心

$$e_0=\frac{M}{N}=\frac{50\times10^6}{560\times10^3}=89.29\text{mm}<\frac{h}{2}-a_s=\frac{400}{2}-40=160\text{mm}$$

故为小偏心受拉。

（2）求纵向钢筋截面面积

$$e=\frac{h}{2}-a_s-e_0=\frac{400}{2}-40-89.29=70.71\text{mm}$$

$$e'=\frac{h}{2}-a'_s+e_0=\frac{400}{2}-40+89.29=249.29\text{mm}$$

按式（6-12）计算

$$A_s \geqslant \frac{Ne'}{f_y(h_0-a'_s)}=\frac{560\times10^3\times249.29}{300(360-40)}=1454.2\text{mm}^2$$

按式（6-13）计算

$$A'_s=\frac{Ne}{f'_y(h_0-a_s)}=\frac{560\times10^3\times70.71}{300(360-40)}$$

$$=412.3\text{mm}^2>\max\left(0.002bh, 0.45\frac{f_t}{f_y}\right)$$

$$=0.002\times200\times400=160\text{mm}^2$$

距偏心轴向力较近一侧配置 3Φ25（$A_s=1473\text{mm}^2$），距偏心轴向力较远一侧配置 2Φ18（$A_s=509\text{mm}^2$），截面配筋图见图 6-8。

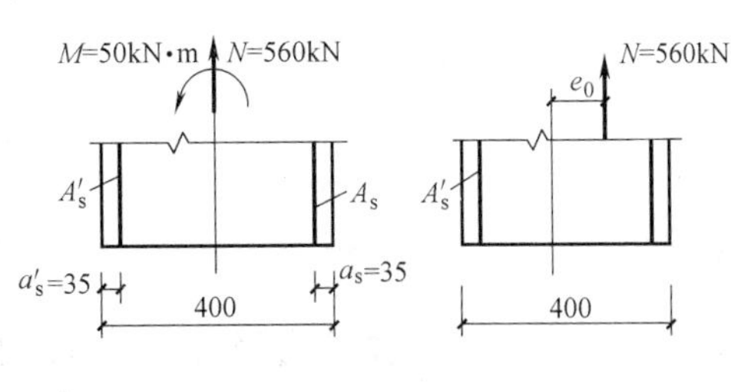

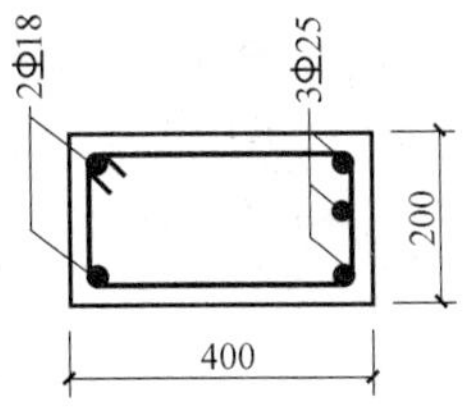

图 6-8 【例题 6-2】附图

【例题 6-3】 矩形偏心受拉构件截面尺寸 $bh=200\text{mm}\times400\text{mm}$。承受轴向拉力设计值 $N=445\text{kN}$，弯矩设计值 $M=100\text{kN}\cdot\text{m}$。$a_s=a'_s=40\text{mm}$。混凝土强度等级为 C25，($f_c=11.9\text{N/mm}^2$，$f_t=1.27\text{N/mm}^2$)，采用 HRB335 级钢筋（$f_y=f'_y=300\text{N/mm}^2$）。试计算截面的配筋。

【解】（1）判断大小偏心

$$e_0=\frac{M}{N}=\frac{100\times10^6}{445\times10^3}=224.7\text{mm}>\frac{h}{2}-a_s=\frac{400}{2}-40=160\text{mm}$$

故为大偏心受拉。

（2）求 A'_s

$$h_0=h-a_s=400-40=360\text{mm}$$

$$e=e_0-\frac{h}{2}+a_s=224.7-\frac{400}{2}+40=64.7\text{mm}$$

按式（6-14）计算：

$$A'_s=\frac{Ne-\xi_b\alpha_1 f_c bh_0{}^2\xi_b(1-0.5\xi_b)}{f_y(h_0-a'_s)}$$
$$=\frac{445\times10^3\times64.7-1\times11.9\times200\times360^2\times0.55(1-0.5\times0.55)}{300(360-40)}$$
$$=-981\text{mm}^2<0$$

按最小配筋率配置

$$A'_s=\max\left(0.002\times bh,0.45\frac{f_t}{f_y}\right)=0.002\times200\times400=160\text{mm}^2$$

选 2Φ10，$A'_S=157\text{mm}^2\approx160\text{mm}^2$

（3）计算 A_s

$$e'=\frac{h}{2}-a'_s+e_0=\frac{400}{2}-40+224.7=384.7\text{mm}$$

$$\alpha_s=\frac{Ne-f_yA'_s(h_0-a'_s)}{\alpha_1 f_c bh_0{}^2}=\frac{445\times10^3\times64.7-300\times157(360-40)}{1\times11.9\times200\times360^2}=0.0445$$

因为 $\xi=1-\sqrt{1-2\alpha_s}=1-\sqrt{1-2\times0.0445}=0.0455<\frac{2a'_s}{h_0}=\frac{2\times40}{360}=0.222$

故按式（6-17）计算

$$A_s=\frac{Ne'}{f_y(h_0-a_s)}=\frac{445\times10^3\times384.7}{300(360-40)}=1783.2\text{mm}^2>\text{mm}^2$$

配置 4Φ25，$A_s=1964\text{mm}^2>0.002bh=0.002\times200\times400=160\text{mm}^2$。

6.3.2　偏心受拉构件斜截面受剪承载力计算

在偏心受拉构件截面中，一般都作用有剪力 V，因此构件截面受剪承载力明显降低。《混凝土设计规范》规定，对于矩形、T 形和 I 形截面的钢筋混凝土偏心受拉构件，其斜截面受剪承载力应按下式计算：

$$V\leqslant\frac{1.75}{\lambda+1}f_t bh_0+f_{yv}\frac{A_{sv}}{s}h_0-0.2N \tag{6-18}$$

式中　N——与剪力设计值 V 相应的轴向拉力设计值；

λ——计算截面的剪跨比。

试验结果表明，构件箍筋的受剪承载力与轴向拉力无关，故《混凝土设计规范》规定，当式（6-18）右边的计算值小于箍筋的受剪承载力 $f_{yv}\frac{A_{sv}}{s}h_0$时，应取等于 $f_{yv}\frac{A_{sv}}{s}h_0$，且 $f_{yv}\frac{A_{sv}}{s}h_0$值不得小于 $0.36f_tbh_0$。

小　　结

1. 计算钢筋混凝土轴心受拉构件时不考虑混凝土参加工作，全部轴向拉力由纵向钢筋承担。

2. 偏心受拉构件按破坏特征，分为大偏心受拉和小偏心受拉。当轴向拉力作用在钢筋 A_s合力点和 A'_s合力点以内时$\left(e_0\leqslant\frac{h}{2}-a_s\right)$为小偏心受拉；当轴向拉力作用在钢筋 A_s合力点和 A'_s合力点以外$\left(e_0>\frac{h}{2}-a_s\right)$时为大偏心受拉。

对于小偏心受拉构件，当构件截面两侧钢筋是由平衡条件确定时，构件破坏时受拉钢筋应力可达到钢筋屈服强度。否则，例如采用对称配筋，距轴向拉力较近一侧钢筋可达到屈服强度，而距较远一侧钢筋达不到屈服强度。

3. 对于小偏心受拉构件，距较远一侧钢筋的截面面积用 A'_s表示，但其应力为拉应力，故其强度设计值应为 f_y。

4. 轴心受拉构件和大、小偏心受拉构件，任一侧的纵向受拉钢筋，其最小配筋率取 $\rho=A_s/bh\geqslant\rho_{min}=\max(0.2\%，0.45f_t/f_y)$。

5. 偏心受拉构件斜截面受剪承载力公式是在无轴向力斜截面受剪承载力公式的基础上，减去一项由于轴向拉力的存在对构件受剪承载力产生不利影响而得到的。

思　考　题

6-1　哪些构件属于受拉构件，试举例说明之。

6-2　怎样判别大、小偏心受拉构件，并简述大、小偏心受拉构件的破坏特征。

6-3　计算轴心受拉和偏心受拉构件时，配筋率有何限制？

6-4　大偏心受拉构件承载力计算公式的适用条件是什么？

习　　题

6-1　钢筋混凝土轴心受拉杆件，截面尺寸 $bh=160\text{mm}\times160\text{mm}$，混凝土强度等级为C25，采用 HRB335 级钢筋 4Φ14，承受轴向拉力设计值 $N=160\text{kN}$，环境类别为二 a 类。试验算杆件能否满足承载力的要求？

6-2　已知矩形截面 $bh=250\text{mm}\times400\text{mm}$，$a_s=a'_s=40\text{mm}$，混凝土强度等级为 C30，采用 HRB335 级钢筋，承受轴向力设计值 $N=690\text{kN}$，弯矩设计值 $M=82\text{kN}\cdot\text{m}$。环境

类别为一类。试确定钢筋面积 A_s 和 A'_s。

6-3　已知某矩形水池壁厚为 300mm，$a_s = a'_s = 35$mm，混凝土强度等级为 C30，采用 HRB335 级钢筋，承受轴向力设计值 $N = 220$kN/m，弯矩设计值 $M = 112$kN·m/m，环境类别为二 b 类。试确定受拉及受压钢筋面积 A_s 和 A'_s。

第7章　受扭构件承载力计算

§7.1　概述

在钢筋混凝土结构中，单独受扭的构件是很少见的，一般都是扭转和弯曲同时发生。例如钢筋混凝土雨篷梁、钢筋混凝土框架的边梁以及工业厂房中的吊车梁等，均属既受扭又受弯的构件（图7-1）。

一般说来，凡是在构件截面中有扭矩（包括还有其他内力）作用的构件，习惯上都称为受扭构件。

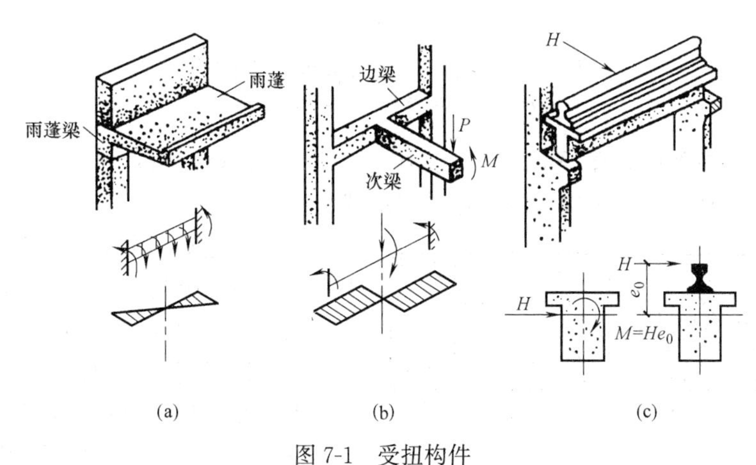

图7-1　受扭构件

（a）雨篷梁；（b）框架的边梁；（c）吊车梁

由于《混凝土设计规范》中关于剪扭、弯扭及弯剪扭构件承载力计算方法是以受弯、受剪承载力计算理论和纯扭计算理论为基础建立起来的。因此，本章将首先介绍纯扭构件承载力计算理论，然后再叙述剪扭、弯扭及弯剪扭构件承载力计算理论。

§7.2　纯扭构件承载力计算

7.2.1　素混凝土纯扭构件承载力计算

1. 弹性计算理论

由材料力学可知，当构件受扭矩 T 的作用时（图7-2a），在截面内将产生剪应力 τ。弹性材料矩形截面内剪应力的方向及数值变化情况分别如图7-2（a）、（b）所示，其中最大剪应力 τ_{max} 发生在截面长边的中点处。

设从构件横截面长边中点取出一微分体（图 7-2a、c），由于该微分体正截面上没有法向应力 σ，所以，斜截面上的主拉应力 σ_{pt} 在数值上等于剪应力 τ_{max}。即

$$\sigma_{pt}=\tau_{max}$$

其作用方向与构件轴线成 45°角。当主拉应力达到材料的抗拉强度 f_t 时，构件将沿垂直主拉应力的方向开裂，其开裂扭矩值等于 $\sigma_{pt}=\tau_{max}=f_t$ 时作用在构件上的扭矩值。

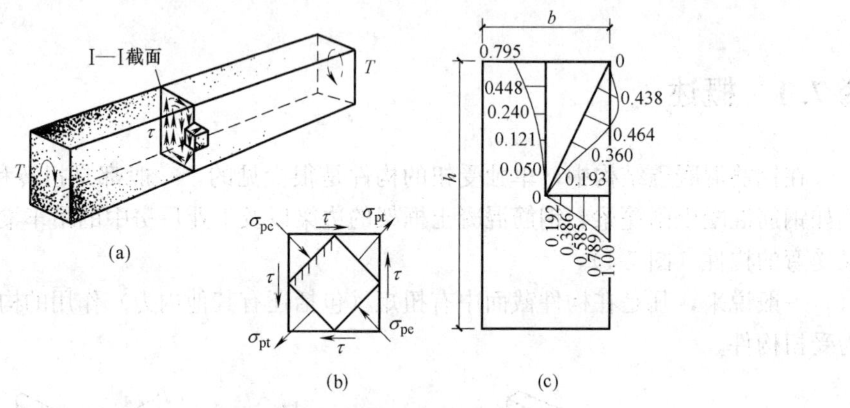

图 7-2　受扭构件中的应力分布（按弹性理论）

（图 6 中所示当 $h/b=2.0$ 时 τ_{max} 值）

试验表明，按弹性计算理论来确定混凝土构件开裂扭矩，比实测值小甚多，这说明按弹性分析方法低估了混凝土构件的实际受扭承载力。

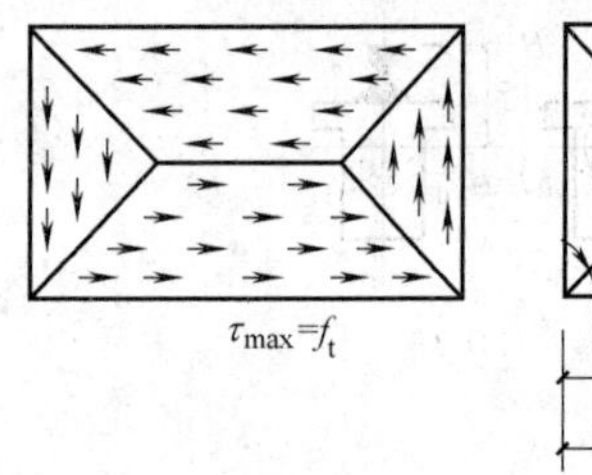

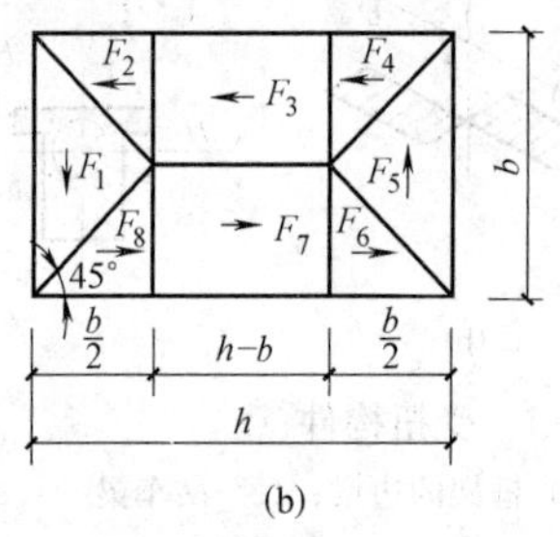

图 7-3　受扭构件开裂扭矩的计算（按塑性理论）

（a）横截面上剪应力分布；（b）开裂扭矩的计算

2. 塑性计算理论

由于弹性计算理论过低地估计了混凝土构件的受扭承载力，所以一般按塑性理论来计算。这一理论认为。当截面上某点的最大剪应力 τ_{max} 达到混凝土抗拉强度 f_t 时，只表示该点材料屈服，而整个构件仍能继续承受增加的扭矩，直至截面上各点剪应力全部达到混凝土抗拉强度时，构件才达到极限承载能力。这时，截面上的剪应力分布如图 7-3a 所示。

按塑性理论计算时，构件的开裂扭矩为：

$$T_{cr}=f_t W_t \tag{7-1}$$

式中　T_{cr}——构件开裂扭矩；

f_t——混凝土抗拉强度；

W_t——截面的受扭塑性抵抗矩，对于矩形截面。

$$W_t=\frac{b^2}{6}(3h-b) \tag{7-2}$$

h——矩形截面的长边尺寸；

b——矩形截面的短边尺寸。

现将公式（7-1）推证如下：

按照图7-3a所示剪应力 $\tau_{max}=f_t$ 作用方位的不同，将横截面面积分成8块，（图7-3b），计算每块上的剪应力 $\tau_{max}=f_t$ 的合力 F_i，并对截面形心取矩 T_i，得：

$$T_1=T_5=\frac{1}{2}b\times\frac{b}{2}\times f_t\times\frac{1}{2}\left(h-\frac{b}{3}\right)=\frac{1}{8}f_tb^2\left(h-\frac{b}{3}\right)$$

$$T_2=T_4=T_6=T_8=\frac{1}{2}\times\frac{b}{2}\times\frac{b}{2}f_t\times\frac{2}{3}\times\frac{b}{2}=\frac{1}{24}f_tb^3$$

$$T_3=T_7=\frac{b}{2}\times(h-b)f_t\times\frac{1}{2}\times\frac{b}{2}=\frac{1}{8}f_tb^2(h-b)$$

将各部分上的剪应力 $\tau_{max}=f_t$ 的合力 F_i 对截面形心的力矩总和起来，就得到截面的开裂扭矩表达式（7-1）：

$$T_{cr}=\sum T_i=2\times\frac{1}{8}f_tb^2\left(h-\frac{b}{3}\right)+4\times\frac{1}{24}f_tb^3+2\times\frac{1}{8}f_tb^2(h-b)$$

$$=f_t\frac{b^2}{6}\left(\frac{h}{3}-b\right)$$

即

$$T_{cr}=f_tW_t$$

试验分析表明，按塑性理论分析所得到的开裂扭矩略高于实测值。这说明混凝土不完全是理想的塑性材料。

7.2.2　钢筋混凝土矩形截面纯扭构件承载力的计算

1. 受扭钢筋的形式

由于扭矩在构件中产生的主拉应力与构件轴线成45°角。因此，从受力合理的观点考虑，受扭钢筋应采用与轴线成45°角的螺旋钢筋。但是，这会给施工带来很多不便。所以，在一般工程中都采用横向箍筋和纵向钢筋来承担扭矩的作用。

我们知道，由扭矩在横截面上所引起的剪应力在其四周均存在，其方向平行于横截面的边长。同时，弹性阶段时靠近构件表面的剪应力大于中心处的剪应力（图7-2b）。因此，受扭箍筋的形状须做成封闭式的，在两端并应具有足够的锚固长度，当采用绑扎骨架时，箍筋末端应做成135°弯钩，弯钩直线部分的长度不小于6d（d为箍筋直径）和50mm（图7-4）。

为了充分发挥受扭纵向钢筋的作用，截面四角必须设置抗扭纵向钢筋，并沿截面周边对称布置。

2. 构件破坏特征

试验表明，按照受扭钢筋配筋率的不同，钢筋混凝土矩形截面受纯扭构件的破坏形态可分为以下三种类型：

（1）少筋破坏

当构件受扭箍筋和受扭纵筋的配置数量过少时，构件在扭矩作用下，首先在剪应力最大的长边中点处，形成45°角的斜裂缝。随后，向相邻的其他两个面以45°角延伸。同时，与斜裂缝相交的受扭箍筋和受扭纵筋超过屈服点或被拉断。最后，构件三面开裂，一面受压，形成一个扭曲破裂面，使构件随即破坏。这种破坏形态与受剪的斜拉破坏相似，带有突然性，属于脆性破坏，这种破坏称为少筋破坏，在设计中应当避免。为了防止发生这种少筋破坏，《混凝土设计规范》规定，受扭箍筋和受扭纵筋的配筋率不得小于各自的最小配筋率，并应符合受扭钢筋的构造要求。

（2）适筋破坏

构件受扭钢筋的数量配置得适当时，在扭矩作用下，构件将产生许多45°角的斜裂缝。随着扭矩的增加，与主裂缝相交的受扭箍筋和受扭纵筋达到屈服强度。这条斜裂缝不断开展，并向相邻的两个面延伸，直至在第四个面上受压区的混凝土被压碎，最后使构件破坏。这种破坏形态与受弯构件的适筋梁相似，属于延性破坏。这种破坏称为适筋破坏。钢筋混凝土受扭构件承载力计算就是以这种破坏形态作为依据的。

（3）超筋破坏

构件的受扭箍筋和受扭纵筋配置得过多时，在扭矩作用下，构件将产生许多45°角的斜裂缝。由于受扭钢筋配置过多，所以构件破坏前钢筋达不到屈服强度，因而斜裂缝宽度不大。构件破坏是由于受压区混凝土被压碎所致。这种破坏形态与受弯构件的超筋梁相似，属于脆性破坏，这种破坏称为超筋破坏，故在设计中应予避免。《混凝土设计规范》采取控制构件截面尺寸和混凝土强度等级，亦即相当于限制受扭钢筋的最大配筋率来防止超筋破坏。

（4）部分超筋破坏

构件中的受扭箍筋和受扭纵筋统称为受扭钢筋，若其中一种配置得过多（例如受扭箍筋），而另一种配置得适量时，则构件破坏前，配置过多受扭钢筋将达不到其屈服强度，而配置得适量的受扭钢筋可达到其屈服强度。这种破坏称为部分超筋破坏。显然，这样的配筋是不经济的，故在设计中也应避免。《混凝土设计规范》采取控制受扭纵筋和受扭箍筋配筋强度的比值来防止部分超筋破坏。

3. 矩形截面纯扭构件承载力的计算

如前所述，钢筋混凝土矩形截面纯扭构件承载力计算是以适筋破坏为依据的。受纯扭的钢筋混凝土构件试验表明，构件受扭承载力是由混凝土和受扭钢筋两部分的承载力所构成的：

$$T_u = T_c + T_s \tag{7-3a}$$

式中　T_u——钢筋混凝土纯扭构件受扭承载力；

T_c——钢筋混凝土纯扭构件混凝土所承受的扭矩，并以基本变量 $f_t \cdot W_t$ 表示成：

$$T_c = \alpha_1 f_t W_t \tag{7-3b}$$

α_1——待定系数；

T_s——受扭箍筋和受扭纵筋所承受的扭矩。其值与纵向钢筋和箍筋配筋强度的比值 ζ（《混凝土设计规范》在公式中是以 $\sqrt{\zeta}$ 来反映的）、沿构件长度方向单位长度内的受扭箍筋强度 $\frac{f_{yv}A_{st1}}{s}$，以及截面核心面积有关。T_s 可写成：

$$T_s = \alpha_2 \sqrt{\zeta} \frac{f_{yv}A_{st1}}{s} A_{cor} \tag{7-3c}$$

式中　α_2——待定系数；

f_{yv}——受扭箍筋的抗拉强度设计值；

A_{st1}——受扭计算中沿截面周边所配置的箍筋的单肢截面面积；

A_{cor}——截面核心部分的面积，对矩形截面，$A_{cor}=b_{cor}h_{cor}$（图 7-4）；

s——受扭箍筋间距；

ζ——受扭构件纵向钢筋与箍筋配筋强度的比值；

$$\zeta=\frac{f_y A_{stl} s}{f_{yv} A_{st1} u_{cor}} \tag{7-4}$$

A_{stl}——受扭计算中取对称布置的全部纵向钢筋截面面积；

u_{cor}——截面核芯部分的周长；

$$u_{cor}=2(b_{cor}+h_{cor})$$

b_{cor}、h_{cor}——分别为截面核心的短边和长边，见图 7-4。

将式（7-3b）和式（7-3c）代入（7-3a），于是

$$T_u=\alpha_1 f_t W_t+\alpha_2\sqrt{\zeta}\frac{f_{yv}A_{st1}}{s}A_{cor} \tag{7-5}$$

为了确定式（7-5）中的待定系数 α_1 和 α_2 的数值，将式中等号两边同除以 f_tW_t，并经整理后得到：

$$\frac{T_u}{f_tW_t}=\alpha_1+\alpha_2\sqrt{\zeta}\frac{f_{yv}A_{st1}}{f_tW_ts}A_{cor}$$

以 $\sqrt{\zeta}\frac{f_{yv}A_{st1}}{f_tW_ts}A_{cor}$ 为横坐标，以 $\frac{T_u}{f_tW_t}$ 为纵坐标绘直角坐标系，并将已做过的钢筋混凝土矩形截面纯扭构件试验中所得到的数据，绘在该坐标系中，即可得到如图 7-5 所示的许多试验点。《混凝土设计规范》取用试验点的偏下限的直线 AB 作为钢筋混凝土纯扭构件受扭承载力标准。由图可见，直线 AB 与纵坐标的截距 $\alpha_1=0.35$，直线 AB 的斜率 $\alpha_2=1.2$，于是便得到钢筋混凝土矩形截面纯扭构件受扭承载力计算公式：

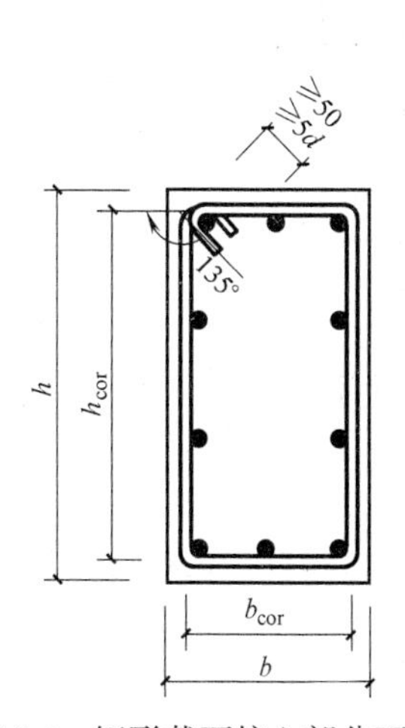

图 7-4　矩形截面核心部分面积

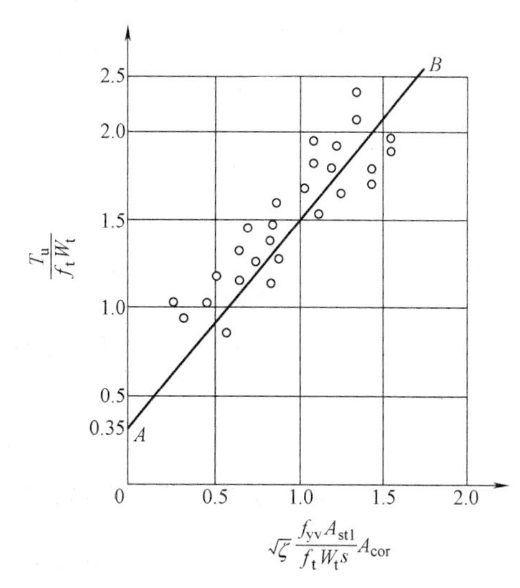

图 7-5　式（7-5）中待定系数 α_1、α_2 的确定

$$T\leqslant 0.35f_tW_t+1.2\sqrt{\zeta}\frac{f_{yv}A_{st1}}{s}A_{cor} \tag{7-6}$$

式中　T——受扭构件截面上承受的扭矩设计值；

f_t——混凝土抗拉强度设计值；

W_t——截面受扭塑性抵抗矩；

f_{yv}——受扭箍筋的强度设计值，但取值不大于 360N/mm²；

A_{st1}——受扭计算中沿截面周边所配置箍筋的单肢截面面积；

s——受扭箍筋的间距；

A_{cor}——截面核芯部分的面积，$A_{cor}=b_{cor}h_{cor}$；

ζ——受扭构件的纵向钢筋与箍筋的强度比值。

试验表明，当 $\zeta=0.5\sim2.0$ 时，构件在破坏前，受扭箍筋和受扭纵筋都能够达到屈服强度。为了慎重起见，《混凝土设计规范》规定，ζ 值应满足下列条件：

$$0.6\leqslant\zeta\leqslant1.7$$

在截面复核时，当构件实际的 $\zeta>1.7$ 时，计算时取 $\zeta=1.7$。

公式（7-6）中不等号右边第一项 $0.35f_tW_t$ 可视为无腹筋构件（纯混凝土构件）的受扭承载力，用符号 T_{c0} 表示，即 $T_{c0}=0.35f_tW_t$。

7.2.3　钢筋混凝土 T 形和 I 形截面纯扭构件的受扭承载力计算

当钢筋混凝土纯扭构件的截面为 T 形或 I 形时，截面的受扭承载力计算可按下列原则进行：

1. T 形和 I 形截面受扭塑性抵抗矩的计算原则

对于 T 形和 I 形截面，可以取各个矩形分块的受扭塑性抵抗矩之和作为整个截面的受扭塑性抵抗矩 W_t。各矩形分块的划分方法如图 7-6 所示。其中，腹板截面的受扭塑性抵抗矩 W_{tw} 按下式计算：

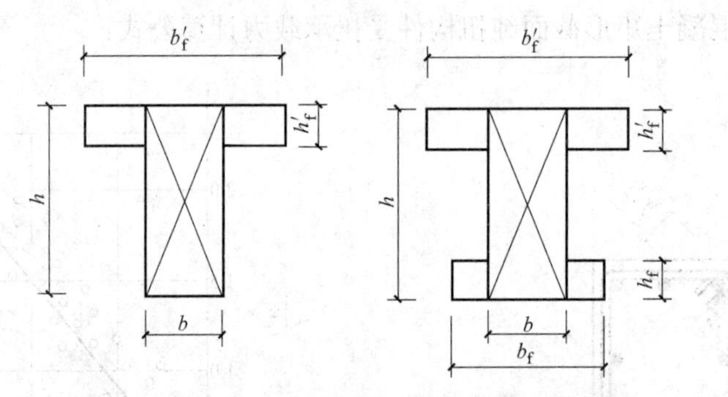

图 7-6　T 形和 I 形截面塑性抵抗矩的分块计算

$$W_{tw}=\frac{b^2}{6}(3h-b) \tag{7-7a}$$

受压区及受拉区翼缘截面的受扭塑性抵抗矩 W'_{tw}、W_{tw} 分别为

$$W'_{tf}=\frac{h'^2_f}{2}(b'_f-b) \tag{7-7b}$$

$$W_{tf}=\frac{h'^2_f}{2}(b_f-b) \tag{7-7c}$$

于是，全截面的受扭塑性抵抗矩 W_t 为

$$W_t=W_{tw}+W'_{tf}+W_{tf} \tag{7-7d}$$

当 T 形或 I 形截面的翼缘较宽时，计算时取用的冀缘宽度尚应符合下列规定：

$$b'_f \leqslant b+6h'_f \tag{7-7e}$$

$$b_f \leqslant b+6h_f \tag{7-7f}$$

式中　b、h——腹板宽度和全截面高度；

h'_f、h_f——截面受压区和受拉区的翼缘高度；

b'_f、b_f——截面受压区和受拉区的翼缘宽度。

2. 各矩形分块截面扭矩设计值分配原则

《混凝土设计规范》规定，T 形和 I 形截面上承受的总扭矩，按各矩形分块截面的受扭塑性抵抗矩与全截面的受扭塑性抵抗矩的比值进行分配，于是，腹板、受压翼缘和受拉翼缘承受的扭矩，可分别按下式求得：

$$T_w=\frac{W_{tw}}{W_t}T \tag{7-7g}$$

$$T'_f=\frac{W'_{tf}}{W_t}T \tag{7-7h}$$

$$T_f=\frac{W_{tf}}{W_t}T \tag{7-7i}$$

式中　T——构件截面承受的扭矩设计值；

T_w——腹板承受的扭矩设计值；

T'_f、T_f——受压翼缘，受拉翼缘所承受的扭矩设计值。

3. 受扭承载力计算

求得各矩形分块截面所承受的扭矩设计值之后，即可分别按公式（7-6）进行各矩形分块截面的受扭承载力计算。

与试验结果相比，上述计算结果偏于安全。因为分块计算时，没有考虑各矩形分块截面之间的连接，故所得的 T 形和 I 形截面的受扭塑性抵抗矩值略为偏低，受扭承载力计算则偏于安全。

§7.3　剪扭和弯扭构件承载力计算

7.3.1　矩形截面剪扭构件承载力计算

钢筋混凝土剪扭构件承载力表达式可写成下面形式：

$$V_u=V_c+V_s \tag{7-8a}$$

$$T_u=T_c+T_s \tag{7-8b}$$

式中　V_u——剪扭构件的受剪承载力；

V_c——剪扭构件混凝土受剪承载力；

V_s——剪扭构件箍筋的受剪承载力；

T_u——剪扭构件受扭承载力；

T_c——剪扭构件混凝土受扭承载力；

T_s——剪扭构件受扭纵筋和箍筋受扭承载力。

试验研究结果表明，同时受有剪力和扭矩的剪扭构件，其受剪承载力 V_u和受扭承载力 T_u将随剪力与扭矩的比值（称为剪扭比）变化而变化。试验指出，构件的受剪承载力随扭矩的增大而减小，而构件的受扭承载力则随剪力增大而减小。反之亦然。我们把构件抵抗某种内力的能力，受其他同时作用的内力影响的这种性质，称为构件承受不同内力能力之间的相关性。

严格地说，同时受有剪力和扭矩配有腹筋（抗扭纵筋和箍筋）的剪扭构件，其承载力表达式应按剪扭构件内力的相关性来建立。但是，限于目前的试验和理论分析水平，这样做还有一定困难。因此，《混凝土设计规范》只考虑了式（7-8a）中 V_c 项和式（7-8b）中 T_c 项之间的相关性，而忽略了配筋项 V_s 和 T_s 之间的相关性的影响，即 V_s 和 T_s 仍分别按纯剪和纯扭的公式计算。

根据国内外所做的大量的无筋构件在不同剪扭比时剪扭试验结果，绘制的 V_c/V_{c0} 与 T_c/T_{c0} 相关曲线，大体是以 1 为半径的 1/4 圆（图 7-7a）。其中 V_{c0} 为纯剪构件混凝土受剪承载力，即 $V_{c0}=0.7f_t bh_0$；T_{c0} 为纯扭构件混凝土受扭承载力，即 $T_{c0}=0.35f_t W_t$。图 8-7b 表示配有腹筋的剪扭构件相对受扭承载力和相对受剪承载力关系图，其中混凝土受扭和受剪承载力之间仍大致符合 1/4 圆相关关系。为了简化计算，现采用三折线 EG、GH 和 HF 来代替 1/4 圆的变化规律。将 GH 延长与坐标轴相交于 D、C 两点，且 $\angle OCD=45°$，这样 V_c/V_{c0} 和 T_c/T_{c0} 的关系可写成：

当 $T_c/T_{c0}\leqslant 0.5$ 时，$V_c/V_{c0}=1$

当 $V_c/V_{c0}\leqslant 0.5$ 时，$T_c/T_{c0}=1$

当 $0.5\leqslant T_c/T_{c0}\leqslant 1$ 时，$V_c/V_{c0}=1.5-T_c/T_{co}$

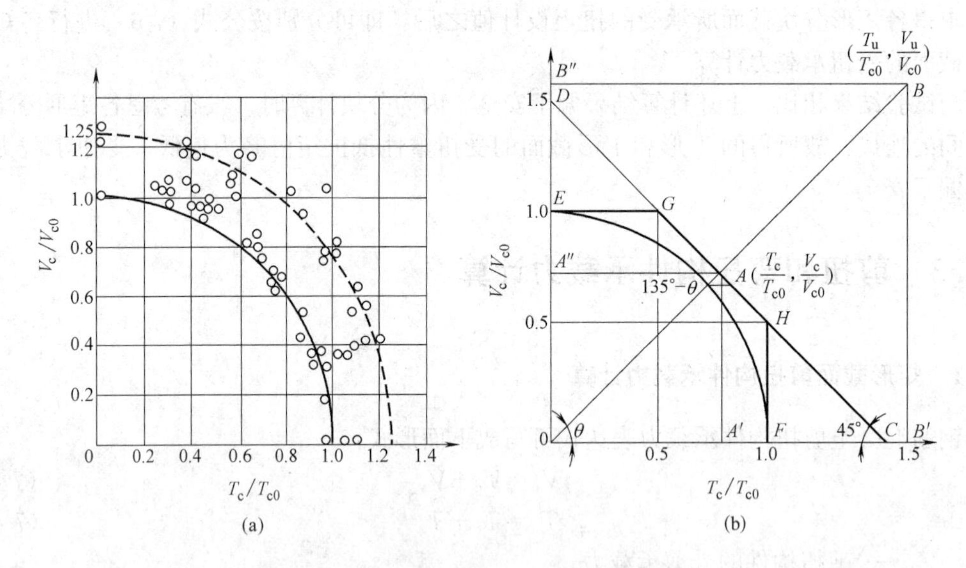

图 7-7　剪扭构件混凝土相关关系计算

（a）无腹筋；（b）有无腹筋

下面推导 T_c 和 V_c 的计算公式：

设剪扭构件的相对扭矩值为 T_u/T_{c0}，相对剪力为 V_u/V_{c0} 值。它们位于坐标系中 B 点，并设原点与 B 点的连线与横轴的夹角为 θ（图 7-7b）。在 $\triangle OAC$ 中，根据正弦公式，得：

$$\frac{\overline{OA}}{\sin 45°}=\frac{\overline{OC}}{\sin(135°-\theta)} \tag{a}$$

$$\overline{OA}=\frac{\sin45^\circ}{\sin(135^\circ-\theta)}\overline{OC}=\frac{\sin45^\circ}{\sin(135^\circ-\theta)}\times1.5$$

$$\frac{T_c}{T_{c0}}=OA\cos\theta=\frac{\sin45^\circ\cos\theta}{\sin(135^\circ-\theta)}\times1.5 \tag{b}$$

而

$$\sin(135^\circ-\theta)=\sin(45^\circ+\theta)=\sin45^\circ\cos\theta+\cos45^\circ\sin\theta \tag{c}$$

于是式（b）可写成：

$$\frac{T_c}{T_{c0}}=\frac{\sin45^\circ\cos\theta}{\sin45^\circ\cos\theta+\sin\theta\cos45^\circ}\times1.5 \tag{d}$$

或

$$\frac{T_c}{T_{c0}}=\frac{1}{1+s\dfrac{\sin\theta}{\cos\theta}}\times1.5=\frac{1}{1+\tan\theta}\times1.5 \tag{e}$$

由$\angle OB'B$ 得 $\tan\theta=\dfrac{V_uT_{c0}}{V_{c0}T_u}$，并代入式（e）得：

$$\frac{T_c}{T_{c0}}=\frac{1}{1+\dfrac{V_uT_{c0}}{V_{c0}T_u}}\times1.5 \tag{f}$$

将$V_{c0}=0.7f_tbh_0$，$T_{c0}=0.35f_tW_t$代入式（f），并令剪力设计值$V=V_u$和扭矩设计值$T=T_u$，则式（f）可写成：

$$T_c=\frac{T_{c0}}{1+0.5\dfrac{V}{T}\times\dfrac{W_t}{bh_0}}\times1.5 \tag{g}$$

令

$$T_c=\beta_tT_{c0} \tag{7-9}$$

式中

$$\beta_t=\frac{1.5}{1+0.5\dfrac{V}{T}\cdot\dfrac{W_t}{bh_0}} \tag{7-10}$$

由$\angle AA'C$ 得

$$AA'=\frac{V_c}{V_{c0}}=\overline{A'C}=1.5-\frac{T_c}{T_{c0}}=1.5-\beta_t$$

即

$$V_c=(1.5-\beta_t)V_{c0} \tag{7-11}$$

式（7-9）和式（7-11）就是剪扭构件混凝土受扭和受剪承载力计算公式。式（7-9）及式（7-11）说明，当构件同时作用剪力和扭矩时，构件混凝土受扭承载力等于仅有扭矩作用时混凝土受扭承载力乘以系数β_t，而受剪承载力则等于仅有剪力作用时混凝土受剪承载力乘以（$1.5-\beta_t$）系数。我们把β_t叫做剪扭构件混凝土受扭承载力降低系数。

应当指出，由式（7-9）可知，$\beta_t=T_c/T_{c0}$，而$T_c/T_{c0}\leqslant1$（见图7-7b），故当$\beta_t>1$时，应取$\beta_t=1.0$；由式（7-11）可知，$V_c/V_{c0}=1.5-\beta_t$，而$V_c/V_{c0}\leqslant1$，故当$\beta_t<0.5$时，应取$\beta_t=0.5$。这样β_t的取值范围为0.5～1.0。

综上所述，钢筋混凝土矩形截面剪扭构件的受剪承载力可按下列公式计算：

$$V\leqslant0.7(1.5-\beta_t)f_tbh_0+f_{yv}\frac{nA_{sv1}}{s}h_0 \tag{7-12}$$

对集中荷载作用下的矩形截面钢筋混凝土剪扭构件（包括作用有多种荷载，且其中集中荷载对支座截面或节点边缘所产生的剪力值占总剪力值的75%以上的情况），其受剪承载力应按下列公式计算：

$$V\leqslant\frac{1.75}{\lambda+1}(1.5-\beta_t)f_tbh_0+f_{yv}\frac{nA_{sv1}}{h_0} \tag{7-13}$$

这时，公式中系数β_t须相应改为按下式计算：

$$\beta_t=\frac{1.5}{1+0.2(\lambda+1)\frac{V}{T}\cdot\frac{W_t}{bh_0}} \tag{7-14}$$

将$V_{c0}=\frac{1.75}{\lambda+1}f_tbh_0$和$T=0.35f_tW_t$　代入式（f）就得到式（7-14）。

同样，当$\beta_t<0.5$时，取$\beta_t=0.5$；当$\beta_t>1.0$时，则取$\beta_t=1.0$。

剪扭构件的受扭承载力则应按下式计算：

$$T\leqslant0.35\beta_tf_tW_t+1.2\sqrt{\zeta}\frac{f_{yv}A_{st1}}{s}A_{cor} \tag{7-15}$$

上式中系数β_t应区别受剪承载力计算中出现的两种情况，分别按式（7-10）和式（7-14）进行计算。

7.3.2　矩形截面弯扭构件承载力计算

为了简化计算，对于同时受弯矩和扭矩作用的钢筋混凝土弯扭构件，《混凝土设计规范》规定，可分别按纯弯和纯扭计算配筋，然后将所求得的钢筋截面面积叠加。

由试验研究可知，按这种"叠加法"计算结果与试验结果比较，在一般情况下是安全可靠的。但在低配筋时会出现不安全情况，《混凝土设计规范》则采用最小配筋率条件予以保证。

§7.4　钢筋混凝土弯剪扭构件承载力计算

在实际工程中，钢筋混凝土受扭构件大多数都是同时受有弯矩、剪力和扭矩作用的弯剪扭构件。为了简化计算，《混凝土设计规范》规定，在弯矩、剪力和扭矩共同作用下的钢筋混凝土构件配筋可按"叠加法"进行计算，即其纵向钢筋截面面积由受弯承载力和受扭承载力所需钢筋面积相叠加；其箍筋截面面积应由受剪承载力和受扭承载力所需的箍筋面积相叠加。

现将在弯矩、剪力和扭矩共同作用下钢筋混凝土矩形截面构件，按"叠加法"计算配筋的具体步骤说明如下。

1. 根据经验或参考已有设计，初步确定构件截面尺寸和材料强度等级。

2. 验算构件截面尺寸：前面曾经指出，当构件受扭钢筋配置过多时，将发生超筋破坏，这时受扭钢筋达不到屈服强度，而受压区混凝土被压碎。为了防止发生这种破坏，《混凝土设计规范》规定，对$h_0/b\leqslant6$的矩形截面、T形截面、I形截面和$h_w/b\leqslant6$的箱形截面构件，其截面尺寸应满足下列条件：

当h_w/b（或h_w/t_w）$\leqslant4$时

$$\frac{V}{bh_0}+\frac{T}{0.8W_t}\leqslant 0.25\beta_c f_c \tag{7-16}$$

当 h_w/b（或 h_w/t_w）$=6$ 时

$$\frac{V}{bh_0}+\frac{T}{0.8W_t}\leqslant 0.20\beta_c f_c \tag{7-17}$$

当 $4<h_w/b$（或 h_w/t_w）<6 时，按线性内插法确定。

式中　b——矩形截面的宽度，T 形或 I 形截面的腹板宽度，箱形截面的侧壁总厚度 $2t_w$；

h_0——截面的有效高度；

W_t——受扭构件的截面受扭塑性抵抗矩；

h_w——截面的腹板高度：对矩形截面，取有效高度 h_0；对 T 形截面，取有效高度 h_0 减去翼缘高度；对 I 形和箱形截面，取腹板净高；

t_w——箱形截面厚度，其值不应小于 $b_h/7$，此处，b_h为箱形截面的宽度。

如不满足上式条件，则应加大截面尺寸或提高混凝土强度等级。

3. 确定计算方法：当构件内某种内力较小，而截面尺寸相对较大时，该内力作用下的截面承载力认为已经满足，在进行截面承载力计算时，即可不考虑该项内力。

《混凝土设计规范》规定，在弯矩、剪力和扭矩共同作用下的矩形、T 形、I 形和箱形截面构件，可按下列规定进行承载力验算：

（1）当均布荷载作用下的构件

$$V\leqslant 0.35 f_t bh_0 \tag{7-18}$$

时，或以集中荷载为主的构件

$$V\leqslant \frac{0.875}{\lambda+1} f_t bh_0 \tag{7-19}$$

时，则不需对构件进行受剪承载力计算，而仅按受弯构件的正截面受弯承载力和纯扭承载力进行计算。

（2）当符合下列条件

$$T\leqslant 0.175 f_t W_t \tag{7-20}$$

时，则不需对构件进行抗扭承载力计算，可仅按受弯构件的正截面受弯承载力和斜截面受剪承载力分别进行计算。

（3）当符合下列条件

$$\frac{V}{bh_0}+\frac{T}{W_t}\leqslant 0.7 f_t \tag{7-21}$$

时，则不需对构件进行剪扭承载力计算，但需根据构造要求配置纵向钢筋和箍筋，并按受弯构件的正截面受弯承载力进行计算。

4. 确定箍筋数量

（1）按式（7-10）或式（7-14）算出系数 β_t；

（2）按式（7-12）或式（7-13）算出受剪箍筋的数量；

（3）按式（7-15）算出受扭箍筋的数量；

（4）按下式计算箍筋总的数量：

$$\frac{A_{\mathrm{sv1}}^{*}}{s}=\frac{A_{\mathrm{sv1}}}{s}+\frac{A_{\mathrm{st1}}}{s} \tag{7-22}$$

式中　A_{sv1}^{*}——弯剪扭构件箍筋总的单肢截面面积；

A_{sv1}——弯剪扭构件受剪箍筋的单肢截面面积；

A_{st1}——弯剪扭构件受扭箍筋的截面面积。

5. 按下式验算配箍率

$$\rho_{\mathrm{sv}}=\frac{nA_{\mathrm{sv1}}^{*}}{bs}\geqslant\rho_{\mathrm{sv,min}}=0.28\frac{f_{\mathrm{t}}}{f_{\mathrm{yv}}} \tag{7-23}$$

式中　$\rho_{\mathrm{sv,min}}$——弯剪扭构件箍筋最小配箍率。

其余符号意义与前相同。

6. 计算受扭纵筋数量

按式（7-15）求得的箍筋数量 $A_{\mathrm{st}l}$，代入式（7-4），即可求得受扭纵筋的截面面积。

$$A_{\mathrm{st}l}=\frac{f_{\mathrm{yv}}A_{\mathrm{st1}}u_{\mathrm{cor}}\zeta}{f_{\mathrm{y}}s} \tag{7-24}$$

7. 验算纵向配筋率

弯剪扭构件纵筋配筋率，不应小于受弯构件纵向受力钢筋最小配筋率与受扭构件纵向受力钢筋最小配筋率之和。受扭构件纵向受力钢筋最小配筋率，按下式计算：

$$\rho_{\mathrm{t}l}\geqslant0.6\sqrt{\frac{T}{Vb}}\cdot\frac{f_{\mathrm{t}}}{f_{\mathrm{y}}} \tag{7-25}$$

当 $\frac{T}{Vb}>2.0$ 时，取 $\frac{T}{Vb}=2.0$。

式中　$\rho_{\mathrm{t}l}$——受扭纵向钢筋的配筋率：$\rho_{\mathrm{t}l}=\frac{A_{\mathrm{st}l}}{bh}$；

b——受剪的截面宽度；

$A_{\mathrm{st}l}$——沿截面周边布置的受扭纵筋总截面面积。

《混凝土设计规范》还规定，受扭纵向钢筋的间距不应大于 200mm 和梁截面短边长度；在截面的四角必须设置受扭纵筋，并沿截面四周对称布置。

8. 按正截面承载力计算受弯纵筋数量。

9. 将受扭纵筋截面面积 $A_{\mathrm{st}l}$ 与受弯纵筋截面面积 A_{s} 叠加，即为构件截面所需总的纵筋数量。

【例题 7-1】 某雨篷如图 7-8 所示，雨篷板上承受均布荷载（包括自重）设计值 $q=2.33\mathrm{kN/m^2}$，在雨篷自由端沿板宽方向每米承受活荷载设计值 $P=1.0\mathrm{kN/m}$，雨篷悬挑长度 $l_0=1.20\mathrm{m}$。雨篷梁截面尺寸 360mm×240mm，其计算跨度 $L_0=2.80\mathrm{m}$，混凝土强度等级为 C25（$f_{\mathrm{c}}=11.9\mathrm{N/mm^2}$，$f_{\mathrm{t}}=1.27\mathrm{N/mm^2}$），纵向受力钢筋采用 HRB335 级钢筋（$f_{\mathrm{y}}=300\mathrm{N/mm^2}$），箍筋采用 HPB300 级钢筋（$f_{\mathrm{y}}=270\mathrm{N/mm^2}$）。并经计算知：雨篷梁弯矩设计值 $M_{\max}=15.40\mathrm{kN\cdot m}$，剪力设计值 $V_{\max}=33\mathrm{kN}$。试确定雨篷梁的配筋。

【解】（1）计算雨篷梁的最大扭矩设计值

板上均布荷载 p 沿雨篷梁单位长度上产生的力偶：

$$m_{\mathrm{q}}=ql_0\left(\frac{l_0+a}{2}\right)=2.33\times1.2\left(\frac{1.2+0.36}{2}\right)=2.18\mathrm{kN\cdot m/m}$$

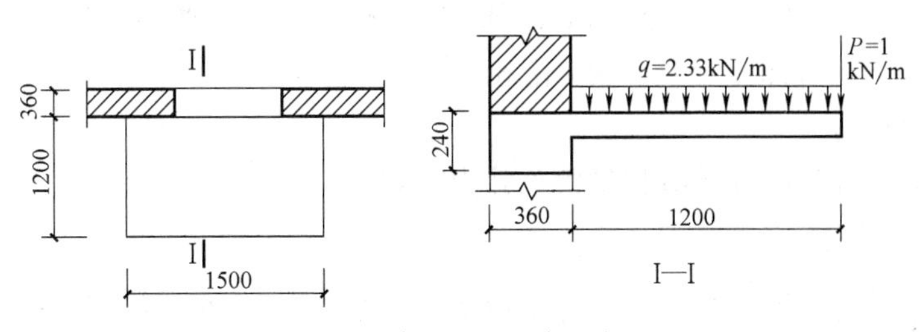

图 7-8 【例题 7-1】附图之一

板的边缘处均布线荷载 P 沿雨篷梁单位长度上产生的力偶：

$$m_{\mathrm{P}}=P\left(l_0+\frac{a}{2}\right)=1.0\times\left(1.2+\frac{0.36}{2}\right)=1.38\mathrm{kN\cdot m/\ m}$$

于是，作用在梁上的总力偶为

$$m=m_{\mathrm{q}}+m_{\mathrm{P}}=2.18+1.38=3.56\ \mathrm{N\cdot m/m}$$

在雨篷梁支座截面内扭矩最大，其值为

$$T=\frac{1}{2}mL_0=\frac{1}{2}\times3.56\times2.80=4.99\mathrm{kN\cdot m}$$

（2）验算雨篷梁截面尺寸是否符合要求

由式（7-2）计算受扭塑性抵抗矩

$$W_{\mathrm{t}}=\frac{b^2}{6}(3h-b)=\frac{240^2}{6}(3\times360-240)=8064\times10^3\mathrm{mm}^3$$

按式（7-17）计算

$$\frac{V}{bh_0}+\frac{T}{0.8W_{\mathrm{t}}}=\frac{33000}{360\times205}+\frac{4990\times10^3}{0.8\times8064\times10^3}=1.221\mathrm{N/mm^2}$$

$$<0.25\beta_{\mathrm{c}}f_{\mathrm{c}}=0.25\times1\times11.9=2.98\mathrm{N/mm^2}$$

截面尺寸满足要求。

（3）计算雨篷梁正截面的纵向钢筋

$$\alpha_{\mathrm{s}}=\frac{M}{\alpha_1f_{\mathrm{c}}bh_0{}^2}=\frac{15.4\times10^6}{1\times11.9\times360\times205^2}=0.0855$$

由表查得 $\gamma_{\mathrm{s}}=0.955$，钢筋面积

$$A_{\mathrm{s}}=\frac{M}{\gamma_{\mathrm{s}}h_0f_{\mathrm{y}}}=\frac{15.4\times10^6}{0.955\times205\times300}=262.21\mathrm{mm}^2$$

验算配筋率：

$$\rho=\frac{A_{\mathrm{s}}}{bh}=\frac{262.21}{360\times240}=0.00303>\max\left(0.002,0.45\frac{f_{\mathrm{t}}}{f_{\mathrm{y}}}=0.45\frac{1.27}{300}=0.00191\right)$$

符合要求。

（4）验算是否需要考虑剪力

按式（7-18）计算

$$V=33000\mathrm{N}>0.35f_{\mathrm{t}}bh_0=0.35\times1.27\times360\times205=32804\mathrm{N}$$

故须考虑剪力的影响。

（5）验算是否需要考虑扭矩

按式（7-20）计算

$$T=4990\times10^3\text{N}\cdot\text{mm}>0.175f_tW_t\times1.27\times8064\times10^3$$
$$=1792.2\times10^3\ \text{N}\cdot\text{mm}$$

故须考虑扭矩的影响。

（6）验算是否需要进行受剪和受扭承载力计算

按式（7-21）计算

$$\frac{V}{bh_0}+\frac{T}{W_t}=\frac{33000}{360\times205}+\frac{4990\times10^3}{8064\times10^3}=1.066\text{N/mm}^2>0.7f_t=0.7\times1.27=0.889\text{N/mm}^2$$

故需进行剪扭承载力验算。

（7）计算受剪箍筋数量

按式（7-10）计算系数

$$\beta_t=\frac{1.5}{1+0.5\frac{V}{T}.\frac{W_t}{bh_0}}\frac{1.5}{1+0.5\frac{33\times10^3}{4.99\times10^6}.\frac{8064\times10^3}{360\times205}}=1.1021>1.0$$

故取 $\beta_t=1$

按式（7-12）计算单侧受剪箍筋数量，采用双肢箍 $n=2$。

$$V\leqslant0.7(1.5-\beta_t)f_tbh_0+f_{yv}\frac{nA_{sv1}}{s}h_0$$

$$33000\leqslant0.7(1.5-1)\times1.27\times360\times205+210\times\frac{2\times A_{sv1}}{s}\times205$$

由此解得：$\frac{A_{sv1}}{s}=0.00177$

（8）计算受扭箍筋和纵筋数量

按式（7-15）计算单侧受扭箍筋数量，取 $\zeta=1.2$。

$$A_{cor}=b_{cor}h_{cor}(360-50)(240-50)=58900\text{mm}^2$$

$$T\leqslant0.35\beta_tf_tW_t+1.2\sqrt{\zeta}\frac{f_{yv}A_{st1}}{s}A_{cor}$$

$$4.99\times10^6\leqslant0.35\times1\times1.27\times8064\times10^3+1.2\sqrt{1.2}\times270\times\frac{A_{st1}}{s}58900$$

由此解得：$\frac{A_{st1}}{s}=0.0673$

按式（7-24）计算受扭纵筋数量

$$A_{stl}=\frac{f_{yv}A_{st1}u_{cor}\zeta}{f_ys}=\frac{270\times0.0673\times2(310+190)\times1.2}{300}=72.66\text{mm}^2$$

按式（7-25）计算受扭纵筋最小配筋率

$$\frac{T}{Vb}=\frac{4.99\times10^6}{33\times10^3\times360}=0.420$$

$$\rho_{stl,min}=0.6\sqrt{\frac{T}{Vb}}\cdot\frac{f_t}{f_y}=0.6\sqrt{0.42}\frac{1.27}{300}=0.00165>\rho_{tl}=\frac{A_{stl}}{bh}=\frac{72.66}{360\times240}=0.000841$$

不满足要求。现根据受扭纵筋最小配筋率确定受扭纵筋：

$$A_{stl}=\rho_{stlmin}bh=0.00165\times360\times240=142.56\text{mm}^2$$

（9）计算单侧箍筋的总数量及箍筋间距

按式（7-22）求得：

$$\frac{A_{svl}^*}{s}=\frac{A_{svl}}{s}+\frac{A_{stl}}{s}=0.00177+0.0673=0.0691\text{mm}^2/\text{mm}$$

验算配箍率

$$\rho_{sv}=\frac{nA_{svl}^*}{bs}=\frac{2\times0.0691}{360}=0.000384\leqslant\rho_{svmin}=0.28\frac{f_t}{f_{yv}}=0.28\frac{1.27}{270}=0.00132$$

不满足要求。现根据最小配箍率确定配箍：

选取箍筋直径 $\phi8$，其面积 $A_{svl}=50.3\text{mm}^2$。则箍筋间距为

$$s=\frac{nA_{svl}}{b\rho_{svmin}}=\frac{2\times50.3}{360\times0.00132}=212\text{mm}$$

取 $s=200\text{mm}^2$。

（10）选择纵向钢筋

选择受扭纵向钢筋，选 6Φ10，$A_{stl}=471\text{mm}^2$。在梁的顶面和底面各布置 3 根；底面 3 根的面积与梁的正截面承载力所需钢筋面积一并计算：$A_s+\frac{A_{stl}}{2}=262.21+\frac{471}{2}=434\text{mm}^2$，选 3Φ16，$A_s=503\text{mm}$。

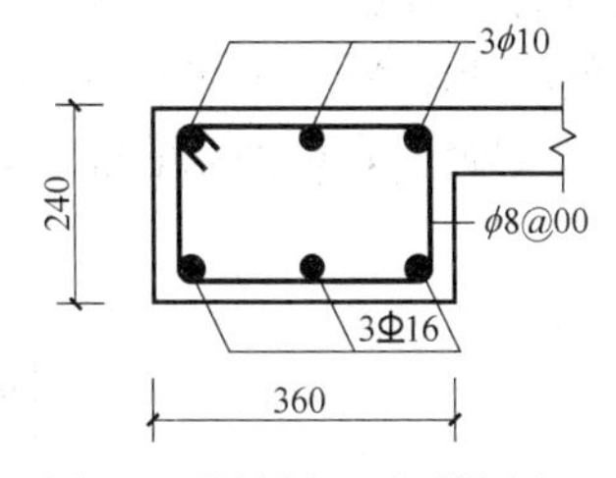

图 7-9 【例题 7-1】附图之二

雨篷梁配筋见图 7-9。

小　　结

1. 只要在构件截面中有扭矩作用，无论其中是否存在其他内力，这样的构件习惯上都称为受扭构件。它的截面承载力计算称为扭曲截面承载力计算。

钢筋混凝土受扭构件，由混凝土、抗扭箍筋和抗扭纵筋来抵抗由外载在构件截面内产生的扭矩。

2. 钢筋混凝土矩形截面受纯扭时的破坏形态，分为少筋破坏、适筋破坏、超筋破坏和部分超筋破坏。适筋破坏是正常破坏形态，少筋破坏、超筋破坏和部分超筋破坏是非正常破坏。通过控制最小配箍率和最小抗扭纵筋配筋率防止少筋破坏；通过限制截面尺寸防止超筋破坏；通过控制受扭纵筋和受扭箍筋配筋强度比值防止部分超筋破坏。

3. 构件抵抗某种内力的能力受其他同时作用的内力影响的性质，称为构件承受各种内力能力之间的相关性。在剪扭构件截面中，既受有剪力产生的剪应力，又受有扭矩产生的剪应力。因此，混凝土的抗剪能力将随扭矩的增大而降低。而混凝土的抗扭能力将随剪力的增大而降低。反之亦然。《混凝土设计规范》是通过混凝土受扭强度降低系数 β_t 来考虑剪扭构件混凝土抵抗剪力和扭矩之间的相关性的。

4. 钢筋混凝土弯剪扭构件承载力的计算主要步骤是：验算构件的截面尺寸；确定计算方法；确定抗剪及抗扭箍筋数量；确定受扭纵筋数量并与受弯纵筋数量叠加。

思 考 题

7-1　在工程中哪些构件属于受扭构件？举例说明。

7-2　简述钢筋混凝土受扭构件的计算步骤。

7-3　在剪扭构件计算中，混凝土受扭强度降低系数β_t的意义是什么？

7-4　在受扭构件中，配置受扭纵筋和受扭箍筋应当注意哪些问题？

习　题

7-1　雨篷剖面图如图7-10。雨篷板悬挑长度1.2m，在其上承受均布荷载（已包括板自重）设计值$p=3.8\text{kN/m}^2$，在雨篷自由端沿板宽方向每米承受活荷载设计值$P=1.4\text{kN/m}$。雨篷梁截面尺寸240mm×240mm，计算跨度2.5m，混凝土强度等级为C25，纵向受力钢筋采用HRB335级钢筋，箍筋采用HPB300级钢筋。经计算知：雨篷梁最大弯矩设计值$M_{\max}=16\text{kN}\cdot\text{m}$，最大剪力设计值$V_{\max}=25\text{kN}$。环境类别为二a类。

试确定雨篷梁的配筋数量，并绘出梁的配筋图。

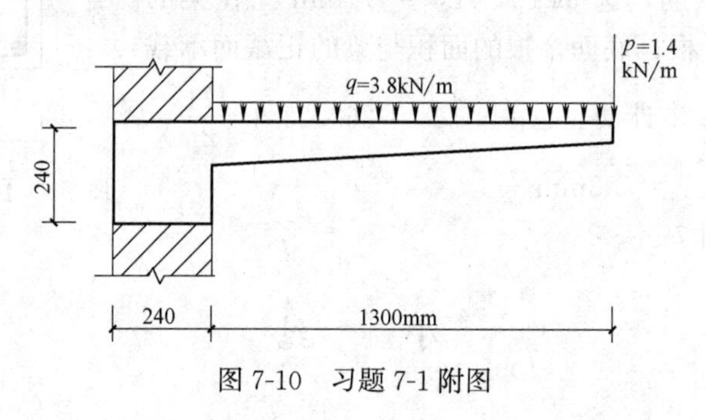

图7-10　习题7-1附图

第8章　钢筋混凝土构件变形和裂缝计算

钢筋混凝土构件在荷载作用下，除有可能由于承载力不足超过其极限状态外，还有可能由于变形或裂缝宽度超过容许值，使构件超过正常使用极限状态而影响正常使用。因此，《混凝土设计规范》规定，根据使用要求，构件除进行承载力计算外，尚须进行变形及裂缝宽度验算，即把构件在荷载准永久组合下，并考虑长期作用的影响所求得的变形及裂缝宽度，控制在允许值范围之内。它们的设计表达式可分别写成：

$$f_{max} \leqslant f_{lim} \tag{8-1}$$

和

$$w_{max} \leqslant w_{lim} \tag{8-2}$$

式中　f_{max}——按荷载的准永久组合并考虑长期作用影响计算的最大挠度；

f_{lim}——受弯构件挠度限值，按附录C附表C-3采用；

w_{max}——按荷载的准永久组合并考虑长期作用影响计算的最大裂缝宽度；

w_{lim}——最大裂缝宽度限值，按附录C附表C-4采用。

本章将叙述钢筋混凝土构件的变形和裂缝宽度的计算方法。

§8.1　受弯构件变形的计算

8.1.1　概述

在材料力学中给出了梁的变形计算方法。例如承受均布线荷载 q 的简支梁，其跨中最大挠度为：

$$f_{max}=\frac{5}{384}\cdot\frac{ql^4}{EI} \tag{8-3}$$

而跨中承受集中荷载 P 作用的简支梁，其跨中最大挠度为：

$$f_{max}=\frac{1}{48}\cdot\frac{Pl^3}{EI} \tag{8-4}$$

式中 EI 为梁的截面抗弯刚度。当梁的截面和材料确定后，EI 值为常数。

在材料力学中，还给出了梁的弯矩 M 与曲率 $1/\rho$ 之间的关系式：

$$\frac{1}{\rho}=\frac{M}{EI} \tag{8-5}$$

或

$$EI=\frac{M}{\frac{1}{\rho}} \tag{8-6}$$

式中　ρ——曲率半径。

图8-1表示出 M 与 $\frac{1}{\rho}$ 之间关系，由图中可见，梁的抗弯刚度 EI 等于 $M-\frac{1}{\rho}$ 曲线的斜

率。因为 EI 为常数，故梁的 $M-\frac{1}{\rho}$ 关系为一直线，如图中虚线 OA 所示。

这里提出这样的问题：钢筋混凝土梁的变形能否用材料力学公式计算？要回答这个问题，就必须了解材料力学计算变形公式的适用条件。由材料力学可知，计算变形公式应满足以下两个条件：

（1）梁变形后要满足平截面假设；

（2）梁的截面抗弯刚度 EI 为常数。

关于条件（1），在第 4 章中已经说明，只要测量梁内钢筋和混凝土应变的标距不是太小（跨过一条或几条裂缝），则在实验全过程中所测得平均应变沿截面高度就呈直线分布，即符合平截面假设。至于条件（2），观察钢筋混凝土梁试验的全过程，便可得出正确的结论。

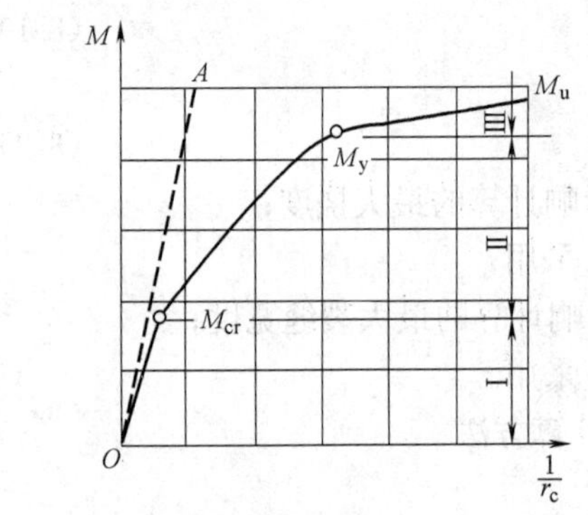

图 8-1　钢筋混凝土梁 $M-1/\rho$ 的关系

为了分析钢筋混凝土梁的抗弯刚度，将钢筋混凝土梁 $M-1/\rho$ 关系实验曲线也绘在图 8-1 中。由图中可见，当弯矩较小时，梁的应力和应变处于第Ⅰ阶段，$M-1/\rho$ 关系呈直线变化，即抗弯刚度为一常数；随着 M 的增加，梁的受拉区出现裂缝而开始进入第Ⅱ阶段后，$M-1/\rho$ 关系由直线变成曲线。$1/\rho$ 增加变快，说明梁的抗弯刚度开始降低；随着 M 继续增加，到达第Ⅲ阶段后，$1/\rho$ 增加较第Ⅱ阶段更快，使梁的抗弯刚度降低更多。

此外，试验还表明，钢筋混凝土梁在荷载长期作用下，由于混凝土徐变的影响，梁的某个截面的刚度还随时间的增长而降低。

通过上述分析表明，钢筋混凝土受弯构件截面的抗弯刚度并不是常数，而是随荷载的增加而降低。因此，必须专门加以研究确定，只要它的数值一经求出，就可以按材料力学公式计算这种受弯构件的变形。这样，计算钢筋混凝土受弯构件的变形问题，就归结为计算它的截面抗弯刚度问题了。

为了区别材料力学中的梁的抗弯刚度 EI，我们用 B 表示钢筋混凝土受弯构件的抗弯刚度，并以 B_s 表示荷载准永久组合下受弯构件截面的抗弯刚度，简称为“短期刚度”；用 B_l 表示在荷载准永久准组合下，并考虑一部分荷载长期作用的截面的抗弯刚度，简称为“长期刚度”。

下面着重讨论短期刚度 B_s 和长期刚度 B_l 以及受弯构件变形的计算。

8.1.2　受弯构件的短期刚度 B_s

1. 试验研究分析

图 8-2（b）所示为钢筋混凝土梁的“纯弯段”，它在荷载效应的标准组合作用下，在受拉区产生裂缝（设平均裂缝间距为 l_{cr}）的情形。裂缝出现后，钢筋及混凝土的应力分布具有如下特征：

（1）在受拉区：裂缝出现后，裂缝处混凝土退出工作，拉力全部由钢筋承担，而在两条裂缝之间，由于钢筋与混凝土之间的粘结作用，受拉区混凝土仍可协助钢筋承担一部分拉力。因此，在裂缝处钢筋应变最大，而在两条裂缝之间的钢筋应变将减小，而且离裂缝愈远处的钢筋应变减小愈多。为了计算方便，我们在计算中将采用钢筋的平均应变 $\bar{\varepsilon}_s$，显然它小于裂缝处的钢筋应变 ε_s（图 8-2c），二者的关系如下：

$$\bar{\varepsilon}_s=\psi\varepsilon_s \tag{8-7}$$

式中　ψ——裂缝间纵向受拉钢筋应变不均匀系数。

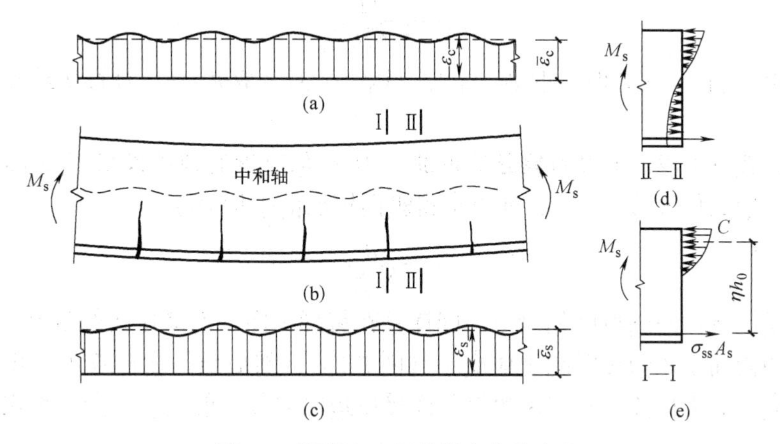

图 8-2　混凝土、钢筋的应变及应力

《混凝土设计规范》根据各种截面形状的钢筋混凝土受弯构件的试验结果，给出了矩形、T 形、倒 T 形和 I 形截面裂缝间纵向钢筋应变不均匀系数计算公式：

$$\psi=1.1-\frac{0.65f_{tk}}{\rho_{te}\sigma_{sq}} \tag{8-8}$$

式中　f_{tk}——混凝土轴心抗拉强度标准值；

ρ_{te}——按有效受拉混凝土截面面积计算的纵向受拉钢筋的配筋率，即

$$\rho_{te}=\frac{A_s}{A_{te}} \tag{8-9}$$

A_s——纵向受拉钢筋；

A_{te}——有效受拉混凝土截面面积。在受弯构件中，A_{te} 按下式计算（图 8-3）：

$$A_{te}=0.5bh+(b_f-b)h_f \tag{8-10}$$

b_f、h_f——受拉翼缘的宽度和高度；

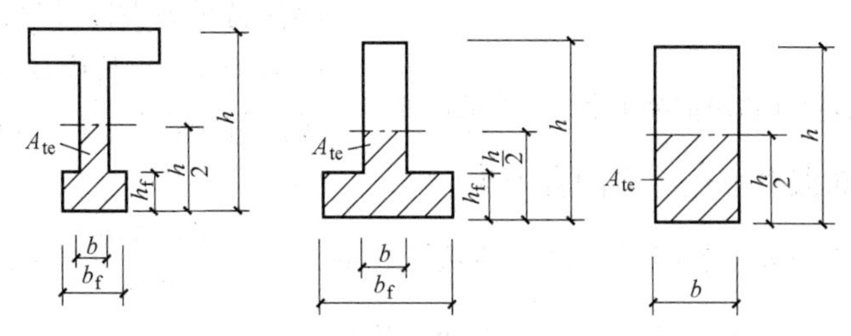

图 8-3　有效受拉混凝土面积 A_{te}

在最大裂缝宽度计算中，当 $\rho_{te}<0.01$ 时，取 $\rho_{te}=0.01$。

σ_{sq}——按荷载准永久组合计算的钢筋混凝土构件，在裂缝截面处纵向受拉钢筋的

应力（图 8-2e），对钢筋混凝土受弯构件按下式计算：

$$\sigma_{sq}=\frac{M_q}{\eta h_0 A_s} \tag{8-11}$$

式中　M_q——按荷载准永久组合计算的弯矩值；

η——内力力臂系数。可取 $\eta=0.87$。

于是，上式可写成：

$$\sigma_{sq}=\frac{M_q}{0.87hA_s} \tag{8-12}$$

应当指出，当 $\psi<0.2$ 时，取 $\psi=0.2$；当 $\psi>1$ 时，取 $\psi=1$；对直接承受重复荷载的构件取 $\psi=1$。

这样，按式（8-12）求得的裂缝处钢筋应力 σ_{sq} 除以钢筋弹性模量 E_s，即得裂缝处的钢筋应变 ε_s，把它代入式（8-7），便可求得纵向钢筋的平均应变：

$$\bar{\varepsilon}_s=\psi\frac{\sigma_{sq}}{E} \tag{8-13}$$

（2）在受压区：与受拉区相对应，同样是在裂缝截面处的受压边缘混凝土应变 ε_c 大，在裂缝之间的截面受压边缘混凝土应变小（图 8-2a）。类似地，在计算中，我们也取混凝土的平均压应变 $\bar{\varepsilon}_c$ 来计算，它与裂缝处截面受压边缘混凝土的应变 ε_c 的关系式可写成：

$$\bar{\varepsilon}_c=\psi_c\varepsilon_c \tag{8-14}$$

式中　ψ_c——裂缝之间受压边缘混凝土应变不均匀系数。

根据以上分析，我们通过平均应变把"纯弯段"内本来为上下波动的中性轴，折算成"平均中性轴"。根据平均中性轴得到的截面称为"平均截面"，相应的受压区高度称为"平均受压区高度 $x=\xi\cdot h_0$"。试验结果表明，平均截面的平均应变 $\bar{\varepsilon}_c$ 和 $\bar{\varepsilon}_s$ 是符合平截面假设的，即平均应变呈直线分布。

2. 平均截面受压边缘混凝土平均应变

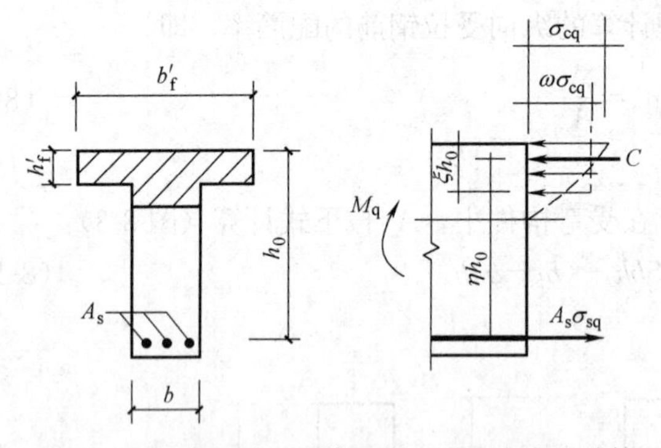

图 8-4　T 形截面受压边缘混凝土平均应变的计算

为了不失一般性，我们以 T 形截面（图 8-4）为例说明 $\bar{\varepsilon}_c$ 的确定方法。当受弯构件处于第Ⅱ阶段工作时，裂缝截面受压混凝土中的应力已呈曲线图形。为了便于计算，以矩形应力图形代替曲线图，设整个受压区的平均应力为 $\omega\sigma_c$。其中 σ_c 为裂缝截面受压边缘混凝土压应力。并取受压区高度 $x=\xi\cdot h_0$。则裂缝截面混凝土压应力的合力为

$$C=\omega\sigma_c[\xi\cdot h_0 b+(b'_f-b)h'_f]=\omega\sigma_c\left[\xi+\frac{(b'_f-b)h'_f}{bh_0}\right]bh_0 \tag{8-15a}$$

令

$$\gamma'_f=\frac{(b'_f-b)h'_f}{bh_0} \tag{8-15b}$$

则

$$C=\omega\sigma_c(\xi+\gamma'_f)bh_0 \tag{8-15c}$$

应当指出，计算 γ'_f 时，若 $h'_f>0.2h_0$ 时，应取 $h'_f=0.2h_0$。这是因为翼缘较厚时，靠

近中性轴的翼缘部分受力较小，如仍按全部 h'_f 计算 γ'_f 将使 B_s 值偏大。

若截面受压区为矩形时，$\gamma'_f=0$，则上式变为

$$C=\omega\sigma_c\xi bh_0 \tag{a}$$

根据

$$\Sigma M=0,\quad M_q=C\eta h_0 \tag{b}$$

或

$$C=\frac{M_q}{\eta h_0} \tag{c}$$

将式（c）代入式（8-15c），经整理后，得到：

$$\sigma_{cq}=\frac{M_q}{\omega(\xi=\gamma'_f)\eta bh_0{}^2}$$

将上式等号两边除以变形模量 $E'_c=\nu E_c$［参见式（3-14）］，则得：

$$\varepsilon_c=\frac{M_q}{\omega(\xi+\gamma'_f)\nu E_c\eta bh_0{}^2} \tag{d}$$

将式（d）代入式（8-14），则得：

$$\bar{\varepsilon}_c=\frac{\psi_c M_q}{\omega(\xi+\gamma'_f)\nu E_c\eta bh_0{}^2} \tag{8-16}$$

令

$$\zeta=\frac{\omega(\xi+\gamma'_f)\nu\eta}{\psi_c} \tag{8-17}$$

则式（8-16）写成

$$\bar{\varepsilon}_c=\frac{M_q}{\zeta E_c bh_0{}^2} \tag{8-18}$$

式中　ζ——确定受压边缘混凝土平均应变抵抗矩。

3. 短期抗弯刚度 B_s 计算公式

图 8-5a 表示钢筋混凝土梁出现裂缝后的变形情况；图 8-5b 表平均截面的平均应变 $\bar{\varepsilon}_c$ 和 $\bar{\varepsilon}_s$ 直线分布情形。由图 8-5 可得：

$$\frac{1}{\rho_c}=\frac{\bar{\varepsilon}_c+\bar{\varepsilon}_s}{h_0} \tag{8-19}$$

由材料力学知

$$\frac{1}{\rho_c}=\frac{M_q}{B_s} \tag{8-20}$$

将式（8-20）代入式（8-19）并经整理后得：

$$B_s=\frac{M_q h_0}{\bar{\varepsilon}_c+\bar{\varepsilon}_s} \tag{8-21}$$

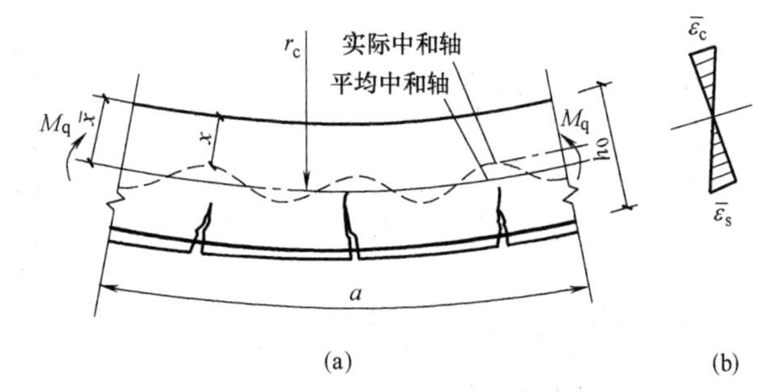

图 8-5　梁出现裂缝后的变形及平均截面

再将式（8-13）和式（8-18）代入式（8-21），并注意到式（8-12）得：

$$B_s=\frac{h_0}{\dfrac{1}{\zeta\cdot E_c bh_0{}^2}+\dfrac{\psi}{E_s\eta h_0 A_s}}$$

以 $E_s h_0 A_S$ 乘上式的分子、分母，并令 $\alpha_E=\dfrac{E_s}{E_c}$，同时近似取 $\eta=0.87$，则得：

$$B_s=\frac{E_sA_sh_0^2}{1.15\psi+\frac{\alpha_E\rho}{\zeta}} \tag{8-22}$$

根据矩形、T形和I形等常见截面的钢筋混凝土受弯构件的实测结果分析，可取

$$\frac{\alpha_E\rho}{\zeta}=0.2+\frac{6\alpha_E\rho}{1+3.5\gamma_f'} \tag{8-23}$$

将式（8-23）代入式（8-22），就可得到在荷载短期效应组合下的矩形、T形和I形截面钢筋混凝土受弯构件短期刚度公式：

$$B_s=\frac{E_sA_sh_0^2}{1.15\psi+0.2+\frac{6\alpha_E\rho}{1+3.5\gamma_f'}} \tag{8-24}$$

式中　E_s——受拉纵筋的弹性模量；

A_s——受拉纵筋的截面面积；

h_0——受弯构件截面有效高度；

ψ——裂缝间纵向钢筋应变不均匀系数，按式（8-8）计算；

α_E——钢筋弹性模量与混凝土弹性模量的比值；

ρ——受拉纵筋的配筋率；

γ_f'——受压翼缘面积与腹板面积的比值，按式（8-15b）计算。

8.1.3　受弯构件的长期刚度

钢筋混凝土受弯构件受长期荷载作用时，由于受压区混凝土在压应力持续作用下产生徐变、混凝土的收缩，以及受拉钢筋与混凝土的滑移徐变等，将使构件的变形随时间的增长而逐渐增加，亦即截面抗弯刚度将慢慢降低。

图8-6为一长期荷载作用下梁的挠度随时间增大的实测变化曲线。在一般情况下，受弯构件挠度的增大，经3～4年时间后才能基本稳定。

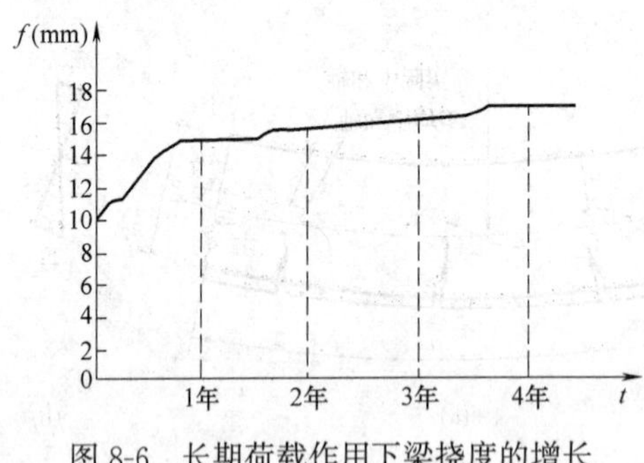

图8-6　长期荷载作用下梁挠度的增长

前面曾经指出，钢筋混凝土受弯构件的长期刚度是指在荷载的准永久组合下，并考虑荷载长期作用影响后的刚度。我国《混凝土设计规范》在验算使用阶段构件挠度时，就是以长期刚度来计算的。

为确定长期刚度，规范规定，在荷载准永久组合计算的弯矩M_q作用下，构件先产生一短期曲率$\frac{1}{\rho}$，在M_q长期作用下，设构件曲率增大θ倍，即构件曲率变为$\theta\frac{1}{\rho}$。于是，可得钢筋混凝土受弯构件长期刚度计算公式：

$$B=\frac{M_q}{\theta\frac{1}{\rho}}=\frac{B_s}{\theta} \tag{8-25}$$

式中　M_q——按荷载准永久组合计算的弯矩值，取计算区段内的最大弯矩值；

B_s——按荷载准永久组合计算的钢筋混凝土受弯构件的短期刚度；

θ——考虑荷载长期作用对挠度增大的影响系数，当 $\rho'=0$ 时，取 $\theta=2.0$；当 $\rho'=\rho$ 时，取 $\theta=1.6$；当为国间数值时，θ 按线性内插法限用；

ρ、ρ'——分别为纵向受拉和受压钢筋的配筋率。

8.1.4　钢筋混凝土梁挠度的计算

由以上分析不难看出，钢筋混凝土梁某一截面的刚度不仅随荷载的增加而变化，而且在某一荷载作用下，由于梁内截面的弯矩不同，故截面的抗弯刚度沿梁长也是变化的。弯矩大的截面抗弯刚度小；反之，弯矩小的截面抗弯刚度大。于是，我们就会提出这样的问题：以梁的哪个截面作为计算刚度的依据？为了简化计算，《混凝土设计规范》规定，在等截面梁中，可假定各同号弯矩区段内的刚度相等，并取用该区段内的最大弯矩处的刚度，即在简支梁中取最大正弯矩截面，按式（8-25）算出的刚度作为全梁的抗弯刚度；而在外伸梁中，则将最大正弯矩和最大负弯矩截面分别按式（8-25）算出的刚度，作为相应正负弯矩区段的抗弯刚度。显然，按这种处理方法所算出的抗弯刚度值最小，故通常把这种处理原则称为“最小刚度原则”。

受弯构件的抗弯刚度确定后，我们就可按照材料力学公式计算钢筋混凝土受弯构件的挠度。

当验算结果不能满足公式（8-1）要求，则表示受弯构件的刚度不足，应设法予以提高，如增加截面高度，提高混凝土强度等级，增加配筋，选用合理的截面形式（如 T 形或 I 形等）等。而其中以增大梁的截面高度效果最为显著，宜优先采用。

【例题 8-1】　某办公楼钢筋混凝土简支梁的计算跨度 $l_0=6.90\text{m}$，截面尺寸 $bh=250\text{mm}\times650\text{mm}$，环境类别为一级。梁承受均布恒载标准值（包括梁自重）$g_k=16.20\text{kN/m}$，均布活荷载标准值 $q_k=8.50\text{kN/m}$。准永久值系数 $\psi_q=0.4$。混凝土强度等级为 C25（$f_{tk}=1.78\text{N/mm}^2$，$E_c=2.8\times10^4\text{N/mm}^2$），采用 HRB335 级钢筋（$E_s=2.0\times10^5\text{N/mm}^2$）。由正截面受弯承载力计算配置 3Φ20（$A_s=941\text{mm}^2$）的纵向钢筋，梁的容许挠度 $f_{lim}=l_0/200$。

试验算梁的挠度是否满足要求。

【解】（1）计算按荷载的准永久组合产生弯矩值

$$M_q=\frac{1}{8}(g_k+\psi_q q_k)\cdot l_0^2=\frac{1}{8}(16.2+0.4\times8.5)\times6.9^2=116.65\text{kN}\cdot\text{m}$$

（2）计算系数 ψ

按式（8-12）计算

$$h_0=h-a_s=650-35=615\text{mm}$$

$$\sigma_{sq}=\frac{M_q}{0.87hA_s}=\frac{116.65\times10^6}{0.87\times615\times941}=231.7\text{N/mm}^2$$

按式（8-9）计算

$$\rho_{te}=\frac{A_s}{0.5bh}=\frac{941}{0.5\times250\times650}=0.0116$$

按式（8-8）计算

$$\psi=1.1-\frac{0.65f_{tk}}{\rho_{te}\sigma_{sq}}=1.1-\frac{0.65\times1.78}{0.0116\times231.7}=0.669$$

（3）计算短期刚度

$$\alpha_E=\frac{E_s}{E_c}=\frac{2.0\times10^5}{2.8\times10^4}=7.14$$

$$\rho=\frac{A_s}{bh_0}=\frac{941}{0.5\times615}=0.00612$$

按式（8-24）计算计算短期刚度

$$B_s=\frac{E_sA_sh_0{}^2}{1.15\psi+0.2+6\alpha_E\rho}$$

$$=\frac{2.0\times10^5\times941\times615^2}{1.15\times0.669+0.2+6\times7.14\times0.00612}=57780\times10^9\ \text{N}\cdot\text{mm}^2$$

（4）计算长期刚度

按式（8-25）计算 θ。由于 $\rho'=0$，故 $\theta=2.0$，

$$B=\frac{B_s}{\theta}=\frac{57780\times10^9}{2}=28890\times10^9\ \text{N}\cdot\text{mm}^2$$

（5）计算梁的挠度

$$f=\frac{5}{48}\cdot\frac{M_ql_0{}^2}{B}=\frac{5}{48}\cdot\frac{116.65\times10^6\times6900^2}{28890\times10^9}=20.01\text{mm}$$

$$<f_{lim}=\frac{l_0}{200}=\frac{6900}{200}=34.5\text{mm}$$

符合要求。

§8.2　钢筋混凝土构件裂缝宽度的计算

8.2.1　受弯构件裂缝宽度的计算

1. 裂缝的发生及其分布

为了便于分析裂缝发生的过程及其分布特点，现以钢筋混凝土梁的纯弯段为例来加以说明（图 8-7）。在纯弯段未出现裂缝以前，在截面受拉区混凝土拉应力 σ_{ct} 和钢筋的拉应力 σ_s 沿纯弯段是均匀分布的。因此，当荷载加到某一数值时，在梁的最薄弱的截面上将产生第一条（或第一批）裂缝。设第一条裂缝发生在图 8-7 的 A 截面处，在开裂的瞬间，裂缝截面处混凝土拉应力降低至零，混凝土退出工作，原来处于拉伸状态的混凝土便向裂缝两侧回缩，混凝土与受拉纵向钢筋之间产生相对滑移而形成裂缝开展。由于混凝土与钢筋之间的粘结作用，使混凝土回缩受到钢筋的约束。因此，随着离裂缝距离的增加，混凝土的回缩减小，当离开裂缝某一距离 l_{crmin} 的截面 B 处，混凝土不再回缩。该处混凝土的拉应力仍保持裂缝出现前的数值。于是，自裂缝截面 A 至截面 B，混凝土纵向纤维拉应力是逐渐增大的（图 8-7b）。

另一方面，裂缝出现后，在裂缝处原来的拉应力全部由钢筋承担，使钢筋应力突然增加，并随着离开裂缝截面 A 的距离增大，钢筋应力逐渐过渡到原来的应力大小（图 8-7c）。

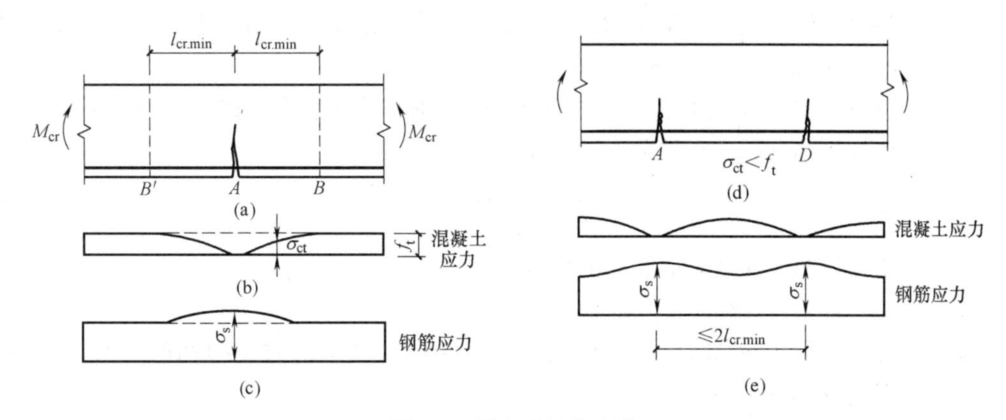

图 8-7　梁中裂缝的发展

由于在长度 l_{crmin}（AB 之间）范围内混凝土拉应力 σ_{ct} 小于混凝土的实际抗拉强度（即 $\sigma_{ct}<f_t^0$），所以，在荷载不增加的情况下，不会再产生新的裂缝。

若在梁的 A、D 两个截面首先出现第一批裂缝（图 8-7d），且 A、D 之间的距离 $l\leqslant 2l_{crmin}$ 时，则在之间的任何截面上也不会再产生新的裂缝。

2. 裂缝的平均间距

根据上面的分析，第一批裂缝的平均间距在 $l_{crmin}\sim 2l_{crmin}$ 变化。随着荷载的不断增加，第一批裂缝宽度将不断加大。同时在第一批裂缝之间有可能出现第二批新的裂缝。大量试验资料表明，当荷载增加到一定程度后，裂缝间距才基本稳定。

由上可知，关于裂缝平均间距 l_{cr} 的计算是十分复杂的，很难用一个理想化的受力模型来进行理论计算，必须通过试验分析来确定。

试验分析表明，裂缝平均间距 l_{cr} 的数值主要与下面三个因素有关：

（1）混凝土受拉区面积相对大小。如果受拉区面积相对较大（用 A_{te} 表示），则混凝土开裂后回缩力就较大，于是就需要一个较长的距离以积累更多粘结力来阻止混凝土的回缩。因此，裂缝间距就比较大。

（2）混凝土保护层 c 的大小。试验表明，钢筋与混凝土之间的粘结作用，随混凝土质点离开钢筋的距离的增加而减小，当混凝土保护层较厚时，受拉边缘的混凝土回缩将比较自由．这样就需要较长的距离以积累比较多的粘结力来阻止混凝土的回缩。因此，混凝土保护层厚的构件中裂缝间距比保护层薄的构件裂缝间距大。

（3）钢筋与混凝土之间的粘结作用。钢筋与混凝土之间的粘结作用大，则在比较短的距离内钢筋就能约束混凝土的回缩，因此裂缝间距小。钢筋与混凝土之间的粘结作用的大小，与钢筋表面特征和钢筋单位长度内侧表面积大小有关，带肋钢筋比光面钢筋粘结作用就大；在横截面面积相等的情况下，根数愈多，直径愈细的钢筋粘结作用，就比根数少、直径粗的粘结作用大。

《混凝土设计规范》考虑了上面三个因素并参照国内外的试验资料，给出了受弯构件裂缝平均间距计算公式：

$$l_{cr}=\beta\left(1.9c+0.08\frac{d_{eq}}{\rho_{te}}\right) \tag{8-26}$$

式中　β——系数，对轴心受拉构件取 $\beta=1.1$；对其他受力构件均取 $\beta=1.0$；

c——最外层纵向受拉钢筋外边缘至受拉区底边的距离（mm）：当 $c<20$mm 时，取 $c=20$mm；当 $c>65$mm，取 $c=65$mm

d_{eq}——按有效受拉混凝土面积计算的纵向受拉钢筋的配筋率，按式（8-9）计算；

ρ_{te}——受拉区纵向钢筋的等效直径（mm），按下式计算：

$$d_{eq}=\frac{\sum n_i d_i{}^2}{\sum n_i \nu_i d_i} \tag{8-27}$$

d_i——受拉区第 i 种纵向钢筋的公称直径；

n_i——受拉区第 i 种纵向钢筋的根数；

ν_i——受拉区第 i 种纵向受拉钢筋的相对粘结特征系数，对带肋钢筋，取 $v=1.0$；对光面钢筋，取 $v=0.7$。

3. 平均裂缝宽度

平均裂缝宽度 w_{cr} 等于混凝土在裂缝截面处的回缩量，即在平均裂缝间距长度内钢筋的伸长量与钢筋处在同一高度的受拉混凝土纤维伸长量之差（图 8-8）：

$$w_{cr}=\bar{\varepsilon}_s l_{cr}-\bar{\varepsilon}_{ct} l_{cr} \tag{8-28}$$

式中　$\bar{\varepsilon}_s$——在平均裂缝间距范围内受拉钢筋平均拉应变，按式（8-13）计算；

$\bar{\varepsilon}_{ct}$——与钢筋处在同一高度的混凝土的平均拉应变，按式（8-14）计算。

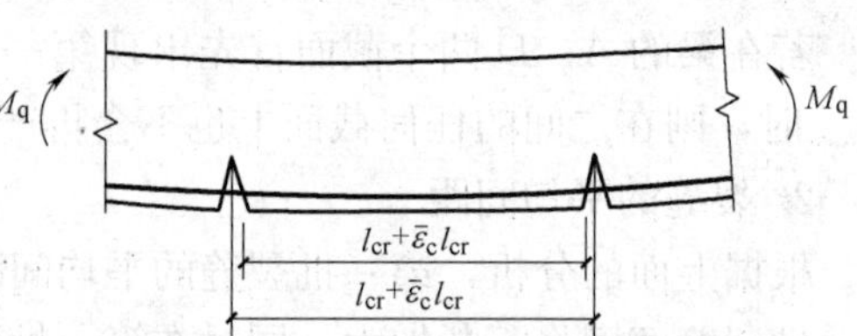

图 8-8　裂缝处混凝土与钢筋的伸长量

由式（8-28）可得：

$$w_{cr}=\bar{\varepsilon}_s l_{cr}\left(1-\frac{\bar{\varepsilon}_{ct}}{\bar{\varepsilon}_s}\right)=\tau_c\bar{\varepsilon}_s l_{cr} \tag{8-29}$$

式中　τ_c——反映裂缝间混凝土伸长对裂缝宽度的影响系数，根据试验结果，对受弯构件、偏心受压构件取 $\tau_c=0.77$；对其他构件取 $\tau_c=0.85$。

并将式（8-13）代入上式，则得受弯构件平均裂缝宽度：

$$w_{cr}=\tau_c\bar{\varepsilon}_s l_{cr}=0.77\psi\frac{\sigma_{sq}}{E_s}l_{cr} \tag{8-30}$$

式中　ψ——裂缝间纵向受拉钢筋应变不均匀系数，按式（8-8）计算；

σ_{sq}——在荷载准永久组合计算的裂缝截面处纵向受拉钢筋的应力，按式（8-12）计算；

E_s——受拉钢筋弹性模量。

4. 最大裂缝宽度 w_{max}

（1）短期荷载作用下最大裂缝宽度

实测结果表明，受弯构件的裂缝宽度是一个随机变量，并且具有很大的离散性。这样，就给我们提出了一个问题：最大裂缝宽度如何取值?《混凝土设计规范》根据短期荷载作用下 40 根钢筋混凝土梁 1400 多条裂缝的试验数据，按各试件裂缝宽度 w_{cri} 与同一试件的平均裂缝宽度 w_{cr} 的比值 τ_s 绘制直方图，如图 8-9 所示。分析表明，它的分布基本上符合正态分布规律。经计算，若按 95％保证率考虑，可得 $\tau_c=1.655\approx1.66$。于是可得短

期荷载作用下最大裂缝宽度为

$$w_{s,max}=\alpha_s\alpha_c\psi\frac{\sigma_{sq}}{E_s}l_{cr}=1.66\times0.77\psi\frac{\sigma_{sq}}{E_s}l_{cr}$$

即
$$w_{cr}=1.28\psi\frac{\sigma_{sq}}{E_s}l_{cr} \tag{8-31}$$

（2）长期荷载作用下最大裂缝宽度

在长期荷载作用下由于混凝土收缩的影响，构件裂缝宽度将不断增大，此外，由于受拉区混凝土的应力松弛和滑移徐变，裂缝之间的钢筋应变将不断增长，因而也使裂缝宽度增加。

长期荷载作用下最大裂缝宽度 $w_{l\max}$ 可由短期荷载作用下的最大裂缝宽度乘以增大系数 τ_l 求得：

$$w_{l\max}=\tau_l w_{s\max} \tag{8-32}$$

根据试验结果，取增大系数 $\tau_l=1.50$。

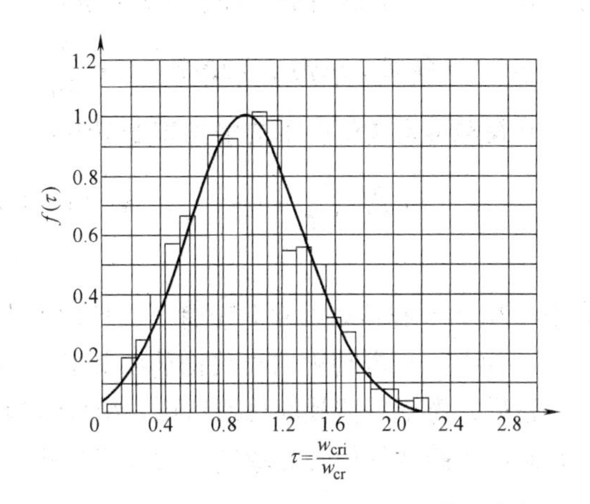

图 8-9　裂缝宽度与平均裂缝宽度比值的直方图

将式（8-31）代入（8-32），并注意到式（8-26），且 $\beta=1.0$，则可得受弯构件按荷载准永久准组合并考虑长期作用影响的最大裂缝宽度 w_{max} 计算公式为：

$$w_{max}=\tau_l\tau_c\alpha_c\psi\frac{\sigma_{sq}}{E_s}\left(1.9c+0.08\frac{d_{eq}}{\rho_{te}}\right)=1.9\psi\frac{\sigma_{sq}}{E_s}\left(1.9c+0.08\frac{d_{eq}}{\rho_{te}}\right) \tag{8-33}$$

式中符号意义同前。

【例题 8-2】 试验算例题 8-1 简支梁的裂缝宽度是否符合要求。

已知：$bh=250\text{mm}\times650\text{mm}$，混凝土等级为 C25，保护层 $c=25\text{mm}$，受力纵筋采用 HRB335 级钢筋，钢筋直径 $d=20\text{mm}$，$E_s=2.0\times10\times10^5\text{N/mm}^2$。构件最大裂缝宽度限值为 $w_{lim}=0.4\text{mm}$。

【解】 在例题 8-1 中已求得：$\sigma_{sq}=291.97\text{N/mm}^2$，$\rho_{te}=0.0116$，$\psi=0.758$。HRB335 级钢筋的系数 $\nu=1.0$。

$$d_{eq}=\frac{\sum n_i d_i^{\,2}}{\sum n_i\nu_i d_i}=\frac{20}{1.0}=20\text{mm}$$

将上列数据代入式（8-33）得：

$$\begin{aligned}w_{max}&=1.9\psi\frac{\sigma_{sk}}{E_s}\left(1.9c+0.08\frac{d_{eq}}{\rho_{te}}\right)\\&=1.9\times0.669\times\frac{231.7}{2.0\times10^5}\left(1.9\times25+0.08\,\frac{20}{0.0116}\right)\\&=0.27\text{mm}<0.40\text{mm}\end{aligned}$$

裂缝宽度验算符合要求。

8.2.2　轴心受拉构件裂缝宽度的计算

轴心受拉构件裂缝宽度的计算方法与受弯构件基本相同。由式（8-26）可知，轴心受

拉构件的平均裂缝间距计算公式

$$l_{cr}=1.1\times\left(1.9c+0.08\frac{d_{eq}}{\rho_{te}}\right) \tag{8-34}$$

式中　c——构件混凝土保护层（mm）；

d_{eq}——纵向受拉钢筋等效直径（mm）；

ρ_{te}——纵向受拉钢筋配筋率；$\rho_{te}=\frac{A_s}{bh}$。

在荷载准永久组合下的平均裂缝宽度：

$$w_{s,max}=\alpha_c\tau_c\beta\psi\frac{N_q}{A_sE_s}\left(1.9c+0.08\frac{d_{eq}}{\rho_{te}}\right)=1.90\times0.85\times1.1\psi\frac{N_q}{A_sE_s}\left(1.9c+0.08\frac{d_{eq}}{\rho_{te}}\right) \tag{8-35}$$

式中　N_q——在荷载准永久组合下构件内产生的轴向拉力值（N）；

ψ——裂缝间纵向受拉钢筋应变不均匀系数，按式（8-8）计算。

最后，考虑到荷载的长期作用，根据试验资料结果取裂缝宽度增大系数 $\tau_l=1.50$，于是得轴心受拉构件最大裂缝宽度的计算公式为

$$w_{max}=1.5\times1.78\psi\frac{N_q}{A_sE_s}\left(1.9c+0.08\frac{d_{eq}}{\rho}\right)$$

$$w_{max}=2.7\psi\frac{N_q}{A_sE_s}\left(1.9c+0.08\frac{d_{eq}}{\rho}\right) \tag{8-36}$$

符号意义同前。

【例题 8-3】 屋架下弦杆截面尺寸 $bh=180\text{mm}\times180\text{mm}$，配置 4Φ16 钢筋（$A_s=804\text{mm}^2$），混凝土强度等级为 C30（$f_{tk}=2.0\text{N/mm}^2$），采用 HRB335 级钢筋（$E_s=2.0\times10^5\ \text{N/mm}^2$）。混凝土保护层 $c=25\text{mm}$，在荷载准永久组合作用下，下弦杆承受轴向拉力 $N_q=129.8\text{kN}$，最大裂缝宽度限值 $w_{lim}=0.2\text{mm}$。试验算裂缝宽度是否满足要求。

【解】（1）计算钢筋配筋率

$$\rho=\frac{A_s}{bh}=\frac{804}{180\times180}=0.0246$$

（2）计算构件钢筋应力

$$\sigma_{sq}=\frac{N_{sq}}{A_s}=\frac{129.8\times10^3}{804}=161.40\text{N/mm}^2$$

（3）计算系数

$$\psi=1.1-\frac{0.65f_{tk}}{\rho_{et}\sigma_{sq}}=1.1-\frac{0.65\times2.0}{0.0246\times161.4}=0.775$$

（4）计算裂缝宽度

$$\begin{aligned}w_{max}&=2.7\psi\frac{\sigma_{sk}}{E_s}\left(1.9c+0.08\frac{d_{eq}}{\rho}\right)\\&=2.7\times0.775\,\frac{161.4}{2.0\times10^5}\left(1.9\times25+0.08\times\frac{16}{0.0246}\right)\\&=0.167\text{mm}<w_{lim}=0.2\text{mm}\end{aligned}$$

符合要求。

小　　结

1. 钢筋混凝土受弯构件的挠度可根据构件的刚度用材料力学的方法计算。在等截面构件中，可假定各同号弯矩区段内的刚度相等，并取用该区段内最大弯矩处的刚度（即最小刚度）。受弯构件的挠度应按荷载效应的准永久组合，并考虑荷载长期作用影响的长期刚度 B 进行计算，所求得的挠度计算值不应超过规定的限值。

2. 钢筋混凝土构件的裂缝宽度应按荷载准永久组合，并考虑长期作用影响所求得的最大裂缝宽度 w_{max}不应超过规定的限值。

思　考　题

8-1　出现裂缝后的钢筋混凝土受弯构件的挠度，为什么不能简单地用 EI 代入材料力学公式计算？

8-2　什么是短期刚度 B_s和长期刚度 B？

8-3　在受弯构件挠度计算中，什么是“最小刚度原则”？

8-4　构件裂缝平均间距 l_{cr}主要与哪些因素有关？

8-5　构件裂缝宽度超过允许值、即 $w_{max}>w_{lin}$时，应怎样处理？

习　　题

8-1　已知矩形截面简支梁 $bh=250mm\times500mm$，计算跨度 $l_0=6m$，混凝土强度等级为 C30，采用 HRB335 级钢筋。梁承受均布永久荷载标准值（包括梁自重）$g_k=11.7kN/m$；均布可变荷载标准值 $q_k=4.95kN/m$. 活荷载准永水值系数 $\psi_q=0.4$。由正截面抗弯承载力计算配置 2Φ16＋1Φ18（$A_s=656mm^2$）钢筋。梁的允许挠度限值 $f_{lim}=l_0/200$。试验算梁的挠度是否满足要求？

8-2　试验算习题 8-1 简支梁的裂缝宽度是否满足要求，构件最大裂缝宽度限值为$w_{lim}=0.4mm$。

第 9 章　预应力混凝土构件的计算

§ 9.1　概述

对大多数构件来说，提高材料强度可以减小截面尺寸，节约材料和减轻构件自重，这是降低工程造价的重要途径。但是，在普通钢筋混凝土构件中，提高钢筋的强度却收不到预期的效果。这是因为混凝土出现裂缝时的极限拉应变很小，仅为 $0.1\times10^{-3}\sim0.15\times10^{-3}$。因此使用时不允许开裂的构件，受拉钢筋的应力仅为 20～30N/mm²。即使使用时允许开裂的构件，当裂缝宽度最大限值 $w_{\lim}=0.2\text{mm}\sim0.3\text{mm}$ 时，钢筋的应力也不过达到 250N/mm² 左右。由此可见，在普通钢筋混凝土构件中采用高强度钢筋是不能充分发挥其作用的。另一方面，提高混凝土强度等级对增加其极限拉应变的作用也极其有限。

为了充分发挥高强度钢筋的作用，提高构件的承载能力及构件的刚度和抗裂度，在工程中，一般采用预应力混凝土构件。

所谓预应力混凝土构件是指，由配置受力的预应力筋，通过张拉或其他方法建立预加应力的混凝土构件。

现以简支梁为例，说明预应力混凝土的工作原理。

梁承受荷载以前，预先在使用荷载作用下的受拉区施加一对大小相等、方向相反的压力 N_{P}，在这一对偏心压力作用下，梁的下边缘将产生预压应力 $-\sigma_{\mathrm{c}}$，梁的上边缘将产生预拉应力 σ_{t}（或预压应力）。设梁的跨中截面正应力图形如图 9-1a 所示，梁承受使用荷载 q 后，跨中截面正应力图形如图 9-1b 所示。显然，将图 9-1a 和图 9-1b 的正应力图形进行叠加就得到梁的最后跨中截面应力图形，如图 9-1c 所示。由于两种应力图形符号相反，所以叠加后的受拉区边缘的拉应力将大大减小。若拉应力小于混凝土的抗拉强度，则梁不会开裂，若超过混凝土的抗拉强度，梁虽然开裂，但裂缝宽度较未施加预应力的梁会小得多。

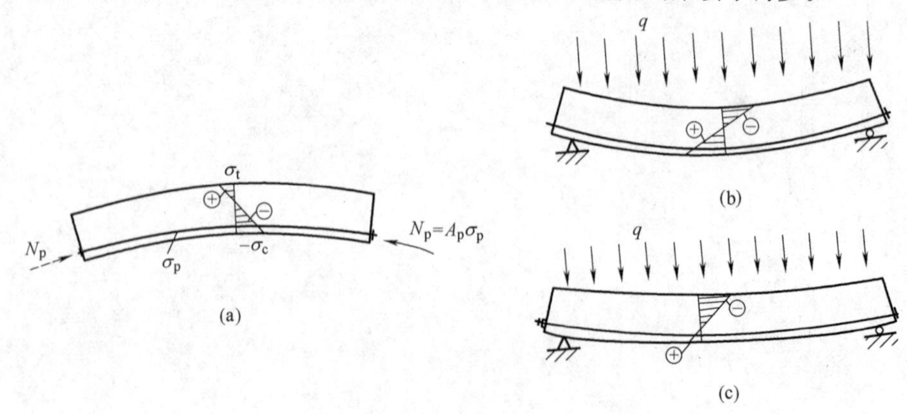

图 9-1　预应力混凝土梁的工作原理

由上可见，预应力混凝土构件具有以下优点：

（1）可提高构件的抗裂度，容易满足裂缝规定的限值；

（2）可充分发挥高强度钢筋和高强度混凝土的作用；

（3）由于提高了构件的抗裂度，从而构件刚度也获得了提高；

（4）改善了混凝土结构的受力性能，为大跨度混凝土结构的应用提供了可能性。

§9.2　预加应力的方法

根据张拉钢筋与浇筑混凝土的先后次序不同，张拉钢筋可分为先张法和后张法。

9.2.1　先张法

先张法是指首先在台座上或钢模内张拉钢筋，然后浇筑混凝土的一种施工方法。台座张拉设备见图 9-2。

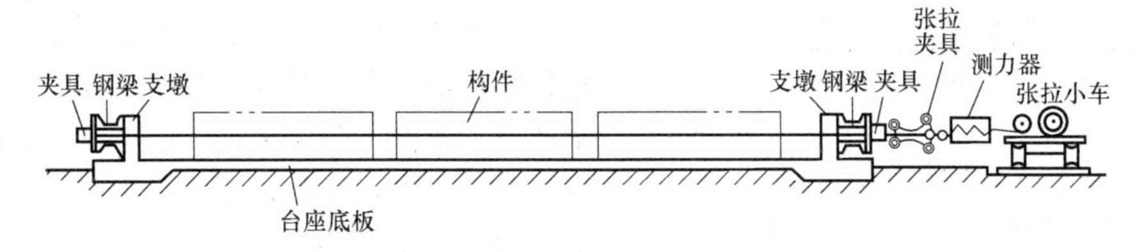

图 9-2　张拉台座设备

先将预应力筋一端通过夹具临时固定在台座的钢梁上，再将另一端通过张拉夹具和测力器与张拉机械相连。当张拉机械将预应力筋张拉到规定的应力（控制应力）和应变后，用张拉端夹具将预应力筋锚固在钢梁上，再卸去张拉机具，然后浇筑构件混凝土，并进行养护。当混凝土达到规定的强度时（达到强度设计值的 75%以上），即可切断预应力筋。通过预应力筋回缩时挤压混凝土，使构件产生预压应力。

先张法施工工艺过程和构件应力的变化情况，见图 9-3。

9.2.2　后张法

后张法是指先浇筑混凝土构件，然后直接在构件上张拉预应力筋的一种施工方法。后张法构件张拉工艺设备示意图见图 9-4。

采用后张法时，预先在构件中留出供穿预应力筋的孔道。当构件混凝土达到规定强度（强度设计值的 75%以上）后，即可通过孔道穿预应力筋，并在锚固端用锚具将预应力筋锚固在构件的端部，然后在构件的另一端用张拉机具张拉预应力筋。在张拉的同时，钢筋对构

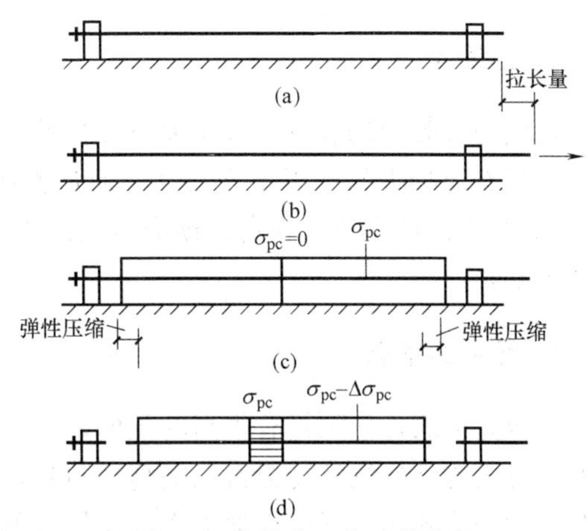

图 9-3　先张法工艺过程示意

（a）穿钢筋；（b）张拉钢筋；（c）浇筑混凝土；（d）切断钢筋

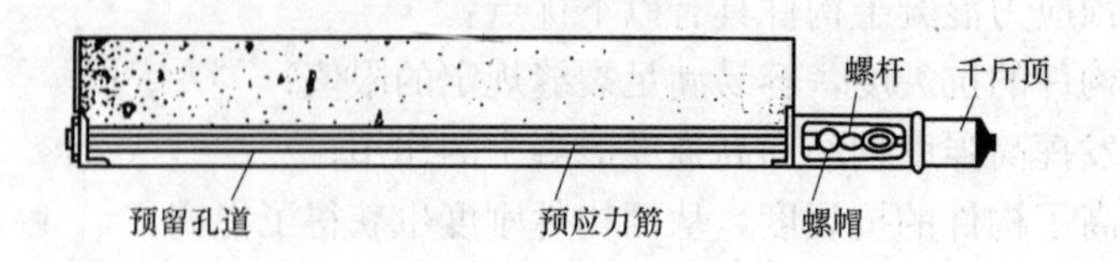

图 9-4　后张法张拉设备

件施加预压应力。当预应力筋达到规定的控制应力值时，将张拉端的预应力筋用锚具锚固在构件上，并拆除张拉机具，最后用高压泵将水泥浆灌入构件孔道中，使预应力筋与构件形成整体。

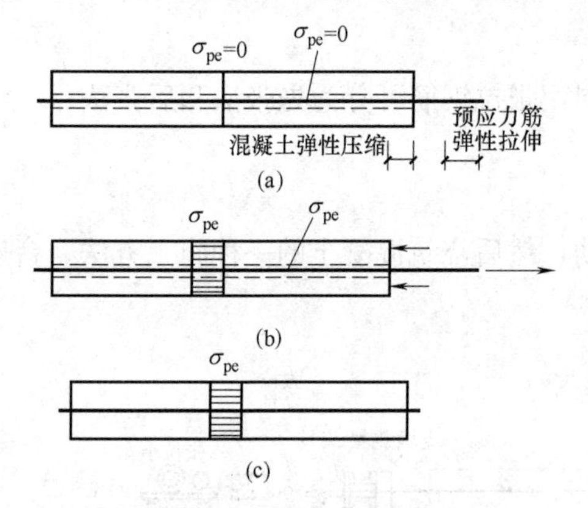

图 9-5　后张法工艺过程示意
(a) 穿钢筋；(b) 张拉钢筋并锚固；
(c) 往孔道内灌浆

后张法施工工艺过程和构件应力的变化情况，见图 9-5。

通过比较可知，先张法和后张法各有以下特点：

先张法：生产工序少、工艺简单、施工质量较易保证。在构件上不需设置永久性锚具，生产成本较低；台座愈长，一次生产的构件数量也愈多。先张法适合于工厂生产中、小型的预应力混凝土构件。

后张法：不需要台座，构件可在工厂预制，也可在现场施工，所以应用比较灵活，但对构件施加预应力需逐个进行，操作较麻烦。此外，锚具用钢量较多，又不能重复使用，因此成本较高，后张法适用于运输不方便的大型预应力混凝土构件。

§9.3　预应力混凝土的材料

9.3.1　混凝土

预应力混凝土的基本原理是通过张拉预应力筋来预压混凝土以提高构件抗裂性能的。显然，只有混凝土的抗压强度较高，通过预压才有可能使构件获得较高的抗裂性能。因此，《混凝土设计规范》规定，预应力混凝土结构的混凝土强度等级不宜低于 C40，且不应低于 C30。

9.3.2　预应力钢筋

预应力钢筋首先须具有很高的强度，才可能在钢筋中建立起比较高的张拉应力，使预应力混凝土构件的抗裂能力得以提高。同时，预应力钢筋必须具有一定的塑性，以保证在低温或冲击荷载作用下可靠地工作；此外还须具有良好的可焊性和墩头等加工性能。用于先张法构件的预应力钢筋，还要求与混凝土之间具有足够的粘结强度。

目前，我国常用的预应力钢筋包括有：钢绞线、钢丝和预应力螺纹钢筋三大类。

1. 钢绞线

钢绞线是由多根平行的钢丝以另一根直径稍粗的钢丝为轴心，沿同一方向扭转而成（图9-6）。《混凝土设计规范》提供的规格有两种：一种是用3根钢丝扭制而成的，用符号 ϕ^S，1×3 表示，其公称直径分别为 8.6mm、10.8mm、12.9mm，其极限强度标准值 f_{ptk} 为 1570N/mm^2～1960N/mm^2；另一种是用7根钢丝扭制而成的，用 Φ^S，1×7 表示，其公称直径分别为 9.5mm、12.7mm、15.2mm、17.8mm 和 21.6mm，其极限强度标准值 f_{ptk} 为 1720N/mm^2～1960N/mm^2。钢绞线优点是施工方便，多用于后张法的大型构件中。

图9-6　钢绞线

2. 消除应力钢丝

消除应力钢丝是用高碳钢轧制后，再经多次冷拔，并经矫直回火而成。矫直回火的作用，是消除钢丝因多次冷拔而产生的残余应力。这种钢丝包括光面钢丝、螺旋肋钢丝，分别用符号 ϕ^P、ϕ^H 表示。其直径为 5mm、7mm 和 9mm，其极限强度标准值 f_{ptk} 为 1570N/mm^2～1860N/mm^2。

3. 中强度预应力钢丝

这种预应力钢丝是《混凝土设计规范》新增加的品种。分为光面钢丝和螺旋肋钢丝，分别用符号 ϕ^{PM} 和 ϕ^{HM} 表示。其直径为 5mm、7mm 和 9mm，屈服强度标准值 f_{pyk} 为 620N/mm^2～980N/mm^2。

4. 预应力螺纹钢筋

这种预应力钢筋是《混凝土设计规范》新增加的大直径预应力钢筋品种，用符号 ϕ^T 表示。其直径分为 18mm、25mm、32mm、40mm 50mm 五种。屈服强度标准值 f_{pyk} 为 785N/mm^2～1080N/mm^2。

§9.4　预应力钢筋锚具

锚具是预应力混凝土构件锚固预应力筋的重要部件，它对构件建立有效预应力起着关键的作用。因此，在设计和施工中正确地选用锚具类型就显得十分重要。

先张法构件的锚具，它设置在台座钢梁或钢制模板上，故可重复使用，这种锚具通常又称为夹具；而后张法构件的锚具设置在构件上，通过它将预应力筋的拉力传给构件。故不能重复使用。

建筑工程中锚具种类繁多，构造各异，但就其工作原理而言，不外乎有三种基本类型。

1. 夹片式锚具

这种锚具主要由垫板、锚环和夹片等组成，根据所锚固的钢绞线的根数，锚环上设有不同数量的锥形圆孔。每个孔中由2片（或3片）夹片组成的楔形锚塞夹持一根钢绞线，按楔的作用原理，在钢绞线回缩时将其拉紧，从而达到锚固的目的。

目前，国内常用的夹片式锚具有：QM、OVM、XM等型号。图9-7为QM12型夹片式锚具的示意图。夹片式锚具主要用于锚固 $7\phi4$（$d=12.7$）和 $7\phi5$（$d=15.2$）的预应力

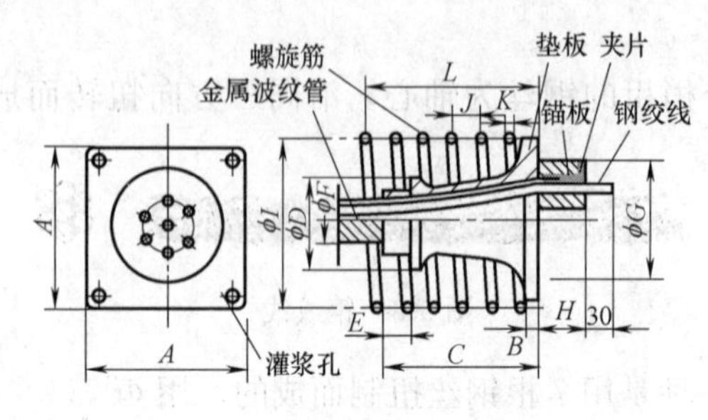

图 9-7 夹片式锚具（QM 型）

钢绞线，与张拉端锚具配套的还有固定端锚具。

夹片式锚具的锚固性能稳定，应力均匀，安全可靠，应用广泛。

2. 镦头锚具

这种锚具由锚杯、锚圈和镦头组成（图 9-8a），它的工作原理是将预应力筋穿过锚杯的孔眼后，用镦头机将钢丝或钢筋端部镦粗，再将千斤顶拉杆旋入锚杯内螺纹，然后进行张拉。当锚杯和钢丝或钢筋一起伸长达到设计值时，将锚圈旋向构件直至顶紧构件表面，这样，预应筋的拉力通过锚圈传给构件。固定端的镦头锚具的构造示意图，见图 9-8b。

镦头锚具具有操作方便，安全可靠，不会产生预应力筋滑移等优点。但要求钢筋下料长度有较高的准确性。

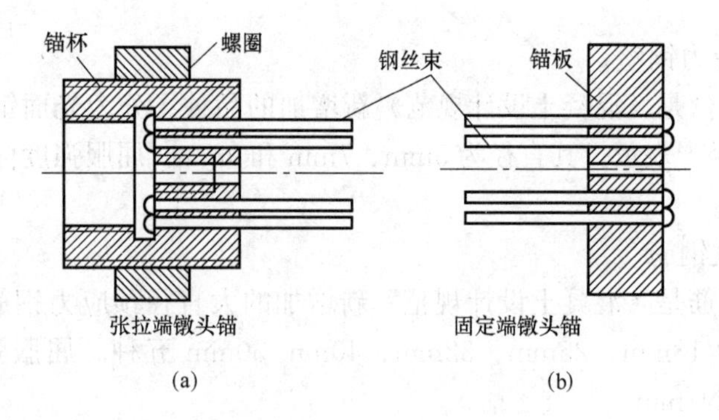

图 9-8 镦头式锚具

(a) 张拉端锚杯；(b) 固定端锚板

3. 螺丝杆锚具

在单根预应力筋一端对焊一根短螺丝杆，再套以垫板和螺帽形成螺丝杆锚具。见图 9-9。张拉时，将张拉设备与螺丝杆相连，张拉终止时旋紧螺帽，将预应力钢筋锚固在构件上。这种锚具适用于锚固粗的预应力钢筋。

螺丝杆锚具构造简单，操作方便，安全可靠。适用于小型预应力混凝土构件。

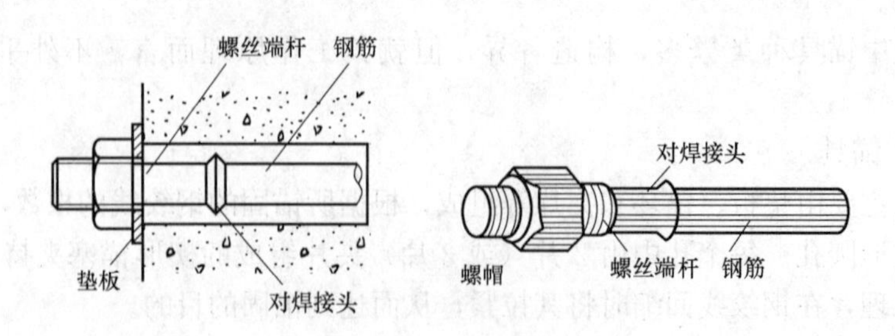

图 9-9 螺丝杆锚具

§9.5　张拉控制应力

张拉控制应力，是指在张拉预应力筋时所达到的规定应力，用 σ_{con} 表示。张拉控制应力的数值应根据设计与施工经验确定。

显然，把张拉控制应力 σ_{con} 取得高些，预应力的效果就会更好一些，这不仅可以提高构件的抗裂性能和减小挠度，而且可以节约钢材。因此，把张拉控制应力 σ_{con} 适当地规定得高一些是有利的。但是，是不是 σ_{con} 值取得越高越好呢？回答是否定的。这是因为：

1. 张拉控制应力 σ_{con} 取值愈高，即比值 σ_{con}/f_{py}（f_{py} 为预应力筋强度设计值），愈大。就会使出现裂缝时的开裂弯矩 M_{cr}，与极限弯矩 M_u 愈接近（图 9-10），即构件延性愈差，构件破坏时挠度很小，而没有明显的预兆，这是结构设计中应力求避免的。

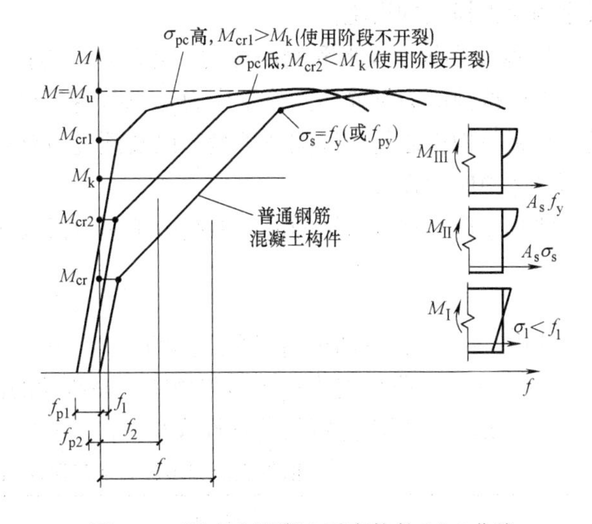

图 9-10　预应力混凝土受弯构件 M-f 曲线

2. 为了减小预应力损失（见§9.5），在张拉预应力钢筋时往往采取超张拉，由于钢筋屈服点的离散性，如 σ_{con} 过高，则有可能使个别钢筋达到甚至超过该钢筋的屈服强度，而产生塑性变形，待放松预应力筋时，对混凝土的预压应力会减小，反而达不到预期的预应力效果。对于高强钢丝，由于 σ_{con} 过大，甚至有可能发生脆断。

因此，《混凝土设计规范》根据多年来国内外设计与施工经验，规定预应力钢筋的张拉控制应力 σ_{con} 不宜超过表 9-1 规定的张拉控制应力限值。

张拉控制应力限值　　**表 9-1**

钢筋种类	张拉方法	
	先张法	后张法
消除应力钢丝、钢绞线	$\leqslant 0.75f_{ptk}$	$\leqslant 0.75f_{ptk}$
中强度预应力钢丝	$\leqslant 0.70f_{ptk}$	$\leqslant 0.70f_{ptk}$
预应力螺纹钢筋	$\leqslant 0.85f_{pyk}$	$\leqslant 0.85f_{pyk}$

注：f_{ptk} 为预应力筋极限强度标准值；f_{pyk} 为预应力螺纹钢筋屈服强度标准值。

消除应力钢丝、钢绞线、中强度预应力钢丝的张拉控制应力不应小于 $0.4f_{ptk}$；预应力螺纹钢筋的张拉控制应力不宜小于 $0.5f_{ptk}$。

当符合下列情况之一时，表 9-1 的张拉控制应力限值，可提高 $0.05f_{pyk}$：

（1）要求提高构件在施工阶段的抗裂性能而在使用阶段受压区内设置的预应力钢筋；

（2）要求部分抵消由于应力松弛、摩擦、钢筋分批张拉以及预应力筋与张拉台座之间温差等因素产生的预应力损失。

§9.6 预应力损失及其组合

9.6.1 预应力损失

由于张拉工艺和材料特性等原因，从张拉钢筋开始直至构件使用的整个过程，预应力筋的控制应力 σ_{con}将慢慢降低。与此同时，混凝土的预压应力将逐渐下降，即产生预应力损失。正确认识和计算预应力损失十分重要。在预应力混凝土结构发展的初期，许多研究遭到失败，就是由于对预应力损失认识不足而造成的。

产生预应力损失的因素很多。下面分项讨论引起预应力损失的原因、损失值的计算及减小预应力损失的措施。

1. 张拉端锚具变形和钢筋滑动引起的预应力损失 σ_{l1}

在张拉预应力钢筋达到控制应力 σ_{con}后，把预应力钢筋锚固在台座或构件上。由于锚具、垫板与构件之间的缝隙被压紧，以及预应力钢筋在锚具中的滑动，造成预应力钢筋回缩而产生预应力损失。

锚具变形和预应力钢筋滑动引起的预应力损失 σ_{l1} 按下式计算：

$$\sigma_{l1}=\frac{a}{l}E_{s} \tag{9-1}$$

式中 l——张拉端至锚固端之间的距离（mm）；

a——张拉端锚具变形和预应力筋滑动的内缩值（mm），按表 9-2 取用；

E_{s}——预应力钢筋的弹性模量（N/mm²）。

锚具变形和预应力钢筋滑动内缩值 a（mm） **表 9-2**

锚具类别		a
支承式锚具（钢丝束镦头锚具等）	螺帽缝隙	1
	每块后加垫板的缝隙	1
夹片式锚具	有顶压时	5
	无顶压时	6～8

注：1. 表中的锚具变形和钢筋内缩值也可根据实测数据确定；
2. 其他类型的锚具变形和钢筋内缩值应根据实测数据确定。

为了减小锚具变形和钢筋滑动的损失，可采取下列措施：

（1）选择变形小或预应力筋滑动小的锚具，尽量减少垫板的块数；

（2）对于先张法张拉工艺，选择长的台座。

2. 预应力钢筋与孔道壁之间的摩擦引起的预应力损失 σ_{l2}

在后张法张拉预应力筋时，由于钢筋与孔道壁之间产生摩擦力，以致预应力筋截面的应力随距张拉端的距离的增加而减小（图 9-11a、b）。这种应力损失称为摩擦损失。

《混凝土设计规范》规定，摩擦损失（N/mm²）可按下式计算：

$$\sigma_{l2}=\sigma_{con}\left(1-\frac{1}{e^{\kappa x+\mu\theta}}\right) \tag{9-2}$$

式中 x——从张拉端至计算截面的孔道长度（m），可近似取该孔道在纵轴上的投影长度（m）；

θ——从张拉端至计算截面曲线孔道各部分切线的夹角之和（rad）（图9-11d）；

κ——孔道局部偏差时摩擦的影响系数，按表9-3取用；

μ——摩擦系数，按表9-3采用。

摩擦系数 κ 及 μ 值　　**表9-3**

孔道成型方式	κ	μ	
		钢绞线、钢丝束	预应力螺纹钢筋
预埋金属波纹管	0.0015	0.25	0.50
预埋塑料波纹管	0.0015	0.15	—
预埋钢管	0.0010	0.30	—
抽芯成型	0.0014	0.55	0.60
无粘结预应力管	0.0040	0.09	—

注：本表系数也可根据实测数据定。

《混凝土设计规范》规定，当 $\kappa x+\mu\theta\leqslant 0.3$ 时，σ_{l2} 可按下列近似公式计算：

$$\sigma_{l2}=(\kappa x+\mu\theta)\sigma_{\mathrm{con}} \tag{9-3}$$

为了减小摩擦损失，可采取下列措施：

（1）采用两端张拉。比较图9-12（a）和图9-11（b）可以看出，两端张拉可减少一半应力损失。

（2）采用“超张拉”工艺。这种张拉预应力钢筋工艺的程序为（图9-12b）：

$$0\rightarrow 1.1\sigma_{\mathrm{com}}(\text{持续}2\text{min})\rightarrow 0.85\sigma_{\mathrm{com}}\rightarrow\sigma_{\mathrm{com}}$$

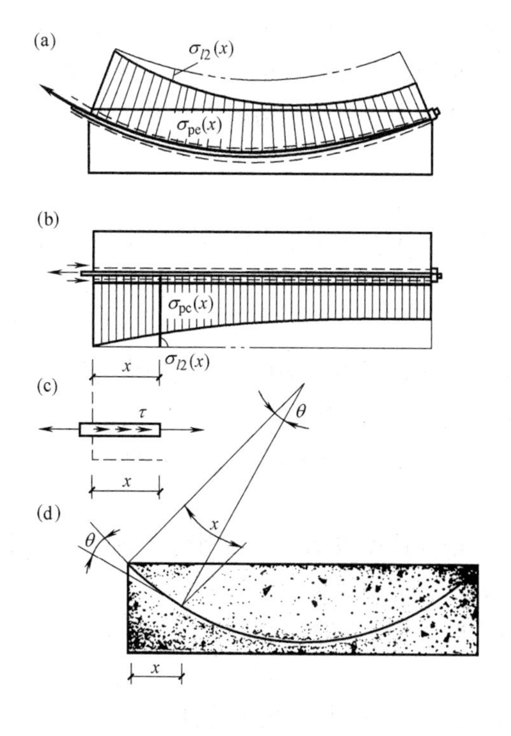

图9-11　预应力钢筋的应力损失 σ_{l2}

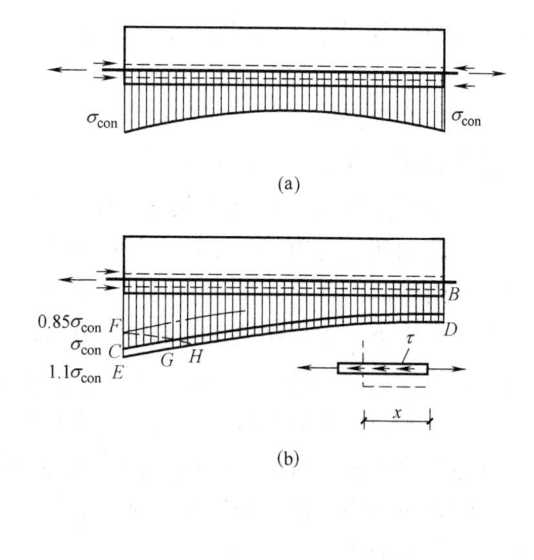

图9-12　两端张拉及超张拉中钢筋的应力

由于在张拉钢筋时，先将张拉应力提高到 1.1σ_{con}，所以预应力筋中的应力沿构件长度将比按控制应力 σ_{con} 张拉时高，其应力分布如图 9-12（b）中 EHD 线所示。当将张拉应力降至 0.85σ_{con} 时，预应力钢筋中的应力，仅在距张拉端局部长度 FGH 范围内有所降低。这是因为钢筋与孔道之间将产生反向摩擦力，并随着距张拉端距离的增加，反向摩擦力的积累逐渐增大。当某段 FH 上所积累的摩擦力足以阻止预应力钢筋弹性回缩时，则在 H 点以右的预应力钢筋截面内的应力将不再降低，而维持在原来应力的水平上。当再次将钢筋张拉至 σ_{con} 时，由于摩擦力的作用，预应力钢筋中的应力将沿 GC 增加，而 G 点以右的应力不变。于是，超张拉后的应力图形将沿 $CGHD$ 分布（图 9-12b）。

由图 9-12（b）可见，采用超张拉工艺后，预应力钢筋中应力沿构件分布比较均匀。同时，预应力损失也显著降低了。

3. 混凝土加热养护时预应力钢筋与台座间温差引起的预应力损失 σ_{l3}

对先张法预应力混凝土构件，当进行蒸汽养护升温时，新浇的混凝土尚未结硬，由于钢筋温度高于台座的温度，于是钢筋将产生相对伸长，预应力钢筋中的应力将降低，造成预应力损失；当降温时，混凝土已结硬，与钢筋之间已建立起粘结力，两者一起回缩，故钢筋应力将不能恢复到原来的张拉应力值。

设预应力钢筋与两端台座之间的温差为 Δt℃，并考虑到钢筋的线膨胀系数 $\alpha=1\times10^{-5}$/℃，则温差引起的预应力钢筋应变为 $\varepsilon_s=\alpha\Delta t$，于是应力损失 σ_{l3}（N/mm²）为：

$$\sigma_{l3}=E_s\varepsilon_s=E_s\alpha\Delta t=2\times10^5\times1\times10^{-5}\Delta t$$

即

$$\sigma_{l3}=2\Delta t \tag{9-4}$$

为了减小此项损失，可采取下列措施：

（1）在构件蒸养时采用“二次升温制度”，即第一次一般升温 20℃，然后恒温。当混凝土强度达到 7～10N/mm²，预应力钢筋与混凝土粘结在一起时，第二次再升温至规定养护温度。这时，预应力钢筋与混凝土将同时伸长，故不会再产生应力损失。因此，用“二次升温制度”，养护后应力损失降低为：

$$\sigma_{l3}=2\Delta t=2\times20=40\text{N/mm}^2$$

（2）采用钢模生产预应力混凝土构件。由于钢筋锚固在钢模上，故蒸汽养护升温时两者温度相同，故不产生应力损失。

4. 预应力筋应力松弛引起的预应力损失 σ_{l4}

所谓钢筋应力松弛，是指钢筋在高应力作用下，在长度不变条件下，钢筋应力随时间的增长而降低的现象。试验表明，预应力筋应力松弛有以下特征：

（1）应力松弛在张拉后初始阶段发展较快，张拉后第 1h 可完成总松弛值的 50%，经过 24h 可完成 80%左右。1000h 后，趋于稳定。

（2）张拉控制应力愈高，应力损失愈大，同时松弛速度也加快。利用这一特点，采用短时超张拉方法，可以减小由于钢筋应力松弛引起的预应力损失。

（3）应力松弛损失与钢筋的种类有关，预应力螺纹钢筋的应力松弛损失值比预应力钢丝、钢绞线的小。

《混凝土设计规范》规定，钢筋应力松弛引起的预应力损失 σ_{l4} 按下式计算：

（1）消除预应力钢丝、钢绞线

1）普通松弛

$$\sigma_{l4}=0.4\left(\frac{\sigma_{con}}{f_{ptk}}-0.5\right)\sigma_{con} \tag{9-5}$$

2）低松弛

当 $\sigma_{con}\leqslant 0.7f_{ptk}$ 时

$$\sigma_{l4}=0.125\left(\frac{\sigma_{con}}{f_{ptk}}-0.5\right)\sigma_{con} \tag{9-6}$$

当 $0.7f_{ptk}\leqslant\sigma_{con}\leqslant 0.8f_{ptk}$ 时

$$\sigma_{l4}=0.2\left(\frac{\sigma_{con}}{f_{ptk}}-0.575\right)\sigma_{con} \tag{9-7}$$

（2）中等强度预应力钢丝

$$\sigma_{l4}=0.08\sigma_{con} \tag{9-8}$$

（3）预应力螺纹钢筋

$$\sigma_{l4}=0.03\sigma_{con} \tag{9-9}$$

5. 混凝土收缩、徐变引起的应力损失 σ_{l5}

混凝土在空气中结硬时发生体积收缩，而在预应力作用下，混凝土将沿压力方向产生徐变。收缩和徐变都使构件长度缩短，预应力筋也随着回缩，因而造成预应力损失。

根据试验资料和经验，《混凝土设计规范》规定：混凝土收缩、徐变引起受拉区和受压区纵向钢筋的预应力损失 σ_{l5}、σ'_{l5}（N/mm^2）可按下列公式计算：

（1）对一般情况

先张法构件

$$\sigma_{l5}=\frac{60+340\dfrac{\sigma_{pc}}{f'_{cu}}}{1+15\rho} \tag{9-10}$$

$$\sigma'_{l5}=\frac{60+340\dfrac{\sigma'_{pc}}{f'_{cu}}}{1+15\rho'} \tag{9-11}$$

后张法构件

$$\sigma_{l5}=\frac{55+300\dfrac{\sigma_{pc}}{f'_{cu}}}{1+15\rho} \tag{9-12}$$

$$\sigma'_{l5}=\frac{35+300\dfrac{\sigma'_{pc}}{f'_{cu}}}{1+15\rho'} \tag{9-13}$$

式中 σ_{pc}、σ'_{pc}——受拉区、受压区预应力筋在各自合力点处混凝土法向压应力；

f'_{cu}——施加预应力时的混凝土立方体抗压强度；

ρ、ρ'——受拉区、受压区预应力筋和非预应力筋的配筋率。

对先张法构件

$$\rho=\frac{A_p+A_s}{A_0},\ \rho'=\frac{A'_p+A'_s}{A_0} \tag{9-14}$$

对后张法构件

$$\rho=\frac{A_p+A_s}{A_n},\ \rho'=\frac{A'_p+A'_s}{A_n} \tag{9-15}$$

对于对称配置预应力筋和非预应力筋的构件，取 $\rho=\rho'$，此时配筋率应按其钢筋截面面积的一半进行计算。

在计算受拉区、受压区预应力筋在各自合力点处混凝土法向压应力 σ_{pc}、σ'_{pc}时，此时预应力损失仅考虑混凝土预压前（第一批）的损失，其非预应力筋中的 σ_{l5}、σ'_{l5}值应取等于零；σ_{pc}、σ'_{pc}值不得大于 $0.5f'_{cu}$，当 σ'_{pc}为拉应力时，式（9-11）、式（9-13）中的 σ'_{pc}应取等于零。计算混凝土法向应力 σ_{pc}、σ'_{pc}时，可根据构件制作情况考虑自重影响。

当结构处于年平均相对湿度低于 40％的环境下，σ_{l5}、σ'_{l5}值应增加 30％。

（2）对重要的结构构件

当需要考虑与时间相关的混凝土收缩、徐变预应力损失值时，可按《混凝土设计规范》附录 K 进行计算。

由混凝土收缩和徐变所引起的预应力损失，是各项损失中最大的一项。在直线预应力配筋构件中约占总损失的 50％，而在曲线预应力配筋构件中也要占到总损失的 30％左右。因此，采取措施降低这项损失是设计和施工中特别要注意的问题之一。这些措施有：

1）设计时尽量使混凝土压应力不要过高，σ_{pc}值应小于 $0.5f'_{cu}$，以减小非线性徐变的迅速增加。

2）采用高强度的水泥，以减少水泥用量，使水泥胶体所占的体积相对值减小。

3）采用级配良好的骨料，减小水灰比，加强振捣，提高混凝土的密实度。

4）加强养护（最好采用蒸汽养护），防止水分过多散失，使水泥水化作用充分。

6. 环形构件采用螺旋预应力筋时局部挤压引起的预应力损失 σ_{l6}

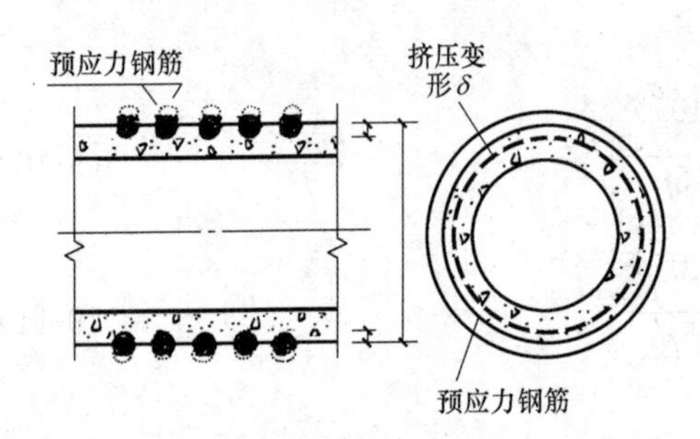

图 9-13　环形配筋预应力构件

采用环形配筋的预应力混凝土构件（如预应力混凝土管）（图 9-13），由于预应力筋对混凝土的局部压陷，使构件直径减小，造成预应力筋应力损失。

预应力损失 σ_{l6}与张拉控制应力 σ_{con}成正比，而与环形构件直径 d 成反比。为计算简化，《混凝土设计规范》规定，只对 $d\leqslant 3$m 的构件考虑应力损失，并取 $\sigma_{l6}=30\text{N/mm}^2$。

为了便于记忆，现将各项应力损失值汇总于表 9-4 中。

预应力应力损失值（N/mm²）　　**表 9-4**

引起损失的因素		符号	先张法构件	后张法构件
张拉端锚具变形和钢筋内缩		σ_{l1}	$\sigma_{l1}=\frac{a}{l}E_s$	$\sigma_{l1}=\frac{a}{l}E_s$
预应力筋的摩擦	与孔道壁之间的摩擦	σ_{l2}	—	$\sigma_{l2}=\sigma_{con}\left(1-\frac{1}{e^{\kappa x+\mu\theta}}\right)$
	在转向装置处的摩擦		按实际情况确定	
混凝土加热养护时，预应力筋与承受拉力设备间温差		σ_{l3}	$2\Delta t$	—

续表

<table>
<tr><th>引起损失的因素</th><th>符号</th><th>先张法构件</th><th>后张法构件</th></tr>
<tr><td rowspan="2">预应力筋的应力松弛</td><td rowspan="2">σ_{l4}</td><td colspan="2">消除预应力钢丝、钢绞线、根据不同情况分别按式(9-5)～式(9-7)计算</td></tr>
<tr><td colspan="2">中强度预应力钢丝
$\sigma_{l4}=0.08\sigma_{con}$
预应力螺纹钢筋
$\sigma_{l4}=0.03\sigma_{con}$</td></tr>
<tr><td>混凝土的收缩和徐变</td><td>σ_{l5}</td><td colspan="2">根据不同情况分别按式(9-10)～式(9-15)计算</td></tr>
<tr><td>环形构件采用螺旋预应力筋时局部挤压</td><td>σ_{l6}</td><td>—</td><td>30</td></tr>
</table>

注：1. 表中 Δt 混凝土加热养护时，预应力筋与承受拉力设备之间的温差（℃）；
　　2. 当 $\sigma_{con}\leqslant 0.5f_{ptk}$时，预应力筋的应力松弛损失值可取为零。

9.6.2　各阶段预应力损失的组合

上面所介绍的六项应力损失，有的只发生在先张法构件中，有的则发生在后张法构件中，有的两种构件兼而有之。而且在同一种构件中，它们出现的时刻和持续时间也各不相同。为分析和计算方便，《混凝土设计规范》将这些损失按先张法和后张法构件分别分为两批：发生在混凝土预压以前的称为第一批预应力损失，用 $\sigma_{l\mathrm{I}}$ 表示；发生在混凝土预压以后的称为第二批预应力损失，用 $\sigma_{\mathrm{I\,II}}$ 表示，见表 9-5。

各阶段预应力损失值的组合　　　　**表 9-5**

预应力损失值的组合	先张法构件	后张法构件
混凝土预压前(第一批)的损失	$\sigma_{l1}+\sigma_{l2}+\sigma_{l3}+\sigma_{l4}$	$\sigma_{l1}+\sigma_{l2}$
混凝土预压后(第二批)的损失	σ_{l5}	$\sigma_{l4}+\sigma_{l5}+\sigma_{l6}$

注：先张法构件由于钢筋应力松弛引起的损失值 σ_{l4}，在第一批和第二批损失中所占的比例，如需区分，可根据实际情况确定。

《混凝土设计规范》同时还规定，当按上述规定计算求得的各项预应力总损失值 σ_l 小于下列数值时，则按下列数值取用：

先张法构件：$\sigma_l=100\mathrm{N/mm^2}$；

后张法构件：$\sigma_l=80\mathrm{N/mm^2}$。

上述规定是考虑到预应力损失的计算值与实际值可能有一定的偏差，为了确保预应力混凝土构件的抗裂性能，《混凝土设计规范》对先张法和后张法构件规定了预应力总损失的下限值。

§9.7　预应力混凝土轴心受拉构件的应力分析

在计算预应力混凝土构件时，要掌握构件从张拉钢筋至加载破坏过程中，不同阶段预应力筋和混凝土应力的状态，以及相应阶段的外载大小。下面按施工和使用两个阶段分别加以叙述。

9.7.1 先张法构件

先张法构件各阶段钢筋和混凝土的应力变化过程见表 9-6。

先张法预应力混凝土轴心受拉构件各阶段应力变化 **表 9-6**

应力阶段		简图	钢筋应力 σ_{pe}	混凝土应力 σ_{pc}	说明
施工阶段	张拉钢筋浇筑混凝土	0	$\sigma_{con}-\sigma_{l\,\mathrm{I}}$	0	张拉力由台座承担，预应力筋已出现第一批应力损失，构件混凝土不受力
	切断预应力钢筋	σ_{pcI} 弹性压缩	$\sigma_{con}-\sigma_{l\,\mathrm{I}}-\alpha_E\sigma_{pc\,\mathrm{I}}$	$\sigma_{pc\,\mathrm{I}}=\dfrac{(\sigma_{con}-\sigma_{l\,\mathrm{I}})A_p}{A_0}$	预应力筋回缩使混凝土受到压应力 $\sigma_{pe\,\mathrm{I}}$，混凝土受压而缩短，钢筋压力减少 $\alpha_E\sigma_{pc\,\mathrm{I}}$
	完成第二批应力损失后	收缩徐变 σ_{pcII} 弹性回弹	$\sigma_{con}-\sigma_l-\alpha_E\sigma_{pc\,\mathrm{II}}$	$\sigma_{pc\,\mathrm{II}}=\dfrac{(\sigma_{con}-\sigma_l)A_p}{A_0}$	预应力筋和混凝土进一步缩短，混凝土压力降低到 $\sigma_{pc\,\mathrm{II}}$，而钢筋应力增长 $\alpha_E(\sigma_{pc\,\mathrm{I}}-\sigma_{pc\,\mathrm{II}})$
使用阶段	在外力 N_0 作用下，使 $\sigma_{pc}=0$	N_0 0 N_0	$\sigma_{con}-\sigma_l$	0	在外力 N_0 作用下混凝土应力增加 $\sigma_{pe\,\mathrm{II}}$，钢筋应力增加 $\alpha_E\sigma_{pe\,\mathrm{II}}$
	外力增加至 N_{cr} 使裂缝即将出现	N_{cr} f_{tk} N_{cr}	$(\sigma_{con}-\sigma_l)+\alpha_E f_{tk}$	f_{tk}	在外力 N_{cr} 作用下，混凝土应力再增加 f_{tk}，而钢筋应力则增长 $\alpha_E f_{tk}$
	在外力 N_u 作用下，构件破坏	N_u N_u	f_{py}	0	混凝土开裂后退出工作，全部外力由钢筋承担，当外力达到 N_u 时，钢筋应力达到 f_{py} 构件破坏

施工阶段：

1. 张拉预应力筋和浇筑混凝土，在台座上张拉钢筋，使钢筋应力达到控制应力 σ_{con}，然后将预应力钢筋锚固在台座上。这时，钢筋拉力由台座承担，并同时出现第一批应力损失，钢筋应力降低为：

$$\sigma_{pe}=\sigma_{con}-\sigma_{l1}-\sigma_{l3}-\sigma_{l4}=\sigma_{con}-\sigma_{l1} \tag{a}$$

浇筑混凝土时，由于混凝土尚未受力，故 $\sigma_{pc}=0$。

2. 切断预应力筋，当混凝土达到设计强度的 75%以上时，即可切断预应力钢筋。这时，已完成第一批预应力损失。设切断钢筋时混凝土获得预压应力为 $\sigma_{pc\,\mathrm{I}}$，混凝土受压而缩短，由于预应力筋与混凝土之间的粘结作用，故两者变形一致，预应力筋相应地减少

$\alpha_E\sigma_{pc\,\text{I}}$❶。于是，预应力筋的有效预应力为：

$$\sigma_{pe\,\text{I}}=(\sigma_{con}-\sigma_{l\,\text{I}})-\alpha_E\sigma_{Pc\,\text{I}} \tag{b}$$

式中　α_E——预应力筋弹性模量与混凝土弹性模量之比，即 $\alpha_E=\dfrac{E_s}{E_c}$。

混凝土预压应力 $\sigma_{pc\text{I}}$ 可由内力平衡条件求得（图 9-14）：

$$\sigma_{pe\,\text{I}}=(\sigma_{con}-\sigma_{l\,\text{I}}-\alpha_E\sigma_{pc\,\text{I}})A_p=\sigma_{pc\,\text{I}}A_n \tag{c}$$

式中　A_p——预应力筋的截面面积；

A_n——构件混凝土净截面面积。

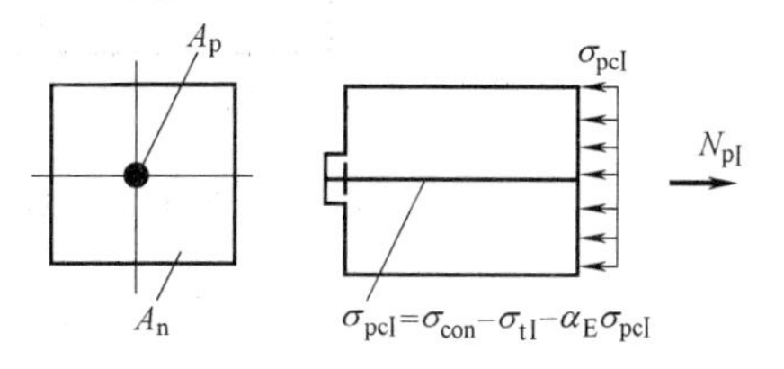

图 9-14　预应力构件中预应力 $\sigma_{pc\,\text{I}}$ 时的平衡

将式（c）整理后，得

$$\sigma_{pc\,\text{I}}=\frac{(\sigma_{con}-\sigma_{l\,\text{I}})A_p}{A_n+\alpha_E A_p}=\frac{N_{p\,\text{I}}}{A_0} \tag{9-16}$$

式（9-16）分子（$\sigma_{con}-\sigma_{l\,\text{I}}$）$A_p$ 为完成第一批应力损失后预应力钢筋的计算拉力，用 $N_{p\,\text{I}}$ 表示；而分母 $A_n+\alpha_E A_p$ 可以理解为混凝土净截面积与把纵向预应力筋截面积换算成混凝土截面积之和，我们称它为构件换算截面面积，用 A_0 表示。于是，式（9-16）可以理解为切断预应力钢筋时，预应力筋的计算拉力（扣除第一批损失后）$N_{p\,\text{I}}$ 在混凝土换算截面 A_0 上所产生的压应力 $\sigma_{pc\,\text{I}}$。

3. 完成第二批损失后，由于混凝土收缩、徐变，使预应力筋进一步缩短，从而出现第二批应力损失。预应力总损失为 $\sigma_l=\sigma_{l\,\text{I}}+\sigma_{l\,\text{II}}$

混凝土和预应力筋进一步缩短，混凝土压应力由 $\sigma_{pc\,\text{I}}$ 降低到 $\sigma_{pc\,\text{II}}$。预应力筋有效预拉应力则由 $\sigma_{pe\,\text{I}}$ 降低到 $\sigma_{pe\,\text{II}}$。即：

$$\begin{aligned}\sigma_{pe\,\text{II}}&=(\sigma_{con}-\sigma_l-\alpha_E\sigma_{pc\,\text{I}})-\sigma_{l\,\text{II}}+\alpha_E(\sigma_{pc\,\text{I}}-\sigma_{pc\,\text{II}})❷\\&=\sigma_{con}-\sigma_{l\,\text{I}}-\sigma_{l\,\text{II}}-\alpha_E\sigma_{pc\,\text{II}}\\&=\sigma_{con}-\sigma_l-\alpha_E\sigma_{pc\,\text{II}}\end{aligned} \tag{9-17}$$

混凝土预压应力 $\sigma_{pc\,\text{II}}$ 可由内力平衡条件求得（图 9-15）：

$$(\sigma_{con}-\sigma_l-\alpha_E\sigma_{pc\,\text{II}})A_p=\sigma_{pc\,\text{II}}A_n$$

或写成

$$\sigma_{pc\,\text{II}}=\frac{(\sigma_{con}-\sigma_l)A_P}{A_n+\alpha_E A_p}=\frac{N_{p\,\text{II}}}{A_0} \tag{9-18}$$

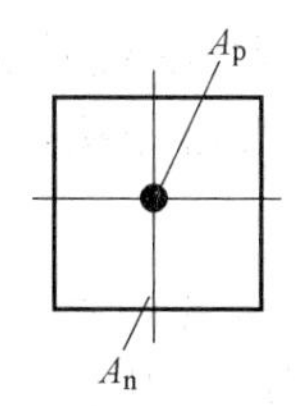

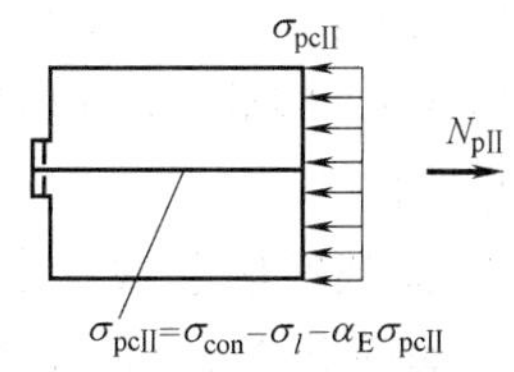

图 9-15　预应力构件中预应力 $\sigma_{pc\,\text{II}}$ 时的平衡

其中，$(\sigma_{con}-\sigma_l)A_p$ 为先张法构件完成全部损失后预应力筋的计算拉力，用 $N_{p\,\text{II}}$ 表示。

使用阶段：

4. 在外力 N_0 作用下，使建立起来的混凝土预压应力 $\sigma_{pc\,\text{II}}$ 全部抵消，即截面上混凝土应力为零。这时，钢筋拉应力在 $\sigma_{pe\,\text{II}}=\sigma_{con}-\sigma_l-\alpha_E\sigma_{pc\,\text{II}}$ 的基础上增加了 $\alpha_E\sigma_{pc\,\text{II}}$。于是，构件在 N_0

❶　由于钢筋与混凝土共同变形，故两者应变相等：$\varepsilon_c=\varepsilon_s=\frac{\sigma_{pc\,\text{I}}}{E_c}$。相应的钢筋应力 $\sigma_{pe}=\varepsilon_s E_s=\frac{\sigma_{pc\,\text{I}}}{E_c}E_s=\alpha_E\sigma_{pc\,\text{I}}$。

❷　式中等号右边第三项 $\alpha_E(\sigma_{pc\,\text{I}}-\sigma_{pc\,\text{II}})$ 是由于产生第二批损失后，混凝土应力降低使其产生弹性回弹后钢筋应力的增长值。

作用下预应力筋的拉应力 σ_{p0} 为：

$$\sigma_{p0}=\sigma_{con}-\sigma_l$$

轴向拉力 N_0 可由内外力平衡条件求得（图 9-16）：

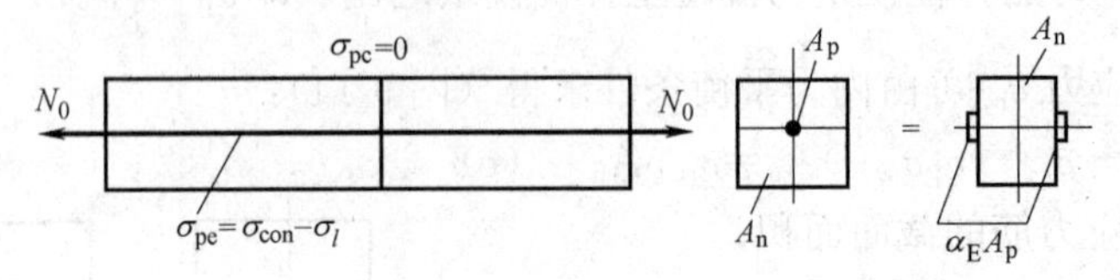

图 9-16　预应力构件在 N_0 作用下的平衡

$$N_0=\sigma_{p0}A_p=(\sigma_{con}-\sigma_l)A_p=N_{p\text{II}}$$ [1]

由式（9-18）可知：$N_{p\text{II}}=\sigma_{pc\text{II}}A_0$，于是

$$N_0=\sigma_{pc\text{II}}A_0 \tag{9-19}$$

5. 外荷载增加至 N_{cr} 使混凝土即将开裂，这时混凝土应力 $\sigma_{pc}=f_{tk}$，预应力筋应力在上一阶段基础上又增加了 $\alpha_E f_{tk}$，则预应力筋的拉应力变为：

$$\sigma_{pe}=\sigma_{con}-\sigma_l+\alpha_E f_{tk}$$

轴向拉力 N_{cr} 由内外力平衡条件求得（图 9-17）。

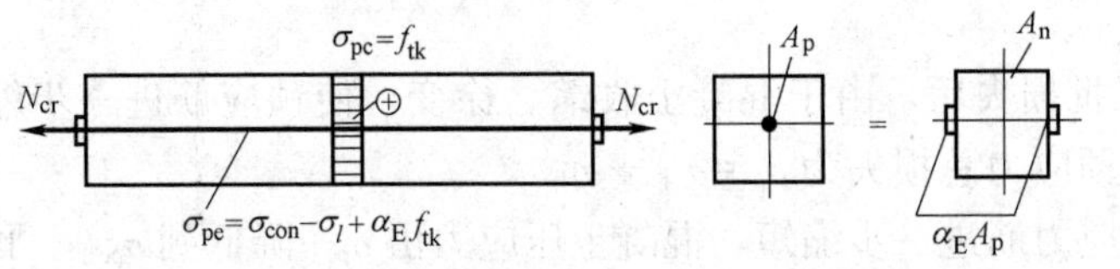

图 9-17　预应力构件在 N_{cr} 作用下的平衡

$$\begin{aligned}N_{cr}&=\sigma_{pe}A_p+f_{tk}A_n=(\sigma_{con}-\sigma_l+\alpha_E f_{tk})A_p+f_{tk}A_n\\&=(\sigma_{con}-\sigma_l)A_p+f_{tk}(A_n+\alpha_E A_p)=N_{p\text{II}}+f_{tk}A_0\\&=\sigma_{pc}A_0+f_{tk}A_0\end{aligned}$$

即

$$N_{cr}=(\sigma_{pc\text{II}}+f_{tk})A_0 \tag{9-20}$$

上式表明，由于预应力 $\sigma_{pc\text{II}}$ 的作用，可使预应力混凝土轴心受拉构件比普通钢筋混凝土轴心受拉构件的抗裂能力大若干倍（$\sigma_{pc\text{II}}$ 比 f_{tk} 大得多）。因此，在预应力混凝土构件设计中，合理地选择和正确地计算 $\sigma_{pc\text{II}}$ 的数值是十分重要的。

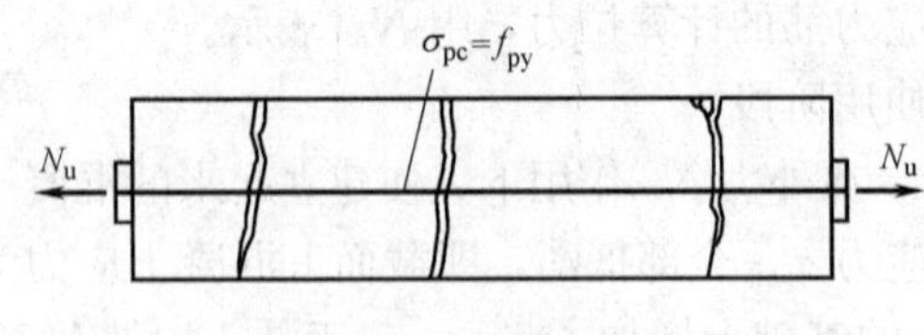

图 9-18　预应力构件达到 N_u 时的状态

6. 荷载增加至 N_u，构件破坏，当荷载超过开裂荷载 N_{cr} 后，构件混凝土开裂，截面的混凝土退出工作，全部外载由预应力钢筋承担。当钢筋达到屈服强度 f_{py} 时，构件即达到承载力极限状态。

由内外力平衡条件（图 9-18）得：

$$N_u=f_{py}A_p$$

[1] 为了叙述方便，对于先张法构件，本书用 $N_{p\text{II}}$ 表示混凝土法向预应力等于零时预应力筋及非预应力钢筋的合力，即《混凝土设计规范》中的 N_{p0}。

9.7.2　后张法构件

后张法预应力混凝土轴心受拉构件各阶段应力变化过程见表 9-7。

后张法预应力混凝土轴心受拉构件各阶段应力变化　　**表 9-7**

应力阶段		简　图	钢筋应力 σ_{pe}	混凝土应力 σ_{pc}	说　明
施工阶段	穿预应力钢筋并进行张拉	σ_{pc}	$\sigma_{con}-\sigma_{l2}$	$\sigma_{pc}=\frac{(\sigma_{con}-\sigma_{l2})A_p}{A_n}$	钢筋被拉长，混凝土受压缩短，摩擦损失同时产生，钢筋应力应 $\sigma_{con}-\sigma_{l2}$，混凝土应力为 σ_{pc}
	完成第一批应力损失	σ_{pcI}　弹性压缩	$\sigma_{con}-\sigma_{l\,I}$	$\sigma_{pc\,I}=\frac{(\sigma_{con}-\sigma_{l\,I})A_p}{A_n}$	钢筋应力减小 $\sigma_{l\,I}$，混凝土压应力降低为 $\sigma_{l\,I}$
	完成第二批应力损失	σ_{pcII}　收缩徐变　弹性回弹	$\sigma_{con}-\sigma_l$	$\sigma_{pc\,II}=\frac{(\sigma_{con}-\sigma_l)A_p}{A_n}$	钢筋应力降低为 $\sigma_{con}-\sigma_l$，混凝土压应力减小为 $\sigma_{pc\,II}$
使用阶段	在外力 N_0 作用下，使 $\sigma_{pcII}=0$	N_0　0　N_0	$(\sigma_{con}-\sigma_l)+\alpha_E\sigma_{pc\,II}$	0	与先张法构件相同
	外力增加至 N_{cr} 使裂缝即将出现	N_{cr}　N_{cr}	$(\sigma_{con}-\sigma_l+\alpha_E\sigma_{pc\,II})+\alpha_E f_{tk}$	f_{tk}	与先张法构件相同
	在外力 N_u 作用下，构件破坏	N_u　N_u	f_{py}	0	与先张法构件相同

施工阶段：

1. 张拉预应力筋，将钢筋张拉至控制应力 σ_{con} 时，由于在构件上进行张拉使钢筋被拉长，混凝土同时受压而缩短，并产生摩擦损失 σ_{l2}。于是，预应力钢筋拉应力降低为：

$$\sigma_{pc}=\sigma_{con}-\sigma_{l2}$$

这时，混凝土预压应力则为：

$$\sigma_{pc}=\frac{(\sigma_{con}-\sigma_{l2})A_P}{A_n}$$

式中　A_n——混凝土构件净截面面积；

A_p——预应力钢筋的截面面积。

2. 完成第一批应力损失后：由于预应力筋锚具变形、钢筋内缩和摩擦损失，使预应力筋出现第一批应力损失。于是，预应力筋的有效预应力变为：

$$\sigma_{pe\,\mathrm{I}}=\sigma_{con}-\sigma_{l\,\mathrm{I}}$$

混凝土预压应力 $\sigma_{pc\,\mathrm{I}}$ 由平衡条件求得（图 9-19）：

$$(\sigma_{con}-\sigma_{l\,\mathrm{I}})A_p=\sigma_{pc\,\mathrm{I}}A_n$$

$$\sigma_{pc\,\mathrm{I}}=\frac{(\sigma_{con}-\sigma_{l\mathrm{I}})A_p}{A_n}=\frac{N_{p\,\mathrm{I}}}{A_n} \tag{9-21}$$

式中　$N_{p\,\mathrm{I}}$——完成第一批应力损失后预应力筋的有效拉力。

其余符号意义与前相同。

3. 完成第二批应力损失后：由于混凝土的收缩、徐变和预应力筋应力进一步松弛所引起的预应力损失，使混凝土预压应力由原来的 $\sigma_{pc\mathrm{I}}$ 降至 $\sigma_{pc\mathrm{II}}$，预应力筋有效预应力由原来的 $\sigma_{pe\mathrm{I}}$ 降至 $\sigma_{pe\mathrm{II}}$。于是

$$\sigma_{pe\mathrm{II}}=\sigma_{pe\,\mathrm{I}}-\sigma_{l\,\mathrm{II}}+\alpha_E(\sigma_{pc\,\mathrm{I}}-\sigma_{pc\,\mathrm{II}}) \tag{9-22a}$$

将 $\sigma_{pe\,\mathrm{I}}=\sigma_{con}-\sigma_{l\mathrm{I}}$ 代入上式，并忽略由混凝土预压应力降低所产生的回弹而使预应力筋拉应力增长第三项 $\alpha_E(\sigma_{pc\,\mathrm{I}}-\sigma_{pc\mathrm{II}})$，则式（9-22a）简化成：

$$\sigma_{pe\mathrm{II}}=\sigma_{con}-\sigma_l \tag{9-22b}$$

混凝土预压应力 $\sigma_{pc\mathrm{II}}$ 由平衡条件求得（图 9-20）：

$$\sigma_{pc\mathrm{II}}=\frac{(\sigma_{con}-\sigma_l)A_p}{A_n}=\frac{N_{p\mathrm{II}}}{A_n} \tag{9-23}$$

其中（$\sigma_{con}-\sigma_l$）A_p 为后张法构件完成全部损失后，预应力钢筋的有效拉应力，用 $N_{p\mathrm{II}}$ 表示。将式（9-16）、式（9-18）分别与式（9-21）、式（9-23）加以比较，我们发现，先张法与后张法相应公式相似，前者分母为 $A_0=A_n+\alpha_E A_p$，而后者为 A_n。

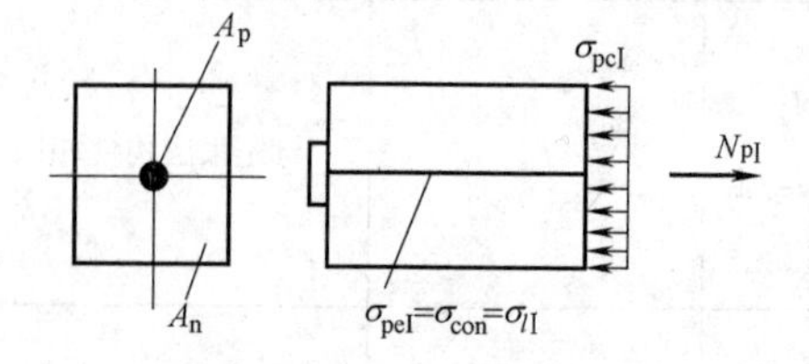

图 9-19　预应力构件中预应力为 $\sigma_{pe\,\mathrm{I}}$ 时的平衡

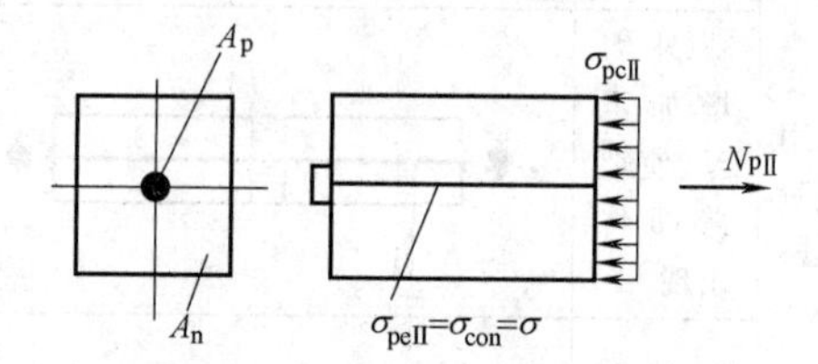

图 9-20　预应力构件中预应力 $\sigma_{pe\mathrm{II}}$ 时的平衡

使用阶段：

4. 加荷载至 N_0，使混凝土预压应力 σ_{pc} 为零：这时预应力筋的有效预应力在 $\sigma_{pe\mathrm{II}}$ 的基础上增加 $\alpha_E\sigma_{pc\mathrm{II}}$，于是，混凝土法向应力等于零时的预应力钢筋应力 σ_{p0} 为：

$$\sigma_{p0}=\sigma_{pe\mathrm{II}}+\alpha_E\sigma_{pc\mathrm{II}}=\sigma_{con}-\sigma_l+\alpha_E\sigma_{pc\mathrm{II}}$$

轴向拉力 N_0 可由内外力平衡条件求得（图 9-21）：

$$\begin{aligned}N_0&=\sigma_{p0}A_p=(\sigma_{con}-\sigma_l+\alpha_E\sigma_{pc\mathrm{II}})A_p\\&=(\sigma_{con}-\sigma_l)A_p+\alpha_E\sigma_{pc\mathrm{II}}A_p\\&=N_{p\mathrm{II}}+\alpha_E\sigma_{pc\mathrm{II}}A_p\end{aligned}$$

由式（9-23）得：$N_{p\mathrm{II}}=\sigma_{pc\mathrm{II}}A_n$，于是

$$N_0=\sigma_{pc\mathrm{II}}A_n++\alpha_E\sigma_{pc\mathrm{II}}A_p=\sigma_{pc\mathrm{II}}(A_n+\alpha_E A_p)$$

或写成

$$N_0=\sigma_{pc\mathrm{II}}A_0 \tag{9-24}$$

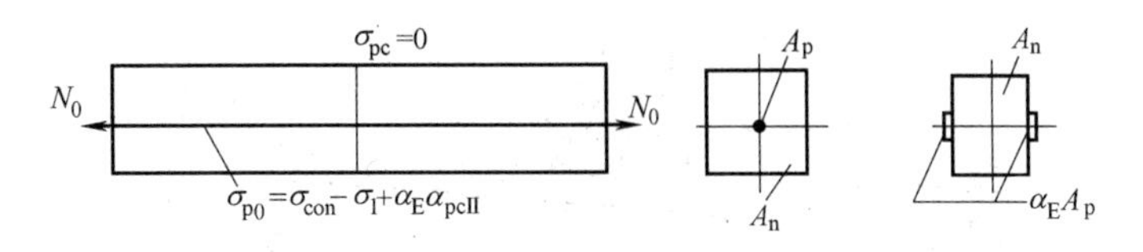

图 9-21　预应力构件在 N_0 作用下的平衡

5. 加荷载至 N_{cr}，使构件即将出现裂缝：这时混凝土应力达到 f_{tk}，预应力筋的拉应力在 $\sigma_{con}-\sigma_l+\alpha_E\sigma_{pcII}$ 的基础上再增加 $\alpha_E f_{tk}$，即：

$$\sigma_{pe}=\sigma_{con}-\sigma_l+\alpha_E\sigma_{pcII}+\alpha_E f_{tk}$$

轴向拉力 N_{cr} 由内外力平衡条件求得（图 9-22）：

$$\begin{aligned}N_{cr}&=\sigma_{pe}A_p+f_{tk}A_n=(\sigma_{con}-\sigma_l+\alpha_E\sigma_{pcII}+\alpha_E f_{tk})A_p+f_{tk}A_n\\&=(\sigma_{con}-\sigma_l+\alpha_E\sigma_{pcII})A_p+f_{tk}(A_n+\alpha_E A_p)\\&=(\sigma_{con}-\sigma_l+\alpha_E\sigma_{pcII})A_p+f_{tk}A_0\end{aligned}$$

因为

$$(\sigma_{con}-\sigma_l+\alpha_E\sigma_{pcII})A_p=N_0=\sigma_{pcII}A_0$$

所以

$$N_{cr}=(\sigma_{pcII}+f_{tk})A_0 \tag{9-25}$$

6. 加荷载至 N_u，使构件破坏：这时预应力筋应力达到屈服强度 f_{py}，破坏荷载 N_u 为：

$$N_u=f_{py}A_p \tag{9-26}$$

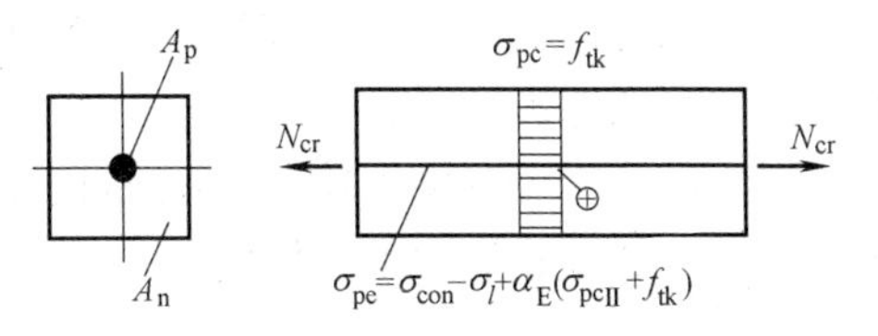

图 9-22　预应力构件在 N_{cr} 作用时的平衡

至此，已经叙述了预应力混凝土轴心受拉构件在各个阶段预应力筋和混凝土的应力变化，以及荷载 N_0、N_{cr} 和 N_u 的计算。为了进一步了解预应力混凝土和普通钢筋混凝土轴心受拉构件的特点和它们的区别，我们将先张法和后张法预应力混凝土构件与普通钢筋混凝土构件在各受力阶段钢筋和混凝土的应力变化绘成曲线图（图 9-23）。由图可以看出：

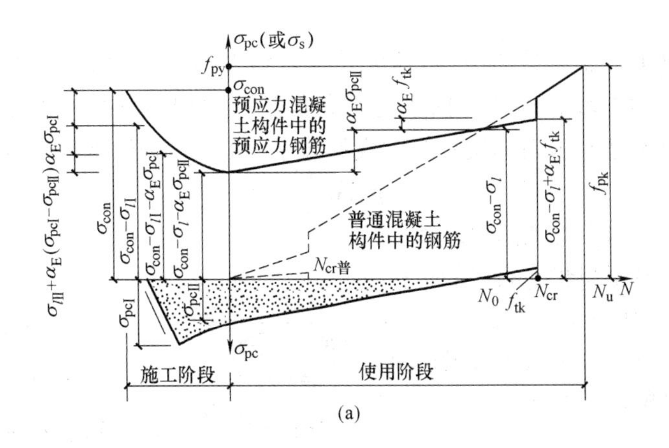

图 9-23　预应力混凝土轴心受拉构件各阶段的应力变化关系曲线（一）

（a）先张法结构

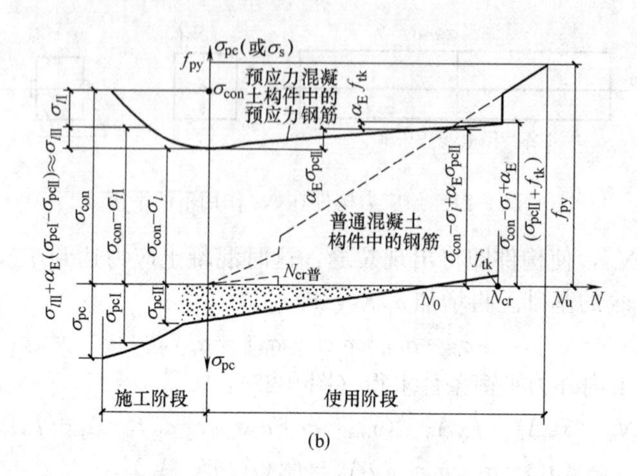

图 9-23　预应力混凝土轴心受拉构件各阶段的应力变化关系曲线（二）

（b）后张法构件

（1）预应力筋从张拉至破坏一直处于高拉应力状态，而混凝土在荷载作用之前一直处于受压状态。这样，就充分发挥了高强度钢筋受拉和混凝土受压的特长。

（2）预应力混凝土构件开裂荷载 N_{cr} 比普通钢筋混凝土构件大得多，故预应力构件的抗裂性能大大地提高了。

（3）若预应力混凝土构件与普通钢筋混凝土构件的截面尺寸和配筋以及材料强度相同，则两者的承载能力是一样的。

§9.8　预应力混凝土轴心受拉构件使用阶段的计算

预应力混凝土轴心受拉构件使用阶段的验算，包括承载力计算和裂缝控制验算。兹分述如下：

9.8.1　承载力计算

当作用在构件上的轴向拉力 N 达到构件开裂轴力 N_{cr} 时，构件混凝土开裂而退出工作，所以在裂缝截面处轴力全部由预应力筋和非预应力钢筋承担。当构件达到极限状态时，它们的应力分别达到各自的抗拉强度设计值 f_{py} 和 f_y。构件承载力可按下式计算：

$$N \leqslant f_{py}A_p + f_yA_s \tag{9-27}$$

式中　N——构件所承受的轴向力设计值；

f_{py}、f_y——预应力筋和非预应力筋抗拉强度设计值；

A_p、A_s——预应力筋和非预应力筋的截面面积，见图 9-24。

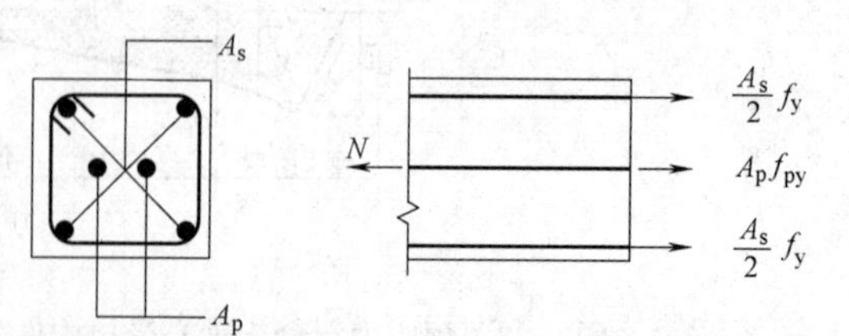

图 9-24　预应混凝土轴心受拉构件的计算

9.8.2　裂缝控制验算

预应力混凝土轴心受拉构件除进行

承载力计算外，尚须进行裂缝控制验算，即应按下列规定进行受拉边缘应力或正载面裂缝宽度验算。

《混凝土设计规范》规定，结构构件正截面的受力裂缝控制等级分为三级。裂缝控制等级的划分及要求应符合下裂规定：

1. 一级裂缝控制等级构件——严格要求不出现受力裂缝的构件

在荷载效应的标准组合下，构件混凝土不应产生拉应力。如果在荷载效应的标准组合下，在构件截面内产生轴向拉力 N_k不超过 N_0，则表明构件混凝土不会产生拉应力：

$$N_k \leqslant N_0 = \sigma_{pc\text{II}} A_0 \tag{9-28}$$

或写成应力表达形式

$$\sigma_{ck} - \sigma_{pc\text{II}} \leqslant 0 \tag{9-29}$$

式中　σ_{ck}——荷载效应的标准组合下构件混凝土的法向应力；

$$\sigma_{ck} = \frac{N_k}{A_0} \tag{9-30}$$

$\sigma_{pc\text{II}}$——扣除全部预应力损失后混凝土的预压应力。

应当指出，在计算 $\sigma_{pc\text{II}}$ 时应分两种情况：当构件仅配有预应力钢筋时，其值应按式（9-18）或式（9-23）计算；当构件尚配有非预应力钢筋时，则应按下式计算：

先张法：

$$\sigma_{pc\text{II}} = \frac{(\sigma_{con} - \sigma_l)A_p - \sigma_{l5}A_s}{A_0} \tag{9-31}$$

后张法：

$$\sigma_{pc\text{II}} = \frac{(\sigma_{con} - \sigma_l)A_p - \sigma_{l5}A_s}{A_n} \tag{9-32}$$

式中　σ_{l5}——混凝土收缩、徐变引起的应力损失；

A_s——构件配置的非预应力钢筋的截面面积。

$\sigma_{l5}A_s$是考虑当预应力混凝土构件配置非预应力钢筋时，由于混凝土收缩、徐变的影响，在非预应力钢筋中产生的内力值。它的存在减少了构件混凝土预压应力，使构件的抗裂性能降低。因此，计算时应考虑这项影响。为简化计算，《混凝土设计规范》假定，非预应力钢筋应力取等于混凝土收缩和徐变引起的预应力损失值 σ_{l5}。

2. 二级裂缝控制等级构件——一般要求不出现受力裂缝的构件

在荷载效应的标准组合下，构件混凝土允许产生拉应力，但其值不应超过混凝土抗拉强度标准值，即应符合下列规定：

$$\sigma_{ck} - \sigma_{pc\text{II}} \leqslant f_{tk} \tag{9-33}$$

3. 三级裂缝控制等级构件

对于裂缝控制等级为三级的预应力混凝土轴心受拉构件，应满足下面两个条件：

（1）按荷载效应的标准组合并考虑长期作用影响的效应计算，最大裂缝宽度应符合下列规定：

$$w_{max} \leqslant w_{lim} \tag{9-34}$$

式中　w_{max}——按荷载效应的标准组合并考虑长期作用影响计算的最大裂缝宽度；

w_{lim}——最大裂缝宽度限值，取 $w_{lim}=0.2$mm。

（2）对环境类别为二 a 类的预应力混凝土构件，在荷载准永久组合下，受拉边缘应力尚应符合下列规定：

$$\sigma_{cq}-\sigma_{pc\,II}\leqslant f_{tk} \tag{9-35}$$

式中　σ_{cq}——荷载准永久组合下抗裂验算边缘的混凝土的法向应力；

f_{tk}——混凝土抗拉强度标准值。

下面通过普通钢筋混凝土轴心受拉构件裂缝宽度计算式（8-40）写出预应力混凝土轴心受拉构件的相应公式。显然，在普通钢筋混凝土轴心受拉构件中，承受外载前混凝土和钢筋应力均为零。由式（8-40）可知，构件在荷载作用下开裂时，其裂缝宽度 w_{max}与钢筋应力 σ_s成正比。但预应力混凝土构件在承受外载前钢筋与混凝土均受有预应力。故它在外载作用下产生的裂缝宽度 w_{max}应与轴向拉力增量（N_k-N_{p0}）在钢筋（包括预应力筋和非预应力筋）截面上产生的应力 σ_{sk}成正比，于是，预应力混凝土轴心受拉构件裂缝宽度 w_{max}的计算公式仍可采用式（8-40）的形式，但式中的系数取成 2.2：

$$w_{max}=2.2\psi\frac{\sigma_{sk}}{E_s}\left(1.9c+0.08\frac{d_{eq}}{\rho_{te}}\right) \tag{9-36}$$

式中　ψ——裂缝间纵向受拉钢筋应变不均匀系数，按下式计算：

$$\psi=1.1-0.65\frac{f_{tk}}{\rho_{te}\sigma_{sk}} \tag{9-37}$$

当 $\psi<0.2$ 时，取 $\psi=0.2$；当 $\psi>1.0$ 时，取 $\psi=1.0$；对直接承受重复荷载的构件，取 $\psi=1.0$。

σ_{sk}——按荷载效应的标准组合计算的预应力混凝土构件纵向受拉钢筋的等效应力，按下式计算：

$$\sigma_{sk}=\frac{N_k-N_{p0}}{A_p+A_s} \tag{9-38}$$

N_k——荷载效应的标准组合计算的轴向拉力值；

N_{p0}——混凝土法向预压应力为零（即 $\sigma_{po}=0$）时，预应力钢筋和非预应力钢筋的合力，即

$$N_{p0}=\sigma_{p0}A_p-\sigma_{l5}A_s \tag{9-39}$$

E_s——钢筋的弹性模量（N/mm^2）；

c——最外层纵向钢筋保护层厚度（mm），当 $c<20mm$，取 $c=20mm$；当 $c>65mm$，取 $c=65mm$；

d_{eq}——钢筋等效直径（mm），按下式计算：

$$d_{eq}=\frac{\sum n_i d_i^2}{\sum n_i \nu_i d_i} \tag{9-40}$$

d_i——第 i 种纵向受力钢筋的直径；

ν_i——第 i 种纵向受拉钢筋表面特征系数，按表 9-8 采用；

n_i——第 i 种纵向受拉钢筋的根数；

ρ_{te}——按有效受拉混凝土面积计算的纵向受拉钢筋配筋率，当 $\rho_{te}\leqslant0.01$ 时，取 $\rho_{te}=0.01$；

$$\rho_{te}=\frac{A_p+A_s}{A_{te}} \tag{9-41}$$

A_p、A_s——预应力钢筋和非预应力钢筋的截面面积；

A_{te}——构件有效受拉混凝土截面面积，$A_{te}=bh$。
其余符号意义与前相同。

预应力钢筋相对粘结特性系数　　**表9-8**

钢筋类别	先张法预应力筋			后张法预应力筋		
	带肋钢筋	螺旋肋钢丝	钢绞线	带肋钢筋	钢绞线	光面钢丝
ν_i	1.0	0.8	0.6	0.8	0.5	0.4

注：对环氧树脂涂层带肋钢筋，其相对粘结特性系数应按表中系数的0.8倍取用。

§9.9　预应力混凝土轴心受拉构件施工阶段的验算

预应力混凝土轴心受拉构件，除了对使用阶段的承载力、裂缝控制进行验算外，还需保证在施工阶段构件的承载力。

先张法构件切断预应力钢筋时或在后张法构件张拉钢筋终了时，混凝土所受到的压应力最大，而这时混凝土强度恰好又比较低（一般为强度设计值的75%）。在这种不利的情况下，无论先张法构件或后张法构件均应进行混凝土轴心受压承载力验算。对于后张法构件除进行受压承载力验算外，尚需进局部受压承载力验算。

9.9.1　混凝土轴心受压承载力验算

《混凝土设计规范》规定，张拉（后张法）或切断（先张法）预应力筋时，构件应满足下列条件：

$$\sigma_{cc}\leqslant 0.8f'_{ck} \tag{9-42}$$

式中　σ_{cc}——张拉终了或切断预应力钢筋时混凝土所承受的预应力，按下式计算。

先张法构件：

$$\sigma_{cc}=\sigma_{pc\,\mathrm{I}}=\frac{(\sigma_{con}-\sigma_{l1})A_p}{A_0} \tag{9-43}$$

后张法构件：

$$\sigma_{cc}=\frac{\sigma_{con}A_p}{A_p} \tag{9-44}$$

式中　f'_{ck}——张拉或切断预应力筋时，与混凝土立方体抗压强度f'_{cu}相应的轴心抗压强度标准值，可由附录A表A-1查得，查表时允许按线性插入法确定。

9.9.2　后张法构件锚固区局部受按压承载力计算

1. 局部受压面积的验算

为了保证后张法构件端部的局部受压承载力，在预应力筋锚具下及张拉设备的支承处，应配置承压钢板及间接钢筋（横向钢筋网片或螺旋式钢筋）（图9-25a、b）。试验表明，若构件局部受压区的截面尺寸太小，而间接钢筋配置过多，则局部受压区达到极限状态时，垫板将产生很大的沉陷。为了防止这种现象的发生，《混凝土设计规范》规定，局部受压区的截面尺寸应符合下列要求：

$$F_l\leqslant 1.35\beta_c\beta_l f_c A_{ln} \tag{9-45}$$

$$\beta_l=\sqrt{\frac{A_b}{A_l}} \tag{9-46}$$

式中　F_l——局部受压面上作用的局部荷载或局部压力设计值，对后张法预应力混凝土构件中的锚具下局部压力设计值，应取 $1.2\sigma_{con}A_p$；

f_c——混凝土轴心抗压强度设计值；在后张法预应力混凝土构件的张拉阶段验算中，可根据相应阶段的混凝土立方体抗压强度 f'_{cu}值由附录 A 表 A-1 查得，查表时允许按线性插入法确定；

β_c——混凝土强度影响系数；当混凝土强度等级不超过 C50 时，取 $\beta_c=1.0$；当混凝土强度等级等于 C50 时，$\beta_c=0.80$；其间按插入法采用；

β_l——混凝土局部受压时的强度提高系数；

A_l——混凝土局部受压面积；应考虑预应力沿锚具边缘在垫板中按 45°角扩散后，传至混凝土的受压面积（图 9-25b）；

A_{ln}——混凝土局部受压净面积；对后张法构件，应在混凝土局部受压面积中扣除孔道、凹槽部分的面积；

A_b——局部受压时计算底面积，可根据局部受压面积与计算底面积同心对称的原则确定，一般情况可按图 9-26 规定取用。

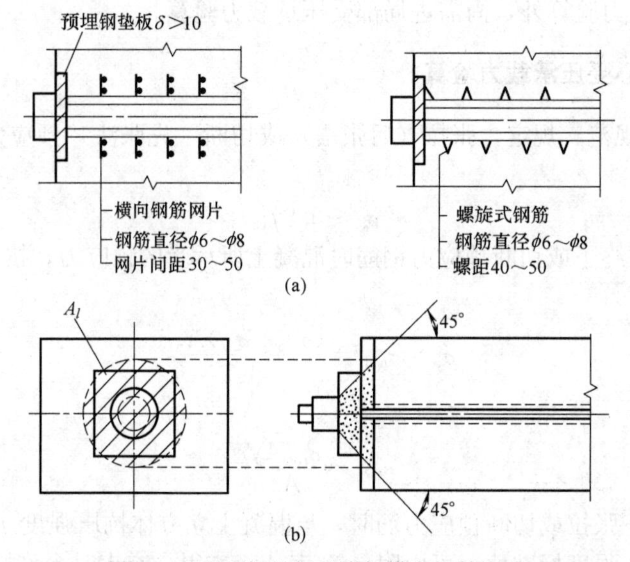

图 9-25　预埋钢垫板及附加横向钢筋网片

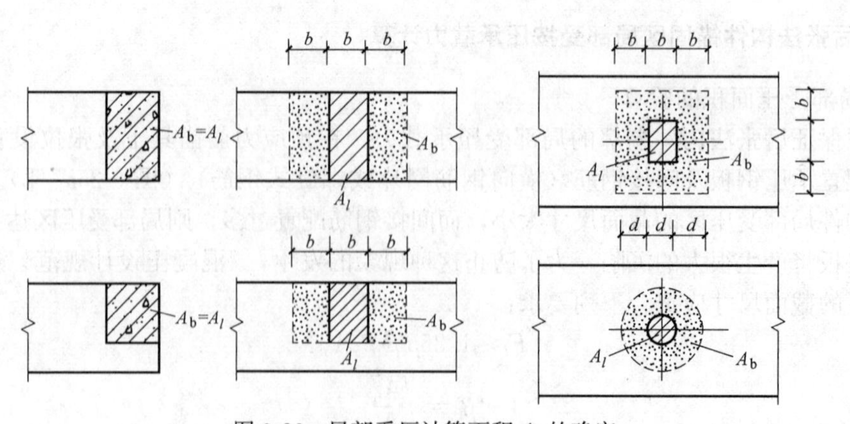

图 9-26　局部受压计算面积 A_b 的确定

当不满足式（9-45）要求时，应加大端部锚固区的截面尺寸、提高混凝土强度等级或调整锚具位置。

2. 局部受压承载力计算

当配置方格网式或螺旋式间接钢筋（图 9-27）时，局部受压承载力按下式计算：

$$F_l \leqslant 0.9(\beta_c \beta_l f_c + 2\alpha \rho_r \beta_{cor} f_{yv}) A_{ln} \tag{9-47}$$

当为方格网式配筋时（图 9-27a），钢筋网两个方向上单位长度内钢筋面积的比值不宜大于 1.5，其体积配筋率 ρ_v 应按下列公式计算：

$$\rho_v = \frac{n_1 A_{s1} l_1 + n_2 A_{s2} l_2}{A_{cor} s} \tag{9-48}$$

当为螺旋式配筋时（图 9-27b），其体积配筋率 ρ_v 应按下列公式计算：

$$\rho_v = \frac{4A_{ss1}}{d_{cor} s} \tag{9-49}$$

式中　β_{cor}——配置间接钢筋的局部受压承载力提高系数，按下式计算：

$$\beta_{cor} = \sqrt{\frac{A_{cor}}{A_l}} \tag{9-50}$$

当 $A_{cor} > A_b$ 时，取 $A_{cor} = A_b$；当 $A_{cor} \leqslant 1.25A_l$ 时，取 $\beta_{cor} = 1$。

f_{yv}——间接钢筋抗拉强度设计值；

α——间接钢筋对混凝土约束折减系数；当混凝土强度等级不超过 C50 时，取 1.0；当混凝土强度等级为 C80 时，取 0.85；其间按线性内插法确定；

A_{cor}——方格网式或螺旋式间接钢筋内表面范围内的混凝土核心面积，其形心应与 A_l 的形心相重合，计算中仍按同心、对称的原则取值；

ρ_v——间接钢筋的体积配筋率，（核心面积 A_{cor} 范围内单位混凝土体积所含间接钢筋的体积）；

n_1、A_{s1}——分别为方格网沿 l_1 方向的钢筋根数、单根钢筋的截面面积；

n_2、A_{s2}——分别为方格网沿 l_2 方向的钢筋根数、单根钢筋的截面面积；

A_{ss1}——单根螺旋式间接钢筋截面面积；

d_{cor}——螺旋式间接钢筋内表面范围内的混凝土截面直径；

s——方格网式或螺旋式间接钢筋的间距，宜取 30～80mm。

按式（9-47）计算的间接钢筋应配置在图 9-27 所规定的高度 h 范围内，对方格式钢筋，不应少于 4 片；对螺旋式钢筋，不应少于 4 圈。

若验算不满足式（9-47）的条件，对方格网式间接钢筋，则应增加钢筋根数，加大钢筋直径，减小网格间距；对螺旋式间接钢筋，则应增加钢筋直径，减小螺距。

【例题 9-1】 18m 长预应力混凝土屋架下弦杆截面尺寸为 250mm×180mm，采用后张法，混凝土强度达到强度设计值时张拉预应力筋，从一端张拉，采用一次张拉。孔道（直径为 2ϕ50mm）为充压抽芯成型。采用 JM12 锚具，构件端部构造见图 9-28。屋架下弦杆轴向拉力设计值 N=824.5kN，按荷载效应的标准组合，下弦杆的轴向拉力为 N_k=725kN。

试按二级裂缝控制等级设计屋架下弦。

【解】（1）选择材料

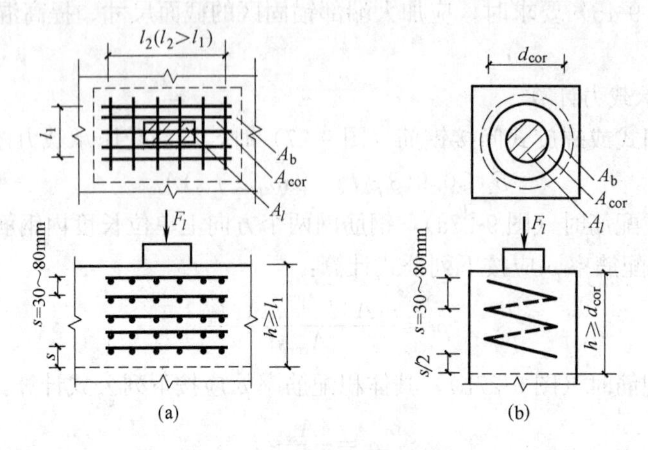

图 9-27　钢筋网及螺旋的配置

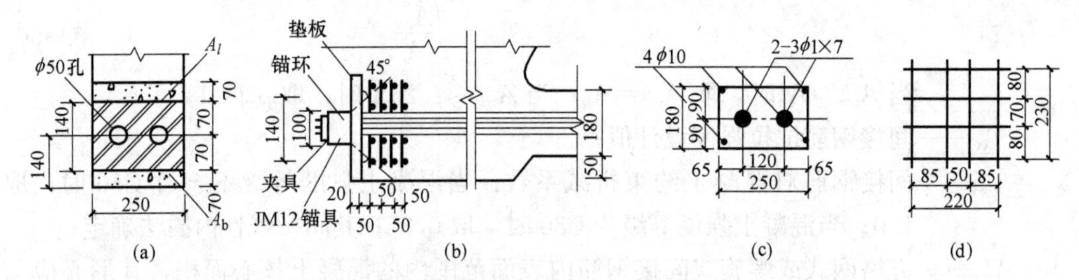

图 9-28　【例题 9-1】附图

混凝土：采用 C40（$f_c=19.1\text{N/mm}^2$，$f_t=1.71\text{N/mm}^2$，$f_{tk}=2.39\text{N/mm}^2$，$E_c=3.25\times10^4\text{N/mm}^2$）

预应力钢筋：采用普通松弛钢绞线（$f_{ptk}=1720\text{N/mm}^2$，$f_{py}=1220\text{N/mm}^2$，$E_p=1.95\times10^5\text{N/mm}^2$）

非预应力钢筋：采用 HRB335 级钢筋（$f_y=300$，$E_p=2.0\times10^5\text{N/mm}^2$）

（2）使用阶段承载力计算

1）确定非预应力钢筋截面面积

根据构造要求采用非预应力筋为 4ϕ10($A_s=314\text{mm}^2$)。

2）计算预应力钢筋截面面积

屋架安全等级属于一级，故结构重要性系数 $\gamma_0=1.1$。

由式（9-27）可算出预应力钢筋截面面积

$$A_p=\frac{\gamma_0 N-A_s f_y}{f_{py}}=\frac{1.1\times824.5\times10^3-314\times300}{1220}=666.2\text{mm}^2$$

选配 2 束普通松弛钢绞线，每束 3ϕ^S1×7，$d=15.2$mm，$A_p=6\times139=834\text{mm}^2$。

（3）使用阶段抗裂验算

1）截面特征和参数计算

$$\alpha_{Ep}=\frac{E_p}{E_c}=\frac{1.95\times10^5}{3.25\times10^4}=6.00$$

$$\alpha_{Es}=\frac{E_s}{E_c}=\frac{2.00\times10^5}{3.25\times10^4}=6.15$$

2）截面面积

$$A_c=250\times180-2\times\frac{1}{4}\pi\times50^2-314=40759\text{mm}^2$$

$$A_n=A_c+\alpha_{Es}A_s=40759+6.15\times314=42690\text{mm}^2$$

$$A_0=A_c+\alpha_{E_s}A_s+\alpha_{Ep}A_p=40759+6.15\times314+6\times834=47694\text{mm}^2$$

3）确定张拉控制应力 σ_{con}

根据表 9-1 选取张拉控制应力

$$\sigma_{con}=0.60f_{ptk}=0.60\times1720=1032\text{N/mm}^2$$

4）计算预应力损失

a. 锚具变形损失

由表 9-2 查得，夹片式锚具 $a=5\text{mm}$，故：

$$\sigma_{l1}=\frac{a}{l}E_p=\frac{5}{18000}\times1.95\times10^5=54.16\text{N/mm}^2$$

b. 孔道摩擦损失

按一端张拉计算这项损失，故 $x=l=18\text{m}$，

按式（9-2）计算摩擦损失，由表 9-2 查得 $\kappa=0.0015$，直线配筋 $\mu\theta=0$，故：

$$\sigma_{l2}=\sigma_{con}(\kappa x+\mu\theta)=1032\times(0.0015\times18)=27.86\text{N/mm}^2$$

则第一批损失为：

$$\sigma_{l1}=\sigma_{l1}+\sigma_{l2}=54.16+27.86=82.02\text{N/mm}^2$$

c. 预应力钢筋的松弛损失

$$\sigma_{l4}=0.4\left(\frac{\sigma_{con}}{f_{ptk}}-0.5\right)\sigma_{con}=0.4\times\left(\frac{1032}{1720}-0.5\right)\times1032=41.28\text{N/mm}^2$$

d. 混凝土收缩、徐变损失

完成第一批损失后截面上的混凝土预应力为：

$$\sigma_{pc\,\text{I}}=\frac{(\sigma_{con}-\sigma_{l1})A_p}{A_n}=\frac{(1032-82.02)\times834}{42690}=18.56\text{N/mm}^2$$

$$\rho=\frac{0.5(A_p+A_s)}{A_n}=\frac{0.5\times(834+314)}{42690}=0.0134$$

$$\sigma_{l5}=\frac{55+300\dfrac{\sigma_{pc\,\text{I}}}{f'_{cu}}}{1+15\rho}=\frac{55+300\times\dfrac{18.56}{40}}{1+15\times0.0134}=160.70\text{N/mm}^2$$ [1]

于是，第二批损失为：

$$\sigma_{l\,\text{II}}=\sigma_{l4}+\sigma_{l5}=41.28+160.70=210.98\text{N/mm}^2$$

预应力总损失

$$\sigma_l=\sigma_{l\,\text{I}}+\sigma_{l\,\text{II}}=82.02+210.98=293\text{N/mm}^2$$

5）抗裂验算

---

[1] 考虑混凝土强度达到100%时进行张拉。

a. 计算混凝土预压应力 $\sigma_{pc\text{II}}$

$$\sigma_{pc\text{II}}=\frac{(\sigma_{con}-\sigma_l)A_p-\sigma_{l5}A_s}{A_n}=\frac{(1032-293)834-160.70\times314}{42690}=13.26\text{N/mm}^2$$

b. 计算外载在截面中引起的拉应力 σ_{ck}

在荷载效应的标准组合下：

$$\sigma_{ck}=\frac{N_k}{A_0}=\frac{725\times10^3}{47694}=15.20\text{N/mm}^2$$

c. 按式（9-33）进行抗裂验算：

$$\sigma_{ck}-\sigma_{pc\text{II}}=15.20-13.26=1.94\text{N/mm}^2<f_{tk}=2.39\text{N/mm}^2$$

满足要求。

（4）施工阶段验算

按式（9-44）计算：

$$\sigma_{cc}=\frac{\sigma_{con}A_p}{A_n}=\frac{1032\times834}{42690}=20.16\text{N/mm}^2<0.8f'_{tk}=0.8\times26.8=21.44\text{N/mm}^2$$

满足要求。

（5）屋架端部受压承载力计算

1）几何特征与参数

锚头局部受压面积为：

$$A_l=250\times(100+2\times20)=35000\text{mm}^2$$

$$A_{ln}=250\times(100+2\times20)-2\times\frac{1}{4}\times\pi\times50^2=31073\text{mm}^2$$

$$A_b=250\times(140+2\times70)=70000\text{mm}^2$$ [1]

局部受压承载力提高系数按式（9-46）计算：

$$\beta_l=\sqrt{\frac{A_b}{A_l}}=\sqrt{\frac{70000}{35000}}=1.41$$

2）局部压力设计值

局部压力设计值等于预应力筋锚固前在张拉端的总拉力的 1.2 倍：

$$F_l=1.2\sigma_{con}A_p=1.2\times1032\times834=1032825\text{N}$$

3）局部受压尺寸验算

$$1.35\beta_c\beta_l f_c A_{ln}=1.35\times1.0\times1.41\times19.1\times31073=1129716\text{N}>F_l=1032825\text{N}$$

满足要求。

4）局部受压承载力计算

屋架端部配置直径为 $\phi6$ 的 4 片网，其面积 $A_s=28.3\text{mm}^2$，间距 $s=50\text{mm}$，网片尺寸参见图 9-28（d），则：

$$A_{cor}=220\times230=50600\text{mm}^2>1.25\times A_l$$
$$=1.25\times35000=1375\text{mm}^2，且小于 A_b=70000\text{mm}^2。$$

按式（9-48）计算横向钢筋网的体积配筋率：

[1] 近似按图9-28（a）中绘有阴影线的矩形面积计算。

$$\rho_v=\frac{n_1A_{s1}l_1+n_2A_2l_2}{A_{cor}s}=\frac{4\times28.3\times220+4\times28.3\times230}{50600\times50}=0.0201$$

按式（9-50）计算：

$$\beta_{cor}=\sqrt{\frac{A_{cor}}{A_l}}=\sqrt{\frac{50600}{35000}}=1.20$$

按式（9-43）验算局部受压承载力

$$\begin{aligned}0.9\times(\beta_c\beta_l f_c+2\alpha\rho_v\beta_{cor}f_{yv})A_{ln}&=0.9\times(1.0\times1.41\times19.1+2\times1.0\times0.0201\\&\quad\times1.2\times270)\times31073\\&=1117391\text{N}>F_l=1032825\text{N}\end{aligned}$$

满足要求。

小　　结

1. 配置受力的预应力筋，通过张拉或其他方法建立预加应力的混凝土构件，称为预应力混凝土构件。

预应力混凝土构件的优点是：可提高构件的抗裂能力和刚度，克服普通钢筋混凝土这方面固有的缺点；可充分发挥高强度钢筋的作用，使高强度钢筋在混凝土构件中获得了广泛应用。

2. 根据张拉钢筋与浇筑混凝土的先后次序的不同，可分先张法和后张法。前者适合在工厂生产中、小型预应力混凝土构件；而后者则适合在现场生产大型预应力混凝土构件。

3. 由于张拉工艺和材料性能等原因，从张拉钢筋开始至构件使用的整个过程中，预应力钢筋的控制应力 σ_{con} 将产生损失。预应力损失共有六种（参见表 9-4）。这些应力损失，有的只发生在先张法构件中，有的则只发生在后张法构件中，而有的则在两者中兼而有之。预应力损失将对预应力混凝土构件带来有害影响，因此，在设计和施工中应采取有效措施，减少预应力损失值。

4. 预应力混凝土构件的应力分析，是掌握预应力混凝土构件设计的基础，应当加以掌握。轴心受拉构件各阶段的应力变化，参见表 9-6 和表 9-7。

5. 预应力混凝土构件的计算，分为使用阶段验算和施工阶段验算。对轴心受拉构件。包括承载力计算、抗裂验算或裂缝宽度验算，以及局部受压承载力验算。

6. 预应力混凝土构件的构造要求，是保证构件设计付诸实现的重要措施。在预应力混凝土构件设计和施工中，应加以注意。

思　考　题

9-1　为什么在普通钢筋混凝土构件中一般不采用高强度钢筋？

9-2　简述预应力混凝土的工作原理。预应力混凝土构件的主要优点是什么？

9-3　什么是先张法和后张法？并比较它们的优缺点。

9-4　预应力混凝土构件对混凝土和钢筋有何要求？

9-5　什么是张拉控制应力 σ_{con}？怎样确定它的数值？

9-6　什么是预应力损失？怎样划分它们的损失阶段？如何减小预应力损失？

9-7　简述预应力混凝土轴心受拉构件各阶段混凝土和预应力筋的应力状态。

9-8　预应力混凝土轴心受拉构件需进行哪些计算？

习　　题

9-1　24m 长预应力混凝土屋架下弦杆截面尺寸为 280mm×180mm，采用后张法，混凝土强度达到强度设计值时张拉预应力钢筋，从一端张拉，超张拉应力值为 $5\%\sigma_{con}$，孔道（直径为 2ϕ50mm）为充压抽芯成型。采用 JM12 锚具。构件端部构造见图 9-29。屋架下弦杆轴向拉力设计值 $N=907$kN，按荷载标准组合，下弦杆的轴向拉力为 $N_k=725$kN。

试按二级裂缝控制等级设计屋架下弦。

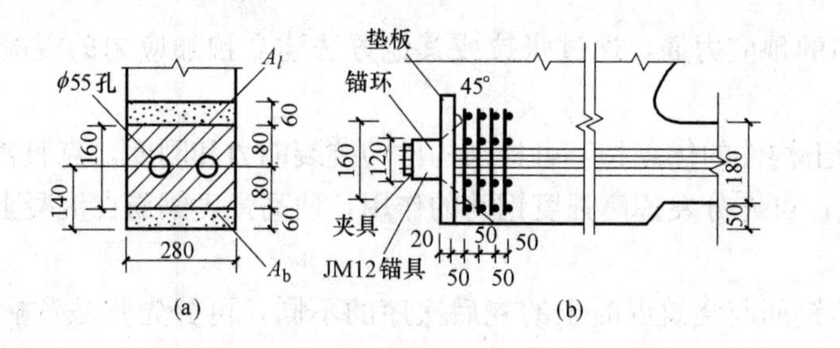

图 9-29　习题 9-1 附图

第10章　现浇钢筋混凝土楼盖设计

§10.1　概述

现浇钢筋混凝土楼盖是指在现场支模并整体浇筑而成的楼盖。它具有整体性好、耐久、耐火、刚度大，防水性能好，可适应各种特殊的结构布置要求，施工不需要大型吊装机具等优点，常用于对抗震、防渗、防漏和刚度要求较高以及平面形状复杂的建筑。但这种楼盖也存在着耗费模板多、工期长、受施工季节影响大等缺点。

现浇钢筋混凝土楼盖常见的形式有肋形楼盖、井式楼盖和无梁楼盖。

10.1.1　肋形楼盖

这种楼盖由板、次梁、主梁（有时没有主梁）组成（图10-1）。它是现浇楼盖中最常见的结构形式。除用于建造楼盖外，也用于建造筏形基础、挡土墙、蓄水池的顶板和底板以及桥梁等结构。因此，肋形楼盖的设计和计算原理在工程中具有普遍意义。

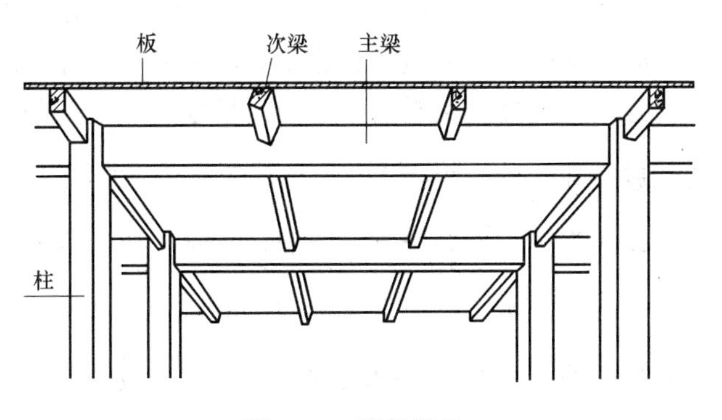

图10-1　肋形楼盖

10.1.2　井式楼盖

当房间平面形状接近正方形或柱网两个方向的尺寸接近相等时，由于建筑艺术的要求，常将两个方向的梁做成不分主次的等高梁，相互交叉，形成井式楼盖（图10-2）。这种楼盖的板和梁在两个方向的受力比较均匀，常用于公共建筑的大厅等。

10.1.3　无梁楼盖

这种楼盖没有梁，整个楼板直接支承在柱上（图10-3）。因而比肋形楼盖和井式楼盖的房间净空高，通风、采光条件好。这种楼盖适用于厂房，仓库，商场等建筑。为了节约模板、加快施工进度，可采用升板法施工来建造这种楼盖。

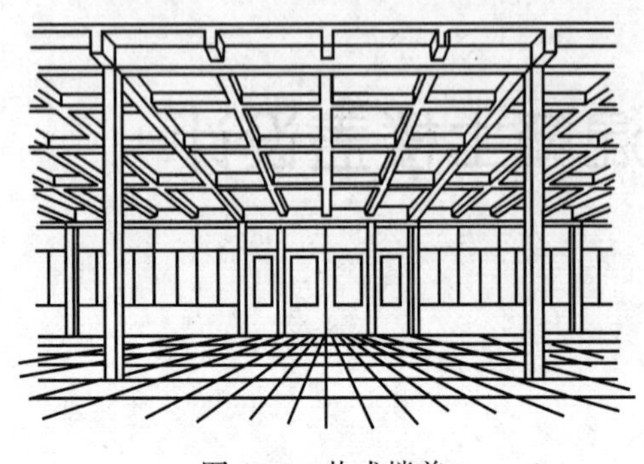

图 10-2　井式楼盖

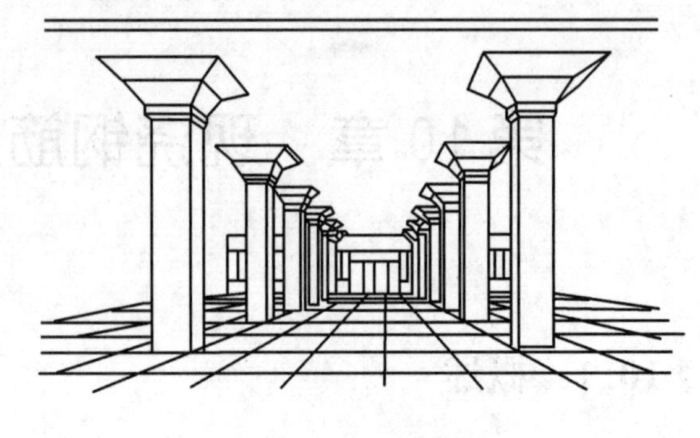

图 10-3　无梁楼盖

本章将重点介绍肋形楼盖的计算方法。

§10.2　肋形楼盖的受力体系

10.2.1　板

现浇肋形楼盖的板通常四边支承在梁或墙上，并将板上的荷载传给梁或墙。我们知道，板承受荷载后将发生弯曲，如果板的平面尺寸沿两个方向相等，即 $l_2=l_1$（图 10-4a），则沿两个方向的中心板带的曲率相同。也就是说，板在两个方向所承受的弯矩相等；如果板的尺寸沿两个方向不等，设 $l_2>l_1$（图 10-4b），则沿两个方向的中心板带的曲率将不同，沿板的短边 l_1方向曲率大；而沿板的长边 l_2方向曲率小，即板沿 l_1方向所承受的弯矩大于 l_2方向所承受的弯矩。显然，当板两个方向的尺寸 l_1与 l_2相差愈大，板在两个方向所承受的弯矩相差也就愈悬殊。分析表明，当 $n=\frac{l_2}{l_1}\geqslant 3$ 时，板沿长边方向所承受的弯矩将很小，可忽略不计，即认为板只沿短边方向弯曲，这时，板上荷载绝大部分沿短边方向传给梁或墙，即这种类型的板基本上沿短边方向受力。因此，工程上将 $n=\frac{l_2}{l_1}\geqslant 3$ 的板称为单向板，因为这种板与梁的受力相似，故又称梁式板；当板的长边尺寸与短边之比 $n=\frac{l_2}{l_1}\leqslant 2$ 时，板沿长边方向承受的弯矩不能忽略，板将双向发生弯曲，板上的荷载将沿两个方向传给梁或墙，这样的板称为双向板；当 $2<n=\frac{l_2}{l_1}<3$ 时，宜按双向板计算，也可按单向板计算，但需沿板的长边方向布置足够数量的构造钢筋。

由单向板所组成的肋形楼盖称为单向板肋形楼盖；由双向板组成的肋形楼盖称为双向板肋形楼盖。

10.2.2　梁

现浇肋形楼盖根据荷载的传递路径，可将梁分为次梁和主梁。在单向板肋形楼盖中，次梁直接承受板传来的荷载，而主梁则承受次梁传来的荷载（图 10-5）。在双向板肋形楼盖中，主梁除承受次梁传来的荷载外，还承受板传来的部分荷载（图 10-6）。

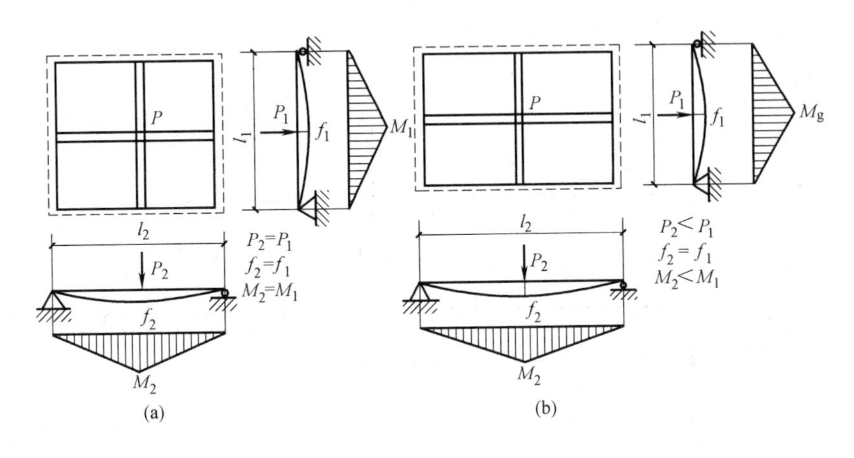

图 10-4　四边支撑板的受力分板

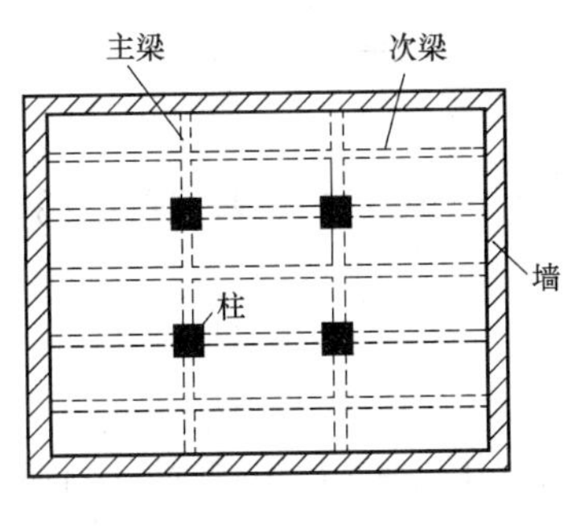

图 10-5　单向板肋形楼盖

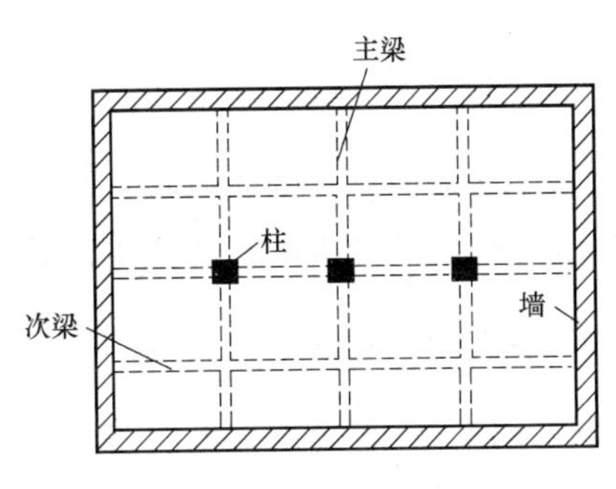

图 10-6　双向板肋形楼板

§ 10.3　单向板肋形楼盖的计算简图

图 10-7（a）为现浇钢筋混凝土单向板肋形楼盖，设承受恒载 g（N/m^2）和活荷载 q（N/m^2）。对于单向板肋形楼盖，可沿板短跨方向截出 1m 宽的板带作为计算单元。该板带可看作是支承在次梁上的多跨连续板，并假定次梁为板的铰支座。其计算简图和计算跨度取值方法参见图 10-7（b）（边跨取图注中较小者）。次梁可看作是支承在主梁上的多跨连续梁，而主梁则根据梁柱线刚度比的数值，或简化成支承在柱（或墙）上的多跨连续梁，或看作是框架梁❶。本章仅讨论将主梁简化成多跨连续梁的情形。次梁和主梁的计算简图及计算跨度的取值方法参见图 10-7（c）。

§ 10.4　钢筋混凝土连续梁的内力计算

如上所述，现浇钢筋混凝土单向板肋形楼盖，当梁柱线刚度比大于或等于 4 时，次梁和主梁都可视为多跨连续梁。因此，钢筋混凝土连续梁的内力计算便成了单向版肋形楼盖

❶ 当梁柱线刚度比大于或等于 4 时，按多跨连续梁计算；当小于 4 时，按框架梁计算。

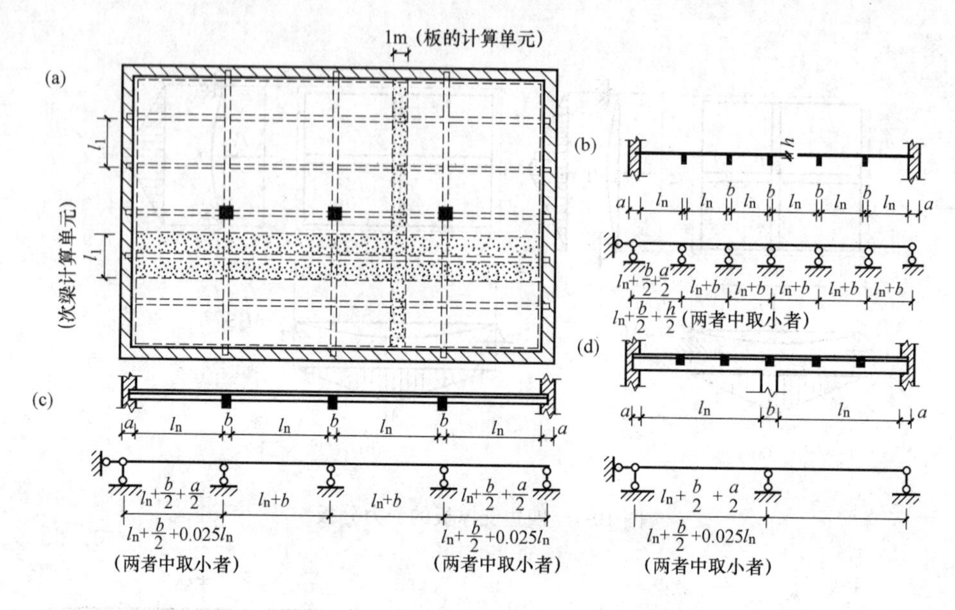

图 10-7　单向板肋形楼盖计算简图

设计中的一个主要内容。钢筋混凝土连续梁的内力计算有两种方法：弹性理论计算法和考虑内力塑性重分布的计算法。兹分述如下：

10.4.1　弹性理论计算法

所谓弹性理论计算法，是将钢筋混凝土连续梁或板看作是由均匀的弹性材料所构成的构件，其内力按结构力学来分析的一种方法。

1. 荷载及折算荷载

作用在梁上的荷载分为永久荷载（恒载）和可变荷载（活荷载），其中永久荷载经常作用在梁上，其位置是不变化的；而可变荷载的位置是经常变化的。因此在计算连续梁的内力时，要考虑可变荷载的最不利位置，即要考虑荷载的最不利组合及内力包络图。

在计算连续板或梁时，一般均假定板或梁的支座为铰支座。如果板或梁支承在墙上时，这种假定是正确的。但是，当板与次梁、次梁与主梁整浇在一起时（图 10-8a），次梁对板、主梁对次梁约束的影响，在一定条件下就不能忽略。

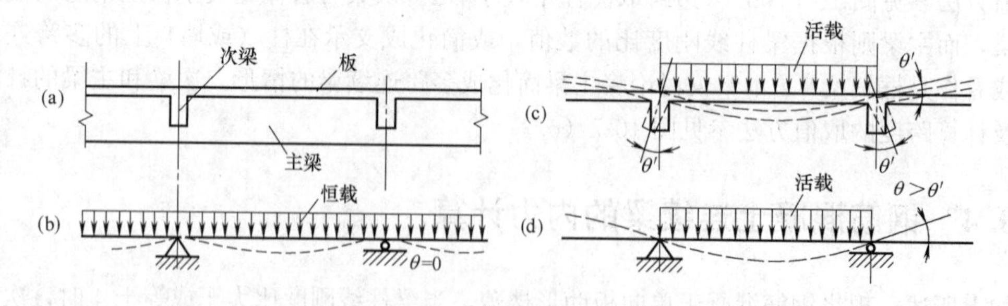

图 10-8　连续梁（板）折算荷载的计算

以等跨板为例，在恒载 g 作用下，各跨均有荷载，板在中间支座处倾角为零（图 10-8b）。因此，次梁对板的约束对板内为并无影响。但是，在括荷载 q 作用下，求某跨跨中最大正弯矩时，该跨应布置活荷载，而邻跨无活荷载（图10-8c），这时次梁对板将有约束作用，使板支座处转角为θ'，它比假定为铰支座时的转角θ_2要小，即$\theta'<\theta$（图10-8d）。从而减小了跨中弯矩，增大了支座负弯矩。

由于在计算中精确地考虑次梁对板、主梁对次梁这种约束影响是十分困难的，因此，在实际工程计算中，一般通过增加永久荷载的比例和减小可变荷载的比例，即采取所谓折算荷载的办法近似地考虑这一约束影响。

根据经验，在工程中一般按下列比例确定折算荷载：

板：
$$g'=g+\frac{q}{2},\ q'=\frac{q}{2} \tag{10-1a}$$

次梁：
$$g'=g+\frac{q}{4}\ ,\ q'=\frac{3}{4}q \tag{10-1b}$$

式中　g'、q'——折算永久荷载和折算可变荷载；

　　g、q——实际永久荷载和实际可变荷载。

按折算荷载计算连续梁跨中最大弯矩时，本跨的折算荷载与实际荷载相同：
$$g'+q'=g+q \tag{10-1c}$$

而邻跨的折算永久荷载，以板为例，则为；
$$g'=g+\frac{1}{2}q \tag{10-1d}$$

其值大于实际永久荷载g，这说明本跨跨中弯矩将减小。因此，采取调整永久荷载和可变荷载的比例，可以达到近似考虑次梁对板和主梁对次梁的转动约束的影响。

2. 荷载的最不利组合

永久荷载经常作用在梁上，并布满各跨；而可变荷载则不经常作用，可能不同时布满梁的各跨。为了保证结构在各种荷载作用下都安全、可靠，就需要解决可变荷载如何布置将使梁各截面产生最大内力的问题，即荷载的最不利组合问题。

现以五跨连续梁为例，说明荷载的最不利组合（图10-9）。由图中可以看出，当可变荷载在1、3和5跨上出现时，均将在1、3和5跨上产生跨中正弯矩$+M$；当可变荷载在2和4跨上出现时，将使1、3和5跨的正弯矩减小。因此，如求1、3和5跨的最大正弯矩$+M_{max}$，就要将可变荷载布置在1、3和5跨上。当可变荷载在1、2和4跨上出现时，均将在B支座产生负弯矩$-M$。所以，如求B支座上最大负弯矩（绝对值），就要将可变荷载布置在1、2和4跨上。同理，不难确定其他各跨跨中和支座截面上的最大正、负弯矩，以及各支座截面最大剪力所对应的荷载不利组合位置。

由此，可以得出连续梁，控制截面最大内力的荷载组合原则：

（1）当求某跨跨中截面最大正弯矩$+M_{max}$时，除将该跨布置可变荷载外，还应每隔一跨布置可变荷载；

（2）当求某支座截面最大负弯矩$-M_{max}$时，除应在该支座左、右两跨布置可变荷载外，还应每隔一跨布置可变荷载；

（3）当求某支座截面上最大剪力V_{max}时，可变荷载的布置原则与求该支座最大负弯矩$-M_{max}$的荷载布置原则相同。

在各种不同组合荷载作用下，连续梁的内力可按结构力学方法计算。对于两跨至五跨

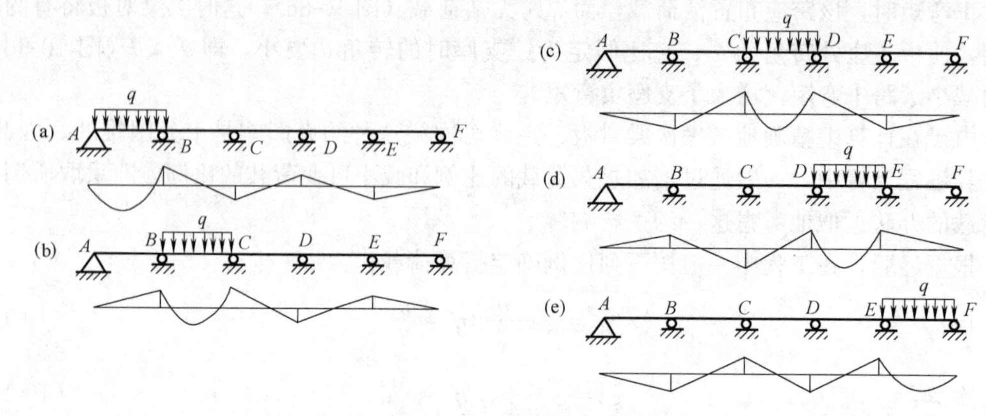

图 10-9　可变荷载位于不同跨时的弯矩图

等跨[1]连续梁，各控制截面最大弯矩和剪力可按下式计算：

均布荷载

$$M=K_1gl_0^2+K_2ql_0^2 \tag{10-2a}$$

$$V=K_3gl_0+K_4ql_0 \tag{10-2b}$$

集中荷载

$$M=K_1Gl_0^2+K_2Ql_0^2 \tag{10-2c}$$

$$V=K_3G+K_4Q \tag{10-2d}$$

式中　g——单位长度上的均布荷载（N/m）；

q——单位长度上的均布活荷载（N/m）；

G——集中恒载（N）；

Q——集中活荷载（N）；

$K_1 \sim K_4$——由附录 D 相应栏内查得的系数；

l_0——计算跨度（m，参见图 10-7）。

3. 内力包络图

将所算得的永久荷载和按最不利布置的可变荷载在连续梁各截面内产生的最大正、负内力值（弯矩、剪力）标在图上，并连成曲线（外包线），这个图形就叫作内力包络图（图 10-10*f*）。由内力包络图便可十分方便地求得连续梁控制截面的最大内力值。

【例题 10-1】 两跨等跨连续次梁，计算跨度 $l_0=4\text{m}$，恒载 $g=6\text{kN/m}$，活荷载 $q=10\text{kN/m}$（图 10-10a），试绘出弯矩和剪力包络图。

【解】（1）计算折算荷载

折算荷载　　$g'=g+\frac{1}{4}q=6+\frac{1}{4}\times10=8.5\text{kN/m}$

折算活荷载　　$q'=\frac{3}{4}q=\frac{3}{4}\times10=7.5\text{kN/m}$

（2）绘制在折算恒载下的弯矩图

在恒载作用下控制截面最大正弯矩和负弯矩：

---

[1] 如各跨计算跨度相差不超过 10%，则可按等跨连续梁计算。

$$M_{1max}=K_1 g' l_0^2=0.07\times 8.5\times 4^2=9.52\text{kN}\cdot\text{m}$$

$$M_{Bmax}=K_1 g' l_0^2=-0.125\times 8.5\times 4^2=-17\text{kN}\cdot\text{m}$$

折算恒载作用下的弯矩图参见图 10-10（b）。

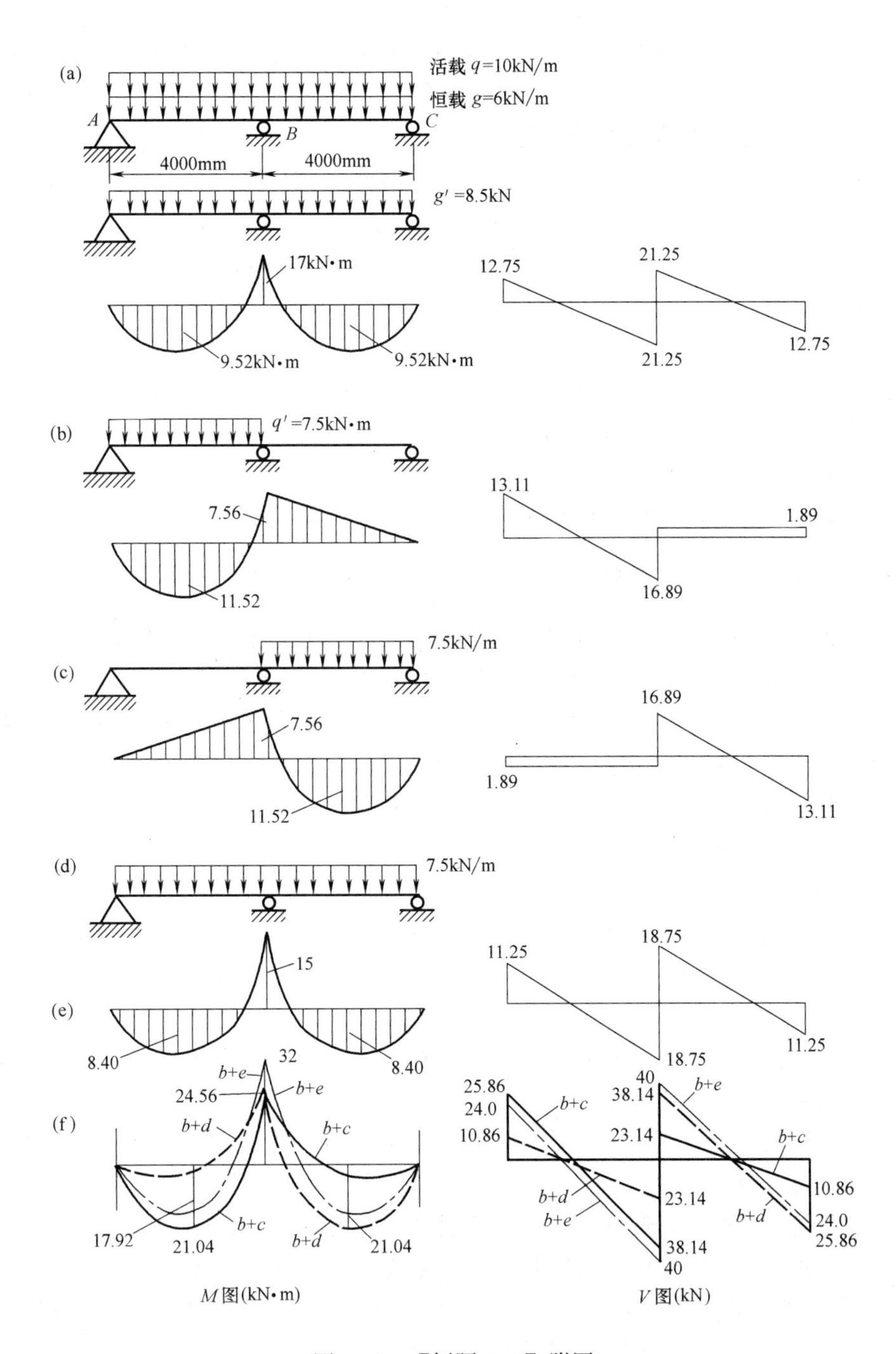

图 10-10 【例题 10-1】附图

（3）绘制折算活荷载在 AB 跨时的弯矩图

控制截面的弯矩：

$$M_{1\max}=K_1ql_0^2=0.096\times7.5\times4^2=11.52\text{kN}\cdot\text{m}$$

$$M_{B\max}=K_1ql_0^2=-0.063\times7.5\times4^2=-7.56\text{kN}\cdot\text{m}$$

折算活荷载在 AB 跨时的弯矩参见图 10-10（c）。

（4）绘制折算活荷载在 BC 跨时的弯矩图

这时控制截面的弯矩值与折算活荷载在 AB 跨时相应截面的弯矩值相同。弯矩图见图 10-10（d）。

（5）绘制折算活荷载满布两跨时的弯矩图

控制截面的弯矩：

$$M_{1\max}=K_1ql_0^2=0.07\times7.5\times4^2=8.40\text{kN}\cdot\text{m}$$

$$M_{B\max}=K_1ql_0^2=-0.125\times7.5\times4^2=-15\text{kN}\cdot\text{m}$$

弯矩图见图 10-10（e）。

（6）绘制弯矩包络图

将恒载下的弯矩图和活荷载不同布置时的弯矩图分别叠加，可得三个弯矩图❶。其中，正弯矩和负弯矩图的外包线即为弯矩包络图（图 10-10f）。

（7）绘制剪力包络图

折算恒载和活荷载不同位置时的剪力图及包络图见图 10-10。计算过程从略。

10.4.2　考虑塑性内力重分布的计算法

在进行钢筋混凝土连续梁、板设计时，如果采用上述弹性理论计算的内力包络图来选择构件截面及配筋，显然是安全的。因为这种计算理论的依据是，当构件任一截面达到极限承载力时，即认为整个构件达到承载力极限状态。这种理论对静定结构构件是完全正确的。但是对具有一定塑性的超静定连续梁、板来说，就不完全正确。因为当这种构件任一截面达到极限承载力时，并不会使构件丧失承载能力。

现进一步讨论这个问题。

1. 塑性铰的概念

由第 4 章知道，钢筋混凝土受弯构件从加荷到正截面破坏，共经历三个阶段，每个阶段所承受的弯矩 M 与正截面产生的相对转角 θ 之间的关系曲线如图 10-11（b）所示。

由图 10-11（b）中可以看出：

（1）第Ⅰ阶段：从开始加荷至正截面受拉区混凝土即将出现裂缝。这时弯矩 M 较小，M-θ 呈直线关系。

（2）第Ⅱ阶段：受拉区混凝土出现裂缝至受拉钢筋屈服，这时，M-θ 关系呈曲线变化，说明材料已表现出塑性性质。

（3）第Ⅲ阶段：受拉钢筋屈服至受压区混凝土达到极限应变而被压碎。这一阶段 M-θ 关系基本上呈水平线，即截面的弯矩几乎保持不变，基本上等于 M_u，但正截面相对转角 θ 却急剧增加，即该截面发生转动。这时截面实际上处于“屈服”状态，好像梁中出现一个铰一样（图 10-11c），这种铰称为塑性铰。

---

❶　将图 10-10（a）的跨中最大正弯矩 9.52kN·m 与图 10-10（c）的跨中最大正弯矩 11.52kN·m 直接相加，是一种近似计算方法，偏于安全。

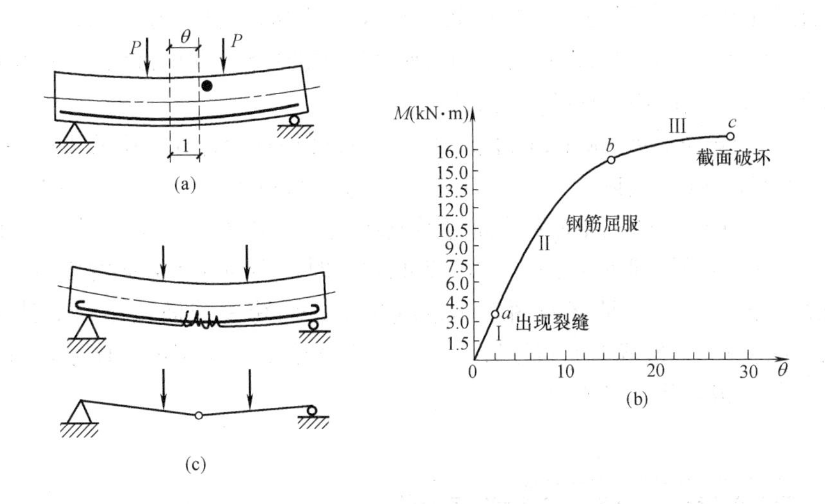

图 10-11　梁的承载力试验及塑性铰

塑性铰与理想的铰不同，前者能承担处于屈服状态的极限弯矩 M_u；而后者不能承受任何弯矩。

2. 超静定结构塑性内力重分布的概念

对静定结构而言，当出现塑性铰时，就不能再继续加载，因为静定结构出现塑性铰后便成为几何可变体系。但对超静定结构来说，由于它存在多余联系，所以，结构某一截面出现塑性铰后，不会变为几何可变体系，仍能继续承受增加的荷载，而构件将产生塑性内力重分布。

现以【例题 10-1】所示两跨连续梁为例（图 10-10a），说明超静定结构塑性内力重分布的概念。设该梁的截面尺寸 $b \times h = 200\text{mm} \times 400\text{mm}$，混凝土强度等级为 C20，采用 HPB235 级钢筋。

由图 10-10（f）包络图求得：

中间支座 B 处截面的最大弯矩为：

$$M_{B,max} = -(17+15) = -32\text{kN}\cdot\text{m}$$

跨中截面最大正弯矩：

$$M_{1,max} = 9.52 + 11.52 = 21.04\text{kN}\cdot\text{m}$$

由此可见，支座弯矩远大于跨中弯矩（这是按弹性理论计算的一般规律）。显然，若按此弯矩配置钢筋，支座配筋必远大于跨中配筋。这将使支座钢筋拥挤，不便施工；此外，包络图中的支座最大负弯矩与跨中最大正弯矩并不在同一时间出现，也就是说，所配的钢筋不能在同一时间内充分发挥它们的作用，显然这是不经济的。

如果把塑性内力重分布的概念用于本例中，则上述缺点将有所克服。现不用支座弯矩 $M_{B,max} = -32\text{kN}\cdot\text{m}$ 来配筋，而用低于该值的某个数值，例如取 $M_{u,B} = \beta M_{B,max}$（$\beta$ 称为调幅系数）。设 $\beta = 0.716$[1]，则 $M_{uB} = 0.716 \times (-32) = -22.91\text{kN}\cdot\text{m}$ 进行配筋，而跨中按

[1] 在工程式中，一般取 $\beta = 0.7 \sim 0.9$ 为了说明问题方便，这里取 $\beta = 0.716$。

$M_{1,\max}=21.57\text{kN}\cdot\text{m}$[1] 配筋。根据正截面承载力计算，支座和跨中各配置 2ϕ14（$A_s=308\text{mm}^2$），参见图 10-12（a）。这时中间支座和跨中的极限弯矩均为 22.91kN·m。

下面说明按上述配筋后连续梁的破坏过程：

在荷载 $p_1=g'+q'=16\text{kN/m}$ 满布各跨时，按弹性理论计算，中间支座最大负弯矩为 $M_{B,\max}=-32\text{kN}\cdot\text{m}$，实际上，中间支座极限弯矩只有 $M_{u,B}=-22.91\text{kN}\cdot\text{m}$，它小于 $M_{B,\max}=-32\text{kN}\cdot\text{m}$，故中间支座截面将形成塑性铰，并产生转动（图 10-12b）。随着荷载的增加，当荷载增加到 $p_1=q+q'=16.70\text{kN/m}$ 时，中间支座截面的弯矩仍保持 $M_{u,B}=-22.91\text{kN}\cdot\text{m}$ 不变，只是该截面转角继续增加，而跨中截面弯矩恰好达到极限弯矩 $M_{u,1}=22.91\text{kN}\cdot\text{m}$，形成新的塑性铰。这时，连续梁变成几何可变体系，因而整个梁也就达到了承载力极限状态（图 10-12c）。

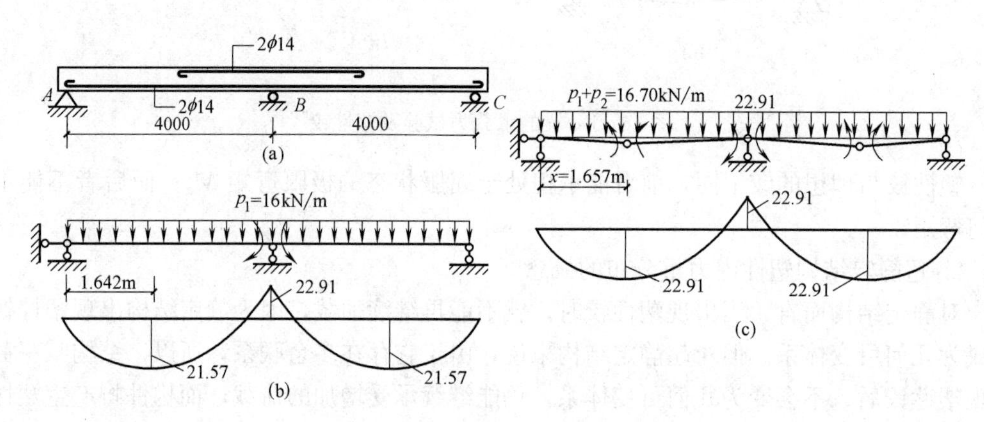

图 10-12　内力塑性重分布的概念

根据上面的分析，可以得出以下结论：

（1）钢筋混凝土超静定结构的破坏标志，不是某个截面“屈服”，而是整个结构开始变为几何可变体系。

（2）结构变为几何可变体系时，结构各截面的内力分布与塑性铰出现以前的弹性内力分布是完全不同的。随着荷载的增加，塑性铰陆续出现，结构内力将随之重新分布。这种现象称为塑性内力重分布。

（3）超静定结构塑性内力重分布，在一定范围内可以人为地加以控制。例如在上面例题中，在给定配筋情况下，梁的弯矩图如图 10-12（c）所示。当改变配筋，即采用不同的调幅系数 β，弯矩图就会发生变化。

3. 塑性内力重分布的条件

（1）弯矩调幅截面的相对受压区高度应满足下列要求：

$$\xi=\frac{x}{h_0}\leqslant 0.35 \tag{10-3}$$

这是为了保证在调幅截面能形成塑性铰，并具有足够的转动能力。由图 10-13 可见，当 ξ 即 x 较小时，才有可能使截面有较大的转角 θ。实际上，条件（10-3）也是调幅截面

[1] $M_{1,\max}=21.5\text{kN}\cdot\text{m}$ 为相应于支座弯矩 $M_{u,B}$——22.9kN·m 时的跨中最大弯矩值。

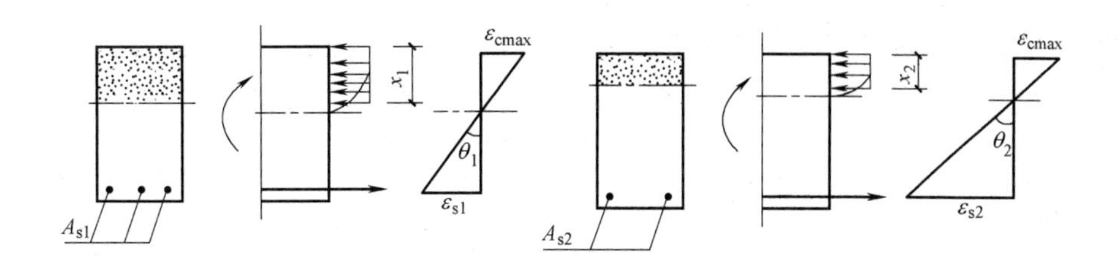

图 10-13　出现塑性铰时受压区的高度条件

配筋的上限条件。只有配筋不超过某一限值，即 $A_g=\xi bh_0\dfrac{\alpha_1 f_c}{f_y}\leqslant 0.35bh_0\dfrac{\alpha_1 f_c}{f_y}$时，才能保证上述要求的实现。

（2）采用塑性性能较好的钢筋作为配筋

为了保证在构件调幅截面形成塑性铰，同时具有足够的转动能力，这就要求构件的配筋应具有良好的塑性性能，如采用 HPB300 级钢筋或 HRB335 级钢筋。

（3）弯矩调幅不宜过大，应控制在弹性理论计算弯矩的 30%以内，即：

$$M_{调}\geqslant 0.7M_{弹} \tag{10-4}$$

式中　$M_{调}$——截面调幅后的弯矩；

$M_{弹}$——按弹性理论算得的调幅截面的弯矩。

条件（10-4）是为了保证调幅截面不致因为弯矩调幅，使构件过早地出现裂缝和产生过大的挠度。

4. 均布荷载下等跨连续梁，板内力计算（按塑性理论）❶

在均布荷载作用下，等跨连续梁、板按内力塑性重分布理论计算的弯矩和剪力包络图，已经给出计算公式及表格。可供设计查用，参见图 10-14。

控制截面的弯矩

$$M=\alpha(g+q)l_0^2 \tag{10-5}$$

控制截面的剪力

$$V=\beta(g+q)l_n \tag{10-6}$$

式中　α——弯矩系数，按图 10-14（a）采用；

β——剪力系数，按图 10-14（b）采用；

l_0——计算跨度，对于板，当支座为次梁时，取净跨；当支座简支在砖墙上时，端跨取净跨加 1/2 板厚或加 1/2 支承长度，两者取较小者；对于次梁，当支座为主梁时，取净跨；当端支座简支在砖墙上时，端跨取净跨加 1/2 支承长度或 1.025 净跨，两者取较小值（图 10-15）；

l_n——净跨。

❶ 计算跨度相差不超过 10%的不等跨连续梁、板，仍可按等跨计算。计算支座负弯矩时，计算跨度应按左右两跨中较大跨度取用。

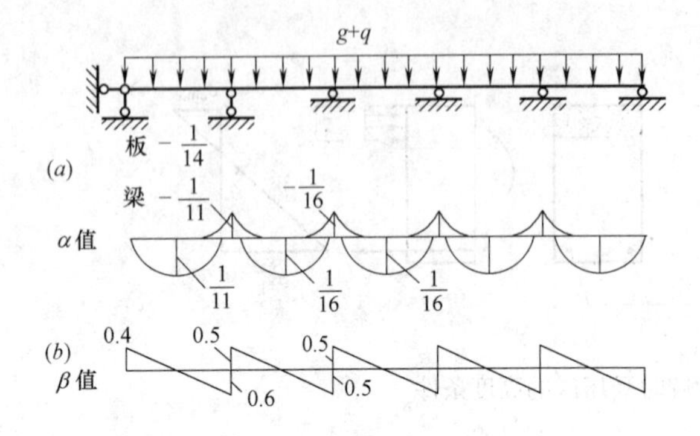

图 10-14　梁、板弯矩系数 α、剪力系数 β 值

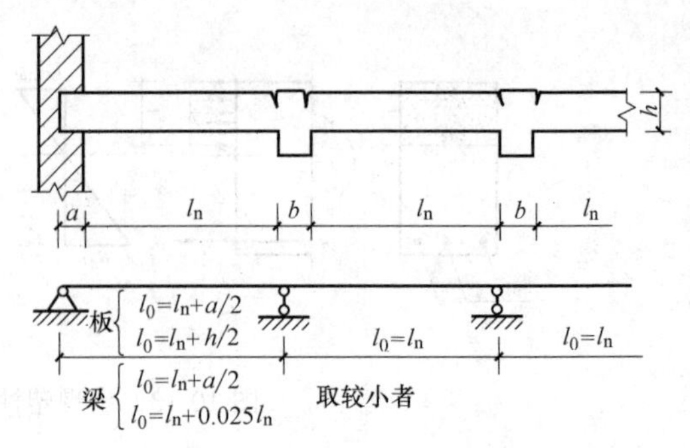

图 10-15　梁、板计算跨度的取值

应当指出，按塑性内力重分布理论计算超静定结构虽然可以节约钢筋，但在使用阶段钢筋应力较高，构件裂缝和变形均较大。因此，下列结构不应采用这种计算方法，而应采用弹性理论计算：

（1）使用阶段不允许开裂的结构；

（2）结构重要部位的构件，要求可靠度较高的构件（如主梁）；

（3）受动力和疲劳荷载作用的构件；

（4）处于侵蚀性环境中的结构。

§10.5　单向板的计算与构造

10.5.1　单向板的计算步骤

现浇钢筋混凝土单向板的计算，应根据板的用途、材料供应情况、荷载大小和性质，按下述步骤进行：

1. 根据板的刚度、荷载大小和性质确定板的厚度。

板的厚度，对于简支板及连续板，一般取 $l_0/35$～$l_0/40$；对于悬臂板，一般取 $l_0/10$～$l_0/12$（其中，l_0为板的计算跨度）。板的支撑长度，对于简支板及连续板要求不小于板厚，亦不小于 120mm。

2. 根据板的构造及用途确定板的自重及使用荷载（kN/m^2）。

3. 沿板的长边方向切取 1m 宽的板带作为计算单元。

4. 将板看作支承在次梁（或墙）上的连续板（单跨板则视支承情况，按简支板或嵌固板计算），按式（10-5）计算弯矩。

对于四周与梁整体相连的板，由于在荷载作用下板的跨中下缘和支座上缘将出现裂缝，这样，使板的实际轴线呈拱形（图 10-16）。因此，板的内力将有所降低，考虑到这种情况，规范规定，对于中间跨跨中截面及中间支座（第一内支座除外）上的弯矩减小 20%。

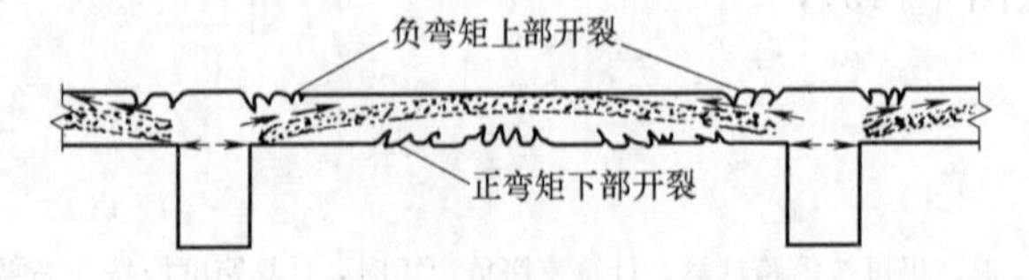

图 10-16　板的轴线形成拱形时考虑板的弯矩折减

5. 根据跨中和支座截面的弯矩计算各部分钢筋数量。

在选配钢筋时，应使相邻支座钢筋的直径和间距相互协调，以利施工。

10.5.2 单向板的构造要求

关于单向板的混凝土强度等级、保护层厚度及板厚等要求，已如前述。下面对板的配筋构造要求加以说明：

1. 板的配筋方式

板内受力钢筋配置方式有两种：

(1) 弯起式配筋

这种配筋方式见图10-17 (a)。支座承受负弯矩的钢筋由支座两侧的跨中钢筋在距支座边缘 $l_n/6$ 弯起1/3～2/3来提供。弯起钢筋的角度为30°。当板厚大于120mm时，可采用45°。弯起钢筋伸过支座边缘的长度 a，理论上应根据包络图确定。当为等跨或跨度相差不超过20%时，可按下面规定采用：

当 $q/g \leqslant 3$ 时，$a=\dfrac{l_n}{4}$；

当 $q/g > 3$ 时，$a=\dfrac{l_n}{3}$

式中 g、q——分别为板上的恒载和活载设计值；

l_n——板的净跨。

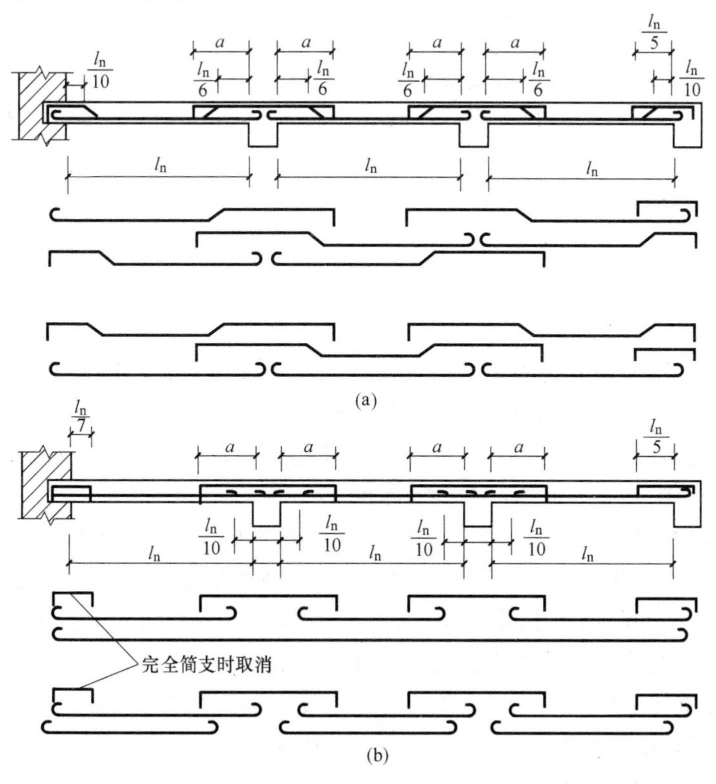

图10-17 板的配筋方式

(a) 弯起式配筋；(b) 分离式配筋

当弯起钢筋不足以抵抗支座负弯矩时，则应另加补充直筋。

弯起式配筋整体性好，钢筋用量少，但施工较麻烦目前已较少采用。

（2）分离式配筋

这种配筋方式（图 10-17b），是在跨中和支座全部采用直筋，单独选配。分离式配筋的优点是：构造简单，施工方便，故其应用广泛，但用钢量比弯起式配筋的多。

2. 受力钢筋的间距

板中受力钢筋的间距，当板厚 $h\leqslant150$mm 时，不宜大于 200mm；当板厚 $h>150$mm 时，不宜大于 1.5h，且不宜大于 300mm。

3. 受力钢筋伸入支座的长度

简支板的板底受力钢筋应伸入支座边的长度不应小于 5d（d 为受力钢筋直径）且宜伸过支座中心线（图 10-18a）。对于光面钢筋，应在受力钢筋末端弯钩（图 10-18b）。连续板的板底受力钢筋应伸过支座中心线，且不应小于 5d；当板内温度、收缩应力较大时，伸入支座的长度宜适当增加。

4. 构造钢筋

（1）现浇板的受力钢筋与梁平行时，应沿板边在梁长度方向配置间距不大于 200mm 且与梁垂直的上部构造钢筋，其直径不宜小于 8mm，单位长度内的总截面面积不宜小于板中单位宽度内受力钢筋截面面积的 1/3。伸入板中的长度，从梁边算起，每边不宜小于板的计算跨度 $l_0/4$，l_0为板的计算跨度（图 10-19）。

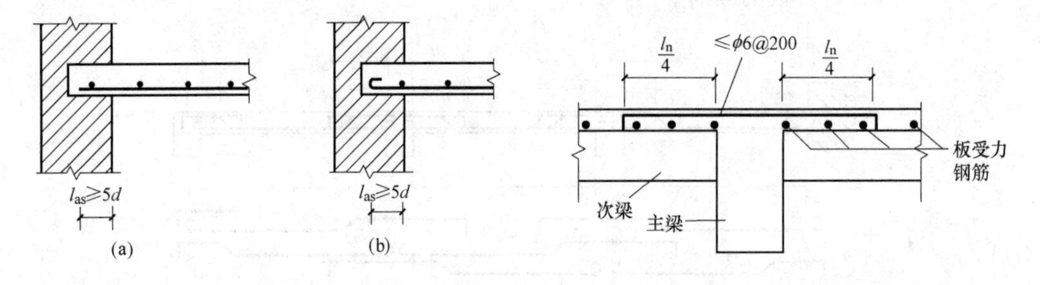

图 10-18　简支板在支座上的锚固

图 10-19　板中与梁垂直的构造钢筋的配置

（2）与支承结构整体浇筑的混凝土板，应沿支承周边配置上部构造钢筋。其直径不宜小于 8mm，间距不宜大于 200mm，并应符合下列规定：

1）现浇楼盖周边与混凝土梁或混凝土墙整体浇筑的板，垂直于板边构造钢筋的截面面积，不宜小于跨中相应方向钢筋截面面积的 1/3；

2）该钢筋自梁边或墙边伸入板内的长度不宜小于 $l_0/4$，l_0为板的计算跨度；

3）在板角处该钢筋应沿两个垂直方向布置、放射状布置或斜向平行布置；

4）当柱角或墙的阳角凸出到板内且尺寸较大时，构造钢筋伸入板内的长度应从柱边或墙边算起，且应按受拉钢筋锚固在梁内、柱内或墙内。

（3）嵌固在砌体墙内的现浇混凝土板，应沿支承周边配置上部构造钢筋，其直径不宜小于 8mm，间距不宜大于 200mm，并应符合下列规定：

1）沿板的受力方向配置上部构造钢筋，其截面面积不宜小于该方向跨中受力钢筋截面面积的 1/3；沿非受力方向配置上部构造钢筋，可适当减少；

2）与板边垂直的构造钢筋伸入板内的长度，从墙边算起不宜小于 $l_1/7$，l_1 为板的短边跨度（图 10-20）；

3）在两边嵌固于墙内的板角部分，应配置沿两个垂直方向布置、放射状布置或斜向平行布置的上部构造钢筋；该钢筋伸入板内的长度从墙边算起不宜小于 $l_1/4$，l_1 为板的短边跨度（图 10-20）；

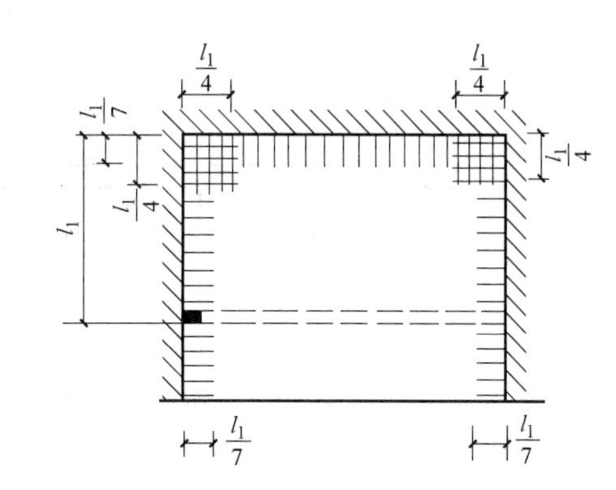

图 10-20　板嵌固在承重砖墙内时板边上部构造的配置图

4）单向板应在垂直于受力的方向布置分布钢筋，其截面面积不宜小于受力筋的 15%，且不宜小于该方向板截面面积的 15%。分布钢筋的间距不宜大于 250mm，其直径不宜小于 6mm。当集中荷载较大时，分布钢筋的截面面积尚应增加，且间距不宜大于 200mm；

（4）在温度、收缩应力较大的现浇板区域，应在板的未配筋表面双向配置防裂钢筋。配筋率均不应小于 0.1%，间距不宜大于 200mm。防裂钢筋可利用原有钢筋贯通布置，也可另行设置，并与原有钢筋按受拉钢筋的要求搭接或在周边构件中锚固。

§10.6　次梁的计算与构造

10.6.1　次梁的计算步骤

1. 选择次梁的截面尺寸

次梁的截面高度通常取其跨度的 1/20～1/15，次梁的宽度一般取梁高的 1/3～1/2。当连续次梁的高度大于跨度的 1/18 时，可不验算其挠度。

2. 确定作用在次梁上的荷载

次梁上的荷载包括两部分：梁的自重和由板传来的荷载。在计算由板传来的荷载时，为了计算简化，可忽略板的连续性，假设次梁两侧板跨上的荷载各有 1/2 传给次梁（图 10-21）。

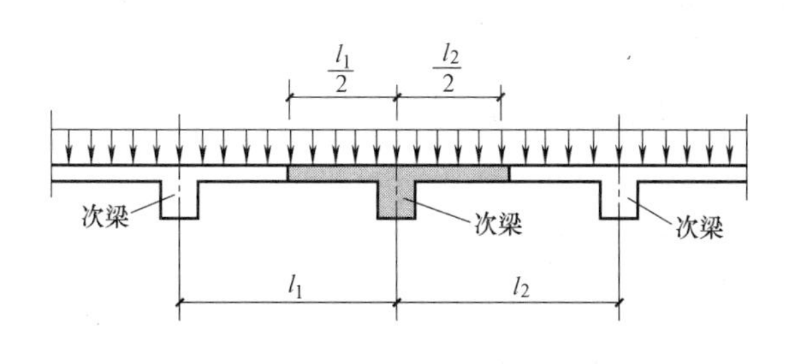

图 10-21　板上荷载传给次梁的计算

3. 计算次梁的内力

次梁一般按内力塑性重分布理论计算。当梁的跨度相等或相差小于 10%时，其内力可按式（10-5）和式（10-6）计算。当跨度相差超过 10%时，则应采用其他方法计算。

4. 按正截面承载力条件计算配筋

计算方法与前相同。但应当注意，次梁跨中应按 T 形截面计算；支座处截面应按矩形截面计算（图 10-22）。

5. 按斜截面受剪承载力条件计算箍筋和弯起钢筋用量。

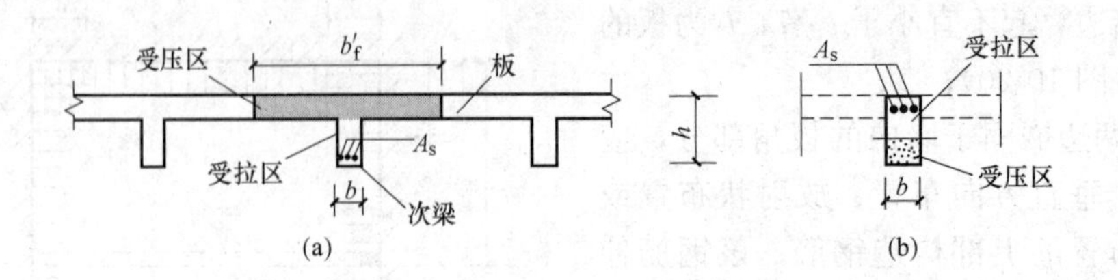

图 10-22　次梁正截面承载力计算时截面类型的确定

（a）跨中取 T 形截面；（b）支座取矩形截面

6. 选配纵向钢筋和弯起钢筋直径和根数。

7. 选择构造钢筋。

10.6.2　次梁的构造要求

次梁的一般构造要求与单跨梁相同（参见第 4 章）。这里着重对钢筋的构造要求作些补充。

1. 次梁纵向受力钢筋的弯起与切断

次梁跨中及支座截面的配筋数量，应分别按它们的最大弯矩确定。原则上，次梁纵向受力钢筋按包络图弯起和切断。但当次梁的跨度相等或相差不超过 20%，且活荷载 q 与恒载 g 之比 $q/g \leqslant 3$ 时，可参照图 10-23 所示配筋布置。

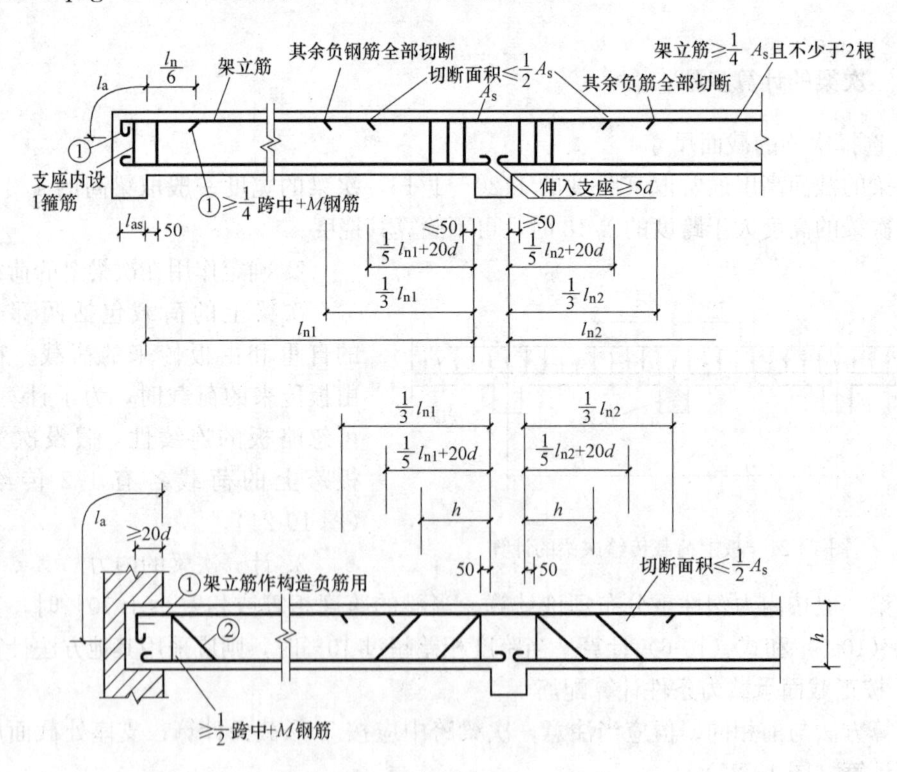

图 10-23　次梁的钢筋布置

2. 次梁纵向受力钢筋伸入支座的锚固长度

梁的简支端下部纵向受力钢筋从支座边算起的锚固长度 l_a 应符合下列规定：

1）当 $V \leqslant 0.7f_tbh_0$ 时，不小于 $5d$，d 为钢筋的最大直径。

2）当 $V > 0.7f_tbh_0$ 时，对带肋钢筋不小于 $12d$，对光面钢筋不小于 $15d$，d 为钢筋的最大直径。

3）如纵向受力钢筋伸入梁支座范围内的锚固长度不符合上述要求时，应采取在钢筋上加焊锚固钢板或将钢筋端部焊接在梁端预埋件上等有效措施。

4）支承在砌体结构上的钢筋混凝土独立梁，在纵向受力钢筋的锚固长度范围内应配置不少于两个箍筋，其直径不宜小于 $0.25d$，d 为纵向受力钢筋的最大直径；间距不宜大于 $10d$，d 为纵向受力钢筋的最小直径。

5）对混凝土强度等级为C25及其以下的简支梁和连续梁的简支端，当距支座边 $1.5h$ 范围内作用有集中荷载，且 $V \geqslant 0.7f_tbh_0$ 时，对带肋钢筋宜采取附加锚固措施，或取锚固长度 $l_{as} \geqslant 15d$。

6）次梁下部纵向受力钢筋伸入中间支座（主梁），当计算中不利用其强度时，其伸入长度，带肋钢筋 $l_a \geqslant 12d$，光面钢筋 $l_a \geqslant 15d$（图10-24）。

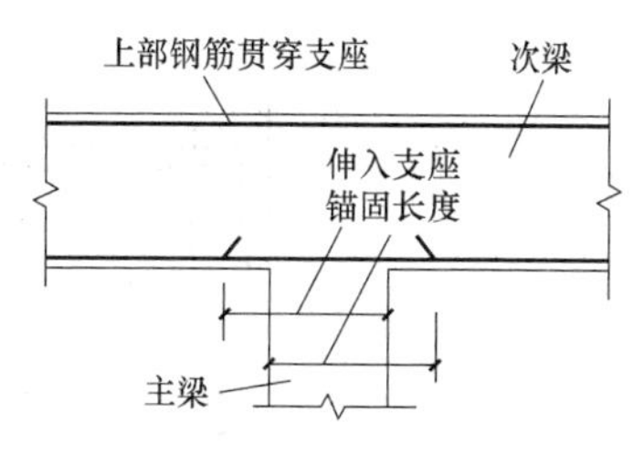

图10-24　次梁钢筋的锚固

§10.7　主梁的计算与构造

10.7.1　主梁的计算步骤

1. 主梁截面尺寸的确定

主梁的截面高度一般取其跨度的1/12～1/8，梁的宽度取梁高的1/3～1/2。

2. 确定主梁上的荷载

主梁除承受自重外，主要承受由次梁传来的集中荷载。在计算由次梁传来的荷载时，不考虑次梁的连续性。由于主梁自重比次梁传来的集中荷载小得多，为了计算简化，所以可以将主梁在次梁支承两侧1/2次梁间距范围内的自重按集中荷载考虑，并假定和次梁传来的集中荷载一起作用在次梁的支承处（图10-25）。

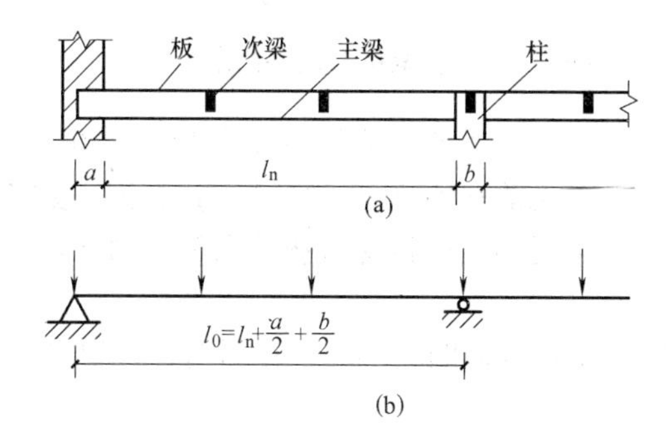

图10-25　主梁计算简图

（a）实际结构；（b）计算简图

主梁是房屋结构中的主要承重构件，对变形及裂缝的要求条件较高，因此，在计算内力时一般不宜考虑塑性内力重分布，而应按弹性理论计算。

当主梁的跨度相等或相差不超过10%时，可按式（10-2）计算内力，并绘制包络图。

由于按弹性理论计算主梁内力时，支座最大负弯矩所对应的截面并非危险截面，而柱边截面b-b为危险截面。因此，计算支座截面的受弯承载力时，应以 b-b 截面的内力作为依据（图 10-26a）。

截面 b-b 的弯矩可按下式求得：

取支座的一半为隔离体（图 10-26b），根据内力平衡条件求得：

$$\sum M_0=0, M_b-M+V_b\frac{b}{2}=0$$

由此，

$$M_b=M-V_b\frac{b}{2} \tag{10-7}$$

式中　M，V_b——支座中心处的弯矩和与 M_b 相应截面的剪力；

b——支座（柱）的宽度。

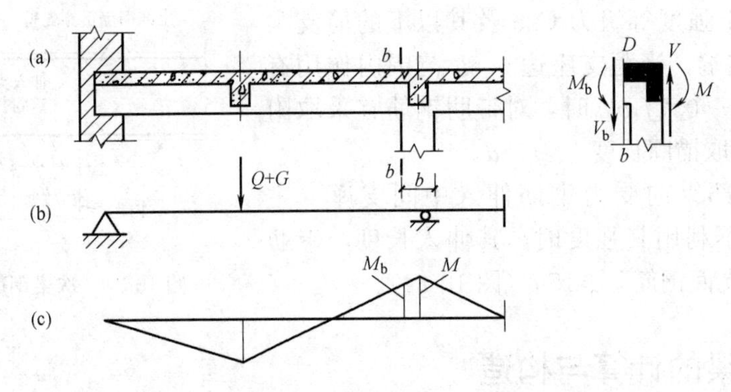

图 10-26　主梁支座处的危险截面

3. 截面配筋的计算

纵向受力钢筋，箍筋和弯起钢筋的计算与第 4 章所介绍的方法相同，但在计算支座截面配筋时，要考虑由于板，次梁和主梁在截面上的负筋相互穿插，使主梁的有效高度 h_0 有所降低（图 10-27）❶。

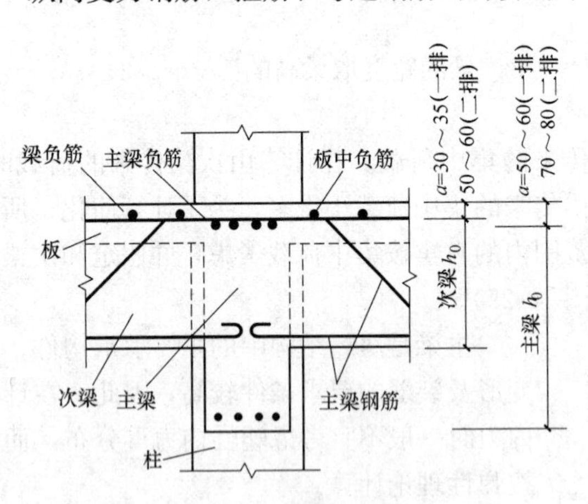

图 10-27　主梁支座处有效高度的计算

主梁在支座截面的有效高度一般取为：

当纵筋为一排时，$h_0=h-60$mm；

当为两排时，$h_0=h=80$mm。

10.7.2　主梁的构造要求

主梁的一般构造要求与次梁相同。参见前述有关次梁的构造规定。现将主梁的一些特殊构造要求叙述如下：

1. 主梁纵向受力钢筋的弯起与切断

钢筋混凝土梁支座负弯矩纵向受拉钢筋不宜在受拉区截断。当必须截断时，应符合下列要求：

❶ 图 10-27 中主梁支座处有效高度的计算，a 值系考虑楼板上有面层的情形。

1）当 $V \leqslant 0.7f_t bh_0$ 时，应延伸至按正截面受弯承载力计算不需要该钢筋的截面以外不小于 $20d$ 处截断，且从该钢筋强度充分利用截面伸出的长度不小于 $1.2l_a$；

2）当 $V > 0.7f_t bh_0$ 时，应延伸至按正截面受弯承载力计算不需要该钢筋的截面以外不小于 h_0 处且不小于 $20d$ 处截断，并且从该钢筋强度充分利用截面伸出的长度不小于 $1.2l_a + h_0$。

2. 附加横向钢筋

次梁在主梁支承处应布置附加横向钢筋（吊筋或箍筋），以承受由次梁传来的集中荷载。附加横向钢筋应布置在长度为 $s=2h_1+3b$ 的范围内（图 10-28）。附加横向钢筋宜优先选用箍筋。

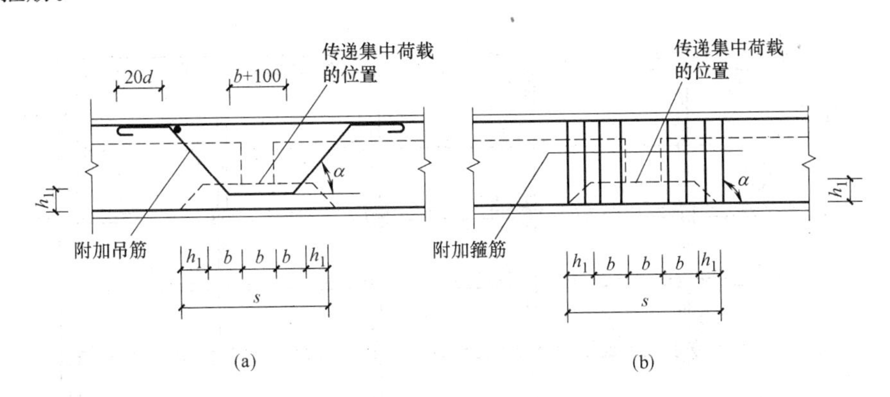

图 10-28　附加横向钢筋构造示意图

（a）吊筋；（b）附加箍筋

所需附加横向钢筋的截面面积按下式确定：

$$F \leqslant 2f_y A_{sb} \sin\alpha + mnf_{yv} A_{sv1} \tag{10-8}$$

式中　F——作用在主梁下部或主梁高度范围内，由次梁传来的集中荷载设计值；

f_y——吊筋抗拉强度设计值；

A_{sb}——吊筋横截面面积；

α——吊筋与梁的轴线夹角；

m——附加箍筋个数；

n——在同一截面内附加箍筋肢数；

f_{yv}——附加箍筋抗拉强度设计值；

A_{sv1}——附加箍筋单肢的截面面积。

3. 鸭筋

由于主梁承受荷载较大，剪力值较高，所以，除箍筋外，还需要配置较多的弯起钢筋才能满足斜截面受剪承载力要求。当跨中受力纵筋弯起数量不足时，通常配置鸭筋来抵抗一部分剪力，以满足要求，如图 10-29 所示。如前所述，为了保证鸭筋工作可靠，不许采用浮筋（参见第 4 章）。

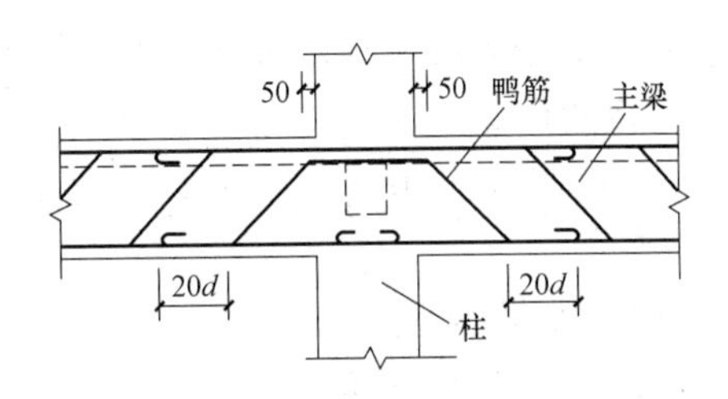

图 10-29　鸭筋构造示意图

§10.8　单向板楼盖计算例题

【例题 10-2】 某印刷厂仓库采用现浇钢筋混凝土单向板肋形楼盖。结构平面布置如图 10-30 所示。楼面做法为：20mm 水泥砂浆抹面；60mm 水泥白灰焦渣；20mm 板底抹灰；15mm 梁底、梁侧抹灰。楼面活荷载标准值 15kN/m²。梁、板混凝土强度等级为 C20（f_c＝9.6N/mm²）；板采用 HPB300 级钢筋（f_y＝270N/mm²）；梁采用 HPB335 级钢筋（f_y＝300N/mm²）。

试设计单向板肋形楼盖。

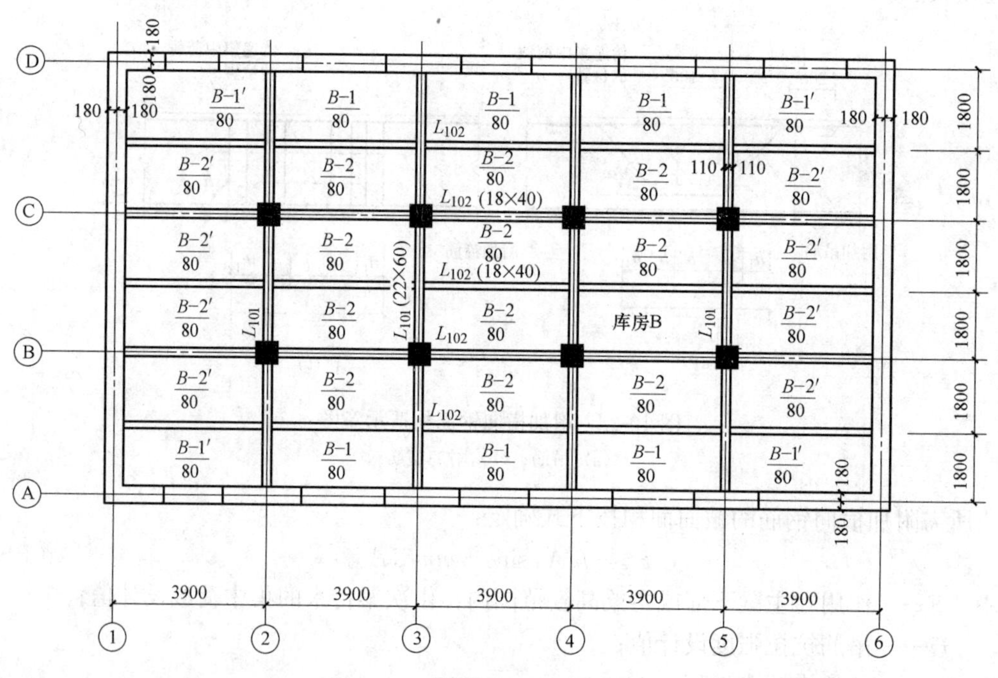

图 10-30 【例题 10-2】附图之一

【解】 1. 结构方案的选择

本工程系印刷厂仓库，用于堆放纸张、书籍，使用荷载较大，按使用要求和房屋平面形状，今采用主次梁肋形楼盖结构体系。柱网尺寸为 3900mm×3600mm；主梁的间距为 3900mm；次梁的间距距为 1800mm；柱的截面尺寸 300mm×300mm。

梁、板截面尺寸选择：板厚为 80mm（工业房屋楼板最小厚度）；次梁为 180mm×400mm；主梁为 220mm×600mm。

板伸入墙内 120mm；次梁、主梁伸入墙内 240mm。

2. 板的计算

（1）荷载设计值

恒载：

20mm 水泥砂浆抹面	1.2×0.02×20＝0.48kN/m²
60mm 水泥白灰焦渣	1.2×0.06×14＝1.01kN/m²
80mm 钢筋混凝土楼板	1.2×0.08×25＝2.40kN/m²

20mm 板底抹灰　　　　$1.2\times0.02\times17=0.41\text{kN/m}^2$

活荷载：

$g=4.30\ \text{kN/m}^2$

$q=1.3$❶$\times15=19.50\text{kN/m}^2$

$g+q=33.80\text{kN/m}^2$

（2）弯矩设计值（按内力塑性重分布理论）

板的几何尺寸见图 10-31（a）。因为板的两个边长之比：$n=\dfrac{l_2}{l_1}=\dfrac{3900}{1800}=2.17>2$；故按单向板计算。取 1m 宽板带作为计算单元，计算跨度为：

边跨　　$l_0=l_n+\dfrac{h}{2}=(1800-180-90)+\dfrac{80}{2}=1570\text{mm}$

$<l_n+\dfrac{a}{2}=(1800-180-90)+\dfrac{120}{2}=1590\text{mm}$

取较小者　　$l_0=1570\text{mm}$

中间跨　　$l_0=l_n=1800-180=1620\text{mm}$

边跨与中间跨的计算跨度相差：$\dfrac{1620-1570}{1570}=0.032<10\%$

故可按等跨连续板计算内力。计算简图见图 10-31（b）。各截面的弯矩设计值计算见表 10-1。

（3）正截面承载力计算

板的截面有效高度 $h_0=h-20=80-20=60\text{mm}$。各截面的配筋计算过程参见表 10-2。

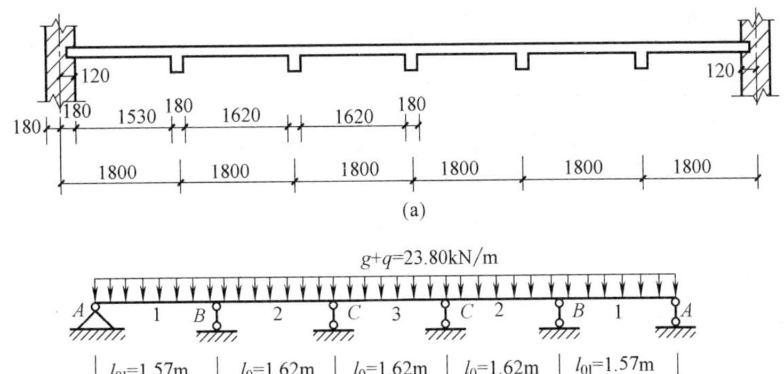

图 10-31 【例题 10-2】附图之二

板的弯矩设计值计算表　　　　**表 10-1**

截面	边跨跨中	第一内支座	中间距中	中间支座
弯矩系数 α	$+\dfrac{1}{11}$	$-\dfrac{1}{14}$	$+\dfrac{1}{16}$	$-\dfrac{1}{16}$
$M=\alpha(g+q)l_0^2$ (kN·m)	$\dfrac{1}{11}\times23.80\times$ $1.57^2=5.33$	$-\dfrac{1}{14}\times23.80\times$ $1.62^2=-4.46$	$\dfrac{1}{16}\times23.80\times$ $1.62^2=3.90$	$-\dfrac{1}{16}\times23.80\times$ $1.62^2=-3.90$

❶ 当活荷载标准值大于 4kN/m^2 时，活荷载分项系数 $\gamma_Q=1.3$。

（4）板的正截面承载力计算

板的截面有效高度 $h_0=h-20=80-20=60$mm。各截面的配筋计算过程见表 10-2。板的配筋图见图 10-32（括号内的数字为中间区格板的配筋间距）。

板的正截面承载力计算　　表 10-2

项目	边区格板				中间区格板			
	边跨跨中	第一内支座	中间跨中	中间支座	边跨跨中	第一内支座	中间跨中	中间支座
弯矩折减系数	1.0	1.0	1.0	1.0	1.0	1.0	0.8	0.8
M(kN·m)	5.33	−4.46	3.90	−3.90	5.33	−4.62	0.8×3.90 =3.12	3.12
$\alpha_s=\dfrac{M}{bh_0^2f_c}$	0.154	0.129	0.112	0.112	0.154	0.129	0.0902	0.09
γ_s	0.916	0.930	0.940	0.940	0.916	0.930	0.952	0.95
$A_s=\dfrac{M}{\gamma_s h_0 f_y}$(mm^2)	359	296	256	256	359	296	202	202
选配钢筋	ϕ10@200	ϕ8/10@200	ϕ8@200	ϕ8@200	ϕ10@200	ϕ8/10@200	ϕ8@200	ϕ8@200
实配钢筋面积(mm^2)	393	322	251	251	393	322	251	251

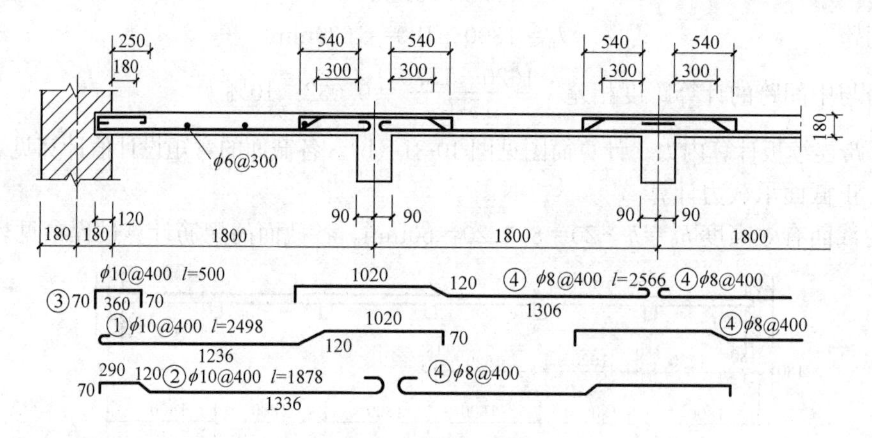

图 10-32　板的配筋

3. 次梁的计算

次梁的几何尺寸见图 10-33。

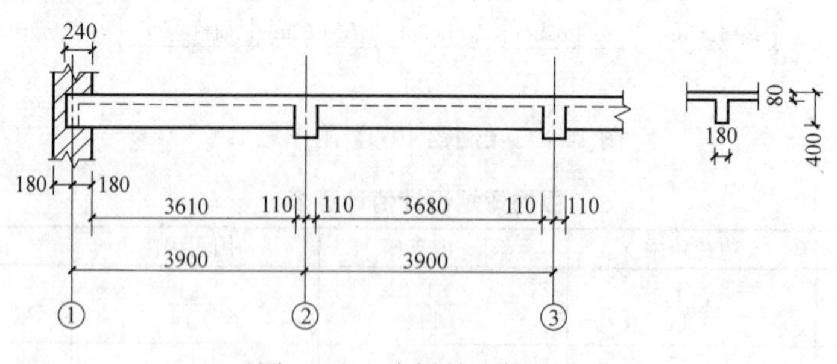

图 10-33　次梁的几何尺寸

（1）荷载设计值

恒载

由板传来　　4.30×1.80=7.74kN/m

次梁自重　　$1.2\times0.18\times(0.40-0.08)\times25=1.73\text{kN/m}$

梁的抹灰　　$1.2\times[(0.40-0.08)\times2+0.18]\times0.015\times17=0.25\text{kN/m}$

$g=9.72\text{kN/m}$

由板传来活荷载　　$q=19.5\times1.80=35.10\text{kN/m}$

$g+q=44.82\text{kN/m}$

(2) 内力计算

按塑性内力重分布理论计算次梁的内力

1) 弯矩设计值

计算跨度：

边跨　$l_{01}=l_n+\frac{a}{2}=(3900-180-110)+\frac{240}{2}=3730\text{mm}>1.025l_n=3700\text{mm}$

故边跨的计算跨度取　　$l_{01}=3700\text{mm}$

中间跨　　$l_0=l_n=3900-220=3680\text{mm}$

计算简图如图 10-34 所示。

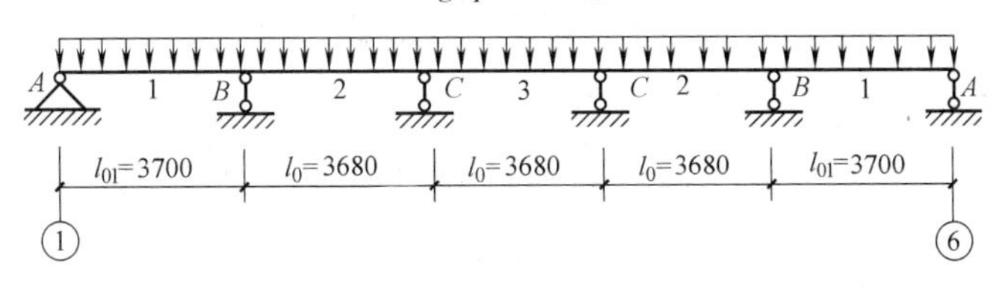

图 10-34　次梁计算简图

由于边跨和中间跨计算跨度相差小于 10%，故可按等跨连续梁计算内力。弯矩设计值计算过程见表 10-3。

次梁弯矩设计值的计算　　**表 10-3**

截面	边跨跨中	第一内支座	中间跨中	中间支座
弯矩系数 α	$+\frac{1}{11}$	$-\frac{1}{14}$	$+\frac{1}{16}$	$-\frac{1}{16}$
$M=\alpha(g+q)l_0^2$ (kN·m)	$\frac{1}{11}\times44.82\times3.70^2=55.78$	55.78	$\frac{1}{16}\times44.82\times3.68^2=37.94$	−37.94

2) 剪力设计值计算

计算跨度取净跨：

边跨　　$l_n=3900-180-110=3610\text{mm}$

中间跨　　$l_n=3900-220=3680\text{mm}$

剪力设计值计算过程见表 10-4。

(3) 截面承载力计算

由于本例为现浇钢筋混凝土肋形楼盖，故次梁跨中截面应按 T 形截面计算。根据第 4

次梁剪力设计值计算　　表 10-4

截面	边支座	第一内支座(左)	第一内支座(右)	中间支座
剪力系数 β	0.4	0.6	0.5	0.5
$V=\beta(g+q)l_n$(kN)	$0.4\times44.82\times3.61=64.72$	$0.6\times44.82\times3.61=97.08$	$0.5\times44.82\times3.68=82.47$	82.47

章中的规定，T 形截面的翼缘宽度应取下式计算结果中较小者：

$$b_f'=\frac{l}{3}=\frac{3680}{3}=1227\text{mm}$$

$$b_f'=b+s_n=180+1620=1880\text{mm}$$

故取翼缘宽度 $b_f'=1227$mm。

取 $h_0=400-35=365$mm。由于

$$b_f'h_f'f_{cm}\left(h_0-\frac{h_f'}{2}\right)=1227\times80\times11\times\left(365-\frac{80}{2}\right)=350.92\text{kN}\cdot\text{m}>55.78\text{kN}\cdot\text{m}$$

故次梁各跨跨中截面均属于第一类 T 形截面。

因为各支座截面翼缘位于受压区，故该截面应按矩形截面计算。并取 $h_0=365$mm。次梁正截面承载力计算过程见表 10-5。

次梁正截面承载力计算　　表 10-5

截面	边跨跨中	第一内支座	中间跨中	中间支座
M(kN·m)	55.78	−55.78	37.94	−37.94
$\alpha_s=\frac{M}{f_cbh_0^2}$	$\frac{55.78\times10^6}{9.6\times1227\times365^2}=0.0330$	$\frac{55.78\times10^6}{9.6\times180\times365^2}=0.214$	$\frac{37.94\times10^6}{11\times1227\times365^2}=0.024$	$\frac{37.94\times10^6}{11\times180\times365^2}=0.165$
ξ		0.24<0.35①		0.16<0.35
γ_s	0.984	0.880	0.986	0.909
$A_s=\frac{M}{f_y\gamma_sh_0}$(mm²)	$\frac{55.78\times10^6}{300\times0.981\times365}=501$	$\frac{55.78\times10^6}{300\times0.88\times365}=560$	$\frac{37.94\times10^6}{300\times0.986\times365}=339$	$\frac{37.94\times10^6}{300\times0.909\times365}=369$
选配钢筋	2Φ14+1Φ16	1Φ14+2Φ16	3Φ14	3Φ14
实配钢筋面积(mm²)	509	556	461	461

①《混凝土设计规范》规定考虑内力塑性重分布的截面应满足 $\xi\leqslant0.35$［见式（10-3)］。

次梁斜截面受剪承载力计算过程见表 10-6。

次梁斜截面受剪承载力计算　　表 10-6

截面	边支座	第一内支座(左)	第一内支座(右)	中间支座
V(kN)	64.72	97.08	82.47	82.47
$0.25f_cbh_0$(N)	$0.25\times9.6\times180\times365=157680>64720$	157680>97080	157680>82470	157680>82470
$0.7f_tbh_0$(N)	$0.7\times10\times180\times365=50589<64720$	50589<97080	50589<82470	50589<82470
箍筋肢数，直径	双肢 ϕ6	双肢 ϕ6	双肢 ϕ6	双肢 ϕ6
$A_{sv}=sA_{sv}$(mm²)	$2\times28.3=56.6$	56.6	56.6	56.6
$s=\frac{f_{yv}A_{sv}h_0}{V-0.7f_tbh_0}$(mm)	$\frac{270\times56.6\times365}{64720-50589}=394$	$\frac{270\times56.6\times365}{97080-50589}=119$	$\frac{270\times56.6\times365}{82470-50589}=180$	180
实配箍筋间距(mm)	120	120	120	150

次梁配筋图见图 10-35。

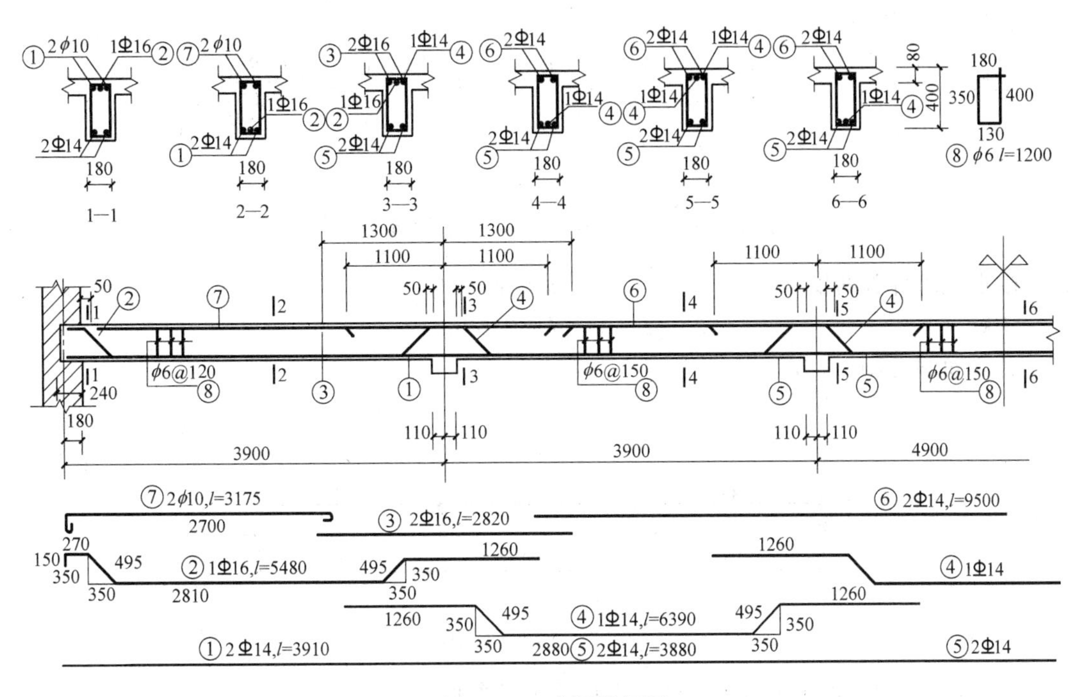

图 10-35　次梁配筋图

4. 主梁的计算

主梁的几何尺寸见图 10-36。

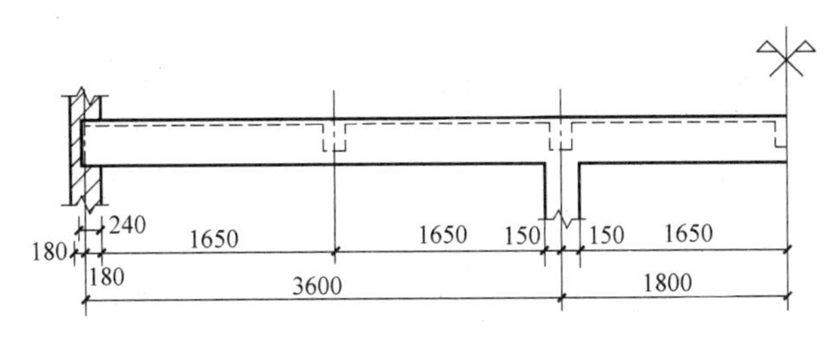

图 10-36　主梁的几何尺寸

(1) 荷载设计值

恒载

由次梁传来　　9.72×3.90=37.91kN

主梁自重（折算成集中荷载）　　1.20×0.22×(0.60−0.08)×1.8×25=6.18kN

梁的抹灰重（折算成集中荷载）　　1.2×[(0.60−0.08)×2+0.22]

0.015×1.80×17=0.69kN

G=44.78kN

活荷载　　Q=35.10×3.90=136.89kN

$G+Q$=181.67kN

（2）内力计算

1）计算跨度

边跨　$l_0=l_n+\frac{b}{2}+\frac{a}{2}=\left(3.60-\frac{0.30}{2}-0.18\right)+\frac{0.30}{2}+\frac{0.24}{2}$

$$=3.54\text{m}>l_0+\frac{b}{2}+0.025l_n$$

$$=3.27+\frac{0.30}{2}+0.025\times3.27=3.50\text{m}$$

故取边跨计算跨度　$l_0=3.50\text{m}$

中跨　$l_0=l_n+b=3.60\text{m}$

计算简图见图 10-37

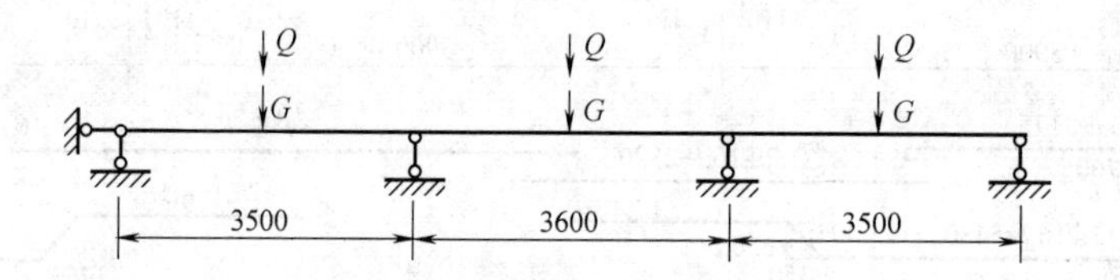

图 10-37　主梁计算简图

2）组合荷载单独作用下主梁的内力计算过程参见表 10-7。

组合荷载单独作用下主梁的内力　　**表 10-7**

荷载情况	内力计算	内力图
①	$M_1=KGl_0=0.175\times44.78\times3.50=27.42\text{kN}\cdot\text{m}$ $M_B=KGl_0=-0.150\times44.78\times3.60=-24.18\text{kN}\cdot\text{m}$ $M_2=KGl_0=0.100\times44.78\times3.60=16.12\text{kN}\cdot\text{m}$ $V_A=KG=0.350\times44.78=15.67\text{kN}$ $V_{B左}=K_1G=-0.650\times44.78=-29.11\text{kN}$ $V_{B右}=K_1G=0.500\times44.78=22.39\text{kN}$	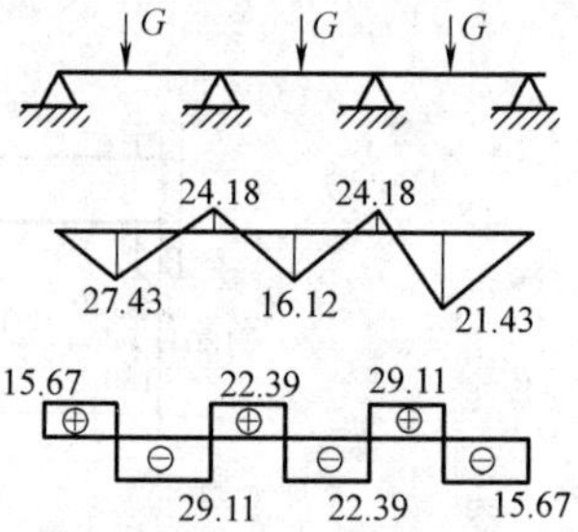
②	$M_1=KGl_0=0.213\times136.89\times3.50=102.05\text{kN}\cdot\text{m}$ $M_B=KQl_0=-0.075\times136.89\times3.60=-36.96\text{kN}\cdot\text{m}$ $M_2=KQl_0=-0.075\times136.89\times3.60=-36.96\text{kN}\cdot\text{m}$ $V_A=K_1Q=0.425\times136.89=58.18\text{kN}$ $V_{B左}=K_1Q=-0.575\times136.89=-78.71\text{kN}$ $V_{B右}=K_1Q=0\times136.89=0$	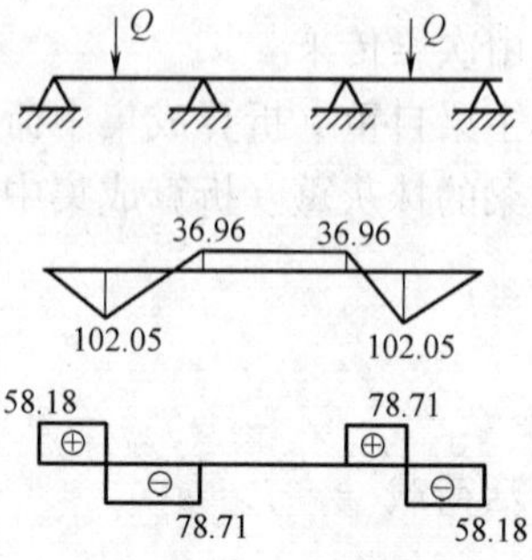

续表

荷载情况	内力计算	内力图
③	$M_1=KQl_0=-0.038\times136.89\times3.50=-18.21\text{kN}\cdot\text{m}$ $M_B=KQl_0=-0.075\times136.89\times3.60=-36.96\text{kN}\cdot\text{m}$ $M_2=KQl_0=0.175\times136.89\times3.60=86.24\text{kN}\cdot\text{m}$ $V_A=K_1Q=-0.075\times136.89=-10.27\text{kN}$ $V_{B右}=K_1Q=0.500\times136.89=68.45\text{kN}$ $V_{C左}=K_1Q=-0.500\times136.89=-68.45\text{kN}$	
④	$M_1=0.162\times136.89\times3.50=77.62\text{kN}\cdot\text{m}$ $M_B=-0.175\times136.89\times3.60=-86.24\text{kN}\cdot\text{m}$ $M_2=0.137\times136.89\times3.60=67.51\text{kN}\cdot\text{m}$ $M_C=-0.050\times136.89\times3.60=-24.64\text{kN}\cdot\text{m}$ $V_A=0.325\times136.89=44.49\text{kN}$ $V_{B左}=-0.675\times136.89=-92.40\text{kN}$ $V_{B右}=0.625\times136.89=85.56\text{kN}$ $V_{C左}=-0.375\times136.89=-51.33\text{kN}$ $V_{C右}=0.050\times136.89=6.84\text{kN}$	

3）绘制内力包络图

以恒载①在各控制截面产生的内力为基础，分别叠加以对各该截面为最不利布置的活载②、③和④所产生的内力，即可得到各截面可能产生的最不利内力。相应的内力图见图10-38。将图 10-38 三种弯矩图和剪力图分别叠绘在一起，得到弯矩包络图和剪力包络图（图 10-39）。

（3）配筋计算

主梁跨中截面按 T 形截面计算，因为：

$$b_f'=\frac{l_0}{3}=\frac{3.60}{3}=1.20\text{m}<b_f'=b+s_n=3.90\text{m}$$

故取翼缘宽度 $b_f'=1.20\text{m}$。同时，取 $h_0=600-35=565\text{mm}$

判断 T 形截面类型：

$$b_f'h_f'f_{cm}\left(h_0-\frac{h_f'}{2}\right)=1200\times80\times11\left(565-\frac{80}{2}\right)=554\times10^6\text{N}\cdot\text{mm}$$

$$=554\text{kN}\cdot\text{m}>M_1=129048\text{kN}\cdot\text{m}$$

故各跨跨中截面均属于第一类 T 形截面，即均按宽度为 b_f' 的矩形截面计算。

主梁各支座截面均按矩形截面计算，并取 $h_0=h-60=600-60-540\text{mm}$

主梁正截面承载力计算过程见表 10-8。斜截面受剪承载力计算过程见表 10-9。

主梁正截面承载力计算　　表 10-8

截面	边跨跨中	中间支座	中间跨中
M(kN·m)	129.48	110.42	102.36
$V\frac{b}{2}$(kN·m)	—	$107.95\times\frac{0.3}{2}=16.19$	—

续表

截面	边跨跨中	中间支座	中间跨中
$M-V\frac{b}{2}$(kN·m)	—	94.23	—
$\alpha_S=\frac{M}{f_c bh_0^2}$	$\frac{129.48\times10^6}{9.6\times1200\times565^2}$ =0.0351	$\frac{94.23\times10^6}{9.6\times220\times540^2}$ =0.154	$\frac{102.36\times10^6}{9.6\times1200\times565^2}$ =0.024
γ_s	0.981	0.917	0.987
$A_s=\frac{M}{f_y\gamma_s h_0}$(mm²)	$\frac{129.48\times10^6}{300\times0.981\times565}=753$	$\frac{94.23\times10^6}{300\times0.917\times540}=602$	$\frac{102.36\times10^6}{300\times0.987\times565}=592$
选配钢筋	3Φ18	3Φ16	3Φ16
实配钢筋面积	763	603	603

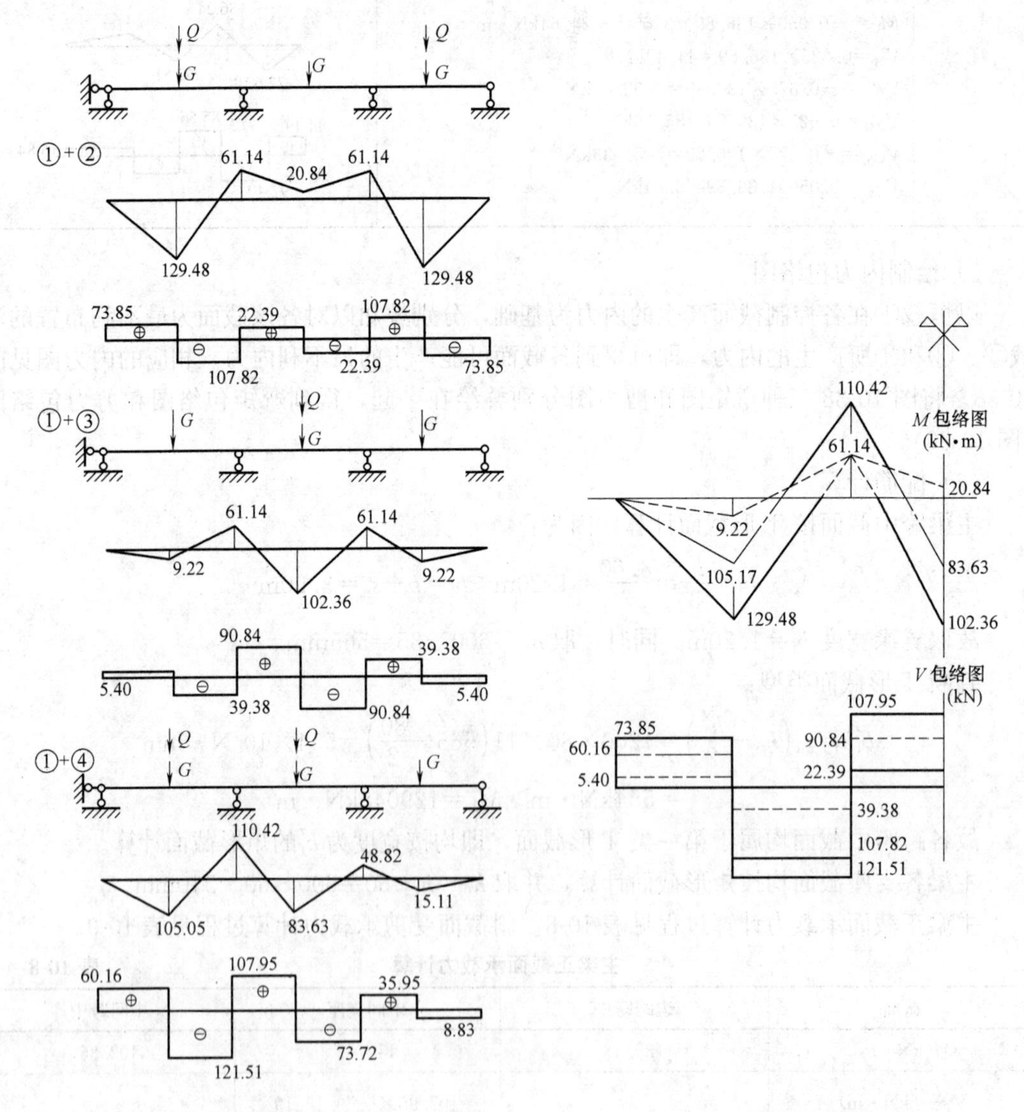

图 10-38　恒载和活载最不利布置时内力图

图 10-39　弯矩和剪力包络图

主梁斜截面受剪承载计算　　　**表 10-9**

截面	边支座	支座 B(左)	支座 B(右)
V(kN)	73.85	121.51	107.95
$0.25f_cbh_0$(N)	$0.25\times9.6\times220\times565$ $=290320>73850$	$0.25\times9.6\times220\times540$ $=285120>121510$	$285120>107950$
$0.7f_tbh_0$(N)	$0.7\times1.1\times220\times565$ $=95711>73850$	$0.7\times1.1\times220\times540$ $=91476<121510$	$91476<107950$
箍筋肢数直径	双肢 $\phi6$	双肢 $\phi6$	双肢 $\phi6$
$A_{sv}=nA_{sv1}$(mm^2)	$2\times28.3=56.6$	56.6	56.6
$s=\dfrac{f_{yv}A_{sv}h_0}{V-0.7f_tbh_0}$(mm)	$\dfrac{270\times56.6\times565}{73850-95711}<0$	$\dfrac{270\times56.6\times540}{121510-91476}=275$	$\dfrac{270\times56.6\times540}{107950-91476}=506$
实配箍筋间距 s(mm)	250	250	250

(4) 主梁吊筋的计算

由次梁传达室给予主梁集中荷载设计值为：

$$F=G+Q=37.91+136.89=174.80\text{kN}$$

按式（10-9）计算吊筋总截面面积

$$A_{sb}=\frac{F}{2f_y\sin\alpha}=\frac{174800}{2\times300\times0.707}=412\text{mm}^2$$

选 2Φ18（$A_{sb}=509\text{mm}^2$），主梁配筋图见图 10-40。

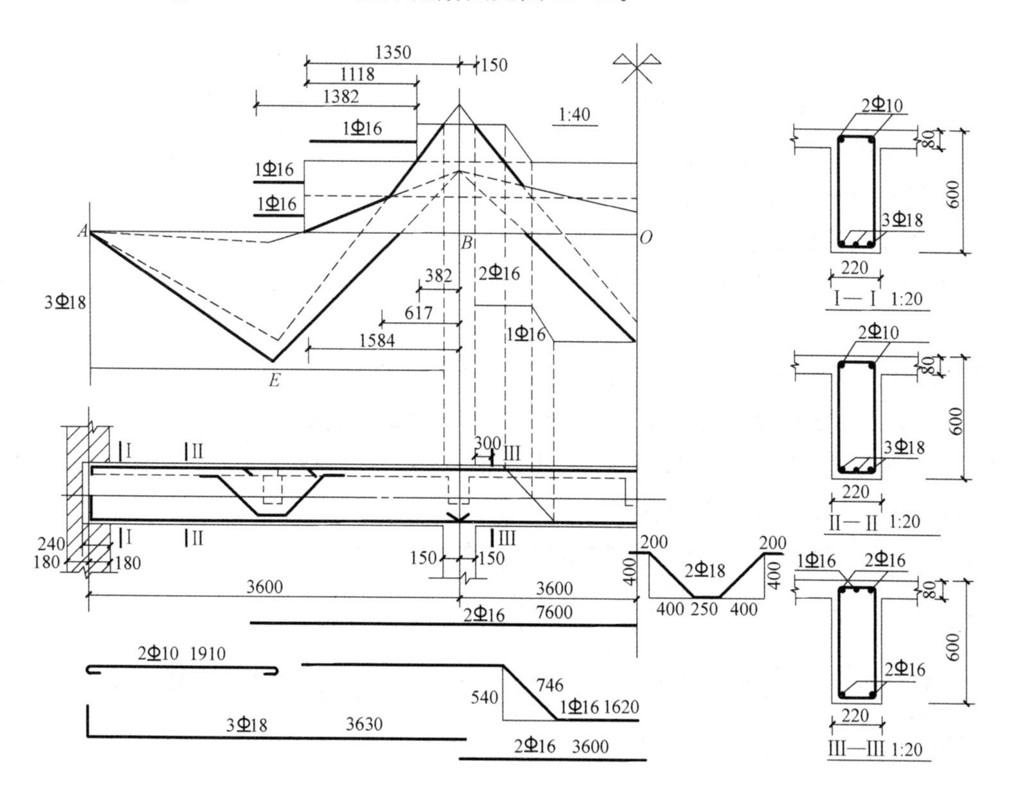

图 10-40　主梁配筋图

§10.9　双向板的计算与构造

在§10.2曾经指出，当板的四周均有墙或梁支承，且 $l_2/l_1 \leqslant 2$ 时，则应按双向板设计。双向板的计算也有两种方法：按弹性理论方法计算和按塑性理论方法计算。下面仅介绍在工业与民用建筑中广泛采用的按塑性理论计算方法。

10.9.1　双向板的破坏特征

根据实验研究，在受均布荷载的简支板的矩形双向板中，第一批裂缝首先在板下平行于长边方向的跨中出现，当荷载增加时，裂缝逐渐伸长，并沿45°角向四周扩展（图10-41a）。当裂缝截面的钢筋达到屈服点后，形成塑性铰线，直到塑性铰线将板分成几个块体，并转动成为可变体系时，板就达到承载能力极限状态。

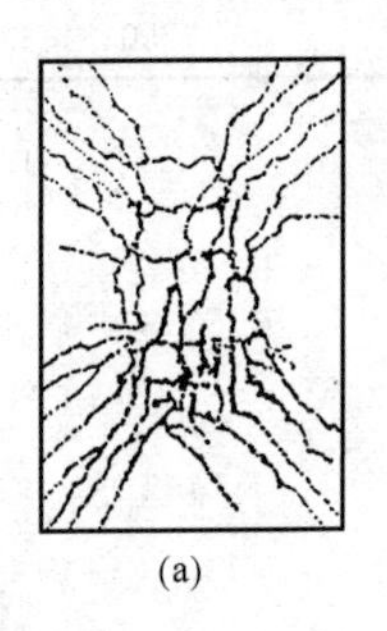
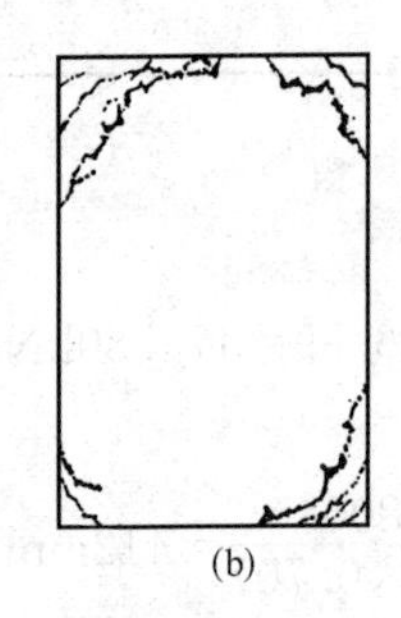

(a)　　(b)

图10-41　双向板的破坏特征
（a）仰视图；（b）俯视图

当双向板的四周为固定支座或板为连续时，在荷载作用下，在板的上部梁的边缘也出现塑性铰线（图10-41b）。

10.9.2　按塑性理论计算双向板

一、基本假定

（1）在均布荷载下矩形双向板破坏时，角部塑性铰线与板角成45°；

（2）沿塑性铰线截面上钢筋达到屈服点，受压区混凝土达到极限应变形；

（3）沿 $+M$ 塑性铰线截面上的剪力为零。

二、双向板计算基本公式

图10-42（a）表示从连续双向板中中间区格取出的任一块双向板，现建立双向板计算基本公式。

该板在均布荷载 $p=g+q$ 作用下破坏时，塑性铰线将板分成 A、B、C、D 四块（图10-42b）。设沿 $+M$ 塑性铰线截面平行于板的短边方向的总极限弯矩为 M_1；平行板的长边方向的总极限弯矩为 M_2（图10-42c、d）。沿支座塑性铰线截面上总极限弯矩分别为 M_{I}、M'_{I}、M_{II}、M'_{II}（图10-42b）。

下面分别取板块 A、B、C、D 为隔离体，并研究其平衡。

板块 A（图10-42c）：根据 $\sum M_{\mathrm{ab}}=0$，得：

$$M_1+M_{\mathrm{I}}=p\,\frac{l_1}{2}(l_2-l_1)\times\frac{l_1}{4}+2\left[p\left(\frac{1}{2}\right)\left(\frac{l_1}{2}\right)\left(\frac{l_1}{2}\right)\left(\frac{l_1}{6}\right)\right]=\frac{pl_1^2}{24}(3l_2-2l_1) \tag{a}$$

板块 B：根据 $\sum M_{\mathrm{cd}}=0$，同样可得：

$$M_{\mathrm{I}}+M'_{\mathrm{I}}=\frac{pl_1^2}{24}(3l_2-2l_1) \tag{b}$$

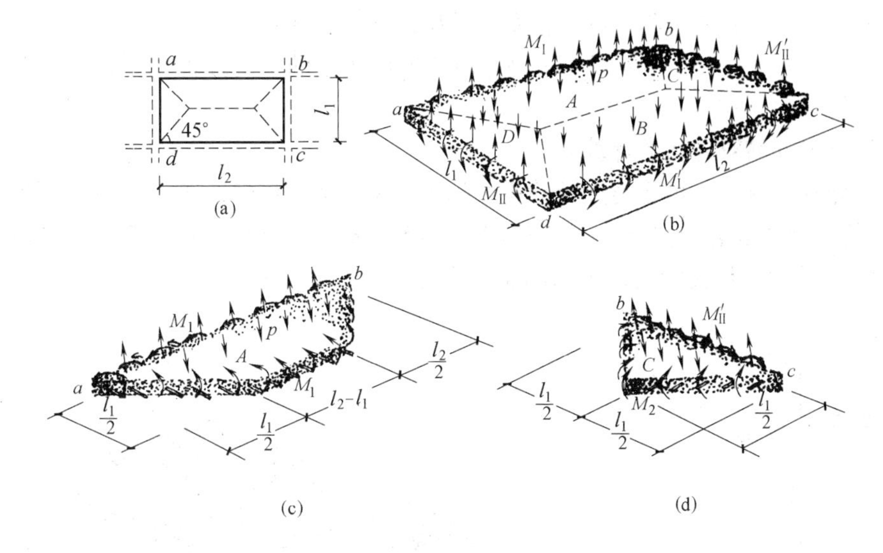

图 10-42　双向板的受力分折

板块 C（图 10-42d）：根据 $\sum M_{bc}=0$，得：

$$M_2+M_{\mathrm{II}}=p\,\frac{1}{2}\left(\frac{l_1}{2}\right)l_1\times\frac{l_1}{6}=\frac{pl_1^3}{24} \tag{c}$$

板块 D：根据 $\sum M_{ad}=0$，同样可得：

$$M_2+M'_{\mathrm{II}}=\frac{pl_1^3}{24} \tag{d}$$

将式（a）～式（d）相加，得

$$2M_1+2M_2+M_{\mathrm{I}}+M'_{\mathrm{I}}+M_{\mathrm{II}}+M'_{\mathrm{II}}=\frac{pl_{\mathrm{I}}^2}{12}(3l_2-l_1) \tag{10-9}$$

式中　l_1——沿板短边方向的计算跨度；

l_2——沿板长边方向的计算跨度；

M_1——沿 $+M$ 塑性铰线截面平行于板短边方向的总极限弯矩；

M_2——沿 $+M$ 塑性铰线截面平行于板长边方向的总极限弯矩；

M_{I}、M'_{I}——分别为沿板长边 ab 和 cd 支座截面总极限弯矩；

M_{II}、M'_{II}——分别为沿板短边 ad 和 bc 支座截面总极限弯矩。

式（10-9）中的各个弯矩可按下式表示：

$$M_1=f_y\overline{A}_{s1}z_1 \tag{10-10a}$$

$$M_2=f_y\overline{A}_{s2}z_2 \tag{10-10b}$$

$$M_{\mathrm{I}}=f_y\overline{A}_{s\mathrm{I}}z_1 \tag{10-10c}$$

$$M'_{\mathrm{I}}=f_y\overline{A}'_{s\mathrm{I}}z_1 \tag{10-10d}$$

$$M_{\mathrm{II}}=f_y\overline{A}_{s\mathrm{II}}z_1 \tag{10-10e}$$

$$M'_{\mathrm{II}}=f_y\overline{A}'_{s\mathrm{II}}z_1 \tag{10-10f}$$

式中　z_1、z_2——分别为与 A_{s1} 和 A_{s2} 所对应的内力臂，可近似取 $z_1=0.9h_{01}$，$z_2=$

0.9h_{02}（图 10-43）；

$\overline{A}_{s1}$、$\overline{A}_{s2}$…$\overline{A}'_{s\text{II}}$——分别与塑性铰线相交的受拉钢筋的总面积。

式（10-9）为双向板塑性铰线上总极限弯矩所应满足的平衡方程式。它是按塑性理论计算双向板的基本公式。

三、弯起式配筋双向板的计算

为了充分利用钢筋，可将连续板的板底抵抗＋M 的跨中钢筋，距支座 $l_1/4$ 处弯起 1/2，作为抵抗－M 的钢筋（图 10-44）。这时，将有一部分钢筋不与＋M 塑性铰线相交。于是，与＋M 塑性铰代相交的受拉钢筋的总面积为：

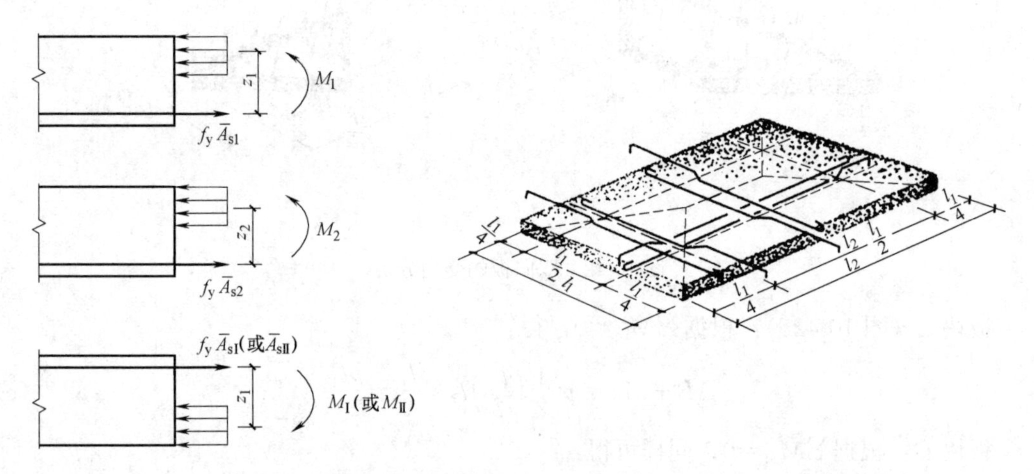

图 10-43　双向板弯矩的计算　　　　图 10-44　双向板弯起式钢筋

$$\overline{A}_{s1}=A_{s1}\left(l_2-\frac{l_1}{2}\right)+\frac{A_{s1}}{2}\left(2\times\frac{l_1}{4}\right)=A_{s1}\left(l_2-\frac{l_1}{4}\right) \tag{10-11}$$

$$\overline{A}_{s2}=A_{s2}\left(l_1-\frac{l_1}{4}\right)=A_{s2}\frac{3}{4}l_1 \tag{10-12}$$

式中　A_{s1}、A_{s2}——分别为沿板的长边和短边每米长的跨中钢筋面积。

支座钢筋的总截面面积为：

$$\overline{A}_{s\text{I}}=A_{s\text{I}}\cdot l_2 \tag{10-13a}$$

$$\overline{A}'_{s\text{I}}=A'_{s\text{I}}\cdot l_2 \tag{10-13b}$$

$$\overline{A}_{s\text{II}}=A_{s\text{II}}\,l_1 \tag{10-13c}$$

$$\overline{A}'_{s\text{II}}=A'_{s\text{II}}\,l_1 \tag{10-13d}$$

式中　$A_{s\text{I}}$、$A'_{s\text{I}}$、$A_{s\text{II}}$、$A'_{s\text{II}}$——分别为沿板的长边和短边支座每米长的钢筋面积。

计算双向板时，已知板上荷载 p 设计值（kN/m²）和计算跨度 l_1 和 l_2，需要求出配筋面积。在四边嵌固的情况下，有 4 个未知数，即 A_{s1}，A_{s2}，$A_{s\text{I}}$，$A_{s\text{II}}$，而只有式（10-9）一个方程，显然不可能求解。为此，一般令：

$$\beta=\frac{A_{s\text{I}}}{A_{s1}}=\frac{A'_{s\text{I}}}{A_{s1}}=\frac{A_{s\text{II}}}{A_{s2}}=\frac{A'_{s\text{II}}}{A_{s2}}=1.5\sim2.5 \tag{10-14}$$

$$\alpha=\frac{A_{s2}}{A_{s1}}=\frac{1}{n^2} \tag{10-15}$$

$$n=\frac{l_2}{l_1} \tag{10-16}$$

式中　β——支座每延米钢筋面积与相应跨中钢筋面积之比。

将上列公式代入式（10-10a）～式（10-10f），注意到 $z_1=0.9h_{01}$ 和 $z_2=0.9h_{02}$，并近似取 $h_{02}=0.9h_{01}$，同时用 h_0 代替 h_{01}，经整理后得：

$$M_1=A_{s1}f_y\times 0.9h_0\left(n-\frac{l_1}{4}\right)l_1 \tag{10-17a}$$

$$M_2=A_{s1}f_y\times 0.9^2h_0\frac{3}{4}\alpha l_1 \tag{10-17b}$$

$$M_{\mathrm{I}}=M'_{\mathrm{I}}=A_{s1}f_y\times 0.9h_0n\beta l_1 \tag{10-17c}$$

$$M_{\mathrm{II}}=M'_{\mathrm{II}}=A_{s1}f_y\times 0.9h_0\alpha\beta l_1 \tag{10-17d}$$

将式（10-17a）～式（10-17d）代入式（10-9），经整理后，得：

$$A_{s1}=\frac{pl_1^2(3n-1)}{21.6f_yh_0[(n-0.25)+0.675\alpha+n\beta+\alpha\beta]} \tag{10-18}$$

令

$$k_1=\frac{21.6f_y[(n-0.25)+0.675\alpha+n\beta+\alpha\beta]}{3n-1} \tag{10-19}$$

于是

$$A_{s1}=\frac{pl_1{}^2}{k_1h_0} \tag{10-20}$$

求出 A_{s1} 后，便可求得：

$$A_{s2}=\alpha A_{s1} \tag{10-21}$$

$$A_{s\mathrm{I}}=A'_{s\mathrm{I}}=\beta A_{s1} \tag{10-22}$$

$$A_{s\mathrm{II}}=A'_{s\mathrm{II}}=\beta A_{s2} \tag{10-23}$$

上面给出了双向板嵌固情形的计算公式。对于板边为其他支承情形的板，也可用类似的方法求得相应公式。

当双向板的支座钢筋 $A_{s\mathrm{I}}$，$A'_{s\mathrm{I}}$，$A_{s\mathrm{II}}$，$A'_{s\mathrm{II}}$ 已知时，则：

$$M_{\mathrm{I}}=A_{s\mathrm{I}}f_y\times 0.9h_0nl_1 \tag{10-24}$$

$$M'_{\mathrm{I}}=A'_{s\mathrm{I}}f_y\times 0.9h_0nl_1 \tag{10-25}$$

$$M_{\mathrm{II}}=A_{s\mathrm{II}}f_y\times 0.9h_0l_1 \tag{10-26}$$

$$M'_{\mathrm{II}}=A'_{s\mathrm{II}}f_y\times 0.9h_0l_1 \tag{10-27}$$

将（10-24）～式（10-27）和式（10-17a）、式（10-17b）代入式（10-9），则得：

$$A_{s1}f_y\times 0.9h_0l_1[2(n-0.25)+2\times 0.675\alpha]+$$

$$f_y\times 0.9h_0l_1(nA_{s\mathrm{I}}+nA'_{s\mathrm{I}}+A_{s\mathrm{II}}+A'_{s\mathrm{II}})=\frac{pl_1{}^2}{12}(3n-1)l_1 \tag{10-28}$$

由此

$$A_{s1}=\frac{pl_1{}^2(3n-1)}{21.6h_0f_y(n-0.25+0.675\alpha)}-\frac{nA_{s\mathrm{I}}+nA'_{s\mathrm{I}}+A_{s\mathrm{II}}+A'_{s\mathrm{II}}}{2n-0.5+1.35\alpha} \tag{10-29}$$

令

$$k_x=\frac{21.6h_0f_y(n-0.25+0.675\alpha)}{3n-1} \tag{10-30}$$

$$k_x^F=2n-0.5+1.35\alpha \tag{10-31}$$

于是
$$A_{s1}=\frac{\gamma.pl_1^2}{k_xh_0}-\frac{nA_{s\,\mathrm{I}}+nA'_{s\,\mathrm{I}}+A_{s\,\mathrm{II}}+A'_{s\,\mathrm{II}}}{k_x^F} \tag{10-32}$$

$$A_{s2}=\alpha A_{s1} \tag{10-33}$$

不难证明，系数 k_x 表达式可用系数 k_x^F 表示。这样，公式形式会简洁一些，于是：

$$k_x=\frac{10.8f_yk_x^F}{3n-1}\times10^{-6} \tag{10-34}$$

不同配筋形式和不同支座条件的 $k_x^F(x=1，2，\cdots，9)$ 表达式见表 10-10。

式（10-32）是计算双向板的通式。当某边的钢筋已知或简支时，该边应以实际钢筋面积或零代入式中，查表时对于钢筋已知边应按简支边考虑。

应当指出，式中 p 的单位为 kN/m^2，l_1 的单位为 m，h_0 的单位为 mm，A_s 的单位为 mm^2/m。

式（10-32）第一项分子增加一个系数 γ，它是考虑当双向板四边与梁整浇时内力折减系数。一般按下列规定采用（图 10-45）：

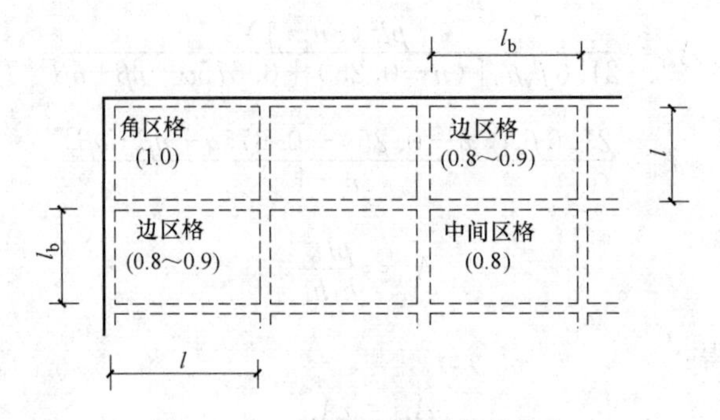

图 10-45　双向板折算系数的确定

（1）中间区格的跨中截面及中间支座上取 $\gamma=0.8$；

（2）边区格的跨中截面及从楼板边缘算起的第二支座截面：

当 $1.5\leqslant l_b/l\leqslant2$ 时，取 $\gamma=0.9$；

当 $l_b/l<1.5$ 时，取 $\gamma=0.8$。

式中　l_b——沿板边缘的跨度；

l——垂直板边缘的跨度。

四、分离式配筋双向板的计算

为了施工方便，双向板多采用分离式配筋（图 10-46b），并将跨中钢筋全部伸入支座。其计算公式推导方法与弯起式配筋基本相同。分离式配筋不同支座的 $k_x^F(x=1，2，3，\cdots，9)$ 表达式见表 10-10。其余计算公式与弯起式配筋的相同。

五、按表格计算双向板的配筋

为了计算方便起见，表 10-11 和表 10-12 分别给出了弯起式配筋和分离式配筋不同支座条件和 $\beta=2$ 时的 k_x 和 k_x^F 系数值，可供计算应用。其中，$k_x(x=1，\cdots，9)$ 系数值是根据钢筋级别为 HPB300（$f_y=270N/mm^2$）时计算的；若采用其他级别的钢筋，则 k_x 值应乘以比值 $f_y/270$（f_y 为其他钢筋抗拉强度设计值）。

其余计算公式与前相同。

k_x^F 系数计算公式表　　　　**表 10-10**

支承条件	弯起式配筋	分离式配筋
1	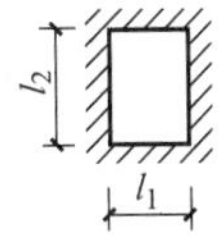 $k_1^F=2(n-0.25+0.675\alpha)+2n\beta+2\alpha\beta$	$k_1^F=2n+1.8\alpha+2n\beta+2\alpha\beta$
2	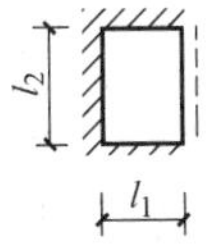 $k_2^F=2(n-0.25+0.675\alpha)+n\beta+2\alpha\beta$	$k_2^F=2n+1.8\alpha+n\beta+2\alpha\beta$
3	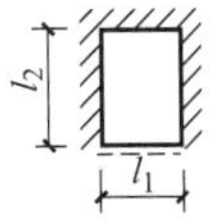 $k_3^F=2(n-0.25+0.675\alpha)+2n\beta+\alpha\beta$	$k_3^F=2n+1.8\alpha+2n\beta+\alpha\beta$
4	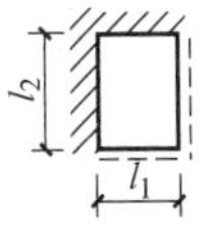 $k_4^F=2(n-0.25+0.675\alpha)+n\beta+\alpha\beta$	$k_4^F=2n+1.8\alpha+n\beta+\alpha\beta$
5	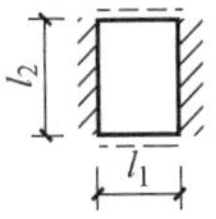 $k_5^F=2(n-0.25+0.675\alpha)+2n\beta$	$k_5^F=2n+1.8\alpha+2n\beta$
6	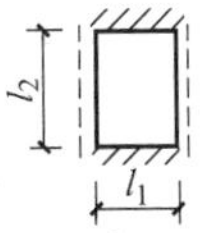 $k_6^F=2(n-0.25+0.675\alpha)+2\alpha\beta$	$k_6^F=2n+1.8\alpha+2\alpha\beta$
7	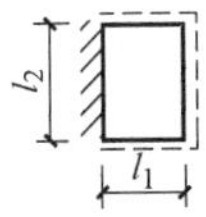 $k_7^F=2(n-0.25+0.675\alpha)+n\beta$	$k_7^F=2n+1.8\alpha+n\beta$
8	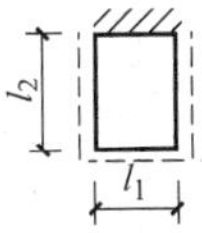 $k_8^F=2(n-0.25+0.675\alpha)+\alpha\beta$	$k_8^F=2n+1.8\alpha+\alpha\beta$
9	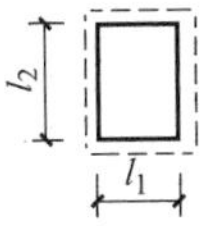 $k_9^F=2(n-0.25+0.675\alpha)$	$k_9^F=2n+1.8\alpha$

在均布荷载作用下双向板按塑性

$n=l_2/l_1$	α	$k_1\times10^{-3}$	k_1^F	$k_2\times10^{-3}$	k_2^F	$k_3\times10^{-3}$	k_3^F	$k_4\times10^{-3}$	k_4^F
1.00	1.000	15.82	—	12.90	8.85	12.90	8.85	9.99	6.85
1.02	0.961	15.23	—	12.35	8.72	12.51	8.84	9.63	6.80
1.04	0.925	14.70	—	11.84	8.61	12.16	8.84	9.29	6.76
1.06	0.889	14.21	—	11.37	8.50	11.83	8.84	8.99	6.72
1.08	0.857	13.76	—	10.94	8.41	11.52	8.85	8.71	6.69
1.10	0.826	13.34	—	10.55	8.32	11.24	8.87	8.46	6.67
1.12	0.797	12.96	—	10.19	8.24	10.99	8.89	8.22	6.65
1.14	0.769	12.60	—	9.85	8.18	10.75	8.92	8.00	6.64
1.16	0.743	12.27	—	9.54	8.12	10.52	8.95	7.80	6.63
1.18	0.718	11.97	—	9.26	8.06	10.32	8.99	7.61	6.63
1.20	0.694	11.68	—	8.99	8.02	10.12	9.03	7.43	6.63
1.22	0.672	11.42	—	8.74	7.97	9.94	9.07	7.26	6.63
1.24	0.650	11.17	—	8.51	7.94	9.78	9.11	7.12	6.64
1.26	0.630	10.94	—	8.30	7.91	9.62	9.17	6.98	6.65
1.28	0.610	10.73	—	8.10	7.89	9.47	9.23	6.84	6.66
1.30	0.592	10.52	—	7.91	7.87	9.33	9.28	6.72	6.68
1.32	0.574	10.33	—	7.73	7.85	9.20	9.34	6.60	6.70
1.34	0.557	10.15	—	7.57	7.84	9.08	9.41	6.49	6.73
1.36	0.541	9.99	—	7.42	7.83	8.97	9.47	6.39	6.75
1.38	0.525	9.83	—	7.14	7.83	8.86	9.54	6.30	6.78
1.40	0.510	9.69	—	7.13	7.83	8.76	9.61	6.21	6.81
1.42	0.496	9.55	—	7.01	7.83	8.66	9.68	6.12	6.84
1.44	0.482	9.42	—	6.89	7.84	8.57	9.76	6.03	6.88
1.46	0.469	9.29	—	6.77	7.85	8.48	9.83	5.96	6.91
1.48	0.457	9.17	—	6.66	7.86	8.40	9.91	5.89	6.95
1.50	0.444	9.06	—	6.56	7.88	8.32	9.99	5.82	6.99
1.52	0.433	8.96	—	6.47	7.90	8.25	10.07	5.76	7.03
1.54	0.422	8.86	—	6.38	7.92	8.18	10.15	5.70	7.07
1.56	0.411	8.76	—	6.29	7.94	8.11	10.24	5.64	7.12
1.58	0.401	8.67	—	6.21	7.96	8.05	10.32	5.58	7.12
1.60	0.391	8.59	—	6.13	7.99	7.99	10.41	5.53	7.21
1.62	0.381	8.51	—	6.06	8.02	7.93	10.50	5.48	7.26
1.64	0.372	8.43	—	5.99	8.05	7.87	10.59	5.43	7.31
1.66	0.363	8.35	—	5.92	8.08	7.82	10.68	5.39	7.36
1.68	0.354	8.28	—	5.86	8.12	7.77	10.77	5.35	7.41
1.70	0.346	8.22	—	5.80	8.15	7.72	10.86	5.31	7.46
1.72	0.338	8.15	—	5.74	8.19	7.68	10.95	5.27	7.51
1.74	0.330	8.09	—	5.69	8.23	7.63	11.05	5.23	7.57
1.76	0.323	8.03	—	5.63	8.27	7.60	11.14	5.19	7.62
1.78	0.316	7.97	—	5.58	8.31	7.55	11.24	5.16	7.68
1.80	0.309	7.92	—	5.53	8.35	7.51	11.33	5.13	7.73
1.82	0.302	7.87	—	5.49	8.40	7.47	11.43	5.09	7.79
1.84	0.295	7.82	—	5.45	8.44	7.44	11.53	5.06	7.85
1.86	0.289	7.77	—	5.40	8.49	7.40	11.63	5.04	7.90
1.88	0.283	7.73	—	5.36	8.53	7.37	11.73	5.01	7.97
1.90	0.277	7.68	—	5.32	8.58	7.34	11.83	4.98	8.03
1.92	0.271	7.64	—	5.29	8.63	7.31	11.93	4.96	8.09
1.94	0.266	7.60	—	5.25	8.68	7.28	12.03	4.93	8.15
1.96	0.260	7.56	—	5.22	8.73	7.25	12.13	4.91	8.21
1.98	0.255	7.52	—	5.19	8.78	7.22	12.23	4.88	8.27
2.00	0.250	7.48	—	5.15	8.84	7.20	12.24	4.86	8.34

注：表中 k_i 系由HPB300级钢筋（f_y=270N/mm²）算出；若采用其他级别钢筋，则 k_i 应乘以比值 $f_y/270$（f_y 为其他钢筋抗拉强度设计值）。

理论计算弯起式配筋系数表　　**表 10-11**

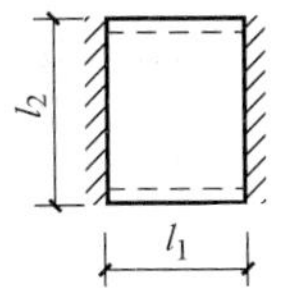 $k_5\times10^{-3}$	k_5^F	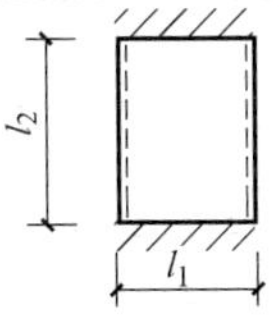 $k_6\times10^{-3}$	k_6^F	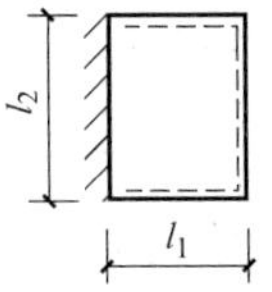 $k_7\times10^{-3}$	k_7^F	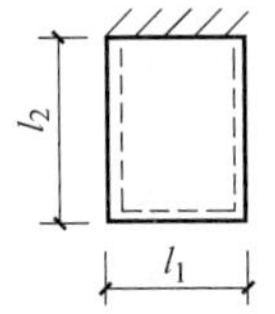 $k_8\times10^{-3}$	k_8^F	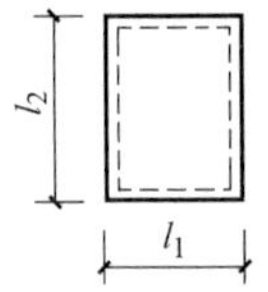 $k_9\times10^{-3}$	k_9^F	$n=l_2/l_1$
9.99	6.85	9.99	6.85	7.07	4.85	7.07	4.85	4.16	2.85	1.00
9.79	6.92	9.46	6.68	6.90	4.88	6.74	4.76	4.02	2.84	1.02
9.61	6.99	8.98	6.53	6.75	4.91	6.43	4.68	3.89	2.83	1.04
9,45	7.06	8.54	6.38	6.61	4.94	6.16	4.60	3.77	2.82	1.06
9.29	7.14	8.13	6.25	6.48	4.98	5.90	4.53	3.67	2.82	1.08
9.15	7.22	7.76	6.12	6.36	5.02	5.67	4.47	3.57	2.82	1.10
9.02	7.30	7.42	6.00	6.25	5.06	5.45	4.41	3.48	2.82	1.12
8.89	7.38	7.11	5.90	6.14	5.10	5.25	4.36	3.40	2.82	1.14
8.78	7.46	6.82	5.80	6.05	5.14	5.07	4.31	3.32	2.82	1.16
8.67	7.55	6.55	5.70	5.96	5.19	4.90	4.27	3.25	2.83	1.18
8.57	7.64	6.30	5.62	5.88	5.24	4.74	4.23	3.18	2.84	1.20
8.47	7.73	6.07	5.53	5.80	5.29	4.59	4.19	3.12	2.85	1.22
8.38	7.82	5.85	5.46	5.72	5.34	4.46	4.16	3.06	2.86	1.24
8.30	7.91	5.65	5.39	5.65	5.39	4.33	4.13	3.01	2.87	1.26
8.22	8.00	5.47	5.33	5.59	5.44	4.21	4.10	2.96	2.88	1.28
8.14	8.10	5.29	5.27	5.53	5.50	4.10	4.08	2.91	2.90	1.30
8.87	8.19	5.13	5.21	5.47	5.56	4.00	4.06	2.87	2.91	1.32
8.01	8.29	4.98	5.16	5.42	5.61	3.91	4.04	2.83	2.93	1.34
7.94	8.39	4.84	5.11	5.37	5.67	3.82	4.03	2.79	2.95	1.36
7.88	8.49	4.71	5.07	5.32	5.73	3.73	4.02	2.76	2.96	1.38
7.83	8.59	4.58	5.03	5.28	5.79	3.65	4.01	2.72	2.99	1.40
7.77	8.69	4.47	4.99	5.23	5.85	3.58	4.00	2.69	3.01	1.42
7.72	8.79	4.36	4.96	5.19	5.91	3.51	3.99	2.66	3.03	1.44
7.67	8.89	4.25	4.93	5.15	5.97	3.44	3.99	2.63	3.05	1.46
7.63	9.00	4.16	4.90	5.12	6.03	3.38	4.00	2.61	3.08	1.48
7.58	9.10	4.06	4.88	5.08	6.10	3.32	4.00	2.58	3.10	1.50
7.54	9.20	3.98	4.86	5.05	6.16	3.27	4.00	2.56	3.12	1.52
7.50	9.31	3.90	4.84	5.02	6.23	3.22	4.00	2.54	3.15	1.54
7.46	9.41	3.82	4.82	4.99	6.29	3.17	4.00	2.52	3.17	1.56
7.42	9.52	3.74	4.80	4.96	6.36	3.12	4.00	2.50	3.20	1.58
7.39	9.63	3.68	4.79	4.93	6.42	3.08	4.00	2.48	3.23	1.60
7.35	9.73	3.61	4.78	4.91	6.49	3.03	4.01	2.46	3.25	1.62
7.32	9.84	3.55	4.77	4.88	6.56	2.99	4.03	2.44	3.28	1.64
7.29	9.95	3.49	4.76	4.86	6.63	2.96	4.04	2.43	3.31	1.66
7.26	10.06	3.43	4.75	4.83	6.70	2.92	4.05	2.41	3.33	1.68
7.23	10.17	3.38	4.75	4.81	6.77	2.89	4.06	2.39	3.36	1.70
7.20	10.28	3.33	4.75	4.79	6.84	2.86	4.07	2.38	3.40	1.72
7.18	10.39	3.28	4.75	4.77	6.91	2.82	4.08	2.37	3.43	1.74
7.15	10.50	3.23	4.75	4.75	6.98	2.79	4.10	2.35	3.46	1.76
7.13	10.61	3.19	4.75	4.73	7.05	2.77	4.12	2.34	3.49	1.78
7.10	10.72	3.15	4.75	4.72	7.12	2.74	4.13	2.33	3.52	1.80
7.08	10.83	3.11	4.76	4.70	7.19	2.71	4.15	2.32	3.55	1.82
7.06	10.94	3.07	4.76	4.68	7.26	2.69	4.17	2.31	3.58	1.84
7.04	11.05	3.04	4.77	4.67	7.33	2.67	4.19	2.30	3.61	1.86
7.01	11.16	3.00	4.77	4.65	7.40	2.64	4.20	2.29	3.64	1.88
6.99	11.27	2.97	4.78	4.64	7.47	2.62	4.23	2.28	3.67	1.90
6.98	11.39	2.94	4.79	4.62	7.54	2.60	4.25	2.27	3.71	1.92
6.96	11.50	2.91	4.80	4.61	7.62	2.58	4.27	2.26	3.74	1.94
6.94	11.61	2.88	4.81	4.60	7.69	2.56	4.29	2.25	3.77	1.96
6.92	11.72	2.85	4.82	4.58	7.76	2.55	4.31	2.25	3.80	1.98
6.90	11.84	2.82	4.83	4.57	7.83	2.53	4.34	2.24	3.84	2.00

在均布荷载作用下双向板按塑性

$n=l_2/l_1$	α	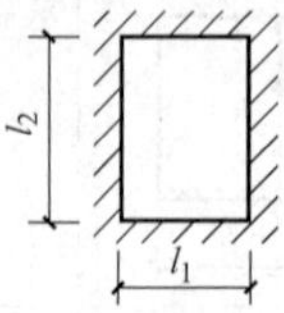 $k_1\times10^{-3}$	k_1^F	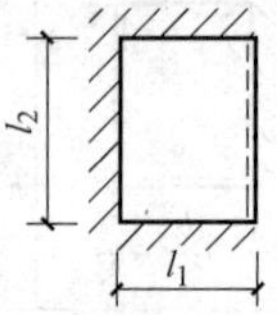 $k_2\times10^{-3}$	k_2^F	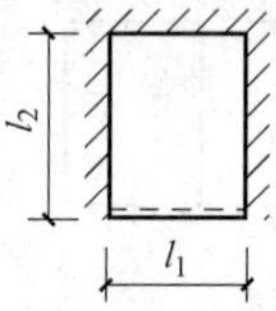 $k_3\times10^{-3}$	k_3^F	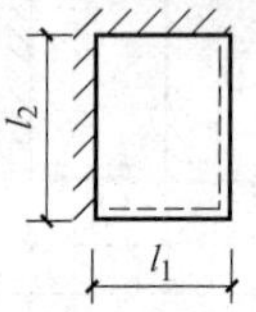 $k_4\times10^{-3}$	k_4^F
1.00	1.000	17.20	—	14.29	9.80	14.29	9.80	11.37	7.80
1.02	0.961	16.55	—	13.67	9.65	13.83	9.77	10.95	7.73
1.04	0.925	15.96	—	13.10	9.52	13.42	9.75	10.55	7.67
1.06	0.889	15.41	—	12.58	9.40	13.03	9.74	10.19	7.62
1.08	0.857	14.91	—	12.10	9.29	12.68	9.74	9.86	7.58
1.10	0.826	14.44	—	11.66	9.19	12.35	9.74	9.56	7.54
1.12	0.797	14.02	—	11.25	9.10	12.05	9.75	9.28	7.51
1.14	0.769	13.62	—	10.87	9.02	11.77	9.76	9.02	7.48
1.16	0.743	13.25	—	10.52	8.95	11.50	9.78	8.78	7.46
1.18	0.718	12.91	—	10.20	8.89	11.26	9.81	8.55	7.45
1.20	0.694	12.59	—	9.90	8.83	11.03	9.84	8.34	7.44
1.22	0.672	12.30	—	9.62	8.78	10.82	9.87	8.15	7.43
1.24	0.650	12.02	—	9.36	8.73	10.63	9.91	7.97	7.43
1.26	0.630	11.76	—	9.11	8.69	10.44	9.95	7.79	7.43
1.28	0.610	11.52	—	8.89	8.66	10.27	10.00	7.64	7.44
1.30	0.592	11.29	—	8.68	8.63	10.10	10.05	7.49	7.45
1.32	0.574	11.08	—	8.48	8.61	9.95	10.10	7.35	7.46
1.34	0.557	10.88	—	8.29	8.59	9.81	10.16	7.22	7.48
1.36	0.541	10.69	—	8.12	8.58	9.67	10.21	7.10	7.49
1.38	0.525	10.52	—	7.95	8.57	9.54	10.28	6.98	7.52
1.40	0.510	10.35	—	7.80	8.56	9.42	10.34	6.87	7.54
1.42	0.496	10.19	—	7.65	8.56	9.31	10.41	6.77	7.56
1.44	0.482	10.05	—	7.52	8.56	9.20	10.47	6.67	7.59
1.46	0.469	9.91	—	7.39	8.56	9.10	10.54	6.58	7.62
1.48	0.457	9.77	—	7.26	8.57	9.00	10.61	6.49	7.65
1.50	0.444	9.65	—	7.15	8.58	8.91	10.69	6.41	7.69
1.52	0.433	9.53	—	7.04	8.59	8.82	10.76	6.33	7.73
1.54	0.422	9.41	—	6.93	8.61	8.73	10.84	6.25	7.76
1.56	0.411	9.31	—	6.83	8.62	8.65	10.92	6.18	7.80
1.58	0.401	9.20	—	6.74	8.64	8.58	11.00	6.11	7.84
1.60	0.391	9.11	—	6.65	8.67	8.51	11.08	6.05	7.88
1.62	0.381	9.01	—	6.56	8.69	8.44	11.17	5.99	7.93
1.64	0.372	8.93	—	6.48	8.72	8.37	11.25	5.93	7.97
1.66	0.363	8.84	—	6.41	8.74	8.31	11.34	5.88	8.02
1.68	0.354	8.76	—	6.33	8.77	8.25	11.43	5.82	8.07
1.70	0.346	8.68	—	6.26	8.81	8.19	11.51	5.77	8.11
1.72	0.338	8.61	—	6.20	8.84	8.13	11.60	5.72	8.16
1.74	0.330	8.54	—	6.13	8.88	8.08	11.70	5.68	8.22
1.76	0.323	8.47	—	6.07	8.91	8.03	11.79	5.63	8.27
1.78	0.316	8.41	—	6.01	8.95	7.98	11.88	5.59	8.32
1.80	0.309	8.34	—	5.96	8.99	7.93	11.97	5.55	8.37
1.82	0.302	8.28	—	5.90	9.03	7.89	12.07	5.51	8.43
1.84	0.295	8.23	—	5.85	9.07	7.85	12.16	5.47	8.48
1.86	0.289	8.17	—	5.80	9.12	7.80	12.26	5.44	8.54
1.88	0.283	8.12	—	5.76	9.16	7.76	12.36	5.40	8.60
1.90	0.277	8.07	—	5.72	9.21	7.73	12.45	5.37	8.65
1.92	0.271	8.02	—	5.67	9.25	7.69	12.55	5.34	8.71
1.94	0.266	7.97	—	5.63	9.30	7.65	12.65	5.31	8.77
1.96	0.260	7.93	—	5.59	9.35	7.62	12.75	5.28	8.83
1.98	0.255	7.89	—	5.55	9.40	7.58	12.85	5.25	8.89
2.00	0.250	7.84	—	5.51	9.45	7.55	12.95	5.22	8.95

注：表中 k_i 系由 HPB300 级钢筋（f_y=270N/mm^2）算出；若采用其他级别钢筋，则 k_i 应乘以比值 $f_y/270$（f_y 为其他钢筋抗拉强度设计值）。

理论计算分离式配筋系数表 **表 10-12**

$k_5\times10^{-3}$	k_5^F	$k_6\times10^{-3}$	k_6^F	$k_7\times10^{-3}$	k_7^F	$k_8\times10^{-3}$	k_8^F	$k_9\times10^{-3}$	k_9^F	$n=l_2/l_1$
11.37	7.80	11.37	7.80	8.47	5.80	8.46	5.80	5.54	3.80	1.00
11.11	7.85	10.78	7.61	8.22	5.81	8.06	5.69	5.34	3.77	1.02
10.87	7.90	10.24	7.44	8.01	5.82	7.69	5.59	5.15	3.74	1.04
10.65	7.96	9.74	7.28	7.81	5.84	7.36	5.50	4.98	3.72	1.06
10.44	8.02	9.28	7.13	7.63	5.86	7.05	5.42	4.82	3.70	1.08
10.25	8.09	8.87	6.99	7.46	5.89	6.77	5.34	4.68	3.69	1.10
10.08	8.15	8.48	6.86	7.31	5.91	6.51	5.27	4.54	3.67	1.12
9.91	8.23	8.12	6.74	7.16	5.95	6.27	5.20	4.42	3.67	1.14
9.76	8.30	7.80	6.63	7.03	5.98	6.05	5.14	4.30	3.66	1.16
9.61	8.37	7.49	6.53	6.90	6.01	5.84	5.09	4.19	3.65	1.18
9.48	8.45	7.21	6.43	6.79	6.05	5.65	5.04	4.09	3.65	1.20
9.35	8.53	6.95	6.34	6.68	6.09	5.47	4.99	4.00	3.65	1.22
9.23	8.61	6.70	6.25	6.57	6.13	5.31	4.95	3.91	3.65	1.24
9.12	8.69	6.48	6.17	6.48	6.17	5.15	4.91	3.83	3.65	1.26
9.01	8.78	6.26	6.10	6.39	6.22	5.01	4.88	3.76	3.66	1.28
8.91	8.87	6.07	6.03	6.30	6.27	4.88	4.85	3.69	3.67	1.30
8.82	8.95	5.88	5.97	6.22	6.31	4.75	4.82	3.62	3.67	1.32
8.73	9.04	5.71	5.91	6.14	6.36	4.63	4.80	3.56	3.68	1.34
8.65	9.13	5.54	5.86	6.07	6.41	4.52	4.77	3.50	3.69	1.36
8.57	9.23	5.39	5.81	6.00	6.47	4.42	4.76	3.44	3.71	1.38
8.49	9.32	5.25	5.76	5.94	6.52	4.32	4.74	3.39	3.72	1.40
8.42	9.41	5.11	5.72	5.88	6.57	4.23	4.72	3.34	3.73	1.42
8.35	9.51	4.99	5.68	5.82	6.63	4.14	4.71	3.29	3.75	1.44
8.29	9.60	4.87	5.64	5.77	6.68	4.06	4.70	3.25	3.76	1.46
8.22	9.70	4.75	5.61	5.71	6.74	3.98	4.69	3.21	3.78	1.48
8.16	9.80	4.65	5.58	5.67	6.80	3.91	4.69	3.17	3.80	1.50
8.11	9.90	4.55	5.55	5.62	6.86	3.84	4.68	3.13	3.82	1.52
8.05	10.00	4.45	5.53	5.57	6.92	3.77	4.68	3.09	3.84	1.54
8.00	10.10	4.36	5.50	5.53	6.98	3.71	4.68	3.06	3.86	1.56
7.95	10.20	4.28	5.48	5.49	7.04	3.65	4.68	3.03	3.88	1.58
7.91	10.30	4.19	5.47	5.45	7.10	3.59	4.68	3.00	3.90	1.60
7.86	10.40	4.11	5.45	5.41	7.17	3.54	4.69	2.97	3.93	1.62
7.82	10.51	4.04	5.44	5.38	7.23	3.49	4.69	2.94	3.95	1.64
7.78	10.61	3.97	5.43	5.34	7.29	3.44	4.70	2.91	3.97	1.66
7.74	10.72	3.91	5.42	5.31	7.36	3.40	4.71	2.89	4.00	1.68
7.70	10.82	3.85	5.41	5.28	7.42	3.35	4.72	2.86	4.02	1.70
7.66	10.93	3.79	5.40	5.25	7.49	3.31	4.73	2.84	4.05	1.72
7.62	11.03	5.73	5.39	5.22	7.56	3.27	4.74	2.82	4.07	1.74
7.59	11.14	3.67	5.39	5.19	7.62	3.23	4.75	2.79	4.10	1.76
7.56	11.24	3.62	5.39	5.17	7.69	3.20	4.76	2.77	4.13	1.78
7.53	11.36	3.57	5.39	5.14	7.76	3.16	4.77	2.75	4.16	1.80
7.49	11.46	3.52	5.39	5.12	7.82	3.13	4.78	2.74	4.18	1.82
7.47	11.57	3.48	5.39	5.09	7.89	3.10	4.80	2.72	4.21	1.84
7.44	11.68	3.44	5.40	5.07	7.96	3.07	4.82	2.70	4.24	1.86
7.41	11.79	3.39	5.40	5.05	8.03	3.04	4.84	2.68	4.27	1.88
7.38	11.90	3.35	5.41	5.02	8.10	3.01	4.85	2.67	4.30	1.90
7.36	12.00	3.32	5.41	5.00	8.17	2.98	4.87	2.65	4.32	1.92
7.33	12.12	3.28	5.42	4.98	8.24	2.96	4.89	2.64	4.36	1.94
7.31	12.23	3.24	5.43	4.96	8.31	2.93	4.91	2.62	4.39	1.96
7.28	12.34	3.21	5.44	4.95	8.38	2.91	4.93	2.61	4.42	1.98
7.26	12.45	3.18	5.45	4.93	8.45	2.89	4.95	2.60	4.45	2.00

10.9.3　双向板的构造要求

1. 双向板的厚度应满足刚度要求，其厚度一般取：对于单跨简支板 $h \geqslant \frac{l_0}{45}$；对于多跨连续板 $h \geqslant \frac{l_0}{50}$（$l_0$为板的短向计算跨度），且不小于 80mm。

2. 双向板的配筋形式也分为弯起式配筋和分离式配筋。构造要求参见图 10-46。

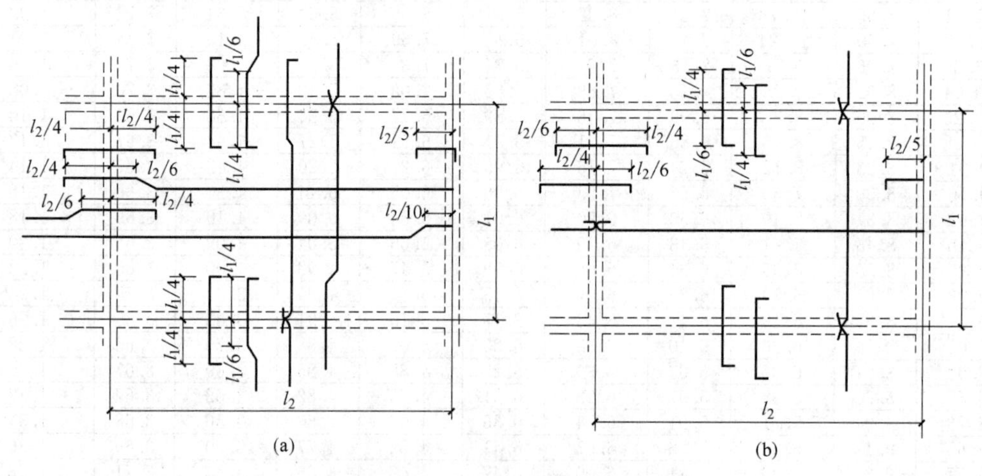

图 10-46　双向板的配筋构造

（a）弯起式配筋；（b）分离式配筋

3. 由于双向板短向跨中弯矩比长向的大，故沿短向的跨中受力钢筋 A_{s1} 应放在沿长向的受力钢筋 A_{s2} 的下面。

【例题 10-3】　现浇钢筋混凝土双向板楼盖，承受均布荷载设计值 $p=9.06\text{kN/m}^2$，板厚 $h=120\text{mm}$，混凝土强度等级为 C20，采用 HPB300 级钢筋，钢筋抗拉强设计值 $f_y=270\text{N/mm}^2$。楼盖结构平面图参见图 10-47。双向板采用分离式配筋，取 $\beta=2$。环境类别为一类。试按塑性理论计算双向板的配筋。

【解】　板的有效高度

$$h_0=h-20=120-20=100\text{mm}$$

（1）计算 B_1 区格板

本区格为四边嵌固的双向板，

计算跨度：

$$l_1=6.25-0.30=5.95\text{m}$$

$$l_2=7.50-0.25=7.25\text{m}$$

$$n=\frac{l_2}{l_1}=\frac{7.25}{5.95}=1.22 \quad \alpha=\frac{1}{n^2}=\frac{1}{1.22^2}=0.672 \quad \beta=2 \quad \gamma=0.8$$

由表 10-10 分离式配筋查得，

$$k_1^{\text{F}}=2n+1.8\alpha+2n\beta+2\alpha\beta$$
$$=2\times1.22+1.8\times0.672+2\times1.22\times2+2\times0.672\times2=11.22$$

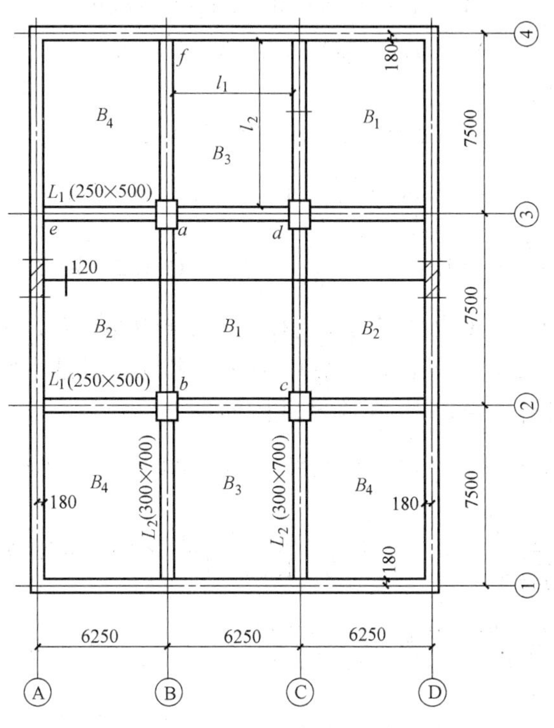

图10-47　【例题10-3】附图

$$k_1=\frac{10.8f_yk_x^F}{3n-1}\times10^{-6}=\frac{10.8\times270\times11.22}{3\times1.22-1}\times10^{-6}=12.30\times10^{-3}$$

由表10-12查得，同样 $k_1=12.30\times10^{-3}$，说明计算无误。

$$A_{s1}=\frac{\gamma\cdot pl_1^2}{k_xh_0}=\frac{0.8\times9.06\times5.95^2}{12.30\times10^{-3}\times100}=209\text{mm}$$

$$A_{s2}=\alpha A_{s1}=0.672\times209=140\text{mm}^2$$

$$A_{s\text{I}}=A'_{s\text{I}}=\beta A_{s1}=2\times209=418\text{mm}^2$$

$$A_{s\text{II}}=A'_{s\text{II}}=\beta A_{s2}=2\times140=280\text{mm}^2$$

（2）计算 B_2 区格板

计算跨度：
$$l_1=6.25-\frac{300}{2}-180+\frac{0.12}{2}=5.98\text{m}$$

$$l_2=7.50-0.25=7.25\text{m}$$

$$n=\frac{l_2}{l_1}=\frac{7.25}{5.98}=1.21\quad\alpha=\frac{1}{n^2}=\frac{1}{1.21^2}=0.683\quad\beta=2\quad\gamma=1.0$$

本区格为三边嵌固一长边简支的双向板，但由于长边 ab 为 B_1 和 B_2 区格板的共同支座，它的配筋已知：$A_{s\text{I}}=418\text{mm}^2$，故应按简支考虑。

$$k_6^F=2n+1.8\alpha+2\alpha\beta=2\times1.21+1.8\times0.683+2\times0.683\times2=6.38$$

$$k_6=\frac{10.8f_yk_x^F}{3n-1}\times10^{-6}=\frac{10.8\times270\times6.38}{3\times1.21-1}\times10^{-6}=7.07\times10^{-3}$$

$$A_{s1}=\frac{\gamma\cdot pl_1^2}{k_xh_0}-\frac{nA_{s\text{I}}}{k_6^F}=\frac{1.0\times9.06\times5.98^2}{7.07\times10^{-3}\times100}-\frac{1.21\times418}{6.38}=379\text{mm}^2$$

$$A_{s2}=\alpha A_{s1}=0.683\times379=259\text{mm}^2$$

$$A_{s\text{II}}=A'_{s\text{II}}=\beta A_{s2}=2\times259=518\text{mm}^2$$

（3）计算 B_3 区格板

计算跨度：
$$l_1=6.25-0.30=5.95\text{m}$$

$$l_2=7.50-\frac{300}{2}-180+\frac{0.12}{2}=7.25\text{m}$$

$$n=\frac{l_2}{l_1}=\frac{7.25}{5.95}=1.22\quad \alpha=\frac{1}{n^2}=\frac{1}{1.22^2}=0.672\quad \beta=2\quad \gamma=1.0$$

本区格为三边嵌固，一短边简支的双向板，由于短边 ad 为 B_1 和 B_3 区格板的共同支座，它的配筋为已知：$A_{s\text{II}}=280\text{mm}^2$，故应按简支考虑。于是本区格应按两短边简支，两长边嵌固的双向板计算，由表 10-10 分离式配筋查得。

$$k_5^{\text{F}}=2n+1.8\alpha+2n\beta=2\times1.22+1.8\times0.682+2\times1.22\times2=8.55$$

$$k_5=\frac{10.8f_yk_5^{\text{F}}}{3n-1}\times10^{-6}=\frac{10.8\times270\times8.55}{3\times1.22-1}\times10^{-6}=9.37\times10^{-3}$$

$$A_{s1}=\frac{\gamma\cdot pl_1^2}{k_xh_0}-\frac{A_{s\text{II}}}{k_5^{\text{F}}}=\frac{1.0\times9.06\times5.95^2}{9.37\times10^{-3}\times100}-\frac{280}{8.55}=310\text{mm}^2$$

$$A_{s2}=\alpha A_{s1}=0.672\times310=208\text{mm}^2$$

$$A_{s\text{I}}=A'_{s\text{I}}=\beta A_{s1}=2\times310=620\text{mm}^2$$

（4）计算 B_4 区格板

计算跨度：
$$l_1=6.25-\frac{300}{2}-180+\frac{0.12}{2}=5.98\text{m}$$

$$l_2=7.50-\frac{300}{2}-180+\frac{0.12}{2}=7.25\text{m}$$

$$n=\frac{l_2}{l_1}=\frac{7.25}{5.98}=1.21\quad \alpha=\frac{1}{n^2}=\frac{1}{1.21^2}=0.683\quad \beta=2\quad \gamma=1.0$$

本区格为角区格，是一邻边嵌固，另一邻边简支的双向板，但由于短边支座 ea 和长边支座 af 分别为 B_4 与 B_2 和 B_4 与 B_3 区格板的共同支座，它们的配筋均已知，分别为：$A_{s\text{II}}=518\text{mm}^2$ 和 $A_{s\text{I}}=620\text{mm}^2$，故应按简支考虑。于是本区格应按两四边简支的双向板计算，由表 10-10 分离式配筋查得：

$$k_9^{\text{F}}=2n+1.8\alpha=2\times1.21+1.8\times0.683=3.65$$

$$k_9=\frac{10.8f_yk_x^{\text{F}}}{3n-1}\times10^{-6}=\frac{10.8\times270\times3.65}{3\times1.21-1}\times10^{-6}=4.05\times10^{-3}$$

$$A_{s1}=\frac{\gamma\cdot pl_1{}^2}{k_xh_0}-\frac{nA_{s\text{I}}+A_{s\text{II}}}{k_6^{\text{F}}}=\frac{1.0\times9.06\times5.98^2}{4.05\times10^{-3}\times100}-\frac{1.21\times620+518}{3.65}=453\text{mm}^2$$

$$A_{s2}=\alpha A_{s1}=0.683\times453=309\text{mm}^2$$

板的配筋计算结果见表 10-13。

板的配筋计算结果 **表 10-13**

截面			钢筋计算面积(mm²)	选配钢筋	实配钢筋面积(mm²)
跨中	B_1区格	l_1方向	209	ϕ8@200	251
		l_2方向	140	ϕ8@200	251
	B_2区格	l_1方向	379	ϕ8@130	387
		l_2方向	259	ϕ8@180	279
	B_3区格	l_1方向	310	ϕ8@160	314
		l_2方向	208	ϕ8@200	251
	B_4区格	l_1方向	453	ϕ8@110	457
		l_2方向	309	ϕ8@160	314
支座	B_1—B_2		418	ϕ10@180	436
	B_1—B_3		280	ϕ8@160	314
	B_2—B_4		518	ϕ10@150	523
	B_3—B_4		620	ϕ10@120	654

板的配筋图见图 10-48。

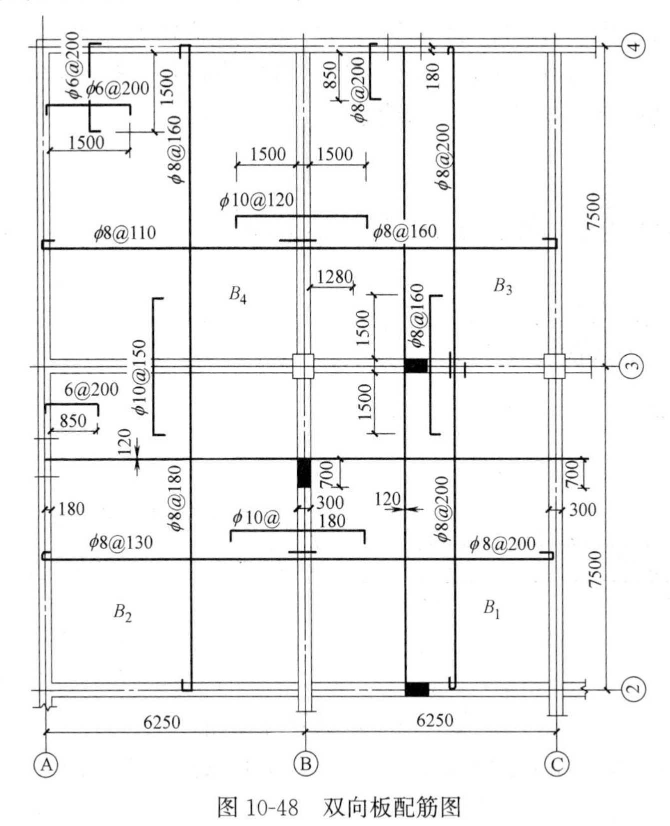

图 10-48　双向板配筋图

10.9.4　双向板楼盖梁的计算

在双向板楼盖中，由于板在两个方向发生弯曲，故板上荷载将沿两个方向传给梁或墙。精确计算板上荷载在各方向的分配是十分困难的，一般按简化方法计算，即在每一区格的四角作45°线，将板分成四个区域，梁上的荷载，即按相邻区域面积比例分配。这样，对双向板长边的梁来说，由板传来的荷载呈梯形分布；而对双向板短边的梁来说，由板传来的荷载呈三角形分布（图10-49）。

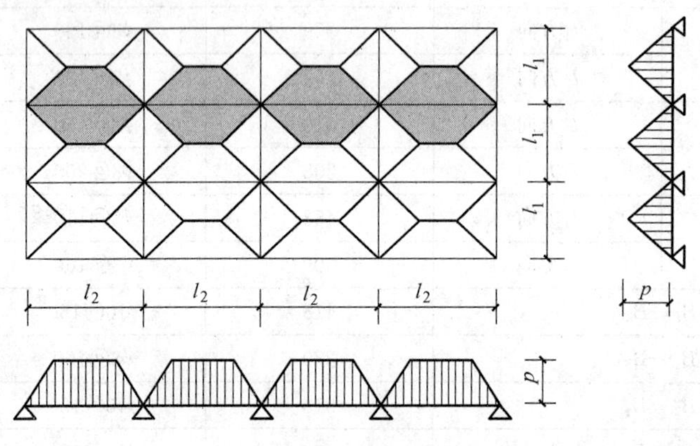

图10-49　双向板荷载传给梁的计算

为了计算简化，对于承受三角形和梯形荷载的连续梁，且其跨度相差不超过10％时，其内力可按支座弯矩相等的条件把它换算成等效的均布荷载p_{eq}。再利用附录D的方法或其他计算方法求得支座弯矩，然后再结合实际荷载，按静力平衡条件求出跨中弯矩。

（1）三角形荷载换算成等效的均布荷载（图10-50a）

$$p_{eq}=\frac{5}{8}p \tag{10-35}$$

（2）梯形荷载换算成等效的均布荷载（图10-50*b*）

$$p_{eq}=(1-\alpha^2+\alpha^3)p \tag{10-36}$$

式中　p_{eq}——等效均布荷载；

p——三角形或梯形荷载最大值；

α——系数；$\alpha=\dfrac{a}{l}$（见图10-50b）。

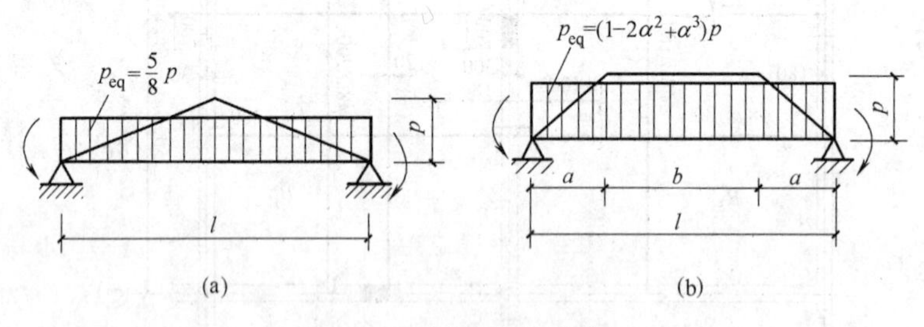

图10-50　荷载换算示意图

（a）三角形荷载换算成等效的均布荷载；（b）梯形荷载换算成等效的均布荷载

§10.10　楼梯计算

现浇钢筋混凝土楼梯布置灵活，容易满足建筑要求。因此，建筑工程中应用颇为广泛。楼梯按其结构形式分为板式楼梯和梁式楼梯。

10.10.1　板式楼梯

1. 结构布置

板式楼梯由踏步板、平台梁和平台板组成。图 10-51 是典型的两跑板式楼梯的例子。踏步板支承在休息板平台梁 LT_1 和楼层梁 LT_2 上。板式楼梯的优点是模板简单，施工方便，外形轻巧，美观大方。缺点是混凝土和钢材用量较多，结构自重大。一般它多用于踏步板跨度小于 3.00m 的场合。由于板式楼梯具有较多优点，所以，在一些公共建筑中，踏步板跨度虽然较大，但它仍获得了广泛的应用。

2. 内力计算

今以图 10-51 为例，说明板式楼梯的计算方法：

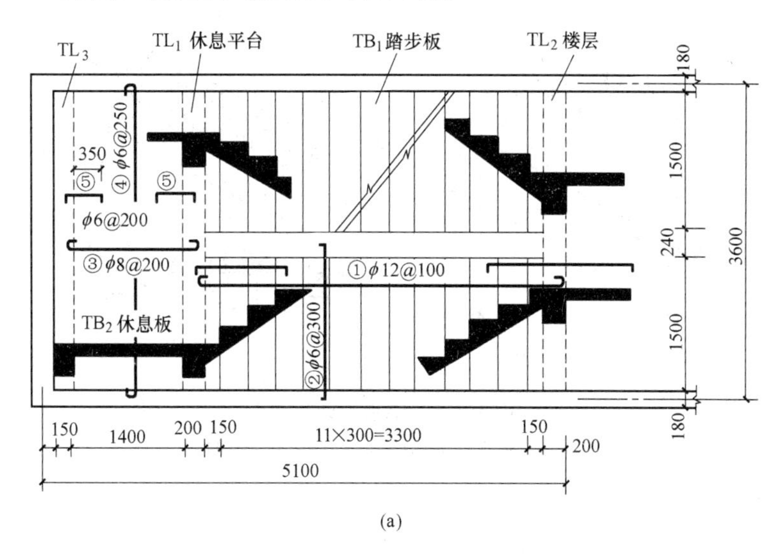

(a)

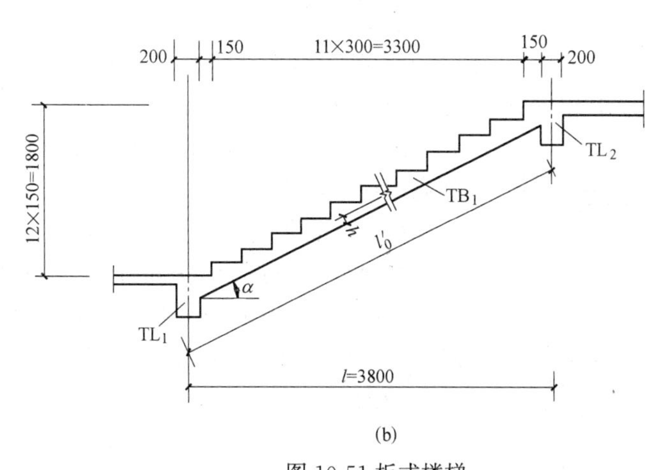

(b)

图 10-51 板式楼梯

(a) 平面图；(b) 剖面图

(1) 踏步板（TB_1）的计算

图 10-51 (b) 为楼梯踏步板及平台梁的纵剖面。踏步板 TB_1 可以简化成两端支承在

平台梁 TL_1 和 TL_2 上的简支斜板（图 10-52a）。其计算跨度 l_0' 可以取梁 TL_1 和 TL_2 中线间的斜向距离。作用在斜板上的荷载 p 包括永久荷载和可变荷载，这里的 p 为沿水平投影面每平方米的竖向荷载，单位为 kN/m^2。现取单位板宽 1m 计算，这时作用在斜板上的线荷载为 $q=p\times1$，单位为 kN/m。为了求得斜板的跨中最大弯矩和剪力，现将竖向线荷载的合力 ql_0 分解成两个分力：与斜板方向平行的分力 $ql_0\sin\alpha$ 和与斜板方向垂直的分力 $ql_0\cos\alpha$，其中 α 为斜板与水平线的夹角。前者使斜板受压，对斜板承载力有利，在设计时一般不考虑它的影响；后者对板产生弯矩和剪力。

为了求得斜板的最大内力，将垂直分力 $ql_0\cos\alpha$ 再化成沿斜板跨度 l_0' 方向上的线荷载 $q'=ql_0\cos\alpha/l_0'$。（图 10-52b）于是，斜板的跨中最大弯矩。

$$M_{\max}=\frac{1}{8}q'l_0'^2=\frac{1}{8}\left(\frac{ql_0\cos\alpha}{l_0'}\right)l_0'^2=\frac{1}{8}ql_0^2 \text{[1]} \tag{10-37}$$

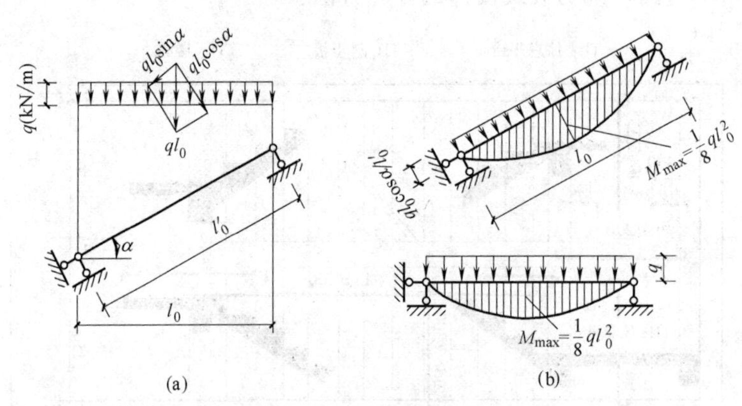

图 10-52　踏步板计算简图

（a）荷载示意图；（b）内力计算示意图

最大剪力

$$V_{\max}=\frac{1}{2}q'l_0'=\frac{1}{2}\left(\frac{ql_0\cos\alpha}{l_0'}\right)l_0'=\frac{1}{2}ql_0\cos\alpha \tag{10-38}$$

由式（10-37）和式（10-38）可以看出，踏步斜板在竖向荷载 q 作用下，最大弯矩与相应的水平梁的最大弯矩相同；最大剪力等于相应水平梁的最大剪力乘以 $\cos\alpha$（图 10-52*b*）。应当指出，在计算斜板截面承载力时，截面高度应取斜板高度。

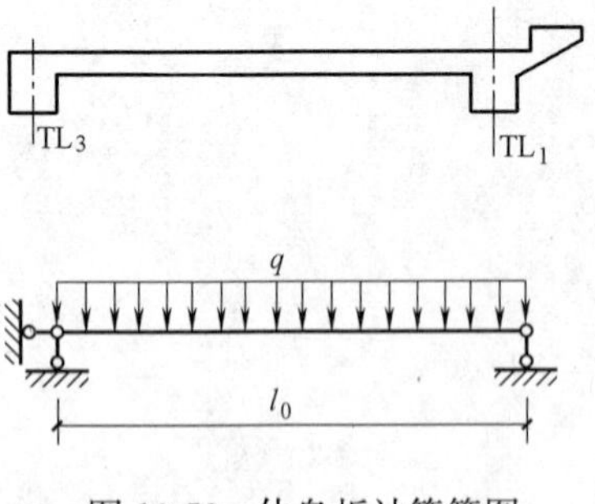

图 10-53　休息板计算简图

（2）休息板的计算

休息板一般按简支板的计算，其计算简图如图 10-53 所示。一般取 1m 宽板带作为计算单元。计算跨度 l_0 近似取 TL_3 和 TL_4 中心线之间的距离。

最大弯矩按下式计算：

$$M_{\max}=\frac{1}{10}ql_0^2 \tag{10-39}$$

（3）平台梁（TL_1、TT_3）的计算

[1] 考虑到平台梁 TL_1、TL_2 对踏步板的部分嵌固作用，踏步板的跨中弯矩也可按 $M_{\max}=\frac{1}{10}ql_0^2$ 计算。

平台梁的计算方法与单跨梁计算相同，这里不再赘述

【例题 10-4】 某办公楼采用现浇钢筋混凝土板式楼梯。标准层楼梯结构平面布置如图 10-51（a）所示。混凝土强度等级为 C20，采用 HPB300 级钢筋。可变荷载标准值为 2.5kN/m²，踏步板面层采用 20mm 厚水泥砂浆打底地砖地面，其自重 0.65kN/m²，轻型金属栏杆。

试计算踏步板及斜梁尺寸及配筋。

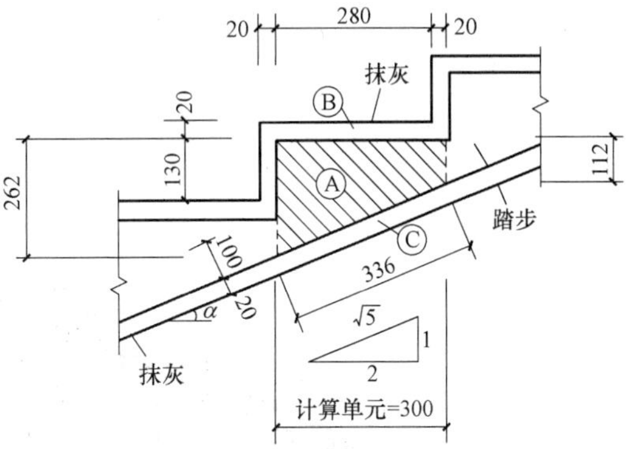

图 10-54 【例题 10-4】附图

【解】（1）荷载设计值

板厚取 $h=\frac{1}{35}l_0=\frac{1}{35}\times3800\approx100\text{mm}$，踏步板宽度 1500mm。

取一个踏步作为计算单元，踏步自重（图 10-54Ⓐ部分）

$$\left(\frac{0.112+0.262}{2}\times0.3\times1\times25\right)\times1.2\times\frac{1}{0.3}=5.610\text{kN/m}$$

踏步地面重（图 10-54Ⓑ部分）

$$(0.30+0.15)\times1\times0.65\times1.2\times\frac{1}{0.3}=1.170\text{kN/m}$$

踏步板底面抹灰重（图 10-54Ⓒ部分）

$$0.336\times0.02\times17\times1.2\div\frac{1}{0.3}=0.457\text{kN/m}$$

栏杆重　$0.10\times1.2=0.120\text{kN/m}$

活荷载　$2.50\times1.4=3.50\text{kN/m}$

总的线荷载　$q=10.85\text{kN/m}$

（2）内力设计值

$$M=\frac{1}{10}ql_0^2=\frac{1}{10}\times10.85\times3.80^2=15.68\text{kN}\cdot\text{m}$$

$$\alpha_s=\frac{M}{\alpha_1f_cbh_0^2}=\frac{15.68\times10^3}{1\times9.6\times1000\times80^2}=0.255$$

由表查得　$\gamma_s=0.850$

$$A_s=\frac{M}{\gamma_sh_0f_y}=\frac{15.68\times10^6}{0.85\times80\times270}=854\text{mm}^2$$

选钢筋 $\phi12$@120（$A_s=942\text{mm}^2$）。踏步板配筋见图 10-55。

10.10.2　梁式楼梯

1. 结构布置

梁式楼梯由踏步板、斜梁和平台梁组成。踏步板支承在斜梁上，而斜梁支承在平台梁

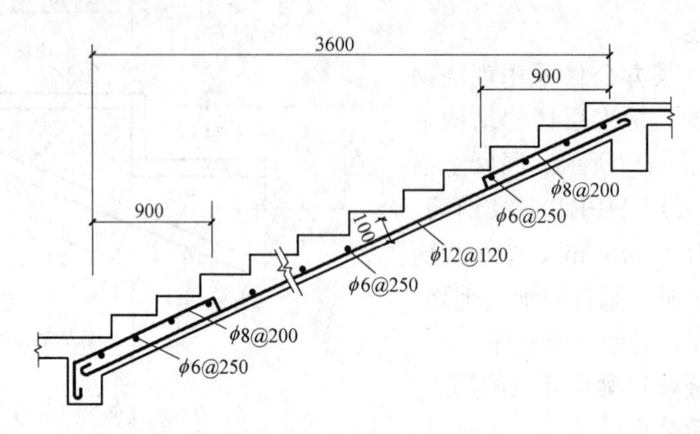

图 10-55　踏步板配筋图

梁上。图 10-56 所示为两跑梁式楼梯典型例子。它的优点是：当楼梯跑长度较大时，比板式楼梯材料耗量少，结构自重较小，比较经济。其缺点是，模板比较复杂，施工不便；当斜梁尺寸较大时，外观显得笨重。

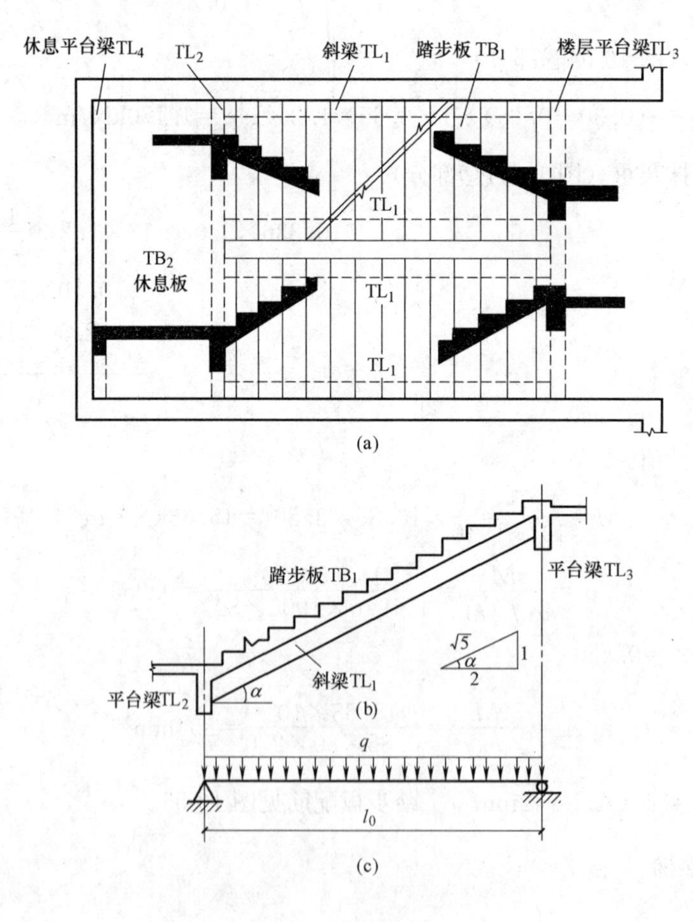

图 10-56　两跑梁式楼梯

(a) 平面图；(b) 剖面图；(c) 斜梁计算简图

2. 内力计算

以图10-56为例，说明梁式楼梯的计算方法。

（1）踏步板（TB_1）的计算

踏步板按支承在斜梁上的单向简支板计算。计算时取一个踏步作为计算单元，踏步板与斜梁的支承关系见图10-57（a），其计算简图如图10-57（b）所示。踏步板所承受的弯矩较小，其厚度一般取30～40mm。

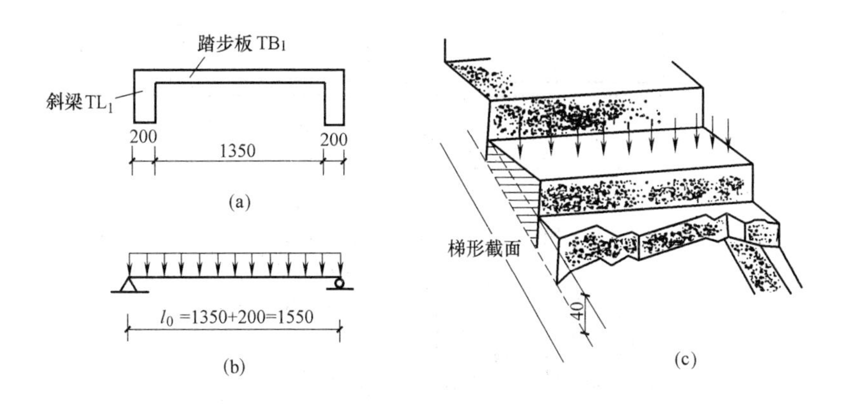

图10-57　梁式楼梯的计算

（a）踏步板与斜梁的支承关系；（b）踏步板计算简图；（c）踏步板的厚度

（2）斜梁（TL_1）的计算

斜梁与平台梁TL_2和平台梁TL_3的支承情况见图10-56（b），其计算简图如图10-56（c）所示。斜梁最大内力按下式计算：

$$M_{\max}=\frac{1}{8}ql_0^2$$

$$V_{\max}=\frac{1}{2}ql_0\cos\alpha$$

式中　q——沿梁长作用的线荷载设计值；

l_0——斜梁计算跨度的水平投影。

（3）休息板（XB）的计算

休息板（XB）的计算与板式楼梯相同。

（4）平台梁的计算

平台梁按简支梁计算。

【例题10-5】 某教学楼现浇钢筋混凝土梁式楼梯。其结构平面布置图、纵剖面图如图10-58所示。混凝土强度等级为C25，采用HPB300级钢筋。活荷载标准值为2.5kN/m^2，踏步做法见图10-59，采用轻金属栏杆。

试设计楼梯踏步和斜梁尺寸及计算配筋。

【解】 1. 踏步板TB_1的计算（图10-58）

（1）荷载设计值的计算

以一个踏步作为计算单元。

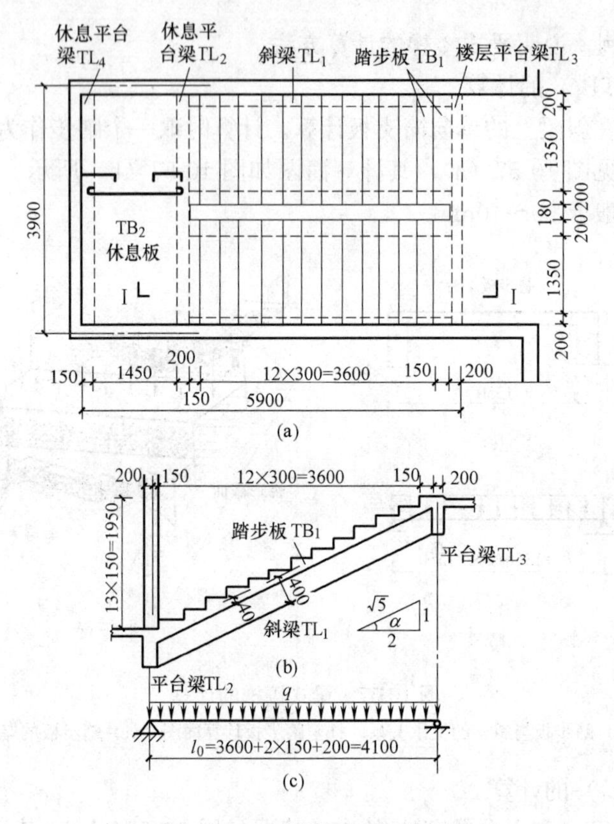

图 10-58 【例题 10-5】附图

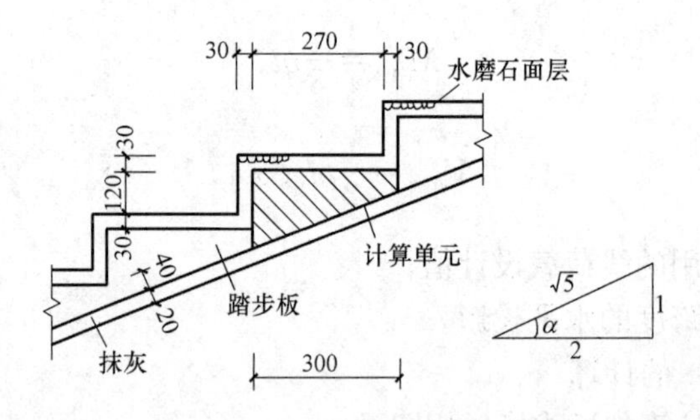

图 10-59　踏步做法

踏步板的斜板部分厚度取 40mm。

10mm 厚水磨石面层（含 20mm 厚水泥砂浆打底）

$$(0.30+0.15)\times0.65\times1.2=0.35\text{kN/m}$$

20mm 厚板底抹灰　$0.02\times0.3\times\frac{\sqrt{5}}{2}\times17\times1.2=0.14\text{kN/m}$

踏步板自重　$\left(\frac{1}{2}\times0.15+0.04\times\frac{\sqrt{5}}{2}\right)\times0.3\times25\times1.2=1.08\text{kN/m}$

活荷载　$2.5\times0.3\times1.4=1.05\text{kN/m}$

$q=2.62\text{kN/m}$

（2）内力的计算

计算跨度　　$l_0=1.35+0.2=1.55\text{m}$

跨中最大弯矩

$$M=\frac{1}{8}ql_0^2=\frac{1}{8}\times 2.62\times 1.55^2=0.79\text{kN}\cdot\text{m}$$

（3）正截面承载力计算

$$f_c=11.9\text{N/mm}^2 \qquad f_t=1.27\text{N/mm}^2 \qquad f_y=210\text{N/mm}^2$$

踏步截面的平均高度

$$h=\frac{1}{2}\times 150+40\times\frac{\sqrt{5}}{2}=120\text{mm}$$

$$h_0=120-20=100\text{mm}$$

$$\alpha_s=\frac{M}{\alpha_1 f_c b h_0^2}=\frac{0.79\times 10^6}{1\times 11.9\times 300\times 100^2}=0.022$$

$$\gamma_s=\frac{1+\sqrt{1-2\alpha_s}}{2}=\frac{1+\sqrt{1-2\times 0.022}}{2}=0.989$$

$$A_s=\frac{M}{\gamma_s h_0 f_y}=\frac{0.79\times 10^6}{0.989\times 100\times 270}=29.58\text{mm}^2$$

按构造要求，梁式楼梯踏步板配筋不应少于 2 根，现选取 2ϕ8（$A_s=101\text{mm}^2$）

2. 斜梁 TL_1 的计算

斜梁纵剖面及其计算简图如图 10-58（b）、（c）所示。设梁高 $h=\frac{1}{10}l_0=\frac{1}{10}\times 4100\approx$ 400mm，梁宽 $b=200\text{mm}$。

（1）荷载计算

由踏步传达室来荷载

$$2.62\times\left(\frac{1.35}{2}+0.2\right)\times\frac{1}{0.3}=7.64\text{kN/m}$$

梁自重　　$0.20\times(0.40-0.04)\times\frac{\sqrt{5}}{2}\times 25\times 1.2=2.42\text{kN/m}$

梁侧面和底面抹灰

$$0.02\times(0.2+2\times 0.4)\frac{\sqrt{5}}{2}\times 17\times 1.2=0.46\text{kN/m}$$

金属栏杆　　$0.10\times 1.2=0.12\text{kN/m}$

合计　　$q=2.62\text{kN/m}$

（2）内力计算

计算跨度　　$l_0=3.6+2\times 0.15+0.2=4.10\text{m}$

最大弯矩　　　$M=\frac{1}{8}ql_0^2=\frac{1}{8}\times10.64\times4.10^2=22.36\text{kN}\cdot\text{m}$

最大剪力　　　$V=\frac{1}{2}ql_0\cos\theta=\frac{1}{2}\times10.64\times\frac{2}{\sqrt{5}}=19.51\text{kN}$

（3）截面承载力计算

斜梁和踏步板浇筑成整体，故斜梁可按倒 L 形梁计算。

翼缘厚度 $h_f'=40\text{mm}$

翼缘宽度 b_f'取下列公式计算结果中的较小者：

$$b_f'=\frac{1}{6}l_0=\frac{1}{6}\times4100=683.3\text{mm}$$

$$b_f'=b+\frac{1}{2}s_n=200+\frac{1}{2}\times1350=875\text{mm}$$

取 $b_f'=683.3$

$$h_0=h-35=400-35=365\text{mm}$$

正截面承载力计算

$$\alpha_1f_cb_f'h_f'\left(h_0-\frac{h_f'}{2}\right)=1\times11.9\times683.3\times40\left(365-\frac{40}{2}\right)$$

$$=112.2\times10^6\text{N}\cdot\text{mm}>22.36\times10^6\text{N}\cdot\text{mm}$$

故属于第一类倒 L 形截面

$$\alpha_s=\frac{M}{\alpha_1f_cbh_0^2}=\frac{112.2\times10^6}{1\times11.9\times683.3\times365^2}=0.020$$

查表 4-7 得：　$\gamma_s=0.990$

$$A_s=\frac{M}{\gamma_sh_0f_y}=\frac{22.36\times10^6}{0.98\times365\times270}=232\text{mm}^2$$

选用 2ϕ14（$A_s=308\text{mm}^2$）

斜截面承载力计算

$$0.7f_tbh_0=0.7\times1.27\times200\times365=64897\text{N}>V=19510\text{N}$$

故可按构造配置箍筋。现配 ϕ6@250。

斜梁配筋见图 10-60。

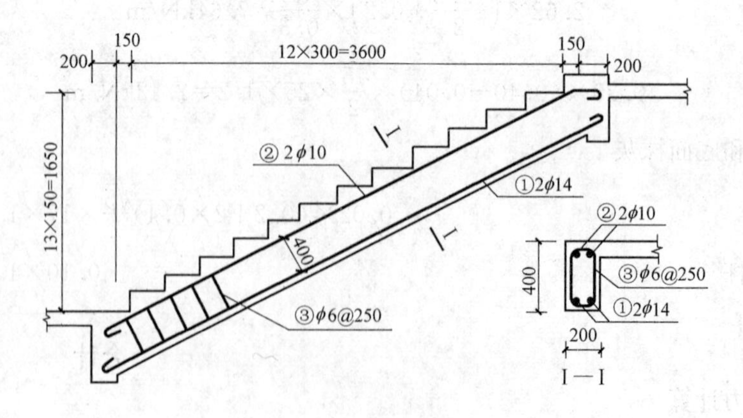

图 10-60　斜梁配筋

小　　结

1. 现浇钢筋混凝土楼盖，又称钢筋混凝土整体楼盖。它整体性好、刚度大、抗震性能好。因此，广泛用于工业与民用建筑中。特别是在地震的高烈度区，已基本取代装配式楼盖。

2. 现浇钢筋混凝土楼盖按结构布置，分为肋形楼盖、井式楼盖和无梁楼盖。肋形楼盖一般是由板、主梁和次梁组成，多用于楼板面积较大，用梁将其分成若干个相对较小的板块（区格），以形成多跨连续板和多跨连续梁。这样的梁、板结构比较经济、合理。井式楼盖是由等截面的梁相交组成的楼盖，井字梁又称为交叉梁系。交叉梁系的布置，可以与楼盖边缘平行，也可以斜交。井式楼盖多用于接近正方形的大厅的楼盖，建筑造型比较美观、大方。无梁楼盖不设置梁，而将楼板直接支承在柱（帽）上。无梁楼盖多用于需要房间净空大、采光、通风良好的建筑，如商场、仓库等。

3. 连续梁（板）的内力计算，分为弹性理论方法和内力塑性重分布方法。前者是将（板）看成理想弹性材料，内力可按结构力学方法计算。认为连续梁（板）某一截面达到承载力极限状态时，即认为整个结构破坏。后者则认为对于超静定结构，如钢筋混凝土连续梁（板），由于它存在多余连系，某一截面虽已出现屈服，但梁（板）仍能继续承受荷载，这时，出现屈服的截面形成塑性铰，继续保持所承受的弯矩；只有当梁（板）形成几何可变体系时，整个结构才宣告破坏。因为按内力塑性重分布计算方法计算的结构，在使用阶段裂缝和变形均较大，故对于重要结构，不宜采用这一计算方法。

4. 四边支承板按其长边与短边之比，分为两类：当$n=\frac{l_2}{l_1}\leqslant 2$时，称为双向板；当$n\geqslant 3$称为单向板；当$2<n<3$时，宜按双向板计算，也可按单向板计算。

5. 现浇钢筋混凝土楼梯，常用的类型有板式楼梯和梁式楼梯。前者多用于楼梯跑跨度小于3m的场合，而后者多用于楼梯跑跨度较大的场合。

思　考　题

10-1　什么样是肋形楼盖、井式楼盖和无梁楼盖？它们的应用范围如何？

10-2　简述楼面荷载在板、次梁和主梁间的传递路线。

10-3　什么是单向板、双向板？怎样计算它们的配筋？

10-4　计算钢筋混凝土连续梁（板）内力有哪两种方法？其适用范围如何？

10-5　什么是塑性铰？它与结构力学的普通铰有何区别？

10-6　什么是弯矩包络图？什么是剪力包络图？

10-7　常用的楼梯分为哪两种形式？应用范围怎样？

习　　题

10-1　已知双向板，其平面尺寸及支承情况见图10-61。板厚$h=100$mm，板承受总

均布荷载设计值 $p=10\text{kN/m}^2$（包括恒载和活荷载）。混凝土强度等级为 C25，采用 HRB335 级钢筋。环境类别为一类。试按塑性理论计算板的配筋。

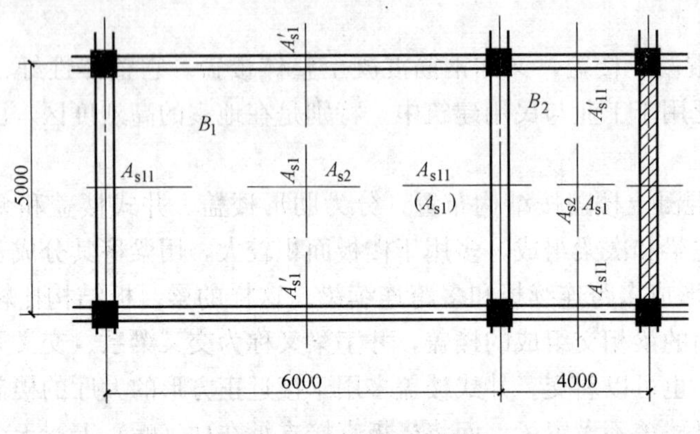

图 10-61　习题 10-1 附图

第三篇

砌 体 结 构

第11章　砌体材料及其力学性能

由块材和砂浆砌筑而成的墙、柱作为建筑物主要承重构件的结构，称为砌体结构。它是砖砌体、砌块砌体和石砌体结构的总称。

§11.1　块材

11.1.1　烧结普通砖

由黏土、页岩、煤矸石或粉煤灰为主要原料经过焙烧而成的实心砖，称为烧结普通砖。它们分别称为烧结黏土砖、烧结页岩砖、烧结煤矸石砖、烧结粉煤灰砖。

我国烧结普通砖的标准尺寸为240mm×115mm×53mm。烧结普通砖的强度等级是按照标准试验方法测得的试件抗压强度划分的。《砌体结构设计规范》GB 50003—2011将烧结普通砖的强度等级划分为MU30、MU25、MU20、MU15、MU10五级。

图11-1表示砖受压时应力和应变的关系曲线。由图中可以看出，砖的极限应变很小，属于脆性材料。它的弹性模量为（2～3）$\times10^3$N/mm^2，泊松比约为0.03～0.10。

11.1.2　烧结多孔砖

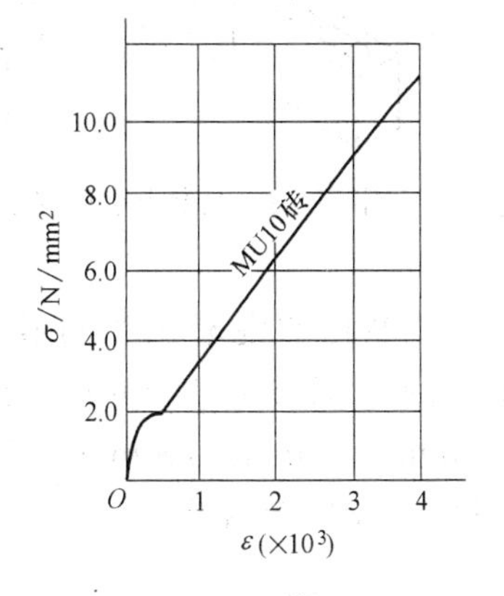

图11-1　砖受压时的应力和应变关系曲线

以黏土、页岩、煤矸石或粉煤灰为主要原料，经过焙烧而成，孔隙率不小于25%的砖，称为烧结多孔砖，简称多孔砖，这种多孔砖多用于结构的承重部位。目前，多孔砖分为P型砖和M型砖。它们的尺寸分别为240mm×115mm×90mm（11-2a）和190mm×190mm×90mm（11-2b）。多孔砖的强度等级划分与烧结普通砖的相同，也分为五级，其强度等级是根据标准试验方法测得的试件毛截面面积抗压强度划分的，所以，在计算时不需再考虑孔洞率对强度的影响。

由于多孔砖在竖向形成许多孔洞，所以，它有自重轻、保温隔热性能好等优点，但是这种砖有砌筑麻烦、劳动强度大的缺点。

11.1.3　蒸压灰砂砖和蒸压粉煤灰砖

以石灰和砂为主要原料，经坯料制备、压制成型、蒸压养护而成的实心砖，称为蒸压灰砂砖，简称灰砂砖。以粉煤灰和石灰为主要原料，掺入适量石膏和集料，经坯料制备、压制成型、蒸压养护而成的实心砖，称为蒸压粉煤灰砖，简称粉煤灰砖。这两种砖的尺寸与烧结普通砖的相同，强度等级分为MU25、MU20、MU15三级。

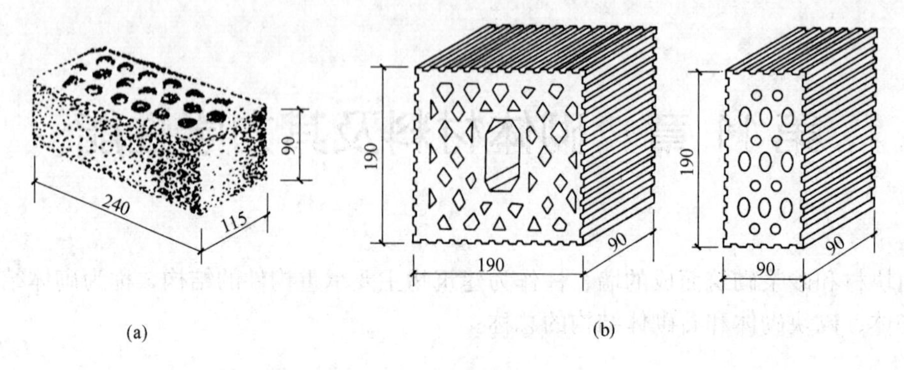

图 11-2　烧结多孔砖

(a) P 型多孔砖；(b) M 型多孔砖

11.1.4　混凝土小型空心砌块

由普通混凝土或轻骨料混凝土制成，主要规格尺寸 390mm×190mm×190mm、空心率在 25%～50%的空心砌块，称为混凝土小型空心砌块，简称混凝土砌块（图 11-3）。它的强度等级分为 MU20、MU15、MU10、MU7.5、MU5 五级。它和多孔砖一样，强度等级也是根据标准试验方法测得的试件毛截面面积抗压强度划分的，所以，在计算时也不需再考虑孔洞率对强度的影响。

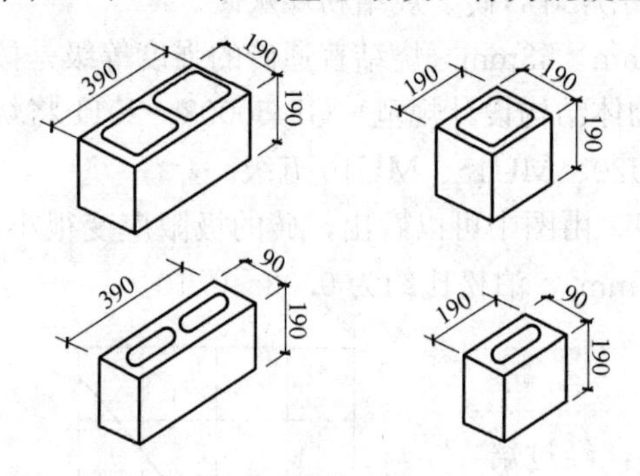

图 11-3　混凝土小型空心砌块

11.1.5　混凝土砖

混凝土砖分为混凝土普通砖和混凝土多孔砖。它是以水泥为胶结材料，以砂、石等为主要集料，加水搅拌、成型、养护制成的一种实心砖或多孔的混凝土半盲孔砖。实心砖的主规格尺寸为 240mm × 115mm × 53mm、240mm×115mm×90mm；多孔砖的主规格尺寸为 240mm×115mm×90mm、240mm×190mm × 90mm、190mm × 190mm × 90mm 等。其强度等级分为：MU30、MU25、MU20、MU15 四级。

11.1.6　石材

在承重石砌体结构中，石材应选用无明显风化的天然石材。常用的天然石材有花岗岩、石灰岩等。天然石材的抗压强度高、耐久性好，多用于房屋的基础和勒脚部位。在山区，石材可就地取材，所以，也常用石材砌筑房屋的墙体。

石材按其加工后的外形规则程度分为料石和毛石。

1. 料石

(1) 细料石　通过细加工，外表规则，叠砌面凹入深度不应大于 10mm，截面宽度和高度不应小于 200mm，且不宜小于长度的 1/4。

(2) 半细料石　规格尺寸与细料石相同，但叠砌面凹入深度不应大于 15mm。

（3）粗料石　规格尺寸与细料石相同，但叠砌面凹入深度不应大于 20mm。

（4）毛料石　外形大致方正，一般不加工或仅稍加修整，高度不应小于 200mm，但叠砌面凹入深度不应大于 25mm。

2. 毛石

毛石形状不规则，中部厚度不应小于 200mm

石材的强度等级，可用边长为 70mm 的立方体试块的抗压强度表示。抗压强度取三个试件抗压强度的平均值。试件也可采用表 11-1 所列边长尺寸的立方体，但应对其试验结果乘以相应换算系数后方可作为石材的强度等级。

石材的强度等级换算系数　　**表 11-1**

立方体长边(mm)	200	150	100	70	50
换算系数	1.43	1,28	1.14	1.00	0.86

《砌体结构设计规范》GB 50003—2011 将石材的强度等级划分为 MU100、MU80、MU60、MU50、MU40、MU30 和 MU20 七级。

§11.2　砂浆

11.2.1　砂浆的分类

砂浆按其材料的不同，可分为以下两大类：

一、普通砂浆

1. 水泥砂浆

水泥砂浆以水泥为胶结材料加砂和水拌和而成。它以水泥为胶结材料，根据需要可配制出较高强度的砂浆。其耐久性好，但保水性较差，在运输过程中，会游离出较多的水分，摊铺在砖上时，这部分水很容易被砖吸走，使铺砌发生困难，会降低砌筑质量。此外，失去过多的水后将影响砂浆的正常硬化，降低强度，并减小砖和砂浆的黏结。因此，用水泥砂浆比用同强度等级保水性好的其他砂浆的砌体强度要低。规范规定，砌体用水泥砂浆砌筑时，砌体强度乘以强度调整系数。

2. 混合砂浆

混合砂浆由水泥、石灰与砂加水拌和而成。这种砂浆的保水性能和流动性比水泥砂浆好，便于施工，容易保证砌体质量，因此混合砂浆在砌体结构中被广泛应用。

3. 石灰砂浆

石灰砂浆由石灰与砂加水拌和而成。这种砂浆保水性、流动性好，但强度低，耐久性差，不能用于地面以下或防潮层以下的砌体。

二、专用砌筑砂浆

专用砌筑砂浆是指，为了与混凝土砖（砌块）和蒸压硅酸盐砖等块材相适应，且能提高砌体砌筑工作性能的砂浆。

1. 混凝土砌块（砖）专用砌筑砂浆

这种砂浆由水泥、砂、水以及根据需要掺入的掺和料和外加剂等组分，按一定比例，采用机械拌和制成。它专门用于砌筑混凝土砖（砌块）砌体，砂浆强度等级用 Mb 后加数字表示。设计混凝土砌块（砖）砌体时，其强度等级不小于 Mb5.0。

2. 蒸压灰砂普通砖、蒸压粉煤灰普通砖专用砌筑砂浆

这种砂浆由水泥、砂、水以及根据需要掺入的掺和料和外加剂等组成，按一定比例，采用机械拌和制成。它专门用于砌筑蒸压灰砂普通砖或蒸压粉煤灰普通砖砌体，且砌体抗剪强度应不低于烧结普通砖砌体取值的砂浆。这种砂浆强度等级用 Ms 后加数字表示。设计蒸压灰砂普通砖、蒸压粉煤灰普通砖砌体时，其强度等级不小于 Ms5.0。

11.2.2　砂浆强度等级

砂浆强度等级是根据标准试验方法测得的试件抗压强度来划分的。《砌体结构设计规范》GB 50003—2011 将砂浆强度等级分为 M15、M10、M7.5、M5、M2.5 五级；混凝土普通砖（砌块）等砌体采用的专门砌筑砂浆强度等级划分 Mb20、Mb15、Mb10、Mb7.5、Mb5 五级；蒸压灰砂普通砖、蒸压粉煤灰普通砖砌体采用的专门砌筑砂强度等级划分为 Ms15、Ms10、Ms7.5、Ms5 四级。

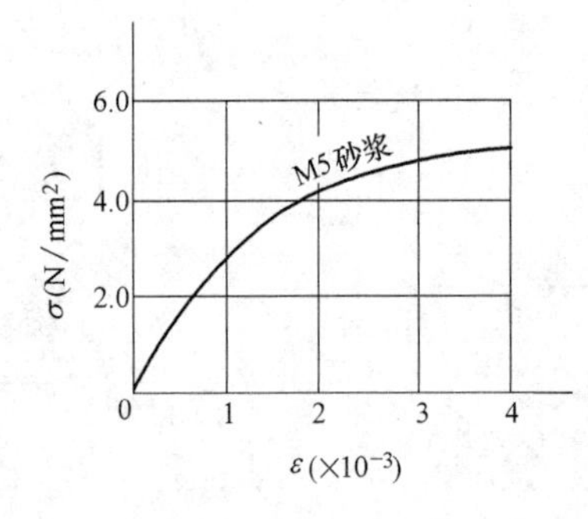

图 11-4　砂浆应力-应变关系曲线

当验算施工阶段砂浆尚未硬化的新砌体强度时，可按砂浆强度为零确定其砌体强度。

砂浆的应力-应变关系曲线如图 11-4 所示。对比图 11-1 和图 11-4 可以看出，砂浆的弹性模量比砖的小得多，并具有很大的塑性。试验表明，砂浆的变形大小与其强度有很大关系。砂浆强度愈高，变形愈小。此外，砂浆的横向变形比砖大。这对砌体的破坏有着十分重要的影响。

§11.3　砌体抗压强度

砌体是由块材用砂浆粘结而成的。它的抗压性能与单一的均质材料有很大区别。砌体的抗压强度低于块材的抗压强度。为了正确掌握砌体的工作性能，我们来研究砌体轴心受压时的破坏过程。

11.3.1　砌体轴心受压时的破坏过程

根据国内外对砌体所进行的大量实验研究得知，轴心受压时的破坏过程可分为以下三个阶段：

第Ⅰ阶段：从开始加载至个别砖出现裂缝为第Ⅰ阶段。出现第一条（批）裂缝的荷载值与砌筑砌体所用的砂浆强度等级有关，约为破坏荷载的 0.5～0.7，在这一阶段末，荷载如不继续增加，则裂缝不会继续扩展或增加（图 11-5a）。

第Ⅱ阶段：当荷载继续增加，裂缝不断扩展，这些裂缝通过砖的竖直灰缝彼此贯通。逐渐将构件分裂成几个单独的半砖小柱。同时产生一些新的裂缝（图 11-5b）。这就是第Ⅱ阶段的特征。第Ⅱ阶段末的荷载相当破坏荷载的 0.8～0.9。

第Ⅲ阶段：当荷载再进一步增加，裂缝迅速开展，单独的半砖小柱侧向鼓出，使整个

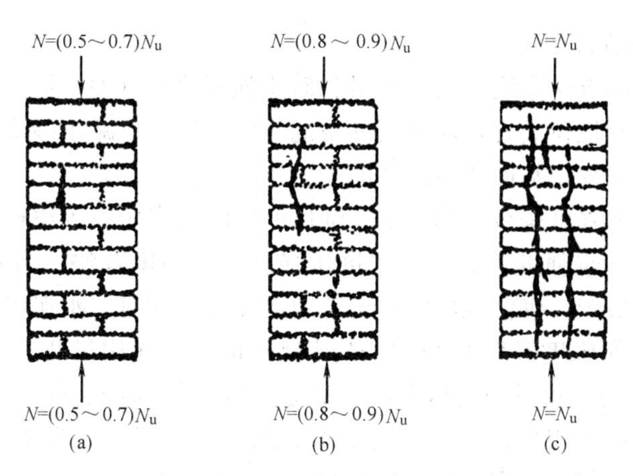

图 11-5　砌体轴心受压的破坏过程

(a) 第Ⅰ阶段；(b) 第Ⅱ阶段；(c) 第Ⅲ阶段

构件失稳而破坏（图 11-5c)。这时的荷载即为破坏荷载。

试验表明，砖柱砌体的抗压强度远小于砖的抗压强度。产生这一现象的原因是，由于水平缝内砂浆层不匀，有薄有厚，每块砖与砂浆并非全面接触，而是支承在凹凸不平的砂浆层上，这样，使砖在轴心受压的砌体中实际处于受弯、受剪和局部受压的复杂受力状态(图 11-6a)。此外，在竖向压力作用下，由于砖在自由状态下横向应变小于砂浆的应变，砌体在砂浆黏结力与摩擦力的影响下，砖将阻止水平灰缝砂浆层的横向变形（图 11-6b)，因此，砖在砌体中还处于受拉状态。

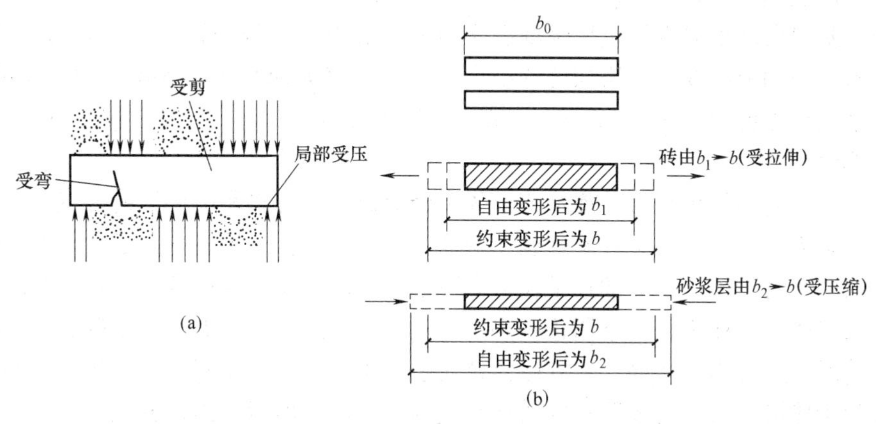

图 11-6　砖在砌体内的受力分析

(a) 受力状态；(b) 变形情况

由上可见，砌体中的砖处于竖向压缩、弯曲、剪切、局部受压及横向受拉的复杂应力状态。由于砖是脆性材料，它的抗弯、抗剪和抗拉强度很低，所以，砌体在远小于砖的抗压强度时就开始产生裂缝。随着不断加载，裂缝继续扩展，使砌体形成半砖小柱，最后由小柱失稳而使构件破坏。

11.3.2　影响砌体抗压强度的因素

影响砌体抗压强度的因素，主要有下列几方面：

1. 块材和砂浆的强度等级

试验表明，砌体的抗压强度主要与块材和砂浆强度等级有关，提高块材的强度等级可以增加其抗压、抗弯和抗拉能力，而提高砂浆的强度等级可以减小砂浆的横向应变，减小它与块材横向应变的差异，从而改善砌体的受力状态。

应当指出，砂浆的强度等级对砌体抗压强度的影响没有砖石等块材影响大。当砂浆强度等级较低时，提高砂浆强度等级，砌体抗压强度增长速度较快，当砂浆强度等级较高时，再提高砂浆强度等级，砌体抗压强度增长速度减慢。同时，水泥用量将显著增加，例如对 MU10 砖，当砂浆强度等级由 M5 提高到 M10 时，水泥用量几乎增加 50%，而砌体抗压强度只增长 22.6%。这是因为这时砖和砂浆之间的横向应变的差异已不再是主要因素。因此，为了节约水泥用量，一般情况下不宜用强度等级高的砂浆来提高构件的承载力，而提高砖、石等块材的强度等级或加大截面尺寸会更有效。

2. 块材的尺寸

砌体强度随块材厚度增加而增大，随块材长度增加而降低。这个结论是十分明显的。因为块材的尺寸将直接影响它的抗弯、抗剪和抗拉能力。

3. 砂浆的流动性及砌体灰缝的饱满程度

这些因素将直接影响灰缝的厚度及密实性，从而影响砌体的强度。按《砌体工程施工质量验收规范》GB 50203—2011 规定，石砌体采用的砂浆流动性一般为 50～70mm；砖砌体采用的砂浆流动性为 70～100mm；其他块材料砌体的砂浆流动性，可参照上述规定酌情取用。砖砌体水平灰缝的饱满程度不得低于 80%；砖柱和宽度小于 1m 的窗间墙，水平灰缝和竖向灰缝饱满程度不得低于 90%。

此外，灰缝厚度也对砌体抗压强度有很重要的影响，灰缝铺得厚些，容易做到饱满，但会增大砂浆层的横向变形，增加砖的横向拉力，灰缝太薄则不易铺砌均匀。实践证明，砖砌体水平灰缝厚度应在 8～12mm，一般宜采用 10mm。

4. 组砌方式

砂浆和搭缝砖的作用是将砖连接成整体。竖缝砌合不好将影响砌体的强度

砖的组砌方式有一顺一丁（又称满丁满条）、三顺一丁、五顺一丁等。试验表明，一顺一丁砌法因为有较多的丁砖加强了在墙的厚度方向的连接，所以砌体的抗压强度较其他砌法高。故在受压砌体中，多采用这种砌合方式。而三顺一丁和五顺一丁砌法，在墙中间将有三皮砖或五皮砖出现通缝，故其砌体抗压强度不如一顺一丁好。但三顺一丁和五顺一丁砌法因为砌体沿墙长方向多数砖的搭接长度为 1/2 砖，所以，沿齿缝截面的受拉（如圆形水池或谷仓等）和弯曲受拉（如带砖垛的挡土墙）强度高于一顺一丁砌体。因此，在不同受力情况下，宜采用不同的组砌方式，以提高砌体的承载能力。

除上述因素外，砌筑质量也是影响砌体抗压强度的重要因素之一。

11.3.3　砌体轴心抗压强度平均值

根据我国对各类砌体轴心受压试验结果，《砌体结构设计规范》GB 50003—2011 给出了适用于各类砌体轴心抗压强度的平均值计算公式：

$$f_m = k_1 f_1^{\alpha}(1+0.07 f_2) k_2 \tag{11-1}$$

式中　f_m——砌体的轴心抗压强度平均值（MPa）；

f_1——块体（砖、石、砌块）的抗压强度等级值或平均值（MPa）；

f_2——砂浆抗压强度平均值（MPa）；

k_1、α——与砌体类型有关的系数，按表 11-2 采用；

k_2——低强度等级砂浆砌体强度降低系数，按表 11-2 采用。

与砌体类型有关的系数　　表 11-2

序号	砌体类别	k_1	α	k_2
1	黏土砖、多孔砖非烧结硅酸盐砖	0.78	0.50	当 $f_2<1$ 时，$k_2=0.6+0.4f_2$
2	混凝土小型空心砌块	0.46	0.90	当 $f_2=0$ 时，$k_2=0.80$
3	毛料石	0.79	0.50	当 $f_2<1$ 时，$k_2=0.6+0.4f_2$
4	毛石	0.22	0.50	当 $f_2<2.5$ 时，$k_2=0.4+0.24f_2$

注：1. k_2 在表列条件以外时均等于 1.0；

2. 混凝土砌块砌体的轴心抗压强度平均值，当 $f_2>10$MPa 时，应乘以系数 $1.1\sim0.01f_2$，MU20 的砌体应乘以系数 0.95，且满足 $f_1\geqslant f_2$，$f_1\leqslant20$MPa。

【例题 11-1】 已知黏土实心砖的抗压强度的平均值 $f_1=10$MPa，混合砂浆抗压强度的平均值 $f_2=5$MPa。试确定砌体的轴心抗压强度平均值 f_m。

【解】(1) 由表 11-2 查得

$$k_1=0.78,\ \alpha=0.5,\ k_2=1.0$$

(2) 按式（11-1）算出

$$\begin{aligned}f_m&=k_1f_1^{\alpha}(1+0.07f_2)k_2\\&=0.78\times10^{0.5}\times(1+0.007\times5)\times1.0\\&=3.33\text{MPa}\end{aligned}$$

11.3.4　砌体抗压强度标准值

砌体强度是随机变量，并具有较大的离散性。《砌体结构设计规范》GB 50003—2011 规定，对各类砌体统一取其强度概率分布的 0.05 分位值作为它的标准值。即砌体强度值可能低于强度标准值的概率为 5%，也就是说，砌体强度的保证率为 95%。

试验表明，各类砌体强度概率分布为正态分布。各类砌体（毛石砌体除外）的抗压强度标准差为其平均值的 0.17，抗弯、抗剪和抗拉等其他强度标准差分别为其平均值的 0.2. 毛石砌体的各类强度标准差为其平均值的 0.24。

由此，砌体强度标准值的计算表达式可写成

$$f_k=f_m-1.645\sigma_f \tag{11-2}$$

式中　f_m——砌体强度平均值；

σ_f——砌体强度标准差。

如上所述，对于各类砌体（毛石砌体除外）抗压强度标准差

$$\sigma_f=0.17f_m \tag{11-3}$$

毛石砌体

$$\sigma_f=0.24f_m \tag{11-4}$$

将式（11-3）和式（11-4）分别代入式（11-2），则得其抗压强度标准值最后计算公式：

对于各类砌体（毛石砌体除外）

$$f_k = f_m - 1.645 \times 0.17 f_m = 0.72 f_m \tag{11-5}$$

毛石砌体

$$f_k = f_m - 1.645 \times 0.24 f_m = 0.61 f_m \tag{11-6}$$

由式（11-1）所求得的不同块材和砂浆各等级的各类砌体抗压强度的统计平均值分别代入式（11-5）和式（11-6），即可求出各种砌体的抗压强度标准值。显然，各类砌体抗压强度的保证率为95%。

11.3.5 砌体抗压强度设计值

砌体抗压强度设计值 f 等于砌体抗压强度标准值 f_k 除以砌体材料分项系数 γ_f，即 $f = f_k/\gamma_f$。《砌体结构设计规范》GB 50003—2011 规定，一般情况下宜取 $\gamma_f = 1.6$ 。

这样，各类砌体（毛石砌体除外）抗压强度设计值为

$$f = \frac{f_k}{\gamma_f} = \frac{0.72 f_m}{1.6} = 0.45 f_m \tag{11-7}$$

毛石砌体抗压强度设计值为

$$f = \frac{f_k}{\gamma_f} = \frac{0.61 f_m}{1.6} = 0.38 f_m \tag{11-8}$$

龄期为28d以毛截面计算的各类砌体，轴心抗压强度设计值，当施工质量控制等级为B级时❶，可按表参见表11-3～11-8采用。

烧结普通砖和烧结多孔砖砌体的抗压强度设计值（MPa） **表 11-3**

砖强度等级	砂浆强度等级					砂浆强度
	M15	M10	M7.5	M5	M2.5	0
MU30	3.94	3.27	2.93	2.59	2.26	1.15
MU25	3.60	2.98	2.68	2.37	2.06	1.05
MU20	3.22	2.67	2.39	2.12	1.84	0.94
MU15	2.79	2.31	2.07	1.83	1.60	0.82
MU10	—	1.89	1.69	1.50	1.30	0.67

注：当烧结多孔砖的孔洞率大于30%时，表中数值应乘以0.9。

蒸压灰砂普通砖和蒸压粉煤灰普通砖砌体的抗压强度设计值（MPa） **表 11-4**

砖强度等级	砂浆强度等级				砂浆强度
	M15	M10	M7.5	M5	0
MU25	3.60	2.98	2.68	2.37	1.05
MU20	3.22	2.67	2.39	2.12	0.94
MU15	2.79	2.31	2.07	1.83	0.82

注：当采用专用砂浆砌筑时，其抗压强度设计值按表中数值采用。

❶ 砌体施工质量控制等级划分标准见附录E附表E1。

单排孔混凝土砌块和轻集料混凝土砌块对孔砌筑砌体的抗压强度设计值（MPa）表 11-5

砌块强度等级	砂浆强度等级					砂浆强度
	Mb20	Mb15	Mb10	Mb7.5	Mb5	0
MU20	6.30	5.68	4.95	4.44	3.94	2.33
MU15	—	4.61	4.02	3.61	3.20	1.89
MU10	—	—	2.79	2.50	2.22	1.31
MU7.5	—	—	—	1.93	1.71	1.01
MU5	—	—	—	—	1.19	0.70

注：1. 对独立柱或厚度为双排组砌的砌块砌体，应按表中数值乘以 0.7；
　　2. 对 T 形截面墙体、柱，应按表中数值乘以 0.85。

混凝土普通砖和混凝土多孔砖砌体的抗压强度设计值（MPa）　　表 11-6

砖强度等级	砂浆强度等级					砂浆强度
	Mb20	Mb15	Mb10	Mb7.5	Mb5	0
MU30	4.61	3.94	3.27	2.93	2.59	1.15
MU25	4.21	3.60	2.98	2.68	2.37	1.05
MU20	3.77	3.22	2.67	2.39	2.12	0.94
MU15	—	2.79	2.31	2.07	1.83	0.82

毛料石砌体的抗压强度设计值（MPa）　　表 11-7

毛料石强度等级	砂浆强度等级			砂浆强度
	M7.5	M5	M2.5	0
MU100	5.42	4.80	4.18	2.13
MU80	4.85	4.29	3.73	1.91
MU60	4.20	3.71	3.23	1.65
MU50	3.83	3.39	2.95	1.51
MU40	3.43	3.04	2.64	1.35
MU30	2.97	2.63	2.29	1.17
MU20	2.42	2.15	1.87	0.95

注：对细料石砌体、粗料石砌体和干砌勾缝石砌体，表中数值应分别乘以调整系数 1.4、1.2 和 0.8。

毛石砌体的抗压强度设计值（MPa）　　表 11-8

毛石强度等级	砂浆强度等级			砂浆强度
	M7.5	M5	M2.5	0
MU100	1.27	1.12	0.98	0.34
MU80	1.13	1.00	0.87	0.30
MU60	0.98	0.87	0.76	0.26
MU50	0.90	0.80	0.69	0.23
MU40	0.80	0.71	0.62	0.21
MU30	0.69	0.61	0.53	0.18
MU20	0.56	0.51	0.44	0.15

【例题 11-2】 试确定【例题 11-1】黏土实心砖砌体抗压强度标准值和设计值。

【解】 由【例题 11-1】知，黏土实心砖砌体抗压强度平均值为 $f_m=3.33\text{MPa}$。

由式（11-5）算出砖的砌体抗压强度标准值：

$$f_k=0.72f_m=0.72\times3.33=2.40\text{MPa}$$

由式（11-7）算出砖的砌体抗压强度设计值：

$$f=0.45f_m=0.45\times3.33=1.50\text{MPa}$$

§11.4　砌体轴心抗拉、弯曲抗拉和抗剪强度

在实际工程中，常常要计算砌体轴心受拉、受弯和受剪构件的承载力。为此，要用到砌体轴心抗拉强度、弯曲抗拉强度和抗剪强度。

11.4.1　轴心抗拉强度

砖砌圆形水池的池壁就是轴心受拉的实例之一（图 11-7a）。池内的水压力在池壁中将产生环向水平拉力（图 11-7b），使池壁垂直截面处于轴心受拉状态。由图可见，砌体轴心受拉破坏有两种基本形式：当块材强度较高，砂浆强度较低时，砌体将沿齿缝破坏（图 11-7a Ⅰ—Ⅰ，Ⅰ′—Ⅰ′）；当块材强度较低，而砂浆强度较高时，则砌体可能沿块材和竖直灰缝形成直缝破坏（图 11-7a Ⅱ—Ⅱ）。

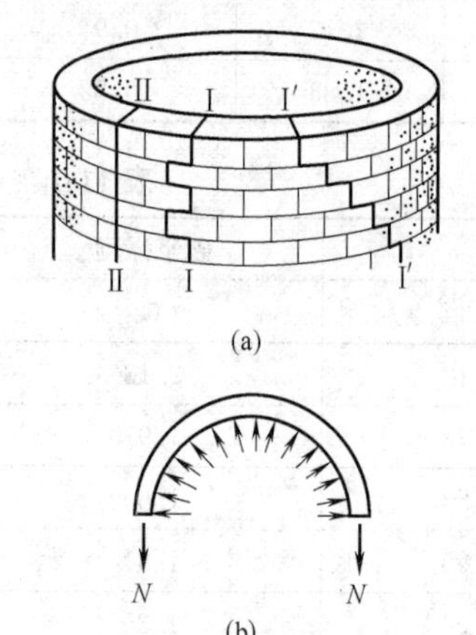

图 11-7　轴心受拉的水池
（a）沿齿缝或直缝破坏；
（b）环形水平拉力

龄期为 28d 以毛截面计算的各类砌体，沿齿缝破坏时轴心抗拉强度设计值，当施工质量控制等级为 B 级时，可按表 11-9 采用。

11.4.2　弯曲抗拉强度

在土压力作用下有扶壁的挡土墙（图 11-8a），及在风荷载作用下的围墙（11-8b）是砌体弯曲受拉的两个实例。由图 11-8a 可见，挡土墙在土压力作用下，墙体垂直截面处于弯曲受拉状态。根据块材和砂浆相对强度高低，破坏可能有两种基本形式：沿齿缝破坏（图 11-8a 中Ⅰ—Ⅰ截面）和沿直缝破坏（图 11-8a 中Ⅱ—Ⅱ截面）。围墙在风荷载作用下，将在墙的根部沿通缝发生弯曲受拉破坏（图 11-8b 中Ⅲ—Ⅲ截面）。

龄期为 28d 以毛截面计算的各类砌体，沿齿缝和通缝破坏时弯曲抗拉强度设计值，当施工质量控制等级为 B 级时，可按表 11-9 采用。

11.4.3　抗剪强度

当砌体结构构件抗剪强度不足时，就会发生剪切破坏。例如图 11-9（a）所示砖砌平拱，在竖向荷载作用下，就可能发生齿缝剪切破坏。再如，图 11-9（b）所示墙体在水平力作用下，Ⅲ—Ⅲ截面也可能发生沿通缝受剪破坏。

龄期为 28d 以毛截面计算的各类砌体，沿齿缝或通缝破坏时抗剪强度设计值，当施工

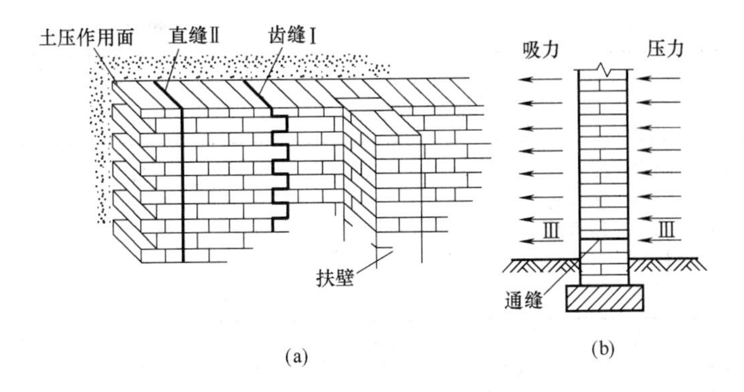

图 11-8　带壁柱的挡土墙和围墙

（a）沿齿缝、直缝破坏；（b）沿通缝破坏

质量控制等级为 B 级时，可按表 11-9 采用。

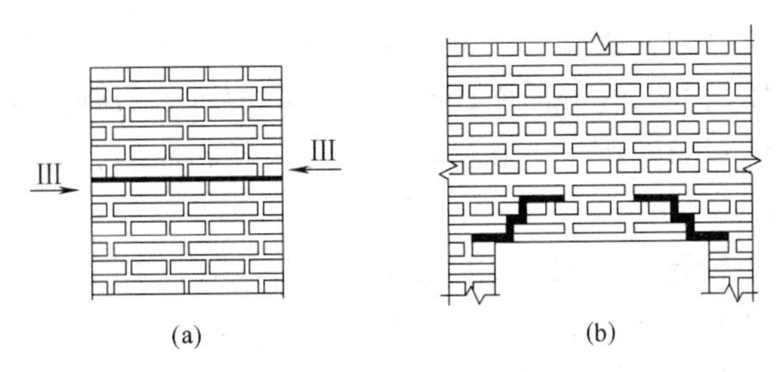

图 11-9　砌体发生剪切破坏

（a）沿阶梯形破坏；（b）沿通缝破坏

沿砌体灰缝截面破坏时砌体的轴心抗拉强度设计值 f_t、弯曲抗拉强度设计值 f_{tm} 和抗剪强度设计值 f_v（MPa）　　**表 11-9**

强度类别	破坏特征及砌体种类		砂浆强度等级			
			≥M10	M7.5	M5	M2.5
轴心抗拉	沿齿缝	烧结普通砖、烧结多孔砖	0.19	0.16	0.13	0.09
		混凝土普通砖、混凝土多孔砖	0.19	0.16	0.13	—
		蒸压灰砂普通砖、蒸压粉煤灰普通砖	0.12	0.10	0.08	—
		混凝土和轻集料混凝土砌块	0.09	0.08	0.07	—
		毛石	—	0.07	0.06	0.04
弯曲抗拉	沿齿缝	烧结普通砖、烧结多孔砖	0.33	0.29	0.23	0.17
		混凝土普通砖、混凝土多孔砖	0.33	0.29	0.23	—
		蒸压灰砂普通砖、蒸压粉煤灰普通砖	0.24	0.20	0.16	—
		混凝土和轻集料混凝土砌块	0.11	0.09	0.08	—
		毛石	—	0.11	0.09	0.07
	沿通缝	烧结普通砖、烧结多孔砖	0.17	0.14	0.11	0.08
		混凝土普通砖、混凝土多孔砖	0.17	0.14	0.11	—
		蒸压灰砂普通砖、蒸压粉煤灰普通砖	0.12	0.10	0.08	—
		混凝土和轻集料混凝土砌块	0.08	0.06	0.05	—

续表

强度类别	破坏特征及砌体种类	砂浆强度等级			
		≥M10	M7.5	M5	M2.5
抗剪	烧结普通砖、烧结多孔砖	0.17	0.14	0.11	0.08
	混凝土普通砖、混凝土多孔砖	0.17	0.14	0.11	—
	蒸压灰砂普通砖、蒸压粉煤灰普通砖	0.12	0.10	0.08	—
	混凝土和轻集料混凝土砌块	0.09	0.08	0.06	—
	毛石	—	0.19	0.16	0.11

注：1. 对于用形状规则的块体砌筑的砌体，当搭接长度与块体高度的比值小于1时，其轴心抗拉强度设计值 f_t 和弯曲抗拉强度设计值 f_{tm} 应按表中数值乘以搭接长度与块体高度比值后采用；

2. 表中数值是依据普通砂浆砌筑的砌体确定，采用经研究性试验且通过技术鉴定的专用砂浆砌筑的蒸压灰砂普通砖、蒸压粉煤灰普通砖砌体，其抗剪强度设计值按相应普通砂浆强度等级砌筑的烧结普通砖砌体采用；

3. 对混凝土普通砖、混凝土多孔砖、混凝土和轻集料混凝土砌块砌体，表中的砂浆强度等级分别为：≥Mb10、Mb7.5 及 Mb5。

应当指出，下列情况的各类砌体，其砌体强度设计值应乘以调整系数 γ_a：

(1) 对于无筋砌体构件，其截面面积小于 0.3m^2 时，γ_a 为其截面面积加 0.7。对配筋砌体构件，当其中砌体截面面积小于 0.2m^2 时，γ_a 为其截面面积加 0.8（构件截面面积以 m^2 计）；

(2) 当砌体用强度等级小于 M5.0 的水泥砂浆砌筑时，对表 11-3～表 11-8 中的数值，γ_a 为 0.9；对表 11-9 中各数值，γ_a 为 0.8；对配筋砌体构件，当其中的砌体采用水泥砂浆砌筑时，仅对砌体的强度设计值乘以调整系数 γ_a；

(3) 当验算施工中房屋的构件时，γ_a 为 1.1。

§11.5　砌体弹性模量

在计算砌体结构的变形或计算超静定结构时，需要知道砌体的弹性模量。砌体在轴心压力作用下的应力-应变关系曲线如图 11-10 所示。由图中可以看出，它具有与混凝土的应力-应变关系曲线类似的特点。当应力较小时，应力-应变关系接近直线，随着应力的增加，其应变增加速度逐渐加快，即具有愈来愈明显的非线性性质。

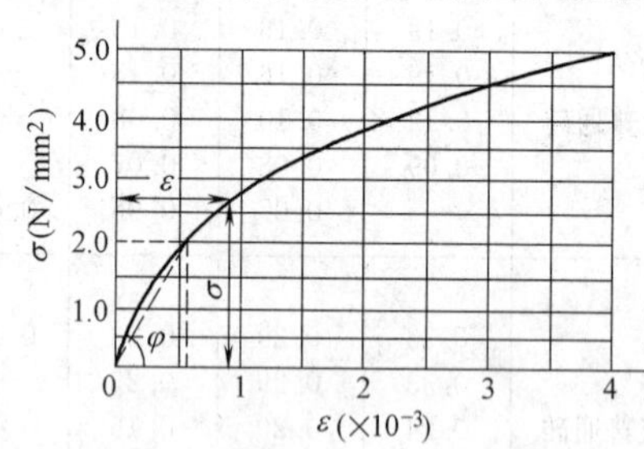

图 11-10　砌体在轴心受压时的 σ-ε 应变关系曲线

根据试验结构分析，砌体轴心受压时的 σ-ε 关系，可用下面经验公式表示：

$$\varepsilon=-\frac{1}{\xi}\ln\left(1-\frac{\sigma}{f_m}\right) \tag{11-9}$$

式中　ξ——弹性特征值；

f_m——砌体抗压强度平均值。

砌体弹性模量根据应力、应变取值不同，其数值也将不同。《砌体结构设计规范》GB 50003—2011 取 $\sigma=0.43f_m$ 和相应的应变 ε 的比作为砌体的弹性模量，这样规定比较符合砌体在使用阶段受力状态下的工作性能。

于是

$$E=\frac{\sigma_{0.43}}{\varepsilon_{0.43}}=\frac{0.43f_{\mathrm{m}}}{-\frac{1}{\xi}\ln 0.57}=0.765\xi f_{\mathrm{m}} \tag{11-10}$$

对于砖砌体，有关单位的试验资料指出，可取 $\xi=460\sqrt{f_{\mathrm{m}}}$，则上式可写成

$$E=370f_{\mathrm{m}}\sqrt{f_{\mathrm{m}}} \tag{11-11}$$

为了便于应用，《砌体结构设计规范》GB 50003—2011 按不同强度等级的砂浆，并取砌体弹性模量与砌体抗压强度成正比，便得出砖砌体的弹性模量表达式（见表11-10）

对于粗、毛料石砌体可取 $\sigma=0.3f_{\mathrm{m}}$ 及相应的应变之比作为它们的弹性模量。其公式为：

$$E=576+677f_2 \tag{11-12}$$

细料石、半细料石砌体的弹性模量，《砌体结构设计规范》GB 50003—2011 取粗、毛料石的 3 倍。

各类砌体的弹性模量值见表 11-10

砌体的弹性模量（MPa）　　表 11-10

砌体种类	砂浆强度等级			
	≥M10	M7.5	M5	M2.5
烧结普通砖、烧结多孔砖砌体	1600f	1600f	1600f	1390f
混凝土普通砖、混凝土多孔砖砌体	1600f	1600f	1600f	—
蒸压灰砂普通砖、蒸压粉煤灰普通砖砌体	1060f	1060f	1060f	—
非灌孔混凝土砌块砌体	1700f	1600f	1500f	—
粗料石、毛料石、毛石砌体	—	5650	4000	2250
细料石砌体	—	17000	12000	6750

注：1. 轻集料混凝土砌块砌体的弹性模量，可按表中混凝土砌块砌体的弹性模量采用；
2. 表中砌体抗压强度设计值不按 3.2.3 条进行调整；
3. 表中砂浆为普通砂浆，采用专用砂浆砌筑的砌体的弹性模量也按此表取值；
4. 对混凝土普通砖、混凝土多孔砖、混凝土和轻集料混凝土砌块砌体，表中的砂浆强度等级分别为：≥Mb10、Mb7.5 及 Mb5；
5. 对蒸压灰砂普通砖和蒸压粉煤灰普通砖砌体，当采用专用砂浆砌筑时，其强度设计值按表中数值采用。

§11.6　砌体结构的耐久性

砌体结构的耐久性应根据其所处的环境类别和设计使用年限进行设计。

11.6.1　砌体结构环境类别

砌体结构环境类别按表 11-11 采用。

11.6.2　砌体中钢筋耐久性的选择

设计使用年限为 50 年时，砌体中钢筋的耐久性选择应符合表 1-12 的规定。

砌体结构的环境类别 **表 11-11**

环境类别	条件
1	正常居住及办公建筑的内部干燥环境
2	潮湿的室内或室外环境，包括与无侵蚀性土和水接触的环境
3	严寒和使用化冰盐的潮湿环境（室内或室外）
4	与海水直接接触的环境，或处于滨海地区的盐饱和的气体环境
5	有化学侵蚀的气体、液体或固态形式的环境，包括有侵蚀性土壤的环境

砌体中钢筋耐久性选择 **表 11-12**

环境类别	钢筋种类和最低保护要求	
	位于砂浆中的钢筋	位于灌孔混凝土中的钢筋
1	普通钢筋	普通钢筋
2	重镀锌或有等效保护的钢筋	当采用混凝土灌孔时，可为普通钢筋；当采用砂浆灌孔时应为重镀锌或有等效保护的钢筋
3	不锈钢或有等效保护的钢筋	重镀锌或有等效保护的钢筋
4 和 5	不锈钢或等效保护的钢筋	不锈钢或等效保护的钢筋

注：1. 对夹心墙的外叶墙，应采用重镀锌或有等效保护的钢筋；
2. 表中的钢筋即为国家现行标准《混凝土结构设计规范》GB 50010 和《冷轧带肋钢筋混凝土结构技术规程》JGJ 95 等标准规定的普通钢筋或非预应力钢筋。

11.6.3 砌体中钢筋保护层厚度

设计使用年限为 50 年时，砌体中钢筋的保护层厚度应符合下列的规定：

1. 配筋砌体中钢筋的最小混凝土保护层应符合表 11-13 的规定；

钢筋的最小保护层厚度 **表 11-13**

环境类别	混凝土强度等级			
	C20	C25	C30	C35
	最低水泥含量（kg/m^3）			
	260	280	300	320
1	20	20	20	20
2	—	25	25	25
3	—	40	40	30
4	—	—	40	40
5	—	—	—	40

注：1. 材料中最大氯离子含量和最大碱含量应符合现行国家标准《混凝土结构设计规范》GB 50010 的规定；
2. 当采用防渗砌体块体和防渗砂浆时，可以考虑部分砌体（含抹灰层）的厚度作为保护层，但对环境类别 1、2、3，其混凝土保护层的厚度相应不应小于 10mm、15mm 和 20mm；
3. 钢筋砂浆面层的组合砌体构件的钢筋保护层厚度宜比表 4.3.3 规定的混凝土保护层厚度数值增加 5mm～10mm；
4. 对安全等级为一级或设计使用年限为 50 年以上的砌体结构，钢筋保护层的厚度应至少增加 10mm。

2. 灰缝中钢筋外露砂浆保护层厚度不应小于 15mm；
3. 所有钢筋端部均应有与对应钢筋的环境类别条件相同的保护层厚度。

11.6.4　砌体材料耐久性的选择

设计使用年限为 50 年时，砌体材料的耐久性应符合下列规定：

1. 地面以下或防潮层以下的砌体、潮湿房间的墙或环境类别 2 的砌体，所用材料的最低强度等级应符合表 11-14 的规定：

地面以下或防潮层以下的砌体、潮湿房间的墙，所用材料的最低强度等级　表 11-14

潮湿程度	烧结普通砖	混凝土普通砖、蒸压普通砖	混凝土砌块	石材	水泥砂浆
稍潮湿的	MU15	MU20	MU7.5	MU30	M5
很潮湿的	MU20	MU20	MU10	MU30	M7.5
含水饱和的	MU20	MU25	MU15	MU40	M10

注：1. 在冻胀地区，地面以下或防潮层以下的砌体，不宜采用多孔砖，如采用时，其孔洞应用不低于 M10 的水泥砂浆预先灌实。当采用混凝土空心砌块时，其孔洞应采用强度等级不低于 Cb20 的混凝土预先灌实；

2. 对安全等级为一级或设计使用年限大于 50 年的房屋，表中材料强度等级应至少提高一级。

2. 处于环境类别 3～5 等有侵蚀性介质的砌体材料应符合下列规定：

（1）不应采用蒸压灰砂普通砖、蒸压粉煤灰普通砖；

（2）应采用实心砖，砖的强度等级不应低于 MU20，水泥砂浆的强度等级不应低于 M10；

（3）混凝土砌块的强度等级不应低于 MU15，灌孔混凝土的强度等级不应低于 Cb30，砂浆的强度等级不应低于 Mb10；

（4）应根据环境条件对砌体材料的抗冻指标、耐酸、碱性能提出要求，或符合有关规范规定。

小　　结

1. 由块材和砂浆砌筑而成的墙、柱作为建筑物主要承重构件的结构，称为砌体结构。它是砖砌体、砌块砌体和石砌体结构的总称。

2. 砌体强度是随机变量，并具有较大的离散性。《砌体结构设计规范》GB 50003—2011 规定，对各类砌体统一取其强度概率分布的 0.05 分位值作为它的标准值。也就是说，砌体强度标准值保证率为 95%。

3. 砌体抗压强度设计值 f 等于砌体抗压强度标准值 f_k 除以砌体材料分项系数 γ_f，即 $f=f_k/\gamma_f$。《砌体结构设计规范》GB 50003—2011 规定，一般情况下宜取 $\gamma_f=1.6$ 。

4. 对于不同情况的各类砌体构件，其砌体强度设计值应乘以不同的调整系数 γ_a：例如，对于无筋砌体构件，其截面面积 $A<0.3\text{m}^2$ 时，$\gamma_a=0.7+A$（A 的单位为 m^2）；当砌体用强度等级小于 M50 的水泥砂浆砌筑时，对表 11-3～表 11-8 的数值，$\gamma_a=0.9$；对表 11-9 的数值，$\gamma_a=0.8$ 等。

思　考　题

11-1　按原料成分来分，常用的砂浆有哪几种？

11-2 为什么砖砌体的抗压强度低于砖的抗压强度？

11-3 简述影响砌体抗压强度的因素？

11-4 为什么用≤M5.0的水泥砂浆砌筑的砌体，其抗压强度要乘以小于1.0的调整系数γ_a？

11-5 怎样确定砌体的抗压强度标准值和抗压强度设计值？抗压强度标准值的保证率是多少？

11-6 地面以下或防潮层以下的砌体、潮湿房间的墙所用材料的最低强度等级有何要求？

第12章　砌体结构构件承载力计算

§12.1　砌体结构承载力计算基本表达式

12.1.1　承载力计算表达式

砌体结构采用以概率理论为基础的极限状态设计方法，采用分项系数设计表达式进行计算。

砌体结构应按承载能力极限状态设计，并满足正常使用极限状态的要求。按承载能力极限状态设计时，应按下列公式中最不利组合进行计算：

$$\gamma_0\left(1.2S_{Gk}+1.4\gamma_L S_{Q1k}+\sum_{i=2}^{n}\gamma_{Qi}\psi_{ci}S_{Qik}\right)\leqslant R(f,a_k,\cdots)\text{❶} \tag{12-1a}$$

$$\gamma_0\left(1.35S_{Gk}+1.4\gamma_L\sum_{i=2}^{n}\psi_{ci}S_{Qik}\right)\leqslant R(f,a_k,\cdots) \tag{12-1b}$$

式中　γ_0——结构重要性系数。对安全等级为一级或设计使用年限为50年以上的结构构件，不应小于1.1；对安全等级为二级或设计使用年限为50年的结构构件，不应小于1.0：对安全等级为三级或设计使用年限为1～5年的结构构件，不应小于0.9；

γ_L——结构构件的抗力模型不定性系数。对静力设计，考虑结构设计使用年限的荷载调整系数，设计使用年限为50年，取1.0；设计使用年限为100年，取1.1；

S_{Gk}——永久荷载标准值的效应；

S_{Q1k}——在基本组合中起控制作用的一个可变荷载标准值的效应；

S_{Qik}——第i个可变荷载标准值的效应；

R（·）——结构构件的抗力函数；

γ_{Qi}——第i个可变荷载的分项系数；

ψ_{ci}——第i个可变荷载的组合系数。一般情况下应取0.7；对书库，档案库、储藏室或通风机房、电梯机房应取0.9；

f——砌体强度设计值，$f=f_k/\gamma_f$；

f_k——砌体强度标准值，$f_k=f_m-1.645\sigma_f$；

γ_f——砌体结构的材料性能分项系数，一般情况下，宜按施工控制等级为B级考虑，取$\gamma_f=1.6$；当为C级时取$\gamma_f=1.8$；当为A级时取$\gamma_f=1.5$；

---

❶ 当工业房屋楼面活荷载标准值大于4kN/m²时，式中荷载分项系数1.4应为1.3。

f_m——砌体强度的平均值；
σ_f——砌体强度的标准差；
a_k——几何参数标准值。

12.1.2　砌体结构整体稳定性的验算

当砌体结构作为一个刚体，需验算整体稳定性时，例如倾覆、滑移、漂浮等，应按下列公式中最不利组合进行验算：

$$\gamma_0\left(1.2S_{G2k}+1.4\gamma_L S_{Q1k}+\gamma_L\sum_{i=2}^{n}S_{Qik}\right)\leqslant 0.8S_{G1k} \tag{12-2a}$$

$$\gamma_0\left(1.35S_{G2k}+1.4\gamma_L\sum_{i=2}^{n}\psi_{ci}S_{Qik}\right)\leqslant 0.8S_{G1k} \tag{12-2b}$$

式中　S_{G1k}——起有利作用的永久荷载标准值的效应；
S_{G2k}——起不利作用的永久荷载标准值的效应。

§12.2　受压构件承载力计算

在砌体结构中，柱和墙为轴心受压或偏心受压构件。其截面多采用正方形、矩形或T形。

12.2.1　轴心受压构件

当构件承受轴心压力时，截面内将产生均匀压应力，根据式（12-1a）或（12-1b）即可写出其承载力计算公式：

$$N\leqslant\varphi_0 fA \tag{12-3a}$$

式中　N——轴心压力设计值（N）；
φ_0——轴心受压稳定系数，按表12-1采用；
f——砌体抗压强度设计值（N/mm^2）；
A——构件截面面积，对各类砌体均按毛截面面积计算（mm^2）。

轴心受压稳定系数 φ_0　　**表12-1**

β	λ	砂浆强度等级		
		≥M5	M2.5	砂浆强度0
≤3	≤10.5	1.00	1.00	1.00
4	14	0.98	0.97	0.87
6	21	0.95	0.93	0.76
8	28	0.91	0.89	0.63
10	35	0.87	0.83	0.53
12	42	0.82	0.78	0.44
14	49	0.77	0.72	0.36
16	56	0.72	0.66	0.30

续表

β	λ	砂浆强度等级		
		≥M5	M2.5	砂浆强度 0
18	63	0.67	0.61	0.26
20	70	0.62	0.56	0.22
22	77	0.58	0.51	0.19
24	84	0.54	0.46	0.16
26	91	0.50	0.42	0.14
28	98	0.46	0.40	0.12
30	105	0.42	0.36	0.11

注：在用公式（12-3b）计算系数 φ_0 或用表格查系数 φ_0 值时，应先对构件的高厚比乘以系数 γ_β。γ_β 是与砌体类型有关的调节系数。对于黏土砖、空心砖、空斗砌体和混凝土中型空心砌块砌体，$\gamma_\beta=1.0$；对混凝土小型空心砌块砌件，$\gamma_\beta=1.1$；对粉煤灰中型实心砌块、硅酸盐砖、细料石和半细料石砌件，$\gamma_\beta=1.2$；对粗料及毛石砌件，$\gamma_\beta=1.5$。

轴心受压稳定系数 φ_0 的数值是根据砌体构件试验结果得到的。它的表达式可写成：

$$\varphi_0=\frac{1}{1+\alpha\beta^2} \tag{12-3b}$$

式中　α——与砂浆强度等级有关的系数，当 $f_2\geqslant5\text{MPa}$ 时，$\alpha=0.0015$；当 $f_2=2.5\text{MPa}$ 时，$\alpha=0.0020$；当 $f_2=0$ 时，$\alpha=0.0090$；

β——墙、柱高厚比。

墙、柱高厚比等于墙、柱计算高度与墙厚或柱的短边尺寸之比，即，

对于矩形截面

$$\beta=\frac{H_0}{h}\gamma_\beta \tag{12-4a}$$

对于 T 形截面

$$\beta=\frac{H_0}{h_T}\gamma_\beta \tag{12-4b}$$

式中　H_0——受压构件计算高度；

h——墙的厚度或柱的截面短边尺寸；

γ_β——不同砌体材料的高厚比修正系数，按表 12-2 采用；

h_T——T 形截面的折算厚度。

$$h_T=3.5i=3.5\sqrt{\frac{I}{A}} \tag{12-4c}$$

i——T 形截面的回转半径；

I——T 形截面的惯性矩；

A——T 形截面的面积，其翼缘宽度 b_f，当有门窗洞口时可取窗间墙宽度；当无门窗洞口时，可取相邻壁柱间的距离。

为了简化计算，按式（12-3b）编制了 φ_0 值表（表 12-1），表中 λ 为长细比，即 $\lambda=\frac{H_0}{i}$。

高厚比修正系数　　　　**表 12-2**

项次	砌体材料类别	γ_β
1	烧结普通砖、烧结多孔砖	1.0
2	混凝土普通砖、混凝土多孔砖、混凝土及轻骨料混凝土砌块	1.1
3	蒸压灰砂普通砖、蒸压粉煤灰普通砖、细料石	1.2
4	粗料石、毛石	1.5

【例题 12-1】 烧结普通砖柱截面为 490mm×370mm，采用 MU10 砖和 M5 混合砂浆砌筑。柱的计算高度 5m（两端为铰支），柱顶承受轴心压力设计值 145kN，试计算柱底截面承载力。

【解】 由表 11-3 查得，当采用 MU10 砖、M5 混合砂浆时，砖砌体抗压强度设计值 $f^*=1.50\text{MPa}$。由表 12-2 查得 $\gamma_\beta=1.0$。柱的高厚比

$$\beta=\frac{H_0}{h}\gamma_\beta=\frac{5000}{370}\times1=13.5$$

由表 12-1 查得轴心受压稳定系数 $\varphi_0=0.783$。

因为截面面积 $A=0.49\times0.37=0.18\text{m}^2<0.3\text{m}^2$，故调整系数

$$\gamma_a=0.7+A=0.7+0.18=0.88$$

于是砌体抗压强度设计值为 $f=\gamma_a f^*=0.88\times1.50=1.32\text{MPa}$。

作用在柱底部截面轴向力设计值

$$N=145+\gamma_G G_k=145+1.2\times(0.49\times0.37\times5\times19)=165.67\text{kN}=165670\text{N}$$

而截面的抗力设计值

$$\varphi_0 fA=0.783\times1.32\times490\times370=187265\text{N}>N=165670\text{N}$$

柱底截面承载力符合要求。

12.2.2　偏心受压构件承载力计算

试验表明，砌体偏心受压构件随偏心距 e 的增加，其承载力将逐渐降低。这主要是因为偏心距增大，受拉区出现裂缝，受压面积减小所致，参见图 12-1。图中 f' 为构件破坏时，压应力最大值。

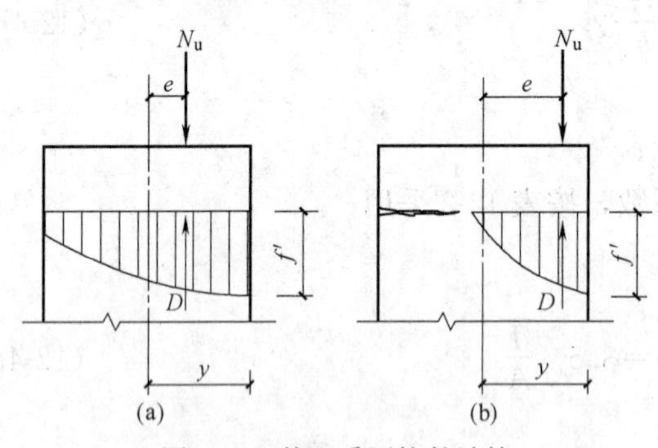

图 12-1　偏心受压构件计算

(a) 小偏心受压；(b) 大偏心受压

《砌体结构设计规范》GB 50003—2011 根据偏心受压构件的试验研究，给出了砌体偏心受压构件承载力计算公式：

$$N\leqslant\varphi fA \tag{12-5a}$$

式中　φ——承载力影响系数。

其余符号意义同前。

根据矩形截面构件（$\beta\leqslant3$）试验结果绘制的 $\varphi-e/h$ 关系曲线，如图 12-2 所示。其表达式为：

$$\varphi=\frac{1}{1+12\left(\frac{e}{h}\right)^2} \tag{12-5b}$$

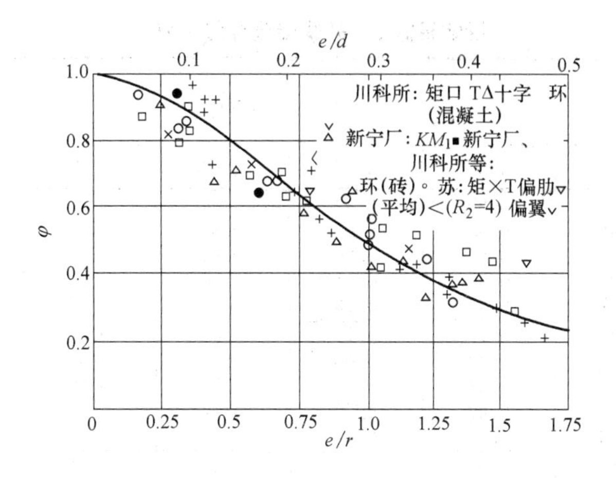

图 12-2　矩形截面构件（$\beta \leqslant 3$）的 $\varphi - e/h$ 关系曲线

当 $\beta > 3$ 时，尚应考虑纵向弯曲引起的附加偏心距 e_i 对构件承载力的影响。这时

$$\varphi = \frac{1}{1+12\left(\frac{e+e_i}{h}\right)^2} \tag{12-5c}$$

附加偏心距 e_i 通过理论分析和试验可取

$$e_i = \frac{h}{\sqrt{12}}\beta\sqrt{\alpha} \tag{12-6}$$

将式（12-6）代入式（12-5c），则得

$$\varphi = \frac{1}{1+12\left(\frac{e}{h}+\beta\sqrt{\frac{\alpha}{12}}\right)^2} \tag{12-7}$$

由式（12-7）可以看出，当轴向力的偏心距 $e=0$，即轴心受压时，则式（12-7）变成式（12-3b）

$$\varphi_0 = \frac{1}{1+\alpha\beta^2}$$

即式（12-3b）是式（12-7）的特殊情形。

为了计算简便，《砌体结构设计规范》GB 50003—2011 根据式（12-7）编制了高厚比 β 和轴向力偏心距率 $\frac{e}{h}$ 对构件承载力影响系数 φ 值表（参见表 12-3），可供设计应用。

对于矩形截面构件，当轴向力偏心方向的截面边长大于另一方向边长时，除按偏心受压计算外，尚应对较小边长方向按轴心受压验算。

应当指出，当轴向力偏心距太大时，构件承载力明显降低。考虑到经济和合理性，《砌体结构设计规范》GB 50003—2011 规定，轴向力的偏心距 e 按内力设计值计算，不应超过 $0.6y$ 的限值，其中 y 为截面重心到轴向力所在偏心方向截面边缘的距离（参见图 12-1）。

当偏心距 e 值超过上述限值时，宜采取下列措施：

(1) 采取措施减小偏心距 e，如在梁端底部和砌体间设置带有中心垫板的垫块（图 12-3a）；或采用缺口垫块（图 12-3b）；

影响系数 φ（砂浆强度等级≥M5） **表 12-3a**

β	$\frac{e}{h}$ 或 $\frac{e}{h_T}$						
	0	0.025	0.05	0.075	0.1	0.125	0.15
≤3	1	0.99	0.97	0.94	0.89	0.84	0.79
4	0.98	0.95	0.90	0.85	0.80	0.74	0.69
6	0.95	0.91	0.86	0.81	0.75	0.69	0.64
8	0.91	0.86	0.81	0.76	0.70	0.64	0.59
10	0.87	0.82	0.76	0.71	0.65	0.60	0.55
12	0.82	0.77	0.71	0.66	0.60	0.55	0.51
14	0.77	0.72	0.66	0.61	0.56	0.51	0.47
16	0.72	0.67	0.61	0.56	0.52	0.47	0.44
18	0.67	0.62	0.57	0.52	0.48	0.44	0.40
20	0.62	0.57	0.53	0.48	0.44	0.40	0.37
22	0.58	0.53	0.49	0.45	0.41	0.38	0.35
24	0.54	0.49	0.45	0.41	0.38	0.35	0.32
26	0.50	0.46	0.42	0.38	6.35	0.33	0.30
28	0.46	0.42	0.39	0.36	0.33	0.30	0.28
30	0.42	0.39	0.36	0.33	0.31	0.28	0.26

β	$\frac{e}{h}$ 或 $\frac{e}{h_T}$					
	0.175	0.2	0.225	0.25	0.275	0.3
≤3	0.73	0.68	0.62	0.57	0.52	0.48
4	0.64	0.58	0.53	0.49	0.45	0.41
6	0.59	0.54	0.49	0.45	0.42	0.38
8	0.54	0.50	0.46	0.42	0.39	0.36
10	0.50	0.46	0.42	0.39	0.36	0.33
12	0.47	0.43	0.39	0.36	0.33	0.31
14	0.43	0.40	0.36	0.34	0.31	0.29
16	0.40	0.37	0.34	0.31	0.29	0.27
18	0.37	0.34	0.31	0.29	0.27	0.25
20	0.34	0.32	0.29	0.27	0.25	0.23
22	0.32	0.30	0.27	0.25	0.24	0.22
24	0.30	0.28	0.26	0.24	0.22	0.21
26	0.28	0.26	0.24	0.22	0.21	0.19
28	0.26	0.24	0.22	0.21	0.19	0.18
30	0.24	0.22	0.21	0.20	0.18	0.17

影响系数 φ（砂浆强度等级 M2.5） **表 12-3b**

β	$\frac{e}{h}$ 或 $\frac{e}{h_T}$						
	0	0.025	0.05	0.075	0.1	0.125	0.15
≤3	1	0.99	0.97	0.94	0.89	0.84	0.79
4	0.97	0.94	0.89	0.84	0.78	0.73	0.67
6	0.93	0.89	0.84	0.78	0.73	0.67	0.62
8	0.89	0.84	0.78	0.72	0.67	0.62	0.57
10	0.83	0.78	0.72	0.67	0.61	0.56	0.52
12	0.78	0.72	0.67	0.61	0.56	0.52	0.47
14	0.72	0.66	0.61	0.56	0.51	0.47	0.43
16	0.66	0.61	0.56	0.51	0.47	0.43	0.40
18	0.61	0.56	0.51	0.47	0.43	0.40	0.36
20	0.56	0.51	0.47	0.43	0.39	0.36	0.33
22	0.51	0.47	0.43	0.39	0.36	0.33	0.31
24	0.46	0.43	0.39	0.36	0.33	0.31	0.28
26	0.42	0.39	0.36	0.33	0.31	0.28	0.26
28	0.39	0.36	0.33	0.30	0.28	0.26	0.24
30	0.36	0.33	0.30	0.28	0.26	0.24	0.22

续表

β	$\frac{e}{h}$或$\frac{e}{h_T}$					
	0.175	0.2	0.225	0.25	0.275	0.3
≤3	0.73	0.68	0.62	0.57	0.52	0.48
4	0.62	0.57	0.52	0.48	0.44	0.40
6	0.57	0.52	0.48	0.44	0.40	0.37
8	0.52	0.48	0.44	0.40	0.37	0.34
10	0.47	0.43	0.40	0.37	0.34	0.31
12	0.43	0.40	0.37	0.34	0.31	0.29
14	0.40	0.36	0.34	0.31	0.29	0.27
16	0.36	0.34	0.31	0.29	0.26	0.25
18	0.33	0.31	0.29	0.26	0.24	0.23
20	0.31	0.28	0.26	0.24	0.23	0.21
22	0.28	0.26	0.24	0.23	0.21	0.20
24	0.26	0.24	0.23	0.21	0.20	0.18
26	0.24	0.22	0.21	0.20	0.18	0.17
28	0.22	0.21	0.20	0.18	0.17	0.16
30	0.21	0.20	0.18	0.17	0.16	0.15

影响系数 φ（砂浆强度 0）　　**表 12-3c**

β	$\frac{e}{h}$或$\frac{e}{h_T}$						
	0	0.025	0.05	0.075	0.1	0.125	0.15
≤3	1	0.99	0.97	0.94	0.89	0.84	0.79
4	0.87	0.82	0.77	0.71	0.66	0.60	0.55
6	0.76	0.70	0.65	0.59	0.54	0.50	0.46
8	0.63	0.58	0.54	0.49	0.45	0.41	0.38
10	0.53	0.48	0.44	0.41	0.37	0.34	0.32
12	0.44	0.40	0.37	0.34	0.31	0.29	0.27
14	0.36	0.33	0.31	0.28	0.26	0.24	0.23
16	0.30	0.28	0.26	0.24	0.22	0.21	0.19
18	0.26	0.24	0.22	0.21	0.19	0.18	0.17
20	0.22	0.20	0.19	0.18	0.17	0.16	0.15
22	0.19	0.18	0.16	0.15	0.14	0.14	0.13
24	0.16	0.15	0.14	0.13	0.13	0.12	0.11
26	0.14	0.13	0.13	0.12	0.11	0.11	0.10
28	0.12	0.12	0.11	0.11	0.10	0.10	0.09
30	0.11	0.10	0.10	0.09	0.09	0.09	0.08

β	$\frac{e}{h}$或$\frac{e}{h_T}$					
	0.175	0.2	0.225	0.25	0.275	0.3
≤3	0.73	0.68	0.62	0.57	0.52	0.48
4	0.51	0.46	0.43	0.39	0.36	0.33
6	0.42	0.39	0.36	0.33	0.30	0.28
8	0.35	0.32	0.30	0.28	0.25	0.24
10	0.29	0.27	0.25	0.23	0.22	0.20
12	0.25	0.23	0.21	0.20	0.19	0.17
14	0.21	0.20	0.18	0.17	0.16	0.15
16	0.18	0.17	0.16	0.15	0.14	0.13
18	0.16	0.15	0.14	0.13	0.12	0.12
20	0.14	0.13	0.12	0.12	0.11	0.10
22	0.12	0.12	0.11	0.10	0.10	0.09
24	0.11	0.10	0.10	0.09	0.09	0.08
26	0.10	0.09	0.09	0.08	0.08	0.07
28	0.09	0.08	0.08	0.08	0.07	0.07
30	0.08	0.07	0.07	0.07	0.07	0.06

（2）调整构件截面形状和尺寸，如增加墙垛等；

（3）采取配筋砌体。

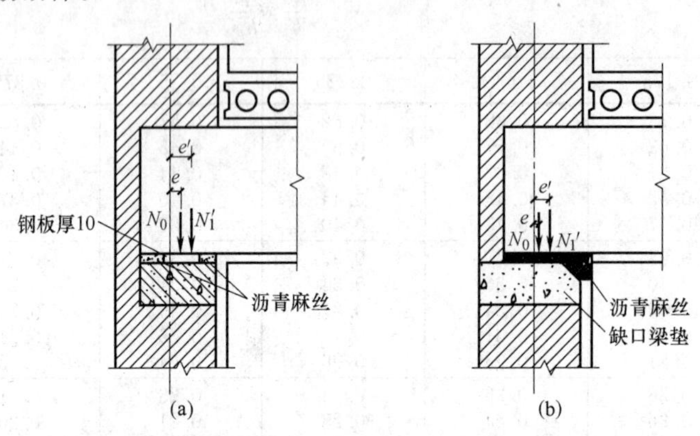

图 12-3　当偏心距 e 超过限值时采取的措施

（a）设置带有中心垫板的垫块；（b）采用缺口垫块

【例题 12-2】 试验算某教学楼窗间墙危险截面的承载力。由荷载在该截面产生的轴向力设计值 N =450kN，弯矩设计值 M=3.35kN·m（荷载偏向翼缘一侧）。窗间墙计算高度 H_0=3.60m，墙的截面尺寸见图 12-4。砌体采用强度等级为 MU10 的黏土实心砖、M2.5 混合砂浆砌筑。

【解】 （1）计算截面几何特征

截面面积 $A=2500\times240+250\times370=692000\text{mm}^2$

截面形心位置

$$y_1=\frac{2500\times240\times120+250\times370(240+125)}{692000}=152.84\text{mm}$$

$$y_2=490-152.73=337.17\text{mm}$$

截面惯性矩　$I=\frac{1}{12}\times2500\times240^3+2500\times240\times(152.84-120)^2$

$$+\frac{1}{12}\times370\times250^3+370\times250\times(337.17-125)^2$$

$$=8171\times10^6\text{mm}^4$$

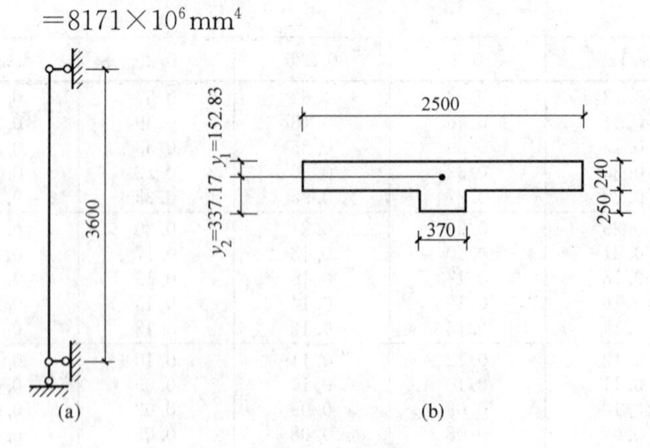

图 12-4　【例题 12-2】附图

截面回转半径　　$i=\sqrt{\dfrac{I}{A}}=\sqrt{\dfrac{8171\times10^6}{0.69\times10^6}}=108.8\text{mm}$

截面折算厚度　　$h_T=3.5i=3.5\times108.8=380\text{mm}$

(2) 计算偏心距

偏心距　　$e=\dfrac{M}{N}=\dfrac{3.35}{450}=0.00744\text{mm}=7.44\text{mm}$

$$\frac{e}{y_1}=\frac{7.44}{152.84}=0.049<0.6$$

(3) 计算纵向弯曲引起的附加偏心距

$$\beta=\frac{H_0}{h_T}\times\gamma_\beta=\frac{3600}{380}\times1=9.47$$

当砂浆为 M2.5 时，$\alpha=0.0020$

$$e_i=\frac{h_T}{\sqrt{12}}\beta\sqrt{\alpha}=\frac{380}{\sqrt{12}}\times9.47\times\sqrt{0.002}=40.46$$

(4) 承载力的验算

按式（12-5c）算出承载力系数

$$\varphi=\frac{1}{1+12\left(\dfrac{e+e_i}{h_T}\right)^2}=\frac{1}{1+12\left(\dfrac{7.44+46.46}{380}\right)^2}=0.805$$

由表 11-3 查得 $f=1.30\text{N/mm}^2$，且 $\gamma_a=1.0$

将上列数值代入式（12-5a）得：

$$\varphi fA=0.805\times1.30\times692000=724.2\times10^3\text{N}=724.2\text{kN}>N=450\text{kN}$$

故截面承载力符合要求。

§12.3　轴心受拉、受弯和受剪构件承载力计算

12.3.1　轴心受拉构件

当外力沿砌体水平灰缝方向作用时，一般情况下，砌体将沿齿缝破坏，参见图 12-5。构件轴心受拉时，应按下式进行承载力验算：

$$N_t\leqslant f_tA \tag{12-8}$$

式中　N_t——轴心拉力设计值；

A——构件截面面积；

f_t——砌体轴心抗拉强度设计值，按表 11-9 采用。

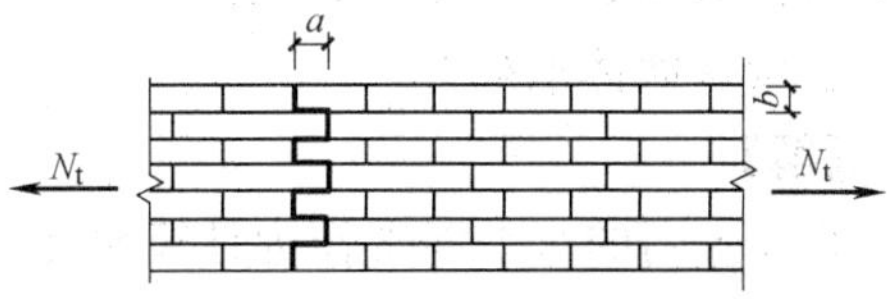

图 12-5　砌体轴心受拉构件

应当指出，轴心受拉构件不应按通缝截面设计，因为沿通缝截面受拉很难保证砌体有可靠的抗拉强度。

【例题 12-3】 某黏土砖砌水池（图 12-6），水压力作用在池壁上产生的最大环向拉力 40kN/m。池壁厚度为 370mm，采用 MU10 黏土砖和 M7.5 混合砂浆砌筑。试验算池壁抗拉承载力。

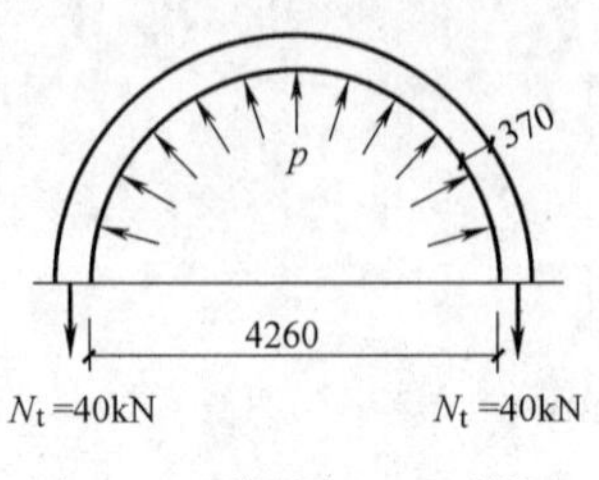

图 12-6 【例题 12-3】附图

【解】（1）确定轴心抗拉强度设计值

由表 11-9 查得，当烧结普通砖和砂浆为 M7.5 时，轴心抗拉强度设计值为 0.16MPa。

（2）池壁抗拉承载力验算

取 1m 高的池壁作为计算单元，由式（12-8）算得：

$f_tA=0.16\times370\times1000=59200\text{N}>N_t=40\times10^3=40000\text{N}$

符合要求

12.3.2 受弯构件

在一般情况下，受弯构件除在截面产生弯矩外，还在截面产生剪力。当砌体承载力不足时，前者将产生弯曲受拉破坏（沿齿缝或通缝破坏）；而后者将产生受剪破坏（齿缝或通缝破坏）。因此，受弯构件应从以下两方面进行验算：

1. 受弯承载力验算

$$M\leqslant f_{tm}W \tag{12-9}$$

式中 M——弯矩设计值；

f_{tm}——砌体弯曲抗拉强度设计值，按表 11-9 采用；

W——截面抵抗矩。

2. 受剪承载力验算

$$V\leqslant f_vbz \tag{12-10}$$

式中 V——剪力设计值；

f_v——砌体抗剪强度设计值，按表 11-9 采用；

b——构件截面宽度；

z——内力臂，$z=\dfrac{I}{S}$，当截面为矩形时，$z=\dfrac{2}{3}h$；

I——截面惯性矩；

S——截面面积矩；

h——截面高度。

【例题 12-4】 某围墙厚度为 370mm，壁柱间距为 6m，墙高 2 m。该墙面受水平均布荷载设计值为 $q=0.7\text{kN/m}^2$（图 12-7）。砌体采用 MU10 黏土砖和 M2.5 混合砂浆砌筑。试验算墙体承载力。

【解】

取 1m 高的水平墙带作为计算单元，计算跨中最大弯矩设计值为

$$M=\frac{1}{8}ql_0{}^2=\frac{0.70\times6^2}{8}=3.15\text{kN}\cdot\text{m}$$

最大剪力设计值为

$$V=\frac{1}{2}\times0.70\times6=2.10\text{kN}$$

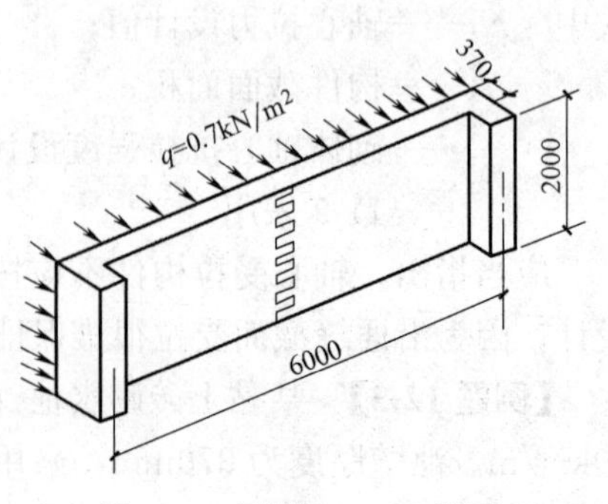

图 12-7 【例题 12-4】附图

截面抵抗矩

$$W=\frac{1}{6}bh^2=\frac{1}{6}\times1000\times370^2=22.8\times10^6\text{mm}^3$$

查表 11-9 得 $f_{tm}=0.17$MPa。

由式（12-9）算得

$$\begin{aligned}f_{tm}W&=0.17\times22.8\times10^6=3.88\times10^6\text{N}\cdot\text{mm}\\&=3.88\text{kN}\cdot\text{m}>M=3.15\text{kN}\cdot\text{m}\end{aligned}$$

构件受弯承载力符合要求。

查表 11-9 得 $f_v=0.08$MPa。

由式（12-10）算得

$$\begin{aligned}f_vbz&=0.08\times1000\times\frac{2}{3}\times370\\&=19733\text{N}=19.7\text{kN}>V=2.10\text{kN}\end{aligned}$$

构件受剪力承载力符合要求。

12.3.3　受剪构件

砌体沿水平灰缝截面受剪（图 11-8b 中Ⅲ—Ⅲ截面时）时，其承载能力取决于砌体的抗剪强度和作用在截面上的压力所产生的摩擦力总和。根据理论分析和试验，受剪承载力可按下式计算：

$$V\leqslant(f_v+\alpha\mu\sigma_0)A \tag{12-11a}$$

当 $\gamma_G=1.2$ 时
$$\mu=0.26-0.082\frac{\sigma_0}{f} \tag{12-11b}$$

当 $\gamma_G=1.35$ 时
$$\mu=0.23-0.065\frac{\sigma_0}{f} \tag{12-11c}$$

式中　V——截面剪力设计值；

A——水平截面面积。当有孔洞时，取净截面面积；

f_v——砌体抗剪强度设计值；

α——修正系数。

当 $\gamma_G=1.2$ 时，砖（含多孔砖）砌体取 0.60，混凝土砌块砌体取 0.64；

当 $\gamma_G=1.35$ 时，砖（含多孔砖）砌体取 0.64，混凝土砌块砌体取 0.66；

μ——剪压复合受力影响系数，α 与 μ 的乘积可查表 12-4；

σ_0——永久荷载设计值产生的水平截面平均压应力；

f——砌体的抗压强度设计值；

σ_0/f——轴压比，且不大于 0.8。

$\alpha\mu$ 值　　表 12-4

γ_G	σ_0/f	0.1	0.2	0.3	0.4	0.5	0.6	0.7	0.8
1.2	砖砌体	0.15	0.15	0.14	0.14	0.13	0.13	0.12	0.12
	砌块砌体	0.16	0.16	0.15	0.15	0.14	0.13	0.13	0.12
1.35	砖砌体	0.14	0.14	0.13	0.13	0.13	0.12	0.12	0.11
	砌块砌体	0.15	0.14	0.14	0.13	0.13	0.13	0.12	0.12

§12.4　砌体局部受压承载力计算

在砌体结构中经常遇到局部受压情况，所谓局部受压是指压力仅仅作用在砌体局部面积上的受力状态。

图 12-8（a）为钢筋混凝土柱，通过柱垫将上层荷载传给基础墙；图 12-8（b）为钢筋混凝土梁支承在砖墙上，这些都是局部受压的实际例子。

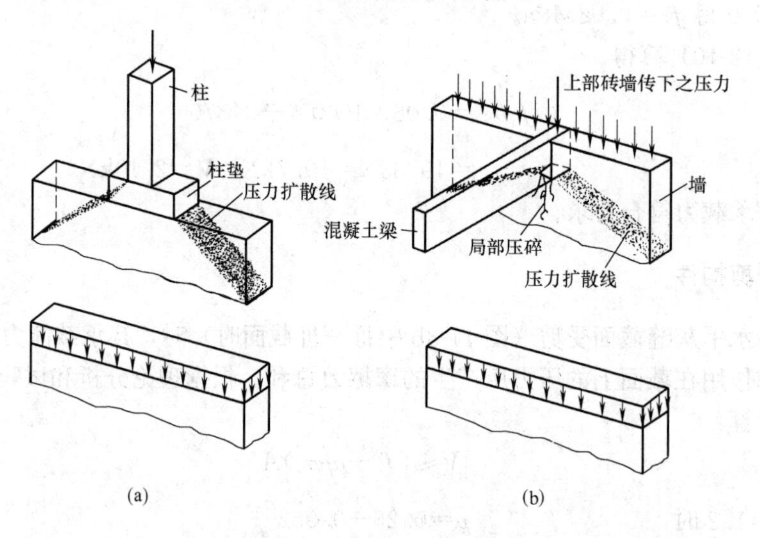

图 12-8　砌体局部受压

（a）钢筋混凝土柱将荷载传给基础墙；（b）钢筋混凝土梁支承在砖墙上

在§12-1 里，砌体轴心受压构件承载力计算中，假定构件全截面受力，实际上，这种假定只有当计算截面离力的作用面足够远时才是正确的。而在距力的作用面附近的一些截面，其局部应力是很大的。因此，在构件计算时，除按全截面验算砌体受压承载力外，还必须验算砌体局部受压承载力。

12.4.1　砌体局部均匀受压

在砌体局部受压面积上的压应力呈均匀分布时，则称为砌体局部均匀受压。受轴心压力的钢筋混凝土柱对基础墙顶面的作用（图 12-8a），就属于局部均匀受压。

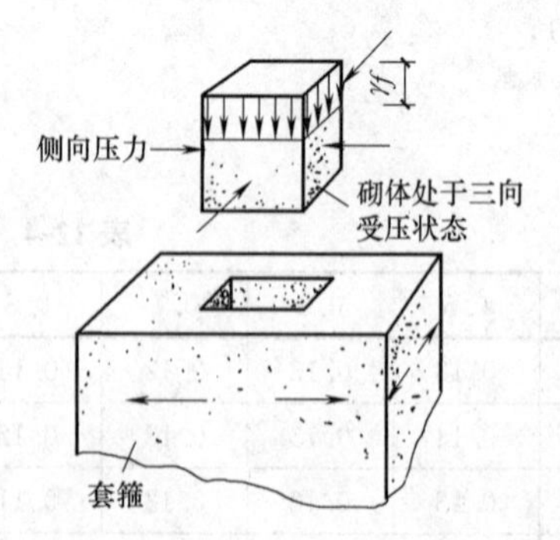

图 12-9　处于三向受压状态的砌体

试验表明，砌体局部抗压强度比砌体抗压强度高。这是由于受有局部压力的砌体受到周围未受压力的砌体部分的侧向约束，使其侧向变形受到限制的缘故。实际上，局部受压砌体是处在竖向和侧向压力共同作用下的三向受力状态柱体（图 12-9）。显然，当局部受压面积周围的砌体愈厚，限制柱体侧向变形的作用愈强，砌体局部受压强度也就愈高。

根据实验资料，砌体局部均匀受压的承载力，可按下式计算：

$$N_l \leqslant \gamma f A_l \tag{12-12}$$

$$\gamma = 1 + 0.35\sqrt{\frac{A_0}{A_l} - 1} \tag{12-13}$$

式中　N_l——局部受压面积上轴向力设计值；

γ——砌体局部抗压强度提高系数；

f——砌体轴心抗压强度设计值；

A_l——局部受压面积；

A_0——影响局部抗压强度的计算面积，可按图 12-10 确定。

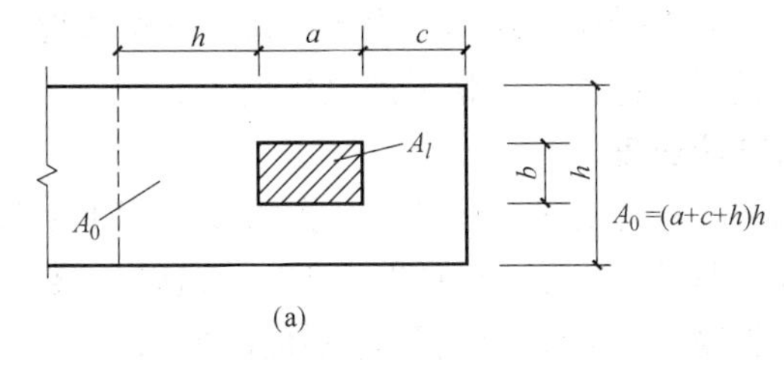

(a)

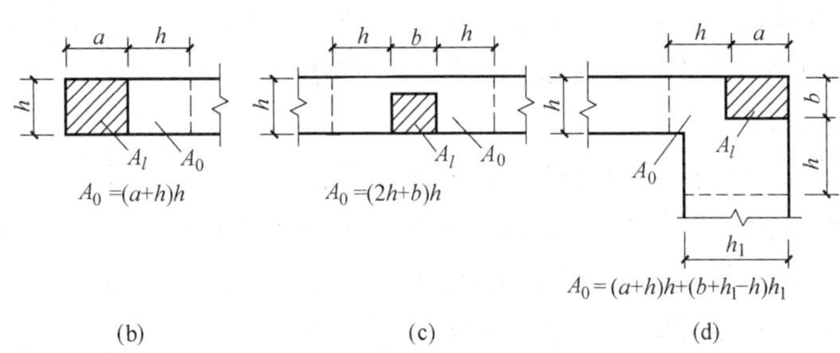

(b)　(c)　(d)

图 12-10　影响局部抗压强度的计算面积 A_0 的计算

计算所得 γ 值，尚应符合下列规定：

(1) 在图 12-10 (a) 的情况下，$\gamma \leqslant 2.5$；

(2) 在图 12-10 (b) 的情况下，$\gamma \leqslant 1.25$；

(3) 在图 12-10 (c) 的情况下，$\gamma \leqslant 2.0$；

(4) 在图 12-10 (d) 的情况下，$\gamma \leqslant 1.50$；

(5) 对多孔砖砌体在 (1)(3)(4) 款的情况下，尚应符合 $\gamma \leqslant 1.50$。

图 12-10 中的尺寸：a、b 为矩形局部受压面积 A_1 的边长；h、h_1 为墙厚；c 为矩形局部受压面积 A_l 的外边缘至构件边缘的较小距离，当 c 大于 h 时，应取为 h。

【例题 12-5】　截面为 200mm×240mm 的钢筋混凝土柱，支承在 240mm 厚的砖墙上，参见图 12-11。墙采用 MU10 黏土砖和 M5 的混合砂浆砌筑。柱的轴心压力设计值 N_l＝90kN。

试验算砌体局部受压承载力。

【解】　由表 11-3 查得：f＝1.50MPa

由图 12-10c 得到：

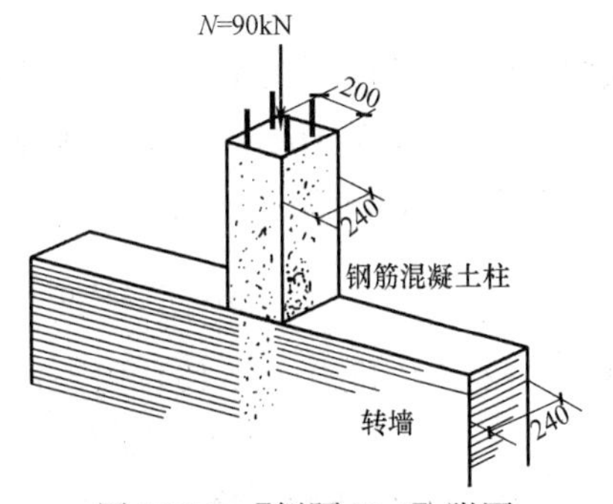

图 12-11　【例题 12-5】附图

$$A_0=(2h+b)h=(2\times240+200)\times240=163200\text{mm}^2$$

按式（12-13）计算：

$$\gamma=1+0.35\sqrt{\frac{A_0}{A_l}-1}=1+0.35\sqrt{\frac{163200}{200\times240}-1}=1.54<2.0$$

按式（12-12）计算：

$$\gamma fA_l=1.54\times1.50\times200\times240=110880\text{N}=110.9\text{kN}>N_l=90\text{kN}$$

满足局部受压承载力要求。

12.4.2 梁端支承处砌体局部受压

梁端支承处砌体局部受压是砌体结构中经常遇到的情况。图 12-12 所示为钢筋混凝土梁支承在砖墙上，就属于这种受力情况的具体例子。

一、梁的有效支承长度

设梁伸入砖墙或砖柱的支承长度为 a，在荷载作用下，梁端将产生转角 θ，使梁端支承在砌体上的压应力呈非均匀分布（图 12-12）。这时，梁端下面传递压力的长度 a_0，则视梁的抗弯刚度、伸入支座长度 a 及砌体弹性模量 E 不同而不同，可能出现：$a_0=a$ 或 $a_0<a$ 的情况。我们将梁下面实际传递压应力的长度 a_0 称为梁的有效支承长度。

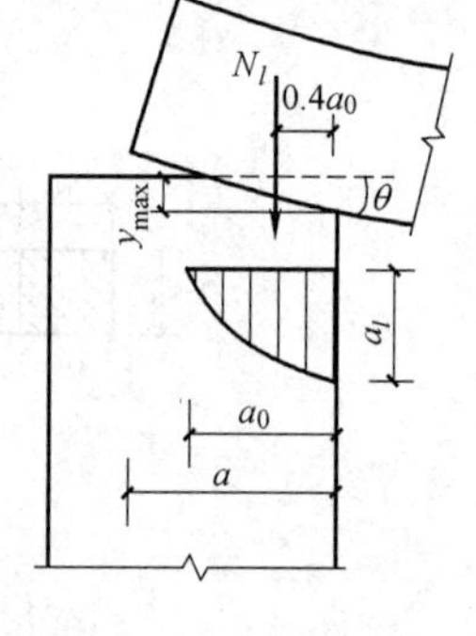

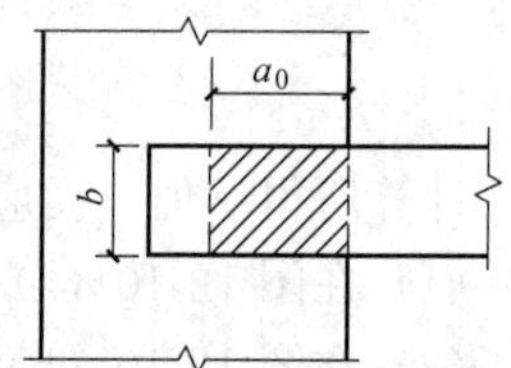

图 12-12　梁端支承处砌体局部受压

现将梁的有效支承长度 a_0 的计算公式推证如下：

设 η 表示梁端下面实际压应力分布图形的面积与该图形的最大应力 σ_l 为矩形应力分布图形的面积之比（图 12-13），并称为压应力图形完整系数。这样，就可写出由梁端传来的支座压力表达式。

$$N_l=\eta\sigma_l a_0 b \tag{12-14}$$

式中　N_l——梁端支承压力设计值；

σ_l——局部受压面积边缘处最大压应力；

a_0——梁端有效支承长度；

b——梁的宽度。

试验表明，可近似地认为，支座边缘处的最大压应力 σ_l 与该处砌体压缩量 y_{max} 有下列关系：

$$\sigma_l=ky_{max} \tag{12-15}$$

式中　k——砌体压缩刚度系数，即在砌体 1mm² 面积上压缩 1mm 时，对该面积上所施加的力。

由图 12-12 可见，

$$y_{max}=a_0\tan\theta \tag{12-16}$$

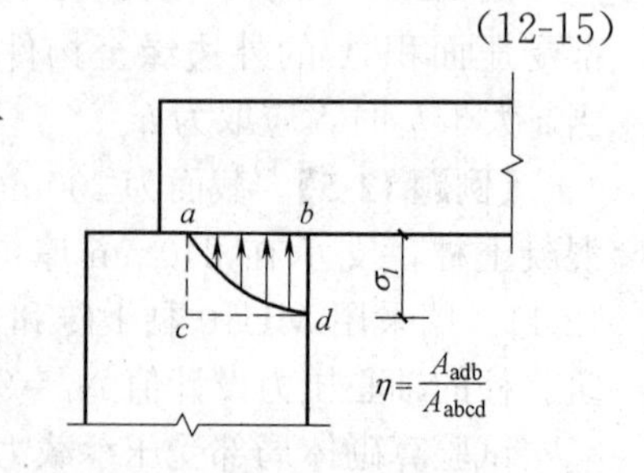

图 12-13　局部受压梁的有效支承长度

将式（12-15）和式（12-16）代入式（12-14），则得：

$$N_l=\eta ka_0^2 b\tan\theta$$

由此，梁的有效支承长度可表示成：

$$a_0=\sqrt{\frac{N_l}{\eta k b \tan\theta}} \tag{12-17}$$

试验表明，ηk 值变化不大，可近似取 $\eta k=0.0007f$，于是，式（12-17）变成：

$$a_0=38\sqrt{\frac{N_l}{fb\tan\theta}} \tag{12-18}$$

式中　N_l——梁端支承压力设计值（kN）；

f——砌体抗压强度设计值（N/mm^2）；

b——梁的宽度（mm）；

$\tan\theta$——梁变形时，梁端轴线倾角的正切。

对于承受均布荷载，跨度小于 6m 的钢筋混凝土简支梁，在式（12-18）中，取 $N_1=\frac{ql}{2}$，$\tan\theta=\approx\theta=\frac{ql^3}{24B_s}$，并近似取 $B_s=0.33E_cI_c$，$E_c=25.5\text{MPa}$，而 $I_c=\frac{bh_c^3}{12}$，再近似取 $h=\frac{1}{11}l$，则式（12-18）可进一步简化成：

$$a_0=10\sqrt{\frac{h_c}{f}} \tag{12-19}$$

式中　h_c——梁的截面高度（mm）；

f——砌体抗压强度设计值（MPa）。

应当指出，按式（12-19）算出的 $a_0\geqslant a$ 时，应取 $a_0=a$；当 $a_0<a$，则取 a_0值。

二、梁端支承处砌体局部受压时承载力的计算

梁端支承处局部受压承载力按下式计算：

$$\psi N_0+N_l\leqslant\eta\gamma fA_l \tag{12-20}$$

式中　N_0——局部受压面积内上部轴向力设计值

$$N_0=\sigma_0A_l \tag{12-21}$$

σ_0——上部平均压力设计值（见图 12-14）；

A_l——局部受压面积，$A_l=a_0b$；

N_l——梁端支承压力设计值；

η——梁端底面压应力图形的完整系数，可取 0.7，对于过梁和墙梁可取 1.0；

γ——局部抗压强度提高系数，按式（12-13）计算；

ψ——上部荷载折减系数；

$$\psi=1.5-0.5\frac{A_0}{A_l} \tag{12-22}$$

A_0——影响局部抗压强度的计算面积；

f——砌体抗压强度设计值。

上部荷载折减系数 ψ 考虑砌体在梁端支承反力作用下，砌体产生压缩变形，梁端上面砌体形成卸荷拱，如图 12-14（a）所示，而使作用在局部承压面积 A_l上的压力减小的系数。《砌体结构设计规范》GB 50003—2011 规定，当 $A_0/A_l\geqslant3$ 时，$\psi=0$。

三、梁端设有垫块（梁垫）时，砌体局部受压承载力的计算

当梁或屋架直接支承在墙或柱上，按式（12-20）验算砌体局部受压承载力不能满足

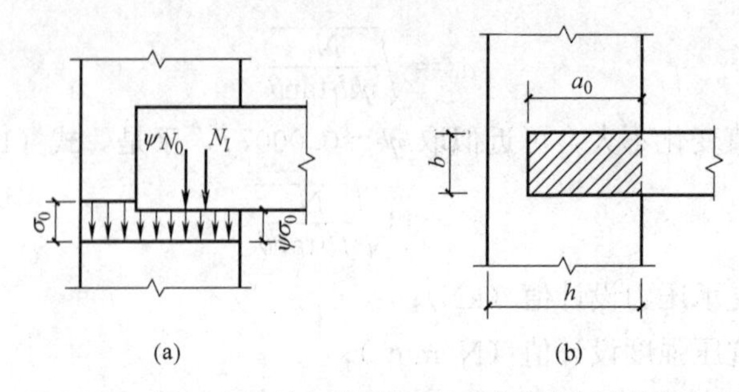

图 12-14　梁端支承处砌体局部受压时承载力计算简图

要求时，可在梁或屋架端部设置混凝土或钢筋混凝土垫块，以增加局部受压面积 A_l，防止砌体局部受压而破坏。垫块可做成预制的，也可与梁现浇在一起。

(1) 当在梁端下设置刚性（预制）垫块时（图 12-15）

在梁端下设有刚性（预制）垫块时，垫块下砌体局部抗压承载力应按下式计算

$$N_0+N_l \leqslant \varphi\gamma_1 f A_b \tag{12-23}$$

式中　A_b——垫块面积，$A_b=a_b b_b$，a_b为垫块伸入墙内的长度，b_b为垫块的宽度；

N_0——垫块面积 A_b 内上部轴向力设计值，$N_0=\sigma_0 A_b$；

N_l——梁端荷载设计值产生的支承压力；

γ_1——垫块外砌体面积的有利影响系数，取 $\gamma_1=0.8\gamma$，但不小于 1.0。γ 为局部抗压强度提高系数，按式（12-13）计算，并以 A_b代替 A_l；

φ——垫块上轴向合力 $N=N+N_l$对垫块面积形心的偏心影响系数。根据纵向力 $N=N_0+N_l$的偏心距 e 与 a_b的比值和 $\beta\leqslant 3$，由表 12-3 查得。

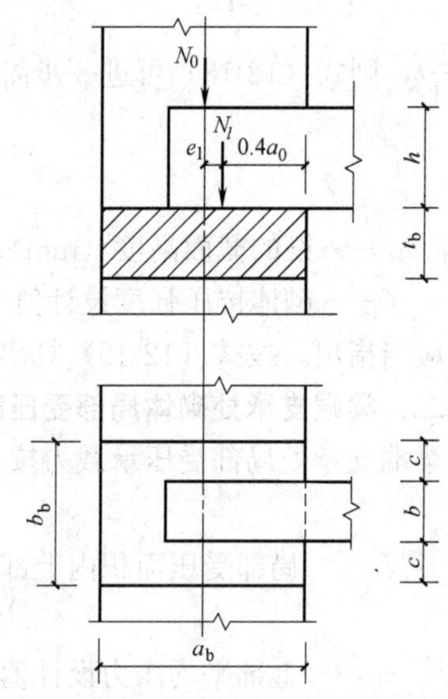

图 12-15　梁端设有刚性（预制）垫块时的砌体局部受压承载力计算简图

$$e=\frac{N_l e_1}{N_0+N_l} \tag{12-24}$$

e_1——N_l对垫块形心的偏心距，取梁端在垫块上的有效支承长度 a_0 的 0.4。

梁端在垫块上的有效支承长度按下式计算

$$a_0=\delta_1\sqrt{\frac{h_c}{f}} \tag{12-25}$$

式中　δ_1——刚性垫块的影响系数，可按表 12-5 采用。

刚性垫块的影响系数 δ_1　　**表 12-5**

σ_0/f	0	0.2	0.4	0.6	0.8
δ_1	5.4	5.7	6.0	6.9	7.8

注：表中其间的数值可采用插入法求得。

（2）当垫块与梁端现浇成整体时（图 12-16）

由于垫块与梁端现浇成整体，因此，当梁在荷载作用下发生挠曲时，梁垫将随梁端一起转动。这时，梁的有效支承长度 a_0 与不设梁垫的梁相同，即仍按式（12-19）计算。但式中梁宽 b 以垫块宽度 b_b 代替。垫块下砌体的局部受压承载力仍按式（12-20）计算，这时 $A_l = a_0 b_b$。

（3）垫块的构造要求

1）刚性垫块的高度不宜小于 180mm，自梁边算起的垫块挑出长度不宜大于垫块高度 t_b；

2）带壁柱墙的壁柱内设刚性垫块时，其计算面积应取壁柱面积，不应计算翼缘部分，同时壁柱上垫块伸入翼缘内的长度不应小于 120mm；

3）当现浇垫块与梁端整体浇筑时，垫块可在梁高范围内设置。

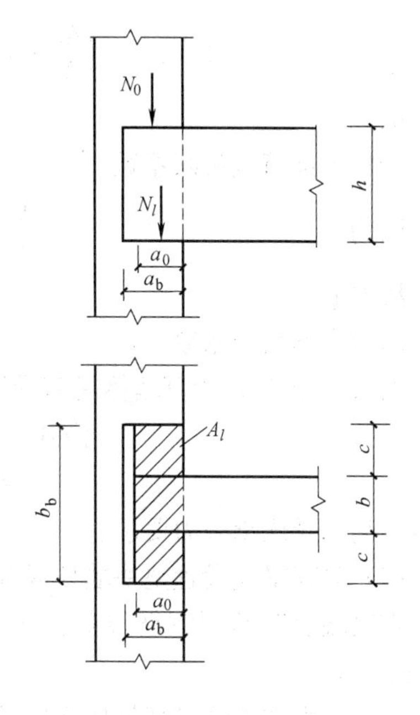

图 12-16 梁端与垫块现浇成整体时的砌体局部受压承载力计算简图

【例题 12-6】 试验算房屋外纵墙梁端下砌体局部受压承载力。已知梁的截面尺寸 $b_c h_c = 200\text{mm} \times 550\text{mm}$，梁伸入墙内的梁端支承长度 $a = 240\text{mm}$，梁端荷载设计值产生的支座压力 $N_l = 67\text{kN}$，上层墙体传来的轴向力设计值 $N = 175\text{kN}$，窗间墙截面尺寸 $bh = 1500\text{mm} \times 240\text{mm}$（图 12-17），采用 MU10 黏土砖、M2.5 混合砂浆砌筑（$f = 1.30\text{MPa}$）。

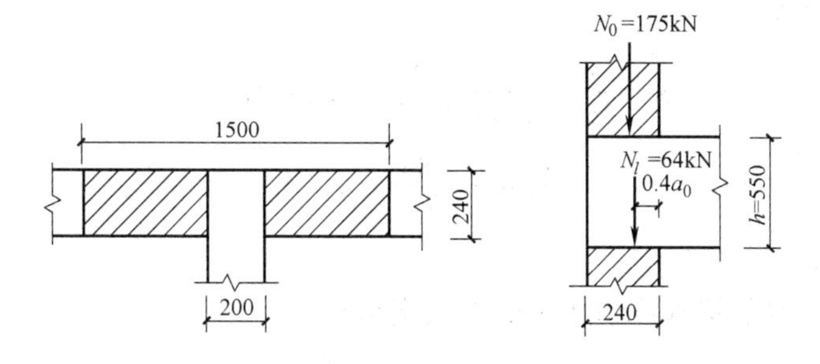

图 12-17 【例题 12-6】附图

【解】（1）验算墙体局部受压承载力

按式（12-19）计算梁的有效支承长度：

$$a_0 = 10\sqrt{\frac{h_c}{f}} = 10\sqrt{\frac{550}{1.30}} = 206\text{mm} < a = 240\text{mm}$$

取 $a_0 = 206\text{mm}$。

局部承压面积 $A_t = a_0 b_c = 206 \times 200 = 41200\text{mm}^2$

影响砌体局部抗压强度的计算面积

$$A_0 = h(2h + b) = 240 \times (2 \times 240 + 200) = 163200\text{mm}^2$$

按式（12-13）计算局部抗压强度提高系数：

$$\gamma=1+0.35\sqrt{\frac{A_0}{A_l}-1}=1+0.35\times\sqrt{\frac{163200}{41200}-1}=1.72<2.0$$

取　　　　　　　　　　　　　　　　$\gamma=1.72$

计算上部荷载折减系数

因为　　　　　　　　　　$\frac{A_0}{A_l}=\frac{163200}{41200}=3.96>3$，

故取 $\psi=0$

压应力不均匀系数　　　　　　　　$\eta=0.7$

按式（12-20）验算墙体局部受压承载力：

$$\eta\gamma fA_l=0.7\times1.72\times1.30\times41200$$
$$=64486\text{N}=64.5\text{kN}<\psi N_0+N_l=67\text{kN}$$

不符合局部受压承载力要求。

（2）验算梁端设置垫块墙体局部受压承载力

在梁端设置预制钢筋混凝土梁垫，梁垫厚度 $t_b=250$mm，宽度 $a_b=240$mm，长度 $b_b=500$mm。

这时，影响砌体局部抗压强度的计算面积

$$A_0=h(2h+b_b)=240(2\times240+500)=235200\text{mm}^2$$

而局部抗压强度提高系数为

$$\gamma=1+0.35\sqrt{\frac{A_0}{A_b}-1}=1+0.35\sqrt{\frac{235200}{240\times500}-1}=1.34<2.0$$

于是　　　　　　　　　　$\gamma_1=0.8\gamma=0.8\times1.34=1.07$

上部平均压力设计值

$$\sigma_0=\frac{N}{bh}=\frac{175\times10^3}{240\times1500}=0.486\text{N/mm}^2$$

$$\frac{\sigma_0}{f}=\frac{0.486}{1.30}=0.374$$

由表 12-5 查得，$\delta_1=5.961$

按式（12-25）计算梁端在垫块上的有效支承长度：

$$a_0=\delta_1\sqrt{\frac{h_c}{f}}=5.961\sqrt{\frac{550}{1.30}}=123\text{mm}$$

垫块面积内上部轴力设计值

$$N_0=A_b\sigma_0=240\times500\times0.486=58.33\times10^3\text{N}$$

$$e=\frac{N_l\left(\frac{a_b}{2}-0.4a_c\right)}{N_0+N_l}=\frac{67\times10^3\times\left(\frac{240}{2}-0.4\times123\right)}{(58.33+67)\times10^3}=37\text{mm}$$

根据$\frac{e}{a_b}=\frac{e}{h}=\frac{37}{240}=0.154$ 和 $\beta=3$，由表 12-3 查得 $\varphi=0.97$

按式（12-23）验算梁垫下砌体局部抗压承载力，

$$\varphi\gamma_1fA_b=0.97\times1.07\times1.30\times120000=131.9\times10^3\text{N}$$
$$=131.9\text{kN}>N_0+N_l=58.33+67=125.3\text{kN}$$

符合局部受压承载力要求。

小　　结

1. 砌体结构和其他建筑结构一样，也采用以概率理论为基础的极限状态设计方法，并采用分项系数设计表达式进行计算。

砌体结构应按承载能力极限状态设计，并满足正常使用极限状态的要求。按承载能力极限状态设计时，应按式（12-1a）和式（12-1b）中最不利组合进行计算。式（12-1a）为可变荷载效应控制的组合；式（12-1b）为永久荷载效应控制的组合。

关于正常使用极限状态的要求，根据砌体结构的特点，一般情况下，可由相应的构造措施保证。

2. 本章主要叙述了砌体结构构件的受压、受弯、受剪及局部受压的承载力计算。受压构件又分为轴心受压和偏心受压。

在进行偏心受压构件计算时，应注意偏心距不应太大，否则将对影响系数 φ 的计算结果带来较大的误差，因此，《砌体结构设计规范》规定，偏心距 e 应控制在 $0.6y$ 以内。对于矩形面而言，即控制偏心距 $e \leqslant 0.3h$（h 为偏心方向的截面边长）。

思　考　题

12-1　砌体结构轴心受压构件计算中，受压稳定系数 φ_0 与哪些因素有关？

12-2　在偏心受压构件计算中，纵向力偏心距影响系数 φ 的含义是什么？并写出当偏心距 $e_0=0$ 和 $\beta \leqslant 3$ 时 φ 的表达式。

12-3　什么叫做砌体局部受压？为什么要验算局部受压承载力？

12-4　什么叫做梁的有效支承长度？怎样确定它的数值？

12-5　上部荷载折减系数 ψ 的含义是什么？

12-6　简述垫块的构造要求。

习　　题

12-1　截面为 370mm×370mm 的砖柱，采用 MU10 黏土砖和 M5 混合砂浆砌筑。柱的计算高度 $H_0=4.5\text{m}$，在柱顶承受轴心压力设计值 $N=110\text{kN}$，试验算柱底截面的受压承载力。

12-2　截面为 490mm×370mm 的砖柱，采用 MU10 黏土砖和 M5 混合砂浆砌筑。柱的计算高度 4.8m，（两端铰支）。在柱顶承受轴心压力设计值 $N=90\text{kN}$，弯矩设计值 $M=11\text{kN}\cdot\text{m}$（沿柱截面的长边作用），试验算柱的受压承载力。

第13章　混合结构房屋墙、柱设计

墙、柱设计是混合结构房屋设计的重要内容之一。它的设计合理与否，将直接影响整个建筑的安全与经济效果。因此，在混合结构房屋设计中，必须予以重视。

墙、柱设计一般按以下步骤进行：

(1) 根据房屋使用要求，荷载大小和性质、地基情况、施工条件等因素，选择合理的结构承重方案；

(2) 确定结构静力计算方案，并进行结构内力分析；

(3) 根据建筑初步设计、结构设计经验或已有结构设计，初步选择墙、柱截面尺寸、材料强度等级，然后，验算墙、柱的高厚比及其承载力。

下面按照以上设计程序，分别叙述它们的具体内容。

§13.1　墙体承重体系

根据混合结构房屋使用要求，房间大小等情况通常采用以下几种墙体承重体系：

13.1.1　横墙承重体系

这种承重体系，适用于横墙较多、房间开间较小的建筑，如住宅、宾馆等。图13-1为某住宅楼盖结构平面布置图。由图中可见，预制楼板沿房间的短向支承在横墙上，这种墙体承重方案就称为横墙承重体系。

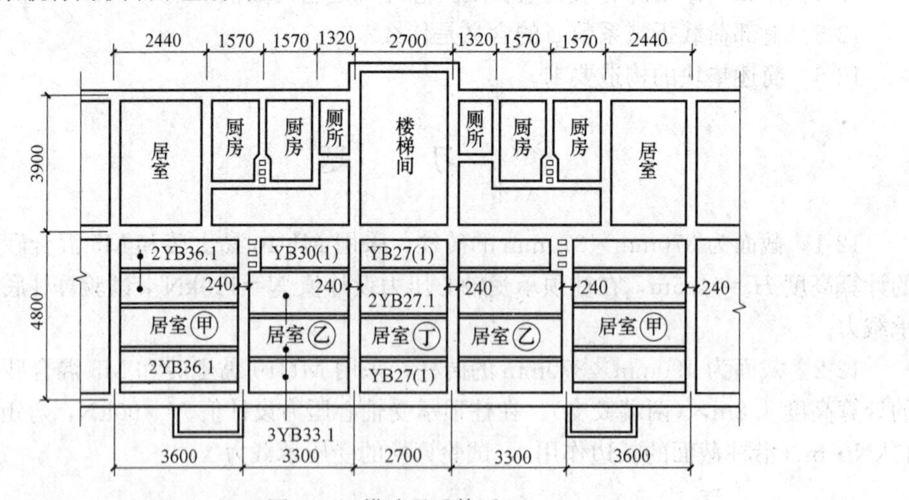

图13-1　横墙承重体系

横墙承重体系的特点是：

(1) 横墙是主要承重墙，外纵墙为非承重墙，在房间中起围护作用，它和内纵墙把横墙连接起来，与楼盖和房盖形成整体。由于外纵墙为非承重墙，它的承载能力有很大的富裕。因此，外纵墙开设门窗洞口不受过多的限制。

（2）由于这种承重体系横墙数量较多，楼板跨度较小，楼板在平面内的刚度较大，即房屋的空间刚度和和稳定性好。因此，对于抵抗水平力（风荷载和水平地震作用）及调整地基不均匀沉降均较有利。

（3）横墙承重体系的楼板和屋面板均沿房间的短向布置。因此，这种结构布置，对楼板、屋面板而言，比较经济合理，同时施工也较方便。

横墙承重体系在住宅建筑中应用十分广泛。

13.1.2 纵墙承重体系

这种承重体系适用于房间较大，横墙较少的建筑，如教学楼、医院、多层厂房等。

图 13-2 为某教学楼纵墙承重体系的楼盖两种结构平面布置方案。一种是采用进深梁

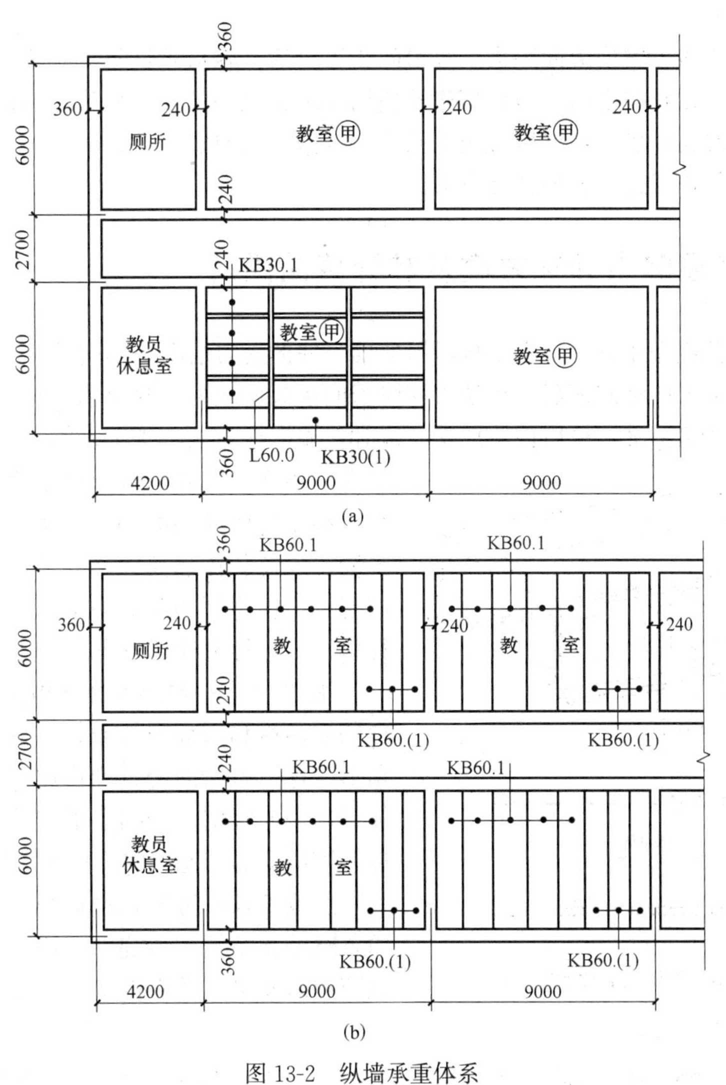

图 13-2 纵墙承重体系

（a）梁、板承重体系；（b）板承重体系

和短向板方案❶，即楼板支承在进深梁上（有一部分楼板一端支承在横墙上），梁支承在纵墙上，如图 13-2（a）所示。这种承重方案材料用量较少，比较经济，但施工比较麻烦；另一种是采用长向板方案，即直接将长向板支承在纵墙上，如图 13-2（b）所示。由于这一方案取消了进深梁，所以，房间的通风、采光都比较好，天花板平整、美观，同时施工也较方便，但这种方案用料较多，不够经济。

这种承重方案虽有一部分荷载传给横墙，但大部分荷载传给纵墙，故习惯上仍将这种承重方案称为纵墙体承重体系。

纵墙承重体系的特点是：

（1）纵墙为主要承重墙，由于外纵墙的门、窗洞口较多，故采用纵墙承重方案时，在外纵墙上的门、窗洞口大小和位置将受到一定限制。

（2）由于这种承重方案的横墙间距较大，故楼板在其平面内的刚度比横墙承重方案小。因此，纵墙承重方案空间刚度不如横墙承重方案好，对于抵抗水平力及调整地基不均匀沉降不够有利。

（3）纵墙承重方案横墙间距大，故房间布置灵活，容易满足使用要求。

在选择墙体承重方案时，应根据建筑使用要求、地基条件、荷载大小和性质、抗震设防要求、材料和构件供应情况以及施工条件等因素，按照安全可靠、技术先进、经济合理的原则，综合加以考虑，选择最佳方案。

§13.2　房屋静力计算方案及其计算简图

在不同的荷载作用下，混合结构房屋的墙、柱的受力情况是不同的。

作用在房屋上的竖向荷载，如楼盖和屋盖的永久荷载和可变荷载，通过楼板、梁、传给墙、柱，再传给基础，最后传给地基。这时，墙、柱为轴心受压或偏心受压构件。

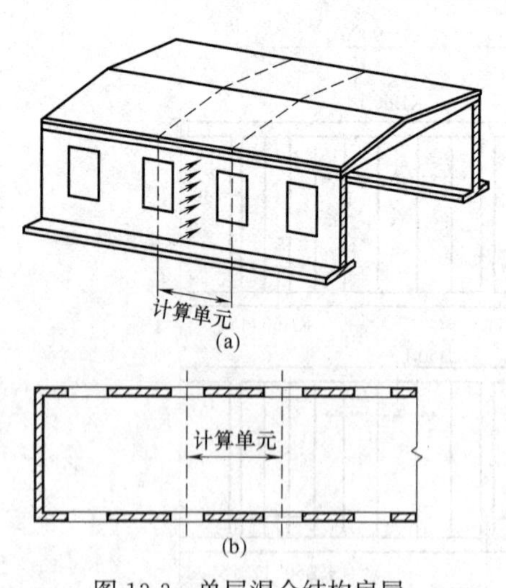

图 13-3　单层混合结构房屋

作用在房屋外纵墙上的水平荷载，如风荷载，根据房屋横墙的间距和楼盖、屋盖的类别不同，风荷载传递路径将有所不同。下面以单层混合结构房屋为例，说明水平荷载的传递路径以及房屋静力计算方案。

图 13-3 为一单层混合结构房屋，屋盖采用预制屋面板和屋面梁承重，屋面梁支承在外纵墙上，这一单层混合结构房屋属于外纵墙承重体系，一般假定，墙的上端与屋盖的连接为铰接；墙的下端与基础的连接为固接。

一般说来，房屋在风荷载作用下，可分为两条路径在结构中传递：一部分风荷载通过外纵墙和屋面梁（平面排架）直接传给外纵墙的

❶　一般将板的轴跨 $l \leqslant 3.90$m 的板称为短向板；板的轴跨 $l \geqslant 4.50$m 的板称为长向板。板的轴跨是指房屋开间或进深尺寸。

基础；另一部分风荷载则由外纵墙顶端通过屋盖传给山墙，再由山墙传给基础。

一般外纵墙上的窗洞口均匀排列，而风荷载沿外墙纵向均匀分布。因此，可以通过两相邻窗洞口的中线，取出如图 13-3 所示的部分作为计算单元，来分析风荷载的传递过程。

下面来讨论经由这两条路径传递的风荷载各占的比例，以及怎样确定它们的数值。现分三种情况加以说明。

第 1 种情况——弹性方案

当山墙的间距很大时，这时，由于屋盖在平面内的抗弯刚度很小，房屋的空间作用较弱，因此，屋盖中部附近的水平位移较大，设其值为 f，同时设山墙顶点水平位移为 Δ（这时 Δ 很小），于是，房屋中部屋盖处的总水平位移为 $u=f+\Delta$，如图 13-4（a）所示。计算表明，这时的 $u=f+\Delta$ 值与不考虑房屋空间作用，而按平面单跨排架（计算单元）分析时的柱顶侧移 y 相近。即 $u=f+\Delta\approx y$。为简化计算，房屋各计算单元都可近似地按平面单跨排架的计算简图进行计算。作用在房屋上的水平荷载则通过平面排架直接传给基础。这种计算方案就称为弹性方案。其计算简图如图 13-4（b）所示。

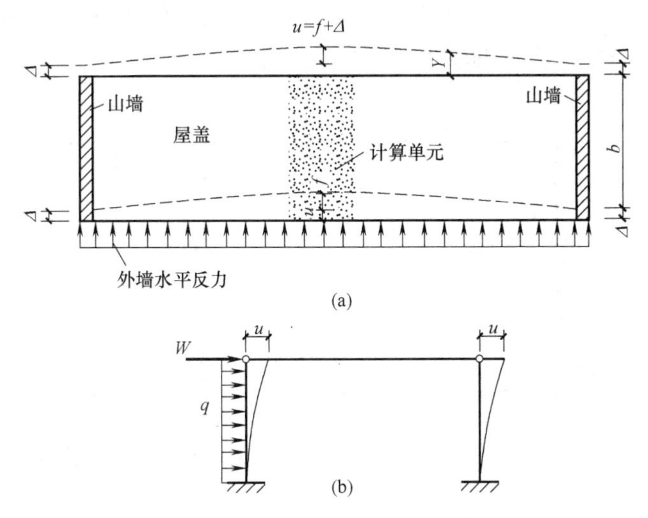

图 13-4　弹性方案计算简图

（a）在水平荷载下屋盖的变形；（b）计算简图

第 2 种情况——刚性方案

当山墙的间距较小时，由于屋盖在平面内的抗弯刚度增大，房屋的空间作用加强，屋盖的水平位移将很小，$f\approx 0$，同时取 $u=f+\Delta\approx 0$。因此，可认为在风荷作用下屋盖不产生水平位移。这时，屋盖可视为外纵墙的不动铰支座。这种计算方案就称为刚性方案。房屋结构计算简图如图 13-5 所示。

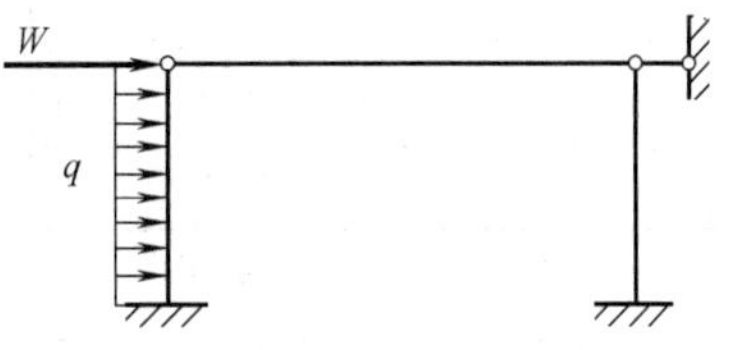

图 13-5　刚性计算方案计算简图

第 3 种情况——刚弹性方案

当山墙的间距较弹性方案的小，而比刚性方案的大，这时，屋盖在平面内具有一定的刚度，房屋的空间作用显著。这时，屋盖的水平位移将小于平面单跨排架的位移，即 $u=f+\Delta<y$。这种计算方案就称为

刚弹性方案。

为了说明刚弹性方案荷载的传递路径，现以房屋的一个计算单元进行分析。由于刚弹性方案排架架顶的水平位移为$u=f+\Delta<y$，故其计算简图可认为是在柱顶有一弹性支承的排架（图 13-6a）。设作用于柱顶的水平荷载为R，由于考虑房屋的空间作用，荷载R将有一部分，设其值为R_1，将通过屋盖传给山墙，再由山墙传给基础（图 13-6b）；水平荷载R的另一部分，设其值为$R_2=\eta R$，（$\eta<1$）（图 13-6c），则通过平面排架直接传给基础。显然，$R_1=(1-\eta)R$。这里的η称为房屋的空间性能影响系数。它的物理意义是：作用于房屋平面计算单元顶部的水平荷载R，由于房屋的空间工作性质，该平面计算单元所分配到的实际水平荷载R_2与总水平荷载R之比，即$\eta=\frac{R_2}{R}$。由于内力和变形成线性关系，故有

$$\eta=\frac{R_2}{R}=\frac{f+\Delta}{y} \tag{13-1}$$

式中　$f+\Delta$——与R_2相应的考虑空间工作后的房屋中部排架的水平位移。

因此，房屋的空间性能系数也可定义为：在水平荷载作用下，考虑房屋空间作用的墙顶实际侧移与不考虑空间作用的墙顶侧移之比。

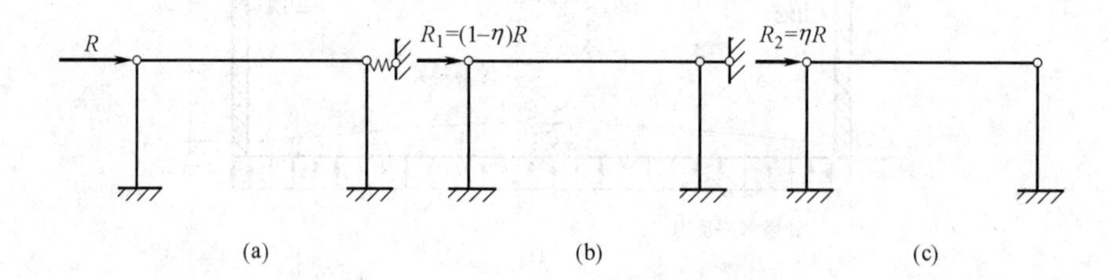

图 13-6　刚弹性计算方案计算简图

（a）计算简图；（b）通过屋盖传给横墙的水平荷载；（c）由计算单元承受的水平荷载

上面我们讨论了单层房屋的静力计算方案，对于多层房屋，它的静力计算方案的概念与单层房屋的相同。

确定房屋的空间性能影响系数是一个比较复杂的问题，显然，它的数值与横墙间距及其抗弯刚度和屋盖、楼盖的刚度有关。《砌体结构设计规范》规定，进行房屋的静力计算时，房屋各层的空间性能影响系数可按表 13-1 采用。

房屋各层的空间性能影响系数 η_i　　**表 13-1**

屋盖或楼盖类别	横墙间距 s(m)														
	16	20	24	28	32	36	40	44	48	52	56	60	64	68	72
1	—	—	—	—	0.33	0.39	0.45	0.50	0.55	0.60	0.64	0.68	0.71	0.74	0.77
2	—	0.35	0.45	0.54	0.61	0.68	0.73	0.78	0.82	—	—	—	—	—	—
3	0.37	0.49	0.60	0.68	0.75	0.81	—	—	—	—	—	—	—	—	—

注：i 取 $1\sim n$，n 为房屋的层数。

如上所述，房屋的静力计算，根据房屋的空间工作性能分为：刚性方案、刚弹性方案和弹性方案。《砌体结构设计规范》规定，设计时，可按表 13-2 确定静力计算方案。

房屋的静力计算方案　　　**表 13-2**

	屋盖或楼盖类别	刚性方案	刚弹性方案	弹性方案
1	整体式、装配整体和装配式无檩体系钢筋混凝土屋盖或钢筋混凝土楼盖	$s<32$	$32\leqslant s\leqslant 72$	$s>72$
2	装配式有檩体系钢筋混凝土屋盖、轻钢屋盖和有密铺望板的木屋盖或木楼盖	$s<20$	$20\leqslant s\leqslant 48$	$s>48$
3	瓦材屋面的木屋盖和轻钢屋盖	$s<16$	$16\leqslant s\leqslant 36$	$s>36$

注：1. 表中 s 为房屋横墙间距，其长度单位为“m”；
2. 当屋盖、楼盖类别不同或横墙间距不同时，可按《砌体结构设计规范》的规定确定房屋的静力计算方案；
3. 对无山墙或伸缩缝处无横墙的房屋，应按弹性方案考虑。

应当指出，按表 13-2 确定刚性和刚弹性方案的房屋，它的横墙除满足间距要求外，尚应符合下列要求：

（1）横墙中开有洞口时，洞口的水平截面面积不应超过横墙全截面面积的 50%；

（2）横墙的厚度不宜小于 18mm；

（3）单层房屋的横墙长度不宜小于其高度；多层房屋的横墙长度，不宜小于横墙总高度的 1/2；

（4）横墙应与纵墙同时砌筑，如不能同时砌筑时，应采取其他措施，以保证房屋的整体刚度。

§ 13.3　墙、柱高厚比的验算

混合结构房屋的墙、柱除满足承载力要求外，在计算高度和截面尺寸方面还必须加以限制，以保证墙、柱在构造上具有足够的刚度和稳定性。《砌体结构设计规范》规定，验算墙、柱高厚比，就是为了在构造上保证墙、柱的刚度和稳定性。

13.3.1　墙、柱高厚比的验算

墙、柱高厚比应按下式验算：

$$\beta=\frac{H_0}{h}\leqslant\mu_1\mu_2[\beta] \tag{13-2}$$

式中　H_0——墙、柱计算高度，按表 13-3 采用；

h——墙的厚度或矩形截面柱与 H_0 相应的边长；

$[\beta]$——墙、柱允许高厚比，按表 13-4 采用；

μ_1——非承重墙允许高厚比 $[\beta]$ 的修正系数，按下列规定采用：当墙厚 $h=$ 240mm 时，$\mu_1=1.2$；当 $h=90$mm 时，$\mu_1=1..5$；当$=240\text{mm}>h>90$mm 时，按线性内插法确定。

μ_2——有门窗洞口墙允许高厚比 $[\beta]$ 值的修正系数，按下式确定：

$$\mu_2=1-0.4\frac{b_s}{s} \tag{13-3}$$

式中　s——相邻窗间墙或壁柱之间的距离；

b_s——在宽度 s 范围内的门窗洞口总宽度（图 13-7）。

受压构件的计算高度 H_0　　表 13-3

房屋类别			柱		带壁柱墙或周边拉接的墙		
			排架方向	垂直排架方向	$s>2H$	$2H\geqslant s>H$	$s\leqslant H$
有吊车的单层房屋	变截面柱上段	弹性方案	$2.5H_u$	$1.25H_u$	$2.5H_u$		
		刚性、刚弹性方案	$2.0H_u$	$1.25H_u$	$2.0H_u$		
	变截面柱下段		$1.0H_l$	$0.8H_l$	$1.0H_l$		
无吊车的单屋和多层房屋	单跨	弹性方案	$1.5H$	$1.0H$	$1.5H$		
		刚弹性方案	$1.2H$	$1.0H$	$1.2H$		
	多跨	弹性方案	$1.25H$	$1.0H$	$1.25H$		
		刚弹性方案	$1.10H$	$1.0H$	$1.1H$		
	刚性方案		$1.0H$	$1.0H$	$1.0H$	$0.4s+0.2H$	$0.6s$

注：1. 表中 H_u 为变截面柱的上段高度；H_l 为变截面柱的下段高度；
2. 对于上端为自由端的构件，$H_0=2H$；
3. 独立砖柱，当无柱间支撑时，柱在垂直排架方向的 H_0 应按表中数值乘以 1.25 后采用；
4. s 为房屋横墙间距；
5. 自承重墙的计算高度应根据周边支承或拉接条件确定。

墙、柱允许高厚比 [β] 值　　表 13-4

砂浆强度等级	墙	柱
M2.5	22	15
M5.0 或 Mb5.0、Ms5.0	24	16
≥M7.5 或 Mb7.5、Ms7.5	26	17

注：1. 毛石墙、柱允许高厚比应按表中数值降低 20%；
2. 组合砖砌体构件的允许高厚比，可按表中数值提高 20%，但不得大于 28；
3. 验算施工阶段砂浆尚未硬化的新砌砌体高厚比时，允许高厚比对墙取 14，对柱取 11。

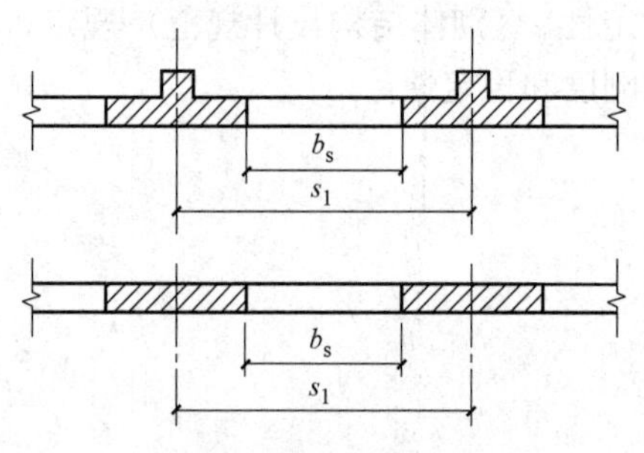

图 13-7　在宽度 s 范围内的门窗洞口总宽度

验算高厚比时，尚应注意下列一些规定：

(1) 当与墙连接的相邻两横墙间的距离 $s\leqslant\mu_1\mu_2[\beta]h$ 时，墙的高度不受式 (13-2) 的限制；

(2) 当式 (13-3) 算得 μ_2 的值小于 0.7 时，应采用 0.7。当洞口高度等于或小于墙高的 1/5 时，可取 $\mu_2=1.0$；

(3) 对于上端自由的墙、柱的允许高厚比 [β] 值，除按上述规定提高外，尚可提高 30%；

(4) 对于厚度小于 90mm 的墙，当双面用不低于 M10 的水泥砂浆抹面，包括抹面层的墙厚不小于 90mm 时，可按墙厚等于 90mm 验算高厚比。

13.3.2　带壁柱墙的高厚比的验算

一、整体墙高厚比的验算

在这种情况下，仍可按式 (13-2) 验算，但这时应将式中 h 改为 h_T，即

$$\beta=\frac{H_0}{h_T}\leqslant\mu_1\mu_2[\beta] \tag{13-4}$$

式中　h_T——带壁柱墙截面的折算厚度，$h_T=3.5i$；

i——带壁柱墙截面的回转半径，$i=\sqrt{\frac{I}{A}}$；

I、A——分别为带壁柱墙的截面惯性矩和面积。

按式（13-4）计算时，应符合下列一些规定：

（1）当确定计算高度 H_0时，墙长 s 取相邻横墙的距离。

（2）在确定截面回转半径 i 时，墙截面的翼缘宽度 b_f，应按下列规定采用：

1）多层房屋，当有门窗洞口时，可取窗间墙的宽度；当无门窗洞口时，每侧翼墙可取壁柱高度的 1/3，但不应大于相邻壁柱间的距离；

2）单层房屋，可取壁柱宽加 2/3 墙高，但不大于窗间墙的宽度和相邻壁柱间的距离。

二、壁柱间墙的高厚比的验算

壁柱间墙的高厚比可按公式（13-2）进行验算。这时墙的长度 s 取相邻壁柱间的距离。无论带壁柱墙的静力计算采用何种方案，在确定计算高度 H_0时，可一律按刚性方案考虑。

对于设有钢筋混凝土圈梁的壁柱墙，当 $b/s\geqslant\frac{1}{30}$时，圈梁可视作壁柱间的不动铰支点。这里的 b 为圈梁宽度。如没有条件增加圈梁宽度，可按墙体平面外等刚度原则增加圈梁高度，以满足壁柱间墙不动铰支点的要求。

13.3.3　带构造柱墙的高厚比的验算

一、整体墙高厚比的验算

当构造柱截面宽度不小于墙厚时，可按式（13-2）验算带构造柱墙的高厚比，这时公式中的 h 取墙厚；当确定带构造柱墙的计算高度时，s 应取相邻横墙的距离；墙的允许高厚比 $[\beta]$ 可乘以修正系数 μ_c：

$$\mu_c=1+\gamma\frac{b_c}{l} \tag{13-5}$$

式中　γ——系数，对细料石、半细料石砌体，$\gamma=0$；对混凝土砌块、粗料石、毛料石及毛石砌体，$\gamma=1.0$；其他砌体，$\gamma=1.5$；

b_c——构造柱沿墙壁长方向的宽度；

l——构造柱的间距。

当 $b_c/l>0.25$ 时，取 $b_c/l=0.25$，当 $b_c/l<0.05$ 时，$b_c/l=0$。

考虑构造柱有利作用的高厚比验算不适用于施工阶段。

二、构造柱间墙的高厚比的验算

构造柱间墙的高厚比可按公式（13-2）进行验算。这时墙的长度 s 取相邻构造柱间的距离。无论带构造柱墙的静力计算采用何种方案，在确定计算高度 H_0时，可一律按刚性方案考虑。

对于设有钢筋混凝土圈梁的构造柱墙，当 $b/s\geqslant\frac{1}{30}$时，圈梁可视作构造柱间的不动铰支点。这里的 b 为圈梁宽度。如没有条件增加圈梁宽度，可按墙体平面外等刚度原则增加圈梁高度，以满足构造柱间墙不动铰支点的要求。

【例题 13-1】　某单层砖砌体房屋，横墙间距 $s=18$m，采用轻钢屋盖。首层层高

3.8m，室内承重砖柱截面为370mm×490mm。采用M2.5砂浆砌筑。室内地面至基础大放脚顶面的距离为0.50m。

试验算砖柱的高厚比。

【解】（1）确定房屋静力计算方案的类别及计算高度

根据横墙间距 $s=18\text{m}$，屋盖为轻钢屋盖，由表13-2查得，房屋应按刚性方案计算。由表13-3查得首柱的计算高度

$$H_0=1.0H=1.0(3.8+0.5)=4.30\text{m}$$

（2）验算高厚比

由表13-4查得，当砂浆强度等级为M2.5时，柱的允许高厚比为 $[\beta]=15$。按式（13-4）计算：

$$\beta=\frac{H_0}{h}=\frac{4.30}{370}=11.62<[\beta]=15$$

高厚比满足要求。

【例题13-2】 某教学楼教室的横墙间距为9.0m，首层层高3.60m，楼盖采用预应力长向圆孔板纵墙承重方案．砖墙厚度为370mm，采用M5混合砂浆砌筑。每个教室有3个宽1.80 m的窗洞，（图13-8）室内外高差为0.45m。

试验算外纵墙的高厚比。

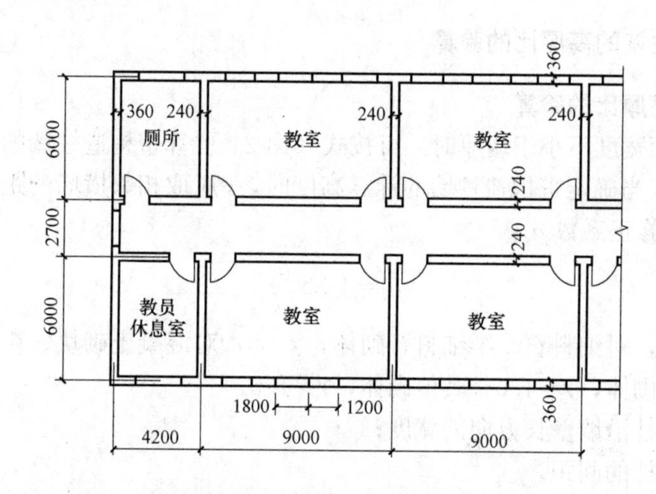

图13-8 【例题13-2】附图

【解】（1）确定计算高度

根据教学楼横墙间距 $s=9\text{m}<32\text{m}$，楼盖为装配式钢筋混凝土无檩体系，由表13-3查得，房屋应按刚性方案计算。根据刚性方案和 $2H=2\times(3.60+0.45+0.5)=9.10\text{m}>s=9\text{m}>H=4.55\text{m}$，由表13-3查得外纵墙的计算高度为

$$H_0=0.4s+0.2H=0.4\times9+0.2\times4.55=4.51\text{m}$$

（2）验算高厚比

由表13-4查得，当砂浆强度等级为M5时，墙的允许高厚比为 $[\beta]=24$。承重墙的系数 $\mu_1=1.0$，有洞口墙的 $[\beta]$ 值修正系数

$$\mu_2=1-0.4\frac{b_s}{s_1}=1-0.4\times1.80\frac{1.8}{3.00}=0.76>0.70$$

按式（13-4）计算：

$$\beta=\frac{H_0}{h}=\frac{4.51}{0.37}=12.2<\mu_1\mu_2[\beta]=1\times0.76\times24=18.24$$

高厚比满足要求。

【例题 13-3】 某单层食堂如图 13-9 所示。外纵墙壁柱间距 4m，每开间有开有 1.80m 宽的窗，壁柱截面为 370mm×490mm，砖墙厚度为 240mm。采用轻钢屋盖，房架下弦标高 4.80m。室外地面标高为－0.15m，基础顶面标高为－0.60m。

试验算外纵墙的高厚比。

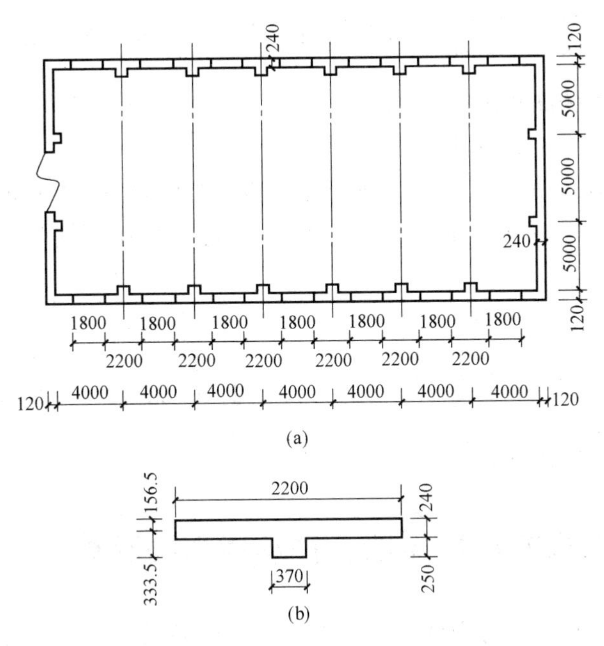

图 13-9 【例题 13-3】附图

【解】（1）求壁柱截面的几何特征（图 13-9*b*）

$$A=240\times2200+370\times250=620500\text{mm}^2$$

$$y_1=\frac{240\times2200\times120+250\times370\times\left(240+\dfrac{250}{2}\right)}{620500}=156.5\text{mm}$$

$$y_2=(240+250)-156.5=333.5\text{mm}$$

$$I=\frac{1}{12}\times2200\times240^2+2200\times240\times(156.5-120)^2+\frac{1}{12}\times370\times250^2+370\times250\times(333.5-125)^2$$

$$=7740\times10^6\text{mm}^4$$

$$i=\sqrt{\frac{I}{A}}=\sqrt{\frac{7740\times10^6}{620500}}=111.8\text{mm}$$

$$h_{\text{T}}=3.5i=3.5\times111.8=391\text{mm}$$

（2）确定计算高度

根据房屋山墙间距 $s=24$m 和轻钢屋盖，由表 13-2 查得，房屋应按刚弹性方案计算。由表 13-3 查得计算高度：

$$H_0=1.2H=1.2(4.80+0.60)=1.2\times5.40=6.48\text{m}$$

（3）整片墙高厚比的验算

由表 13-4 查得，当砂浆强度等级为 M2.5 时，墙的允许高厚比为 $[\beta]=22$。承重墙的修正系数 $\mu_1=1.0$，有洞口墙 $[\beta]$ 的修正系数

$$\mu_2=1-0.4\frac{b_s}{s_1}=1-0.4\times1.80\frac{1.8}{4.0}=0.82>0.70$$

按式（13-4）计算：

$$\beta=\frac{H_0}{h}=\frac{6.48}{0.391}=16.6<\mu_1\mu_2[\beta]=1\times0.82\times22=18.04$$

说明整片外纵墙的高厚比符合要求。

（4）壁柱间墙高厚比的验算

这时，$s=s_1=4\text{m}<H=5.4\text{m}$，如前所述，验算壁柱间墙高厚比时，无论带壁柱墙的静力计算采用何种方案，在确定计算高度 H_0 时，可一律按刚性方案考虑。所以，由表 13-3 查得计算度

$$H_0=0.6s_1=0.6\times4.0=2.40\text{m}$$

$$\beta=\frac{H_0}{h}=\frac{2400}{240}=10<\mu_1\mu_2[\beta]=1\times0.82\times22=18.04$$

壁柱间纵墙的高厚比符合要求。

§13.4　多层刚性方案房屋墙、柱承载力的验算

多层混合结构房屋一般为刚性方案。本章仅介绍多层刚性方案房屋墙、柱承载力的验算。

作用在房屋上的荷载有竖向荷载和水平荷载。计算表明，当刚性方案多层房屋的外墙符合下列要求时，风荷载在墙体内所引起的内力很小，可忽略不计，静力计算可不考虑风荷载的影响：

（1）洞口水平截面面积不超过全截面面积的 2/3；

（2）房屋层高和总高度不超过表 13-5 的规定；

（3）屋面自重不小于 0.8kN/m^2。

外墙不考虑风荷载影响时的最大层高和总高　　**表 13-5**

基本风压值/kN/m^2	层高/m	总高/m
0.4	4.0	28
0.5	4.0	24
0.6	4.0	18
0.7	3.5	18

注：对于多层混凝土砌块房屋，当外墙厚度不小于 190mm，层高不大于 2.8m，总高不大于 19.6m，基本风压不大于 0.7kN/m^2 时，可不考虑风荷载的影响。

当不符合表 13-5 的要求时，风荷载引起的弯矩 M 可按下式计算（图 13-10）：

$$M=\frac{1}{12}wH^2 \qquad (13\text{-}6)$$

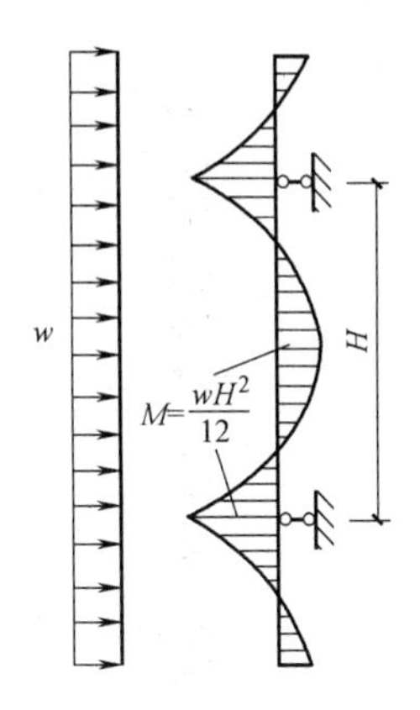

图 13-10　风荷载作用下外墙的弯矩图

式中　w——沿楼层高度均布风荷载设计值（kN/m）；

H——房屋层高（图 13-10）（m）。

一般情况下，多层刚性方案都能满足上述条件，静力计算均可不考虑风荷载的影响。因此，多层混合结构房屋的内力计算，便归结为求解在竖向荷载作用下，纵墙和横墙的轴力和弯矩的计算问题。

13.4.1　计算单元和计算简图

混合结构房屋的墙体一般都比较长，在进行内力计算时，通常取其中有代表性的计算单元进行分析。在一般情况下，对于有窗洞口的墙体，取洞口间的墙体作为计算单元。如取图 13-11 中的 pq 之间的窗间墙作为计算单元；对于无门窗洞口的墙体，一般承受均布线荷载，如图 13-11 中的横墙和山墙，可取 1m 的墙体作为计算单元。

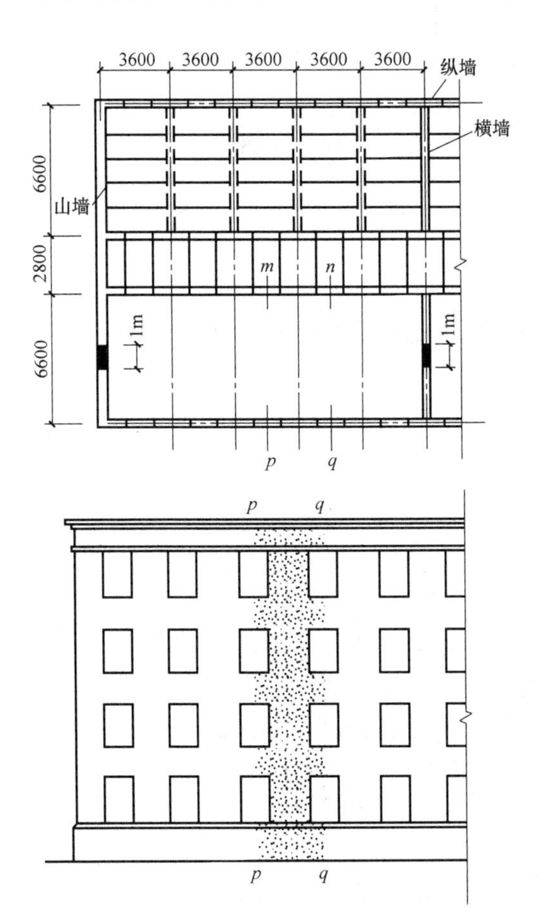

图 13-11　多层混合结构房屋内力计算单元

刚性方案多层房屋的墙或柱，在楼面处梁或板均伸入墙内或柱内，削弱了墙、柱在该处的连续性。为了简化计算，假设墙、柱在每层高度范围内，可近似地视作两端铰支的竖向构件（图 13-12a）。其计算高度，对于一般层取层高；对于首层，取首层梁或板底面至基础顶面的距离❶。计算简图如图 13-12（b）、（c）所示。

根据上面的假定，可得出以下三项计算原则：

（1）上部传来的竖向荷载，如屋面、楼面上的恒载和活荷及墙身自重，沿上一层墙、柱的截面形心传至下层；

（2）对本层的竖向荷载，应考虑对本层墙、柱的实际偏心影响；

（3）当本层墙与上一层墙的形心不重合时，尚须考虑上部各层的竖向荷载 $\sum N$ 对本层墙、柱的实际偏心影响；

❶ 若基础埋深较深时，首层计算高度可取首层梁或板底至地面下 300mm～500mm 处之间的距离。

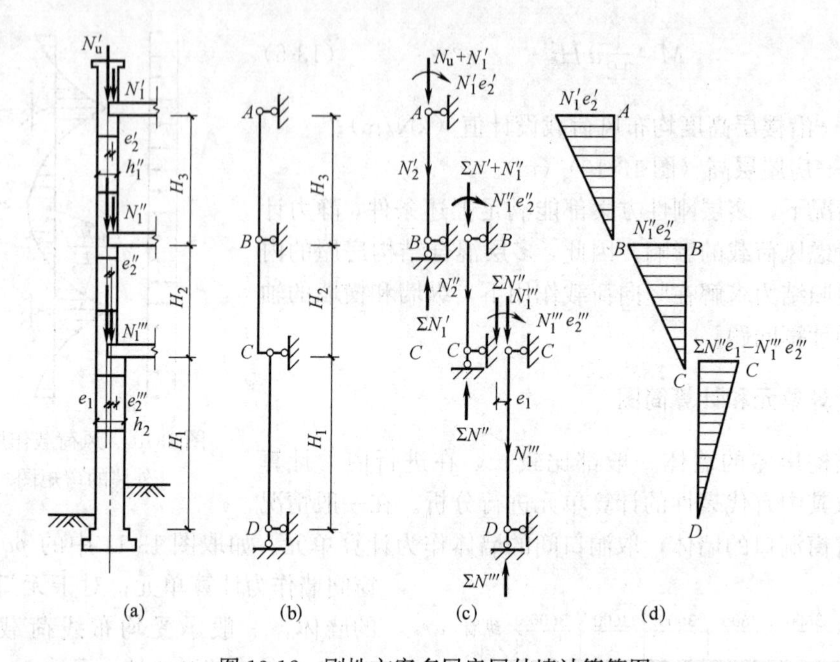

图 13-12　刚性方案多层房屋外墙计算简图

（a）外墙示意图；（b）计算简图；（c）受力图；（d）弯矩图

13.4.2　内力计算

一、外纵墙的内力

现以图 13-13（a）所示外纵墙为例，说明外纵墙内力的计算方法。图 13-13（b）为计算简图；图 13-13（c）为其计算单元。

1. 轴向力

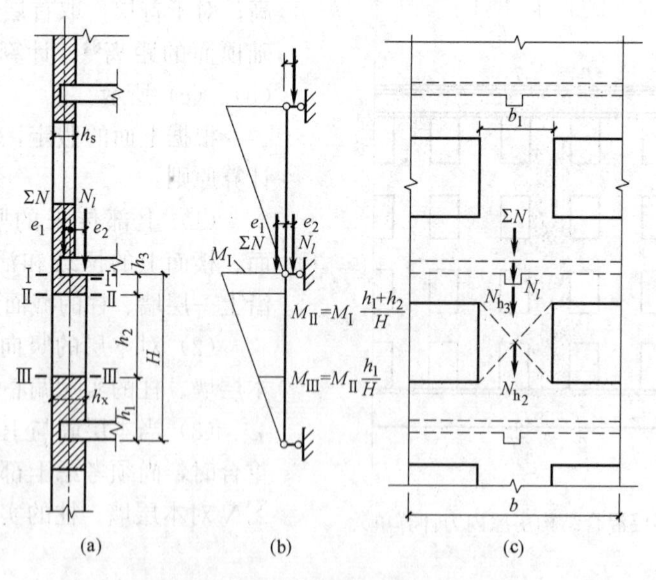

图 13-13　外纵墙内力计算

（a）受力状态；（b）计算简图；（c）计算单元

截面 Ⅱ-Ⅱ　　　　　　　$N_{Ⅱ\text{-}Ⅱ}=\sum N+N_l+N_{h3}$

截面 Ⅲ-Ⅲ　　　　　　　$N_{Ⅲ\text{-}Ⅲ}=N_{Ⅱ\text{-}Ⅱ}+N_{h2}$

式中　$\sum N$——上部各层传来的竖向荷载（包括截面Ⅰ-Ⅰ以上全部墙重及上部屋面和各层楼面的恒载和活载）；

N_l——本层梁端反力；

N_{h3}——截面Ⅰ-Ⅰ至截面Ⅱ-Ⅱ，高度为 h_3，宽度为 b 的墙身自重，见图 13-13（c）；

N_{h2}——截面Ⅱ-Ⅱ至截面Ⅲ-Ⅲ，高度为 h_2，宽度为 b_1 的墙身（即窗间墙）自重，见图 13-13（c）。

2. 弯矩

（1）截面Ⅰ-Ⅰ（梁底标高）上的弯矩 $M_{Ⅰ\text{-}Ⅰ}$

N_l 对截面Ⅰ-Ⅰ产生的弯矩

$$N_le_2=N_l\left(\frac{h_x}{2}-0.4a\right)$$

$\sum N$ 对截面Ⅰ-Ⅰ产生的弯矩（当本层墙与上层墙的形心不重合时）

$$\sum Ne_1=\sum N\left(\frac{h_x}{2}-\frac{h_s}{2}\right)$$

式中　h_x——本层墙的厚度；

h_s——上层墙的厚度。

这样，截面Ⅰ-Ⅰ的弯矩为

$$M_{Ⅰ\text{-}Ⅰ}=N_l\left(\frac{h_x}{2}-0.4a\right)-\sum Ne_1=\sum N\left(\frac{h_x}{2}-\frac{h_s}{2}\right)$$

式中　e_2——本层梁端反力 N_l 对墙体截面形心的偏心距；

e_1——上部各层的竖向荷载 $\sum N$ 对墙体截面形心的偏心距；

a——本层梁端有效支承长度。

其余符号意义与前相同。

（2）截面Ⅱ-Ⅱ和截面Ⅲ-Ⅲ的弯矩

这两个截面的弯矩 $N_{Ⅱ\text{-}Ⅱ}$ 和 $M_{Ⅲ\text{-}Ⅲ}$，根据弯矩图三角形比例关系极易求得

$$M_{Ⅱ\text{-}Ⅱ}=M_{Ⅰ\text{-}Ⅰ}(h_1+h_2)\frac{1}{H}$$

$$M_{Ⅲ\text{-}Ⅲ}=M_{Ⅰ\text{-}Ⅰ}h_1\frac{1}{H}$$

二、横墙内力

横墙的特点是，两侧的楼板直接支承在横墙上，横墙承受由楼板传来的均布荷载。因此，应取 1m 宽的墙体作为计算单元。其计算高度，一般层取上下层板底之间的距离；首层取顶板至基础顶面的距离（图 13-14）。

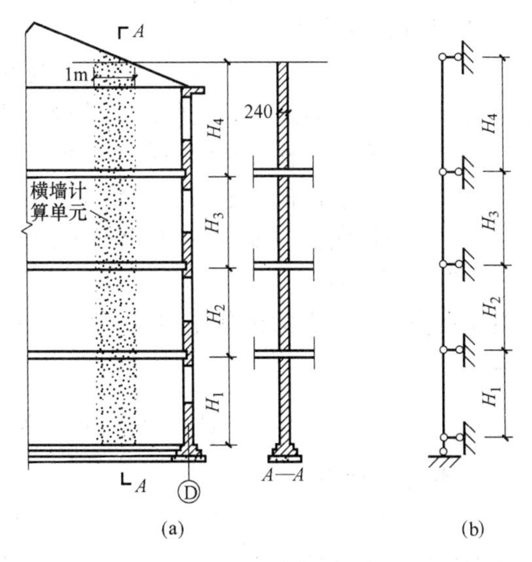

图 13-14　横墙内力计算单元和简图

（a）计算单元；（b）计算简图

下面写出图 13-15 墙体底部截面Ⅱ-Ⅱ的内力表达式。

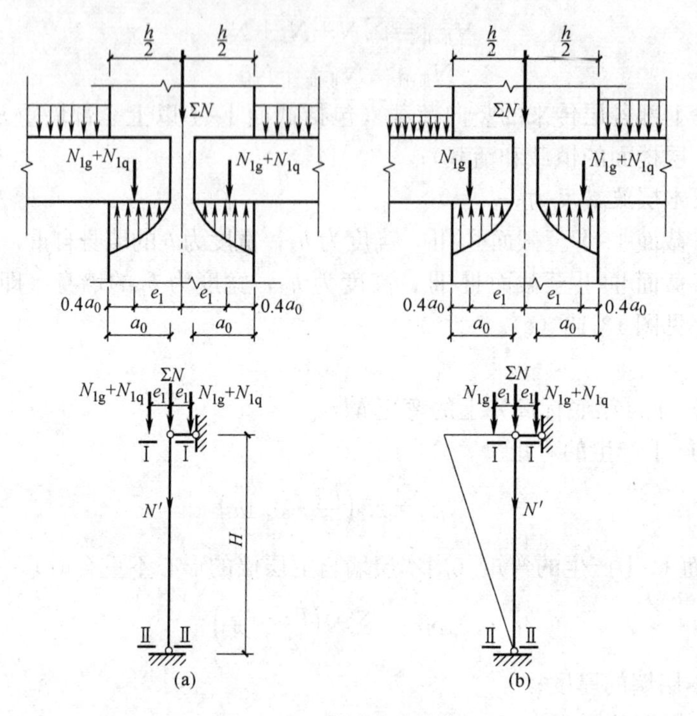

图 13-15 横墙内力计算

（a）轴心受压；（b）偏心受压

（1）轴心受压时

当横墙两侧开间相等，两侧房间的使用荷载及楼面做法相同，且楼面均有活荷载作用时（图 13-15a），则两边荷载均为（$N_{1g}+N_{1q}$），于是其合力将通过墙的截面形心，这时弯矩为零。在这种情况下，横墙为轴心受压构件。

Ⅱ-Ⅱ截面的轴力为

$$N_{\text{Ⅱ-Ⅱ}}=\Sigma N+2(N_{1g}+N_{1q})+N'$$

式中 ΣN——上部各层传来的竖向荷载设计值；

N_{1g}——本层楼板传来的恒载设计值；

N_{1q}——本层楼板传来的活荷载设计值；

N'——板底Ⅰ-Ⅰ截面至Ⅱ-Ⅱ截面之间的墙体重量。

（2）偏心受压时

当仅在横墙一侧有活荷载作用时（图 13-15b），由于N_{1q}的偏心作用，截面Ⅰ-Ⅰ产生的弯矩

$$M_{\text{Ⅰ-Ⅰ}}=N_{1q}e_1=N_{1q}\left(\frac{h}{2}-0.4a_0\right)$$

Ⅱ-Ⅱ截面的轴力

$$N_{\text{Ⅱ-Ⅱ}}=\Sigma N+2N_{1g}+N_{1q}+N'$$

由于多层房屋横墙轴力较大，弯矩相对较小，故往往由轴心受压控制截面设计。

13.4.3 危险截面的确定

在计算砌体结构承载力时，只需对每层危险截面进行计算。所谓危险截面是指内力较

大，截面尺寸较小，承载力较低的截面，它又称为控制截面。

对于多层房屋而言，一般应选择以下几个截面进行计算：

（1）承重窗间墙的上下两处截面，即Ⅱ-Ⅱ和Ⅲ-Ⅲ截面。因为这两个截面尺寸较小，同时内力又较大（Ⅱ-Ⅱ截面弯矩较大，而Ⅲ-Ⅲ截面轴力较大）（图 13-13a）；

（2）无洞口的承重横墙Ⅱ-Ⅱ截面，因为这个截面轴力最大（图 13-15a）；

（3）梁端支承处Ⅰ-Ⅰ截面，因为该截面局部受压面积小，承载力低（13-13a）。

【例题 13-4】 某三层办公楼平面图及外墙剖面图，如图 13-16 所示。楼盖和屋盖采用预制进深梁和短向圆孔板纵墙承重体系。梁的截面 $bh=200\text{mm}\times500\text{mm}$，梁深入墙内长度均为 240mm。首层墙厚为 360mm，二层墙厚为 240mm，采用 MU10 黏土砖，M2.5 混合砂浆砌筑。墙面为双面抹灰。

试验算外纵墙的高厚比及承载力。

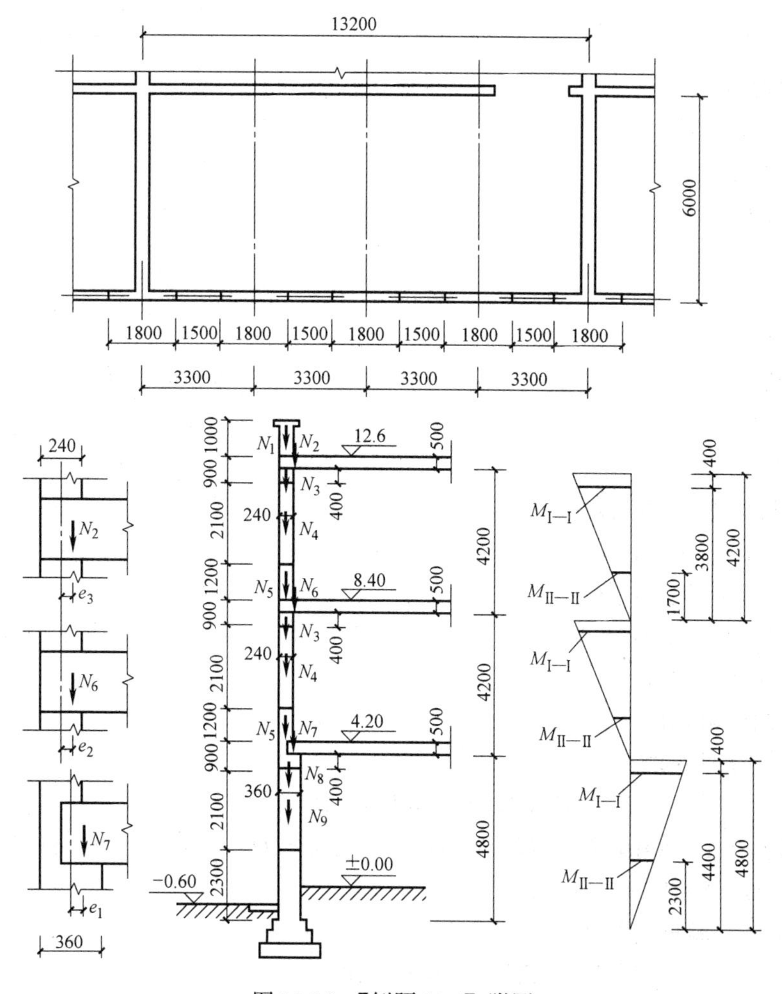

图 13-16　【例题 13-4】附图

【解】

（1）计算荷载设计值

1）屋面荷载

二毡三油绿豆砂 $0.35\times1.2=0.42\text{kN/m}^2$

20mm 厚水泥砂浆找平层 $0.02\times20\times1.2=0.48\text{kN/m}^2$

50mm 厚泡沫塑料混凝土 $0.05\times5.0\times1.2=0.30\text{kN/m}^2$

130mm 圆孔板 $2.0\times1.2=2.40\text{kN/m}^2$

20mm 抹灰 $0.02\times17\times1.2=0.41\text{kN/m}^2$

进深梁自重（包括 15mm 粉刷在内）

$$[0.20\times0.5\times25+0.015(2\times0.5+0.23)\times20]\times\frac{1.2}{3.3}=1.04=1.04\ \text{kN/m}^2$$

屋面恒载 $g=5.05\text{kN/m}^2$

屋面活荷载（不上人屋面） $q=0.70\times1.4=0.98\text{kN/m}^2$

屋面总荷载 $p=g+q=6.03\text{kN/m}^2$

2）楼面荷载

20mm 厚水泥砂浆抹面 0.48kN/m^2

130mm 圆孔板 2.40kN/m^2

20mm 抹灰 0.41kN/m^2

进深梁 1.04kN/m^2

楼面恒载 $g=4.33\text{kN/m}^2$

楼面活荷载 $q=2.00\times0.85$❶$\times1.4=2.38\text{kN/m}^2$

楼面总荷载 $p=g+q=6.71\text{kN/m}^2$

3）240 墙体重（双面抹灰） $5.33\times1.2=6.40\text{kN/m}^2$

4）360 墙体重（双面抹灰） $7.61\times1.2=9.13\text{kN/m}^2$

（2）确定房屋静力计算方案

根据屋盖、楼盖类别及横墙间距，查表 13-2 可知，本例房屋属于刚性方案，由表 10-5 不必考虑风荷载的影响。

（3）高厚比的验算

1）二、三层外纵墙

由表 13-4 查得，当 2.5 砂浆时，允许高厚比 $[\beta]=22$。

横墙间距 $s=13.20\text{m}$，层高 $H=4.20\text{m}$，因为 $s>2H$，由表 13-3 查得计算高度 $H_0=1.0H=1\times4.20=4.20\text{m}$。

按式（13-2）验算高厚比

承重墙 $\mu_1=1.0$；在洞口，按式（13-3）算出

$$\mu_2=1-0.4\frac{b_s}{s_1}=1-0.4\frac{1.50}{3.30}=0.81>0.7$$

❶ 根据《荷载规范》规定，计算墙、柱和基础时，楼面活荷载应乘以折减系数 0.85。

于是

$$\beta=\frac{H_0}{h}=\frac{4300}{240}=17.5<\mu_1\mu_2[\beta]=1\times0.81\times22=17.81$$

二、三层外纵墙的高厚比符合要求。

2）首层外纵墙

由表 13-4 查得，当采用 M2.5 级砂浆时，允许高厚比$[\beta]=22$。

横墙间距 $s=13.20\text{m}$，层高 $H=4.20+0.6+0.5=5.30\text{m}$，因为 $s>2H$，由表 13-3 查得计算高度 $H_0=1.0H=1\times5.30=5.30\text{m}$。

按式（13-2）验算高厚比

$$\beta=\frac{H_0}{h}=\frac{5300}{360}=14.7<\mu_1\mu_2[\beta]=1\times0.81\times22=17.81$$

首层外纵墙的高厚比符合要求。

（4）墙体承载力验算

1）计算单元与受荷面积

外纵墙有洞口，窗间墙承受进深梁传来的集中荷载，故取一个开间，即 3.30m，作为计算单元，其受荷面积为 $3.30\times3=9.90\text{m}^2$。

2）控制截面

每层取两个控制截面，窗间墙顶部截面Ⅰ-Ⅰ和其下部截面Ⅱ-Ⅱ。

首层控制截面面积

$$A=360\times1800=648000\text{mm}^2$$

二、三层控制截面面积

$$A=240\times1800=432000\text{mm}^2$$

3）求进深梁反力对墙中心线的偏心距

按式（12-19）计算梁端有效支承长度

由表 12-3 查得，砌体抗压强度设计值 $f=1.30\text{N/mm}^2$，梁高 $h_c=500\text{mm}$，于是

$$a_0=10\sqrt{\frac{h_c}{f}}=10\sqrt{\frac{500}{1.30}}=196\text{mm}<a=240\text{mm}$$

故取 $a_0=196\text{mm}$。

三、二层进深梁反力对墙中心线的偏心距

$$e_3=e_2=\frac{h}{2}-0.4a_0=\frac{240}{2}-0.4\times196=41.6\text{mm}$$

首层进深梁反力对墙中心线的偏心距

$$e_1=\frac{h}{2}-0.4a_0=\frac{360}{2}-0.4\times196=102\text{mm}$$

（5）各层墙体控制截面承载力验算

计算过程参见表 13-6。由表中计算结果说明本例外纵墙承载力满足要求。

【例题 13-4】附表 **表 13-6**

项目	截面	N(kN)	M(kN·m)	$e=\frac{M}{N}$(m)	e/h	β	φ	A (mm²)	f(N/mm²)	φfA(N)
三层墙验算	Ⅰ—Ⅰ	女儿墙 $N_1=6.4\times1.00\times3.3=21.12$ 屋面荷载 $N_2=6.03\times3\times3.3=59.70$ 窗上墙 $N_3=6.4\times0.9\times3.3=\underline{19.01}$ 99.83	$N_2e_3\cdot\frac{3.80}{4.20}=59.70\times0.0416\times\frac{3.80}{4.20}=2.24$	$\frac{2.24}{99.83}=0.022$	0.093	17.5	0.450	432000	1.30	0.450×432000×1.30=252720>99830
	Ⅱ—Ⅱ	上面传来 99.83 窗间墙 $N_4=6.4\times2.1\times1.8=\underline{24.19}$ 124.02	$N_2e_3\cdot\frac{1.70}{4.20}=59.70\times0.0416\times\frac{1.70}{4.20}=1.01$	$\frac{1.01}{124.02}=0.008$	0.030	17.5	0.554	432000	1.30	0.554×432000×1.30=311126>124020
二层墙验算	Ⅰ—Ⅰ	上层传来 124.02 上层窗下墙 $N_5=6.4\times1.2\times3.3=25.34$ 三层楼盖荷载 $N_6=6.71\times3\times3.3=66.43$ 窗上墙 $N_3\,\underline{19.01}$ 234.80	$N_6e_2\cdot\frac{3.80}{4.20}=66.43\times0.0416\times\frac{3.80}{4.20}=2.49$	$\frac{2.49}{234.80}=0.0106$	0.0442	17.5	0.533	432000	1.30	0.533×432000×1.30=299333>234800
	Ⅱ—Ⅱ	上面传来 234.80 窗间墙 $N_4\,\underline{24.19}$ 258.99	$N_6e_2\cdot\frac{1.70}{4.20}=66.43\times0.0416\times\frac{1.70}{4.20}=1.12$	$\frac{1.12}{258.99}=0.0043$	0.0179	17.5	0.583	432000	1.30	0.583×432000×1.30=327412>258990
首层墙验算	Ⅰ—Ⅰ	上层传来 258.99 上层窗下墙 $N_5=25.34$ 二层楼盖荷载 $N_7=N_6=66.43$ 窗上墙 $N_8=9.13\times0.9\times3.3=\underline{27.12}$ 377.88	$(258.99+25.34)\times0.06-66.43\times0.102=10.28$(梁底弯矩) $M_{Ⅰ-Ⅰ}=10.28\times\frac{4.4}{4.8}=9.42$	$\frac{9.42}{377.88}=0.0250$	0.0694	14.7	0.554	648000	1.30	0.554×648000×1.30=46689>377880
	Ⅱ—Ⅱ	上面传来 377.88 窗间墙 $N_9=9.13\times2.1\times1.8=\underline{34.61}$ 412.39	$M_{Ⅱ-Ⅱ}\,10.28\times\frac{2.3}{4.8}=4.93$	$\frac{4.93}{412.39}=0.0120$	0.0333	14.7	0.626	648000	1.30	0.626×648000×1.30=527342>412390

注：表中 φ 由表 12-3 查得，亦可计算取得。

（6）墙体局部受压承载力验算（从略）。

§13.5 单层房屋墙、柱承载力的计算

13.5.1 计算单元和计算简图

如前所述，单层房屋外纵墙（柱）的静力计算，取一个开间作为计算单元，如图 13-17（a）所示。并假设墙的上端与屋架（屋面梁）铰接，下端与基础固接，排架的计算高度为 H，取外纵墙（柱）顶至基础大放脚顶面之间的距离，当基础埋深较深时，排架的固端可取在室外地面下 300mm～500mm 处。刚性方案、弹性方案和刚弹性方案的计算简图，分别如图 13-17（b）、（c）和（d）所示。

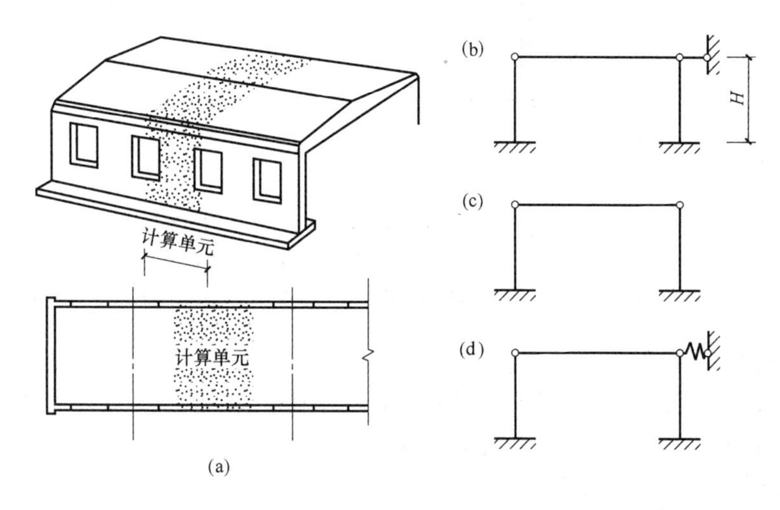

图 13-17 计算单元和计算简图

（a）计算单元；（b）刚性方案计算简图；

（c）弹性方案计算简图；（d）刚弹性方案计算简图

13.5.2 荷载计算

作用在外纵墙上的荷载有：

（1）由屋盖传来的竖向偏心荷载 N_l；

（2）墙（柱）身自重；

（3）由作用在屋面上的风荷载传至柱顶处的水平集中荷载 W，以及直接作用在迎风墙面上的水平均布风荷载 q_1（压力）和背风墙面上的水平均布风荷载 q_2（吸力）。

13.5.3 纵墙内力计算

一、刚性方案

当为刚性方案房屋时，其计算简图如图 13-18（a）。在柱顶水平集中风荷载 W 作用下，这时，左柱和右柱均不产生内力（13-18b）；在沿柱高均布荷载 q 作用下，左柱为一

次超静定结构。其柱顶支座反力等于$R=\frac{3}{8}qH$，弯矩图如图 13-18（c）所示；在竖向偏心荷载N_l作用下，其支座反力和弯矩图，如图 13-18（d）所示。

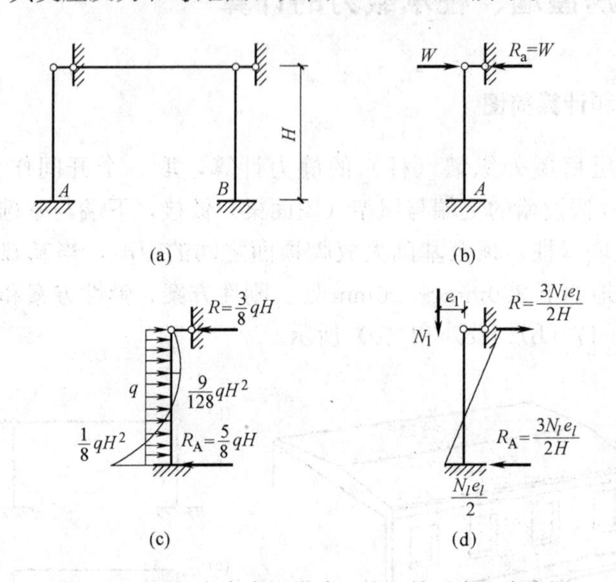

图 13-18　刚性方案房屋纵墙（柱）的反力和内力图

（a）计算简图；（b）在柱顶集中水平荷载下的支座反力；

（c）在均布水平荷载下的支座反力和弯矩图；（d）在竖向荷载下的支座反力和弯矩图

二、弹性方案

当为弹性方案房屋时，房屋各计算单元都可近似地按平面排架进行计算。

现讨论几种常见荷载作用下平面排架内力的计算。

1. 在柱顶水平集中荷载W作用下（13-19）

在柱顶水平集荷载W作用下，当柱高、截面尺寸和材料均相同时，排架两柱的侧向位移相同（图 13-19a），柱顶截面的剪力亦相同，均为$\frac{1}{2}W$。其弯矩图如图 13-19（b）所示。

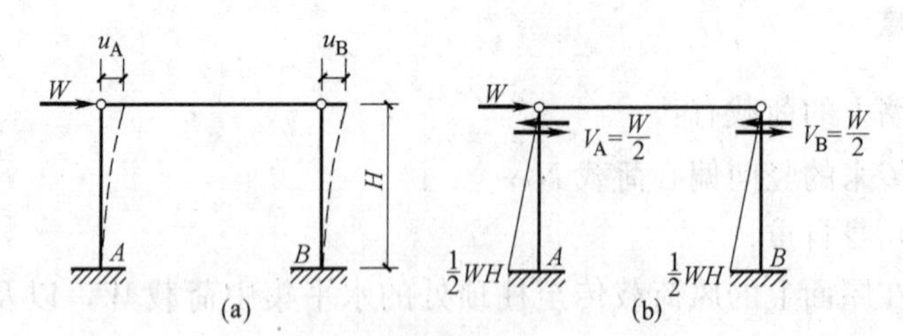

图 13-19　在柱顶水平集中荷载下弹性方案的内力计算

（a）水平位移；（b）弯矩图

2. 在水平均布荷载q作用下（图 13-20a）

为了求得在水平均布荷载q作用下排架的内力，在柱顶加一水平链杆，使柱顶不产生水平位移，柱成为一次超静定梁，这时，柱顶的支座反力$R=\frac{3}{8}qH$（图 13-20b）。这时，左柱弯矩图极易绘出。由于右柱不产生水平位移，同时又不受左柱上荷载的影响，故内力为零。

实际上，排架柱顶并不存在水平链杆，也无水平支座反力，为了消除这一影响，在排架顶端施加一个与不动铰支座反力大小相等，方向相反的水平力 $R=\frac{3}{8}qH$（图13-20c）。并绘出排架的内力图。然后，将两种情况的弯矩图叠加，就得到在水平均布荷载 q 作用下排架的弯矩图（图 13-20d）。

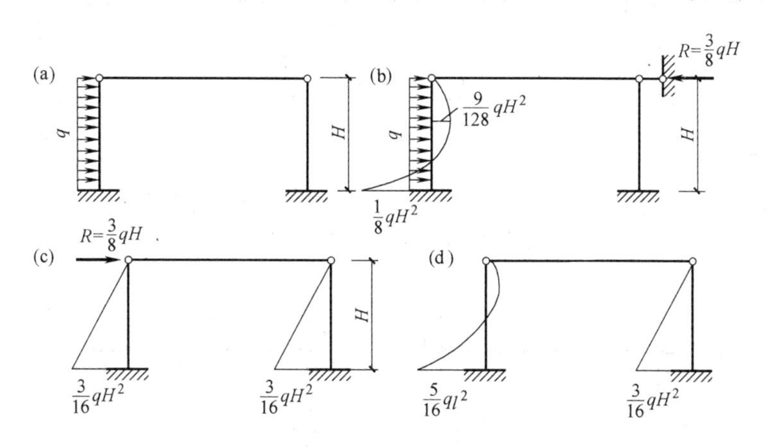

图 13-20　在水平均布荷载下弹性方案的内力计算

（a）水平均布荷载作用下；（b）柱顶水平连杆的反力和弯矩图；

（c）连杆的反力作用下的弯矩图；（d）最后弯矩图

3. 竖向偏心荷载 N_l 作用下（13-21）

因为单层单跨排架为对称结构，屋架或屋面梁传给柱的竖向偏心荷载为对称荷载，故排架不会产生侧移。因此，柱内弯矩确定方法与柱顶为不动铰支座相同。柱顶轴力为 N_l，横梁轴力为 $\frac{3}{2}\times\frac{N_le_l}{H}$（13-21）。

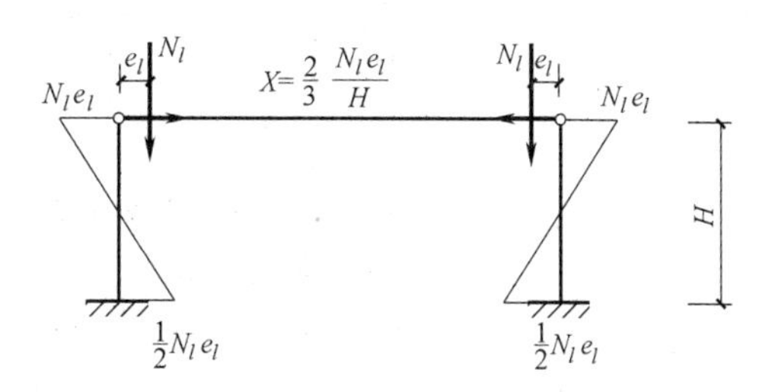

图 13-21　在竖向偏心荷载下弹性方案的内力计算

三、刚弹性方案

当为刚弹性方案房屋时，可按外纵墙上端与屋架或屋面梁铰接，下端与基础固结，并考虑空间工作的平面排架计算。

现讨论在几种常见荷载作用下，考虑空间工作的平面排架的内力计算。

1. 在柱顶水平集中荷载 W 作用下

设在平面排架柱顶作用水平集中荷载 W（图 13-22a），由于考虑空间工作的影响，荷载 W 将有一部分，其值为（$1-\eta$）W（即弹性支座反力）（图 13-22b）通过屋盖传给横墙；而另一部分，其值为 ηW（图 13-22c），将直接传给平面排架，其弯矩图如图 13-22（c）所示。

2. 在水平均布荷载 q 作用下（图 13-23a）

为了求得在水平均布荷载 q 作用下排架的内力，与弹性方案房屋一样，也在柱顶加一水平链杆，使柱顶不产生水平位移，这时柱顶的支座反力 $R=\frac{3}{8}qH$，其弯矩图如图 13-23（b）所示。显然，由于考虑空间工作的影响，传给平面排架的水平反力应为 $\eta R=\eta\frac{3}{8}qH$，其弯矩图如图 13-23（c）。将这两种情况下的弯矩图叠加，就可得到最后弯矩图（图 13-23d）。

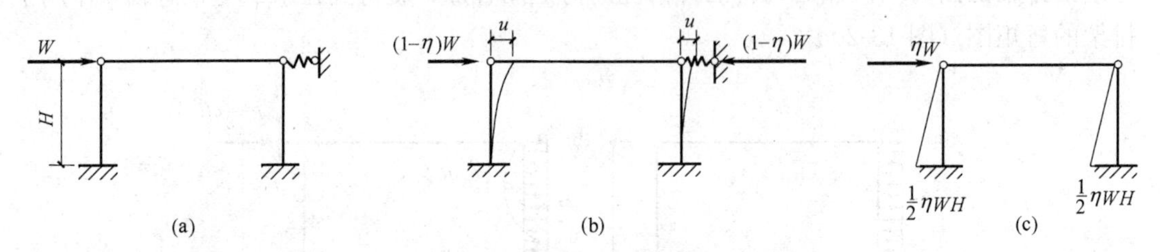

图 13-22　在水平集中荷载下刚弹性方案的内力计算

（a）计算简图；（b）弹性支座反力；（c）弯矩图

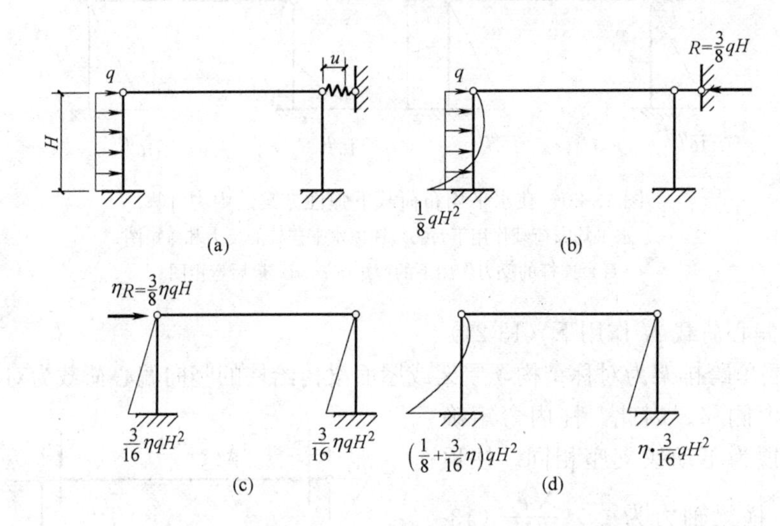

图 13-23　在水平均布荷载下刚弹性方案的内力计算

（a）水平均布荷载作用下；（b）柱顶水平连杆的反力和弯矩图；（c）连杆的部分反力 ηR 作用下的弯矩图；（d）叠加后弯矩图

3. 在竖向偏心荷载 N_l 作用下

在对称竖向偏心荷载 N_l 作用下，排架仍不会产生侧移，故仍按弹性方案房屋进行静力计算。

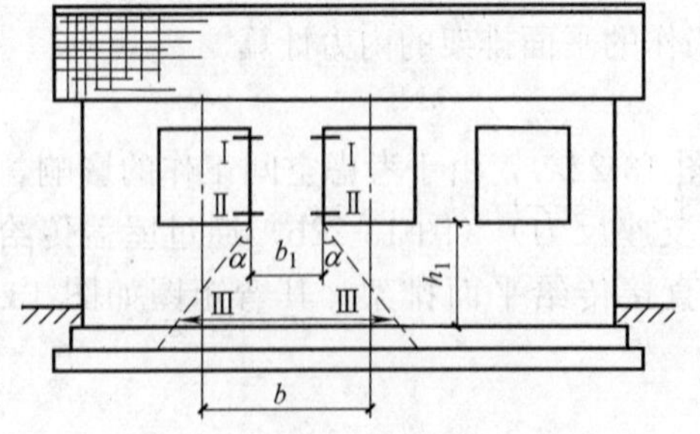

图 13-24　单层房屋外墙危险截面的确定

13.5.4　危险截面位置的确定

在单层房屋中，纵墙（柱）Ⅲ-Ⅲ截面弯矩最大（图 13-24），所以，它是危险截面。此外，窗间墙上下Ⅰ-Ⅰ截面和Ⅱ-Ⅱ截面被窗洞口削弱，承载力降低，故也是危险截面。关于Ⅲ-Ⅲ截面宽度的确定，可按从窗间墙下端的边缘引 45°角（与铅直线夹角）线，使其与Ⅲ-Ⅲ截面相交，其宽度即为所求，但不应大于开间尺寸。

$$b' = b + 2h_1 \leqslant b \tag{13-7}$$

式中符号意义见图 13-23。

小　　结

1. 墙、柱设计一般按以下步骤进行：

（1）根据房屋使用要求、荷载大小和性质、地基情况、施工条件等因素，选择合理的结构承重方案；

（2）确定结构静力计算方案，并进行结构内力分析；

（3）根据建筑初步设计、结构设计经验或已有结构设计，初步选择墙、柱截面尺寸、材料强度等级，然后，验算墙、柱的高厚比，及其承载力。

2. 根据混合结构房屋使用要求，房间大小等情况，一般采用横墙承重体系或纵墙承重体系。前者适用于横墙间距较小的住宅、宾馆等建筑；后者适用于横墙较少的办公楼、教学楼、医院等建筑。

3. 砖混结构房屋中的墙、柱的高厚比必须控制在一定范围以内。这是保证房屋结构构件刚度和稳定性的构造措施。

4. 房屋的静力计算，根据房屋的空间工作性能分为：刚性方案、刚弹性方案和弹性方案。设计时，可按表 13-2 确定静力计算方案。

单层房屋的弹性方案和刚弹性方案在计算方法上并无太大的区别，二者的主要区别在于，弹性方案在消除水平连杆反力 R 值时，是将全部 R 值反向加在排架的顶部，而刚弹性方案是将 R 值一部分，即 ηR 值反向加于排架的顶部，即扣除了由屋盖传给山墙的那一部分水平荷载 $(1-\eta)R$。

多层房屋一般采用刚性方案。

思　考　题

13-1　简述墙、柱的设计步骤。

13-2　混合结构承重体系分哪几类？并说明其应用范围和优缺点。

13-3　什么是刚性方案、弹性方案和刚弹性方案？简述它们的计算要点。

13-4　什么是墙、柱的高厚比？为什么要验算它们高厚比？

13-5　简述刚性方案多层房屋墙的计算步骤。

习　　题

13-1　截面为 490mm×370mm 的砖柱，采用 MU10 和 M5 混合砂浆砌筑，柱的计算高度 $H_0=5$m。试验算柱的高厚比。

第四篇

建筑抗震设计

第14章　抗震设计原则

§14.1　构造地震

在建筑抗震设计中，所指的地震是由于地壳构造运动使深部岩石的应变超过容许值，岩层发生断裂、错动而引起的地面振动。这种地震就称为构造地震，一般简称地震。

强烈的构造地震影响面广，破坏性大，发生频率高，约占破坏性地震总量❶的90%以上。因此，在建筑抗震设计中，仅限于讨论在构造地震作用下建筑的设防问题。

地壳深处发生岩层断裂、错动的地方称为震源。震源至地面的距离称为震源深度（图14-1）。一般把震源深度小于60km的地震称为浅源地震；60～300km的称为中源地震；大于300km的称为深源地震。我国发生的绝大部分地震都属于浅源地震，一般深度为5～40km。例如，1976年7月28日的唐山大地震，震源深度为11km；而1999年9月21日的台湾大地震，震源深度仅为1.1km。我国深源地震分布十分有限，仅在个别地区发生过深源地震，其深度一般为400～600km。由于深源地震所释放出的能量，在长距离传播中大部分被损失掉，所以对地面上的建筑物影响很小。

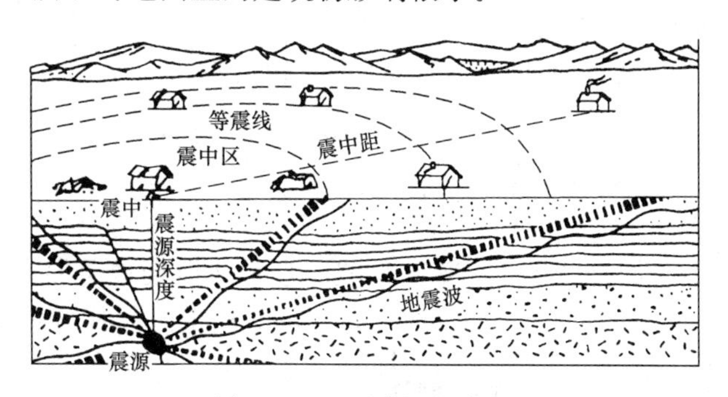

图14-1　地震术语示意图

震源正上方的地面称为震中，震中邻近地区称为震中区，地面上某点至震中的距离称为震中距。

§14.2　地震波、震级和烈度

一、地震波

当震源岩层发生断裂、错动时，岩层所积累的变形能突然释放，它以波的形式从震源

---

❶ 除构造地震外，还有由于火山爆发、溶洞陷落、核爆炸等原因所引起的地震。

向四周传播，这种波就称为地震波。

地震波按其在地壳传播的位置不同，分为体波和面波。

（一）体波

在地球内部传播的波称为体波。体波又分为纵波和横波。

纵波是由震源向四周传播的压缩波，又称 P 波。介质的质点的振动方向与波的传播方向一致。这种波的周期短，振幅小，波速快，在地壳内它的速度一般为 200～1400m/s。纵波的波速可按下式计算：

$$v_{\mathrm{p}}=\sqrt{\frac{E(1-\mu)}{\rho(1+\mu)(1-2\mu)}} \tag{14-1}$$

式中　E——介质的弹性模量；

μ——介质的泊松比；

ρ——介质密度。

纵波引起地面垂直方向振动。

横波是由震源向四周传播的剪切波，又称 S 波。介质的质点的振动方向与波的传播方向垂直。这种波的周期长，振幅大，波速慢，在地壳内它的波速一般为 100～800m/s。横波的波速可按下式计算：

$$v_{\mathrm{s}}=\sqrt{\frac{E}{2\rho(1+\mu)}}=\sqrt{\frac{G}{\rho}} \tag{14-2}$$

式中　G——介质的剪变模量。

其余符号意义与前相同。

横波引起地面水平方向振动。

当取 $\mu=1/4$ 时，由式（14-1）和式（14-2）可得：

$$v_{\mathrm{p}}=\sqrt{3}v_{\mathrm{s}} \tag{14-3}$$

由此可见，P 波比 S 波传播速度快。

（二）面波

在地球表面传播的波称为面波，又称 L 波。它是体波经地层界面多次反射、折射形成的次生波。其波速较慢，约为横波波速的 0.9。所以，它在体波之后到达地面。这种波的介质质点振动方向复杂，振幅比体波大，对建筑物的影响也比较大。

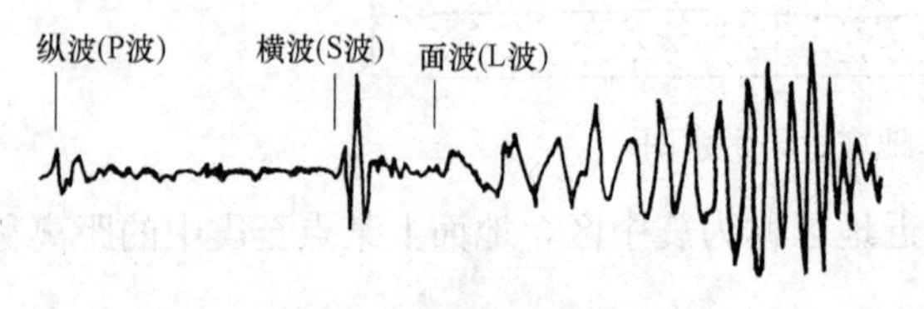

图 14-2　地震曲线图

图 14-2 为某次地震由地震仪记录下来的地震曲线图。由图中可见，纵波（P 波）首先到达，横波（S 波）次之，面波（L 波）最后到达。分析地震曲线图上 P 波和 S 波的到达的时间差，可确定震源的距离。

二、震级

衡量一次地震释放能量大小的等级，称为震级，用符号 M 表示。

由于人们所能观测到的只是地震波传播到地表的振动，这也正是对我们有直接影响的那一部分地震能量所引起的地面振动。因此，也就自然地用地面振动的振幅大小来度量地震震级。1935年里克特（C. F. Richter）首先提出了震级的定义，即：震级系利用标准地震仪（指周期为0.8s，阻尼系数为0.8，放大倍数为2800的地震仪）在距震中100km处记录的以微米（$1\mu m = 1 \times 10^{-3}mm$）为单位的最大水平地面位移（振幅）$A$的常用对数值：

$$M = \lg A \tag{14-4}$$

式中　M——地震震级，一般称为里氏震级；

A——由地震曲线图上量得的最大振幅（μm）。

例如，在距震中100km处，用标准地震仪记录到的地震曲线图的最大振幅$A=10mm$（即$10^4\mu m$），于是该次地震震级为：

$$M = \lg A = \lg 10^4 = 4$$

实际上，地震时距震中100km处不一定恰好有地震台站，而且地震台站也不一定有上述的标准地震仪。因此，对于震中距不是100km的地震台站和采用非标准地震仪时，需按修正后的震级计算公式确定震级。

震级与地震释放的能量有下列关系：

$$\lg E = 1.5M + 11.8 \tag{14-5}$$

式中　E——地震释放的能量。

由式（14-3）和式（14-4）计算可知，当地震震级相差一级时，地面振动振幅增加约10倍，而能量增加近32倍。

一般说来，$M<2$的地震，人们感觉不到，称为微震；$M=2\sim4$的地震称为有感地震；$M>5$的地震，对建筑物就要引起不同程度的破坏，统称为破坏性地震；$M>7$的地震称为强烈地震或大地震；$M>8$的地震称为特大地震。

三、地震烈度、地震烈度表和平均震害指数

（一）地震烈度、地震烈度表

地震烈度是指地震时在一定地点引起的地面震动及其影响的强弱程度。相对震中而言，地震烈度也可以把它理解为地震场的强度。

用什么尺度衡量地震烈度？在没有仪器观测的年代，只能由地震宏观现象，如人的感觉、器物的反应、地表和建筑物的影响和破坏程度等，总结出宏观烈度表来评定地震烈度。我国早期的《新中国地震烈度表》（1957）[1] 就属于这种宏观烈度表。由于宏观烈度表未能提供定量指标，因此不能直接用于工程抗震设计。随着科学技术的发展，强震仪的问世，使人们有可能记录到地面运动参数，如地面运动加速度峰值、速度峰值来定义地震烈度，从而出现了含有物理指标的定量烈度表。由于不可能随处取得地震仪记录，因此，用定量烈度表评定地震现场的地震烈度还有一定困难。比较好的方法是将两种烈度表结合起来，使之兼有两种功能，以便工程应用。

1999年由国家地震局颁布实施的《中国地震烈度表》GB/T 17742—1999，就属于将宏观烈度与地面运动参数建立起联系的地震烈度表。所以，该烈度表既有定性的宏观标

[1] 参见北京建筑工程学院，南京工学院合编．建筑结构抗震设计．北京：地震出版社，1981。

志，又有定量的物理标志，兼有宏观烈度表和定量烈度表的功能。

《中国地震烈度表》GB/T 17742—1999 自发布实施以来，在地震烈度评定中发挥了重要作用。由于国家经济发展，城乡房屋结构发生了很大变化，抗震设防的建筑比例增加。因此，由中国地震局对《中国地震烈度表》GB/T 17742—1999 进行了修订，并由国家质量监督检验检疫总局和国家标准化管理委员会联合发布了新的《中国地震烈度表》GB/T 17742—2008，参见表 14-1。

中国地震烈度表 GB/T 17742—2008　　**表 14-1**

地震烈度	人的感觉	房屋震害			其他震害现象	水平向地震动参数	
		类型	震害程度	平均震害指数		峰值加速度（m/s^2）	峰值速度（m/s）
Ⅰ	无感	—	—	—	—	—	—
Ⅱ	室内个别静止中的人有感觉	—	—	—	—	—	—
Ⅲ	室内少数静止中的人有感觉	—	门、窗轻微作响	—	悬挂物微动	—	—
Ⅳ	室内多数人、室外少数人有感觉，少数人梦中惊醒	—	门、窗作响	—	悬挂物明显摆动，器皿作响	—	—
Ⅴ	室内绝大多数、室外多数人有感觉，多数人梦中惊醒	—	门窗、屋顶、屋架颤动作响，灰土掉落，个别房屋墙体抹灰出现细微裂缝，个别屋顶烟囱掉砖	—	悬挂物大幅度晃动，不稳定器物摇动或翻倒	0.31 (0.22～0.44)	0.03 (0.02～0.04)
Ⅵ	多数人站立不稳，少数人惊逃户外	A	少数中等破坏，多数轻微破坏和/或基本完好	0.00～0.11	家具和物品移动；河岸和松软土出现裂缝，饱和砂层出现喷砂冒水；个别独立砖烟囱轻度裂缝	0.63 (0.45～0.89)	0.06 (0.05～0.09)
		B	个别中等破坏，少数轻微破坏，多数基本完好				
		C	个别轻微破坏，大多数基本完好	0.00～0.08			
Ⅶ	大多数人惊逃户外，骑自行车的人有感觉，行驶中的汽车驾乘人员有感觉	A	少数毁坏和/或严重破坏，多数中等和/或轻微破坏	0.09～0.31	物体从架子上掉落；河岸出现塌方，饱和砂层常见喷水冒砂，松软土地上地裂缝较多；大多数独立砖烟囱中等破坏	1.25 (0.90～1.77)	0.13 (0.10～0.18)
		B	少数中等破坏，多数轻微破坏和/或基本完好				
		C	少数中等和/或轻微破坏，多数基本完好	0.07～0.22			

续表

地震烈度	人的感觉	房屋震害			其他震害现象	水平向地震动参数	
		类型	震害程度	平均震害指数		峰值加速度（m/s^2）	峰值速度（m/s）
Ⅷ	多数人摇晃颠簸，行走困难	A	少数毁坏，多数严重和/或中等破坏	0.29～0.51	干硬土上出现裂缝，饱和砂层绝大多数喷砂冒水；大多数独立砖烟囱严重破坏	2.50 (1.78～3.53)	0.25 (0.19～0.35)
		B	个别毁坏，少数严重破坏，多数中等和/或轻微破坏				
		C	少数严重和/或中等破坏，多数轻微破坏	0.20～0.40			
Ⅸ	行动的人摔倒	A	多数严重破坏或/和毁坏	0.49～0.71	干硬土上多处出现裂缝，可见基岩裂缝、错动，滑坡、塌方常见；独立砖烟囱多数倒塌	5.00 (3.54～7.07)	0.50 (0.36～0.71)
		B	少数毁坏，多数严重和/或中等破坏				
		C	少数毁坏和/或严重破坏，多数中等和/或轻微破坏	0.38～0.60			
Ⅹ	骑自行车的人会摔倒，处不稳状态的人会摔离原地，有抛起感	A	绝大多数毁坏	0.69～0.91	山崩和地震断裂出现，基岩上拱桥破坏；大多数独立砖烟囱从根部破坏或倒毁	10.00 (7.08～14.14)	1.00 (0.72～1.41)
		B	大多数毁坏				
		C	多数毁坏和/或严重破坏	0.58～0.80			
Ⅺ	—	A	绝大多数毁坏	0.89～1.00	地震断裂延续很大；大量山崩滑坡	—	—
		B					
		C		0.78～1.00			
Ⅻ	—	A	几乎全部毁坏	1.00	地面剧烈变化，山河改观	—	—
		B					
		C					

注：表中给出的“峰值加速度”和“峰值速度”是参考值，括弧内给出的是变动范围。

现将新的地震烈度表的内容和查表时注意事项简述如下：

1. 地震烈度评定指标

新的烈度表规定了地震烈度的评定烈度指标，包括人的感觉、房屋震害程度、其他震害现象、水平向地震动参数。

2. 地震烈度等级

地震烈度仍划分为 12 等级，分别用罗马数字Ⅰ、Ⅱ、……Ⅻ表示。

3. 数量词的界定

数量词采用个别、少数、多数、大多数和绝大多数，其范围界定如下：

（1）个别为 10%以下；

（2）少数为 10%～45%；

（3）多数为 40%～70%；

（4）大多数为 60%～90%；

（5）绝大多数为 80%以上。

4. 评定烈度的房屋的类型

用于评定烈度的房屋，包括以下三种类型：

（1）A 类：木构架和土、石、砖墙建造的归式房屋；

（2）B 类：未经抗震设防的单层或多层砖砌体房屋；

（3）C 类：按照Ⅶ度抗震设防的单层或多层砖砌体房屋。

5. 房屋破坏等级及其对应的震害指数

房屋破坏等级分为：基本完好、轻微破坏、中等破坏、严重破坏和毁坏五类，其定义和对应的震害指数见表 14-2。

建筑破坏级别与震害指数　　**表 14-2**

破坏等级	震害程度	震害指数 d
基本完好	承重和非承重构件完好，或个别非承重构件轻微损坏，不加修理可继续使用	$0.00 \leqslant d < 0.10$
轻微破坏	个别承重构件出现可见裂缝，非承重构件有明显裂缝，不需要修理或稍加修理即可继续使用	$0.10 \leqslant d < 0.30$
中等破坏	多数承重构件出现轻微裂缝，部分有明显裂缝，个别非承重构件破坏严重，需要一般修理后可使用	$0.30 \leqslant d < 0.55$
严重破坏	多数承重构件破坏较严重，非承重构件局部倒塌，房屋修复困难	$0.55 \leqslant d < 0.85$
毁　坏	多数承重构件严重破坏，房屋结构濒临崩溃或已倒毁，已无修理可能	$0.85 \leqslant d < 1.00$

6. 地震烈度评定

（1）评定地震烈度时，Ⅰ度～Ⅴ度应以地面上以及底层房屋中的人的感觉和其他震害现象为主；Ⅵ度～Ⅹ度应以房屋震害为主，参照其他震害现象，当用房屋震害程度与平均震害指数评定结果不同时，应以震害程度评定结果为主，并综合考虑不同类型房屋的平均震害指数；Ⅺ度和Ⅻ度应综合房屋震害和地表震害现象。

（2）以下三种情况的地震烈度评定结果，应作适当调整：

1）当采用高楼上人的感觉和器物反应评定地震烈度时，适当降低评定值；

2）当采用低于或高于Ⅶ度抗震设计房屋的震害程度和平均震害指数评定地震烈度时，适当降低或提高评定值；

3）当采用建筑质量特别差或特别好房屋的震害程度和平均震害指数评定地震烈度时，适当降低或提高评定值。

（3）当计算的平均震害指数值位于表 14-1 中地震烈度对应的平均震害指数重叠搭接区间时，可参照其他判别指标和震害现象综合判定地震烈度。

（4）农村可按自然村，城镇可按街区为单位进行地震烈度评定，面积以 $1km^2$ 为宜。

（5）当有自由场地强震动记录时，水平向地震动峰值加速度和峰值速度可作为综合评定地震烈度的参考指标。

（二）平均震害指数

由于建筑种类不同，结构类型各异，所以，如何评定某一地区房屋的震害程度，做出比较符合实际的数量统计，以便正确地应用地震烈度表评定出宏观烈度，这是一个十分重要的问题。

《中国地震烈度表》GB/T 17742—2008 采用“平均震害指数”确定房屋的宏观烈度。所谓平均震害指数是指，同类房屋震害指数的加权平均值，即

$$D=\frac{1}{N}\sum_{i=1}^{5}d_in_i \tag{14-6}$$

若令 $\lambda_i=\frac{n_i}{N}$，则平均震害指数又可写成：

$$D=\sum_{i=1}^{5}d_i\lambda_i \tag{14-7}$$

式中　d_i——房屋破坏等级为 i 的震害指数；

n_i——房屋破坏等级为 i 的房屋幢数；

N——房屋总幢数；

λ_i——破坏等级为 i 的房屋破坏比，即破坏等级为 i 的房屋幢数与总幢数之比。

由式（14-7）可见，平均震害指数亦可定义为破坏等级为 i 的房屋破坏比与其相应的震害指数的乘积之和。

式（14-6）的物理意义表示某类房屋的平均震害程度。通过各类房屋不同的对比，可以了解各类房屋之间抗震性能的优劣。如某类房屋的平均震害指数愈大，则说明该类房屋的抗震性能愈差。

求出平均震害指数后，即可由表 14-1 查得地震烈度。

四、烈度衰减规律和等震线

对应于一次地震，在其波及的地区内，根据烈度表可以对该地区内每一地点评定出一个烈度。我们将烈度相同的区域的外包线，称为等烈度线或等震线。理想化的等震线应该

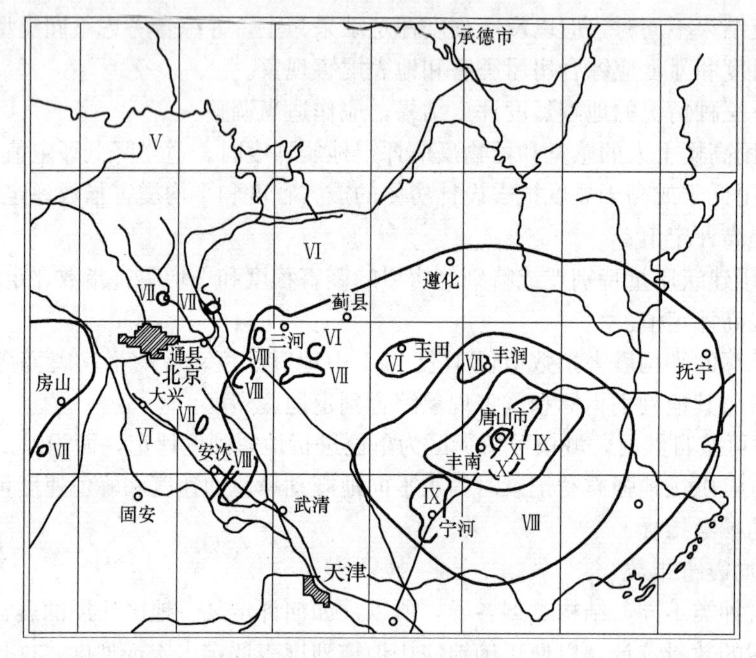

图 14-3　唐山地震等震线

是一些规则的同心圆。但实际上，由于建筑物的差异、地质、地形的影响，等震线多是一些不规则的封闭曲线。等震线一般取地震烈度级差为 1 度。一般地说，等震线的度数随震中距的增加而递减。但有时由于局部地形、地质的影响，也会在某一烈度区域内出现一小块高于该烈度 1 度或低 1 度的异常区。图 14-3 为 1976 年唐山地震的等震线。

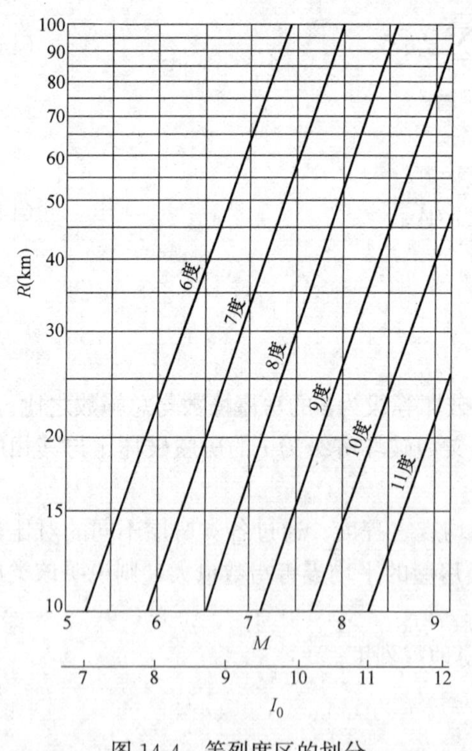

图 14-4　等烈度区的划分

我国有关单位根据 153 个等震线资料，经过数理统计分析，给出了烈度 I、震级 M 和震中距 R（km）之间的关系式：

$$I=0.92+1.63M-3.49\lg R \tag{14-8}$$

以及震中烈度 I_0 与震级 M 之间的关系式：

$$I_0=0.24+1.29M \tag{14-9}$$

根据式（14-8）和式（14-9），可在 M-$\lg R$ 坐标系中绘出等烈度区（图 14-4）。实际上，它是烈度衰减规律的另一表达形式，它有助于了解不同震级 M 和震中距 R 对烈度 I 衰减的影响。

§14.3　地震基本烈度和地震烈度区划图

一、地震基本烈度

强烈地震是一种破坏性很大的自然灾害，它的发生具有很大的随机性，采用概率方法预测某地区未来一定时间内可能发生的最大烈度是具有实际意义的。因此，国家有关部门提出了基本烈度的概念。

一个地区的基本烈度是指该地区在今后 50 年期限内，在一般场地条件下❶可能遭遇超越概率为 10％的地震烈度。

二、地震烈度区划图

国家地震局和建设部于 1992 年联合发布了新的《中国地震烈度区划图（1990）》❷。该图给出了全国各地地震基本烈度的分布，可供国家经济建设和国土利用规划、一般工业与民用建筑的抗震设防及制定减轻和防御地震灾害对策之用。

编制地震烈度区划图分两步进行：第一步先确定地震危险区，即未来 50 年期限内可能发震的地段，并估计每个发震地段可能发生的最大地震，从而确定出震中烈度；第二步是预测这些地震的影响范围，即根据地震衰减规律确定其周围地区的烈度。因此，地震烈度区划图上标明的某一地点的基本烈度，总是相应于一定震源的，当然也包括几个不同震源所造成的同等烈度的影响。

§14.4　建筑抗震设防分类、设防标准和设防目标

一、建筑抗震设防分类

根据新版国家标准《建筑工程抗震设防分类标准》GB 50223—2008（以下简称《分类标准》）规定，建筑抗震设防类别划分，应根据下列因素综合分析确定：

1. 建筑破坏造成的人员伤亡、直接和间接经济损失及社会影响大小。

2. 城镇的大小、行业的特点、工矿企业的规模。

3. 建筑使用功能失效后，对全局的影响范围大小、抗震救灾影响及恢复的难易程度。

4. 建筑各区段的重要性显著不同时，可按区段划分抗震设防类别。

5. 不同行业的相同建筑，当所处地位及地震破坏所产生的后果和影响不同时，其抗震设防类别可不相同。

《分类标准》规定，建筑工程应根据其使用功能的重要性和地震灾害后果的严重性分为以下四个抗震设防类别：

1. 特殊设防类：指使用上有特殊要求，涉及国家公共安全的重大建筑工程和地震时

---

❶ 一般场地条件是指地区内普遍分布的地基土质条件及一般地形、地貌、地质构造条件。

❷ 该图未包括我国海域部分及小的岛屿。

可能发生严重次生灾害等特别重大灾害后果，须要进行特殊设防的建筑。简称甲类；

2. 重点设防类：指地震时使用功能不能中断或须尽快恢复的生命线相关建筑，以及地震时可能导致大量人员伤亡等重大灾害后果，须要提高设防标准的建筑。简称乙类；

3. 标准设防类：指大量的除1、2、4款以外按标准要求进行设防的建筑。简称丙类；

4. 适度设防类：指使用上人员稀少且震损不致产生次生灾害，允许在一定条件下适度降低要求的建筑。简称丁类。

《分类标准》指出，划分不同的抗震设防分类并采取不同的设计要求，是在现有技术和经济条件下减轻地震灾害的重要对策之一。新的《分类标准》突出了设防类别划分是侧重于使用功能和灾害后果的区分，并更强调对人员安全的保障。

《分类标准》对一些行业的建筑的设防标准作了调整，例如，教育建筑中，幼儿园、小学、中学的教学用房以及学生宿舍和食堂的抗震设防类别不应低于乙类。《分类标准》并列出了主要行业甲、乙、丁类建筑和少数丙建筑的示例，可供查用。

二、建筑抗震设防标准和目标

（一）建筑抗震设防标准

建筑抗震设防标准是衡量建筑抗震设防要求高低的尺度，由建筑设防烈度和建筑使用功能的重要性确定。抗震设防烈度是指，按国家规定的权限批准作为一个的区抗震设防依据的地震烈度。一般情况下，抗震设防烈度可采用中国地震烈度区划图的基本烈度。对已编制抗震设防区划图的城市，也可采用批准的抗震设防烈度。

《分类标准》规定，各抗震设防类别建筑的抗震设防标准，应符合下列要求：

1. 标准设防类，应按本地区抗震设防烈度确定其抗震措施和地震作用。在遭遇高于当地抗震设防烈度的预估罕遇地震影响时不致倒塌或发生危及生命安全的严重破坏的抗震设防目标。

2. 重点设防类：应按高于本地区抗震设防烈度一度的要求加强其抗震措施；但抗震设防烈度为9度时应按比9度更高的要求采取抗震措施；地基基础的抗震措施，应符合有关规定。同时，应按本地区抗震设防烈度确定其地震作用。

对于划分为重点设防类而规模很小的工业建筑，当改用抗震性能较好的材料且符合抗震设计规范对结构体系的要求时，允许按标准设防类设防。

3. 特殊设防类：应按高于本地区抗震设防烈度提高一度采取抗震措施；但抗震设防烈度为9度时应按比9度更高的要求采取抗震措施。同时，应按批准的地震安全性评价的结果且高于本地区抗震设防烈度确定其地震作用。

4. 适度设防类：允许比本地区抗震设防烈度的要求适当降低其抗震措施，但抗震设防烈度为6度时不应降低。一般情况下，仍应按本地区抗震设防烈度确定其地震作用。

抗震设防烈度为6度时，除《抗震规范》有具体规定外，对乙、丙、丁类建筑可不进行地震作用计算。

（二）建筑抗震设防目标

20世纪70年代以来，世界不少国家的抗震设计规范都采用了这样一种抗震设计思想：在建筑使用寿命期限内，对不同频度和强度的地震，要求建筑具有不同的抗震能力。即对于较小的地震，由于其发生的可能性大，当遭遇到这种多遇地震时，要求结构不受损坏，这在技术上和经济上都是可以做到的；对于罕遇的强烈地震，由于其发生的可能性小，当遭遇到这种地震时，要求结构不受损坏，这在经济上是不合算的。比较合理的做法是，应允许损坏，但在任何情况下结构不应倒塌。

基于国际上这一趋势，结合我国具体情况，我国1989年颁布的《建筑抗震设计规范》GBJ 11—89就提出了与这一抗震思想相一致的“三水准”抗震设防目标，《建筑抗震设计规范》GB 50011—2010（2016年版）沿用了这一设防目标。

“三水准”抗震设防目标是：

第一水准：当遭受低于本地区抗震设防烈度的多遇的地震（简称小震）影响时，主体结构不受损坏或不需修理可继续使用。

第二水准：当遭受相当于本地区抗震设防烈度的设防地震（简称中震）影响时，可能损坏，但经一般修理仍可继续使用。

第三水准：当遭受高于本地区抗震设防烈度的罕遇地震（简称大震）影响时，不致倒塌或发生危及生命的严重破坏。

在进行建筑抗震设计时，原则上应满足三水准抗震设防目标的要求，在具体做法上，为了简化计算，《抗震规范》采取了二阶段设计法，即：

第一阶段设计：按小震作用效应和其他荷载效应的基本组合验算构件的承载能力，以及在小震作用下验算结构的弹性变形，以满足第一水准抗震设防目标的要求。

第二阶段设计：按大震作用下验算结构的弹塑性变形，以满足第三水准抗震设防目标的要求。

至于第二水准抗震设防目标的要求，《抗震规范》是以抗震措施来加以保证的。

概括起来，“三水准、二阶段”抗震设防目标的通俗说法是：“小震不坏，中震可修，大震不倒。”

我国抗震设计规范所提出的“三水准”抗震设防目标，以及为实现这个目标所采取的二阶段设计法，已为震害所证明是正确的。例如，发生在2008年四川汶川“5·12”大地震，通过有关单位专家对此次所完成的震后房屋应急评估显示，严格按照现行建筑抗震设计规范设计、施工和使用的建筑，在遭受比当地设防烈度高1度的地震作用下（即地震作用比规定大1倍，相当于罕遇地震），没有出现倒塌破坏，有效地保护了人民的生命安全。

《抗震规范》规定，一般情况下仍沿用“三水准”抗震设防目标，但建筑有使用功能上或其他的专门要求时，可按高于上述一般情况的设防目标进行抗震性能设计。

三、小震和大震

按“三水准、二阶段”进行建筑抗震设计时，首先遇到的问题是如何定义大震和小震，以及在各基本烈度区小震和大震烈度如何取值。

根据地震危险性分析，一般认为，地震烈度概率密度函数符合极值Ⅲ型分布（图14-5），即：

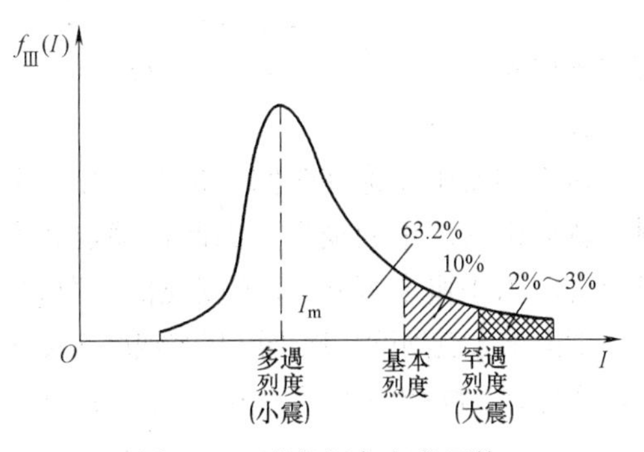

图14-5　烈度概率密度函数

$$f_{\text{Ⅲ}}(I)=\frac{k(\omega-I)^{k-1}}{(\omega-I_{\text{m}})^{k}}\mathrm{e}^{-\left(\frac{\omega-I}{\omega-I_{\text{m}}}\right)^{k}} \tag{14-10}$$

其分布函数

$$F_{\text{Ⅲ}}(I)=\mathrm{e}^{-\left(\frac{\omega-I}{\omega-I_{\text{m}}}\right)^{k}} \tag{14-11}$$

式中　I——地震烈度；

ω——地震烈度上限值，取 $\omega=12$ 度；

I_{m}——众值烈度，即烈度概率密度函数曲线上的峰值（称为众值）所对应的烈度，根据我国有关单位对华北、西南、西北 45 个城镇的地震烈度概率分析，基本烈度与众值烈度之差的平均值为 1.55 度。若已知某地区基本烈度为 8 度。则 $I_{\text{m}}=8-1.55=6.45$ 度；

e——无理数，e=2.718；

k——形状参数。

式（1-11）中，参数 ω 和 I_{m} 有明确的物理意义。现讨论参数 k 的确定方法。

由于不少国家以 50 年超越概率为 10%的地震强度作为设计标准。为了简化计算，统一按这一概率水准来确定形状参数。

根据地震烈度概率分析，我国基本烈度大体上为设计基准期 50 年超越概率 10%的烈度，现以某地区基本烈度为 8 度为例，说明形状参数 k 的确方法，由于基本烈度 8 度区的众值烈度 $I_{\text{m}}=8-1.55=6.45$ 度，并注意到这时 $F_{\text{Ⅲ}}(I)=0.9$。将上列数据代入式（14-11），得：

$$F_{\text{Ⅲ}}(8)=\mathrm{e}^{-\left(\frac{12-8}{12-6.45}\right)^{k}}=0.9$$

经简化后得

$$\mathrm{e}^{-(0.721)^{k}}=0.9$$

对上式等号两端取自然对数，得

$$-0.721^{k}=-0.10536$$

对上式等号两端取常用对数，经计算得 $k=6.878$。

1. 小震烈度

从概率意义上讲，小震应是发生频率最多的地震，即烈度概率密度函数曲线上峰值所对应的烈度——众值烈度。因此，采用众值烈度作为小震烈度是适宜的。如上所述，对于基本烈度为 8 度区的众值烈度，即小震烈度，可取 6.45 度。不超越众值烈度的概率可由式（14-11）计算，其中取 $I=I_{\text{m}}$，于是

$$F_{\text{Ⅲ}}(I)=\mathrm{e}^{-\left(\frac{\omega-I_{\text{m}}}{\omega-I_{\text{m}}}\right)^{k}}=\mathrm{e}^{-1}=0.368=36.8\%$$

而超越概率为

$$1-F_{\text{Ⅲ}}(I)=1-0.368=0.632=63.2\%$$

2. 大震烈度

地震的发生无论在时间、地点和强度上都具有很大的随机性。强烈地震给人们生命和财产造成极其严重的损失。因此，确定在设计基准期内防止建筑倒塌的大震烈度时，从概率上讲应为小概率事件。《抗震规范》取超越概率 2%～3%的烈度作为大震的概率水准。

下面求大震烈度。现仍以基本烈度 8 度区为例，设取超越概率 2% 烈度作为大震的概率水准，这时 $F_{\text{Ⅲ}}(I)=0.98$，$I_{\text{m}}=6.45$ 度，$k=6.878$。将这些数据代入式（14-11），得：

$$F_{\text{Ⅲ}}(I)=\mathrm{e}^{-\left(\frac{12-I}{12-6.45}\right)^{6.878}}=0.98$$

对上式等号两端取自然对数，得

$$-\left(\frac{12-I}{5.55}\right)^{6.878}=-0.0202$$

对上式等号两端取常用对数，即可求得 8 度区的大震烈度为 $I=8.853$ 度。即 9 度弱。

同理可求得，相应于基本烈度为 6 度、7 度和 9 度时的大震烈度分别为 7 度强，8 度强和 9 度强。因此，大震烈度比基本烈度高 1 度左右。

§14.5　建筑抗震性能设计

如前所述，新版《抗震规范》规定，当建筑有使用功能上或其他的专门要求时，可按高于一般情况的设防目标（三水准、二阶段设计）进行结构抗震性能设计。这里所说的建筑有使用功能上或其他的专门要求，一般是指下面一些情况：

1. 超限高层建筑结构；
2. 结构的规则性、结构类型不符合《抗震规范》有关规定的建筑；
3. 位于高烈度区（8 度、9 度）的甲、乙类设防标准的特殊工程；
4. 处于抗震不利地段的工程。

结构抗震性能设计，是指以结构抗震性能目标为基准的结构抗震设计，结构抗震性能目标，是指针对不同的地震地面运动（小震、中震或大震）设定的结构抗震性能水准。而结构抗震性能水准则是指对结构震后损坏状况及继续使用可能性等抗震性能的界定（如完好、基本完好或轻微破坏等）。

结构抗震性能目标应根据抗震设防类别、设防烈度、场地条件、结构类型和不规则性、附属设施功能要求、投资大小、震后损失和修复难易程度等确定，结构抗震性能目标分为 A、B、C、D 四级。不同的结构抗震性能目标设定的结构抗震性能水准分为 1、2、3、4、5 五个水准，如表 14-3 所示。

结构抗震性能水准　　**表 14-3**

地震水准	结构抗震性能目标			
	A	B	C	D
多遇地震	1	1	1	1
设防地震	1	2	3	4
罕遇地震	2	3	4	5

表中各结构抗震性能水准可按表 14-4 进行宏观判别，各种性能水准结构的楼层均不应出现受剪破坏。

各抗震性能水准结构预期的震后性能状况　　**表 14-4**

结构抗震性能水准	宏观损坏程度	损坏程度			继续使用的可能性
		普通竖向构件	关键构件	耗能构件	
第 1 水准	完好，无损坏	无损坏	无损坏	无损坏	一般不须修理即可使用
第 2 水准	基本完好，轻微损坏	无损坏	无损坏	轻微损坏	稍加修理即可使用

续表

结构抗震性能水准	宏观损坏程度	损坏程度			继续使用的可能性
		普通竖向构件	关键构件	耗能构件	
第 3 水准	轻度损坏	轻微损坏	轻微损坏	轻度损坏，部分中度损坏	一般修理后才可使用
第 4 水准	中度损坏	部分构件中度损坏	轻度损坏	中度损坏，部分比较严重损坏	修复或加固后才可继续使用
第 5 水准	比较严重损坏	部分构件比较严重损坏	中度损坏	比较严重损坏	需排险大修

注：普通竖向构件是指关键构件之外的构件；关键构件是指该构件的失效可能引起结构的连续破坏或危及生命安全的严重破坏；耗能构件包括框架梁、剪力墙连梁等。

由表 14-3 可见，A、B、C、D 四级性能目标的结构，在小震作用下均应满足第 1 抗震性能水准，即满足弹性设计要求，即“小震不坏”；在中震或大震作用下，四种性能目标所要求的结构抗震性能水准有较大的区别。A 级性能目标是最高等级，中震作用下要求结构达到第 1 抗震性能水准，大震作用下要求结构达到第 2 抗震性能水准，即结构仍处于基本弹性状态；B 级性能目标，要求结构在中震作用下满足第 2 抗震性能水准，大震作用下满足第 3 抗震性能水准，结构仅有轻微损坏；C 级性能目标，要求结构在中震作用下满足第 3 抗震性能水准，大震作用下满足第 4 抗震性能水准，结构中度损坏；D 级性能目标是最低等级，要求结构在中震作用下满足第 4 抗震性能水准，大震作用下满足第 5 抗震性能水准，结构有比较严重的损坏，但不致倒塌或发生危及生命的严重损坏。

如上所述，选用结构抗震性能目标时，须综合考虑抗震设防类别、设防烈度、场地条件、结构类型和不规则性、建造费用、震后损失和修复难易程度等因素。鉴于地震地面运动的不确定性，以及结构在强烈地震下非线性分析方法（计算模型及参数的选用等）存在不少经验因素，缺少从强震记录、设计施工资料到实际震害的验证，对结构抗震性能的判断难以十分准确，尤其是对于长周期的超高层建筑或特别不规则的结构的判断难度更大。因此，在选用抗震性能目标时，宜偏于安全一些。例如，特别不规则的超限高层建筑或处于不利地段场地的特别不规则的结构，可考虑选用 A 级性能目标；房屋高度或不规则性超过《抗震规范》适用范围很多时，可考虑选用 B 级或 C 级性能目标；房屋高度或不规则性超过适用范围较多时，可考虑选用 C 级性能目标；房屋高度或不规则性超过适用范围较少时，可考虑选用 C 级或 D 级性能目标。上面仅仅是从建筑高度超限情况、结构不规则程度和不利地段场地方面列举些例子，实际工程情况比较复杂，要考虑各种因素，合理地选用结构抗震性能目标。

应当指出，所选用的性能目标等级高低关系到结构的安全度和工程投资多少。因此，要征得业主的认可。

§ 14.6　建筑抗震设计的基本要求

在强烈地震作用下，建筑的破坏过程是十分复杂的，目前对它还没有充分的认识，因此要进行精确的抗震设计还有一些的困难。20 世纪 70 年代以来，人们提出了“建筑抗震概念设计”。所谓“建筑抗震概念设计”是指，根据地震震害和工程经验等所形成的基本设计原则和设计思想，进行建筑和结构总体布置并确定细部构造的过程。

我们掌握建筑抗震概念设计，将有助于明确抗震设计思想，灵活、恰当地运用抗震设计原则，使我们不致陷入盲目的计算工作，从而能够采取比较合理的抗震措施。

应当指出，强调建筑抗震概念设计重要，并非不重视数值计算。而这正是为了给抗震计算创造有利条件，使计算分析结果更能反映地震时结构反应的实际情况。

在进行抗震设计时，应遵守下列一些要求：

一、场地、地基和基础的要求

1. 选择对抗震有利的场地

选择建筑场地时，应根据工程需要，掌握地震活动情况、工程地质和地震地质的有关资料，对抗震有利、一般、不利和危险地段作出综合评价。对不利地段，应提出避开要求；当无法避开时应采取有效措施。对危险地段，严禁建造甲、乙类的建筑，不应建造丙类的建筑。

对抗震有利地段，一般是指稳定的基岩、坚硬土或开阔、平坦、密实、均匀的中硬土等地段；不利地段，一般是指软弱土，液化土，条状突出的山嘴，高耸孤立的山丘，非岩质的陡坡，陡坎，河岸和边坡的边缘，平面分布上成因、岩性、状态明显不均匀的土层（如故河道、疏松的断层破碎带、暗埋的塘浜沟谷和半填半挖的地基），高含水量可塑黄土，地表存在结构性裂隙等地段；危险地段，一般是指地震时可能发生滑坡、崩塌、地陷、地裂、泥石流等，及发震断裂带上可能发生地表错位的部位等地段；一般地段，是指不属于有利、不利和危险的地段。

2. 建造在Ⅰ[1]类场地上的抗震构造措施的调整

（1）建筑场地为Ⅰ类时，甲、乙类建筑应允许仍按本地区抗震设防烈度的要求采取抗震构造措施；丙类建筑应允许按本地区抗震设防烈度降低一度的要求采取抗震构造措施，但抗震设防烈度为 6 度时仍应按本地区抗震设防烈度的要求采取抗震构造措施。

（2）建筑场地为Ⅲ、Ⅳ类时，对设计基本地震加速度为 0.15g 和 0.30g 的地区[2]，除《抗震规范》另有规定外，宜分别按抗震设防烈度为 8 度（0.20g）和 9 度（0.40g）时各类建筑的要求采取抗震构造措施。

3. 地基和基础设计应符合下列要求

（1）同一结构单元的基础不宜设置在性质截然不同的地基上；

（2）同一结构单元不宜部分采用天然地基部分采用桩基；

（3）地基为软弱黏性土、液化土、新近填土或严重不均匀土时，应估计地震时地基不均匀沉降或其他不利影响，并采取相应的措施。

4. 山区建筑场地和地基基础设计应符合下列要求

（1）山区建筑场地应根据地质、地形条件和使用要求，因地制宜设置符合抗震设防要

---

[1] 建筑场地的分类见第 15 章。

[2] 设计基本地震加速度见第 16 章。

求的边坡工程；边坡应避免深挖高填，坡高大且稳定性差的边坡应采用后仰放坡或分阶放坡。

(2) 建筑基础与土质、强风化岩质边坡的边缘应留有足够的距离，其值应根据抗震设防烈度的高低确定，并采取措施避免地震时地基基础破坏。

二、选择对抗震有利的建筑平面、立面和竖向剖面

为了防止地震时建筑发生扭转和应力集中或塑性变形集中，而形成薄弱部位，建筑平面、立面和竖向剖面应符合下列要求：

1. 建筑设计应符合抗震概念设计的要求，不规则的建筑方案应按规定采取加强措施；特别不规则的建筑方案应进行专门研究和论证，采取特别的加强措施；不应采用严重的不规则的建筑方案。

2. 建筑及其抗侧力结构的平面布置宜规则、对称，并具有良好的整体性；建筑的立面和竖向剖面宜规则，结构的侧向刚度宜均匀变化，竖向抗侧力构件的截面尺寸和材料强度宜自下而上逐渐减小，避免抗侧力结构的侧向刚度和承载力突变。

3. 体形复杂或平、立面特别不规则的建筑结构，可按实际需要在适当部位设置防震缝，形成多个较规则的抗侧力结构单元。防震缝应根据抗震设防烈度、结构材料种类、结构类型、结构单元高差情况，留有足够的宽度，其两侧的上部结构应全部脱开。

当设置伸缩缝和沉降缝时，其宽度应符合防震缝的要求。

三、选择技术和经济合理的结构体系

结构体系应根据建筑抗震设防类别、抗震设防烈度、建筑高度、场地条件、地基、结构材料和施工等因素，经技术、经济和使用条件综合比较确定。

1. 结构体系应符合下列各项要求

(1) 具有明确的计算简图和合理的地震作用传递路线。

(2) 应避免因部分结构或构件破坏而导致整体结构丧失抗震能力或对重力荷载的承载能力。

(3) 应具备必要的抗震承载能力、良好的变形能力和消耗地震能量的能力。

(4) 对可能出现的薄弱部位，应采取措施提高抗震承载力。

2. 结构体系尚宜符合下列各项要求

(1) 结构体系宜有多道防线。

(2) 宜具有合理的刚度和承载力分布，避免因局部削弱或突变形成薄弱部位，产生过大的应力集中或塑性变形集中。

(3) 结构在两个主轴方向的动力特性宜相近。

3. 结构构件应符合下列要求

(1) 砌体结构应按规定设置钢筋混凝土圈梁和构造柱、芯柱或采用约束砌体、配筋砌体等。

(2) 混凝土结构构件应控制截面尺寸和受力钢筋与箍筋的设置，防止剪切破坏先于弯曲破坏，混凝土压溃先于钢筋的屈服、钢筋的锚固粘结破坏先于钢筋破坏。

(3) 预应力混凝土构件，应配有足够的非预应力钢筋。

（4）钢结构构件的尺寸应合理控制，避免局部失稳或整个构件失稳。

（5）多、高层的混凝土楼、屋盖宜优先采用现浇混凝土板。当采用预制装配式混凝土楼、屋盖时，应从楼盖体系和构造上采取措施确保各预制板之间连接的整体性。

4. 结构各构件之间的连接要求

（1）构件节点的破坏，不应先于其连接的构件。

（2）预埋件的锚固破坏，不应先于连接件。

（3）装配式结构构件的连接，应能保结构的整体性。

（4）预应力混凝土构件的预应力钢筋，宜在节点核心区以外锚固。

（5）装配式单层厂房的各种抗震支撑系统，应保证地震时结构的稳定性。

四、利用计算机进行结构抗震分析

应符合下列要求：

1. 计算模型的建立，必要的简化计算与处理，应符合结构的实际工作状况；计算中应考虑楼梯构件的影响；

2. 计算软件的技术条件应符合《抗震规范》及有关标准的规定，并应阐明其特殊处理的内容和依据；

3. 复杂结构进行多遇地震作用下的内力和变形分析时，应采用不少于两个合适的不同力学模型，并对其计算结果进行分析比较；

4. 所有计算机计算结果，应经分析判断确认其合理、有效后方可用于工程设计。

五、对非结构构件的要求

1. 非结构构件，包括建筑非结构构件和建筑附属机电设备，自身及其与结构主体的连接，应进行抗震设计。

2. 非结构构件的抗震设计，应由相关专业人员分别负责进行。

3. 附着于楼、屋面结构上的非结构构件（如雨篷、女儿墙等），以及楼梯间的非承重墙体，应与主体结构有可靠连接或锚固，避免地震时倒塌伤人或砸坏重要设备。

4. 框架结构的围护墙和隔墙，应估计其设置对结构抗震的不利影响，避免不合理设置而导致结构的破坏。

5. 幕墙、装饰贴面与主体结构应有可靠连接，避免地震时脱落伤人。

6. 安装在建筑上的附属机械、电气设备系统的支座和连接，应符合地震时使用功能的要求，且不应导致相关部件的损坏。

六、结构材料性能与施工的要求

1. 抗震结构对材料和施工质量的特别要求，应在设计文件上注明。

2. 结构材料性能指标，应符合下列最低要求：

（1）砌体结构材料应符合下列规定：

1）普通砖和多孔砖的强度等级不应低于MU10，其砌筑砂浆强度等级不应低于M5。

2）混凝土小型空心砌块的强度等级不应低于MU7.5，其砌筑砂浆强度等级不应低于Mb7.5。

（2）混凝土结构材料应符合下列规定：

1）混凝土的强度等级，框支梁，框支柱及抗震等级为一级的框架梁、柱、节点核芯区，不应低于C30；构造柱、芯柱、圈梁及其他各类构件不应低于C20。

2）抗震等级为一、二、三级的框架和斜撑构件（含梯段），其纵向受力钢筋采用普通钢筋时，钢筋的抗拉强度实测值与屈服强度实测值的比值不应小于1.25；钢筋的屈服强度实测值与屈服强度标准值的比值不应大于1.3；且钢筋在最大拉力下的总伸长率实测值不应小于9％。

上面第1个限制条件是为了保证当构件某个部位出现塑性铰以后，塑性铰处有足够的转动能力与耗能能力；第2个限制条件是为了保证在抗震设计中实现强柱弱梁和强剪弱弯所规定的内力调整提供必要的条件。而第3个限制条件则是为了保证钢筋具有较好的延性。

国家标准《钢筋混凝土用钢》第二部分：热轧带肋钢筋GB 1499.2—2007规定，符合上述要求的钢筋牌号，在已有牌号后加E。例如HRB400E、HRB500E等。

（3）钢结构的钢材应符合下列规定：

1）钢材的屈服强度实测值与抗拉强度实测值的比值不应大于0.85。

2）钢材应有明显的屈服台阶，且伸长率应小于20％，以保证构件有足够的塑性变形能力。

3）钢材应有良好的可焊性和合格的冲击韧性。

3. 结构材料性能指标，尚宜符合下列要求：

（1）普通钢筋宜优先采用延性、韧性和可焊性较好的钢筋；普通钢筋的强度等级，纵向受力钢筋宜选用符合抗震性能的不低于HRB400级热轧钢筋，也可采用符合抗震性能指标的HRB335级热轧钢筋；箍筋宜选用符合抗震性能指标的HRB335、HRB400级热轧钢筋。

（2）混凝土结构的混凝土强度等级，抗震墙不宜超过C60，其他构件，9度时不宜超过C60，8度时不宜超过C70。对钢筋混凝土结构的混凝土强度等级的限制，是因为高强度混凝土具有脆性性质，且随等级提高而增加，因此在抗震设计中应考虑这一因素。

（3）钢结构的钢材宜采用Q235等级B、C、D的碳素结构钢及Q345等级B、C、D、E的低合金高强度结构钢，当有可靠依据时，尚可采用其他钢种和钢号。

4. 在施工中，当需要以强度等级高的钢筋代替原设计中的纵向受力钢筋时，应按照钢筋受拉承载力设计值相等的原则换算，并应满足最小配筋率、抗裂度要求。

5. 钢筋混凝土构造柱、芯柱和底部框架-抗震墙砖房中砖抗震墙的施工，应先砌墙后浇构造柱、芯柱和框架梁柱。

小　结

1. 构造地震是指，由于地壳构造运动使岩层发生断裂、错动而引起的地面振动，简称地震。因为这种地震影响面广、破坏性大、发震频率高，所以在建筑抗震设计中仅限讨论构造地震的设防问题。

2. 震级是衡量一次地震大小的级别。烈度是指地震时在某一地点振动的强烈程度。

一次地震只有一个震级，而烈度则根据地地区的不同而不同。在一般情况下，烈度随震中距的增加而减小。

基本烈度是指，某地区在今后 50 年期限内，在一般场地条件下可能遭遇超越概率为 10%的地震烈度。《中国地震烈度区划图》（1990）给出了全国基本烈度的分布，可供工程设计应用。设防烈度是作为一个地区抗震设防依据的地震烈度。其值一般可直接采用《中国地震烈度区划图》（1990）的基本烈度或采用《抗震规范》附录 A 所列《中国主在城镇设防烈度》。

3.《分类标准》规定，建筑工程应根据其使用功能的重要性和地震灾害后果的严重性分为以下四个抗震设防类别：

（1）特殊设防类：指使用上有特殊设施，涉及国家公共安全的重大建筑工程和地震时可能发生严重次生灾害等特别重大灾害后果，需要进行特殊设防的建筑。简称甲类；

（2）重点设防类：指地震时使用功能不能中断或需尽快恢复的生命线相关建筑，以及地震时可能导致大量人员伤亡等重大灾害后果，需要提高设防标准的建筑。简称乙类；

（3）标准设防类：指大量的除（1）、（2）、（4）款以外按标准要求进行设防的建筑。简称丙类；

（4）适度设防类：指使用上人员稀少且震损不致产生次生灾害，允许在一定条件下适度降低要求的建筑。简称丁类。

4. 我国 1989 年颁布的《建筑抗震设计规范》GBJ 11—89 就提出了“三水准”基本的抗震设防目标。“三水准”基本的抗震设防目标是：

第一水准：当遭受低于本地区抗震设防烈度的多遇的地震（简称小震）影响时，主体结不受损坏或不需修理可继续使用。

第二水准：当遭受相当于本地区抗震设防烈度的地震影响时，可能损坏，但经一般修理或仍可继续使用。

第三水准：当遭受高于本地区抗震设防烈度罕遇地震（简称大震）影响时，不致倒塌或发生危及生命的严重破坏。

思　考　题

14-1　什么是基本烈度和设防烈度？它们是怎样确定的？

14-2　什么是多遇地震、设防地震和罕遇地震？

14-3　建筑工程分为哪几个抗震设防类别？分类的目的是什么？

14-4　按《抗震规范》进行抗震设计的建筑，一般情况下的抗震设防目标是什么？

14-5　什么是建筑抗震概念设计？概念设计包括哪些内容？

14-6　何谓建筑抗震性能设计？结构抗震性能目标应根据哪些因素确定？

第15章　场地、地基与基础

§15.1　场地

建筑场地是指工程群体所在地，具有相似的反应谱[1]特征，其范围相当于厂区、居民小区和自然村或不小于 1.0km² 平面面积。

国内外大量震害表明，不同场地上的建筑震害差异是十分明显的。因此，研究场地条件对建筑震害的影响是建筑抗震设计中十分重要的问题。一般认为，场地条件对建筑震害的影响主要因素是：场地土刚性（即土的坚硬和密实程度）的大小和场地覆盖层厚度。震害表明，土质愈软，覆盖层厚度愈厚，建筑震害愈严重，反之愈轻。

场地土的刚性一般用土的剪切波速表征，因为土的剪切波速是土的重要动力参数，是最能反映土的动力特性的，因此，以剪切波速表示场地土的刚性广为各国抗震规范所采用。

一、建筑场地类别

《抗震规范》规定，建筑场地类别应根据土的剪切波速和场地覆盖层厚度按表 15-1 划分为四类，其中Ⅰ类分为Ⅰ$_0$（硬质岩石）、Ⅰ$_1$ 两个亚类。

建筑场地类别划分　　**表 15-1**

<table>
<tr><th rowspan="2">岩石的剪切波速或土的等效剪切波速(m/s)</th><th colspan="7">场地覆盖层厚度 d_{ov}(m)</th></tr>
<tr><th>$d_{ov}=0$</th><th>$0<d_{ov}<3$</th><th>$3\leqslant d_{ov}<5$</th><th>$5\leqslant d_{ov}\leqslant 15$</th><th>$15<d_{ov}\leqslant 50$</th><th>$50<d_{ov}\leqslant 80$</th><th>$d_{ov}>80$</th></tr>
<tr><td>$v_s>800$</td><td>Ⅰ$_0$</td><td colspan="6"></td></tr>
<tr><td>$800\geqslant v_s>500$</td><td>Ⅰ$_1$</td><td colspan="6"></td></tr>
<tr><td>$500\geqslant v_{se}>250$</td><td colspan="3">Ⅰ$_1$</td><td colspan="4">Ⅱ</td></tr>
<tr><td>$250\geqslant v_{se}>150$</td><td colspan="2">Ⅰ$_1$</td><td colspan="3">Ⅱ</td><td colspan="2">Ⅲ</td></tr>
<tr><td>$v_{se}\leqslant 150$</td><td colspan="2">Ⅰ$_1$</td><td colspan="2">Ⅱ</td><td colspan="2">Ⅲ</td><td>Ⅳ</td></tr>
</table>

注：表中 v_s 为硬质岩石和坚硬土的剪切波速；v_{se}为土层的等效剪切波速。

（一）建筑场地覆盖层厚度的确定

《抗震规范》规定，建筑场地覆盖层厚度的确定，应符合下列要求：

1. 一般情况下，应按地面至剪切波速大于 500m/s 且其下卧各层岩土的剪切波速均不小于 500m/s 的土层顶面的距离确定。

2. 当地面 5m 以下存在剪切波速大于其上部各土层剪切波速 2.5 倍的土层，且该层及

---

[1] 关于反应谱的概念见第 16 章。

其下卧各层岩土的剪切波速均不小于 400m/s 时，可按地面至该土层顶面的距离确定。

3. 剪切波速大于 500m/s 的孤石、透镜体，应视同周围土层。

4. 土层中的火山岩硬夹层，应视为刚体，其厚度应从覆盖土层中扣除。

（二）土层剪切波速的测量和确定

《抗震规范》规定，土层剪切波速应在现场测量，并应符合下列要求：

1. 在场地初步勘察阶段，对大面积的同一地质单元，测试土层剪切波速的钻孔数量不宜少于 3 个。

2. 在场地详细勘察阶段，对单幢建筑，测试土层剪切波速的钻孔数量，不宜少于 2 个，数据变化较大时，可适量增加；对小区中处于同一地质单元的密集建筑群，测试土层剪切波速的钻孔数量可适量减少，但每幢高层建筑和大跨空间结构的钻孔数量均不得少于 1 个。

3. 对丁类建筑和丙类建筑中层数不超过 10 层，高度不超过 24m 的多层建筑，当无实测剪切波速时，可根据岩土名称和性状，按表 15-2 划分土的类型，再利用当地经验在表 15-2的剪切波速范围内估算各土层的剪切波速。

土的类型划分和剪切波速范围　　　　表 15-2

土的类型	岩土名称和性状	土层剪切波速范围(m/s)
岩　石	坚硬、较硬且完整的岩石	$v_s>800$
较坚硬或软质岩石	破碎和较破碎的岩石或软和较软的岩石，密实的碎石土	$800\geqslant v_s>500$
中硬土	中密、稍密的碎石土，密实、中密的砾、粗、中砂，$f_{ak}>150$ 黏性土和粉土，坚硬黄土	$500\geqslant v_s>250$
中软土	稍密的砾、粗、中砂，除松散外的细、粉砂，$f_{ak}\leqslant 150$ 的黏性土和粉土，$f_{ak}>130$ 的填土，可塑新黄土	$250\geqslant v_s>150$
软弱土	淤泥和淤泥质土，松散的砂，新近沉积的黏性土和粉土，$f_{ak}\leqslant 130$ 的填土，流塑黄土	$v_s\leqslant 150$

注：f_{ak}为由载荷试验等方法得到的地基承载力特征值（kPa）；v_s 为岩土的剪切波速。

表 15-1 中土层等效剪切波速，应按下列公式计算

$$v_{se}=\frac{d_0}{t} \tag{15-1a}$$

$$t=\sum_{i=1}^{n}\frac{d_i}{v_{si}} \tag{15-1b}$$

式中　v_{se}——土层等效剪切波速（m/s）；

d_0——计算深度（m），取覆盖层厚度和 20m 两者的较小值；

t——剪切波在地面至计算深度之间的传播时间（s）；

d_i——计算深度范围内第 i 土层的厚度（m）；

v_{si}——计算深度范围内第 i 土层的剪切波速（m/s）；

n——计算深度范围内土层的分层数。

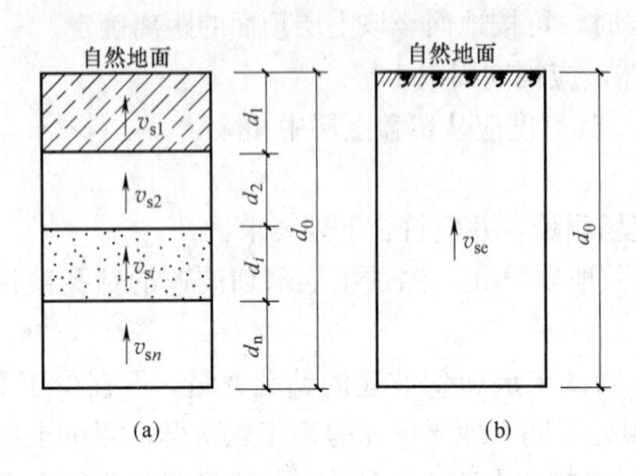

图 15-1　多层土等效剪切波速的计算
（a）多层土；（b）单一土层

等效剪切波速是根据地震波通过计算深度范围内多层土层的时间等于该波通过计算深度范围内单一土层的时间条件确定的。

设场地计算深度范围内有 n 层性质不同的土层组成（图 15-1），地震波通过它们的厚度分别为 d_1，d_2，…，d_n，并设计算深度为 $d_0=\sum_{i=1}^{n}d_i$，于是

$$t=\sum_{i=1}^{n}\frac{d_i}{v_{si}}=\frac{d_0}{v_{se}} \tag{15-1c}$$

经整理后即得等效剪切波速计算公式。

【例题 15-1】 表 15-3 为某工程场地地质钻孔地质资料，试确定该场地类别。

例题 15-1 附表　　表 15-3

土层底部深度（m）	土层厚度 d_i（m）	岩土名称	剪切波速 v_{si}（m/s）
2.50	2.50	杂填土	200
4.00	1.50	粉　土	280
4.90	0.90	中　砂	310
6.10	1.20	砾　砂	500

【解】 因为地面下 4.90m 以下土层剪切波速 $v_s=500$m/s，所以场地计算深度 $d_0=4.90$m。按式（15-1a）计算：

$$v_{se}=\frac{d_0}{\sum\limits_{i-1}^{n}\frac{d_i}{v_{si}}}=\frac{4.90}{\frac{2.50}{200}+\frac{1.50}{280}+\frac{0.90}{310}}=236\text{m/s}$$

由表 15-1 查得，当 250m/s$>v_{se}=236$m/s>150m/s 且 3m$<d_{ov}=4.90$m<5m 时，该场地属于Ⅱ类场地。

【例题 15-2】 表 15-4 为 8 层、高度为 24m 丙类建筑的场地地质钻孔资料（无剪切波速资料），试确定该场地类别。

例题 15-2 附表　　表 15-4

土层底部深度（m）	土层厚度（m）	岩土名称	地基土静承载力特征值（kPa）
2.20	2.20	杂填土	130
8.00	5.80	粉质黏土	140
12.50	4.50	黏　土	150
20.70	8.20	中密的细砂	180
25.00	4.30	基　岩	700

【解】　场地覆盖层厚度＝20.7m＞20m，故取场地计算深度 $d_0=20$m。本例在计算深度范围内有 4 层土，根据杂填土静承载力特征值 $f_{ak}=130$kN/m^2，由表 15-2 取其剪切波速值 $v_s=150$m/s；根据粉质黏土、黏土静承载力特征值分别为 140kN/m^2 和 150kN/m^2，以及中密的细砂，由表 15-2 查得，它们的剪切波速值范围均在 250～150m/s 之间，现取其平均值 $v_s=200$m/s。

将上列数值入式（15-1b），得

$$v_{se}=\frac{d_0}{\sum_{i=1}^{n}\frac{d_i}{v_{si}}}=\frac{20}{\frac{2.20}{150}+\frac{5.80}{200}+\frac{4.50}{200}+\frac{7.50}{200}}=192\text{m/s}$$

由表 15-1 可知，该建筑场地为Ⅱ类场地。

【例题 15-3】　表 15-5 为某工程场地地质钻孔资料。试确定该场地的覆盖层厚度。

例题 15-3 附表　　**表 15-5**

土层编号	土层底部深度（m）	土层厚度（m）	岩土名称	剪切波速（m/s）
①	3.00	3.00	杂填土	120
②	5.50	2.50	粉质黏土	140
③	8.00	2.50	细　砂	145
④	10.40	2.40	中　砂	420
⑤	13.70	3.30	砾　砂	430

【解】　因为第④层土顶面的埋深为 8m，大于 5m，且其剪切波速均大于该层以上各土层的 2.5 倍，而第④和第⑤层土的剪切波速均大于 400m/s。根据覆盖层厚度确定的要求，本场地可按地面至第④层土顶面的距离确定覆盖层厚度，即 $d_{ov}=8$m。

二、建筑场地评价及有关规定

1.《抗震规范》规定，场地内存在发震断裂时，应对断裂的工程影响进行评价，并应符合下列要求：

（1）对符合下列规定之一的情况，可忽略发震断裂错动对地面建筑的影响；

1）抗震设防烈度小于 8 度；

2）非全新世活动断裂；

3）抗震设防烈度为 8 度和 9 度时，隐伏断裂的土层覆盖层厚度分别大于 60m 和 90m。

（2）对不符合第 1 款规定的情况，应避开主断裂带。其避让距离不宜小于表 15-6 对发震断裂最小避让距离的规定。

发震断裂的最小避让距离（m）　　**表 15-6**

烈　度	建筑抗震设防类别			
	甲	乙	丙	丁
8	专门研究	200	100	—
9	专门研究	400	200	—

2.《抗震规范》规定，当需要在条状突出的山嘴、高耸孤立的山丘、非岩石和强风化岩石的陡坡、河岸和边坡边缘等不利地段建造丙类及丙类以上建筑时，除保证其在地震作

用下的稳定性外，尚应估计不利地段对设计地震动参数可能产生的放大作用，其水平地震影响系数最大值应乘以增大系数，其值应根据不利地段的具体情况确定，在 1.1～1.6 范围内采用。

3. 场地岩土工程勘察，应根据实际需要划分对建筑有利、一般、不利和危险的地段，提供建筑的场地类别和岩土地震稳定性（如滑坡、崩塌、液化和震陷特性等）评价，对需要采用时程分析法补充计算的建筑，尚应根据设计要求提供土层剖面、场地覆盖层厚度和有关的动力参数。

§15.2　天然地基与基础

在地震作用下，为了保证建筑物的安全和正常使用，对地基而言，与静力计算一样，应同时满足地基承载力和变形的要求。但是，在地震作用下由于地基变形过程十分复杂，目前还没有条件进行这方面的定量的计算。因此，《抗震规范》规定，只要求对地基抗震承载力进行验算，至于地基变形条件，则通过对上部结构或地基基础采取一定的抗震措施来保证。

一、可不进行天然地基与基础抗震承载力验算的范围

历次震害调查表明，一般天然地基上的下列一些建筑很少因为地基失效而破坏的。因此，《抗震规范》规定，建造在天然地基上的以下建筑，可不进行天然地基和基础抗震承载力验算：

1. 地基主要受力层[❶]范围内不存在软弱黏性土层的下列建筑：

（1）一般单层厂房和单层空旷房屋；

（2）砌体房屋；

（3）不超过 8 层且高度在 24m 以下的一般民用框架和框架-抗震墙房屋；

（4）基础荷载与（3）项相当的多层框架厂房和多层混凝土抗震墙房屋。

2. 6 度时的建筑（不规则建筑及建造于Ⅳ类场地上较高的高层建筑[❷]除外）。

3. 7 度Ⅰ、Ⅱ类场地，柱高不超过 10m 且结构单元两端均有山墙的单跨和等高多跨厂房（锯齿形除外）。

4. 7 度时和 8 度（0.2g）Ⅰ、Ⅱ类场地的露天吊车栈桥。

软弱黏性土层指 7 度、8 度和 9 度时，地基承载力特征值分别小于 80kPa、100kPa 和 120kPa 的土层。

二、天然地基抗震承载力验算

（一）验算方法

验算天然地基在地震作用下的竖向承载力时，按地震作用效应标准组合的基础底面平均压力和边缘最大压力应符合下列各式要求：

---

❶　地基主要受力层是指条形基础底面下深度为 $3b$（b 为基础底面宽度），单独基础底面下深度为 $1b$，且厚度均不小于 5m 的范围（二层以下的民用建筑除外）。

❷　较高的高层建筑是指，高度大于 40m 的钢筋混凝土框架、高度大于 60m 的其他钢筋混凝土民用房屋及高层钢结构房屋。

$$p \leqslant f_{aE} \tag{15-2}$$

$$p_{max} \leqslant 1.2 f_{aE} \tag{15-3}$$

式中　p——地震作用效应标准组合的基础底面平均压力；

p_{max}——地震作用效应标准组合的基础底面边缘最大压力；

f_{aE}——调整后的地基土抗震承载力。

《抗震规范》同时规定，高宽比大于 4 的建筑，在地震作用下基础底面不宜出现拉应力；其他建筑，基础底面与地基土之间零应力区域面积不应超过基底面积的 15%。根据后一规定，对基础底面为矩形的基础，其受压宽度与基础宽度之比则应大于 85%，即

$$b' \geqslant 0.85b \tag{15-4}$$

式中　b'——矩形基础底面受压宽度（图 15-2）；

b——矩形基础底面宽度。

（二）地基土抗震承载力

要确定地基土抗震承载力，就要研究动力荷载作用下土的强度，即土的动力强度（简称动强度）。动强度一般按动荷载和静荷载作用下，在一定的动荷载循环次数下，土样达到一定应变值（常取静荷载的极限应变值）时的总作用应力。因此，它与静荷载大小、脉冲次数、频率、允许应变值等因素有关。由于地震是低频（1～5Hz）的有限次的（10～30 次）脉冲作用，在这样条件下，除十分软弱的土外，大多数土的动强度都比静强度高。此外，又考虑到地震是一种偶然作用，历时短暂，所以地基在地震作用下的可靠度的要求可较静力作用下时降低。这样，地基土抗震承载力，除十分软弱的土外，都较地基土静承载力高。地基土抗震承载力的取值，我国和世界上大多数国家都是采取在地基土静承载力的基础上乘一个调整系数的办法来确定的。

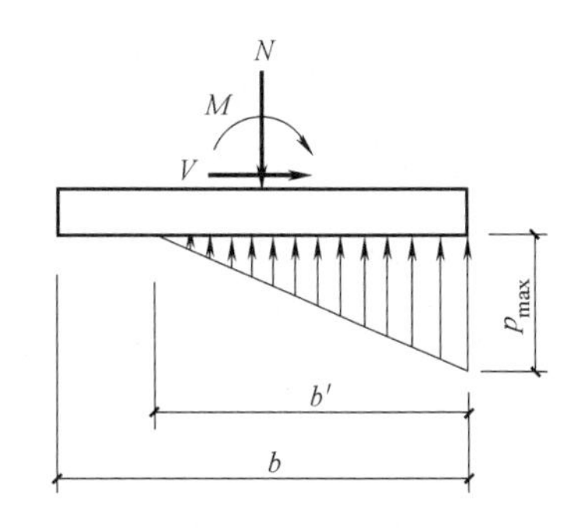

图 15-2　基础底面压力分布的限制

《抗震规范》规定，地基土抗震承载力按下式计算：

$$f_{aE} = \zeta_{sa} f_a \tag{15-5}$$

式中　f_{aE}——调整后的地基土抗震承载力；

ζ_{sa}——地基土抗震承载力调整系数，按表 15-7 采用❶；

f_a——经深宽度修正后地基土承载力特征值，按现行国家标准《建筑地基基础设计规范》GB 50007—2011 采用。

❶　由式（2-24），调整系数可写成

$$\zeta_s = \frac{f_{sE}}{f_s} = \frac{f_{ud}/k_d}{f_{us}/k_s} = \frac{f_{ud}}{f_{us}}\frac{k_s}{k_d}$$

式中 f_{ud}、f_{us}分别为土的动、静极限强度；k_d、k_s 分别为动、静安全系数，故研究 ζ_s 值可从研究 f_{ud}/f_{us}和 k_s/k_d 值入手。表 2-6 中的 ζ_s 值即由此得出。

地基土抗震承载力调整系数　　表 15-7

岩土名称和性状	ζ_s
岩石，密实的碎石土，密实的砾、粗、中砂，$f_{ak}\geqslant300$kPa 的黏性土和粉土	1.5
中密、稍密的碎石土，中密和稍密的砾、粗、中砂，密实和中密的细、粉砂，150kPa$\leqslant f_{ak}<300$kPa 的黏性土和粉土，坚硬的黄土	1.3
稍密的细、粉砂，100kPa$\leqslant f_{ak}<150$kPa 的黏性土和粉土，可塑黄土	1.1
淤泥，淤泥质土，松散的砂，杂填土，新近堆积的黄土及流塑的黄土	1.0

§15.3　液化土地基

一、液化的概念

在地下水位以下的饱和的松砂和粉土在地震作用下，土颗粒之间有变密的趋势（图 15-3a），但因孔隙水来不及排出，使土颗粒处于悬浮状态，形成如液体一样（图 15-3b），这种现象就称为土的液化。

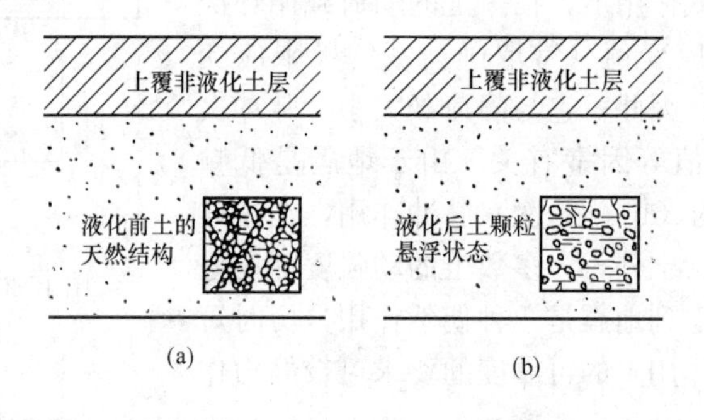

图 15-3　土的液化示意图

在近代地震史上，1964 年 6 月日本新潟地震使很多建筑的地基失效，就是饱和松砂发生液化的典型事例。这次地震开始时，使该城市的低洼地区出现了大面积砂层液化，地面多处喷砂冒水，继而在大面积液化地区上的汽车和建筑逐渐下沉。而一些诸如水池一类的构筑物则逐渐浮出地面。其中最引人注目的是某公寓住宅群普遍倾斜，最严重的倾角竟达 80°之多。据目击者说，该建筑是在地震后 4 分钟开始倾斜的，至倾斜结束共历时 1 分钟。

新潟地震以后，土的动强度和液化问题更加引起国内外地震工作者的关注。

我国 1966 年的邢台地震，1975 年的海城地震以及 1976 年的唐山地震，场地土都发生过液化现象，都使建筑遭到不同程度的破坏。

根据土力学原理，砂土液化乃是由于饱和砂土在地震时短时间内抗剪强度为零所致。我们知道，饱和砂土的抗剪强度可写成：

$$\tau_f=\bar{\sigma}\mathrm{tg}\varphi=(\sigma-u)\mathrm{tg}\varphi \qquad (15\text{-}6)$$

式中　$\bar{\sigma}$——剪切面上有效法向压应力（粒间压应力）；

σ——剪切面上总的法向压应力；

u——剪切面上孔隙水压力；

φ——土的内摩擦角。

地震时，由于场地土作强烈振动，孔隙水压力 u 急剧增高，直至与总的法向压应力 σ 相等，即有效法向压应力 $\bar{\sigma}=\sigma-u=0$ 时，砂土颗粒便呈悬浮状态。土体抗剪强度 $\tau_f=0$，从而使场地土失去承载能力。

二、影响土的液化的因素

场地土液化与许多因素有关，因此需要根据多项指标综合分析判断土是否会发生液化。但当某项指标达到一定数值时，不论其他因素情况如何，土都不会发生液化，或即使发生液化也不会造成房屋震害。我们称这个数值为这个指标的界限值。因此，了解以下影响液化因素及其界限值是有实际意义的。

（一）地质年代

地质年代的新老表示土层沉积时间的长短。较老的沉积土、经过长时期的固结作用和历次大地震的影响，使土的密实程度增大外，还往往具有一定的胶结紧密结构。因此，地质年代愈久的土层的固结度、密实度和结构性，也就愈好，抵抗液化能力就愈强。反之，地质年代愈新，则其抵抗液化能力就愈差。宏观震害调查表明，在我国和国外的历次大地震中，尚未发现地质年代属于第四纪晚更新世（Q_3）或其以前的饱和土层发生液化的。

（二）土中黏粒含量

黏粒是指粒径≤0.005mm 的土颗粒。理论分析和实践表明，当粉土内黏粒含量超过某一限值时，粉土就不会液化。这是由于随着土中黏粒的增加，使土的黏聚力增大，从而抵抗液化能力增加的缘故。

图 15-4 为海城、唐山两个震区粉土液化点黏粒含量与烈度关系分布图。由图可以看出，液化点在不同烈度区的黏粒含量上限不同。由此可以得出结论，黏粒超过表 15-8 所列数值时就不会发生液化。

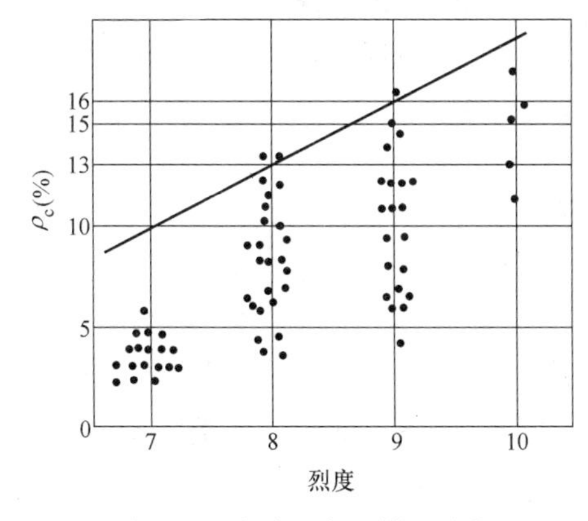

图 15-4　海城、唐山粉土液化点黏粒含量与烈度分布图

粉土非液化黏粒含量界限值　表 15-8

烈　度	黏粒含量 ρ_c（%）
7	10
8	13
9	16

注：由于 7 度区资料较少，在确定界限值时作了适当调整。

（三）上覆非液化土层厚度和地下水位深度

上覆非液化土层厚度是指地震时能抑制可液化土层喷水冒砂的厚度。构成覆盖层的非液化层除天然地层外，还包括堆积五年以上，或地基承载力大于 100kPa 的人工填土层。当覆盖层中夹有软土层，对抑制喷水冒砂作用很小，且其本身在地震中很可能发生软化现象时，该土层应从覆盖层中扣除。覆盖层厚度一般从第一层可液化土层的顶面算至地表。

现场宏观调查表明，砂土和粉土当覆盖层厚度超过表 15-9 所列界限值时，未发现土层发生液化现象。

地下水位高低是影响喷水冒砂的一个重要因素，实际震害调查表明，当砂土和粉土的地下水位不小于表 15-9 所列界限值时，未发现土层发生液化现象。

土层不考虑液化时覆盖层厚度和地下水位界限值 d_{uj} 和 d_{wj} **表 15-9**

土类及项目 \ 烈度		7	8	9
砂土	d_{uj}（m）	7	8	9
	d_{wj}（m）	6	7	8
粉土	d_{uj}（m）	6	7	8
	d_{wj}（m）	5	6	7

（四）土的密实程度

砂土和粉土的密实程度是影响土层液化的一个重要因素。1964 年日本新潟地震现场分析资料表明，相对密实度小于 50%的砂土，普遍发生液化，而相对密实度大于 70%的土层，则没有发生液化。

（五）土层埋深

理论分析和土工试验表明：侧压力愈大，土层就不易发生液化。侧压力大小反映土层埋深的大小。现场调查资料表明：土层液化深度很少超过 15m 的。多数浅于 15m，更多的浅于 10m。

（六）地震烈度和震级

烈度愈高的地区，地面运动强度就愈大，显然土层就愈容易液化。一般在 6 度及其以下地区，很少看到液化现象。而在 7 度及其以上地区，则液化现象就相当普遍。日本新潟在过去曾经发生过的 25 次地震，在历史记载中仅有三次地面加速度超过 0.13g 时才发生液化。1964 年那一次地震地面加速度为 0.16g，液化就相当普遍。

室内土的动力试验表明，土样振动的持续时间愈长，就愈容易液化。因此，某场地在遭受到相同烈度的远震比近震更容易液化。因为前者对应的大震持续时间比后者对应的中等地震持续时间要长。

三、液化土的判别

饱和砂土和饱和粉土（不含黄土）的液化判别：6 度时，一般情况下可不进行判别，但对液化沉陷敏感的乙类建筑可按 7 度的要求进行判别；7～9 度时，乙类建筑可按本地区抗震设防烈度的要求进行判别。

地面下存在饱和砂土和饱和粉土时，除 6 度外，应进行液化判别；存在液化土层的地基，应根据建筑的抗震设防类别、地基的液化等级，结合具体情况采取相应的措施。

（一）初步判别法

饱和的砂土或粉土（不含黄土），当符合下列条件之一时，可初步判别为不液化或可不考虑液化影响：

（1）地质年代为第四纪晚更新世（Q_3）及其以前时，7 度、8 度时可判别为不液化。

（2）粉土的黏粒（粒径小于 0.005mm 的颗粒）含量百分率，7 度、8 度和 9 度分别不小于 10、13 和 16 时，可判别为不液化土。

（3）浅埋天然地基上的建筑，当上覆非液化土层厚度和地下水位深度符合下列条件之一时，可不考虑液化影响：

$$d_u > d_0 + d_b - 2 \tag{15-7}$$

$$d_w > d_0 + d_b - 3 \tag{15-8}$$

$$d_u + d_w > 1.5d_0 + 2d_b - 4.5 \tag{15-9}$$

式中　d_w——地下水位深度（m），宜按建筑使用期内年平均最高水位采用，也可按近期内年最高水位采用；

d_u——上覆非液化土层厚度（m），计算宜将淤泥和淤泥质土层扣除；

d_b——基础埋置深度（m），不超过 2m 时应采用 2m；

d_0——液化土特征深度（m），可按表 2-10 采用。

现将式（15-7）～式（15-9）作些补充说明：

（1）式（15-7）中 d_0 即为不考虑土层液化时覆盖层界限厚度 d_{uj}。比较表 15-10 中 d_0 和表 15-9 中的 d_{uj} 数值，便可说明这一判断是正确的。式中 d_b-2，则是考虑基础埋置深度 $d_b>2$m 对不考虑土层液化时覆盖层厚度界限值修正项。

液化土特征深度 d_0（m）　　**表 15-10**

饱和土类别	烈度		
	7	8	9
粉　土	6	7	8
砂　土	7	8	9

表 15-9 中不考虑土层液化界限值 d_{uj} 是在基础埋置深度 $d_b \leqslant 2$m 的条件下确定的。因为这时饱和土层位于地基主要受力层（厚度为 z）之下或下端（图 15-5a），它的液化与否不会引起房屋的有害影响，但当基础埋置深度 $d_b>2$m 时，液化土层有可能进入地基主要受力层范围内（图 15-5b）而对房屋造成不利影响。因此，不考虑土层液化时覆盖层厚度界限值应增加 d_b-2。

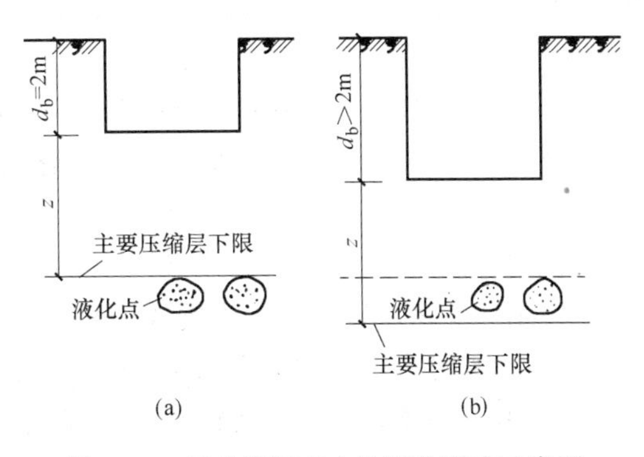

图 15-5　基础埋深对土的液化影响示意图

（a）$d_b \leqslant 2$m；（b）$d_b>2$m

由上可见，式（15-7）乃是不考虑土层液化的覆盖层厚度条件。

（2）为了说明式（15-8）的概念，现将它改写成：

$$d_w > d_0 - 1 + d_b - 2 \tag{15-10}$$

比较表 15-10 和表 15-9 可以发现，$d_0 - 1 = d_{wj}$，于是式（15-10）可以写成：

$$d_w > d_{wj} + d_b - 2 \tag{15-11}$$

式中　d_b-2——基础埋置深度 $d_b>2$m 对地下水位深度界限值修正项。

由此可见，式（15-11）与式（15-8）是等价的。因此，式（15-8）是不考虑土层液化的地下水位深度条件。

（3）如上所述，式（15-7）是不考虑土层液化的覆盖层厚度条件；而式（15-8）是不考虑土层液化的地下水位深度条件。从理论上讲，当 $d_u>0$ 或 $d_w>0$ 时，就可以减小相应界限值 d_{wj} 或 d_{uj}。为安全计，《抗震规范》规定，仅当 $d_u>0.5d_{uj}+0.5$ 和 $d_w>0.5d_{wj}$ 时，才考虑减小相应界限值，并按图 15-6 中直线$\overline{AB}$变化规律减小。

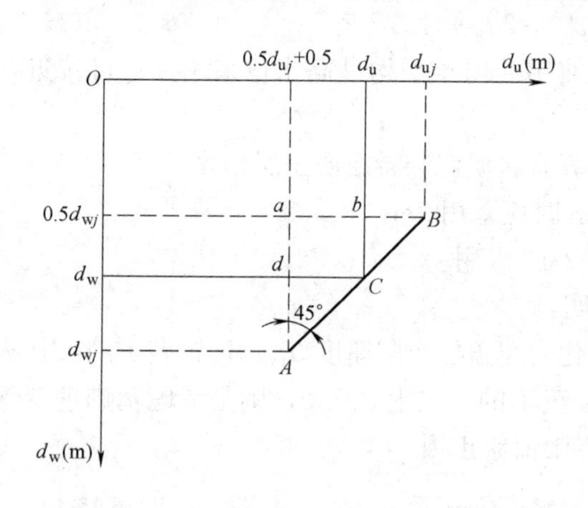

图 15-6　式（15-9）意义的分析

现将式（15-9）改写成下面形式：

$$d_u + d_w > 1.5d_0 - 0.5 + (d_b - 2) \times 2 \tag{15-12}$$

式中，$1.5d_0-0.5$ 就是按图 2-14 中线段$\overline{AB}$变化规律确定的相应界限条件。实际上，它等于线段$\overline{AB}$上任一点 C 的纵、横坐标之和。现证明如下：

设 C 点的横坐标为 d_u；纵坐标为 d_w。由图 15-6 不难得出：

$$d_u = 0.5d_{uj} + 0.5 + \overline{ab}, \tag{a}$$

$$d_w = 0.5d_{wj} + \overline{ad}。 \tag{b}$$

注意到 $d_{uj}=d_0$，$\overline{ab}=\overline{dA}$，则（a）式可写成：$d_u=0.5d_0+0.5+\overline{dA}$。于是

$$d_u + d_w = 0.5d_0 + 0.5 + 0.5d_{wj} + \overline{dA} + \overline{ad} \tag{c}$$

因为$\overline{dA}+\overline{ad}=0.5d_{wj}$，所以式（$c$）变成：$d_u+d_w=0.5d_0+0.5+d_{wj}$，由表 15-9 可知 $d_{wj}=d_0-1$，于是，上式又可写成 $d_u+d_w=0.5d_0+0.5+d_0-1=1.5d_0-0.5$（证毕）。

式中（d_b-2）$\times 2$ 是 $d_b>2$m 时对覆盖层厚度和地下水深度两项界限值的修正项。因此，式（15-9）是不考虑土层液化时覆盖层厚度与地下水深度之和所应满足的条件。

不考虑土层液化影响判别式（15-7）、式（15-8）和式（15-9），也可用图 15-7（a）和图 15-7（b）表示。显然，当上覆非液化土层厚度 d_u 和地下水位深度 d_w 的坐标点分别位于相应界限值的右方或下方时，则表示土层可不考虑液化的影响。如上所述，由于线段$\overline{AB}$上的点的横坐标 d_u 与纵坐标 d_w 之和等于 $1.5d_0-0.5$，故可将判别式（15-9）用 d_u 和 d_w 坐标所对应的点（d_u，d_w）位于相应斜线段下方区域的条件代替。即这时表示可不考虑土层液化影响。

应当指出，上述均指 $d_b=2$m 的情形，当 $d_b>2$m 时，应从实际 d_u 和 d_w 中减去 (d_b-2)后再查图判别。

【例题 15-4】 图 15-8 为某场地地基剖面图。上覆非液化土层厚度 $d_u=5.5$m，其下为砂土，地下水位深度 $d_w=6.0$m。基础埋置深度 $d_b=2$m，该场地为 8 度区。试按初步判别公式（15-9）和图 15-7 确定砂土是否须考虑液化的影响。

【解】（1）按式（15-9）计算

由表 15-10 查得液化土特征深度 $d_0=8$m，因为

$$1.5d_0 + 2d_b - 4.5 = 1.5 \times 8 + 2 \times 2 - 4.5$$
$$= 11.5\text{m} = d_u + d_w = 5.5 + 6 = 11.5\text{m}$$

计算表明，式（15-9）大于号两边相等，故本例要进一步判别砂土层的液化影响。

（2）按图 15-7（a）确定

在图 15-7（a）横坐标轴上找到 d_u=5.5m，在纵坐标轴上找到 d_w=6m，并分别作它们的垂线得交点。该交点正好位于 8 度的斜线上，表明刚好要进一步判别该砂土层的液化影响。

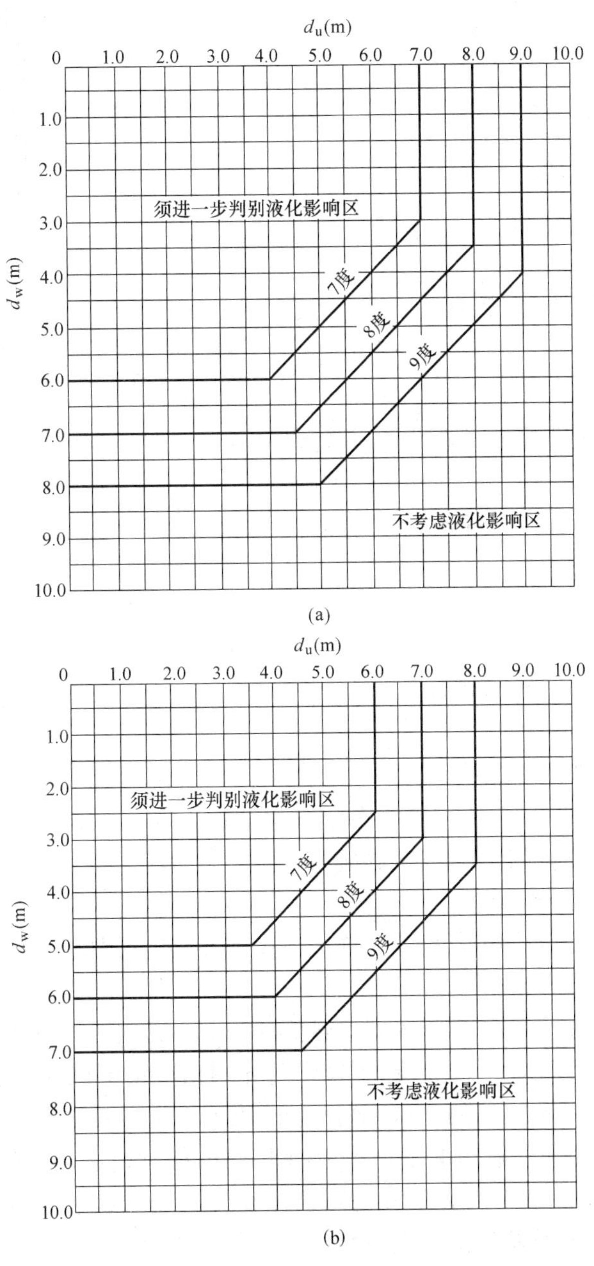

图 15-7　土层液化判别图

（a）砂土；（b）粉土

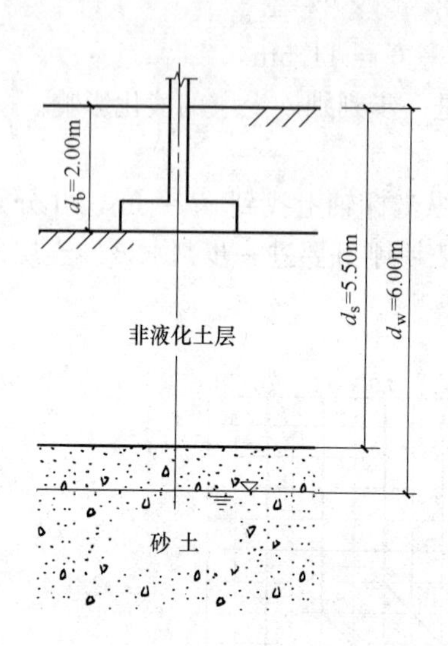

图 15-8 【例题 15-4】附图

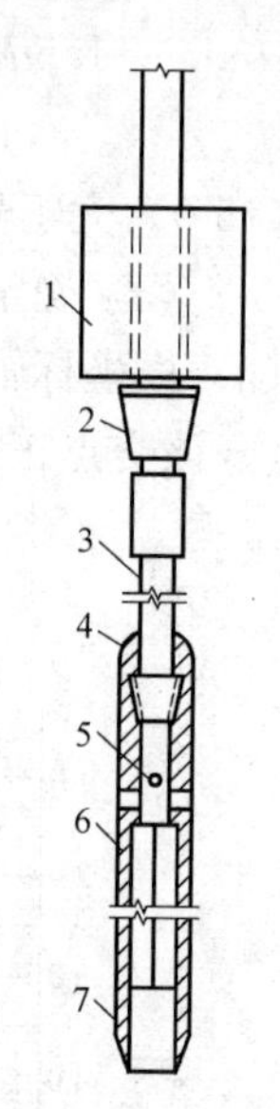

图 15-9　标准贯入器

1—穿心锤；2—锤垫；3—触探杆；4—贯入器头；5—出水孔；6—贯入器身；7—贯入器靴

【例题 15-5】 条件同［例题 15-4］，但基础埋深 $d_b=2.5$m，试确定是否须考虑砂土层的液化影响。

【解】（1）按式（15-9）计算

因为

$$1.5d_0+2d_b-4.5=1.5\times8+2\times2.5-4.5$$
$$=12.5\text{m}>11.5\text{m}$$

故须进一步判别砂土层液化影响。

（2）按图 15-7（a）确定

在图 15-7（a）横坐标上找到 $d_u-(d_b-2)=5.5-(2.5-2)=5$m，在纵坐标上找到 $d_w-(d_b-2)=6-(2.5-2)=5.5$m，并分别作垂线得交点，由于该交点位于 8 度斜线的左上方，故须进一步判别砂土层液化的影响。

（二）标准贯入试验判别法

当饱和砂土、粉土的初步判别认为须进一步进行液化判别时，应采用标准贯入试验判别法。

标准贯入试验设备，主要由贯入器、触探杆和穿心锤组成（图 15-9）。触探杆一般用直径 42mm 的钻杆，穿心锤重 63.5kg。操作时先用钻具钻至试验土层标高以上 150mm，然后在锤的落距为 760mm 的条件下，每打入土中 300mm 的锤击数记作 $N_{63.5}$。

《抗震规范》规定，一般情况下，当地面下 20m 深度范围内土层的标准贯入锤击数 $N_{63.5}$（未经杆长修正）小于或等于液化判别标准贯入锤击数临界值时，应判为液化土。对于可不进行天然地基及基础的抗震承载力验算的各类建筑，可只判别地面下 15m 范围内土的液化，15m 以下的土层视为不液化。

在地面下 20m 深度范围内，液化判别标准贯入锤击数临界值可按下式计算：

砂土

$$N_{cr}=N_0\beta[\ln(0.6d_s+1.5)-0.1d_w] \quad (15\text{-}13)$$

粉土

$$N_{cr}=N_0\beta[\ln(0.6d+1.5)-0.1d_w]\sqrt{\frac{3}{\rho_c}} \quad (15\text{-}14)$$

式中　N_{cr}——液化判别标准贯入锤击数临界值；

N_0——液化判别标准贯入锤击数基准值；可按表15-11采用；

d_s——饱和土标准贯入点深度（m）；

d_w——地下水位深度（m）；

ρ_c——黏粒含量百分率，当小于3或砂土时，应采用3；

β——调整系数，设计地震第一组取0.80；第二组取0.95；第三组取1.05。

液化判别标准贯入锤击数基准值 N_0　　**表15-11**

设计基本地震加速度（g）	0.10	0.15	0.20	0.30	0.40
液化判别标准贯入锤击数基准值	7	10	12	16	19

式（15-13）和式（15-14）是新版《抗震规范》根据科研成果并考虑规范的延续性修改而成。“2001抗震规范”砂土液化判别标准贯入锤击数临界值计算公式为：

$$N_{cr}=N_0[0.9+0.1(d_s-d_w)] \quad (d_s\leqslant 15\text{m}) \quad (15\text{-}15)$$

$$N_{cr}=N_0(2.4-0.1d_w) \quad (15\text{m}\leqslant d_s\leqslant 20\text{m}) \quad (15\text{-}16)$$

新版《抗震规范》与“2001抗震规范”标准贯入锤击数临界值计算公式的区别是：

（1）新版《抗震规范》锤击数基准值与“2001抗震规范”的不同，后者直接按烈度和设计地震分组列表给出，它是新版《抗震规范》的基准值与设计地震分组影响系数的乘积。两者在数值上接近。即 $N_0\approx N'_0\beta$❶。

（2）标准贯入点深度 d_s 对标准贯入锤击数临界值的影响项由原来的折线变化改成对数曲线变化，即 $N'_0\beta[\ln(k_1d_s+k_2)]$，其中，$k_1$、$k_2$ 为待定系数。

（3）地下水位深度 d_w 对标准贯入锤击数临界值的影响项，采用 $0.1d_wN'_0\beta$。

将上面两项合并起来，便得到新版《抗震规范》砂土液化判别标准贯入锤击数临界值计算公式：

$$N_{cr}=N'_0\beta[\ln(k_1d_s+k_2)-0.1d_w] \quad (15\text{-}17)$$

根据下面两个边界条件确定待定系数 k_1、k_2 值：

（1）由式（15-15）和式（15-17）可知，当 $d_s=3\text{m}$，$d_w=2\text{m}$ 时，应有 $N_{cr}=N_0=N'_0\beta$；

（2）取式（15-15）$d_s=15\text{m}$ 处的 N_{cr} 作为新版《抗震规范》$d_s=16\text{m}$ 处的相应值，由式（15-15）得：

$$\begin{aligned}N_{cr}&=N_0[0.9+0.1(d_s-d_w)]\\&=N_0[0.9+0.1(15-d_w)]=N_0(2.4-0.1d_w)\end{aligned} \quad (a)$$

❶ 为避免两个规范中的符号 N_0 相混淆，这里暂以 N'_0 表示新版《抗震规范》中的锤击数基准值。

将上面两个边界条件分别代入式（15-17），并注意到 $N_0 \approx N'_0\beta$；经简化后，得：

$$\ln(3k_1 + k_2) = 1.2 \tag{b}$$

$$\ln(16k_1 + k_2) = 2.4 \tag{c}$$

解联立方程（b）、（c）得：$k_1=0.6$，$k_2=1.5$。将它们代入式（15-17），并将 N'_0 用新版的符号 N_0 代换，就得到式（15-13）。

式（15-14）中 $\sqrt{\dfrac{3}{\rho_c}}$ 是在砂土锤击数临界值公式的基础上考虑粉土的影响项，现将其来源说明如下：

设粉土液化判别标准贯入锤击数临界值公式写成下面形式

$$N_{cr} = N_0\beta\left[\ln 0.6(d_s + 1.5) - 0.1d_w\right]\frac{1}{\alpha\rho_c} \tag{d}$$

式中　$\alpha\rho_c$——考虑粉土的影响项；

　　α——待定系数。

对于已知的液化或非液化数据：ρ_c、d_s、d_w、N_0 及实际的标准贯入锤击数 $N_{63.5}$ 均为已知。将这些数值代入式（d），反求待定系数 α 值。然后，在对数坐标纸上绘制 $\alpha\rho_c - \rho_c$ 关系散点图（图 15-10）。

由图中可见，在液化点与非液化点之间可绘出一条分界线，即液化临界线，其方程为：

$$\lg\alpha\rho_c = \lg a + m\lg\rho_c \tag{e}$$

式中　$\lg\alpha$——直线在纵轴上的截距；

　　m——直线斜率。

下面来确定 $\alpha\rho_c$ 值：

由图 15-10 查得，当 $\rho_c=3$ 时，$\alpha\rho_c=1$，即 $\lg\alpha\rho_c=0$，将这些数值代入式（e），得：

$$\lg a + m\lg 3 = 0$$

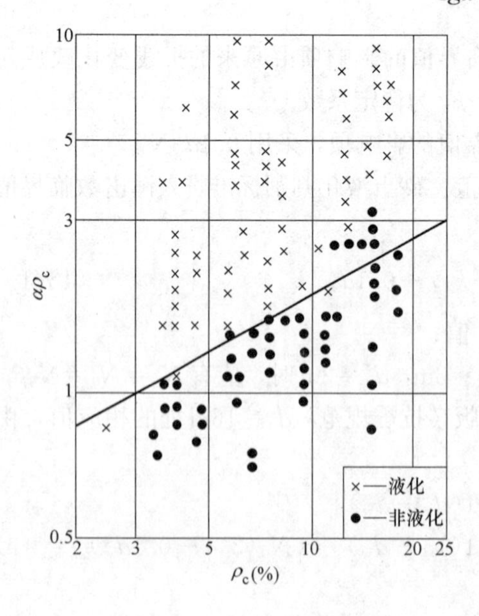

图 15-10　$\alpha\rho_c$-ρ_c 关系散点图

由此得：

$$\lg a = -m\lg 3 \tag{f}$$

当 $\rho_c=25$ 时，$\alpha\rho_c=3$，将它们和式（f）代入式（e），得：

$$\lg 3 = -m\lg 3 + m\lg 25 \tag{g}$$

解得：

$$m \approx 0.5$$

于是式（e）可写成：

$$\lg\alpha\rho_c = -0.5\lg 3 + 0.5\lg\rho_c$$

由此得：

$$\alpha\rho_c = \sqrt{\frac{\rho_c}{3}} \tag{h}$$

将式（h）代入式（d），即得式（15-14）。

当有成熟经验时，尚可采用其他判别方法。

四、液化地基的评价

（一）评价的意义

过去，对场地土液化问题仅根据判别式给出液化或非液化两种结论。因此，不能对液化危害性作出定量的评价，从而也就不能采取相应的抗液化措施。

很显然，地基土液化程度不同，对建筑的危害也就不同。因此，对液化地基危害性的分析和评价是建筑抗震设计中一个十分重要的问题。

（二）液化指数

为了鉴别场地土液化危害的严重程度，《抗震规范》给出了液化指数的概念。

在同一地震烈度下，液化层的厚度愈厚埋藏愈浅，地下水位愈高，实测标准贯入锤击数与临界标准贯入锤击数相差愈多，液化就愈严重，带来的危害性就愈大。液化指数是比较全面反映了上述各因素的影响。

液化指数按下式确定：

$$I_{lE}=\sum_{i=1}^{n}\left(1-\frac{N_i}{N_{cri}}\right)d_iW_i \tag{15-18}$$

式中　I_{lE}——液化指数；

n——在判别深度范围内每一个钻孔标准贯入试验点总数；

N_i、N_{cri}——分别为 i 点标准贯入锤击数的实测值和临界值，当实测值大于临界值时应取临界值；当只需判别 15m 范围以内的液化时，15m 以下的实测值可按临界值采用；

d_i——i 点所代表的土层厚度（m），可采用与该标准贯入试验点相邻的上、下两标准贯入试验点深度差的一半，但上界不小于地下水位深度，下界不大于液化深度；

W_i——i 层土单位土层厚度的层位影响权函数值（单位为 m^{-1}）。当该层中点的深度不大于 5m 时应采用 10，等于 20m 时应采用零值，5～20m 时应按线性内插法取值。

式（15-18）中的 d_i、W_i 等可参照图 15-11 所示方法确定。

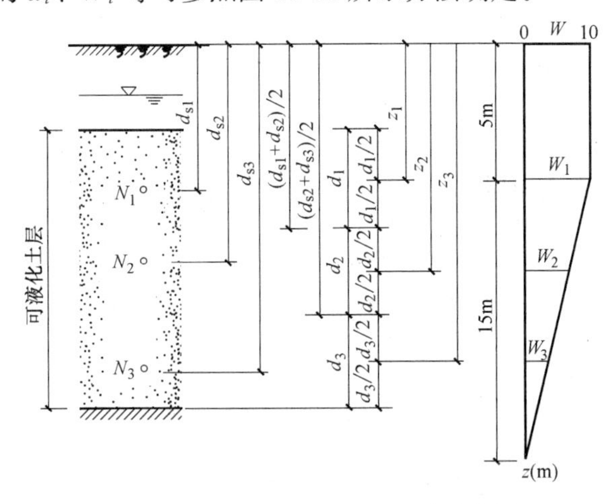

图 15-11　确定 d_i、d_{si} 和 W_i 的示意图

现在来进一步分析式（15-18）的物理意义。

$$1-\frac{N_i}{N_{cri}}=\frac{N_{cri}-N_i}{N_{cri}}$$

上式分子表示 i 点标准贯入锤击数临界值与实测值之差，分母为锤击数临界值。显然，分子差值愈大，即式（15-18）括号内的数值愈大，表示该点液化程度愈严重。

显然，液化层的厚度愈厚，埋藏愈浅，它对建筑的危害性就愈大。式（15-18）中的 d_i 和 W_i 就是反映这两个因素的。我们可将 d_iW_i 的乘积看作是对$\left(1-\dfrac{N_i}{N_{cri}}\right)$值的加权面积 A_i，其中，表示土层液化严重程度的值$\left(1-\dfrac{N_i}{N_{cri}}\right)$随深度对建筑的影响是按图 15-11 的图形的 W 值来加权计算的。

（三）地基液化的等级

存在液化土层的地基，根据其液化指数按表 15-12 划分液化等级：

液化等级　　　　表 15-12

液化指数 I_{lE}	$0<I_{lE}\leqslant 6$	$6<I_{lE}\leqslant 18$	$I_{lE}>18$
液化等级	轻微	中等	严重

【例题 15-6】 图 15-12 为某办公楼地基柱状图。基础埋深为 2m，地下水水位深度 $d_w=1$m，设防烈度为 8 度，设计基本地震加速度为 $0.2g$，设计地震分组为第一组。其他条件见表 15-13。试求 15m 深度范围内地基液化指数和液化等级。

【解】（1）求锤击数临界值 N_{cri}

由表 15-11 查得 $N_0=12$。设计地震分组为第一组，故调整系数 $\beta=0.8$。将其和 $d_w=1$m 及各标准贯入点 d_s 值一并代入式（15-13），即可求得 N_{cri}。

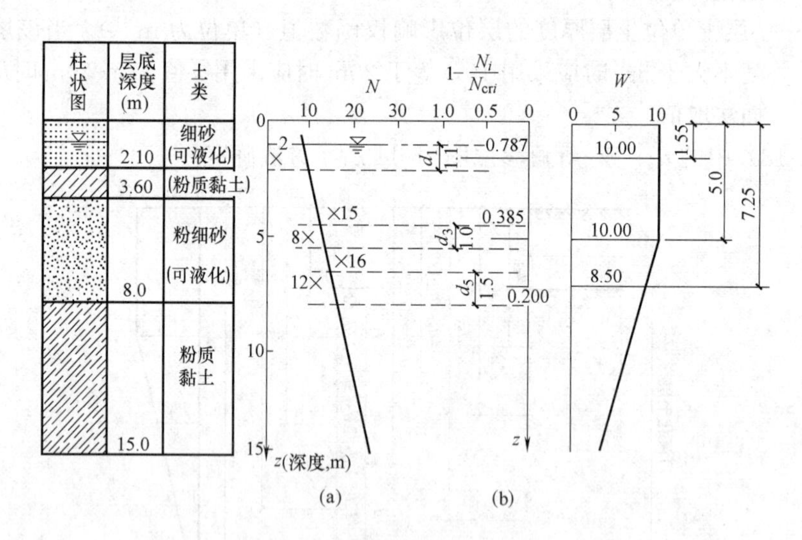

图 15-12　【例题 15-6】附图

例如，第 1 标准贯入点（$d_s=1.4$m）

$$
\begin{aligned}
N_{cr1} &= N_0\beta[\ln(0.6d_s+1.5)-0.1d_w] \\
&= 12\times 0.8[\ln(0.6\times 1.4+1.5)-0.1\times 1]=7.20
\end{aligned}
$$

其余各点 N_{cri} 值见表 15-13。

（2）求各标准贯入点所代表的土层厚度 d_i 及其中点的深度 z_i

$$d_1 = 2.1 - 1.0 = 1.1\text{m}, \qquad z_1 = 1.0 + \frac{1.1}{2} = 1.55\text{m}$$

$$d_3 = 5.5 - 4.5 = 1.0\text{m}, \qquad z_3 = 4.5 + \frac{1.0}{2} = 5.0\text{m}$$

$$d_5 = 8.0 - 6.5 = 1.5\text{m}, \qquad z_5 = 6.5 + \frac{1.5}{2} = 7.25\text{m}$$

（3）求 d_i 层中点所对应的权函数值 W_i

z_1、z_2 均不超过去 5m，故它们对应的权函数值 $W_1 = W_3 = 10\text{m}^{-1}$，而 $z_5 = 7.25\text{m}$，故它对应的权函数值由线性内插入法得：

$$W_5 = \frac{10}{15}(20 - 7.25) = 8.50\text{m}^{-1}$$

（4）求液化指数 I_{lE}

$$I_{lE} = \sum_{i=1}^{n}\left(1 - \frac{N_i}{N_{cri}}\right)d_iW_i = \left(1 - \frac{2}{7.20}\right)\times 1.1 \times 10 + \left(1 - \frac{8}{13.48}\right)\times 1 \times 10$$

$$+ \left(1 - \frac{12}{15.75}\right)\times 1.5 \times 8.50 = 15.05$$

（5）判断液化等级

根据液化指数 $I_{lE} = 15.05$ 在 6～18 之间，故该地基的液化等级属于中等。

上述计算过程可按表 15-13 进行。

例题 15-6 计算附表　　　　**表 15-13**

柱状图	标准贯入点的编号 i	锤击数实测值 N_i	贯入试验深度 d_{si}（m）	锤击数临界值 N_{cri}	$1-\frac{N_i}{N_{cri}}$	标准贯入点所代表的土层厚度 d_i（m）	d_i 的中点深度 z_i（m）	与 z_i 相对应的权函数 W_i	$\left(1-\frac{N_i}{N_{cri}}\right)\times d_iW_i$	液化指数 I_{lE}
±0.0 细砂 −1.0 −2.1 2	1	2	1.40	7.20	0.722	1.10	1.55	10	7.94	
粉质黏土 −3.6 15	2	15	4.00	12.10	—	—	—	—	—	15.05
8 粉细砂	3	8	5.00	13.48	0.407	1.00	5.00	10	4.07	
16	4	16	6.00	14.69	—	—	—	—	—	
12 −8.0	5	12	7.00	15.75	0.238	1.50	7.25	8.50	3.04	

五、地基抗液化措施

地基抗液化措施应根据建筑的抗震设防类别、地基的液化等级，结合具体情况综合确定。当液化土层较平坦且均匀时，可按表 15-14 选用抗液化措施；尚可考虑上部结构重力荷载对液化危害的影响，根据液化震陷量的估计适当调整抗液化措施。

不宜将未经处理的液化土层作为天然地基持力层。

现将表 15-14 中的抗液化措施具体要求说明如下：

1. 全部消除地基液化沉陷措施，应符合下列要求：

(1) 采用桩基时，桩端伸入液化深度以下稳定土中的长度（不包括桩尖部分），应按计算确定，且对碎石土、砾、粗、中砂，坚硬黏性土和密实粉土尚不应小于 0.8m，对其他非岩石土尚不宜小于 1.5m。

抗液化措施　　**表 15-14**

建筑抗震设防类别	地基的液化等级		
	轻微	中等	严重
乙类	部分消除液化沉陷，或对基础和上部结构处理	全部消除液化沉陷，或部分消除液化沉陷且对基础和上部结构处理	全部消除液化沉陷
丙类	对基础和上部结构处理，亦可不采取措施	对基础和上部结构处理或更高要求的措施	全部消除液化沉陷或部分消除液化沉陷且对基础和上部结构处理
丁类	可不采取措施	可不采取措施	基础和上部结构处理，或其他经济的措施

注：甲类建筑的地基抗液化措施应进行专门研究，但不宜低于乙类的相应要求。

(2) 采用深基础时，基础底面应埋入液化深度以下的稳定土层中，其深度不应小于 0.5m。

(3) 采用加密法（如振冲、振动加密、挤密碎石桩、强夯等）加固时，应处理至液化深度下界；振冲或挤密碎石桩加固后，桩间土的标准贯入锤击数不宜小于液化判别标准贯入锤击数临界值。

(4) 用非液化土替换全部液化土，或增加上覆非液化土层的厚度。

(5) 采用加密法或换土法处理时，在基础边缘以外的处理宽度，应超过基础底面下处理深度的 1/2 且不小于基础宽度的 1/5。

2. 部分消除地基液化沉陷措施，应符合下列要求：

(1) 处理深度应使处理后的地基液化指数减少，其值不宜大于 5；大面积筏基、箱基的中心区域[1]处理后的液化指数可比上述规定降低 1；对独立基础和条形基础，尚不应小于基础底面下液化土特征深度和基础宽度的较大值。

(2) 采用振冲或挤密碎石桩加固后，桩间土的标准贯入锤击数不宜小于液化判别标准贯入锤击数临界值。

(3) 基础边缘以外的处理宽度，应超过基础底面下处理深度的 1/2 且不小于基础宽度的 1/5。

(4) 采取减小液化震陷的其他方法，如增厚上覆非液化土层的厚度和改善周边的排水条件等。

3. 减轻液化影响的基础和上部结构处理，可综合采用下列各项措施：

[1] 中心区域是指位于基础外边界以内沿长宽方向距外边界大于相应方向 1/4 长度的区域。

（1）选择合适的基础埋置深度。

（2）调整基础底面积，减少基础偏心。

（3）加强基础的整体性和刚度，如采用箱基、筏基或钢筋混凝土交叉条形基础，加设基础圈梁等。

（4）减轻荷载，增强上部结构的整体刚度和均匀对称性，合理设置沉降缝，避免采用对不均匀沉降敏感的结构形式等。

（5）管道穿过建筑处应预留足够尺寸或采用柔性接头等。

§15.4　桩基的抗震验算

一、桩基不需进行验算的范围

震害表明，承受以竖向荷载为主的低承台桩基，当地面下无液化土层且桩承台周围无淤泥、淤泥质土和地基承载力特征值不大于 100kPa 的填土时，下列建筑的桩基很少发生震害。因此，《抗震规范》规定，下列建筑的桩基可不进行抗震承载力验算：

1. 7 度和 8 度时的下列建筑：

（1）一般单层厂房和单层空旷房屋；

（2）砌体房屋；

（3）不超过 8 层且高度在 24m 以下的一般民用框架房屋；

（4）基础荷载与（3）项相当的多层框架厂房和多层混凝土抗震墙房屋。

2.《抗震规范》规定可不进行上部结构抗震验算的建筑：

（1）6 度时的建筑（不规则建筑及建造于Ⅳ类场地上较高的高层建筑除外）；

（2）7 度Ⅰ、Ⅱ类场地、柱高不超过 10m 且结构单元两端均有山墙的单跨和等高多跨厂房（锯齿形除外）；

（3）7 度时和 8 度（0.2g）Ⅰ、Ⅱ类场地的露天吊车栈桥。

二、低承台桩基的抗震验算

1. 非液化土中桩基

非液化土中低承台桩基的抗震验算，应符合下列规定：

（1）单桩的竖向和水平向抗震承载力特征值，可均比非抗震设计时提高 25%。

（2）当承台侧面的回填土夯至干密度不小于现行《建筑地基基础设计规范》(GB 50007)对填土的要求时，可由承台正面填土与桩共同承担水平地震作用，但不应计入承台底面与地基土间的摩擦力。

2. 存在液化土层的桩基

存在液化土层的低承台桩基的抗震验算，应符合下列规定：

（1）承台埋深较浅时，不宜计入承台周围土的抗力或刚性地坪对水平地震作用的分担作用。

（2）当桩承台底面上、下分别有厚度不小于 1.5m、1.0m 的非液化土层或非软弱土层时，可按下列两种情况进行桩的抗震验算，并按不利情况设计：

1）主震时

桩承受全部地震作用，考虑到这时土尚未充分液化，桩承载力计算可按非液化土考虑，但液化土的桩周摩阻力及桩水平抗力均应乘以表 15-15 折减系数。

2）余震时

主震后可能发生余震。《抗震规范》规定，这时地震作用按地震影响系数最大值的 10%采用，桩承载力仍按非抗震设计时提高 25%取用。但应扣除液化土层的全部摩阻力及桩承台下 2m 深度范围内非液化土的桩周摩阻力。

土层液化影响折减系数　　**表 15-15**

$n=N_{63.5}/N_{cr}$	饱和土标准贯入点深度 d_s(m)	折减系数
$n\leqslant 0.6$	$d_s\leqslant 10$	0
	$10<d_s\leqslant 20$	1/3
$0.6<n\leqslant 0.8$	$d_s\leqslant 10$	1/3
	$10<d_s\leqslant 20$	2/3
$0.8<n\leqslant 1.0$	$d_s\leqslant 10$	2/3
	$10<d_s\leqslant 20$	1

（3）打入式预制桩及其他挤土桩，当平均桩距为 2.5～4 倍桩径且桩数不少于 5×5 时，可计入打桩对土的加密作用及桩身对液化土变形限制的有利影响。当打桩后桩间土的标准贯入锤击数达到不液化的要求时，单桩承载力可不折减，但对桩尖持力层作强度校核时，桩群外侧的应力扩散角应取为零。打桩后桩间土的标准贯入锤击数宜由试验确定，也可按下式计算：

$$N_1 = N_p + 100\rho(1 - e^{-0.3N_p}) \tag{15-19}$$

式中　N_1——打桩后桩间土的标准贯入锤击数；

ρ——打入式预制桩的面积置换率；

N_p——打桩前土的标准贯入锤击数。

3. 桩基抗震验算的其他一些规定

（1）处于液化土中的桩基承台周围，宜用密实干土填筑夯实，若用砂土或粉土则应使土层的标准贯入锤击数不小于液化标准贯入锤击数临界值。

（2）液化土中桩的配筋范围，应自桩顶至液化深度以下符合全部消除液化沉陷所要求的深度，其纵向钢筋应与桩顶部相同，箍筋应加密。

（3）在有液化侧向扩展的地段，桩基除应满足本节中的其他的规定外，尚应考虑土流动时的侧向作用力，且承受侧向推力的面积应按边桩外缘间的宽度计算。

§15.5　软弱黏性土地基

软弱黏土地基是指 7 度、8 度和 9 度时，地基承载力特征值分别小于 80、100 和 120kPa 的黏土层所组成的地基。这种地基的特点是地基承载力低、压缩性大。因此，建造在软弱黏土地基上的建筑沉降大，如设计不周，施工质量不好，就会使建筑沉降超过容许值，致使建筑物开裂，这样就会加重建筑物震害。例如，1978 年唐山地震时，天津市望海楼住宅小区房屋的震害就说明了这一点。小区有 16 栋三层、10 栋四层的房屋，采用筏基，基础埋置深度为 0.6m，地基承载力 30～40kPa，而实际采用 57kPa，于 1974 年建成。其中四层房屋震后总沉降量为253～540mm，震前震后的沉降差为141～203mm，震前倾斜为（1～3）‰，震后倾斜为（3～6）‰；三层房屋震后总沉降量为288～852mm，震前震后的沉降差为146～352mm，震前倾斜为（0.7～19.8）‰，震后倾斜为（0.7～45.1）‰。

由此可见，对软弱黏土地基上的建筑，在正常荷载作用下就要采取有效措施，如采用桩基、地基加固处理或如上所述的减轻液化影响的基础和上部结构处理等措施。切实做到减小房屋的有害沉降，避免地震时产生过大的附加沉降或不均匀沉降，造成上部结构破坏。

小　　结

1. 建筑场地的类别，根据土层等效剪切波速和场地覆盖层厚度划分为Ⅰ类、Ⅱ类、Ⅲ类和Ⅳ类，其中Ⅰ类分为$Ⅰ_0$和$Ⅰ_1$两个亚类。

2. 在地下水以下的饱和松砂和粉土在地震作用下，土粒之间有变密的趋势，但因孔隙水来不及排出，使土粒处于悬浮状态，形成如液体一样，这种现象就称为土的液化。

3. 判别土的液化分为初步判别法和标准贯入试验判别法。《抗震规范》根据液化指数大小，将场地土的液化等级划分为三级：轻微、中等和严重。

4. 当液化砂土层、粉土层较平坦且均匀时，宜按表15-14选用地基抗液化措施。不宜将未经处理的液化土层作为天然地基持力层。

思　考　题

15-1　场地土分哪几类？它们是如何划分的？

15-2　什么是场地？怎样划分建筑场地的类别？

15-3　简述地基基础抗震验算的原则。哪些建筑可不进行天然地基及基础的抗震承载力验算？为什么？

15-4　什么是土的液化？怎样判断土的液化？如何确定土的液化严重程度，并简述抗液化措施。

15-5　哪些建筑的桩基可不进行抗震验算？低承台桩基的抗震验算应符合哪些规定？

习　　题

15-1　某建筑场地地质钻孔资料如表15-16所示。试确定该场地类别。

习题15-1附表　　**表15-16**

土层底部深度(m)	土层厚度(m)	岩土名称	剪切波速(m/s)
2.00	2.00	杂填土	200
3.80	1.80	粉质黏土	260
6.30	2.50	细砂	300
8.30	2.00	砾砂	510

第16章 地震作用与结构抗震验算

§16.1 概述

地震释放的能量，以地震波的形式向四周扩散，地震波到达地面后引起地面运动，使地面原来处于静止的建筑物受到动力作用而产生强迫振动。在振动过程中作用在结构上的惯性力就是地震荷载。这样，地震荷载可以理解为一种能反映地震影响的等效荷载。实际上，地震荷载是由于地面运动引起结构的动态作用，按照《建筑结构设计术语和符号标准》GB/T 50083—1997的规定，属于间接作用，不应该称为“地震荷载”，应称为“地震作用”。

在地震作用效应和其他荷载效应的基本组合超出结构构件的承载力，或在地震作用下结构的侧移超过允许值时，建筑物就遭到破坏，以致倒塌。因此，在建筑抗震设计中，确定地震作用是一个十分重要的问题。

地震作用与一般静荷载不同，它不仅取决于地震烈度大小和近震、远震的情况，而且与建筑结构的动力特性（如结构自振周期、阻尼等）有密切关系。而一般静荷载与结构的动力特性无关，可以独立的确定。因此，确定地震作用比确定一般静荷载复杂得多。

目前，在我国和其他许多国家的抗震设计规范中，广泛采用反应谱理论来确定地震作用，其中以加速度反应谱应用最多。所谓加速度反应谱，就是单质点弹性体系在一定的地面运动作用下，最大反应加速度（一般用相对值）与体系自振周期的变化曲线。如果已知体系的自振周期，利用反应谱曲线和相应计算公式，就可很方便地确定体系的反应加速度，进而求出地震作用。

应用反应谱理论不仅可以解决单质点体系的地震反应计算问题，而且通过振型分解法还可以计算多质点体系的地震反应。

在工程上，除采用反应谱计算结构地震作用外，对于高层建筑和特别不规则建筑等，还常采用时程分析法来计算结构的地震反应。这个方法先选定地震地面加速度图，然后用数值积分方法求解运动方程，算出每一时间增量处的结构反应，如位移、速度和加速度反应。

本章主要介绍反应谱法，对时程分析法仅作扼要介绍。

§16.2 单质点弹性体系的地震反应

一、运动方程的建立

为了研究单质点弹性体系的地震反应，我们首先建立体系在地震作用下的运动方程。

图 16-1 表示单质点弹性体系的计算简图。所谓单质点弹性体系，是指可以将结构参与振动的全部质量集中于一点，用无重量的弹性直杆支承于地面上的体系。例如，水塔、单层房屋，由于它们的质量大部分集中于结构的顶部，所以，通常将这些结构都简化成单质点体系。

目前，计算弹性体系的地震反应时，一般假定地基不产生转动，而把地基的运动分解为一个竖向和两个水平向的分量，然后分别计算这些分量对结构的影响。

图 16-2（a）表示单质点弹性体系在地震时地面水平运动分量作用下的运动状态。其中 $x_g(t)$ 表示地面水平位移，是时间 t 的函数，它的变化规律可自地震时地面运动实测记录求得；$x(t)$ 表示质点对于地面的相对弹性位移或相对位移反应，它也是时间 t 的函数，是待求的未知量。

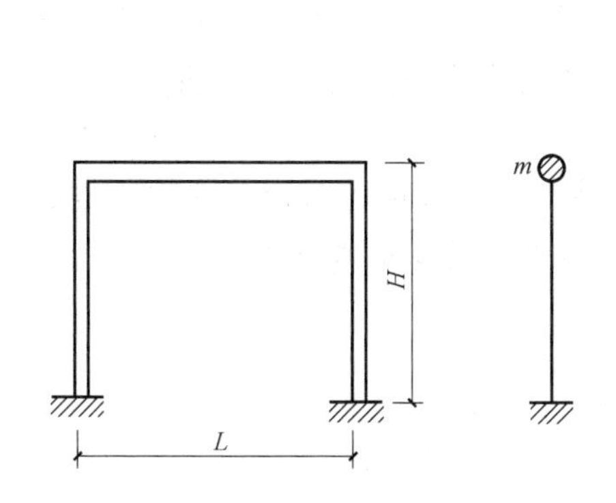

图 16-1　单质点弹性体系计算简图

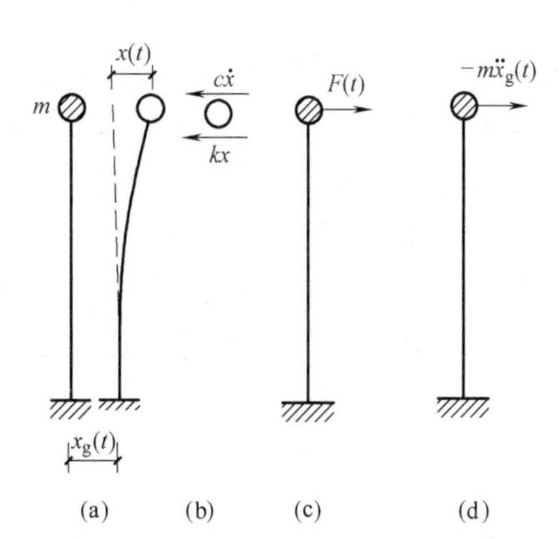

图 16-2　地震时单质点体系运动状态

为了确定当地面位移按 $x_g(t)$ 的规律变化时单质点弹性体系相对位移反应 $x(t)$，下面来讨论如何建立运动方程。

取质点 m 为隔离体，并绘出受力图（图 16-2b），由动力学知道，作用在它上面的力有：

（1）弹性恢复力 S

这是使质点从振动位置回到平衡位置的一种力，其大小与质点 m 的相对位移 $x(t)$ 成正比，即

$$S=-kx(t) \tag{16-1a}$$

式中，k 为弹性直杆的刚度系数，即质点发生单位水平位移时在质点处所施加的力；负号表示 S 力的指向总是和位移方向相反。

（2）阻尼力 R

在振动过程中，由于外部介质阻力，构件和支座部分连接处的摩擦和材料的非弹性变形以及通过地基散失能量（由地基振动引起）等原因，结构的振动将逐渐衰减。这种使结构振动衰减的力就称为阻尼力。在工程计算中一般采用黏滞阻尼理论确定，即假定阻尼力与速度成正比：

$$R=-c\dot{x}(t) \tag{16-1b}$$

式中，c 为阻尼系数；$\dot{x}(t)$ 为质点速度；负号表示阻尼力与速度 $\dot{x}(t)$ 的方向相反。

显然，在地震作用下，质点的绝对加速度为 $\ddot{x}_g(t)+\ddot{x}(t)$。根据牛顿第二定律，质点运动方程可写作：

$$m[\ddot{x}_g(t)+\ddot{x}(t)]=-kx(t)-c\dot{x}(t) \tag{16-2a}$$

经整理后得：

$$m\ddot{x}(t)+c\dot{x}(t)+kx(t)=-m\ddot{x}_g(t) \tag{16-2b}$$

上式就是在地震作用下质点运动的微分方程。如果将式（16-2b）与动力学中单质点弹性体系在动荷载 $F(t)$（图 16-2c）作用下的运动方程

$$m\ddot{x}(t)+c\dot{x}(t)+kx(t)=F(t) \tag{16-3}$$

比较，就会发现：两个运动方程基本相同，其区别仅在于式（16-2b）等号右边为地震时地面运动加速度与质量的乘积；而式（16-3）等号右边为作用在质点上的动荷载。由此可见，地面运动对质点的影响相当于在质点上加一个动荷载，其值等于 $m\ddot{x}_g(t)$，指向与地面运动加速度方向相反（图 16-2d）。因此，计算结构的地震反应时，必须知道地震地面运动加速度 $\ddot{x}_g(t)$ 的变化规律。$\ddot{x}_g(t)$ 可由地震时地面加速度记录得到。

为了使方程（16-2b）进一步简化，设

$$\omega^2=\frac{k}{m},\qquad \zeta=\frac{c}{2\sqrt{km}}=\frac{c}{2\omega m}$$

将上式代入式（16-2b），经简化后得：

$$\ddot{x}(t)+2\zeta\omega\dot{x}(t)+\omega^2x(t)=-\ddot{x}_g(t) \tag{16-4}$$

式（16-4）就是所要建立的单质点弹性体系在地震作用下的运动微分方程。

二、运动方程的解答

式（16-4）是一个二阶常系数线性非齐次微分方程，它的解包含两部分：一个是对应于齐次微分方程的通解；另一个是微分方程的特解。前者表示自由振动，后者表示强迫振动。

（一）齐次微分方程的通解

对应方程（16-4）的齐次方程为：

$$\ddot{x}(t)+2\zeta\omega\dot{x}(t)+\omega^2x(t)=0 \tag{16-5}$$

根据微分方程理论，其通解为：

$$x(t)=e^{-\zeta\omega t}(A\cos\omega' t+B\sin\omega' t) \tag{16-6}$$

式中　$\omega'=\omega\sqrt{1-\zeta^2}$；$A$ 和 B 为常数，其值可按问题的初始条件确定。当阻尼为零时，即 $\zeta=0$，于是式（16-6）变为：

$$x(t)=A\cos\omega t+B\sin\omega t \tag{16-7}$$

这是无阻尼单质点体系自由振动的通解，表示质点作简谐振动，这里 $\omega=\sqrt{k/m}$ 为无

阻尼自振频率。对比式（16-6）和式（16-7）可知，有阻尼单质点体系的自由振动为按指数函数衰减的等时振动，其振动频率为 $\omega'=\omega\sqrt{1-\zeta^2}$，故 ω' 称为有阻尼的自振频率。

根据初始条件来确定常数 A 和 B。当 $t=0$ 时，

$$x(t)=x(0),\qquad \dot{x}(t)=\dot{x}(0)$$

其中 $x(0)$ 和 $\dot{x}(0)$ 分别为初始位移和初始速度。

将 $t=0$ 和 $x(t)=x(0)$ 代入式（16-6），得：

$$A=x(0)$$

再将式（16-6）对时间 t 求一阶导数，并将 $t=0, \dot{x}(t)=\dot{x}(0)$ 代入，得：

$$B=\frac{\dot{x}(0)+\zeta\omega x(0)}{\omega'}$$

将所求得 A、B 值代入式（16-6）得：

$$x(t)=\mathrm{e}^{-\zeta\omega t}\left[x(0)\cos\omega' t+\frac{\dot{x}(0)+\zeta\omega x(0)}{\omega'}\sin\omega' t\right] \tag{16-8}$$

上式就是式（16-5）在给定的初始条件时的解答。

由 $\omega'=\omega\sqrt{1-\zeta^2}$ 和 $\zeta=c/2m\omega$ 可以看出，有阻尼自振频率 ω' 随阻尼系数 c 增大而减小，即阻尼愈大，自振频率愈慢。当阻尼系数达到某一数值 c_r 时，也就是

$$c=c_r=2m\omega=2\sqrt{km}$$

即 $\zeta=1$ 时，则 $\omega'=0$，表示结构不再产生振动。这时的阻尼系数 c_r 称为临界阻尼系数。它是由结构的质量 m 和刚度 k 决定的，不同的结构有不同的阻尼系数。根据这种分析

$$\zeta=\frac{c}{2m\omega}=\frac{c}{c_r} \tag{16-9}$$

表示结构的阻尼系数 c 与临界阻尼系数 c_r 的比值，所以 ζ 称为临界阻尼比，简称阻尼比。

在建筑抗震设计中，常采用阻尼比 ζ 表示结构的阻尼参数。由于阻尼比 ζ 的值很小，它的变化范围在 0.01～0.1 之间，计算时通常取 0.05。因此，有阻尼自振频率 $\omega'=\omega\sqrt{1-\zeta^2}$ 和无阻尼自振频率 ω 很接近，即 $\omega'\approx\omega$。也就是说，计算体系的自振频率时，通常可不考虑阻尼的影响。

阻尼比 ζ 值可通过对结构的振动试验确定。

（二）地震作用下运动方程的特解

求运动方程

$$\ddot{x}(t)+2\zeta\omega\dot{x}(t)+\omega^2x(t)=-\ddot{x}_g(t)$$

的解答时，可将 $-\ddot{x}_g(t)$ 看作是随时间变化的 $m=1$ 的"扰力"，并认为它是由无穷多个连续作用的微分脉冲所组成，如图 16-3 所示。

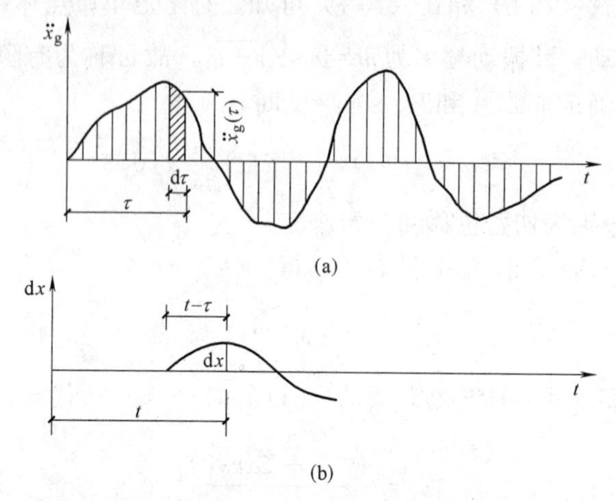

图 16-3　地震作用下运动方程解答附图

(a) 地面加速度时程曲线；(b) 微分脉冲引起的位移反应

今以任一微分脉冲的作用进行讨论。设它在 $t=\tau-d\tau$ 开始作用，作用时间为 $d\tau$，则此微分脉冲大小为 $-\ddot{x}_g(t)d\tau$，显然体系在微分脉冲作用后只产生自由振动，这时体系的位移可按式（16-8）确定。但是，式中的 $x(0)$ 和 $\dot{x}(0)$ 应为微分脉冲作用后瞬时的位移和速度值。

现在来确定 $x(0)$ 和 $\dot{x}(0)$ 值。因为微分脉冲作用前质点位移和速度均为零，所以在微分脉冲作用前后的瞬时，其位移不会发生变化，而应为零，即 $x(0)=0$。但速度有变化，这个速度变化可从脉冲-动量关系中求得。设微分脉冲 $-\ddot{x}_g(\tau)d\tau$ 作用后的速度为 $\dot{x}(0)$，于是具有单位质量质点的动量变化就是 $\dot{x}(0)$，根据动量定理

$$\dot{x}(0)=-\ddot{x}_g(\tau)d\tau \tag{16-10}$$

将 $x(0)=0$ 和 $\dot{x}(0)$ 的值代入式（16-8），即可求得时间 τ 作用的微分脉冲所产生的位移反应

$$dx=-e^{-\zeta\omega(t-\tau)}\frac{\ddot{x}_g(\tau)}{\omega'}\sin\omega'(t-\tau)d\tau \tag{16-11}$$

将所有组成扰力的微分脉冲作用效果叠加，就可得到全部加载过程所引起的总反应。因此，将式（16-11）积分，可得时间为 t 的位移

$$x(t)=-\frac{1}{\omega'}\int_0^t \ddot{x}_g(\tau)e^{-\zeta\omega(t-\tau)}\sin\omega'(t-\tau)d\tau \tag{16-12}$$

上式就是非齐次线性微分方程（16-4）的特解、通称杜哈梅（Duhamel）积分。它与齐次微分方程（16-5）的通解之和就是微分方程（16-4）的全解。但是，由于结构阻尼的作用，自由振动很快就会衰减，公式（16-6）的影响通常可以忽略不计。

§ 16.3　单质点弹性体系水平地震作用——反应谱法

一、水平地震作用基本公式

作用在质点上的惯性力等于质量 m 乘以它的绝对加速度，方向与绝对加速度的方向

相反，即

$$F(t)=-m[\ddot{x}_g(t)+\ddot{x}(t)] \tag{16-13}$$

式中 $F(t)$ 为作用在质点上的惯性力，其余符号意义同前。

若将式（16-2a）代入式（16-13），并考虑到 $c\dot{x}(t)\ll kx(t)$ 而略去不计，则得：

$$F(t)=kx(t)=m\omega^2x(t) \tag{16-14}$$

或

$$x(t)=F(t)\frac{1}{k}=F(t)\delta \tag{16-15}$$

式中 $\delta=\frac{1}{k}$ 为杆件柔度系数，即杆端作用单位水平力时在该处所产生的侧移。

现在来分析式（16-15）。等号左端 $x(t)$ 为地震作用时质点产生的相对位移，而等号右端 $F(t)\delta$ 为该瞬时惯性力使质点产生的相对位移。因此，可以认为在某瞬时地震作用使结构产生的相对位移是该瞬时的惯性力引起的。这也就是为什么可以将惯性力理解为一种能反映地震影响的等效荷载的原因。

将式（16-12）代入式（16-14），并忽略 ω' 和 ω 的微小差别，则得：

$$F(t)=-m\omega\int_0^t\ddot{x}_g(\tau)e^{-\zeta\omega(t-\tau)}\sin\omega(t-\tau)d\tau \tag{16-16}$$

由上式可见，水平地震作用是时间 t 的函数，它的大小和方向随时间 t 而变化。在结构抗震设计中，并不需要求出每一时刻的地震作用数值，而只需求出水平作用的最大绝对值。设 F 表示水平地震作用的最大绝对值，由式（16-16）得：

$$F=m\omega\left|\int_0^t\ddot{x}_g(\tau)e^{-\zeta\omega(t-\tau)}\sin\omega(t-\tau)d\tau\right|_{max} \tag{16-17}$$

或

$$F=mS_a \tag{16-18}$$

这里

$$S_a=\omega\left|\int_0^t\ddot{x}_g(\tau)e^{-\zeta\omega(t-\tau)}\sin\omega(t-\tau)d\tau\right|_{max} \tag{16-19}$$

令

$$S_a=\beta\,|\,\ddot{x}_g\,|_{max}$$

$$|\,\ddot{x}_g\,|_{max}=kg$$

代入式（16-18），并以 F_{Ek} 代替 F，则得：

$$F_{Ek}=mk\beta g=k\beta G \tag{16-20}$$

式中　F_{Ek}——水平地震作用标准值；

S_a——质点加速度最大值；

$|\,\ddot{x}_g\,|_{max}$——地震动峰值加速度；

k——地震系数；

β——动力系数；

G——建筑的重力荷载代表值。

式（16-20）就是计算水平地震作用的基本公式。由此可见，求作用在质点上的水平地震作用 F_{Ek}，关键在于求出地震系数 k 和动力系数 β 值。

二、地震系数

地震系数 k 是地震动峰值加速度与重力加速度之比，即

$$k=\frac{|\ddot{x}_{g}|_{max}}{g} \tag{16-21}$$

也就是以重力加速度为单位的地震动峰值加速度。显然，地面加速度愈大，地震的影响就愈强烈，即地震烈度愈大。所以，地震系数与地震烈度有关，都是表示地震强烈程度的参数。例如，地震时在某处地震加速度记录的最大值，就是这次地震在该处的 k 值（以重力加速度 g 为单位）。如果同时根据该处的地表破坏现象、建筑的损坏程度等，按地震烈度表评定该处的宏观烈度 I，就可提供它们之间的一个对应关系。根据许多这样的资料，就可确定出 $I-k$ 的对应关系。

根据《抗震规范》（2016 年版）附录 A 我国主要城镇抗震设防烈度与设计基本地震加速度取值关系，就可得出抗震设防烈度与地震系数值 k 的对应关系，见表 16-1。这时，地震系数 k 意义和取值与新版《抗震规范》（2016 年版）中的设计基本地震加速度的一致。它是 50 年设计基准期超越概率 10%的地震加速度的设计取值。

《抗震规范》（2016 年版）附录 A 抗震设防烈度、设计基本地震加速度和设计地震分组（节录），可参见本书附录 F。

设防烈度 I 与地震系数 k 的对应关系　　表 16-1

设防烈度 I（度）	6	7	8	9
地震系数 k（g）	0.05	0.10（0.15）	0.20（0.30）	0.40

注：1. 括号内的数字分别用于《抗震规范》（2016 年版）附录 A 中的设计基本地震加速度 $0.15g$ 和 $0.30g$ 地区。

2. 设计基本地震加速度为 $0.15g$ 和 $0.30g$ 地区内的建筑，应分别按设防烈度 7 度和 8 度的要求进行抗震设计，但建筑场地为Ⅲ、Ⅳ类时，宜分别按烈度 8（$0.20g$）度和 9（$0.40g$）度时各类建筑物的要求采取抗震构造措施。

地震动峰值加速度与《抗震规范》中的设计基本地震加速度相当。它是 50 年设计基准期超越概率 10%的地震加速度的设计取值。我国主要城镇设计基本地震加速度取值见附录 A。

三、动力系数 β

动力系数 β 是单质点弹性体系在地震作用下最大反应加速度与地面最大加速度之比，即

$$\beta=\frac{S_{a}}{|\ddot{x}_{g}|_{max}} \tag{16-22}$$

也就是质点最大反应加速度比地面最大加速度放大的倍数。将式（16-19）代入式（16-22），得：

$$\beta=\frac{\omega}{|\ddot{x}_{g}|_{max}}\left|\int_{0}^{t}\ddot{x}_{g}(\tau)e^{-\zeta\omega(t-\tau)}\sin\omega(t-\tau)d\tau\right|_{max} \tag{16-23}$$

在结构抗震计算中，通常将频率用自振周期表示，即 $\omega=2\pi/T$。所以，上式又可写成

$$\beta=\frac{2\pi}{T}\cdot\frac{1}{|\ddot{x}_g|_{max}}\left|\int_0^t \ddot{x}_g(\tau)e^{-\zeta\frac{2\pi}{T}(t-\tau)}\sin\frac{2\pi}{T}(t-\tau)d\tau\right|_{max} \tag{16-24}$$

由上式可知，动力系数 β 与地面运动加速度记录 $\ddot{x}_g(t)$ 的特征、结构的自振周期 T 以及阻尼比 ζ 有关。当地面加速度记录 $\ddot{x}_g(t)$ 和阻尼比 ζ 给定时，就可根据不同的 T 值算出动力系数 β[1]，从而得到一条 β-T 曲线。这条曲线就称为动力系数反应谱曲线。动力系数是单质点 m 最大反应加速度 S_a 与地面运动最大加速度 $|\ddot{x}_g|_{max}$ 之比，所以 β-T 曲线实质上是一种加速度反应谱曲线。

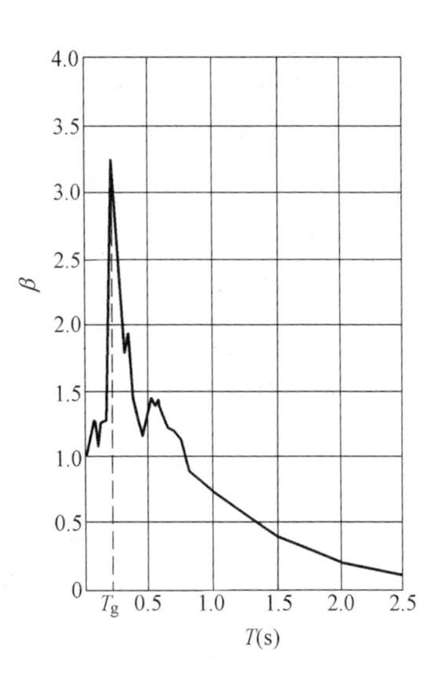

图 16-4　β 反应谱曲线

图 16-4 是根据某次地震时地面加速度记录 $\ddot{x}_g(t)$ 和阻尼比 $\zeta=0.05$ 绘制的动力系数反应谱曲线。

由图 16-4 可见，当结构自振周期 T 小于某一数值 T_g 时，β 反应谱曲线将随 T 的增加急剧上升；当 $T=T_g$ 时，动力系数达到最大值；当 $T>T_g$ 时，曲线波动下降。这里的 T_g 就是对应反应谱曲线峰值的结构自振周期，这个周期与场地的振动卓越周期相符。所以，当结构自振周期与场地的卓越周期相等或相近时，地震反应最大。这种现象与结构在动荷载作用下的共振相似。因此，在结构抗震设计中，应使结构的自振周期远离场地的卓越周期，以避免发生类共振现象。

分析表明，虽然在每次地震中测得的地面加速度曲线各不相同，从外观上看极不规律，但根据它们绘制的动力系数反应谱曲线，却有其共同的特征，这就给应用反应谱曲线确定地震作用提供了可能性。从而，根据结构的自振周期 T，就可以很方便地求出动力系数 β 值。

但是，上面的加速度反应谱曲线是根据一次地震的地面加速度记录 $\ddot{x}_g(t)$ 绘制的。不同的地震记录会有不同的反应谱曲线，虽然它们有某些共同的特征，但仍有差别。在结构抗震设计中，不可能预知建筑物将遭到怎样的地面运动，因而也就无法知道 $\ddot{x}_g(t)$ 是怎样的变化曲线。因此，在建筑抗震设计中，只采用按某一次地震记录 $\ddot{x}_g(t)$ 绘制的反应谱曲线作为设计依据是没有意义的。

根据不同的地面运动记录的统计分析表明，场地的特性、震中距的远近，对反应谱曲线有比较明显的影响。例如，场地愈软，震中距愈远，曲线主峰位置愈向右移，曲线主峰也愈扁平。因此，应按场地类别、近震和远震分别绘出反应谱曲线，然后根据统计分析，从大量的反应谱曲线中找出每种场地和近、远震有代表性的平均反应谱曲线，作为设计用的标准反应谱曲线。

---

[1] 式 (16-24) 中 $\ddot{x}_g(t)$ 一般不能用简单的解析式表示，通常采用数值积分法用电子计算机计算。

四、地震影响系数

为了简化计算，将上述地震系数 k 和动力系数 β 以其乘积 α 表示，并称为地震影响系数。

$$\alpha = k\beta \tag{16-25}$$

这样，式（16-20）可以写成

$$F_{Ek} = \alpha G \tag{16-26}$$

因为

$$\alpha = k\beta = \frac{|\ddot{x}_g|_{max}}{g}\frac{S_a}{|\ddot{x}_g|_{max}} = \frac{S_a}{g} \tag{16-27}$$

所以，地震影响系数 α 就是单质点弹性体系在地震时最大反应加速度（以重力加速度 g 为单位）。另一方面，若将式（16-26）写成 $\alpha = F_{Ek}/G$，则可以看出，地震影响系数乃是作用在质点上的地震作用与结构重力荷载代表值之比。

《抗震规范》就是以地震影响系数 α 作为抗震设计依据的，其数值应根据烈度、场地类别、设计地震分组以及结构自振周期和阻尼比确定：

（一）当建筑结构阻尼比 ζ＝0.05 时[1]

当建筑结构阻尼比为 0.05 时，地震影响系数 α 值按图 16-5（a）采用。现将地震影响系数

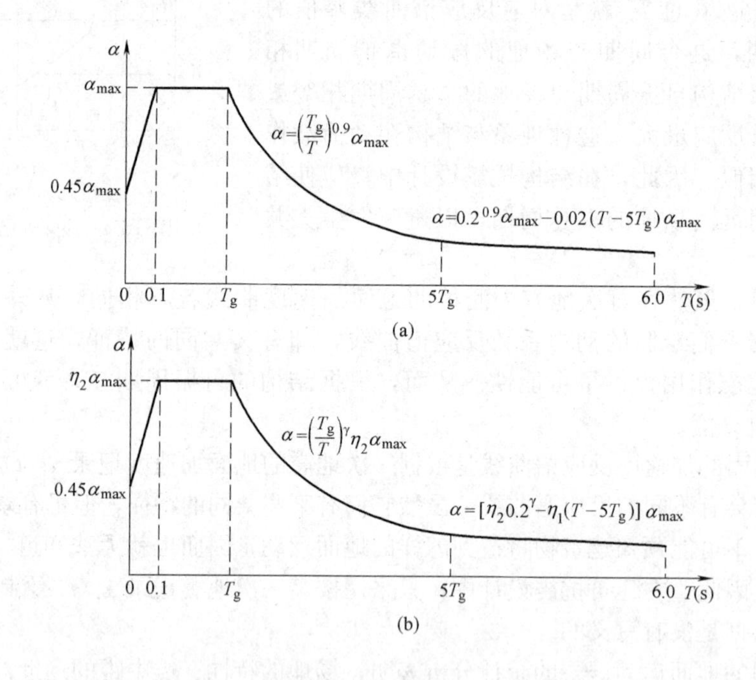

图 16-5　地震影响系数曲线

（a）阻尼比 ζ 等于 0.05；（b）阻尼比 ζ 不等于 0.05

α 曲线的一些特征及有关系数取值说明如下：

[1] 除有专门规定外，建筑结构的阻尼比应取 0.05。

1. 周期 $T \leqslant 0.1$s 区段：在这一区段 α 为线性上升段，$T=0.1$s 时 $\alpha=\alpha_{\max}$。

2. $0.1\text{s} \leqslant T \leqslant T_g$ 区段：在这一区段作了平滑处理，为安全计，这一段取水平线，即均按 $\alpha_{\max}$ 取值。

这里的 T_g 称为设计特征周期，它是抗震设计用的地震影响系数曲线中，下降段起始点对应的周期值，简称特征周期。

分析表明，地震影响系数曲线形状与场地类别、震中距远近等因素有关。为了反映震中距对特征周期的不同影响，《抗震规范》（2016 年版）是以设计地震分组体现的，并将设计地震分为三组：第一组适用于近震，第二组适用于较远地震，第三组适用于远震。这样，根据建筑场地类别和《抗震规范》（2016 年版）附录 A 我国主要城镇设计地震分组可由表 16-2 查得特征周期值。

《抗震规范》（2016 年版）附录 A 列出的我国主要城镇的设计地震分组（节录），可参见本书附录 F。

特征周期 T_g 值　　**表 16-2**

设计地震分组	场地分类				
	I_0	I_1	Ⅱ	Ⅲ	Ⅳ
第一组	0.20	0.25	0.35	0.45	0.65
第二组	0.25	0.30	0.40	0.55	0.75
第三组	0.30	0.35	0.45	0.65	0.90

注：为了避免处于不同场地分界附近的特征周期突变，《抗震规范》规定，当有可靠剪切波速和覆盖层厚度时，可采用插入法确定边界附近（指 15%范围）的特征周期值。

3. $T_g \leqslant T \leqslant 5T_g$ 区段：在这一区段为曲线下降段，曲线呈双曲线变化：

$$\alpha = \left(\frac{T_g}{T}\right)^{0.9} \alpha_{\max} \tag{16-28}$$

式中 α——地震影响系数；

T_g——特征周期（s）；

T——单质点体系自振周期（s），按下式计算：

$$T = 2\pi\sqrt{\frac{G\delta}{g}} \text{ ❶} \tag{16-29}$$

式中 G——质点重力荷载代表值；

δ——作用在质点上单位水平集中力在自由端产生的侧移。

4. $5T_g \leqslant T \leqslant 6$s 区段：在这一区段为直线下降段，并按下式计算：

$$\alpha = [0.2^{0.9} - 0.02(T - 5T_g)]\alpha_{\max} \tag{16-30}$$

❶ 单质点弹性体系的自振频率为 $\omega=\sqrt{k/m}$，而其自震周期为 $T=2\pi/\omega$，将前者代入后者，并注意 $m=\frac{G}{g}$ 和 $k=\frac{1}{\delta}$，经整理后即得式（16-29）。

5. 关于 α_{max} 的取值：地震资料统计结果表明，动力系数最大值 β_{max} 与地震烈度、地震环境影响不大，《抗震规范》取 $\beta_{max}=2.25$。将 $\beta_{max}=2.25$ 与表 16-1 所列 k 值相乘，便得出不同设防烈度 α_{max} 值，参见表 16-3。

设防烈度 I 与地震影响系数最大值 α_{max} 的关系　　表 16-3

设防烈度Ⅰ	6	7	8	9
α_{max}	0.113	0.23（0.338）	0.45（0.675）	0.90

注：括号内的数字分别用于附录 A 中地震动峰值加速度 $0.15g$ 和 $0.30g$ 的地区。

根据三水准、两阶段的设计原则，并不进行设防烈度下的抗震计算。因此，表 16-3 中 α_{max} 值在抗震计算中并不直接应用，给出它的目的，在于推算出不同设防烈度下小震烈度和大震烈度的 α_{max} 值。

如前所述，对于多遇地震（小震）烈度比设防烈度平均低 1.55 度。研究表明，其 α_{max} 值比设防烈度时的小 1/2.82，故多遇地震时的 α_{max} 可取表 16-3 中 α_{max} 值的 1/2.82，按这个数值计算地震作用大体上相当于 1978 年《建筑抗震设计规范》的设计水准。罕遇地震（大震）时的 α_{max} 值，分别大致取表 16-3 中相应 7 度、8 度、9 度的 α_{max} 值的 2.13、1.88、1.56 倍。多遇地震和罕遇地震的 α_{max} 值参见表 16-4。

水平地震影响系数最大值 α_{max}　　表 16-4

设防烈度Ⅰ	6	7	8	9
多遇地震	0.04	0.08（0.12）	0.16（0.24）	0.32
罕遇地震	0.28	0.50（0.72）	0.90（1.20）	1.40

注：表中括号内的数字分别用于附录 A 中设计基本地震加速度 $0.15g$ 和 $0.30g$ 地区的建筑。

6. 关于 $T=0$ 时，$\alpha=0.45_{max}$，因为 $\alpha=k\beta$，当 $T=0$ 时（即刚性体系），$\beta=1$（不放大），即 $\alpha=k\times1=k$，而 $\alpha_{max}=k\beta_{max}$

即
$$k=\frac{\alpha_{max}}{\beta_{max}}$$

由此
$$\alpha=k=\frac{\alpha_{max}}{\beta_{max}}=\frac{\alpha_{max}}{2.25}\approx0.45\alpha_{max}$$

7. 计算 8、9 度罕遇地震作用时，特征周期应增加 0.05s。

8. 周期大于 6s 的建筑结构所采用的地震影响系数应专门研究。

（二）当建筑结构阻尼比不等于 0.05 时

这时水平地震影响系数曲线按图 16-5（b）确定，但形状参数和阻尼调整系数应按下列规定调整：

1. 曲线下降段的衰减指数，按下式确定：

$$\gamma=0.9+\frac{0.05-\zeta}{0.5+6\zeta}\tag{16-31}$$

式中　γ——曲线下降段的衰减指数；

ζ——阻尼比。

2. 直线下降段的下降斜率调整系数，按下式确定：

$$\eta_1=0.02+\frac{0.05-\zeta}{4+32\zeta}\tag{16-32}$$

式中　η_1——直线下降段的下降斜率调整系数，小于 0 时取 0。

3. 阻尼调整系数，按下式确定：

$$\eta_2 = 1 + \frac{0.05 + \zeta}{0.08 + 1.6\zeta} \tag{16-33}$$

式中　η_2——阻尼调整系数，当小于 0.55 时，取 0.55。

【例题 16-1】 单层钢筋混凝土框架计算简图如图 16-6（a）所示。集中于屋盖处的重力荷载代表值 $G=1200\text{kN}$（图 16-6b），梁的抗弯刚度 $EI=\infty$，柱的截面尺寸 $b\times h=350\text{mm}\times 350\text{mm}$，采用 C20 的混凝土，结构的阻尼比 $\zeta=0.05$，Ⅱ类场地，设防烈度为 7 度，设计基本地震加速度为 0.10g，建筑所在地区的设计地震分组为第二组。试确定在多遇地震作用下框架的水平地震作用标准值，并绘出地震内力图。

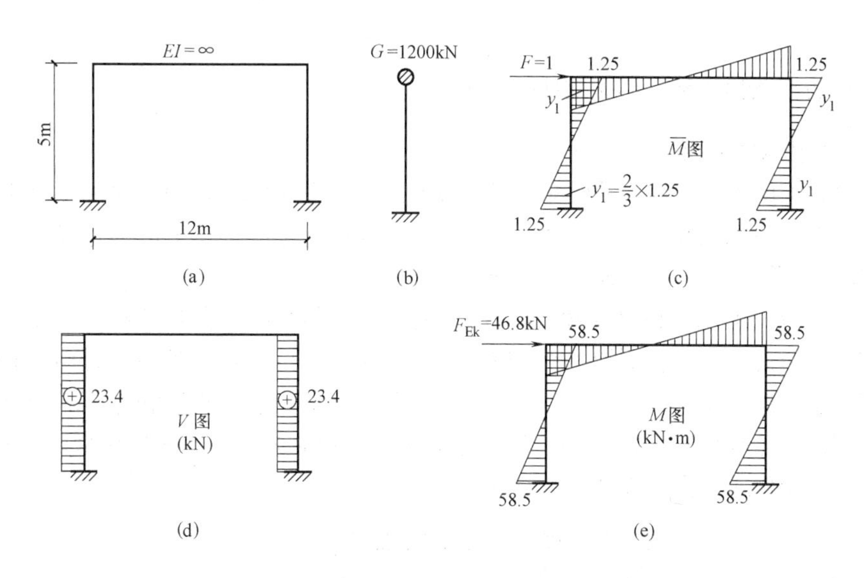

图 16-6 【例题 16-1】附图

【解】（1）求水平地震作用标准值

C20 的混凝土弹性模量 $E=25.5\text{kN/mm}^2$，柱的惯性矩

$$I = \frac{1}{12}bh^3 = \frac{1}{12}\times 0.35\times 0.35^3 = 1.25\times 10^{-3}\text{m}^4$$

按式（16-29）计算框架自振周期

$$\delta = \frac{1}{EI}\int \overline{M}^2\,\mathrm{d}x = \frac{1}{EI}\quad 4\omega_1 y_1 = \frac{4}{25.5\times 10^6\times 1.25\times 10^{-3}}\times$$

$$\frac{1}{2}\times 1.25\times 2.5\times \frac{2}{3}\times 1.25 = 1.6\times 10^{-4}\text{m}$$

$$T = 2\pi\sqrt{\frac{G\delta}{g}} = 2\pi\sqrt{\frac{1200\times 1.6\times 10^{-4}}{9.81}} = 0.88\text{s}$$

其中 $\overline{M}$ 图参见图 16-6（c）。

查表 16-4，当抗震设防烈度为 7 度，设计基本地震加速度为 0.10g，多遇地震时，$\alpha_{\max}=0.08$；当Ⅱ类场地，设计地震分组为第二组时，$T_g=0.40\text{s}$。

因为 $T_g=0.40\text{s}<T=0.88\text{s}<5T_g=5\times 0.40=2\text{s}$，故按式（16-28）计算地震影响系数：

$$\alpha=\left(\frac{T_g}{T}\right)^{0.9}\alpha_{\max}=\left(\frac{0.40}{0.88}\right)^{0.9}\times 0.08=0.039$$

按式（16-26）计算水平地震作用标准值

$$F_{Ek}=\alpha G=0.039\times 1200=46.80\text{kN}$$

（2）求地震内力标准值，并绘出内力图

求得水平地震作用标准值 F_{Ek}=46.80kN 后，就可把它加到框架横梁标高处，按静载计算框架地震内力 V 和 M。

地震内力 V 图、M 图见图 16-6（d）、图 16-6（e）。

§16.4　多质点弹性体系水平地震作用的计算

16.4.1　多质点弹性体系、自振周期和振型

一、多质点弹性体系

前面讨论了单质点弹性体系水平地震作用的计算。在实际工程中，除有些工程结构可简化成单质点弹性体系外，很多工程结构，如多层和高层建筑等，则应简化成多质点弹性体系，这样才能得出比较符合实际的计算结果。

对于图 16-7（a）所示的多层框架结构，应按集中质量法，将 $i-i$ 和（$i+1$）－（$i+1$）之间的结构竖向荷载（包括结构自重和屋面、楼面的可变荷载）集中于屋面和楼面标高处。设它们的质量为 m_i（i=1，2，…，n），并假设这些质点由无重量的直杆支承于地面上（图 16-7b）。这样就将多层框架结构简化成多质点弹性体系了。一般说来，对于具有 n 层的房屋，可简化成 n 个质点的弹性体系。

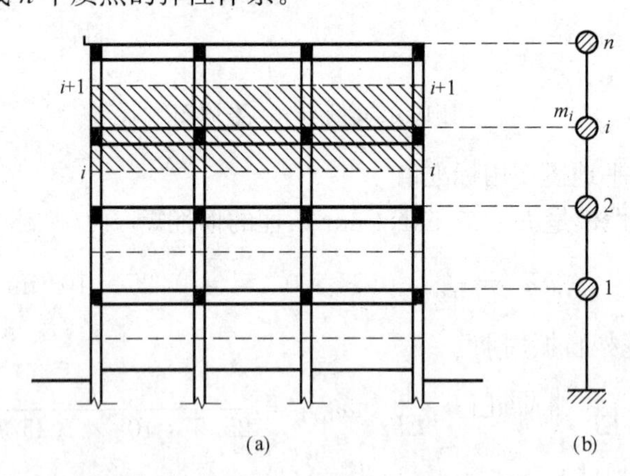

图 16-7　多质点的体系计算简图

（a）多层框架；（b）多质点弹性体系

二、振动周期和振型

理论分析表明，具有 n 个质点的弹性体系作自由振动时，一般情况下，它含有 n 个自振频率、n 个自振周期和 n 个振动形式（振型），其中最长的自振周期称为基本周期，相应于基本周期的振型称为第一振型，相应于第 i 周期的振型称为第 i 振型。一般情况下，具有 n 个质点的体系在作自由振动时的振动是由 n 个振型线性组合而成。

16.4.2　多质点弹性体系水平地震作用的计算——底部剪力法

按精确法（振型分解反应谱法）计算多质点弹性体系的地震作用，特别是房屋层数较多时，计算过程十分冗繁。为了简化计算，《抗震规范》规定，高度不超过 40m，以剪切变形为主且质量和刚度沿高度分布比较均匀的结构，可采用底部剪力法计算地震作用。

这个方法的基本思路是，将多质点体系折算成等效单质点体系。折算的原则是两个体系的总水平地震作用（即底部地震剪力）相等，后者的自振周期与前者的基本周期相同。然后按式（16-26）计算单质点体系的水平地震作用 F_{Ek}。最后，将 F_{Ek} 作为多质点体系总水平的地震作用，按分配系数分配给各质点，即可得到作用在各质点上的水平地震作用 F_i。

一、总水平地震作用标准值

按照上面的思路，需将多质点体系按等效原则折算成单质点体系。根据理论分析，单质点等效重力荷载 G_{eq} 应取多质点体系总重力荷载代表值的 0.85；其自振周期取多质点体系的基本周期 T_1（图 16-8）。这样，结构总水平地震作用标准值可按下式计算：

$$F_{Ek}=\alpha_1 G_{eq} \tag{16-34}$$

式中　α_1——相应于结构基本周 T_1 的水平地震影响系数，按图 16-5确定；

G_{eq}——结构等效总重力荷载，取总重力荷载代表值的 85%；

T_1——结构基本周期，可按下式计算：

$$T_1 = 2\sqrt{\frac{\sum_{i=1}^{n} G_i \Delta_i^2}{\sum_{i=1}^{n} G_i \Delta_i}} \tag{16-35}$$

G_i——质点 i 的重力荷载代表值，应取结构和构配件自重标准值和各可变荷载组合值之和，各可变荷载组合值系数，应按表 16-5 采用；

Δ_i——假定重力荷载代表值 G_i 为水平力，同时分别作用在质点 i 上，质点 i 产生的侧移（图 16-9）。

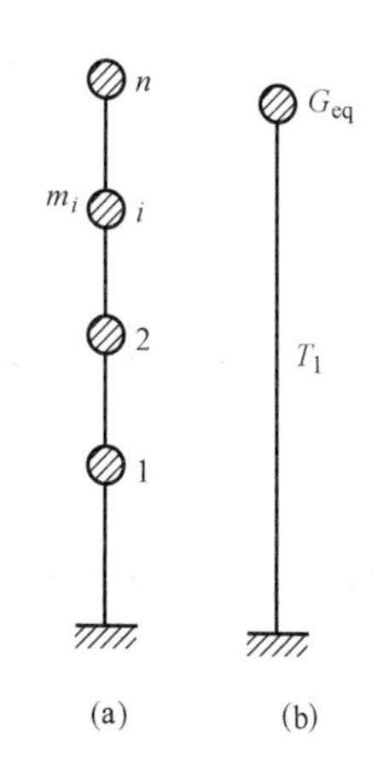

图 16-8　多质点的体系计算简图
（a）多质点弹性体系；
（b）等效单质点弹性体系

组合值系数　　表 16-5

可变荷载种类		组合值系数
雪荷载		0.5
屋面积灰荷载		0.5
屋面活荷载		不计入
按实际情况考虑的楼面活荷载		1.0
按等效均布荷载计算的楼面活荷载	藏书库、档案库	0.8
	其他民用建筑	0.5
吊车悬吊物重力	硬钩吊车	0.3
	软钩吊车	不计入

注：硬钩吊车的吊重较大时，组合值系数应按实际情况采用。

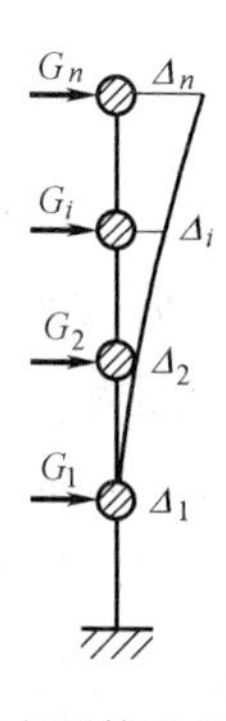

图 16-9　多质点的体系基本周期的计算

二、质点水平地震作用标准值

在确定质点 i 上水平地震作用标准值时（图 16-10a），假定地震时各质点 i 的加速度 S_{ai}（$i=1, 2, \cdots, n$）呈倒三角形分布（图 16-9b）。于是质点 i 的加速度可写成：

$$S_{ai}=\eta H_i \quad (i=1,2,\cdots,n) \tag{a}$$

式中　η——比例常数；

H_i——质点 i 的计算高度。

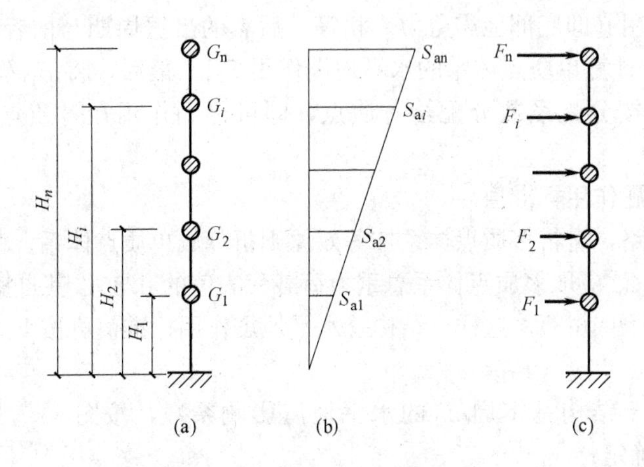

图 16-10　多质点的体系地震作用

（a）多质点的体系；（b）各质点加速度沿房屋高度分布；（c）质点 i 水平地震作用

根据牛顿第二定律，质点 i 上的地震作用（即惯性力）为：

$$F_i=\eta\frac{G_i}{g}H_i \tag{b}$$

而结构总水平地震作用标准值，即结构底部剪力可写成：

$$F_{Ek}=\sum_{j=1}^{n}F_j=\frac{\eta}{g}\sum_{j=1}^{n}G_jH_j \tag{c}$$

或写成：

$$\frac{\eta}{g}=\frac{1}{\sum\limits_{j=1}^{n}G_jH_j}F_{Ek} \tag{d}$$

将式（d）代入式（b）得

$$F_i=\frac{G_iH_i}{\sum\limits_{j=1}^{n}G_jH_j}F_{Ek} \tag{16-36}$$

式中　F_i——质点 i 的水平地震作用标准值；

G_i、G_j——分别为集中于质点 i、j 的重力荷载代表值；

H_i、H_j——分别为质点 i、j 的计算高度；

F_{Ek}——结构总水平地震作用标准值。

由式（16-36）可见，质点 i 的水平地震作用标准值，等于结构总水平地震作用标准值乘以分配系数 $G_iH_i\Big/\sum\limits_{j=1}^{n}G_jH_j$。

对自振周期比较长的多层钢筋混凝土和钢结构房屋，经计算发现，在房屋顶部的地震剪力按底部剪力法计算结果较精确法计算结果偏小。为了减小这一误差，《抗震规范》采取调整地震作用的办法使顶层地震剪力有所增加。

对上述房屋，《抗震规范》规定，按下式计算质点 i 的水平地震作用标准值；

$$F_i=\frac{G_iH_i}{\sum_{j=1}^{n}G_jH_j}F_{\mathrm{Ek}}(1-\delta_n) \tag{16-37a}$$

$$\Delta F_n=\delta_nF_{\mathrm{Ek}} \tag{16-37b}$$

式中　δ_n——顶部附加地震作用系数，多层钢筋混凝土和钢结构房屋可按表 16-6 采用，其他房屋可采用 0.0；

ΔF_n——顶部附加水平地震作用（图 16-11）。

顶部附加地震作用系数 δ_n　表 16-6

T_g（s）	$T_1>1.4T_g$	$T_1\leqslant1.4T_g$
$T_g\leqslant0.35$	$0.08T_1+0.07$	不考虑
$0.35<T_g\leqslant0.55$	$0.08T_1+0.01$	
$T_g>0.55$	$0.08T_1-0.02$	

注：T_g 为特征周期；T_1 为结构基本自振周期。

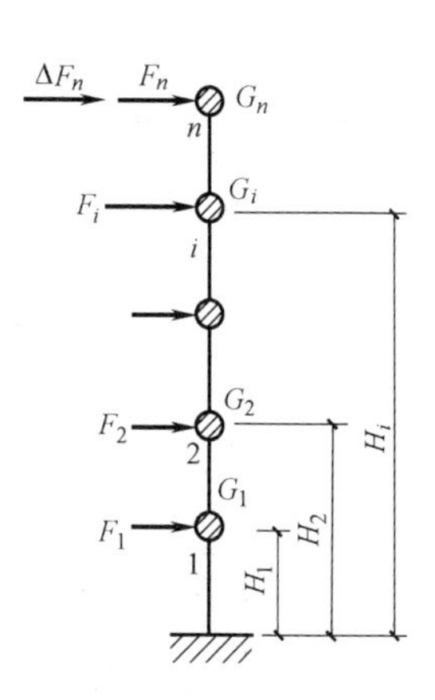

图 16-11　结构水平地震作用简图

【例题 16-2】 某二层钢筋混凝土框架结构，柱的截面尺寸 $b_ch_c=350\text{mm}\times350\text{mm}$，梁的截面尺寸 $b_bh_b=250\text{mm}\times750\text{mm}$（图 16-12a），采用 C20 混凝土，集中于屋盖和楼盖

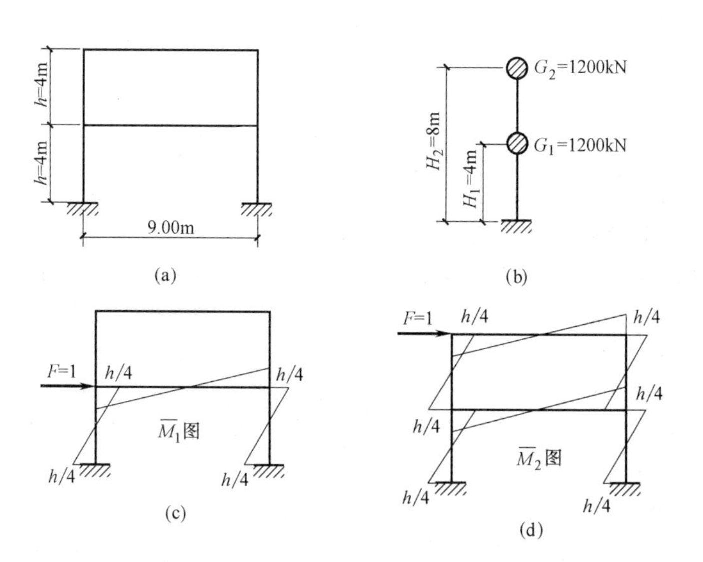

图 16-12 【例题 16-2】附图之一

（a）钢筋混凝土框架；（b）动力分析计算简图；（c）单位弯矩 $\overline{M}_1$ 图；（d）单位弯矩 $\overline{M}_2$ 图

处的重力荷载代表值相等，$G_1=G_2=1200\text{kN}$（16-12b）。建筑场地为Ⅱ类，设防烈度7度，设计地震分组为第二组，设计基本地震加速度为0.10g，结构阻尼比$\zeta=0.05$。试按底部剪力法计算多遇地震时的水平地作用标准值。

【解】（1）计算框架基本周期

1）求柔度系数

单位弯矩图$\overline{M}_1$和$\overline{M}_2$如图16-12（c）、（d）所示。由求位移图乘法可得：

$$\delta_{11}=\int\frac{\overline{M}_1{}^2}{EI}\mathrm{d}x=\frac{1}{EI}\left(4\times\frac{1}{2}\times\frac{h}{4}\times\frac{h}{2}\times\frac{2}{3}\times\frac{h}{4}\right)=\frac{h^3}{24EI}=\delta$$

$$\delta_{12}=\delta_{21}=\int\frac{\overline{M}_1\overline{M}_2}{EI}\mathrm{d}x=\frac{h^3}{24EI}=\delta$$

$$\delta_{22}=\int\frac{\overline{M}_2^2}{EI}\mathrm{d}x=\frac{h^3}{12EI}=2\delta$$

2）求G_1和G_2水平作用时框架的侧移

由表3-6查得：当C20时，$E=2.55\times10^4\text{N/mm}^2$，柱的截面惯性矩：

$$I_\mathrm{c}=\frac{1}{12}b_\mathrm{c}h_\mathrm{c}=\frac{1}{12}\times0.35\times0.35^3=1.25\times10^{-3}\text{m}^4$$

$$\Delta_1=G_1\delta_{11}+G_2\delta_{12}=1200\times\frac{4^3}{24\times2.55\times10^7\times1.25\times10^{-3}}+1200\times\frac{4^3}{24\times2.55\times10^7\times1.25\times10^{-3}}=0.201\text{m}$$

$$\Delta_2=G_1\delta_{21}+G_2\delta_{22}=1200\times\frac{4^3}{24\times2.55\times10^7\times1.25\times10^{-3}}+1200\times\frac{2\times4^3}{24\times2.55\times10^7\times1.25\times10^{-3}}=0.301\text{m}$$

3）求框架基本周期

按式（16-35）计算：

$$T_1=2\sqrt{\frac{\sum\limits_{i=1}^{n}G_i\Delta_i{}^2}{\sum\limits_{i=1}^{n}G_i\Delta_i}}=2\times\sqrt{\frac{1200\times0.201^2+1200\times0.301^2}{1200\times0.201+1200\times0.301}}=1.022\text{s}$$

（2）求总水平地震作用标准值（即底部剪力）

由表16-4查得：7度，设计基本地震加速度为0.10g、多遇地震时，$\alpha_{\max}=0.08$，由表16-2查得，$T_\mathrm{g}=0.40$。

由式（16-28）求得：

$$\alpha=\left(\frac{T_\mathrm{g}}{T_1}\right)^{0.9}\alpha_{\max}=\left(\frac{0.40}{1.022}\right)^{0.9}\times0.08=0.034$$

按式（16-26）计算

$$F_{\mathrm{Ek}}=\alpha_1G_{\mathrm{eq}}=0.034\times0.85\times(1200+1200)=69.36\text{kN}$$

（3）求作用在各质点上的水平地震作用标准值（图16-13）

由表 16-6 查得，当 $T_g=0.40s$，$T_1=1.022>1.4T_g=1.4\times0.40=0.56$ 时，

$$\delta_n=0.08T_1+0.01=0.08\times1.022+0.01=0.092$$

按式（16-37b）计算

$$\Delta F_n=\delta_n F_{Ek}=0.092\times69.36=6.36\text{kN}$$

按式（16-37a）计算

$$F_1=\frac{G_1H_1}{\sum_{j=1}^{2}G_jH_j}F_{Ek}(1-\delta_n)=\frac{1200\times4}{1200\times4+1200\times8}\times69.36(1-0.092)=20.99\text{kN}$$

$$F_2=\frac{G_2H_2}{\sum_{j=1}^{2}G_jH_j}F_{Ek}(1-\delta_n)=\frac{1200\times8}{1200\times4+1200\times8}\times69.36(1-0.092)=41.99\text{kN}$$

（4）绘地震内力图

地震剪力图和弯矩图，见图 16-13（a）、（b）、（c）。

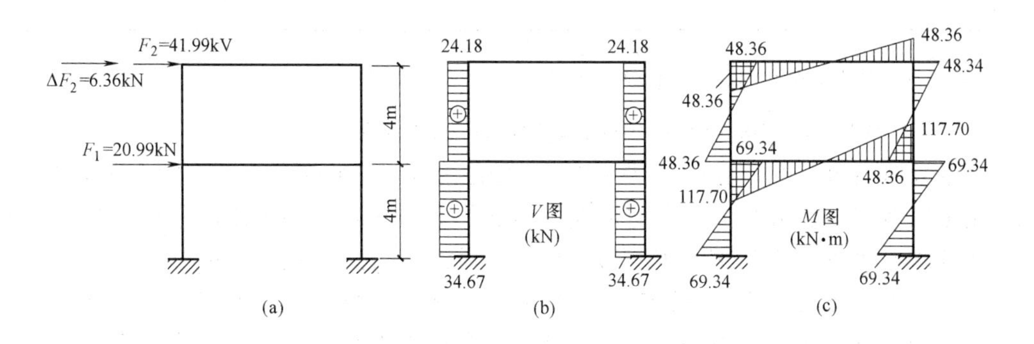

图 16-13 【例题 16-2】附图之二

（a）地震作用；（b）地震剪力图；（c）地震弯矩图

三、水平地震作用下地震内力的调整

（一）突出屋面附属结构地震内力的调整

震害表明，突出屋面的屋顶间（电梯机房、水箱间）、女儿墙、烟囱等，它们的震害比下面的主体结构严重。这是由于突出屋面的这些结构的质量和刚度突然减小，地震反应随之增大的缘故，在地震工程中把这种现象称为“边端效应”。因此，《抗震规范》规定，采用底部剪力法时，突出屋面的屋顶间、女儿墙、烟囱等地震作用效应，宜乘以增大系数 3。此增大部分不应往下传递，但与该突出部分相连的构件应予计入；单层厂房突出屋面的天窗架的地震作用效应的增大系数应按第七章有关规定采用。

（二）长周期结构地震内力的调整

由于地震影响系数在长周期区段下降较快，对于基本周期大于 3.5s 的结构按公式算得的水平地震作用可能太小。而对长周期结构，地震地面运动速度和位移可能对结构的破坏具有更大的影响，但是《抗震规范》所采用的振型分解反应谱法尚无法对此作出估计。出于对结构安全的考虑，增加了对各楼层水平地震剪力最小值的要求。因此，《抗震规范》规定，按振型分解法和底部剪力法所算得的结构的层间剪力应符合下式要求：

$$V_{\mathrm{Ek}i} > \lambda \sum_{j=i}^{n} G_j \tag{16-38}$$

式中　$V_{\mathrm{Ek}i}$——第 i 层对应于水平地震作用标准值的楼层剪力；

λ——剪力系数，不应小于表 16-7 规定的楼层最小地震剪力系数值，对竖向不规则结构的薄弱层，尚应乘以 1.15 的增大系数；

G_j——第 j 层的重力荷载代表值。

楼层最小地震剪力系数值　　**表 16-7**

类　别	烈　度			
	6	7	8	9
扭转效应明显或基本周期小于 3.5s 的结构	0.008	0.016（0.024）	0.032（0.048）	0.064
基本周期大于 5.0s 的结构	0.006	0.012（0.018）	0.024（0.036）	0.048

注：1. 基本周期介于 3.5s 和 5.0s 之间的结构，可按插入法取值；
2. 括号内数值分别用于设计基本地震加速度为 0.15g 和 0.30g 的地区。

（三）考虑地基与结构相互作用的影响地震内力的调整

理论分析表明，由于地基与结构相互作用的影响，按刚性地基分析的水平地震作用在一定范围有明显的减小，但考虑到我国地震作用取值与国外相比还较小，故仅在必要时才考虑对水平地震作用予以折减。因此《抗震规范》规定，结构抗震计算，一般情况下可不考虑地基与结构相互作用的影响；8 度和 9 度时，建造在Ⅲ、Ⅳ类场地，采用箱基、刚性较好的筏基和桩箱联合基础的钢筋混凝土高层建筑，当结构基本自振周期处于特征周期的 1.2 倍至 5 倍范围时，若计入地基与结构相互作用的影响，这时，对刚性地基假定计算的水平地震剪力可按下列规定折减，其层间变形可按折减后的楼层剪力计算。

1. 高宽比小于 3 的结构

各楼层水平地震剪力折减系数，按下式计算：

$$\psi = \left(\frac{T_1}{T_1 + \Delta T}\right)^{0.9} \tag{16-39}$$

式中　ψ——考虑地基与结构相互作用后的地震剪力折减系数；

T_1——按刚性地基假定确定的结构自振基本周期（s）；

ΔT——考虑地基与结构相互作用的附加周期（s），可按表 16-8 采用。

附加周期（s）　　**表 16-8**

烈　度	场　地　类　别	
	Ⅲ　类	Ⅳ　类
8	0.08	0.20
9	0.10	0.25

2. 高宽比不小于 3 的结构

研究表明，对高宽比较大的高层建筑，考虑地基与结构相互作用后各楼层水平地震作用折减系数并非各楼层均为同一常数，由于高振型的影响，结构上部几层水平地震作用不宜折减。大量分析计算表明，折减系数沿结构高度的变化较符合抛物线形的分布。

因此，《抗震规范》规定，底部的地震剪力按上述规定折减，顶部不折减，中间各层按线性插入值折减。

折减后各楼层的水平地震剪力，不应小于按式（16-38）算得的结果。

§16.5　竖向地震作用的计算

16.5.1　概述

宏观震害和理论分析表明，在高烈度区，竖向地震作用对建筑，特别是对高层建筑、高耸结构和大跨结构等影响是十分显著的。例如，对于高层建筑和高耸结构的地震计算分析发现，竖向地震应力 σ_v 和重力荷载应力 σ_G 的比值 $\lambda_v=\sigma_v/\sigma_G$ 沿房屋高度向上逐渐增大。对高层建筑，在 8 度强的地区，房屋上部的比值 λ_V 可超过 1；对烟囱及类似高耸结构，在 9 度地区，其上部的比值 λ_V 也达到或超过 1。即在上述情况下，高层建筑、高耸结构在其上部将产生拉应力。因此，近年来国内外一些学者对结构的竖向地震反应的研究日益重视。各国现行抗震设计规范对竖向地震作用也都有所反映。我国《抗震规范》规定，8 度和 9 度时的大跨结构、长悬臂结构、烟囱和类似高耸结构，9 度时的高层建筑，应考虑竖向地震作用。

16.5.2　竖向地震作用的计算

关于竖向地震作用的计算，各国所采用的方法不尽相同。我国《抗震规范》根据建筑类别不同，分别采用竖向反应谱法和静力法。现分述如下：

一、竖向反应谱法

1. 竖向反应谱

《抗震规范》根据搜集到的 203 条实际地震记录绘制了竖向反应谱，并按场地类别进行分组，分别求出它们的平均反应谱，其中Ⅰ类场地的竖向平均反应谱，如图 16-14 所示。图中实线为竖向反应谱；虚线为水平地震反应谱。

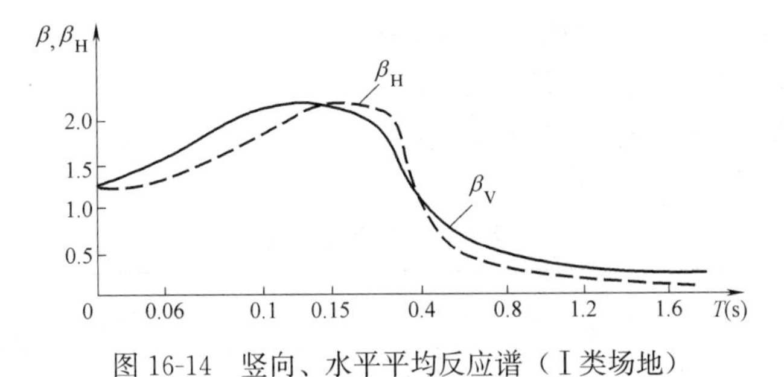

图 16-14　竖向、水平平均反应谱（Ⅰ类场地）

由统计分析结果表明，各类场地的竖向反应谱 β_V 与水平反应谱 β_H 相差不大。因此，在竖向地震作用计算中，可近似采用水平反应谱。另据统计，地面竖向最大加速度与地面水平最大加速度比值为 1/2～2/3。对震中距较小地区宜采用较大数值。所以，竖向地震

系数与水平地震系数之比取 $k_V/k_H=2/3$。因此，竖向地震影响系数

$$\alpha_V=k_V\beta_V=\frac{2}{3}k_H\beta_H=\frac{2}{3}\alpha_H=0.65\alpha_H$$

其中 k_V、k_H 分别为竖向和水平地震系数；β_V、β_H 分别为竖向和水平动力系数；α_V、α_H 分别为竖向、水平地震影响系数。

由上可知，竖向地震影响系数，可取水平地震影响系数的 0.65。

2. 竖向地震作用计算

9 度时的高层建筑，其总竖向地震作用标准值可按反应谱法计算。由于结构的竖向基本周期 T_{v1} 较短，一般 $T_{v1}=0.1s\sim0.2s$，故相应的竖向地震影响系数 $\alpha_{v1}=\alpha_{v,max}$。与底部剪力法类似，总竖向地震作用标准值可写成：

$$F_{Evk}=\alpha_{v,max}G_{eq} \tag{16-40}$$

式中　F_{Evk}——总竖向地震作用标准值；

$\alpha_{v,max}$——竖向地震影响系数最大值；

G_{eq}——结构等效总重力荷载，可取其重力荷载代表值的 75%。

楼层的地震作用，即分配给各质点 i 的竖向地震作用，可按下式计算：

$$F_{vi}=\frac{G_iH_i}{\sum_{j=1}^{n}G_jH_j}F_{Evk} \tag{16-41}$$

式中　F_{vi}——质点 i 的竖向地震作用标准值；

G_i、G_j——分别为集中于质点 i、j 的重力荷载代表值；

H_i、H_j——分别为质点 i、j 的计算高度。

其余符号意义与前相同。

二、静力法

根据对跨度小于 120m 或长度小于 300m 且规则的平板型钢网架屋盖、跨度大于 24m 的屋架、屋盖横梁及托架、悬臂长度小于 40m 的长悬臂结构按精确方法分析得到的竖向地震作用表明，竖向地震作的内力与重力作用下的内力的比值一般比较稳定。因此，《抗震规范》规定，对这些大跨度结构竖向地震作用标准值，可采用静力法计算：

$$F_{vi}=\lambda G_i \tag{16-42}$$

式中　F_{vi}——结构、构件的竖向地震作用标准值；

G_i——结构、构件重力荷载代表值；

λ——结构、构件竖向地震作用系数。上述的平板型钢网架屋盖、屋架可按表 16-9采用。

竖向地震作用系数 λ　　**表 16-9**

结构类型	烈　度	场　地　烈　度		
		Ⅰ	Ⅱ	Ⅲ、Ⅳ
平板型网架、钢屋架	8	可不计算(0.10)	0.08(0.12)	0.10(0.15)
	9	0.15	0.15	0.20
钢筋混凝土屋架	8	0.10(0.15)	0.13(0.19)	0.13(0.19)
	9	0.20	0.25	0.25

注：括号中数值用于设计基本地震加速度为 0.30g 的地区。

长悬臂构件，和不属于上述的大跨度结构的竖向地震作用标准值，8 度和 9 度可分别取该结构、构件重力荷载代表值的 10% 和 20%，设计基本地震加速度为 $0.30g$ 时，可取该结构、构件重力荷载代表值的 10% 和 15%。

§ 16.6　结构抗震验算

如前所述，在进行建筑结构抗震验算时，《抗震规范》规定，应采用二阶段设计法，即

第一阶段设计：按多遇地震作用效应和其他荷载效应的基本组合验算构件截面抗震承载力，以及多遇地震作用下验算结构的弹性变形；

第二阶段设计：按罕遇地震作用下验算结构的弹塑性变形。

一、截面抗震验算

6 度时不规则建筑、建造于Ⅳ类场地上较高的高层建筑，7 度和 7 度以上的建筑结构，应进行多遇地震作用下的截面抗震验算。

结构构件的地震作用效应和其他荷载效应的基本组合，应按下式计算：

$$S=\gamma_G S_{GE}+\gamma_{Eh}S_{Ehk}+\gamma_{Ev}S_{Evk}+\Psi_w\gamma_w S_{wk} \tag{16-43}$$

式中　S——结构构件内力组合的设计值，包括组合的弯矩、轴向力和剪力设计值；

γ_G——重力荷载分项系数，一般情况取 1.2，当重力荷载效应对构件承载能力有利时，不应大于 1.0；

γ_{Eh}、γ_{Ev}——分别为水平、竖向地震作用分项系数，应按表 16-10 采用；

γ_w——风荷载分项系数，应采用 1.4；

S_{GE}——重力荷载代表值的效应，有吊车时，尚应包括悬吊物重力标准值的效应；

S_{Ehk}——水平地震作用标准值的效应，尚应乘以相应的增大系数或调整系数；

S_{Evk}——竖向地震作用标准值的效应，尚应乘以相应的增大系数或调整系数；

S_{wk}——风荷载标准值的效应；

Ψ_w——风荷载组合系数，一般结构可不考虑，风荷载起控制作用的高层建筑应采用 0.2。

地震作用分项系数　　**表 16-10**

地　震　作　用	γ_{Eh}	γ_{Ev}
仅计算水平地震作用	1.3	0
仅计算竖向地震作用	0	1.3
同时计算算水平地震作用与竖向地震作用（水平地震为主）	1.3	0.5
同时计算算水平地震作用与竖向地震作用（竖向地震为主）	0.5	1.3

结构构件的截面抗震验算，应采用下列表达式：

$$S\leqslant\frac{R}{\gamma_{RE}} \tag{16-44}$$

式中　γ_{RE}——承载力抗震调整系数，除另有规定外，应按表 16-11 采用；

R——结构构件承载力设计值。

承载力抗震调整系数　　**表 16-11**

材料	结构构件	受力状态	γ_{RE}
钢	柱、梁、支撑、节点板件、螺栓、焊缝	强度破坏	0.75
	柱、支撑	屈曲稳定	0.80
砌体	两端均有构造柱、芯柱的抗震墙	受剪	0.9
	其他抗震墙	受剪	1.0
混凝土	梁	受弯	0.75
	轴压比小于 0.15 柱	偏压	0.75
	轴压比不小于 0.15 柱	偏压	0.80
	抗震墙	偏压	0.85
	各类构件	受剪、偏拉	0.85

当仅计算竖向地震作用时，各类结构构件承载力抗震调整系数均应采用 1.0。

二、抗震变形验算

（一）多遇地震作用下结构抗震变形验算

表 16-12 所列各类结构应进行多遇地震作用下的抗震变形验算，其楼层内最大弹性层间位移应符合下式要求：

$$\Delta u_e \leqslant [\theta_e] h \tag{16-45}$$

式中　Δu_e——多遇地震作用标准值产生的楼层内最大的弹性层间位移；计算时，除以弯曲变形为主的高层建筑外，可不扣除结构整体弯曲变形，应计入扭转变形，各作用分项系数应采用 1.0；钢筋混凝土结构构件的截面刚度可采用弹性刚度；

$[\theta_e]$——弹性层间位移角限值，宜按表 16-12 采用；

h——计算楼层层高。

弹性层间位移角限值　　**表 16-12**

结构类型	$[\theta_e]$	结构类型	$[\theta_e]$
钢筋混凝土框架	1/550	钢筋混凝土框支层	1/1000
钢筋混凝土框架-抗震墙、板柱-抗震墙、框架-核心筒	1/800	多、高层钢结构	1/250
钢筋混凝土抗震墙、筒中筒	1/1000		

（二）结构在罕遇地震作用下薄弱层的弹塑性变形验算

1. 计算范围

（1）下列结构应进行弹塑性变形验算：

1）8 度Ⅲ、Ⅳ类场地和 9 度时，高大的单层钢筋混凝土柱厂房的横向排架；

2）7～9 度时楼层屈服强度系数小于 0.5 的钢筋混凝土框架结构和框排架结构；

3）高度大于 150m 的钢结构；

4）甲类建筑和 9 度时乙类建筑中的钢筋混凝土结构和钢结构；

5）采用隔震和消能减震设计的结构。

（2）下列结构宜进行弹塑性变形验算：

1）表3-11所列高度范围且属于表4-4所列竖向不规则类型的高层建筑结构；

2）7度Ⅲ、Ⅳ类场地和8度乙类建筑中的钢筋混凝土结构和钢结构；

3）板柱-抗震墙结构和底部框架砌体房屋；

4）高度不大于150m的高层钢结构。

2. 计算方法

（1）简化方法

不超过12层且层刚度无突变的钢筋混凝土框架结构和框排架结构、单层钢筋混凝土柱厂房可采用简化方法计算结构薄弱层（部位）弹塑性位移。

按简化方法计算时。需确定结构薄弱层（部位）的位置。所谓结构薄弱层，是指在强烈地震作用下结构首先发生屈服并产生较大弹塑性位移的部位。

楼层屈服强度系数大小及其沿建筑高度分布情况可判断结构薄弱层部位。对于多层和高层建筑结构，楼层屈服强度系数按下式计算：

$$\xi_y = \frac{V_y}{V_e} \tag{16-46a}$$

式中　ξ_y——楼层屈服强度系数；

V_y——按构件实际配筋面积和材料强度标准值计算的楼层受剪承载力；

V_e——按罕遇地震作用标准值计算的楼层弹性地震剪力。

对于排架柱，楼层屈服强度系数按下式计算：

$$\xi_y = \frac{M_y}{M_e} \tag{16-46b}$$

式中　M_y——按实际配筋面积、材料强度标准值和轴向力计算的正截面受弯承载力；

M_e——按罕遇地震作用标准值计算的弹性地震弯矩。

《抗震规范》规定，当结构薄弱层（部位）的楼层屈服强度系数不小于相邻层（部位）该系数平均值的0.8，即符合下列条件时：

$$\xi_y(i) > 0.8[\xi_y(i+1)+\xi_y(i-1)]\frac{1}{2}\quad\text{（标准层）} \tag{16-47}$$

$$\xi_y(n) > 0.8\xi_y(n-1)\quad\text{（顶层）} \tag{16-48}$$

$$\xi_y(1) > 0.8\xi_y(2)\quad\text{（首层）} \tag{16-49}$$

则认为该结构楼层屈服强度系数沿建筑高度分布均匀，否则认为不均匀。

结构薄弱层（部位）的位置可按下列情况确定：

1）楼层屈服强度系数沿高度分布均匀的结构，可取底层；

2）楼层屈服强度系数沿高度分布不均匀的结构，可取该系数最小的楼层（部位）和相对较小的楼层，一般不超过2～3处；

3）单层工业厂房，可取上柱。

弹塑性层间位移可按下列公式计算：

$$\Delta u_p = \eta_p \Delta u_e \tag{16-50a}$$

$$\Delta u_p = \mu \Delta u_y = \frac{\eta_p}{\xi_y} \Delta u_y \tag{16-50b}$$

式中　Δu_p——弹塑性层间位移；

Δu_y——层间屈服位移；

μ——楼层延性系数；

Δu_e——罕遇地震作用下按弹性分析的层间位移；

η_p——弹塑性层间位移增大系数，当薄弱层（部位）的屈服强度系数不小于相邻层（部位）该系数平均值的 0.8 时，可按表 16-13 采用。当不大于该平均值的 0.5 时，可按表内相应数值的 1.5 倍采用；其他情况可采用内插法取值；

ξ_y——楼层屈服强度系数。

弹塑性层间位移增大系数　　**表 16-13**

结构类型	总层数 n 或部位	ξ_y		
		0.5	0.4	0.3
多层均匀框架结构	2～4	1.30	1.40	1.60
	5～7	1.50	1.65	1.80
	8～12	1.80	2.00	2.20
单层厂房	上柱	1.30	1.60	2.00

结构薄弱层（部位）弹塑性层间位移，应符合下式要求：

$$\Delta u_p \leqslant [\theta_p] h \tag{16-51}$$

式中　$[\theta_p]$——弹塑性层间位移角限值，可按表 16-14 采用，对钢筋混凝土框架结构，当轴压比小于 0.40 时，可提高 10%；当柱全高的箍筋构造比表 16-14 中最小配箍特征值大 30%时，可提高 20%，但累计不超过 25%；

h——薄弱层楼层高度或单层厂房上柱高度。

弹塑性层间位移角限值　　**表 16-14**

结　构　类　型	$[\theta_p]$
单层钢筋混凝土柱排架	1/30
钢筋混凝土框架	1/50
底部框架砌体房屋中的框架-抗震墙	1/100
钢筋混凝土框架-抗震墙、板柱-抗震墙、框架-核心筒	1/100
钢筋混凝土抗震墙、筒中筒	1/120
多、高层钢结构	1/50

（2）除上述适用简化方法以外的建筑结构，可采用静力弹塑性分析方法或弹塑性时程分析法等。

（3）规则结构可采用弯剪层模型或平面杆系模型；不规则结构应采用空间结构模型。

小　　结

1. 地震释放的能量，以地震波的形式向四周扩散，地震波到达地表后引起地面运动，使原来处于静止的建筑物受到动力作用而产生强迫振动。在振动过程中作用在结构上的惯性力可以理解为一种能反映地震影响的等效荷载。实际上，地震对建筑物的影响是一种间接作用，故称地震作用而不称地震荷载。

2. 确定地震作用一般采用振型分解反应谱法和底部剪力法。前者属于精确方法，后者属于近似方法。底部剪力法适用于高度不超过 40m、以剪切变形为主且质量和刚度沿高度分布比较均匀的结构，以及近似于单质点体系的结构。

3. 在进行结构验算时，《抗震规范》规定，应采用二阶段设计法，即：

第一阶段设计：结构构件在多遇地震作用效应和其他作用效应的基本组合下，验算构件截面承载力，以及在多遇地震作用下验算结构的弹性变形；

第二阶段设计：结构在罕遇地震作用下验算结构的弹塑性变形。

4. 9 度时的高层建筑、平板型钢网架和跨度大于 24m 的屋架、屋盖横梁及托架，以及长悬臂构件应考虑竖向地震作用。计算竖向地震作用一般采用两种方法：竖向反应谱法和静力法。前者适用于 9 度时的高层建筑，后者则适用于平板型钢网架和跨度大于 24m 的屋架、屋盖横梁及托架，以及长悬臂构件等。

思　考　题

16-1　什么是地震作用？怎样确定结构的地震作用？

16-2　什么是建筑的重力荷载代表值，怎样确定它们的数值？

16-3　什么是地震系数和地震影响系数？它们有何关系？

16-4　哪些结构只需进行截面抗震验算？哪些结构除进行截面抗震验算外，还要进行抗震变形验算？

16-5　什么是等效总重力荷载？怎样确定？

16-6　简述确定结构地震作用的底部剪力法的基本原理。

16-7　怎样进行结构截面抗震承载力验算？怎样进行结构的抗震变形验算？

16-8　什么是楼层屈服强度系数？怎样判断结构薄弱层和部位？

16-9　哪些结构须考虑竖向地震作用？怎样确定结构的竖向地震作用？

16-10　什么是地震作用效应、重力荷载分项系数、地震作用分项系数？什么是承载力抗震调整系数？

习　　题

16-1　单层钢筋混凝土排架计算简图，如图 16-15（a）所示。集中在屋盖标高处的重力荷载代表值 G=600kN（图 16-15b）。柱的截面尺寸 $b_c h_c$=400mm×400mm，采用 C30 混凝土建筑场地为Ⅱ类，设防烈度为 8 度，设计基本地震加速度为 0.10g，设计地震分组为第二组，结构阻尼比 $\zeta=0.05$。

试确定在多遇地震下框架的水平地震作用标准值，并绘出地震内力图。

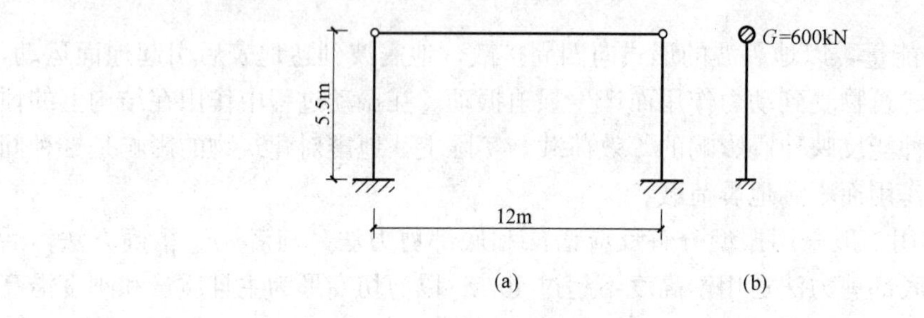

图 16-15　习题 16-1 附图

(a) 计算简图；(b) 单质点体系

第 17 章　钢筋混凝土房屋抗震设计

§ 17.1　概述

钢筋混凝土框架房屋是指由钢筋混凝土纵梁、横梁和柱等构件所组成的承重体系的房屋，以下简称框架房屋（图 17-1a）。

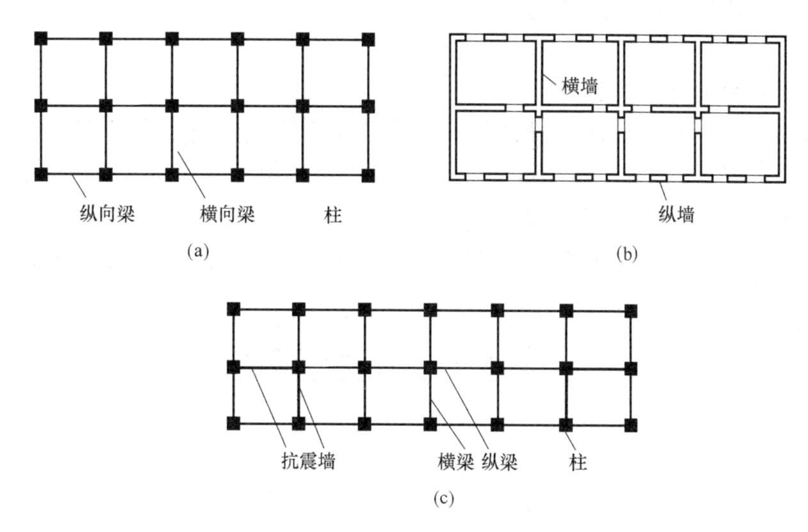

图 17-1　钢筋混凝土房屋

（a）框架房屋体系；（b）抗震墙房屋体系；（c）框架-抗震墙房屋体系

框架房屋具有建筑平面布置灵活，可任意分割房间，容易满足生产工艺和使用要求。它既可用于大空间的商场、工业生产车间、礼堂，也可用于住宅、办公、医院和学校建筑。因此，框架房屋在单层和多层工业与民用建筑中获得了广泛应用。

框架房屋超过一定高度后，其侧向刚度将显著减小。这时，在地震或风荷载作用下其侧向位移较大。因此，框架房屋一般多用于 10 层以下建筑，个别也有超过 10 层的，如北京长城饭店采用的就是 18 层钢筋混凝土框架结构。

抗震墙结构是由纵、横向的钢筋混凝土墙所组成的结构（图 17-1b）。这种墙体除抵抗水平荷载和竖向荷载作用外，还对房屋起围护和分割作用。这种结构适用于高层住宅、旅馆等建筑。因为抗震墙结构的墙体较多，侧向刚度大，所以它可以建得很高。目前，我国抗震墙结构用于高层住宅、旅馆建筑的高度可达百米。

计算表明，框架房屋在水平地震作用或风荷载下，靠近底层的承重构件的内力（弯矩 M、剪力 V）和房屋的侧向位移随房屋高度的增加而急剧增大。因此，当房屋高度超过一定限度后，再采用框架房屋，框架梁、柱截面就会很大。这样，房屋造价不仅会增加，而且建筑使用面积也会减少。在这种情况下，通常采用钢筋混凝土框架-抗震墙房屋（以下简称框架-抗震墙房屋）。

框架-抗震墙房屋是在框架房屋纵、横方向的适当位置，在柱与柱之间设置几道钢筋混凝土墙体而成的（图 17-1c）。由于在这种结构中抗震墙平面内的侧向刚度比框架的侧向刚度大得多，所以在水平地震作用下产生的剪力主要由抗震墙来承受，小部分剪力由框架承受，而框架主要承受重力荷载。由于框架-抗震墙房屋充分发挥了抗震墙和框架各自的优点，因此在高层建筑中采用框架-抗震墙结构比框架结构更经济合理，如高 80.55m 的 18 层北京饭店东楼，采用的就是框架-抗震墙结构。

框架房屋、抗震墙房屋和框架-抗震墙房屋比砌体房屋有较高的承载力，较好的延性和整体性，其抗震性能较好。因此，它们在高烈度区应用十分广泛。

§17.2　抗震设计一般规定

一、房屋适用的最大高度

根据国内外震害调查和建筑设计经验，为了使建筑达到既安全适用又经济合理的要求，现浇钢筋混凝土房屋的高度不宜建得太高。房屋适用的最大高度与房屋结构类型、设防烈度、场地类别有关。《抗震规范》规定，乙、丙类建筑适用最大高度应不超过表 17-1 的规定[1]平面和竖向不规则的结构，房屋适用的最大高度宜适当降低，一般可降低 10% 左右。

现浇钢筋混凝土房屋适用的最大高度　　表 17-1

结构类型		烈度				
		6	7	8		9
				0.20g	0.30g	
框架		60	50	40	35	24
框架-抗震墙		130	120	100	80	50
抗震墙		140	120	100	80	60
部分框支抗震墙		120	100	80	50	不应采用
筒体	框架-核心筒	150	130	100	90	70
	筒中筒	180	150	120	100	80
板柱-抗震墙		80	70	55	40	不应采用

注：1. 房屋高度指室外地面到主要屋面板板顶高度（不包括局部突出屋顶部分）；
2. 框架-核心筒结构指周边稀柱框架与核心筒组成的结构；
3. 部分框支抗震墙结构指首层或底部两层为框支层的结构，不包括仅个别框支墙的情况；
4. 表中框架不含异型柱框架；
5. 板柱-抗震墙结构指板柱、框架和抗震墙组成抗侧力体系的结构；
6. 乙类建筑可按本地区抗震设防烈度确定其适用的最大高度；
7. 甲类建筑，6 度、7 度、8 度时宜按本地区抗震设防烈度提高 1 度后符合本表的要求，9 度时应专门研究；
8. 超过表内高度的房屋，应进行专门研究和论证，采取有效的加强措施。

[1] 《抗震规范》对表 17-1 适用于何种类别建筑未明确说明，似应适用于乙、丙类建筑。甲类建筑应按注 7 规定执行。——编者注

二、结构抗震等级

为了体现对不同设防烈度、不同场地、不同高度的不同结构体系有不同的抗震设计要求，《抗震规范》根据结构类型、设防烈度、房屋高度和场地类别，将钢筋混凝土房屋划分为不同的抗震等级，见表 17-2a。

现浇钢筋混凝土房屋的抗震等级　　表 17-2a

<table>
<tr><td colspan="3" rowspan="2">结构类型</td><td colspan="10">设防烈度</td></tr>
<tr><td colspan="2">6</td><td colspan="3">7</td><td colspan="3">8</td><td colspan="2">9</td></tr>
<tr><td rowspan="3">框架结构</td><td colspan="2">高度(m)</td><td>≤24</td><td>>24</td><td>≤24</td><td colspan="2">>24</td><td>≤24</td><td colspan="2">>24</td><td colspan="2">≤24</td></tr>
<tr><td colspan="2">框　架</td><td>四</td><td>三</td><td>三</td><td colspan="2">二</td><td>二</td><td colspan="2">一</td><td colspan="2">一</td></tr>
<tr><td colspan="2">大跨度公共建筑</td><td colspan="2">三</td><td colspan="3">二</td><td colspan="3">一</td><td colspan="2">一</td></tr>
<tr><td rowspan="3">框架-抗震墙结构</td><td colspan="2">高度(m)</td><td>≤60</td><td>>60</td><td>≤24</td><td>>24~60</td><td>>60</td><td>≤24</td><td>>24~60</td><td>>60</td><td>≤24</td><td>>24~60</td></tr>
<tr><td colspan="2">框　架</td><td>四</td><td>三</td><td>四</td><td>三</td><td>二</td><td>三</td><td>二</td><td>一</td><td>二</td><td>一</td></tr>
<tr><td colspan="2">抗震墙</td><td colspan="2">三</td><td>三</td><td colspan="2">二</td><td>二</td><td colspan="2">一</td><td colspan="2">一</td></tr>
<tr><td rowspan="2">抗震墙结构</td><td colspan="2">高度(m)</td><td>≤80</td><td>>80</td><td>≤24</td><td>>24~80</td><td>>80</td><td>≤24</td><td>>24~80</td><td>>80</td><td>≤24</td><td>>24~60</td></tr>
<tr><td colspan="2">抗震墙</td><td>四</td><td>三</td><td>四</td><td>三</td><td>二</td><td>三</td><td>二</td><td>一</td><td>二</td><td>一</td></tr>
<tr><td rowspan="4">部分框支抗震墙结构</td><td colspan="2">高度(m)</td><td>≤80</td><td>>80</td><td>≤24</td><td>>24~80</td><td>>80</td><td>≤24</td><td>>24~80</td><td rowspan="4"></td><td colspan="2" rowspan="4"></td></tr>
<tr><td rowspan="2">抗震墙</td><td>一般部位</td><td>四</td><td>三</td><td>四</td><td>三</td><td>二</td><td>三</td><td>二</td></tr>
<tr><td>加强部位</td><td>三</td><td>二</td><td>三</td><td>二</td><td>二</td><td>二</td><td>一</td></tr>
<tr><td colspan="2">框支层框架</td><td colspan="2">二</td><td colspan="2">二</td><td>一</td><td colspan="2">一</td></tr>
<tr><td rowspan="4">筒体结构</td><td rowspan="2">框架核心筒</td><td>框架</td><td colspan="2">三</td><td colspan="3">二</td><td colspan="3">一</td><td colspan="2">一</td></tr>
<tr><td>核心筒</td><td colspan="2">二</td><td colspan="3">二</td><td colspan="3">一</td><td colspan="2">一</td></tr>
<tr><td rowspan="2">筒中筒</td><td>外筒</td><td colspan="2">三</td><td colspan="3">二</td><td colspan="3">一</td><td colspan="2">一</td></tr>
<tr><td>内筒</td><td colspan="2">三</td><td colspan="3">二</td><td colspan="3">一</td><td colspan="2">一</td></tr>
<tr><td rowspan="3">板柱-抗震墙结构</td><td colspan="2">高度(m)</td><td>≤35</td><td>>35</td><td>≤35</td><td colspan="2">>35</td><td>≤35</td><td colspan="2">>35</td><td colspan="2" rowspan="3"></td></tr>
<tr><td colspan="2">框架、板柱的柱</td><td>三</td><td>二</td><td>二</td><td colspan="2">一</td><td colspan="3">一</td></tr>
<tr><td colspan="2">抗震墙</td><td>二</td><td>二</td><td>二</td><td colspan="2">一</td><td>二</td><td colspan="2">一</td></tr>
</table>

注：1. 接近或等于高度分界线时，应允许结合房屋不规则程度及场地、地基条件确定抗震等级；
2. 大跨度框架指跨度不小于 18m 的框架；
3. 高度不超过 60m 的框架-核心筒结构按框架-抗震墙的要求设计时，应按表中框架-抗震墙结构的规定确定其抗震等级。

应当指出，划分房屋抗震等级的目的在于，对不同抗震等级的房屋采取不同的抗震措施，它包括除地震作用计算和抗力计算以外的抗震设计内容，如内力调整、轴压比确定及抗震构造措施等。因此，表 17-2a 中的设防烈度应按《建筑工程抗震设防分类标准》GB 50223—2008 3.0.3 条各抗震设防类别建筑的抗震设防标准中抗震措施要求的设防烈度确定：

甲类建筑，应按高于本地区抗震设防烈度 1 度的要求加强其抗震措施，但抗震设防烈度为 9 度时，应按比 9 度更高的要求采取抗震措施。

乙类建筑，应按高于本地区抗震设防烈度 1 度的要求采取加强抗震措施，但抗震设防烈度为 9 度时，应按比 9 度更高的要求采取抗震措施。当乙类建筑为规模很小的工业建筑，当改用抗震性能较好的材料且符合抗震设计规范对结构体系的要求时，允许按丙类建筑采取抗震措施。

丙类建筑，应按本地区抗震设防烈度确定其抗震措施。

丁类建筑，允许比本地区抗震设防烈度的要求适当降低其抗震措施，但抗震设防烈度为6度时不应降低。

应当指出，建筑场地Ⅰ类时，甲、乙类建筑应允许仍按本地区抗震设防烈度要求采取抗震构造措施；丙类建筑，应允许按本地区抗震设防烈度降低1度的要求采取抗震构造措施（6度时不降低），但内力调整的抗震等级仍与Ⅱ、Ⅲ、Ⅳ类场地相同。

综上所述，可将用以确定房屋抗震等级的烈度汇总于表17-2b。

按建筑类别及场地调整后用于确定抗震等级的烈度　　表17-2b

建筑类别	场　地	设防烈度			
		6	7	8	9
甲、乙类	Ⅰ	6	7	8	9
	Ⅱ、Ⅲ、Ⅳ	7	8	9	9*
丙类	Ⅰ	6	6	7	8
	Ⅱ、Ⅲ、Ⅳ	6	7	8	9
丁类	Ⅰ	6	6	7	8
	Ⅱ、Ⅲ、Ⅳ	6	7^{-}	8^{-}	9^{-}

注：1. Ⅰ类场地时，按调整后的抗震烈度由表17-2a确定的抗震等级采取抗震构造措施，但内力调整的抗震等级仍与Ⅱ、Ⅲ、Ⅳ类场地相同；

2. 9*表示比9度一级更有效的抗震措施，主要考虑合理的建筑平面及体型、有利的结构体系和更严格的抗震措施，具体要求应进行专门研究；

3. 7^{-}、8^{-}、9^{-}表示该抗震等级的抗震构造措施可以适当降低。

按表17-2a确定房屋抗震等级时尚应符合下列要求：

1. 框架结构中设置少量抗震墙，在规定的水平力作用下[1]，底层框架部分所承担的地震倾覆力矩大于结构地震总倾覆力矩的50%时，其框架的抗震等级仍应按框架结构确定，抗震墙的抗震等级可与其中框架结构抗震等级相同。底层指计算嵌固端所在的层。

底层框架部分所承担的地震倾覆力矩可按下式计算：

$$M_{c}=\sum_{i=1}^{n}V_{fi}h_{i} \tag{17-1}$$

式中　M_c——框架-抗震墙结构在规定的水平力作用下，框架底部承担的地震倾覆力矩；

n——结构的层数；

V_{fi}——框架第i层分担的抗震剪力；

h_i——结构第i层层高。

2. 裙房与主楼相连，除应按裙房本身确定抗震等级外，与主楼相连的相关范围不应低于主楼的抗震等级；与主楼相连的相关范围一般是指：距主楼3跨且不小于20m的范围。主楼结构在裙房顶板对应的相邻上下各一层应适当加强抗震构造措施。裙房与主楼分离时，应按裙房本身确定抗震等级。

[1] 规定的水平力，一般是指采用振型组合后的楼层地震剪力换算的水平作用力。

3. 当地下室顶板作为上部结构的嵌固部位时，地下一层的抗震等级应与上部结构相同，地下一层以下抗震构造措施的抗震等级可逐层降低一级，但不应低于四级。地下室中无上部结构的部分，抗震构造措施的抗震等级可根据具体情况采用三级或四级。

4. 当甲、乙类建筑按规定提高 1 度确定其抗震等级而房屋的高度超出表 17-2a 相应规定的上界时，应采取比一级更有效的抗震构造措施。

三、建筑设计和建筑结构的规则性

震害调查表明，建筑立面和平面不规则常是造成震害的主要原因，因此，建筑及其抗侧力构件的平面布置宜规则、对称，并应具有良好的整体性；建筑的立面和竖向剖面宜规则，结构的侧向刚度宜均匀变化，竖向抗侧力构件的截面尺寸和材料强度宜自下而上逐渐减小，避免抗侧力结构的侧向刚度和承载力突变。

当混凝土房屋存在表 17-3 所列举的平面不规则类型或表 17-4 所列举的竖向不规则类型时，应属于不规则的建筑，且应按下列要求进行水平地震作用计算和内力调整，并应对薄弱部位采取有效的抗震构造措施。

平面不规则主要类型　　　　**表 17-3**

不规则类型	定义和参考指标
扭转不规则	在具有偶然偏心的规定水平力作用下，楼层两端抗侧力构件弹性水平位移(或层间位移)的最大值与平均值的比值大于 1.2(图 17-2)
凹凸不规则	结构平面凹进尺寸，大于相应投影方向总尺寸的 30%($t>0.3d$)(图 17-3)
楼板局部不连续	楼板的尺寸和平面刚度急剧变化，例如，有效楼板宽度小于该层楼板典型宽度的 50%，或开洞面积大于该楼层楼面面积的 30%，或较大的楼层错层

竖向不规则主要类型　　　　**表 17-4**

不规则类型	定义和参考指标
侧向刚度不规则	该层的侧向刚度小于相邻上一层的 70%，或小于其上相邻三个楼层侧向刚度平均值的 80%(图 17-4)；除顶层或出屋面小建筑外，局部收进的水平向尺寸大于相邻一层的 25%
竖向抗侧力构件不连续	竖向抗侧力构件(柱、抗震墙、抗震支撑)的内力由水平转换构件(梁、桁架等)向下传递
楼层承载力突变	抗侧力结构的层间受剪承载力小于相邻上一楼层的 80%

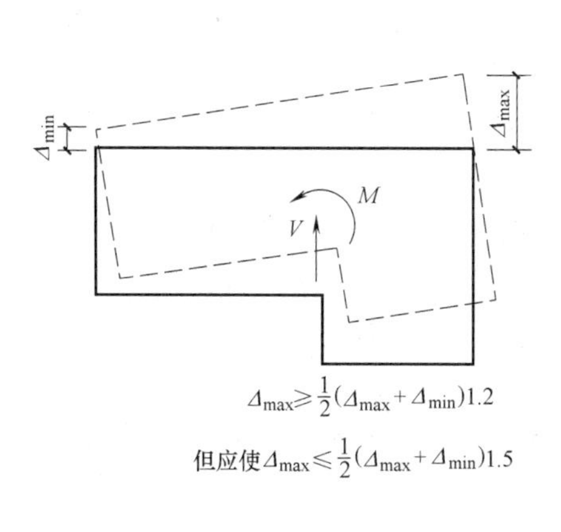

图 17-2　结构扭转不规则

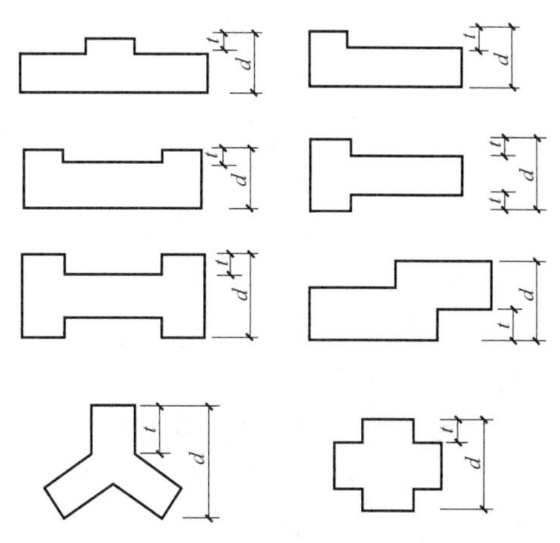

图 17-3　建筑平面凹凸不规则（$t>0.3d$）

1. 平面不规则而竖向规则的建筑，应采用空间结构计算模型，并应符合下列要求：

(1) 扭转不规则时，应计入扭转影响。且在具有偶然偏心的规定水平力作用下，楼层

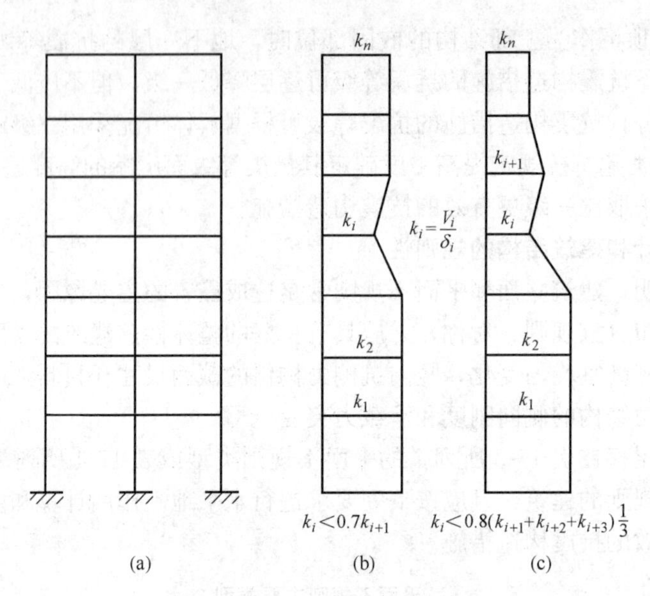

图 17-4　沿竖向的侧向刚度不规则

两端抗侧力构件弹水平位移或层间位移的最大值与平均值的比值不宜大于 1.5，当最大层间位移远小于规范限值时，可适当放宽；

（2）凹凸不规则或楼板局部不连续，应采用符合楼板平面内实际刚度变化计算模型；高烈度或不规则程度较大时，宜计入楼板局部变形的影响；

（3）平面不对称且凹凸不规则或局部不连续，可根据实际情况分块计算扭转位移比，对扭转较大的部位应采用局部的内力增大系数。

2. 平面规则而竖向不规则的建筑，应采用空间结构计算模型，刚度小的楼层的地震剪力应乘以不小于 1.15 的增大系数，其薄弱层应进行弹塑性变形分析，并应符合下列要求：

（1）竖向抗侧力构件不连续时，该构件传递给水平转换构件的地震内力应根据烈度高低和水平转换构件的类型、受力情况、几何尺寸等，乘以 1.25～2.0 的增大系数；

（2）侧向刚度不规则时，相邻层的侧向刚度比应依据其结构类型符合《抗震规范》（2016 年版）相关章节的规定；

（3）楼层承载力突变时，薄弱层抗侧力结构的受剪承载力不应小于相邻上一层的 65%。

3. 平面不规则且竖向不规则的建筑，应根据不规则类型的数量和程度，有针对性地采取有效不低于上面 1、2 款要求的各项抗震措施。特别不规则的建筑，应经专门研究，采取更有效的加强措施或对薄弱部位采用相应的抗震性能化设计方法。

四、防震缝的设置

体形复杂、平立面特别不规则的建筑结构，可按实际需要在适当部位设置防震缝，形成多个较规则的抗侧力结构单元。

防震缝应根据抗震设防烈度、结构材料种类、结构类型、结构单元的高度和高差情况，留有足够的宽度，其两侧上部结构应完全分开。

当设置伸缩缝和沉降缝时，其宽度应符合防震缝的要求。

《抗震规范》规定，防震缝最小宽度应符合下列要求：

（1）框架结构房屋的防震缝宽度，当高度不超过 15m 时可采用 100mm；超过 15m 时，6 度、7 度、8 度和 9 度分别每增加高度 5m、4m、3m 和 2m，宜加宽 20mm。

（2）框架-剪力墙结构房屋，其防震缝宽度可采用框架结构房屋规定数值的 70%，但不宜小于 100mm。

（3）抗震墙结构房屋，其防震缝宽度可采用框架结构房屋规定数值的 50%，且不宜小于 100mm。

（4）防震缝两侧结构体系不同时，防震缝宽度按不利体系考虑，并按低的房屋高度计算缝宽。

（5）8 度、9 度框架结构房屋的防震缝两侧结构层高相差较大时，防震缝两侧框架柱的箍筋应沿房屋全高加密，并可根据需要在缝两侧沿房屋全高各设置不少于两道垂直于防震缝的抗撞墙（图 17-5），地震时通过抗撞墙的损坏减少防震缝两侧碰撞时框架的损坏。抗撞墙的布置宜避免加大扭转效应，其长度可不大于层高的 1/2，抗撞墙的抗震等级可与框架结构相同；框架的内力应按设置和不设置抗撞墙两种计算模型的不利情况取值。

应当注意，结构单元较长时，两端抗撞墙可能引起较大的温度应力，故设置时应综合分析。

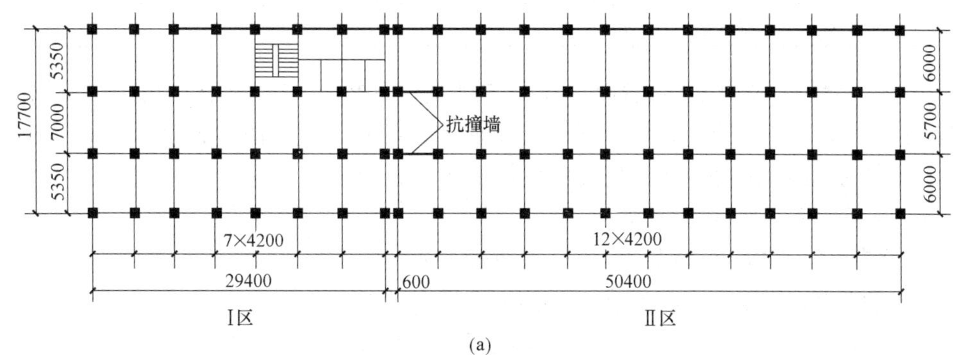

(a)

标准层结构平面

Ⅰ区　外柱 450mm×450mm
　　　内柱 450mm×550mm

Ⅱ区　外柱 450mm×450mm
　　　内柱 450mm×500mm

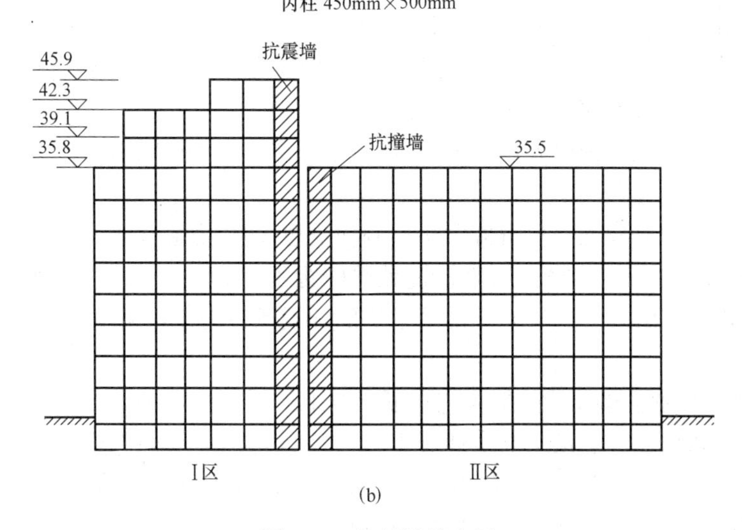

(b)

图 17-5　抗撞墙的布置

五、结构布置

1. 框架结构和框架-抗震墙结构中，框架和抗震墙均应双向布置，为了防止在地震作用下柱发生扭转，柱中线和抗震墙中线、梁中线与柱中线之间的偏心距宜小于柱宽的1/4，否则应计入偏心距的影响。

甲、乙类建筑以及高度大于 24m 的丙类建筑，不应采用单跨框架结构；高度不大于 24m 的丙类建筑，不宜采用单跨框架结构。

2. 框架-抗震墙结构、板柱-抗震墙结构以及框支层中，抗震墙之间无大洞口的楼盖、屋盖的长宽比，不宜超过表 17-5 的规定；超过时，应计入楼盖平面内变形的影响。

抗震墙之间楼、屋盖的长宽比　　表 17-5

楼、屋盖类别		设防烈度			
		6	7	8	9
框架-抗震墙结构	现浇或叠合楼、屋盖	4	4	3	2
	装配整体式楼、屋盖	3	3	2	不宜采用
板柱-抗震墙结构的现浇楼、屋盖		3	3	2	—
框支层现浇楼、屋盖		2.5	2.5	2	—

3. 采用装配整体式楼、屋盖时，应采取措施保证楼、屋盖的整体性，及其与抗震墙的可靠连接。装配整体式楼、屋盖采用配筋现浇面层加强时，厚度不应小于 50mm。

4. 框架-抗震墙结构和板柱-抗震墙结构中的抗震墙设置，应符合下列要求：

（1）抗震墙宜贯通房屋全高。

（2）楼梯间宜设置抗震墙，但不宜造成较大的扭转效应。

（3）抗震墙的两端（不包括洞口两侧）宜设置端柱或与另一方向抗震墙相连。

（4）房屋较长时，刚度较大的纵向抗震墙不宜设置在房屋的端开间。

（5）抗震墙的洞口宜上下对齐，洞边距端柱不宜小于 300mm。

5. 抗震墙结构和部分框支抗震墙结构中的抗震墙设置，应符合下列要求：

（1）抗震墙的两端（不包括洞口两侧）应设置端柱或与另一方向抗震墙相连；框支部分落地墙的两端（不包括洞口两侧）应设置端柱或与另一方向抗震墙相连。

（2）较长的抗震墙宜设置跨高比大于 6 的连梁形成洞口，将一道抗震墙分成长度较均匀的若干墙段，各墙段高宽比不宜小于 3。

（3）墙肢的长度沿结构全高不宜有突变；抗震墙有较大洞口时，以及一、二级抗震的底部加强部位，洞口宜上下对齐。

（4）矩形平面的部分框支抗震墙结构，其框支层的楼层侧向刚度不应小于相邻非框支层的楼层侧向刚度的 50%；框支层落地抗震墙间距不宜大于 24m，框支层的平面布置宜对称，且宜设置抗震筒体。底层框架部分承担的地震倾覆力矩，不应大于结构总地震倾覆力矩的 50%。

6. 抗震墙底部加强部位的范围应符合下列要求：

抗震墙底部加强部位是指底部塑性铰范围，及其上部的一定范围，其目的是在此范围内采取增加边缘构件（暗柱、端柱、翼墙）箍筋和墙体横向钢筋等必要的抗震加强措施，避免脆性的剪切破坏，改善整个结构的抗震性能。

（1）底部加强部位的高度，从地下室顶板算起。

（2）部分框支抗震墙结构的抗震墙，其底部加强部位的高度，可取框支层加框支层以上两层的高度及落地抗震墙总高度的1/10二者的较大者；其他结构的抗震墙，房屋高度大于24m时，底部加强部位的高度可取底部两层和墙体总高度的1/10二者的较大者，房屋高度不大于24m时，可取底部一层。

（3）当结构计算嵌固端位于地下一层的底板或以下时，底部加强部位尚宜向下延伸到计算嵌固端。

7. 框架单独柱基有下列情况之一时，宜沿两个主轴方向设置基础连系梁：

（1）一级框架和Ⅳ类场地二级框架；

（2）各柱基础底面在重力荷载代表值作用下的压应力差别较大；

（3）基础埋置较深，或各基础埋置深度差别较大；

（4）地基主要受力层范围内存在软弱黏性土层、液化土层或严重不均匀土层；

（5）桩基承台之间。

8. 框架-抗震墙结构、板柱-抗震墙结构中的抗震墙基础和部分框支抗震墙结构的落地抗震墙基础，应有良好的整体性和抗转动能力。

9. 主楼与裙房相连且采用天然地基，除应满足地基承载力要求外，在多遇地震作用下主楼基础底面不宜出现零应力区。

10. 地下室顶板作为上部结构的嵌固部位时，应符合下列要求：

（1）地下室顶板应避免开设大洞口，地下室在地上结构相关范围的顶板应采用现浇梁板结构，相关范围以外的地下室顶板宜采用现浇梁板结构，其楼板厚度不宜小于180mm，混凝土强度等级不宜小于C30，应采用双层双向配筋，且每层每个方向的配筋率不宜小于0.25%。

（2）结构地上一层的侧向刚度，不宜大于相关范围地下一层侧向刚度的0.5；地下室周边宜有与其顶板相连的抗震墙。

（3）地下室顶板对应于地上框架柱的梁柱节点除应满足抗震计算要求外，尚应符合下列规定之一：

1）地下一层柱截面每侧纵向钢筋不应小于地上一层对应纵向钢筋的1.1倍，且地下一层柱上端和节点左右梁端实配的抗震受弯承载力之和大于地上一层柱下端实配的抗震受弯承载力的1.3倍；

2）地下一层梁刚度较大时，柱截面每侧的纵向钢筋面积应大于地上一层对应柱截面每侧的纵向钢筋面积的1.1倍；同时梁端顶面和底面的纵向钢筋面积均应比计算值增大10%。

（4）地下一层抗震墙墙肢端部边缘构件纵向钢筋的截面面积，不应少于地上一层对应墙肢端部边缘构件纵向钢筋的截面面积。

11. 楼梯间应符合下列要求：

（1）宜采用现浇钢筋混凝土楼梯。

（2）对于框架结构，楼梯间的布置不应导致结构平面特别不规则；楼梯构件与主体结构整浇时，应计入楼梯构件对地震作用及其效应的影响，应进行楼梯构件的地震承载力验算；宜采取构造措施，减少楼梯构件对主体结构刚度的影响。

（3）楼梯间两侧填充墙与柱之间应加强拉结。

12. 框架结构的砌体填充墙应符合下列要求：

（1）填充墙在平面和竖向的布置，宜均匀对称，宜避免形成薄弱层和短柱。

（2）砌体的砂浆强度等级不应低于 M5；实心块体的强度等级不宜低于 MU2.5，空心块体的强度等级不宜低于 MU3.5，墙顶应与框架梁密切结合。

（3）填充墙应沿框架柱全高每隔 500～600mm 设 2ϕ6 拉筋，拉筋伸入墙内的长度，6度、7度时宜沿墙全贯通，8度、9度时应沿墙全长贯通。

（4）墙长大于 5m 时，墙顶与梁宜有拉结；墙长超过 8m 或层高 2 倍时，宜设置钢筋混凝土构造柱；墙高超过 4m 时，墙体半高宜设置与柱连接且沿墙全长贯通的钢筋混凝土水平连系梁。

（5）楼梯间和人流通道的填充墙，尚应采用钢丝网砂浆面层加固。

§17.3　框架、抗震墙和框架-抗震墙结构水平地震作用的计算

《抗震规范》规定，在一般情况下，应沿结构两个主轴方向分别考虑水平地震作用，以进行截面承载力和变形验算。各方向的水平地震作用应全部由该方向抗侧力构件承担。

对于高度不超过 40m，以剪切变形为主且质量和刚度沿高度分布比较均匀的框架、框架-抗震墙结构的水平地震作用标准值，可按底部剪力法计算：

$$F_{\mathrm{Ek}} = \alpha_1 G_{\mathrm{eq}}$$

$$F_i = \frac{G_i H_i}{\sum_{j=1}^{n} G_j H_j} F_{\mathrm{Ek}}(1 - \delta_{\mathrm{n}})$$

$$\Delta F_{\mathrm{n}} = \delta_{\mathrm{n}} F_{\mathrm{Ek}}$$

式中符号与前相同。

对于抗震墙结构，宜采用振型分解反应谱法计算水平地震作用标准值。作为近似计算，也可采用底部剪力法。

按上列公式计算水平地震作用时，首先要确定结构的基本周期。对于多层钢筋混凝土框架，由于它的侧移容易计算，故一般采用能量法计算基本周期；而对于高层钢筋混凝土框架、框架-抗震墙结构和抗震墙结构，可采用顶点位移法计算结构基本周期。此外，也可用经验公式计算，但由于该法具有较大的局限性，所以，选用时应注意其适用范围。

1. 能量法

$$T_1 = 2\psi_{\mathrm{T}} \sqrt{\frac{\sum_{i=1}^{n} G_i \Delta_i^2}{\sum_{i=1}^{n} G_i \Delta_i}} \tag{17-2a}$$

式中　ψ_{T}——结构基本周期考虑非承重砖墙影响的折减系数，民用框架结构取 0.6～0.7；

G_i——集中在各层楼面处的重力荷载代表值（kN）；

Δ_i——假想把集中在各层楼面处的重力荷载代表值 G_i 作为水平荷载而算得的结构各层楼面处位移（m）。

2. 顶点位移法

$$T_1 = 1.7\psi_T \sqrt{u_T} \tag{17-2b}$$

式中　ψ_T——意义同上，构架结构取 0.6～0.7；框架-抗震墙结构取 0.7～0.8；抗震墙结构取 1.0；

u_T——计算结构的基本周期用的结构顶点假想位移（m），即假想把集中在各层楼面处的重力荷载代表值 G_i 作为水平荷载而算得的结构顶点位移。对于框架-抗震墙结构和抗震墙结构，需将各层 G_i 折算成连续均布水平荷载，再求结构顶点移，即：

$$q = \frac{\Sigma G_i}{H} \tag{17-3}$$

式中　q——各层重力荷载代表值假想折算成连续均布水平荷载；

G_i——各质点重力荷载代表值；

H——结构总高度。

对于框架-抗震墙结构，u_T 可按下式计算：

$$u_T = k_H \frac{qH^4}{\Sigma EI_{we}} \tag{17-4}$$

式中　ΣEI_{we}——抗震墙等效刚度；

k_H——系数，根据结构特征刚度 λ 由表 17-6 查得。

系数 k_H 值（$\times 10^{-2}$）　　**表 17-6**

λ	1.00	1.05	1.10	1.15	1.20	1.25	1.30	1.35
k_H	9.035	8.792	8.547	8.304	8.070	7.836	7.610	7.389
λ	1.40	1.45	1.50	1.55	1.60	1.65	1.70	1.75
k_H	7.174	6.963	6.759	6.561	6.368	6.182	6.001	5.827
λ	1.80	1.85	1.90	1.95	2.00	2.05	2.10	2.15
k_H	5.658	5.495	5.337	5.185	5.038	4.897	4.760	4.628
λ	2.20	2.25	2.30	2.35	2.40	2.45	2.50	2.55
k_H	4.501	4.378	4.260	4.146	4.037	3.931	3.828	3.730

注：表中 λ 值按参考文献 [25] 式（4-249）计算。

3. 实测经验公式法

《建筑结构荷载规范》（GB 50009—2001）根据对大量建筑物周期实测结果，给出了钢筋混凝土结构基本周期经验计算公式：

框架结构和框架-抗震墙结构：

$$T_1 = 0.25 + 0.53 \times 10^{-3} \frac{H^2}{\sqrt[3]{B}} \tag{17-5a}$$

抗震墙结构：

$$T_1 = 0.03 + 0.03 \frac{H}{\sqrt[3]{B}} \tag{17-5b}$$

式中　H——房屋主体结构高度（m），不包括屋面以上特别细高的突出部分；

B——房屋振动方向的长度（m）。

§17.4　框架结构内力和侧移的计算

多层框架是高次超静定结构，如果按精确方法用手工计算它的内力和位移是十分困难的，甚至是不可能的。因此，目前在工程结构计算中，通常采用近似的分析方法。下面将介绍几种常用的近似解法，即在水平荷载下的反弯点法和 D 值法，以及在竖向荷载下的弯矩二次分配法。

一、在水平荷载作用下框架内力和位移的计算

（一）内力计算

1. 反弯点法

框架在水平荷载作用下，节点将同时产生转角和侧移，参见图 17-6（a）。根据分析，当梁的线刚度 $k_b = \dfrac{EI_b}{l}$ 和柱的线刚度 $k_c = \dfrac{EI_c}{H}$ 之比大于 3 时，节点转角 θ 将很小，它对框架的内力影响不大。因此，为了简化计算，通常把它忽略不计，即假定 $\theta=0$（图 17-7b）。实际上，这就等于把框架横梁简化成线刚度 $k_b = \infty$ 的刚性梁。这样处理，可使计算大为简化，而其误差一般不超过 5%。

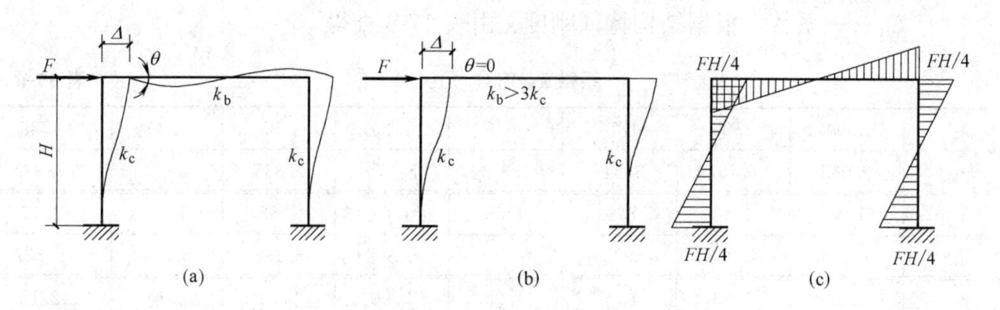

图 17-6　反弯点法

采用上述假定后，在柱的 1/2 高度处❶截面弯矩为零（图 17-6c）。柱的弹性曲线在该处改变凹凸方向，故此处称为反弯点（图 17-6b），反弯点距柱底的距离称为反弯点高度。

柱的反弯点确定后，如果再求得柱的剪力后，即可绘出框架的弯矩图。

现说明框架在水平地震作用下柱的剪力确定方法。

图 17-7（a）所示为多层框架，现将框架从第 i 层反弯点处切开。设作用在该层的总剪力为 $V_i = \sum_{i}^{n} F_i$，则根据水平力的平衡条件 $\Sigma X=0$（图 17-7b），得：

$$\Sigma V_{ik} = V_i \tag{17-6}$$

其中 V_{ik} 为第 i 层第 k 根柱所分配的剪力，其值为：

$$V_{ik} = \frac{12k_{ik}}{h^2}\Delta_{ik} = r_{ik}\Delta_{ik} \tag{17-7}$$

❶　为了使计算结果更精确一些，框架首层柱常取其 2/3 高度处截面弯矩为零。

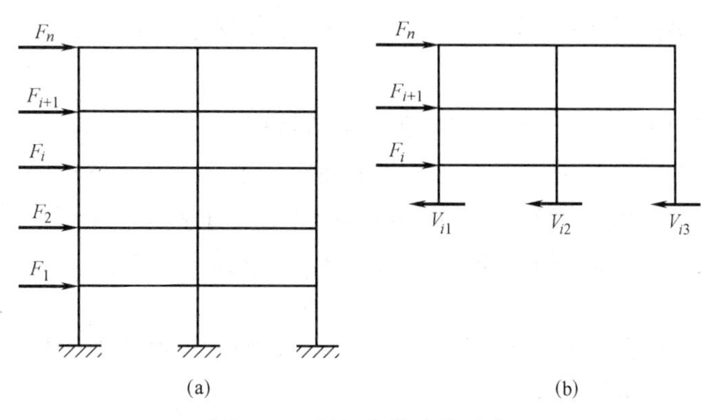

图 17-7　框架柱剪力的确定

式中 $r_{ik}=\dfrac{12k_{ik}}{h^2}$ 称为柱的侧移刚度，表示柱端产生相对单位水平位移（$\Delta_{ik}=1$）时，在柱内产生附加的剪力。

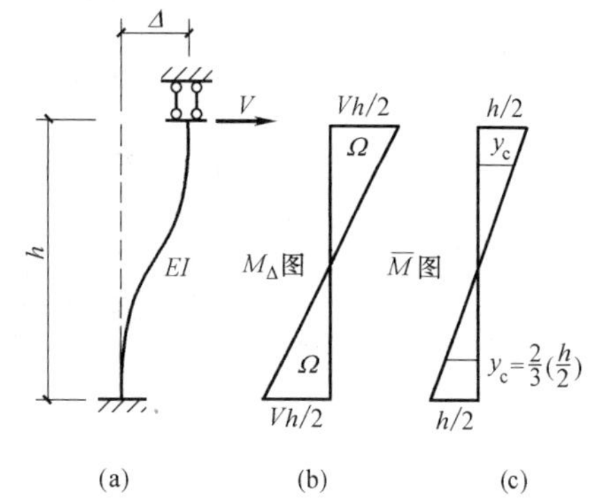

图 17-8　框架柱侧移刚度的确定

为了证明柱的侧移刚度 $r_{ik}=\dfrac{12k_{ik}}{h^2}$，将第 i 层第 k 根柱从框架中切出（图 17-8a）。设该柱在剪力作用下产生的相对水平位移为 Δ。图 17-8（b）、（c）分别为柱端发生相对水平位移 Δ 时柱的弯矩图和单位弯矩图。于是，

$$\Delta=\int_0^h \frac{M_\Delta \overline{M}}{EI_{ik}}\mathrm{d}x=\Sigma\frac{1}{EI_{ik}}\Omega y_c$$

$$=\frac{1}{EI_{ik}}\cdot 2\times\left(\frac{1}{2}\cdot\frac{Vh}{2}\cdot\frac{h}{2}\right)\left(\frac{2}{3}\cdot\frac{h}{2}\right)=\frac{Vh^3}{12EI_{ik}}$$

根据柱的侧移刚度定义，得：

$$r_{ik}=\frac{V}{\Delta}=\frac{12EI_{ik}}{h^3}=\frac{12k_{ik}}{h^2}$$

其中

$$k_{ik}=\frac{EI_{ik}}{h}$$

现将式（17-7）代入式（17-6），得：

$$\sum_{k=1}^{n} r_{ik}\Delta_{ik}=V_i \tag{17-8}$$

因为同一层各柱的相对水平位移相同，设为 Δ_i，于是，

$$\Delta_i=\Delta_{ik}=\frac{V_i}{\sum\limits_{k=1}^{n} r_{ik}} \tag{17-9}$$

将上式代入式（17-7），得：

$$V_{ik}=\frac{r_{ik}}{\sum\limits_{k=1}^{n} r_{ik}}V_i \tag{17-10}$$

式（17-10）说明，各柱所分配的剪力与该柱的侧移刚度成正比，$\frac{r_{ik}}{\sum_{i=1}^{n} r_{ik}}$ 称为剪力分配系数。因此，楼层剪力 V_i 按剪力分配系数分配给各柱。

柱端弯矩由柱的剪力和反弯点高度的数值确定，边节点梁端弯矩可由节点力矩平衡条件确定，而中间节点两侧梁端弯矩则可按梁的转动刚度分配柱端弯矩求得。

反弯点法适用于少层框架结构情形，因为这时柱截面尺寸较小，容易满足梁柱线刚度比大于 3 的条件。

【例题 17-1】　用反弯点法计算图 17-9a 所示框架的内力，并绘出弯矩图。图中圆括号内的数字为杆件的相对线刚度。

【解】　作三个截面通过各层柱的反弯点（一般层反弯点高度为 1/2 柱高；首层为2/3 柱高），参见图 17-9b。

柱的剪力：

三层：

$$V_3 = 8\text{kN}$$

$$V_{31} = \frac{r_{31}}{\Sigma r} V_3 = \frac{1.5}{1.5+2+1} \times 8 = \frac{1.5}{4.5} \times 8 = 2.7\text{kN}$$

$$V_{32} = \frac{r_{32}}{\Sigma r} V_3 = \frac{2}{4.5} \times 8 = 3.5\text{kN}$$

$$V_{33} = \frac{r_{33}}{\Sigma r} V_3 = \frac{1}{4.5} \times 8 = 1.8\text{kN}$$

二层：

$$V_2 = 8 + 17 = 25\text{kN}$$

$$V_{21} = \frac{r_{21}}{\Sigma r} V_2 = \frac{3}{3+4+2} \times 25 = \frac{3}{9} \times 25 = 8.3\text{kN}$$

$$V_{22} = \frac{r_{22}}{\Sigma r} V_2 = \frac{4}{9} \times 25 = 11.1\text{kN}$$

$$V_{23} = \frac{r_{23}}{\Sigma r} V_2 = \frac{2}{9} \times 25 = 5.6\text{kN}$$

首层：

$$V_1 = 8 + 17 + 20 = 45\text{kN}$$

$$V_{11} = \frac{r_{11}}{\Sigma r} V_1 = \frac{5}{5+6+4} \times 45 = \frac{5}{15} \times 45 = 15\text{kN}$$

$$V_{12} = \frac{r_{12}}{\Sigma r} V_1 = \frac{6}{15} \times 45 = 18\text{kN}$$

$$V_{13} = \frac{r_{13}}{\Sigma r} V_1 = \frac{4}{15} \times 45 = 12\text{kN}$$

柱端弯矩

三层：

$$M_{jg} = M_{gj} = V_{31} \times \frac{h_3}{2} = 2.7 \times \frac{4}{2} = 5.4\text{kN}\cdot\text{m}$$

$$M_{kh} = M_{hk} = V_{32} \times \frac{h_3}{2} = 3.5 \times \frac{4}{2} = 7\text{kN}\cdot\text{m}$$

$$M_{li} = M_{il} = V_{33} \times \frac{h_3}{2} = 1.8 \times \frac{4}{2} = 3.6\text{kN}\cdot\text{m}$$

二层：

$$M_{gd}=M_{dg}=V_{21}\times\frac{h_2}{2}=8.3\times\frac{5}{2}=20.8\text{kN}\cdot\text{m}$$

$$M_{he}=M_{eh}=V_{22}\times\frac{h_2}{2}=11.1\times\frac{5}{2}=27.8\text{kN}\cdot\text{m}$$

$$M_{if}=M_{fi}=V_{23}\times\frac{h_2}{2}=5.6\times\frac{5}{2}=14\text{kN}\cdot\text{m}$$

首层：

$$M_{da}=V_{11}\times\frac{1}{3}h_1=15\times\frac{1}{3}\times6=30\text{kN}\cdot\text{m}$$

$$M_{ad}=V_{11}\times\frac{2}{3}h_1=15\times\frac{2}{3}\times6=60\text{kN}\cdot\text{m}$$

其余计算从略。

梁端弯矩

$$M_{jk}=M_{jg}=5.4\text{kN}\cdot\text{m}$$

$$M_{gh}=M_{gj}+M_{gd}=5.4+20.8=26.2\text{kN}\cdot\text{m}$$

$$M_{hg}=(M_{hk}+M_{he})\times\frac{10}{10+16}=(7+27.8)\times\frac{10}{26}=13.4\text{kN}\cdot\text{m}$$

$$M_{hi}=(7+27.8)\times\frac{16}{26}=21.4\text{kN}\cdot\text{m}$$

其余计算从略。

框架弯矩图见图 17-9c。

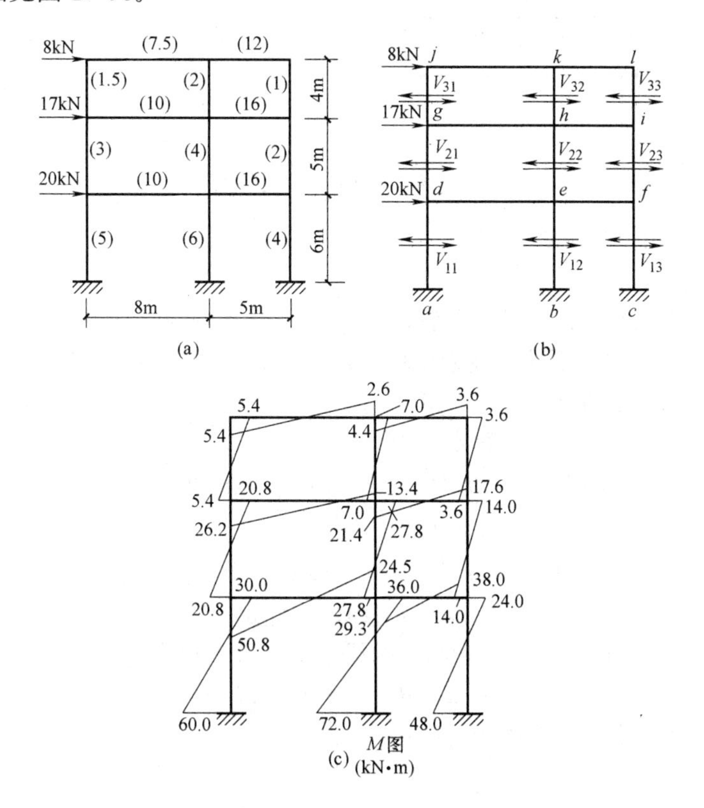

图 17-9　【例题 4-1】附图

2. 改进反弯点法——D 值法

上述反弯点法只适用于梁柱线刚度比大于 3 的情形。如不满足这个条件，柱的侧移刚度和反弯点位置，都将随框架节点转角大小而改变。这时，再采用反弯点法求框架内力，就会产生较大的误差。

下面介绍改进的反弯点法。这个方法近似地考虑了框架节点转动对柱的侧移刚度和反弯点高度的影响。改进的反弯点法是目前分析框架内力比较简单而又比较精确的一种近似方法。因此，在工程中广泛采用。

改进反弯点法求得柱的侧移刚度，工程上用 D 表示，故改进反弯点法又称“D 值法”。

（1）柱的侧移刚度

图 17-10a 为多层框架；图 17-10b 是柱 AB 及其邻近杆件受水平力变形后的情形。

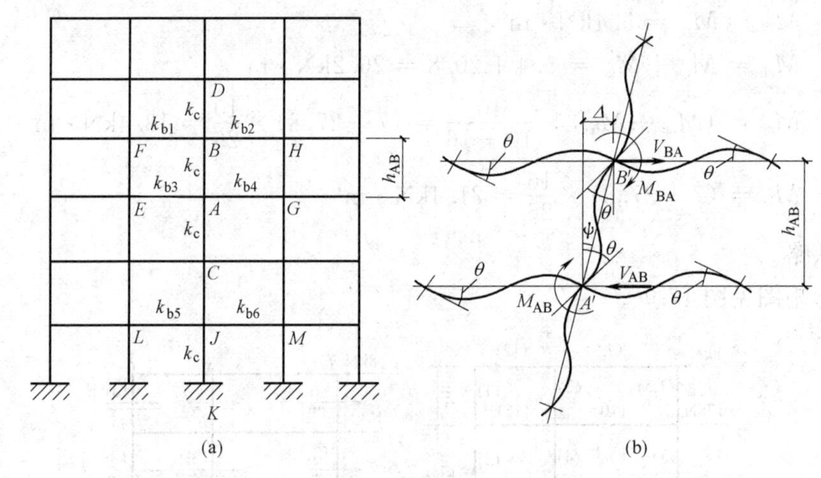

图 17-10[1]　一般层 D 值的确定

1）一般层柱的侧移刚度

为了简化计算，作如下假定：

① 柱 AB 以及与柱 AB 相邻的各杆的杆端转角均为 θ；

② 柱 AB 及其相邻上下柱的线刚度均为 k_c，且它们的弦转角均为 ψ。

由节点 A 的平衡条件 $\Sigma M_A=0$，得：

$$M_{AB}+M_{AG}+M_{AC}+M_{AE}=0 \tag{a}$$

式中

$$M_{AB}=2k_c(2\theta+\theta-3\psi)=6k_c(\theta-\psi)$$

$$M_{AG}=2k_{b4}(2\theta+\theta)=6k_{b4}\theta$$

$$M_{AC}=2k_c(2\theta+\theta-3\psi)=6k_c(\theta-\psi)$$

$$M_{AE}=2k_{b3}(2\theta+\theta)=6k_{b3}\theta$$

其中 k_{b3}、k_{b4} 分别为与节点 A 左梁和右梁的线刚度。将上列公式代入式（a）得：

$$6(k_{b3}+k_{b4})\theta+12k_c\theta-12k_c\psi=0 \tag{b}$$

同理，由节点 B 的平衡条件 $\Sigma M_B=0$，得：

[1] 图中梁柱变形曲线是按结构力学中规定的正方向绘制的。

$$6(k_{b1}+k_{b2})\theta+12k_c\theta-12k_c\psi=0 \tag{c}$$

其中 k_{b1}、k_{b2}分别为节点 B 左梁和右梁的线刚度。

将式（b）与式（c）相加，经整理后得：

$$\theta=\frac{2}{2+\frac{\Sigma k_b}{2k_c}}\psi=\frac{2}{2+\overline{K}}\psi \tag{d}$$

式中　Σk_b——梁的线刚度之和；

$$\Sigma k_b=k_{b1}+k_{b2}+k_{b3}+k_{b4} \tag{17-11}$$

$\overline{K}$——一般层梁柱线刚度比。

$$\overline{K}=\frac{\Sigma k_b}{2k_c} \tag{17-12}$$

由转角位移方程可知，柱 AB 所受的剪力为：

$$V_{AB}=\frac{12k_c}{h_{AB}}(\psi-\theta) \tag{e}$$

将式（d）代入式（e），得：

$$V_{AB}=\frac{\overline{K}}{2+\overline{K}}\frac{12k_c}{h_{AB}}\psi=\frac{\overline{K}}{2+\overline{K}}\frac{12k_c}{h_{AB}^2}\Delta$$

令

$$\alpha=\frac{\overline{K}}{2+\overline{K}} \tag{17-13}$$

则

$$V_{AB}=\alpha\frac{12k_c}{h_{AB}^2}\Delta$$

由此得柱 AB 的侧移刚度

$$D_{AB}=\frac{V_{AB}}{\Delta}=\alpha\frac{12k_c}{h_{AB}^2} \tag{17-14}$$

当框架横梁的线刚度为无穷大，即 $\overline{K}_b\to\infty$时，则 $\alpha\to1$。由此可知，α 是考虑框架节点转动对柱侧移刚度的影响系数。

2）首层柱的侧移刚度

现以柱 JK 为例，说明首层柱侧移刚度的计算方法。参见图 17-11。

由转角位移方程可知

$$M_{JL}=2k_{b5}(2\theta+\theta)=6k_{b5}\theta$$

$$M_{JM}=2k_{b6}(2\theta+\theta)=6k_{b6}\theta$$

$$M_{JK}=2k_c(2\theta-3\psi)=4k_c\theta-6k_c\psi$$

式中　k_{b5}、k_{b6}——分别为节点 J 左梁和右梁的线刚度；

k_c——首层柱的线刚度；

θ——节点 J 的转角；

ψ——柱 JK 的弦转角。

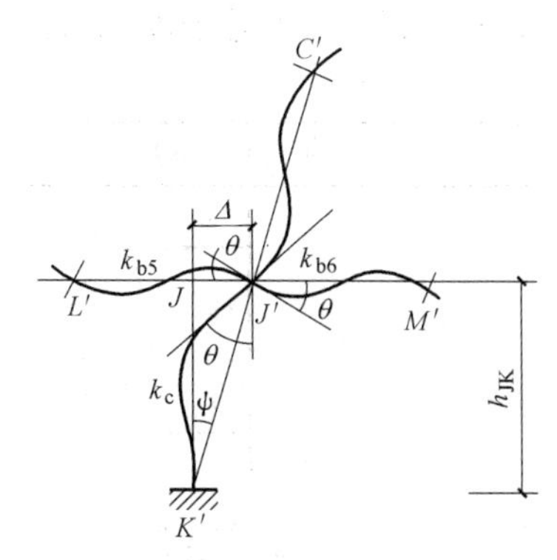

图 17-11　底层 D 值的确定

设

$$\alpha=\frac{M_{\mathrm{JK}}}{M_{\mathrm{JL}}+M_{\mathrm{JM}}}=\frac{4k_{\mathrm{c}}\theta-6k_{\mathrm{c}}\psi}{6(k_{\mathrm{b5}}+k_{\mathrm{b6}})\theta}=\frac{2\theta-3\dfrac{\Delta}{h_{\mathrm{JK}}}}{3\left(\dfrac{k_{\mathrm{b5}}+k_{\mathrm{b6}}}{k_{\mathrm{c}}}\right)\theta}$$

设

$$\overline{K}=\frac{k_{\mathrm{b5}}+k_{\mathrm{b6}}}{k_{\mathrm{c}}}=\frac{\Sigma k_{\mathrm{b}}}{k_{\mathrm{c}}}\tag{17-15}$$

于是，

$$\theta=\frac{3}{2-3\alpha\overline{K}}\frac{\Delta}{h_{\mathrm{JK}}}$$

式中　$\overline{K}$ ——首层梁柱线刚度比。

柱 JK 所受到的剪力

$$V_{\mathrm{JK}}=-\frac{6k_{\mathrm{c}}}{h_{\mathrm{JK}}}\left(\theta-2\frac{\Delta}{h_{\mathrm{JK}}}\right)=\frac{12k_{\mathrm{c}}\Delta}{h_{\mathrm{JK}}^{2}}\left(1-\frac{1.5}{2-3\alpha\overline{K}}\right)$$

$$=\left(\frac{0.5-3\alpha\overline{K}}{2-3\alpha\overline{K}}\right)\frac{12k_{\mathrm{c}}}{h_{\mathrm{JK}}^{2}}\Delta$$

由此可得：

$$D_{\mathrm{JK}}=\frac{V_{\mathrm{JK}}}{\Delta}=\left(\frac{0.5-3\alpha\overline{K}}{2-3\alpha\overline{K}}\right)\frac{12k_{\mathrm{c}}}{h_{\mathrm{JK}}^{2}}$$

设

$$\alpha=\frac{0.5-3\alpha\overline{K}}{2-3\alpha\overline{K}}$$

显然，α 就是框架节点转动对首层柱侧移刚度的影响系数。其中 α 是个变数，在实际工程中，为了计算简化，且误差不大的条件下，可取 $\alpha=-\dfrac{1}{3}$，于是，

$$\alpha=\frac{0.5+\overline{K}}{2+\overline{K}}\tag{17-16}$$

因此

$$D_{\mathrm{JK}}=\alpha\frac{12k_{\mathrm{c}}}{h_{\mathrm{JK}}^{2}}\tag{17-17}$$

α 值计算公式汇总于表 17-7。

α 值计算公式表　　　　**表 17-7**

层	边　柱	中　柱	α
一般层	k_{b1} k_{c} k_{b3} $\overline{K}=\dfrac{k_{\mathrm{b1}}+k_{\mathrm{b3}}}{2k_{\mathrm{c}}}$	k_{b1}　k_{b2} k_{c} k_{b3}　k_{b4} $\overline{K}=\dfrac{k_{\mathrm{b1}}+k_{\mathrm{b2}}+k_{\mathrm{b3}}+k_{\mathrm{b4}}}{2k_{\mathrm{c}}}$	$\alpha=\dfrac{\overline{K}}{2+\overline{K}}$

续表

层	边　柱	中　柱	α
首层	k_{b5}；k_c；$\overline{K}=\frac{k_{b5}}{k_c}$	k_{b5}　k_{b6}；k_c；$\overline{K}=\frac{k_{b5}+k_{b6}}{2k_c}$	$\alpha=\frac{0.5+\overline{K}}{2+\overline{K}}$

表 17-7 中，$k_{b1}\sim k_{b6}$ 为梁的线刚度；k_c 为柱的线刚度。在计算梁的线刚度时，可以考虑楼板对梁的刚度有利影响，即板作为梁的翼缘参加工作。在工程上，为了简化计算，通常，梁均先按矩形截面计算其惯性矩 I_0，然后，再乘以表 17-8 中的增大系数，以考虑楼板或楼板上的现浇层对梁刚度的影响。

框架梁截面惯性矩增大系数　　**表 17-8**

结 构 类 型	中 框 架	边 框 架
现浇整体梁板结构	2.0	1.5
装配整体式叠合梁	1.5	1.2

注：中框架是指梁两侧有楼板的框架；边框架是指梁一侧有楼板的框架。

（2）反弯点高度的确定

D 值法的反弯点高度按下式确定

$$h' = (y_0 + y_1 + y_2 + y_3)h \tag{17-18a}$$

式中　y_0——标准反弯点高度比。其值根据框架总层数 n、该柱所在层数 m 和梁柱线刚度比 $\overline{K}$，由表 17-9 查得；

y_1——某层上下梁线刚度不同时，该层柱反弯点高度比修正值。当 $k_{b1}+k_{b2}<k_{b3}+k_{b4}$ 时，令

$$\alpha_1 = \frac{k_{b1}+k_{b2}}{k_{b3}+k_{b4}} \tag{17-18b}$$

根据比值 α_1 和梁柱线刚度比 $\overline{K}$，由表 17-10 查得。这时反弯点上移，故 y_1 取正值（图 17-12a）；当 $k_{b1}+k_{b2}>k_{b3}+k_{b4}$ 时，则令

$$\alpha_1 = \frac{k_{b3}+k_{b4}}{k_{b1}+k_{b2}} \tag{17-18c}$$

仍由表 17-10 查得。这时反弯点下移，故 y_1 取负值（图 17-12b）。对于首层不考虑 y_1 值；

y_2——上层高度 $h_{上}$ 与本层高度 h 不同时（图 17-13），反弯点高度比修正值。其值根据 $\alpha_2=\frac{h_{上}}{h}$ 和 $\overline{K}$ 的数值由表 17-11 查得。对于顶层不考虑 y_2 修正值；

y_3——下层高度 $h_{下}$ 与本层高度 h 不同时（图 17-13）反弯点高度比修正值。其值

根据 $\alpha_3=\dfrac{h_{下}}{h}$ 和 $\overline{K}$ 仍由表 17-11 查得。对于首层不考虑 y_3 修正值。

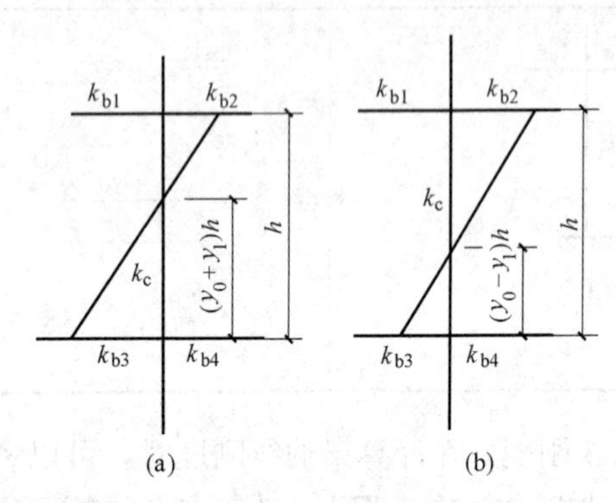

图 17-12　梁的线刚度对反弯点高度的影响

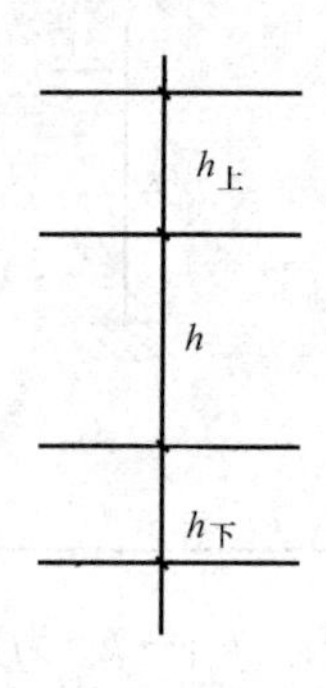

图 17-13　上下层层高与本层不同时对反弯点高度的影响

综上所述，D 值法计算框架内力的步骤如下：

反弯点高度比 y_0（倒三角形节点荷载）　　**表 17-9**

n	m \ $\overline{K}$	0.1	0.2	0.3	0.4	0.5	0.6	0.7	0.8	0.9	1.0	2.0	3.0	4.0	5.0
1	1	0.80	0.75	0.70	0.65	0.65	0.60	0.60	0.60	0.60	0.55	0.55	0.55	0.55	0.55
2	2	0.50	0.45	0.40	0.40	0.40	0.40	0.40	0.40	0.40	0.45	0.45	0.45	0.45	0.50
	1	1.00	0.85	0.25	0.70	0.65	0.65	0.65	0.65	0.60	0.60	0.55	0.55	0.55	0.55
3	3	0.25	0.25	0.25	0.30	0.30	0.35	0.35	0.35	0.40	0.40	0.45	0.45	0.45	0.50
	2	0.60	0.50	0.50	0.50	0.50	0.45	0.45	0.45	0.45	0.45	0.50	0.50	0.55	0.50
	1	1.15	0.90	0.80	0.75	0.75	0.70	0.70	0.65	0.65	0.65	0.55	0.55	0.55	0.55
4	4	0.10	0.15	0.20	0.25	0.30	0.35	0.35	0.35	0.35	0.40	0.45	0.45	0.45	0.45
	3	0.35	0.35	0.35	0.40	0.40	0.40	0.40	0.45	0.45	0.45	0.45	0.50	0.50	0.50
	2	0.70	0.60	0.55	0.50	0.50	0.50	0.50	0.50	0.50	0.50	0.50	0.50	0.50	0.50
	1	1.20	0.95	0.85	0.80	0.75	0.70	0.70	0.65	0.65	0.65	0.55	0.55	0.55	0.55
5	5	−0.05	0.10	0.20	0.25	0.30	0.30	0.35	0.35	0.35	0.35	0.40	0.45	0.45	0.45
	4	0.20	0.25	0.35	0.35	0.40	0.40	0.40	0.40	0.45	0.45	0.45	0.50	0.50	0.50
	3	0.45	0.40	0.45	0.45	0.45	0.45	0.45	0.45	0.45	0.50	0.50	0.50	0.50	0.50
	2	0.75	0.60	0.55	0.55	0.55	0.50	0.50	0.50	0.50	0.50	0.50	0.50	0.50	0.50
	1	1.30	1.00	0.85	0.80	0.75	0.70	0.70	0.65	0.65	0.65	0.60	0.55	0.55	0.55
6	6	−0.15	0.05	0.15	0.20	0.25	0.30	0.30	0.35	0.35	0.35	0.40	0.45	0.45	0.45
	5	0.10	0.25	0.30	0.35	0.35	0.40	0.40	0.40	0.35	0.45	0.45	0.50	0.50	0.50
	4	0.30	0.35	0.40	0.40	0.45	0.45	0.45	0.45	0.45	0.45	0.50	0.50	0.50	0.50
	3	0.50	0.45	0.45	0.45	0.45	0.45	0.45	0.45	0.45	0.50	0.50	0.50	0.50	0.50
	2	0.80	0.65	0.55	0.55	0.55	0.55	0.50	0.50	0.50	0.50	0.50	0.50	0.50	0.50
	1	1.30	1.00	0.85	0.80	0.75	0.70	0.70	0.65	0.65	0.65	0.60	0.55	0.55	0.55
7	7	−0.20	0.05	0.15	0.20	0.25	0.30	0.30	0.35	0.35	0.35	0.45	0.45	0.45	0.45
	6	0.05	0.20	0.30	0.35	0.35	0.40	0.40	0.40	0.40	0.45	0.45	0.50	0.50	0.50
	5	0.20	0.30	0.35	0.40	0.40	0.45	0.45	0.45	0.45	0.45	0.50	0.50	0.50	0.50
	4	0.35	0.40	0.40	0.45	0.45	0.45	0.45	0.45	0.45	0.45	0.50	0.50	0.50	0.50
	3	0.55	0.50	0.50	0.50	0.50	0.50	0.50	0.50	0.50	0.50	0.50	0.50	0.50	0.50
	2	0.80	0.65	0.60	0.55	0.55	0.55	0.50	0.50	0.50	0.50	0.50	0.50	0.50	0.50
	1	1.30	1.00	0.90	0.80	0.75	0.70	0.70	0.70	0.65	0.65	0.60	0.55	0.55	0.55

续表

n	m \ $\overline{K}$	0.1	0.2	0.3	0.4	0.5	0.6	0.7	0.8	0.9	1.0	2.0	3.0	4.0	5.0
8	8	−0.20	0.05	0.15	0.20	0.25	0.30	0.30	0.35	0.35	0.35	0.45	0.45	0.45	0.45
	7	0.00	0.20	0.30	0.35	0.35	0.40	0.40	0.40	0.40	0.45	0.50	0.50	0.50	0.50
	6	0.15	0.30	0.35	0.40	0.40	0.45	0.45	0.45	0.45	0.45	0.50	0.50	0.50	0.50
	5	0.30	0.35	0.40	0.45	0.45	0.45	0.45	0.45	0.45	0.45	0.50	0.50	0.50	0.50
	4	0.40	0.45	0.45	0.45	0.45	0.45	0.45	0.50	0.50	0.50	0.50	0.50	0.50	0.50
	3	0.60	0.50	0.50	0.50	0.50	0.50	0.50	0.50	0.50	0.50	0.50	0.50	0.50	0.50
	2	0.85	0.65	0.60	0.55	0.55	0.55	0.50	0.50	0.50	0.50	0.50	0.50	0.50	0.50
	1	1.30	1.00	0.90	0.80	0.75	0.70	0.70	0.70	0.65	0.65	0.60	0.55	0.55	0.55
9	9	−0.25	0.00	0.15	0.20	0.25	0.30	0.30	0.30	0.35	0.40	0.45	0.45	0.45	0.45
	8	−0.00	0.20	0.30	0.35	0.35	0.40	0.40	0.40	0.40	0.45	0.45	0.50	0.50	0.50
	7	0.15	0.30	0.35	0.40	0.40	0.45	0.45	0.45	0.45	0.45	0.50	0.50	0.50	0.50
	6	0.25	0.35	0.40	0.40	0.45	0.45	0.45	0.45	0.45	0.50	0.50	0.50	0.50	0.50
	5	0.35	0.40	0.45	0.45	0.45	0.45	0.45	0.45	0.50	0.50	0.50	0.50	0.50	0.50
	4	0.45	0.45	0.45	0.45	0.45	0.50	0.50	0.50	0.50	0.50	0.50	0.50	0.50	0.50
	3	0.60	0.50	0.50	0.50	0.50	0.50	0.50	0.50	0.50	0.50	0.50	0.50	0.50	0.50
	2	0.85	0.65	0.60	0.55	0.55	0.55	0.55	0.50	0.50	0.50	0.50	0.50	0.50	0.50
	1	1.35	1.00	0.90	0.80	0.75	0.75	0.70	0.70	0.65	0.65	0.60	0.55	0.55	0.55
10	10	−0.25	0.00	0.15	0.20	0.25	0.30	0.30	0.35	0.35	0.40	0.45	0.45	0.45	0.45
	9	−0.05	0.20	0.30	0.35	0.35	0.40	0.40	0.40	0.40	0.45	0.45	0.50	0.50	0.50
	8	−0.10	0.30	0.35	0.40	0.40	0.40	0.45	0.45	0.45	0.45	0.50	0.50	0.50	0.50
	7	0.20	0.35	0.40	0.40	0.45	0.45	0.45	0.45	0.45	0.50	0.50	0.50	0.50	0.50
	6	0.30	0.40	0.40	0.45	0.45	0.45	0.45	0.45	0.45	0.50	0.50	0.50	0.50	0.50
	5	0.40	0.45	0.45	0.45	0.45	0.45	0.45	0.50	0.50	0.50	0.50	0.50	0.50	0.50
	4	0.50	0.45	0.45	0.45	0.50	0.50	0.50	0.50	0.50	0.50	0.50	0.50	0.50	0.50
	3	0.60	0.55	0.50	0.50	0.50	0.50	0.50	0.50	0.50	0.50	0.50	0.50	0.50	0.50
	2	0.85	0.65	0.60	0.55	0.55	0.55	0.55	0.50	0.50	0.50	0.50	0.50	0.50	0.50
	1	1.35	1.00	0.90	0.80	0.75	0.75	0.70	0.70	0.65	0.65	0.60	0.55	0.55	0.55
11	11	−0.25	0.00	0.15	0.20	0.25	0.30	0.30	0.30	0.35	0.35	0.45	0.45	0.45	0.45
	10	0.05	0.20	0.25	0.30	0.35	0.40	0.40	0.40	0.40	0.45	0.45	0.50	0.50	0.50
	9	0.10	0.30	0.35	0.40	0.40	0.40	0.45	0.45	0.45	0.45	0.50	0.50	0.50	0.50
	8	0.20	0.35	0.40	0.40	0.45	0.45	0.45	0.45	0.45	0.45	0.50	0.50	0.50	0.50
	7	0.25	0.40	0.40	0.45	0.45	0.45	0.45	0.45	0.45	0.50	0.50	0.50	0.50	0.50
	6	0.35	0.40	0.45	0.45	0.45	0.45	0.45	0.50	0.50	0.50	0.50	0.50	0.50	0.50
	5	0.40	0.44	0.45	0.45	0.45	0.50	0.50	0.50	0.50	0.50	0.50	0.50	0.50	0.50
	4	0.50	0.50	0.50	0.50	0.50	0.50	0.50	0.50	0.50	0.50	0.50	0.50	0.50	0.50
	3	0.65	0.55	0.50	0.50	0.50	0.50	0.50	0.50	0.50	0.50	0.50	0.50	0.50	0.50
	2	0.85	0.65	0.60	0.55	0.50	0.55	0.55	0.50	0.50	0.50	0.50	0.50	0.50	0.50
	1	1.35	1.50	0.90	0.80	0.75	0.75	0.70	0.70	0.65	0.65	0.60	0.55	0.55	0.55
12层以上	1	−0.30	0.00	0.15	0.20	0.25	0.30	0.30	0.30	0.35	0.35	0.40	0.45	0.45	0.45
	自 2	−0.10	0.20	0.25	0.30	0.35	0.40	0.40	0.40	0.40	0.40	0.45	0.45	0.45	0.50
	上 3	0.05	0.25	0.35	0.40	0.40	0.40	0.45	0.45	0.45	0.45	0.45	0.50	0.50	0.50
	4	0.15	0.30	0.40	0.40	0.45	0.45	0.45	0.45	0.45	0.45	0.45	0.50	0.50	0.50
	5	0.25	0.35	0.40	0.45	0.45	0.45	0.45	0.45	0.45	0.45	0.50	0.50	0.50	0.50
	6	0.30	0.40	0.40	0.45	0.45	0.45	0.45	0.45	0.45	0.45	0.50	0.50	0.50	0.50
	7	0.35	0.40	0.40	0.45	0.45	0.45	0.50	0.50	0.50	0.50	0.50	0.50	0.50	0.50
	8	0.35	0.45	0.45	0.45	0.50	0.50	0.50	0.50	0.50	0.50	0.50	0.50	0.50	0.50
	中间	0.45	0.45	0.45	0.45	0.50	0.50	0.50	0.50	0.50	0.50	0.50	0.50	0.50	0.50
	4	0.55	0.50	0.50	0.50	0.50	0.50	0.50	0.50	0.50	0.50	0.50	0.50	0.50	0.50
	自 3	0.65	0.55	0.50	0.50	0.50	0.50	0.50	0.50	0.50	0.50	0.50	0.50	0.50	0.50
	下 2	0.70	0.70	0.60	0.55	0.55	0.55	0.55	0.50	0.50	0.50	0.50	0.50	0.50	0.50
	1	1.35	1.05	0.90	0.80	0.75	0.70	0.70	0.70	0.65	0.65	0.60	0.55	0.55	0.55

注：n 为总层数；m 为所在楼层的位置；$\overline{K}$ 为平均线刚度比。

上下层横梁线刚度比对 y_0 的修正值 y_1 　　　　表 17-10

α_1 \ $\overline{K}$	0.1	0.2	0.3	0.4	0.5	0.6	0.7	0.8	0.9	1.0	2.0	3.0	4.0	5.0
0.4	0.55	0.40	0.30	0.25	0.20	0.20	0.20	0.15	0.15	0.15	0.05	0.05	0.05	0.05
0.5	0.45	0.30	0.20	0.20	0.15	0.15	0.15	0.10	0.10	0.10	0.05	0.05	0.05	0.05
0.6	0.30	0.20	0.15	0.15	0.10	0.10	0.10	0.10	0.05	0.05	0.05	0.05	0	0
0.7	0.20	0.15	0.10	0.10	0.10	0.10	0.05	0.05	0.05	0.05	0.05	0	0	0
0.8	0.15	0.10	0.05	0.05	0.05	0.05	0.05	0.05	0.05	0	0	0	0	0
0.9	0.05	0.05	0.05	0.05	0	0	0	0	0	0	0	0	0	0

上下层高变化对 y_0 的修正值 y_2 和 y_3 　　　　表 17-11

α_2	α_3 \ $\overline{K}$	0.1	0.2	0.3	0.4	0.5	0.6	0.7	0.8	0.9	1.0	2.0	3.0	4.0	5.0
2.0		0.25	0.15	0.15	0.10	0.10	0.10	0.10	0.10	0.05	0.05	0.05	0.05	0.0	0.0
1.8		0.20	0.15	0.10	0.10	0.10	0.05	0.05	0.05	0.05	0.05	0.05	0.0	0.0	0.0
1.6	0.4	0.15	0.10	0.10	0.05	0.05	0.05	0.05	0.05	0.05	0.05	0.0	0.0	0.0	0.0
1.4	0.6	0.10	0.05	0.05	0.05	0.05	0.05	0.05	0.05	0.05	0.0	0.0	0.0	0.0	0.0
1.2	0.8	0.05	0.05	0.05	0.0	0.0	0.0	0.0	0.0	0.0	0.0	0.0	0.0	0.0	0.0
1.0	1.0	0.0	0.0	0.0	0.0	0.0	0.0	0.0	0.0	0.0	0.0	0.0	0.0	0.0	0.0
0.8	1.2	-0.05	-0.05	-0.05	0.0	0.0	0.0	0.0	0.0	0.0	0.0	0.0	0.0	0.0	0.0
0.6	1.4	-0.10	-0.05	-0.05	-0.05	-0.05	-0.05	-0.05	-0.05	-0.05	0.0	0.0	0.0	0.0	0.0
0.4	1.6	-0.15	-0.10	-0.10	-0.05	-0.05	-0.05	-0.05	-0.05	-0.05	-0.05	0.0	0.0	0.0	0.0
	1.8	-0.20	-0.15	-0.10	-0.10	-0.10	-0.05	-0.05	-0.05	-0.05	-0.05	-0.05	0.0	0.0	0.0
	2.0	-0.25	-0.15	-0.15	-0.10	-0.10	-0.10	-0.10	-0.10	-0.05	-0.05	-0.05	-0.05	0.0	0.0

（1）分别按式（17-14）和式（17-17）计算各层柱的侧移刚度 D_{ik}；其中 α 值按表 17-7 所列公式计算。

（2）按下式计算各柱所分配的剪力

$$V_{ik}=\frac{D_{ik}}{\sum_{k=1}^{n}D_{ik}}V_i \tag{17-19}$$

式中　V_{ik}——框架第 i 层第 k 根柱所分配的地震剪力；

D_{ik}——第 i 层第 k 根柱的侧移刚度；

$\sum_{k=1}^{n}D_{ik}$——第 i 层柱侧移刚度之和；

V_i——第 i 层地震剪力，$V_i=\sum_{i}^{n}F_i$。

（3）按式（17-18a）计算柱的反弯点高度。

（4）根据 V_{ik} 和反弯点高度确定柱端弯矩，然后，按节点弯矩平衡条件和梁的转动刚度确定梁端弯矩。

（二）框架侧移的计算

框架侧移计算包括弹性侧移和弹塑性侧移计算。兹分述如下：

1. 弹性侧移的计算

如前所述，《抗震规范》规定，框架和框架-抗震墙结构，宜进行低于本地区设防烈度的多遇地震作用下结构的抗震变形验算，其层间弹性侧移应符合式（16-45）的要求：

$$\Delta u_{\mathrm{e}} \leqslant [\theta_{\mathrm{e}}]h$$

式中 Δu_{e} 即为多遇地震作用标准值产生的层间弹性侧移。其余符号意义同前。

现来说明 Δu_{e} 的计算方法：

设 $\Delta u_{\mathrm{e}ik}$ 和 V_{ik} 为第 i 层第 k 根柱柱端相对侧移和地震剪力，根据柱的侧移刚度定义，得

$$D_{ik} = \frac{V_{ik}}{\Delta u_{\mathrm{e}ik}} \tag{a}$$

或

$$V_{ik} = \Delta u_{\mathrm{e}ik} D_{ik} \tag{b}$$

等号两边取总和号 $\sum\limits_{k=1}^{n}$，于是

$$\sum_{k=1}^{n} V_{ik} = \sum_{i=1}^{n} \Delta u_{\mathrm{e}ik} D_{ik} = V_i \tag{c}$$

因为在同一层各柱的相对侧移（即层间位移）$\Delta u_{\mathrm{e}ik}$ 相同[1]，等于该层框架层间侧移 $\Delta u_{\mathrm{e}i}$，则得：

$$\Delta u_{\mathrm{e}i} = \frac{V_i}{\sum\limits_{k=1}^{n} D_{ik}} \tag{17-20}$$

式中　V_i——多遇地震作用标准值产生的层间地震剪力。

由式（17-20）可见，框架弹性层间侧移等于层间地震剪力标准值除以该层各柱侧移刚度之和。

综上所述，验算框架在多遇地震作用下其层间弹性侧移的步骤可归纳为：

（1）计算框架结构的梁、柱线刚度。

（2）计算柱的侧移刚度 D_{ik} 及 $\sum\limits_{k=1}^{n} D_{ik}$。

（3）确定结构的基本自振周期 T_1［参见式（17-2a）、式（17-2b）或式（17-5）］。

（4）由表 16-4 查得多遇地震的 $\alpha_{\max}$，并按图 16-5 确定 α。

（5）按式（16-34）计算结构底部剪力，按式（16-37a）计算各质点的水平地震作用标准值，并求出楼层地震剪力标准值。

（6）按式（17-20）求出层间侧移 $\Delta u_{\mathrm{e}i}$。

（7）验算层间位移条件

$$\Delta u_{\mathrm{e}i} \leqslant [\theta_{\mathrm{e}}]h_i$$ [2]

2. 弹塑性侧移的计算

（1）计算范围

《抗震规范》规定，下列结构应进行高于本地区设防烈度预估的罕遇地震作用下薄弱层（部位）的弹塑性侧移的计算：

1）7～9 度时楼层屈服强度系数 $\xi_{\mathrm{y}}<0.5$ 的钢筋混凝土框架结构。

2）甲类建筑中的钢筋混凝土框架和框架-抗震墙结构。

---

[1] 假定楼盖刚度在平面内刚度为无穷大。

[2] 式中 $\Delta u_{\mathrm{e}i} \leqslant [\theta_{\mathrm{e}}]h_i$ 即为《抗震规范》中公式（5.5.1）所示的 $\Delta u_{\mathrm{e}} \leqslant [\theta_{\mathrm{e}}]h$。

（2）结构薄弱层位置的确定

结构薄弱层的位置可按下列情况确定：

1）楼层屈服强度系数 ξ_y 沿高度分布均匀的结构，可取底层。

2）楼层屈服强度系数 ξ_y 沿高度分布不均匀的结构，可取该系数最小的楼层和相对较小的楼层，一般不超过 2～3 处。

（3）楼层屈服强度系数 ξ_y 的计算

楼层屈服强度系数按下式计算：

$$\xi_y(i)=\frac{V_y(i)}{V_e(i)} \tag{17-21}$$

式中　$\xi_y(i)$——第 i 层的层间屈服强度系数；

$V_e(i)$——罕遇地震作用下第 i 层的弹性剪力；

$V_y(i)$——第 i 层的层间屈服剪力。

层间屈服剪力应按构件实际配筋和材料强度标准值确定。其计算步骤如下：

1）按下式计算梁、柱屈服弯矩

梁：

$$M_{yb}=0.9f_{yk}A_sh_0 \tag{17-22}$$

式中　M_{yb}——梁的屈服弯矩；

f_{yk}——钢筋强度标准值；

A_s——梁内受拉钢筋实际配筋面积；

h_0——梁的截面有效高度。

柱（对称配筋）：

大偏心受压情形 $\left(\xi=\dfrac{N}{\alpha_1f_cbh_0}\leqslant\xi_b\right)$

当 $\xi h_0\geqslant 2a'_s$ 时

按下式确定 e 值：

$$e=\frac{A'_sf'_{yk}(h_0-a'_s)+\alpha_1f_{ck}bh_0^2\xi(1-0.5\xi)}{N} \tag{17-23}$$

按下式算出偏心距

$$e_0=\left(e-\frac{h}{2}+a'_s\right) \tag{17-24}$$

当 $\xi h_0<2a'_s$ 时

按下式确定 e' 值：

$$e'=\frac{A_sf_{yk}(h_0-a'_s)}{N} \tag{17-25}$$

按下式算出偏心距

$$e_0=\left(e'+\frac{h}{2}-a'_s\right) \tag{17-26}$$

于是，柱的屈服弯矩

$$M_{yc}=Ne_0 \tag{17-27}$$

小偏心受压情形（$\xi>\xi_b$）

按式（17-28）确定 e 值：

$$e=\frac{A'_s f'_{yk}(h_0-a'_s)+\alpha_1 f_{ck} b h_0^2 \xi(1-0.5\xi)}{N} \tag{17-28}$$

按下式算出偏心距

$$e_0=\left(e-\frac{h}{2}+a_s\right) \tag{17-29}$$

柱的屈服弯矩

$$M_{yc}=Ne_0$$

式（17-23）~式（17-29）中

A_s、A'_s——柱截面一侧实配钢筋面积；

f_{yk}、f'_{yk}——钢筋强度标准值；

h_0——柱的截面有效高度；

a_s、a'_s——柱截面一侧钢筋中心至截面近边的距离；

f_{ck}——混凝土抗压强度标准值；

α_1——系数，当混凝土强度等级不超过 C50 时，$\alpha_1=1.0$；当为 C80 时，$\alpha_1=0.94$，其间按直线内插法取用；

b——柱的宽度；

ξ——相对受压区高度；

ξ_b——界限相对受压区高度；

N——与配筋相应的柱截面轴向力。

2）计算柱端截面有效屈服弯矩 $\widetilde{M}_{yc}(i)$

当 $\Sigma M_{yb}>\Sigma M_{yc}$ 时，即弱柱型（图 17-14b）

柱的有效屈服弯矩为：

$$\left.\begin{aligned}&\text{柱上端：}\quad \widetilde{M}_{yc}^{上}(i)_k=M_{yc}^{上}(i)_k\\&\text{柱下端：}\quad \widetilde{M}_{yc}^{下}(i)_k=M_{yc}^{下}(i)_k\end{aligned}\right\} \tag{17-30}$$

式中　ΣM_{yb}——框架节点左右梁端反时针或顺时针方向截面屈服弯矩之和；

ΣM_{yc}——同一节点上下柱端顺时针或反时针方向截面屈服弯矩之和；

$\widetilde{M}_{yc}^{上}(i)_k$——第 i 层第 k 根柱柱顶截面有效屈服弯矩；

$\widetilde{M}_{yc}^{下}(i)_k$——第 i 层第 k 根柱柱底截面有效屈服弯矩；

$M_{yc}^{上}(i)_k$——第 i 层第 k 根柱柱顶截面屈服弯矩；

$M_{yc}^{下}(i)_k$——第 i 层第 k 根柱柱底截面屈服弯矩。

以上符号意义参见图 17-14a、b。

当 $\Sigma M_{yb}<\Sigma M_{yc}$ 时，即弱梁型（图 17-14c）。

柱的有效屈服弯矩

柱上端截面：

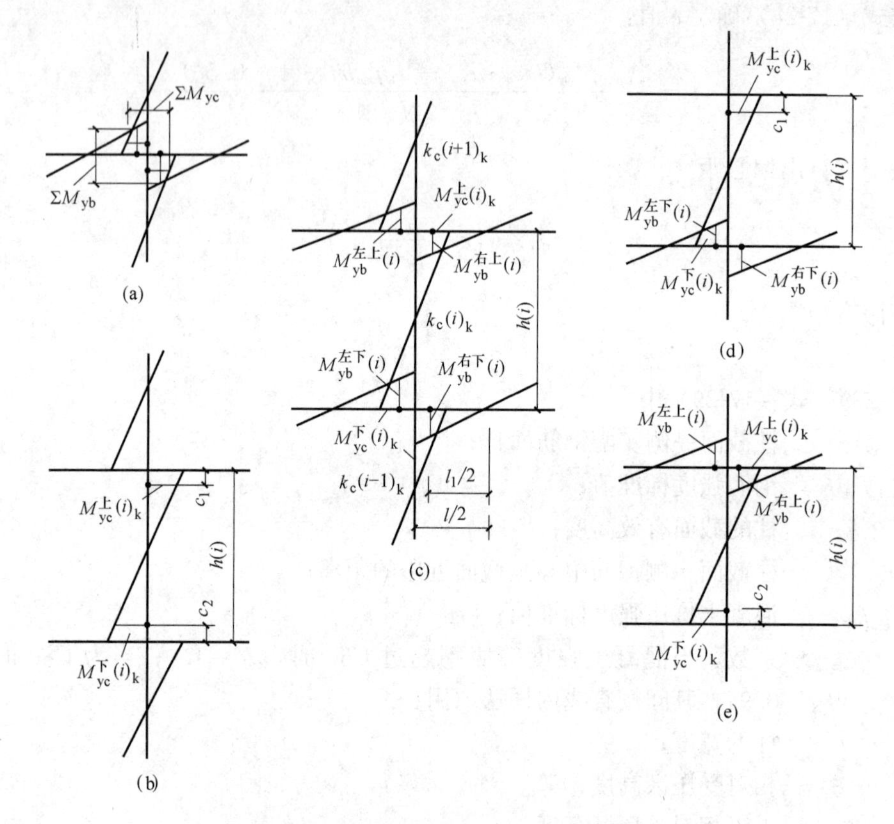

图 17-14　柱的有效屈服弯矩的计算

（a）梁柱屈服弯矩；（b）弱柱型；（c）弱梁型；

（d）上端节点为弱柱型，下端节点为弱梁型；

（e）上端节点为弱梁型，下端节点为弱柱型

$$\left.\begin{aligned}\widetilde{M}^{上}_{yc}(i)_k &= \frac{k_c(i)_k}{k_c(i)_k + k_c(i+1)_k}\Sigma M^{上}_{yb}(i) \\ \widetilde{M}^{上}_{yc}(i)_k &= M^{上}_{yc}(i)_k\end{aligned}\right\} \tag{17-31}$$

取其中较小者。

柱下端截面：

$$\left.\begin{aligned}\widetilde{M}^{下}_{yc}(i)_k &= \frac{k_c(i)_k}{k_c(i)_k + k_c(i-1)_k}\Sigma M^{下}_{yb}(i) \\ \widetilde{M}^{下}_{yc}(i)_k &= M^{下}_{yc}(i)_k\end{aligned}\right\} \tag{17-32}$$

取其中较小者。

式中　$k_c(i)_k$——第 i 层第 k 根柱的线刚度；

$k_c(i+1)_k$——第 $i+1$ 层第 k 根柱的线刚度；

$k_c(i-1)_k$——第 $i-1$ 层第 k 根柱的线刚度；

$\Sigma M^{上}_{yb}(i)$——第 i 层上节点梁端截面屈服弯矩之和，$\Sigma M^{上}_{yb}(i) = M^{左上}_{yb}(i) + M^{右上}_{yb}(i)$；

$\Sigma M^{下}_{yb}(i)$——第 i 层下节点梁端截面屈服弯矩之和，$\Sigma M^{下}_{yb}(i) = M^{左下}_{yb}(i) + M^{右下}_{yb}(i)$。

应当指出，在式（17-31）、式（17-32）中，当取 $\widetilde{M}^{上}_{yc}(i)_k = M^{上}_{yc}(i)_k$ 或 $\widetilde{M}^{下}_{yc}(i)_k = M^{下}_{yc}(i)_k$ 时，所在节点另一柱端的截面有效屈服弯矩值应按该节点弯矩平衡条件求得，即

$$M^{下}_{yc}(i+1) = \Sigma M^{上}_{yb}(i) - M^{上}_{yc}(i)_k$$

$$M^{上}_{yc}(i-1) = \Sigma M^{下}_{yb}(i) - M^{下}_{yc}(i)_k$$

当第 i 层柱的上端节点为弱柱型，下端节点为弱梁型（图 17-14d）或相反情形（图 17-15e）时，则柱端有效屈服弯矩应分别按式（17-30）和式（17-32）或式（17-31）和式（17-30）计算。

3）计算第 i 层第 k 根柱的屈服剪力 $V_y(i)_k$

$$V_y(i)_k = \frac{\widetilde{M}^{上}_{yc}(i)_k + \widetilde{M}^{下}_{yc}(i)_k}{h_n(i)} \tag{17-33}$$

式中　$h_n(i)$——第 i 层的净高，$h_n(i) = h(i) - c_1 - c_2$ [1]。

4）计算第 i 层的层间屈服剪力 $V_y(i)$

将第 i 层各柱的屈服剪力相加，即得该层层间屈服剪力：

$$V_y(i) = \sum_{k=1}^{n} V_y(i)_k \tag{17-34}$$

（4）层间弹塑性侧移的计算

如前所述，当不超过 12 层且楼层刚度无突变的钢筋混凝土框架结构，层间弹塑性侧移可按式（16-150a）计算

$$\Delta u_p = \eta_p \Delta u_e$$

其中 Δu_e 为罕遇地震作用下按弹性分析的层间侧移。其值（第 i 层）可按式（17-35）计算：

$$\Delta u_e = \frac{V_e}{\sum_{k=1}^{n} D_{ik}} \tag{17-35}$$

式中　V_e——罕遇地震作用下框架层间剪力。

其余符号意义同前。

综上所述，按简化方法验算框架结构在罕遇地震作用下层间弹塑性侧移的步骤是：

（1）按式（17-34）计算楼层层间屈服剪力

$$V_y(i) = \sum_{k=1}^{n} V_y(i)_k \quad (i = 1, 2, \cdots, n)$$

（2）按表 16-4 确定罕遇地震作用下的地震影响系数最大值 α_{max}，按图 16-5 确定 α_1，进一步计算层间弹性地震剪力 $V_e(i)$。

（3）按式（17-35）计算层间弹性侧移 Δu_e。

（4）按式（17-21）计算楼层屈服强度系数 $\xi_y(i)$，并找出薄弱层的层位。

（5）计算薄弱层的弹塑性层间侧移 $\Delta u_p = \eta_p \Delta u_e$。

[1] c_1、c_2 为 i 层上梁、下梁的半高。

（6）按式（16-51）复核层间位移。

二、重力荷载下框架内力的计算

框架在重力荷作用下框架内力的分析，可采用力矩二次分配法，它是一种近似计算法。这个方法就是将各节点的不平衡力矩，同时作分配和传递，并以两次分配为限。力矩二次分配法所得结果与精确法比较，相差较小，其计算结果已满足工程需要。

§17.5　抗震构造措施

17.5.1　框架结构抗震构造措施

（一）梁柱及节点核心区箍筋的配置（图 17-15）

震害调查和理论分析表明，在地震作用下，梁柱端部剪力最大，该处极易产生剪切破坏。因此《抗震规范》规定，在梁柱端部一定长度范围内，箍筋间距应适当加密。一般称梁柱端部这一范围为箍筋加密区。

1. 梁端加密区的箍筋配置，应符合下列要求：

（1）加密区的长度、箍筋最大间距和最小直径应按表 17-12 采用。当梁端纵向受拉钢筋配筋率大于 2%时，表中箍筋最小直径数值应增大 2mm。

梁端箍筋加密区的长度、箍筋最大间距和最小直径　　表 17-12

抗震等级	加密区长(采用较大值)(mm)	箍筋最大间距(采用较小值)(mm)	箍筋最小直径
一	$2h_b$,500	$h_b/4$,$6d$,100	$\phi 10$
二	$1.5h_b$,500	$h_b/4$,$8d$,100	$\phi 8$
三	$1.5h_b$,500	$h_b/4$,$8d$,150	$\phi 8$
四	$1.5h_b$,500	$h_b/4$,$8d$,150	$\phi 6$

注：1. d 为纵向钢筋直径，h_b 为梁截面高度；
2. 箍筋直径大于 12mm，数量不少于 4 肢且肢距不大于 150mm 时，一、二级的最大间距应允许适当放宽，但不得大于 150mm。

（2）梁端加密区箍筋肢距，一级不宜大于 200mm 和 20 倍箍筋直径的较大值，二、三级不宜大于 250mm 和 20 倍箍筋直径的较大值，四级不宜大于 300mm。

2. 柱的箍筋加密范围按下列规定采用：

（1）柱端，取截面高度（圆柱直径），柱净高的 1/6 和 500mm 三者的较大值。

（2）底层柱，柱根不小于柱净高的 1/3；当有刚性地面时，除柱端外尚应取刚性地面上下各 500mm。

（3）剪跨比大于 2 的柱和因填充墙等形成的柱净高与柱截面高度之比不大于 4 的柱，取全高。

（4）一级、二级的框架角柱，取全高。

3. 柱箍筋加密区的箍筋间距和直径

应符合下列要求：

（1）一般情况下，箍筋的最大间距和最小直径，应按表 17-13 采用：

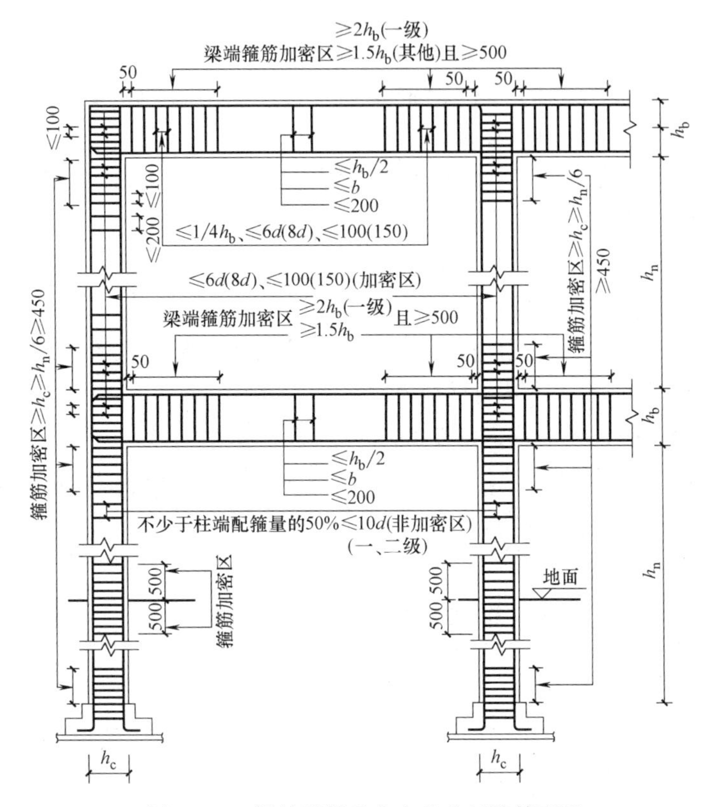

图 17-15　梁柱端部及节点核芯区箍筋配置

柱箍筋加密区的箍筋最大间距和最小直径　　表 17-13

抗震等级	箍筋最大间距（采用较小值）(mm)	箍筋最小直径 (mm)	抗震等级	箍筋最大间距（采用较小值）(mm)	箍筋最小直径 (mm)
一	6d，100	ϕ10	三	8d，150(柱根 100)	ϕ8
二	8d，100	ϕ8	四	8d，150(柱根 100)	ϕ6(柱根 ϕ8)

注：1. d 为柱纵筋最小直径；

2. 柱根指框架底层柱下端箍筋加密区。

(2) 一级框架柱的箍筋直径大于 ϕ12 且箍筋肢距不大于 150mm 及二级框架柱的箍筋直径不小于 ϕ10 且箍筋肢距不大于 200mm 时，除柱根外最大间距允许采用 150mm；三级框架柱的截面尺寸不大于 400mm 时，箍筋最小直径可采用 ϕ6；四级柱架柱剪跨比不大于 2 时，箍筋直径不应小于 ϕ8。

(3) 剪跨比大于 2 的柱，箍筋间距不应大于 100mm。

4. 柱箍筋加密区箍筋肢距

一级不宜大于 200mm，二、三级不宜大于 250mm，四级不宜大于 300mm。至少每隔一根纵向钢筋宜在两个方向有箍筋或拉筋约束；采用拉筋复合箍时，拉筋宜紧靠纵向钢筋并勾住箍筋。

5. 柱箍筋加密区的体积配箍率

应符合下列要求：

$$\rho_v \geqslant \frac{\lambda_v f_c}{f_{yv}} \tag{17-36}$$

式中　ρ_v——柱箍筋加密区的体积配箍率，一、二、三、四级分别不应小于0.8%、0.6%、0.4%和0.4%；

f_c——混凝土轴心抗压强度设计值，强度等级低于C35时，应按C35计算；

f_{yv}——箍筋抗拉强度设计值；

λ_v——最小配箍特征值，按表7-14采用。

6. 柱箍筋非加密区的体积配箍率

不宜小于加密区的50%；箍筋间距，一、二级框架柱不应大于10倍纵向钢筋直径，三、四级框架柱不应大于15倍纵向钢筋直径。

7. 框架节点核芯区箍筋的最大间距和最小直径

宜按柱箍筋加密区的要求采用。一、二、三级框架节点核芯区配箍特征值分别不宜小于0.12、0.10、0.08，且体积配箍率分别不宜小于0.6%、0.5%和0.4%。柱剪跨比不大于2的框架节点核芯区，体积配箍率不宜小于核芯区上、下柱端的较大体积配箍率。

柱箍筋加密区的箍筋最小配箍特征值　　表17-14

抗震等级	箍筋形式	柱轴压比								
		≤0.3	0.4	0.5	0.6	0.7	0.8	0.9	1.0	1.05
一	普通箍、复合箍	0.10	0.11	0.13	0.15	0.17	0.20	0.23	—	—
	螺旋箍、复合或连续复合矩形螺旋箍	0.08	0.09	0.11	0.13	0.15	0.18	0.21	—	—
二	普通箍、复合箍	0.08	0.09	0.11	0.13	0.15	0.17	0.19	0.22	0.24
	螺旋箍、复合或连续复合矩形螺旋箍	0.06	0.07	0.09	0.11	0.13	0.15	0.17	0.20	0.22
三、四	普通箍、复合箍	0.06	0.07	0.09	0.11	0.13	0.15	0.17	0.20	0.22
	螺旋箍、复合或连续复合矩形螺旋箍	0.05	0.06	0.07	0.09	0.11	0.13	0.15	0.18	0.20

注：1. 普通箍指单个矩形箍和单个圆形箍；复合箍指由矩形、多边形、圆形箍或拉筋组成的箍筋；复合螺旋箍指由螺旋箍与矩形、多边形、圆形箍或拉筋组成的箍筋；连续复合矩形螺旋箍指全部螺旋箍为同一根钢筋加工而成的箍。

2. 剪跨比不大于2的柱宜采用复合螺旋箍或井字复合箍，其体积配箍率不应小于1.2%；9度时不应小于是1.5%；

3. 计算复合螺旋箍体积配箍率时，其非螺旋箍的箍筋体积应乘以换算系数0.8。

（二）钢筋锚固与接头

为了保证纵向钢筋和箍筋可靠的工作，钢筋锚固与接头除应符合现行国家标准《钢筋混凝土工程施工及验收规范》的要求外，尚应符合下列要求：

1. 纵向钢筋的最小锚固长度应按下列公式计算：

一、二级　$$I_{aE}=1.15I_a \tag{17-37a}$$

三级　$$I_{aE}=1.05I_a \tag{17-37b}$$

四级　$$I_{aE}=1.0I_a \tag{17-37c}$$

式中　I_a——纵向钢筋的锚固长度，按《混凝土结构设计规范》确定。

2. 钢筋接头位置，宜避开梁端、柱端箍筋加密区。但如有可靠依据及措施时，也可将接头布置在加密区。

3. 当采用搭接接头时，其搭接接头长度不应小于 ζl_{aE}，ζ 为纵向受拉钢筋搭接长度修正系数，其值按表 17-15 采用：

纵向受拉钢筋搭接长度修正系数 ζ　　　　**表 17-15**

纵向钢筋搭接接头面积百分率(%)	≤25	50	100
ζ	1.2	1.4	1.6

注：纵向钢筋搭接接头面积百分率按《混凝土结构设计规范》第 9.4.3 条的规定取为在同一连接范围内有搭接接头的受力钢筋与全部受力钢筋面积之比。

4. 对于钢筋混凝土框架结构梁、柱的纵向受力钢筋接头方法应遵守以下规定：

（1）框架梁：一级抗震等级，宜选用机械接头；二、三、四级抗震等级，可采用搭接接头或焊接接头。

（2）框架柱：一级抗震等级，宜选用机械接头；二、三、四级抗震等级，宜选用机械接头，也可采用搭接接头或焊接接头。

5. 框架梁、柱纵向钢筋在框架节点核芯区锚固和搭接

框架梁、柱的纵向钢筋在框架节点区的锚固和搭接，应符合下列要求（图 17-16）：

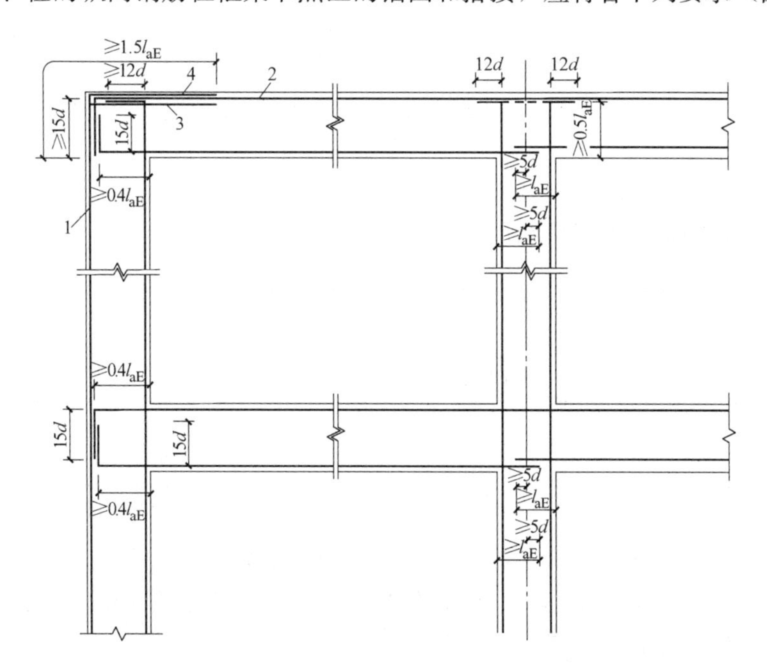

图 17-16　抗震设计时框架梁、柱纵向钢筋在节点区的锚固要求

1—柱外侧纵向钢筋，截面面积 A_{cs}；2—梁上部纵向钢筋；3—伸入梁内的柱外侧纵向钢筋截面面积不小于 $0.65A_{cs}$；4—不能伸入梁内的柱外侧纵向钢筋可伸入板内

（1）顶层中节点柱纵向钢筋和边节点柱内侧纵向钢筋应伸至柱顶。当从梁底边计算的直线锚固长度不小于 l_{aE}时，可不必水平弯折，否则应向柱内或梁内、板内水平弯折，锚固段弯折前的竖直投影长度不应小于 $0.5l_{aE}$，弯折后的水平投影长度不宜小于 12 倍的柱纵向钢筋直径。此处，l_{aE}为抗震时钢筋的锚固长度，一、二级取 $1.15l_a$，三、四级分别取 $1.05l_a$和 l_a。

（2）顶层端节点处，柱外侧纵向钢筋可与梁上部纵向钢筋搭接，搭接长度不应小于

1.5l_{aE}，且伸入梁内的柱外侧纵向钢筋截面面积不宜小于柱外侧全部纵向钢筋截面面积的65%；在梁宽范围以外的柱外侧纵向钢筋可伸入现浇板内，其伸入长度与伸入梁内的相同。当柱外侧纵向钢筋的配筋率大于1.2%时，伸入梁内的柱纵向钢筋宜分两批截断，其截断点之间的距离不宜小于20倍的柱纵向钢筋直径；

(3) 梁上部纵向钢筋伸入端节点的锚固长度，直线锚固时不应小于 l_{aE}，且伸过柱中心线的长度不应小于5倍的梁纵向钢筋直径；当柱截面尺寸不足时，梁上部纵向钢筋应伸至节点对边并向下弯折，锚固段弯折前的水平投影长度不应小于0.4l_{aE}，弯折后的竖直投影长度应取15倍的梁纵向钢筋直径；

(4) 梁下部纵向钢筋的锚固与梁上部纵向钢筋相同，但采用90°弯折方式锚固时，竖直段应向上弯入节点内。

6. 箍筋的弯钩

箍筋的末端应做成135°弯钩，弯钩端头平直段长度不应小于10d（d为箍筋直径）(图17-17)。

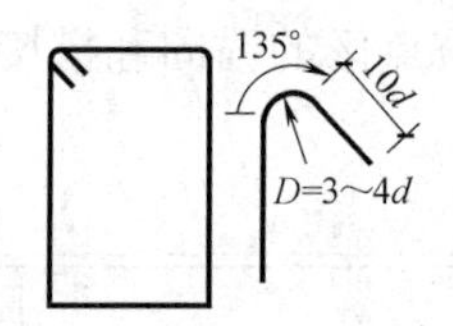

图17-17　箍筋的弯钩

17.5.2　抗震墙结构抗震构造措施

(一) 一、二、三级抗震墙，在重力荷载代表值作用下墙肢的轴压比不宜超过表17-16限值：

抗震墙墙肢轴压比限值表　　**表17-16**

抗震等级	一级(9度)	一级(7、8度)	二、三级
轴压比	0.4	0.5	0.6

注：墙肢的轴压比指墙的轴压力设计值与墙的全截面面积和混凝土轴心抗压强度设计值乘积之比。

(二) 抗震墙竖向、横向分布钢筋的配筋，应符合下列要求：

1. 一、二、三级抗震墙的竖向、横向分布钢筋最小配筋率均不应小于0.25%；四级抗震墙分布钢筋最小配筋率不应小于0.20%。

高度小于24m且剪压比很小的四级抗震墙，其竖向分布钢筋的最小配筋率应允许按0.15%采用。

2. 部分框支抗震墙结构的落地抗震墙底部加强部位，竖向和横向分布钢筋配筋率均不应小于0.3%，

(三) 抗震墙竖向和横向分布钢筋的配置，尚应符合下列规定：

1. 抗震墙的竖向和横向分布钢筋的间距不宜大于300mm，部分框支抗震墙结构的落地抗震墙底部加强部位，竖向和横向分布钢筋的间距不宜大于200mm。

2. 抗震墙厚度大于140mm时，其竖向和横向分布钢筋应双排布置，双排分布钢筋间拉筋的间距不应大于600mm，直径不应小于6mm。

3. 抗震墙竖向和横向分布钢筋的直径均不宜大于墙厚的 1/10 且不应小于 8mm；竖向钢筋直径不宜小于 10mm。

（四）抗震墙两端和洞口两侧应设置边缘构件，边缘构件包括暗柱、端柱、翼墙，并应符合下列要求：

1. 对于抗震墙结构，底层墙肢底截面的轴压比不大于表 17-17 规定的一、二、三级抗震墙及四级抗震墙，墙肢两端可设置构造边缘构件，构造边缘构件的范围可按图 17-18 采用，构造边缘构件的配筋除应满足受弯承载力要求外，并宜符合表 17-18 的要求。

抗震墙设置构造边缘构件的最大轴压比　　　**表 17-17**

抗震等级或烈度	一级(9 度)	一级(7、8 度)	二、三级
轴压比	0.1	0.2	0.3

构造边缘构件的最小配筋要求　　　**表 17-18**

抗震等级	底部加强部位			其他部位		
	竖向钢筋最小量(取较大值)	箍筋		竖向钢筋最小量(取较大值)	箍筋	
		最小直径(mm)	沿竖向最大间距(mm)		最小直径(mm)	沿竖向最大间距(mm)
一	$0.010A_c$，$6\phi16$	8	100	$0.008A_c$，$6\phi14$	8	100
二	$0.008A_c$，$6\phi14$	8	150	$0.006A_c$，$6\phi12$	8	200
三	$0.006A_c$，$6\phi12$	6	150	$0.005A_c$，$6\phi12$	6	200
四	$0.005A_c$，$6\phi12$	6	200	$0.004A_c$，$6\phi12$	6	250

注：1. A_c 为边缘构件的截面面积，即图 17-18 抗震墙截面的阴影部分；符号 ϕ 表示钢筋直径；
2. 其他部位的拉筋，水平间距不应大于间距的 2 倍，转角处宜采用箍筋；
3. 当端柱承受荷载时，其纵向钢筋、箍筋直径和间距应满足柱的相应要求。

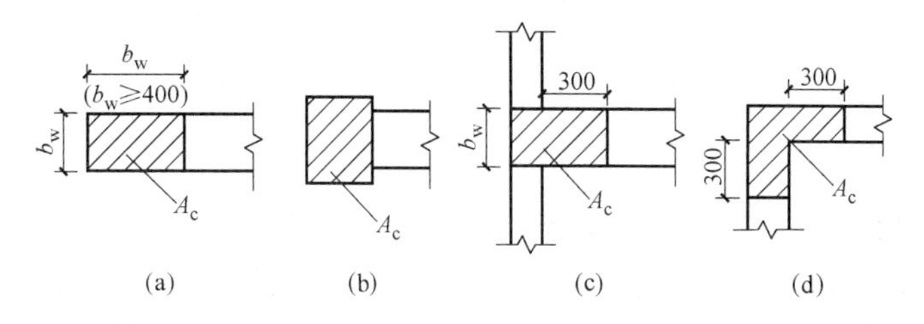

图 17-18　剪力墙的构造边缘构件

（a）暗柱；（b）端柱；（c）翼墙；（d）转角墙

注：图中尺寸单位为 mm。

2. 底层墙肢底截面的轴压比大于表 4-71 规定的一、二、三级抗震墙，以及部分框支抗震墙结构的抗震墙，应在底部加强部位及相邻的上一层设置约束边缘构件，在以上的其他部位可设置构造边缘构件。约束边缘构件沿墙肢的长度、配筋特征值、箍筋和纵向钢筋宜符合表 17-19 的要求（图 17-19）。

（五）抗震墙的墙肢长度不大于墙厚的 3 倍时，应按柱的有关要求进行设计；矩形墙肢的厚度不大于 300mm 时，尚宜全高加密箍筋。

（六）跨高比较小的连梁，可设水平缝形成双连梁、多连梁或采取其他加强受剪承载力构造。顶层连梁的纵向钢筋伸入墙体的锚固长度范围内，应设置箍筋。

约束边缘构件沿墙肢的长度 l_c 及其配筋要求 **表 17-19**

项 目	一级(9度)		一级(7、8度)		二、三级	
	$\lambda \leqslant 0.2$	$\lambda > 0.2$	$\lambda \leqslant 0.3$	$\lambda > 0.3$	$\lambda \leqslant 0.4$	$\lambda > 0.4$
l_c(暗柱)	$0.20h_w$	$0.25h_w$	$0.15h_w$	$0.20h_w$	$0.15h_w$	$0.20h_w$
l_c(端柱或翼墙)	$0.15h_w$	$0.20h_w$	$0.10h_w$	$0.15h_w$	$0.10h_w$	$0.15h_w$
λ_v	0.12	0.20	0.12	0.20	0.12	0.20
纵向钢筋(取较大值)	$0.012A_c 8\phi16$		$0.012A_c 8\phi16$		$0.010A_c 8\phi16$(三级 $6\phi14$)	
箍筋或拉筋沿竖向间距	100mm		100mm		150mm	

注：1. 抗震墙的翼墙长度小于其3倍厚度或端柱截面边长小于2倍墙厚时，按无翼墙、无端柱查表，端柱有集中荷载时，配筋构造尚应满足与墙相同抗震等级框架柱的要求；

2. l_c 为约束边缘构件沿墙肢的长度，且不小于墙厚和400mm；有翼墙或端柱时不应小于翼墙厚度或端柱沿墙肢方向截面高度加300mm；

3. λ_v 为约束边缘构件配筋特征值，体积配筋率可按式（17-36）计算，并可适当计入满足构造要求且在墙端有可靠锚固水平分布钢筋的截面面积；

4. h_w 为抗震墙墙肢的长度；

5. λ 墙肢在重力荷载代表值作用下的轴压比；

6. A_c 为图 4-78 中约束边缘构件阴影部分的截面面积。

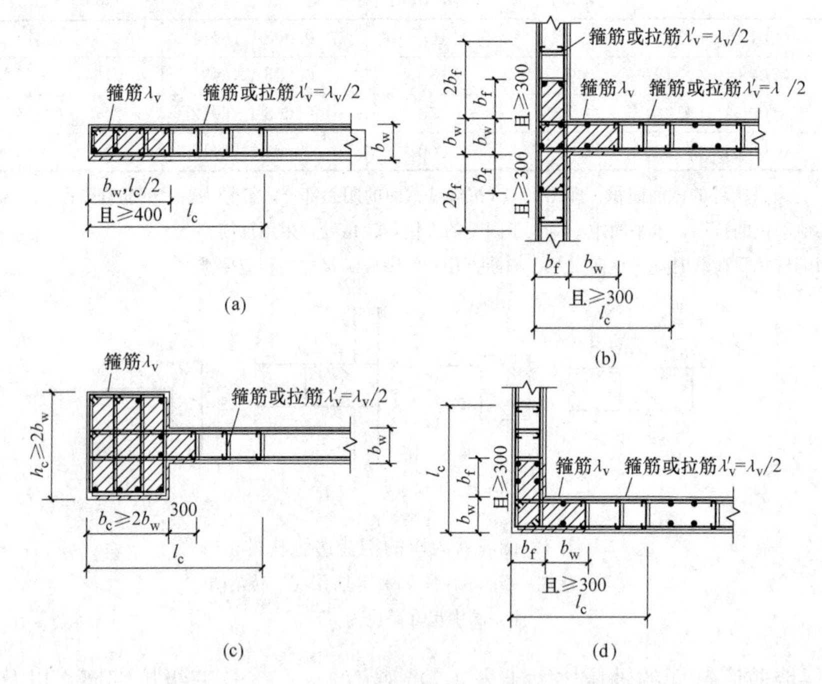

图 17-19 抗震墙的约束边缘构件

(a) 暗柱；(b) 有翼墙；(c) 有端柱；(d) 转角墙（L形墙）

17.5.3 框架-抗震墙结构抗震构造措施

（一）框架-抗震墙结构的抗震墙厚度和边框设置，应符合下列要求：

1. 抗震墙的厚度不应小于160mm且不宜小于层高或无支长度的1/20，底部加强部位的抗震墙厚度不应小于200mm且不宜小于层高或无支长度的1/16。

2. 有端柱时，墙体在楼盖处宜设置暗梁，暗梁的截面高度不宜小于墙厚和 400mm 的较大值；端柱截面宜与同层框架柱相同，并应满足本章对框架柱的要求；抗震墙底部加强部位的端柱和紧靠抗震墙洞口的端柱宜按柱箍筋加密区的要求沿全高加密箍筋。

（二）抗震墙的竖向和横向分布钢筋，配筋率均不应小于 0.25%，钢筋直径不宜小于 10mm，间距不宜大于 300mm，并应双排布置，双排分布钢筋间应设置拉筋。

（三）楼面梁与抗震墙平面外连接时，不宜支承在洞口连梁上；沿梁轴线方向宜设置与梁连接的抗震墙，梁的纵筋应锚固在墙内；也可在支承梁的位置设置扶壁柱或暗柱，并应按计算确定其截面尺寸和配筋。

（四）框架-抗震墙结构的其他抗震构造措施应符合本章的有关要求。

小　　结

1. 本章介绍了钢筋混凝土框架、抗震墙和框架-抗震墙房屋的抗震设计的一般规定，水平地震作用计算。以及框架结构的计算要点，并对经们的抗震构造措施作了介绍。

2. 划分钢筋混凝土房屋的抗震等级的目的在于，对不同抗震等级的房屋采取不同的抗震措施，它包括除地震作用计算和抗力计算以外的抗震设计内容，如内力调整、轴压比的确定及抗震构件措施。因此，表 17-2a 中的设防烈度应按《建筑工程抗震设防分类标准》（GB 50223—2008）3.0.3 条，各抗震设防类别建筑的抗震设防标准中抗震措施要求的设防烈度确定。

3. 建筑震害表明，建筑的立面和平面不规则常是造成震害的主要原因。因此，建筑及其抗侧力构件平面布置宜规则、对称并应具有良好的整体性；建筑立面和竖向剖面规则，结构的侧向刚度宜均匀变化，竖向抗侧力构件的截面尺寸和材料强度宜自下而上逐渐减小，避免侧向刚度和承载力突变。

4. 对于高度小于 40m，以剪切变形为主且质量和刚度沿高度分布比较均匀的多层钢筋混凝土框架、框架-抗震墙房屋，其地震作用可采用底部剪力法计算。

5. 建筑构造措施是建筑措施的重要内容之一。它是震害经验的总结，特别是《抗震规范》中建筑构造措施的强制性条文，在建筑抗震设计和施工中必须严格执行。

思　考　题

17-1　框架、框架-抗震墙结构的抗震等级是根据什么原则划分的？划分结构的抗震等级的意义是什么？

17-2　规则的建筑结构应符合哪些要求？

17-3　框架-抗震墙结构中的抗震墙设置应符合哪些要求？

17-4　简述反弯点法和 D 值法的区别、并说明它们的应用范围。

17-5　什么是力矩二次分配法？

17-6　框架结构、抗震墙结构和框架-抗震墙结构构造措施有哪些方面的要求？

习　　题

17-1　图 17-20 为钢筋混凝土框架，图中圆括号中的数字为杆件的相对线刚度。试按反弯点法计算框架内力，并绘出弯矩图和剪力图。

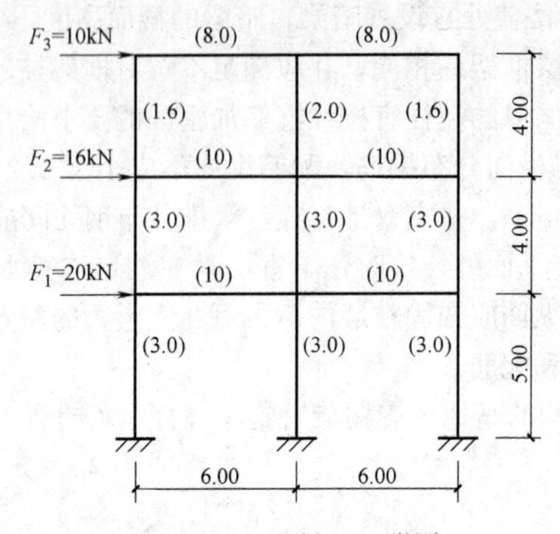

图 17-20　习题 17-1 附图

第18章　多层砌体房屋抗震设计

§18.1　概述

砌体房屋是指由烧结普通黏土砖、烧结多孔黏土砖、蒸压砖、混凝土砖或混凝土小型空心砌块等块材，通过砂浆砌筑而成的房屋。砌体结构在我国建筑工程中，特别是在住宅、办公、学校、医院、商店等建筑中，获得了广泛应用。据统计，砌体结构在整个建筑工程中，占80%以上。由于砌体结构材料的脆性性质，其抗剪、抗拉和抗弯强度很低，所以砌体房屋的抗震能力较差。在国内外历次强烈地震中，砌体结构破坏率都是相当高的。1906年美国旧金山地震，砖石房屋破坏十分严重，如典型砖结构的市府大楼，全部倒塌，震后一片废墟。1923年日本关东大地震，东京约有7000幢砖石房屋，大部分遭到严重破坏，其中仅有1000余幢平房可修复使用。又如，1948年苏联阿什哈巴地震，砖石房屋破坏率达70%～80%。我国近年来发生的一些破坏性地震，特别是1976年的唐山大地震，砖石结构的破坏率也是相当高的。据对唐山烈度为10度及11度区123幢2～8层的砖混结构房屋的调查，倒塌率为63.2%；严重破坏的为23.6%，尚可修复使用的为4.2%，实际破坏率，高达91.0%。另外根据调查，该次唐山地震9度区的汉沽和宁河，住宅的破坏率分别为93.8%和83.5%；8度区的天津市区及塘沽区，仅市房管局管理的住宅中，受到不同程度损坏占62.5%；6～7度区的北京，砖混结构也遭到不同程度的损坏。

震害调查表明，不仅在7、8度区，甚至在9度区，砖混结构房屋受到轻微损坏，或者基本完好的例子也是不少的。通过对这些房屋的调查分析，其经验表明，只要经过合理的抗震设防，构造得当，保证施工质量，则在中、强地震区，砖混结构房屋是具有一定抗震能力的。

从我国国情出发，在今后一定时间内，砌体结构仍将是城乡建筑中的主要结构形式之一。因此，如何提高砌体结构房屋的抗震能力，将是建筑抗震设计中一个重要课题。

§18.2　抗震设计一般规定

一、多层砌体房屋的层数和高度

国内历次地震表明，在一般场地情况下，砌体房屋层数愈多，高度愈高，它的震害程度愈严重，破坏率也就愈高。因此，国内外抗震设计规范都对砌体房屋的层数和总高度加以限制。实践证明，限制砌体房屋层数和总高度是一项既经济又有效的抗震措施。

多层砌体房屋的层数和总高度应符合下列要求：

1. 一般情况下，房屋的层数和总高度不应超过表18-1的规定。

房屋的层数和总高度限值（m）　　**表 18-1**

墙体类别	最小墙厚(mm)	烈度(设计基本地震加速度)											
		6		7				8				9	
		0.05g		0.10g		0.15g		0.20g		0.30g		0.40g	
		高度	层数	高度	层数	高度	层数	高度	层数	高度	层数	高度	层数
普通砖	240	21	7	21	7	21	7	18	6	15	5	12	4
多孔砖	240	21	7	21	7	18	6	18	6	15	5	9	3
多孔砖	190	21	7	18	6	15	5	15	5	12	4	—	—
小砌块	190	21	7	21	7	18	6	18	6	15	5	9	3

注：1. 房屋的总高度指室外地面到主要屋面板板顶或檐口的高度，半地下室可从地下室内地面算起，全地下室和嵌固条件好的半地下室应允许从室外地面算起；对带阁楼的坡屋面应算到山尖墙的 1/2 高度处；
2. 室内外高差大于 0.6m 时，房屋总高度应允许比表中数据适当增加，但不应大于 1m；
3. 乙类的多层砌体房屋按本地区设防烈度查表时，其层数应减少一层且总高度应降低 3m；
4. 本表小砌块砌体房屋不包括配筋混凝土小型空心砌块砌体房屋。

2. 横墙较少❶的多层砌体房屋，总高度应比表 18-1 的规定降低 3m，层数相应减少一层；各层横墙很少的多层砌体房屋，还应再减少一层。

3. 6、7 度时，横墙较少的丙类多层砌体房屋，当按本章§5-5 抗震构造措施第（十）款规定采取加强措施并满足抗震承载力要求时，其高度和层数应允许仍按表 18-1 的规定采用。

4. 采用蒸压灰砂砖和蒸压粉煤灰砖砌体的房屋，当砌体的抗剪强度仅达到普通黏土砖砌体的 70%时，房屋的层数应比普通砖房减少一层，总高度应减少 3m。当砌体的抗剪强度达到普通黏土砖砌体的取值时，房屋的层数和总高度的要求同普通砖房屋。

5. 多层砌体承重房屋的层高，不应超过 3.6m。当使用功能确有需要时，采用约束砌体等加强措施的普通砖房屋，层高不应超过 3.9m。

二、房屋最大高宽比的限制

为了保证砌体房屋整体受弯曲承载力，房屋总高度与总宽度的最大比值，应符合表 18-2 的要求：

房屋最大高宽比　　**表 18-2**

烈度	6	7	8	9
最大高宽比	2.5	2.5	2.0	1.5

注：1. 单面走廊房屋的总宽度不包括走廊宽度；
2. 建筑平面接近正方形时，其高宽比宜适当减小。

三、抗震横墙间距的限制

多层砌体房屋的横向水平地震作用主要由横墙承担。横墙不仅须有足够的承载力，而且楼、屋盖须有传递水平地震作用给横墙的水平刚度。为了满足楼、屋盖对传递水平地震作用所需的水平刚度，《抗震规范》规定，多层砌体房屋抗震横墙的间距，不应超过表 18-3 的要求：

❶ 横墙较少指同一层内开间大于 4.20m 的房间占该层总面积的 40%以上；其中，开间不大于 4.20m 的房间占该层总面积不到 20%且开间大于 4.8m 的房间占该层总面积的 50%以上为横墙很少。

房屋抗震横墙最大间距（m）　　表 18-3

房屋类型	烈　度			
	6	7	8	9
现浇或装配整体式钢筋混凝土楼、屋盖	15	15	11	7
装配式钢筋混凝土楼、屋盖	11	11	9	4
木屋盖	9	9	4	—

注：1. 多层砌体房屋的顶层，除木屋盖外的最大横墙间距允许适当放宽，但应采取相应加强措施；
2. 多孔砖抗震横墙厚度为 190mm 时，最大横墙间距应比表中数值减少 3m。

四、房屋局部尺寸的限制

在强烈地震作用下，多层砌体房屋在薄弱部位破坏。这些薄弱部位一般是，窗间墙、尽端墙段、突出屋顶的女儿墙等。因此，对窗间墙、尽端墙段、女儿墙等的尺寸应加以限制。《抗震规范》规定，多层砌体房屋中砌体墙段的局部尺寸限值，宜符合表 18-4 的要求：

房屋局部尺寸限值（m）　　表 18-4

部　位	烈　度			
	6	7	8	9
承重窗间墙最小宽度	1.0	1.0	1.2	1.5
承重外墙尽端至门窗洞边的最小距离	1.0	1.0	1.2	1.5
非承重外墙尽端至门窗洞边的最小距离	1.0	1.0	1.0	1.0
内墙阳角至门窗洞边的最小距离	1.0	1.0	1.5	2.0
无锚固女儿墙(非出入口处)的最大高度	0.5	0.5	0.5	0

注：1. 局部尺寸不足时，应采取局部加强措施弥补，且最小宽度不宜小于 1/4 层高或表列数据的 80%；
2. 出入口处的女儿墙应有锚固。

五、多层砌体房屋的建筑布置和结构体系

多层砌体房屋的建筑布置和结构体系，应符合下列要求：

1. 应优先采用横墙承重或纵、横墙共同承重的结构体系。不应采用砌体墙和混凝土墙混合承重的结构体系。

2. 纵、横向砌体抗震墙的布置应符合下列要求：

（1）宜均匀对称，沿平面内宜对齐，沿竖向应上下连续；且纵、横向墙体的数量不宜相差过大；

（2）平面轮廓凹凸尺寸，不应超过典型尺寸的 50%；当超过典型尺寸的 25%时，房屋转角处应采取加强措施；

（3）楼板局部大洞口的尺寸不宜超过楼板宽度的 30%，且不应在墙体两侧同时开洞；

（4）房屋错层的楼板高差超过 500mm 时，应按两层计算；错层部位的墙体应采取加强措施；

（5）同一轴线上的窗间墙宽度宜均匀；在满足表 18-4 要求的前提下，墙面洞口的立面面积，6、7 度时不宜大于墙面总面积的 55%，8、9 度时不宜大于 50%；

(6) 在房屋宽度方向的中部应设置内纵墙，其累计长度不宜小于房屋总长的 60%（高宽比大于 4 的墙段不计入）。

3. 房屋有下列情况之一时宜设置防震缝，缝两侧均应设置墙体，缝宽应根据烈度和房屋高度确定，可采用 70～100mm：

(1) 房屋立面高差在 6m 以上；

(2) 房屋有错层，且楼板高差大于层高的 1/4；

(3) 各部分结构刚度、质量截然不同。

4. 楼梯间不宜设置在房屋的尽端和转角处。

5. 不应在房屋转角处设置转角窗。

6. 横墙较少、跨度较大的房屋，宜采用现浇钢筋混凝土楼、屋盖。

§18.3　多层砌体房屋抗震验算

一、水平地震作用的计算

多层砌体房屋的水平地震作用可按底部剪力法公式（16-34）和式（16-37a）计算。由于这种房屋刚度较大，基本周期较短，$T_1=0.2\sim0.3$s，故式（16-34）中 $\alpha_1=\alpha_{\max}$；同时，《抗震规范》规定，对多层砌体房屋，式（16-37a）中 $\delta_n=0$，于是，砌体房屋总水平地震作用标准值为：

$$F_{Ek}=\alpha_{\max}G_{eq} \tag{18-1}$$

而第 i 点的水平地震作用标准值：

$$F_i=\frac{G_iH_i}{\sum_{j=1}^{n}G_jH_j}F_{Ek} \tag{18-2}$$

二、楼层地震剪力及其在各墙体上的分配

（一）楼层地震剪力

作用在第 j 楼层（自底层算起）平行于地震作用方向的层间地震剪力，等于该楼层以上各楼层质点的水平地震作用之和（图 18-1）：

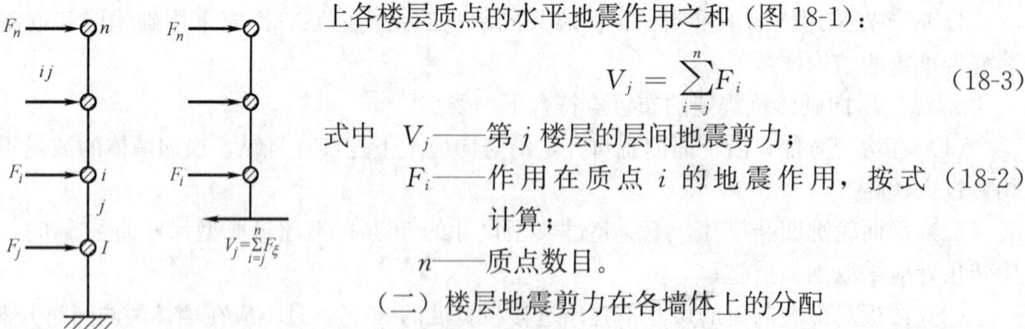

图 18-1　楼层地震剪力

$$V_j=\sum_{i=j}^{n}F_i \tag{18-3}$$

式中　V_j——第 j 楼层的层间地震剪力；

F_i——作用在质点 i 的地震作用，按式（18-2）计算；

n——质点数目。

（二）楼层地震剪力在各墙体上的分配

1. 横向地震剪力的分配

沿房屋短的方向的水平地震作用称为横向地震作用，由其而引起的地震剪力就是横向地震剪力。由于多层砌体房屋横墙在其平面内的刚度，较纵墙在平面外的刚度大得多，所以《抗震规定》规定，在符合表 18-3 所规定的横墙间距

限值条件下，多层砌体房屋的横向地震剪力，全部由横墙承受❶。至于层间地震剪力在各墙体之间的分配原则，应视楼盖的刚度而定。

(1) 刚性楼盖

刚性楼盖是指现浇、装配整体式钢筋混凝土等楼盖。当横墙间距符合表 18-3 的规定时，则刚性楼盖在其平面内可视作支承在弹性支座（即各横墙）上的刚性连续梁，并假定房屋的刚度中心与质量中心重合，而不发生扭转。于是，各横墙的水平位移 Δ_j 相等。参见图 18-2。

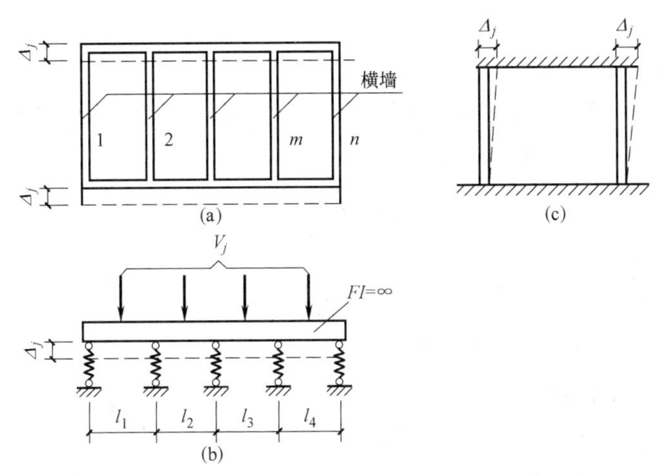

图 18-2　刚性楼盖墙体变形

显然，第 j 楼层各横墙所分配的地震剪力之和应等于该层的总地震剪力，即

$$\sum_{m=1}^{n} V_{jm} = V_j \tag{18-4a}$$

$$V_{jm} = \Delta_j k_{jm} \tag{18-4b}$$

式中　V_{jm}——第 j 层第 m 道墙所分配的地震剪力；

Δ_j——第 j 层各横墙顶部的侧移；

k_{jm}——第 j 层第 m 道墙的侧移刚度，即墙顶发生单位侧移时，在墙顶所施加的力。

将式（18-4b）代入式（18-4a），得：

$$\sum_{m=1}^{n} \Delta_j k_{jm} = V_j$$

或

$$\Delta_j = \frac{1}{\sum_{m=1}^{n} k_{jm}} V_j \tag{18-4c}$$

将式（18-4c）代入式（18-4b），便得到各横墙所分配的地震剪力表达式：

$$V_{jm} = \frac{k_{jm}}{\sum_{m=1}^{n} k_{jm}} V_j \tag{18-5}$$

❶ 指能承担地震剪力的横墙，其厚度，普通砖墙大于 240mm；混凝土小砌块墙应大于 190mm。

由上式可见，要确定刚性楼盖条件下横墙所分配的地震剪力，必须求出各横墙的侧移刚度。实验和理论分析表明，当墙体的高宽比 $h/b<1$ 时，则墙体以剪切变形为主，弯曲变形影响很小，可忽略不计；当 $1\leqslant h/b\leqslant 4$ 时，弯曲变形已占相当比例，应同时考虑剪切变形和弯曲变形；当 $h/b>4$ 时，剪切变形影响很小，可忽略不计，只需计算弯曲变形。但由于 $h/b>4$ 的墙体的侧移刚度比 $h/b\leqslant 4$ 的墙体小得多，故在分配地震剪力时，可不考虑其分配地震剪力。

下面讨论墙体侧移刚度的计算方法。

1）无洞墙体。

当 $h/b<1$ 时（图 18-3a）

如上所述，这时仅需考虑剪切变形的影响。由材料力学可知，在墙顶作用一单位力 $F=1$ 时，在该处产生的侧移，即柔度：

$$\delta=\gamma h=\frac{\tau}{G}h=\frac{\xi h}{GA} \tag{18-6}$$

式中　γ——剪应变；

τ——剪应力；

G——砌体剪切模量，$G=0.4E$；

E——砌体弹性模量；

ξ——剪应力不均匀系数，矩形截面 $\xi=1.2$；

A——墙体横截面面积，$A=bt$；

b、t——分别为墙宽和墙厚。

将上列关系代入式（18-6），并令 $\rho=\dfrac{h}{b}$，得：

$$\delta=\frac{3\rho}{Et} \tag{18-7}$$

于是，墙的侧移刚度

$$k=\frac{Et}{3\rho} \tag{18-8}$$

当 $1\leqslant h/b\leqslant 4$ 时（图 18-3b）

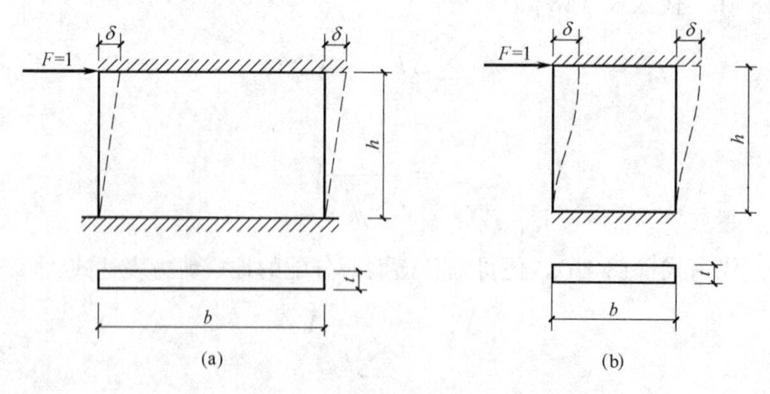

图 18-3　无洞墙体

这时，需同时考虑剪切变形和弯曲变形的影响，由材料力学可知，在墙顶作用 $F=1$

时，在该处的侧移

$$\delta=\frac{\xi h}{GA}+\frac{h^3}{12EI} \tag{18-9}$$

式中　I——墙的惯性矩，$I=\frac{1}{12}b^3t$。

将式（18-9）经过简单变换后，得：

$$\delta=(3\rho+\rho^3)\frac{1}{Et} \tag{18-10}$$

于是，墙的侧移刚度

$$k=\frac{Et}{3\rho+\rho^3} \tag{18-11}$$

2）有洞墙体

当一片墙上开有规则洞口时（图 18-4a），墙顶在 $F=1$ 作用下，该处的侧移，等于沿墙高各墙段的侧移之和，即

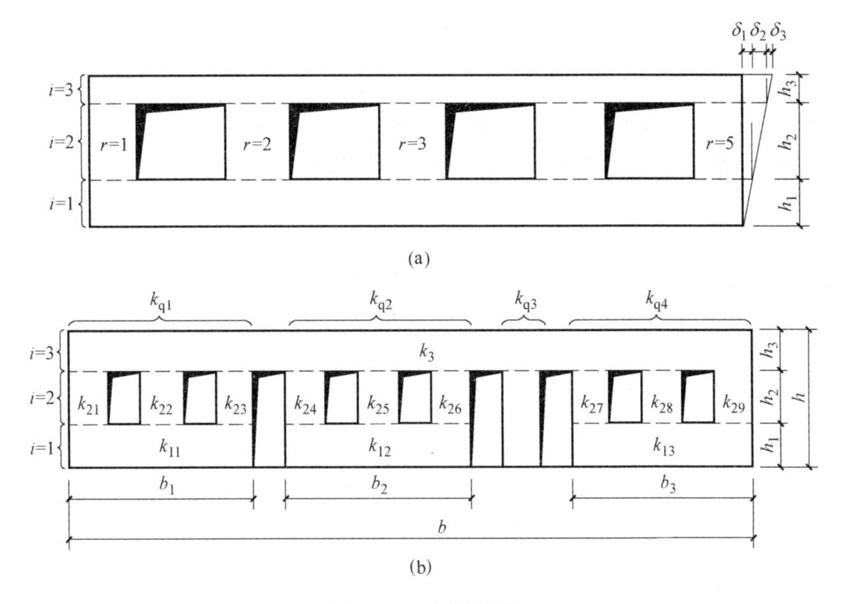

图 18-4　有洞墙体

（a）开有规则洞口时；（b）开有不规则洞口时

$$\delta=\sum_{i=1}^{n}\delta_i \tag{18-12a}$$

其中

$$\delta_i=\frac{1}{k_i} \tag{18-12b}$$

而其侧移刚度

$$k=\frac{1}{\sum\limits_{i=1}^{n}\delta_i} \tag{18-13}$$

由于窗洞上、下的水平墙带高宽比 $h/b<1$，故应按式（18-8）计算其侧移刚度；而窗间墙可视为上、下嵌固的墙肢，应根据其高宽比数值，按式（18-8）或式（18-11）计算其侧移刚度，即：

对水平实心墙带

$$k_i = \frac{Et}{3\rho_i} \quad (i = 1、3) \tag{18-14}$$

对窗间墙

$$k_i = \sum_{r=1}^{s} k_{ir} \quad (i = 2) \tag{18-15}$$

其中，当 $\rho_{ir} = \frac{k_{ir}}{b_{ir}} < 1$ 时，$k_{ir} = \frac{Et}{3\rho_{ir}}$

当 $1 \leqslant \rho_{ir} \leqslant 4$ 时，$k_{ir} = \frac{Et}{3\rho_{ir} + \rho_{ir}^3}$

对于具有多道水平实心墙带的墙，由于其高宽比 $\rho<1$，不考虑弯曲变形的影响，故可将各水平实心墙带的高度加在一起，一次算出它们的侧移刚度及其侧移数值。例如，对图 18-9a 所示墙体：

$$\Sigma h = h_1 + h_3, \qquad \rho = \frac{\Sigma h}{b}$$

代入式（18-14），即可求出两段墙带的总侧移刚度。

按式（18-12a）求得沿墙高各墙段的总侧移后，即可算出具有洞口墙的侧移刚度。

对于图 18-9b 所示开有不规则洞口的墙片，其侧移刚度可按下式计算：

$$k = \frac{1}{\frac{1}{k_{q1} + k_{q2} + k_{q3} + k_{q4}} + \frac{1}{k_3}} \tag{18-16}$$

式中　k_{qj}——第 j 个规则墙片单元的侧移刚度；

$$k_{q1} = \frac{1}{\frac{1}{k_{11}} + \frac{1}{k_{21} + k_{22} + k_{23}}} \tag{18-17a}$$

$$k_{q2} = \frac{1}{\frac{1}{k_{12}} + \frac{1}{k_{24} + k_{25} + k_{26}}} \tag{18-17b}$$

$$k_{q4} = \frac{1}{\frac{1}{k_{13}} + \frac{1}{k_{27} + k_{28} + k_{29}}} \tag{18-17c}$$

k_{1j}—— 第 j 个规则墙片单元下段的侧移刚度；

k_{2r}—— 墙片中段第 r 个墙肢的侧移刚度；

k_{q3}—— 无洞墙肢的侧移刚度；

k_3—— 墙片上段的侧移刚度。

对于设置构造柱的开洞率不大于 0.30 的小开口墙段，其侧移刚度可按墙段毛面积计算，但须乘以洞口影响系数（表 18-5）。

墙段洞口影响系数　　**表 18-5**

开　洞　率	0.10	0.20	0.30
影　响　系　数	0.98	0.94	0.88

注：1. 开洞率为洞口水平截面积与墙段水平毛截面积之比，相邻洞口之间净宽小于 300mm 的墙段视为洞口；
2. 洞口中线偏离墙段中线大于墙段长度的 1/4 时，表中影响系数值折减 0.9；门洞的洞顶高度大于层高的 80% 时，表中数据不适用；窗洞高度大于 50%层高时，按门洞对待。

（2）柔性楼盖

对于木结构等柔性楼盖房屋，由于它刚度小，在进行楼层地震剪力分配时，可将楼盖视作支承在横墙上的简支梁（图18-5）。这样，第 m 道横墙所分配的地震剪力，可按第 m 道横墙从属面积上重力荷载代表值的比例分配。即按式（18-18）来确定：

$$V_{jm} = \frac{G_{jm}}{G_j} V_j \tag{18-18}$$

式中　G_{jm}——第 j 楼层第 m 道横墙从属面积上重力荷载代表值；

G_j——第 j 楼层结构总重力荷载代表值。

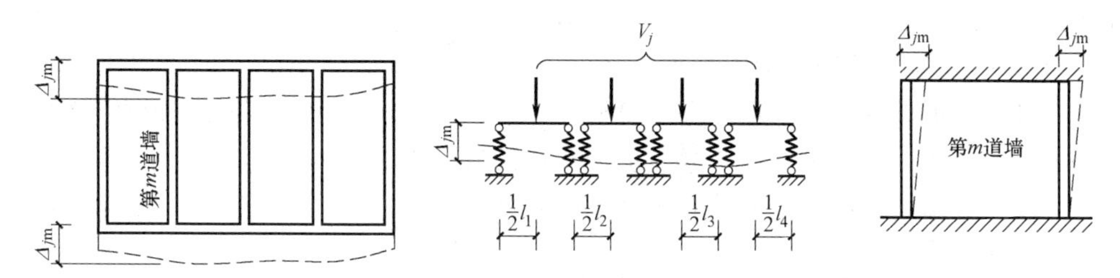

图18-5　柔性楼盖墙体变形

当楼层单位面积上的重力荷载代表值相等时，式（18-18）可进一步写成：

$$V_{jm} = \frac{F_{jm}}{F_j} V_j \tag{18-19}$$

式中　F_{jm}——第 j 楼层第 m 道横墙所应分配地震作用的建筑面积，参见图18-6中阴影面积；

F_j——第 j 楼层的建筑面积。

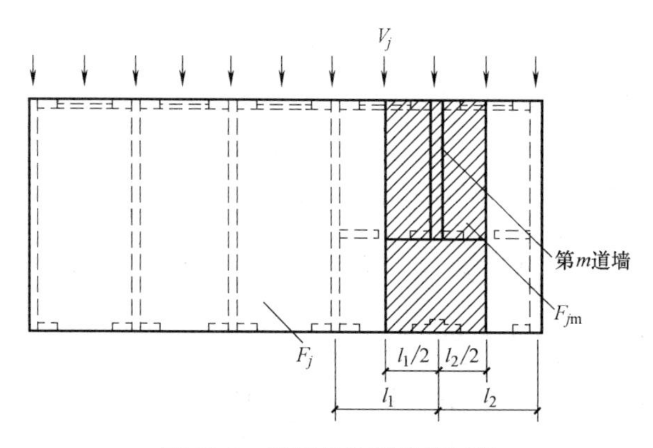

图18-6　横墙的从属建筑面积

（3）中等刚度楼盖

对于装配式钢筋混凝土等中等刚度楼盖房屋，它的横墙所分配的地震剪力，可近似地按刚性楼盖和柔性楼盖房屋分配结果的平均值采用：

$$V_{jm} = \frac{1}{2}\left(\frac{k_{jm}}{\sum_{m=1}^{n} k_{jm}} + \frac{F_{jm}}{F_j}\right) V_j \tag{18-20a}$$

或

$$V_{jm}=\frac{1}{2}\left(\frac{k_{jm}}{K_j}+\frac{F_{jm}}{F_j}\right)V_j \tag{18-20b}$$

式中　K_j——第 j 楼层各横墙侧移刚度之和，$K_j=\sum_{m=1}^{n}k_{jm}$。

2. 纵向地震剪力的分配

由于房屋纵向楼盖的水平刚度比横向大得多，因此，纵向地震剪力在各纵墙上的分配，可按纵墙的侧移刚度比例来确定。也就是无论柔性的木楼盖或中等刚度的装配式钢筋混凝土楼盖，均按刚性楼盖公式（18-5）计算。

（三）同一道墙各墙段间地震剪力的分配

求得某一道墙的地震剪力后，对于具有开洞的墙片，还要把地震剪力分配给该墙片洞口间和墙端的墙段，以便进一步验算各墙段截面的抗震承载力。

各墙段所分配的地震剪力数值，视各墙段间侧移刚度比例而定。第 m 道墙第 r 墙段所分配的地震剪力为：

$$V_{mr}=\frac{k_{mr}}{\sum_{r=1}^{s}k_{mr}}V_{jm} \tag{18-21}$$

式中　V_{mr}——第 m 道墙第 r 墙段所分配的地震剪力；

V_{jm}——第 j 层第 m 道墙所分配的地震剪力；

k_{mr}——第 m 道墙第 r 墙段侧移刚度，其值按下式计算。

当 r 墙段高宽比 $\rho_r=\frac{h_r}{b_r}<1$ 时

$$k_{mr}=\frac{Et}{3\rho_r} \tag{18-22}$$

当 $1\leqslant\rho_r\leqslant4$ 时

$$k_{mr}=\frac{Et}{3\rho_r+\rho_r^3} \tag{18-23}$$

其中 h_r 为洞口间墙段（如窗间墙）或墙端墙段高度（图 18-7）；b_r 为墙段宽度，其余符号意义与前相同。

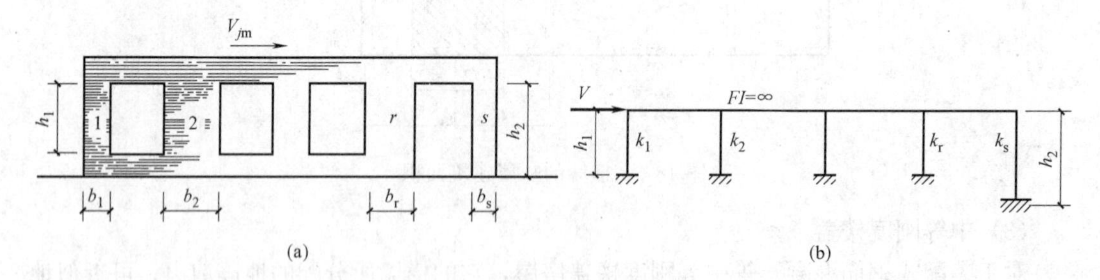

图 18-7　墙段地震剪力分配

三、墙体截面抗震承载力验算

多年来，国内外不少学者对砌体抗震性能进行了大量试验研究，由于对墙体在地震作用下的破坏机理存在着不同的看法，因而提出了各种不同的截面抗震计算公式。归纳起来不外乎两类：一类为主拉应力强度理论；另一类为剪切-摩擦强度理论（简称剪摩强度理论）。

我国《抗震规范》认为，对于砖砌体，宜采用主拉应力强度理论；而对混凝土小砌块墙体，宜采用剪摩强度理论。

（一）普通砖和多孔砖墙体的验算（按主拉应力强度理论）

这一理论认为，在地震中，多层房屋墙体产生交叉裂缝，是因为墙体中的主拉应力超过了砌体的主拉应力强度而引起的。

《抗震规范》根据主拉应力强度理论，将普通砖和多孔砖墙体截面抗震承载力条件写成下面形式：

$$V \leqslant \frac{f_{vE}A}{\gamma_{RE}} \tag{18-24}$$

式中　V——墙体地震剪力设计值；

γ_{RE}——承载力抗震调整系数，按表 16-11 采用，对于自承重墙，取 $\gamma_{RE}=0.75$；

A——墙体横截面面积，多孔砖取毛截面面积；

f_{vE}——砌体沿阶梯形截面破坏的抗震抗剪强度设计值，按下式确定：

$$f_{vE}=\zeta_N f_v \tag{18-25}$$

f_v——非抗震设计的砌体抗剪强度设计值，按国家标准《砌体结构设计规范》GB 50003 采用，参见表 18-6；

ζ_N——砌体强度正应力影响系数，对于普通砖、多孔砖砌体，按下式计算，或者按表 18-7 确定。

沿砌体灰缝截面破坏时抗剪强度设计值 f_v（MPa）　　**表 18-6**

砌体种类	砂浆强度等级			
	≥M10	M7.5	M5	M2.5
普通黏土砖、多孔黏土砖	0.17	0.14	0.11	0.08
混凝土小砌块	0.09	0.08	0.06	

$$\zeta_N=\frac{1}{1.2}\sqrt{1+0.42\frac{\sigma_0}{f_v}} \tag{18-26}$$

式中　σ_0——对应于重力荷载代表值在墙体 1/2 高度处的横截面上产生的平均压应力。

普通砖、多孔砖砌体强度的正应力影响系数 ζ_N　　**表 18-7**

σ_0/f_v	0	0.20	0.40	0.60	0.80	1.00	1.20	1.40	1.60	1.80	2.00
ζ_N	0.800	0.843	0.883	0.921	0.956	0.990	1.022	1.052	1.081	1.108	1.134
σ_0/f_v	2.20	2.40	2.60	2.80	3.00	3.20	3.40	3.60	3.80	4.00	4.20
ζ_N	1.159	1.183	1.206	1.228	1.250	1.271	1.293	1.314	1.335	1.356	1.378
σ_0/f_v	4.40	4.60	4.80	500	5.20	5.40	5.60	5.80	6.00	6.20	6.40
ζ_N	1.399	1.422	1.446	1.470	1.488	1.507	1.525	1.543	1.561	1.579	1.597
σ_0/f_v	6.60	6.80	7.00	7.20	7.40	7.60	7.80	8.00	8.20	8.40	8.60
ζ_N	1.615	1.632	1.650	1.667	1.685	1.702	1.719	1.736	1.753	1.770	1.787

续表

σ_0/f_v	8.80	9.00	9.20	9.40	9.60	9.80	10.00	10.20	10.40	10.60	10.80
ζ_N	1.803	1.820	1.836	1.852	1.868	1.884	1.900	1.916	1.931	1.947	1.962
σ_0/f_v	11.00	11.20	11.40	11.60	11.80	12.00					
ζ_N	1.977	1.992	2.007	2.021	2.036	2.050					

注：表中数值系根据《抗震规范》表7.2.6普通砖、多孔砖砌体 ζ_N 值导出的插值多项式计算结果编写的：

$$\zeta_N=0.0030(x-1)^3-0.023(x-1)^2+0.164(x-1)+0.99\quad(0\leqslant x\leqslant 5)\tag{a}$$

$$\zeta_N=-0.48\times10^{-4}(x-7)^3-1.286\times10^{-3}(x-7)^2+8.162\times10^{-2}(x-7)+1.65\quad(5\leqslant x\leqslant 12)\tag{b}$$

式中　$x=\sigma_0/f_v$。

现将式（18-26）来源说明如下：

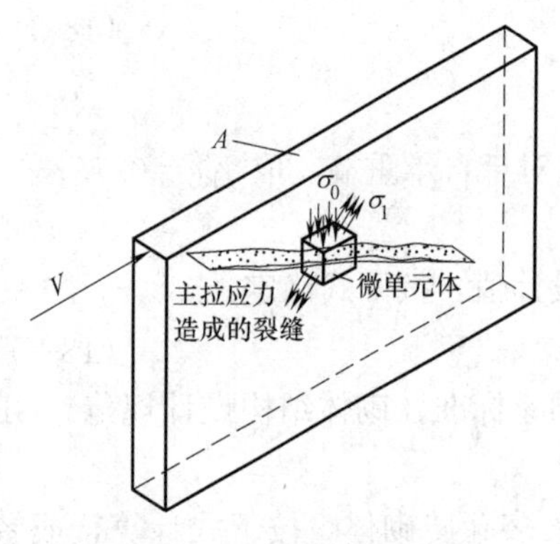

图 18-8　墙体在主应力下产生的斜裂缝

为了使新旧规范衔接，不出现计算结果有大的差异，《抗震规范》在确定系数 ζ_N 时，采用了“校准法”。“校准法”就是通过对现存结构或构件可靠度的反演分析来确定设计时采用的结构或构件可靠指标的方法。为此，须首先将我国《工业与民用建筑抗震设计规范》TJ11—78（以下简称《TJ11—78规范》）按主拉应力强度理论确定的墙体抗震强度验算公式作一简要介绍。

设 σ_1 表示地震剪力在墙体中产生的主拉应力（图18-8）；R_j 表示砌体主拉应力强度。则多层砌体房屋墙体的抗震承载力验算条件，可写成：

$$\sigma_1\leqslant R_j\tag{18-27}$$

由材料力学知

$$\sigma_1=-\frac{\sigma_0}{2}+\sqrt{\left(-\frac{\sigma_0}{2}\right)^2+\tau^2}\tag{18-28}$$

式中　τ——地震剪力在墙体横截面上产生的剪应力，《TJ11—78规范》规定，按式（18-29）计算。其余符号意义与前相同。

$$\tau=\frac{KQ\xi}{A}\tag{18-29}$$

式中　K——安全系数，$K=2.0$；

Q——地震剪力；

A——在墙1/2高度处的净截面面积；

ξ——剪应力分布不均匀系数，对于矩形截面，取 $\xi=1.2$。

将式（18-28）代入式（18-27），得：

$$-\frac{\sigma_0}{2}+\sqrt{\left(-\frac{\sigma_0}{2}\right)^2+\tau^2}\leqslant R_j$$

移项并对两端平方得：

$$\left(\sqrt{\frac{\sigma_0^2}{4}+\tau^2}\right)^2\leqslant\left(R_j+\frac{\sigma_0}{2}\right)^2$$

$$\tau^2+\frac{\sigma_0^2}{4}\leqslant R_j^2+R_j\sigma_0+\frac{\sigma_0^2}{4}$$

于是

$$\tau\leqslant R_j\sqrt{1+\frac{\sigma_0}{R_j}}$$

将式（18-29）代入上式，得：

$$KQ\leqslant\frac{R_\tau A}{\xi}\tag{18-30a}$$

式中　R_τ——验算抗震强度时砖砌体抗剪强度。

$$R_\tau=R_j\sqrt{1+\frac{\sigma_0}{R_j}}\tag{18-30b}$$

式（18-30a）就是《TJ11—78 规范》墙体抗震强度验算公式。

为了推证式（18-26），我们令式（18-24）与式（18-30a）中的墙体横截面面积 A 相等，并注意到式（18-26）取 $\gamma_{RE}=1.0$，于是得：

$$\frac{KQ\xi}{R_j\sqrt{1+\frac{\sigma_0}{R_j}}}=\frac{V}{\zeta_n f_v}\tag{18-31}$$

由《TJ 11—78 规范》可知

$$Q=C\alpha_{max}W\cdot\eta\tag{18-32}$$

式中　Q——墙体验算截面上的地震剪力；

C——结构影响系数，对多层砖房 $C=0.45$；

α_{max}——相应于基本烈度的地震影响系数最大值；

W——产生地震荷载的建筑物总重量；

η——墙体验算截面上的地震剪力与结构底部剪力比值系数。

由《抗震规范》可知

$$V=\gamma_{Eh}\alpha'_{max}G_{eq}\eta\tag{18-33}$$

式中　γ_{Eh}——水平地震作用分项系数，取 $\gamma_{Eh}=1.3$；

α'_{max}——多遇地震时水平地震影响系数最大值；

G_{eq}——结构等效重力荷载。

将式（18-32）、式（18-33）代入式（18-31），经整理后，得：

$$\zeta_N=\frac{\gamma_{Eh}\alpha'_{max}G_{eq}}{KC\alpha_{max}W\xi}\frac{R_j}{f_v}\sqrt{1+\frac{\sigma_0}{R_j}}$$

注意到 $\alpha'_{max}/\alpha_{max}\approx0.356$，$R_j/f_v\approx2.38$，并将 $\gamma_{Eh}=1.3$，$K=2.0$，$\xi=1.2$，$G_{eq}=0.85W$ 和 $C=0.45$ 代入上式，于是，就得到式（18-26）：

$$\zeta_N=\frac{1}{1.2}\sqrt{1+0.42\frac{\sigma_0}{f_v}}$$

证明完毕。

当按式（18-24）验算不满足要求时，可计入设置在墙段中部、截面不小于 240mm×240mm 且间距不大于 4m 的构造柱对受剪承载力的提高作用，按下列简化方法验算：

$$V\leqslant\frac{1}{\gamma_{RE}}[\eta_c f_{vE}(A-A_c)+\zeta f_t A_c+0.08f_y A_s]\tag{18-34}$$

式中　A_c——中部构造柱的横截面总面积（对横墙和内纵墙，$A_c>0.15A$ 时，取 $0.15A$；对外纵墙，$A_c>0.25A$ 时，取 $0.25A$）；

f_t——中部构造柱的混凝土轴心抗拉强度设计值；

A_s——中部构造柱的纵向钢筋截面总面积（配筋率不小于 0.6%，大于 1.4%时取 1.4%）；

f_y——钢筋抗拉强度设计值；

ζ——中部构造柱参与工作系数；居中设一根时取 0.5，多于一根时取 0.4；

η_c——墙体约束修正系数；一般情况取 1.0，构造柱间距不大于 3.0m 时取 1.1。

采用水平配筋普通砖、多孔砖墙体的截面抗震受剪承载力应按下式验算：

$$V\leqslant\frac{1}{\gamma_{RE}}(f_{vEA}+\zeta_s f_y A_{sh}) \tag{18-35}$$

式中　A——墙体横截面面积，多孔砖取毛截面面积；

f_y——钢筋抗拉强度设计值；

A_{sh}——层间墙体竖向截面的总水平钢筋面积，其配筋率应不小于 0.07%且不大于 0.17%；

ζ_s——钢筋参与工作系数，可按表 18-8 采用。

钢筋参与工作系数　　**表 18-8**

墙体高宽比	0.4	0.6	0.8	1.0	1.2
ζ_s	0.10	0.12	0.14	0.15	0.12

（二）混凝土小砌块墙体的验算（按剪摩强度理论）

剪摩强度理论认为：砌体剪应力达到其抗剪强度时，砌体将沿剪切面发生剪切破坏，并认为砌体抗剪强度与正应力 σ_0 呈线性关系，若采用《TJ 11—78 规范》强度指标，则剪摩强度理论公式可写成：

$$R_\tau=R_j+\sigma_0 f \tag{18-36}$$

式中　R_τ——砌体抗剪强度；

R_j——砌体沿通缝破坏抗剪强度；

f——摩擦系数。

《抗震规范》规定，混凝土小砌块墙体采用剪摩强度理论验算砌体抗震承载力时，仍可采用式（18-24）和式（18-25）计算。其中砌体强度正应力影响系数，按下列公式计算：

$$\zeta_N=1+0.23\frac{\sigma_0}{f_v}\quad\left(1\leqslant\frac{\sigma_0}{f_v}\leqslant6.5\right) \tag{18-37}$$

$$\zeta_N=1.52+0.15\frac{\sigma_0}{f_v}\quad\left(6.5\leqslant\frac{\sigma_0}{f_v}\leqslant16\right) \tag{18-38}$$

式（18-37）和式（18-38）是根据大量试验，经数理统计后得到的。它的数值也可由表 18-9 查得。

混凝土小砌块砌体强度的正应力影响系数 ζ_N　　**表 18-9**

σ_0/f_v	0	1.0	3.0	5.0	7.0	10.0	12.0	≥16.0
ζ_N	—	1.23	1.69	2.15	2.57	3.02	3.32	3.92

混凝土小砌块墙体的截面抗震承载力，应按下式验算：

$$V \leqslant \frac{1}{\gamma_{RE}}[f_{vE}A + (0.3f_tA_c + 0.05f_yA_s)\zeta_c] \tag{18-39}$$

式中　f_t——芯柱❶混凝土轴心抗拉强度设计值；

A_c——芯柱截面总面积❷；

A_s——芯柱钢筋截面总面积；

f_y——芯柱钢筋抗拉强度设计值；

ζ_c——芯柱参与工作系数，可按表 18-10 采用。

芯柱参与工作系数　　表 18-10

填孔率 ρ	$\rho<0.15$	$0.15\leqslant\rho<0.25$	$0.25\leqslant\rho<0.5$	$\rho\geqslant0.5$
ζ_c	0	1.0	1.10	1.15

注：填孔率是指芯柱根数（含构造柱和填实孔洞数量）与孔洞总数之比。

f_{vE}——砌体抗震强度设计值，按式（18-25）计算，其中砌体强度正应力系数，按式（18-37）或式（18-38）计算，或由表 18-9 查得。

在验算纵、横墙截面抗震承载力时，应选择以下不利墙段进行：

（1）承受地震作用较大的墙体。

（2）竖向正应力较小的墙段。

（3）局部截面较小的墙垛。

【例题 18-1】 某四层砖混结构办公楼，平面、立面图如图 18-9 所示。楼盖和屋盖采用预制钢筋混凝土空心板，横墙承重。窗洞尺寸为 1.5m×1.8m，房间门洞尺寸为 1.0m×2.5m，走道门洞尺寸为 1.5m×2.5m，墙的厚度均为 240mm。窗下墙高度 1.00m，窗上墙高度为 0.80m。楼板及地面做法厚为 0.20m，窗口上皮到板底为 0.6m，室内外高差为 0.45m。楼面恒载 3.10kN/m²，活载 1.5kN/m²；屋面恒载 5.35kN/m²，雪载0.3kN/m²。外纵墙与横墙交接处设钢筋混凝土构造柱，砖的强度等级为 MU10，混合砂浆强度等级：首层、二层 M7.5，三、四层为 M5。设防烈度 8 度，设计基本地震加速度为 0.20g，设计地震分组为第一组，Ⅱ类场地。结构阻尼比为 0.05。

试求在多遇地震作用下楼层地震剪力及验算首层纵、横墙不利墙段截面抗震承载力。

【解】 1. 计算集中于屋面及楼面处重力荷载代表值

按前述集中质量法（参见§16-4）及表 16-5 关于楼、屋面可变荷载组合系数的规定（即楼面活载和屋面雪荷载取 50%，恒载取 100%），算出包括楼层墙重在内的集中于屋面及楼面处的重力荷载代表值（图 18-10a）为：

四层顶　$G_4 = 2360\text{kN}$

三层顶　$G_3 = 2882\text{kN}$

二层顶　$G_2 = 2882\text{kN}$

首层顶　$G_1 = 3160\text{kN}$

房屋总重力代表值

$\Sigma G = 11284\text{kN}$

❶ 在砌块孔洞中浇筑钢筋混凝土，这样所形成的柱就称为芯柱。

❷ 当同时设置芯柱和钢筋混凝土构造柱时，构造柱截面可作为芯柱截面，构造柱钢筋可作为芯柱钢筋。

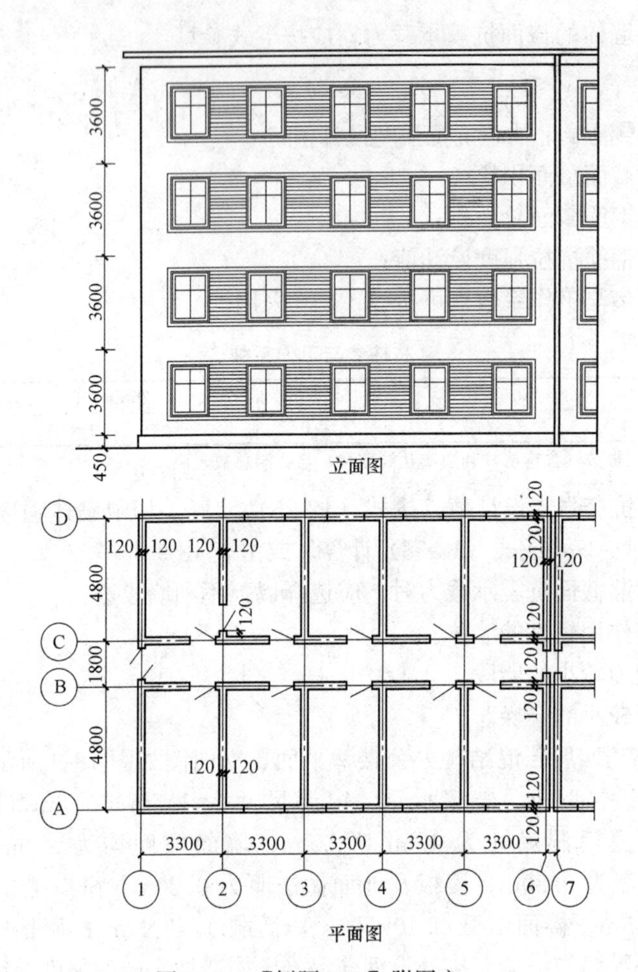

图 18-9　【例题 18-1】附图之一

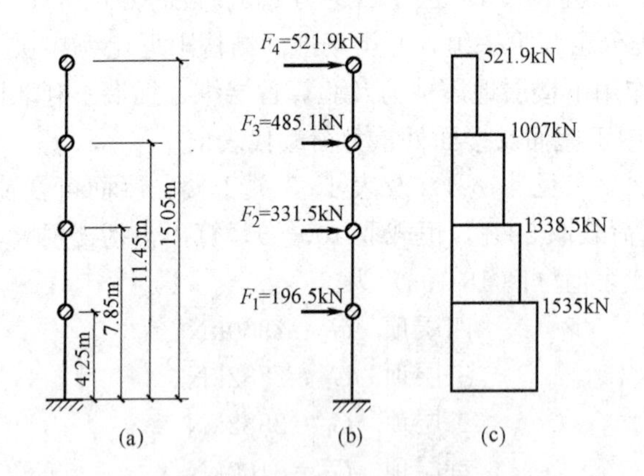

图 18-10　【例题 18-1】附图之二

（a）计算简图；（b）地震作用分布图；（c）地震剪力分布图

$$G_{eq}=0.85\Sigma G=0.85\times 11284=9591\text{kN}$$

2. 计算各楼层水平地震作用标准值及地震剪力

按式（18-1）计算总水平地震作用（即底部剪力）标准值：

由表 3-4，查得 $\alpha_{max}=0.16$，于是

$$F_{Ek}=\alpha_{max}G_{eq}=0.16\times9591=1535kN$$

各楼层水平地震作用和地震剪力标准值见表 18-11，F_i 和 V_j 见图 18-10*b*、*c*。

3. 截面抗震承载力验算

（1）首层横墙（取图 18-14②轴Ⓒ—Ⓓ墙片）验算

1）计算各横墙的侧移刚度及总侧移刚度

例题 18-1 附表　　表 18-11

层位＼分项	G_i（kN）	H_i（m）	G_iH_i	$\frac{G_iH_i}{\sum_{j=1}^{n}G_jH_j}$	$F_i=\frac{G_iH_i}{\sum_{j=1}^{n}G_jH_j}F_{Ek}$（kN）	$V_j=\sum_{j=i}^{n}F_i$（kN）
4	2360	15.05	35518	0.340	521.9	521.9
3	2882	11.45	32999	0.316	485.1	1007.0
2	2882	7.85	22624	0.216	331.5	1338.5
1	3160	4.25	13430	0.128	196.5	1535
Σ	11284		104571	1.000	1535	

本例横墙按其是否开洞和洞口位置及大小，分为下面三种类型。现分别计算它们的侧移刚度。

（a）无洞横墙（图 18-11a）

$$\rho=\frac{h}{b}=\frac{4.15}{5.04}=0.823<1$$

$$k=\frac{1}{3\rho}Et=\frac{1}{3\times0.823}Et=0.405Et$$

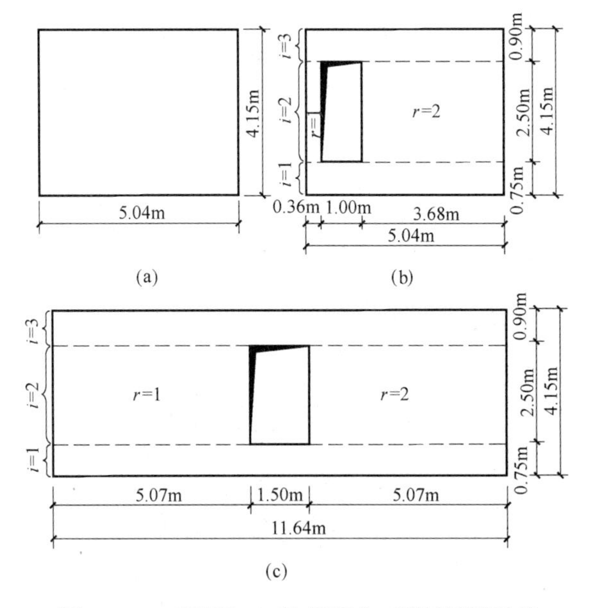

图 18-11　【例题 18-1】附图之三横墙刚度计算

（b）有洞横墙（图 18-11b）

$i=1$，3 段

$$\rho_{(1+3)}=\frac{h_1+h_3}{b}=\frac{0.75+0.9}{5.04}=0.327<1$$

$$\delta_{(1+3)}=\frac{3\rho_{(1+3)}}{Et}=\frac{3\times0.327}{Et}=0.981\frac{1}{Et}$$

$i=2$ 段

$\rho_{21}=\frac{h_{21}}{b_{21}}=\frac{2.50}{0.36}=6.94>4$，不考虑承受地震剪力。

$$\rho_{22}=\frac{h_{22}}{b_{22}}=\frac{2.50}{3.68}=0.679<1$$

$$\delta_{22}=\frac{3\rho_{22}}{Et}=\frac{3\times0.679}{Et}=2.038\frac{1}{Et}$$

单位力作用下总侧移

$$\delta=\Sigma\delta_i=(0.981+2.038)\frac{1}{Et}$$

$$=3.019\frac{1}{Et}$$

侧移刚度

$$k=\frac{1}{\Sigma\delta_i}=\frac{1}{3.019}Et=0.331Et$$

（c）有洞山墙（图 18-16c）

$i=1$，3 段：

$$\rho_{(1+3)}=\frac{h_1+h_3}{b}=\frac{0.75+0.90}{11.64}=0.142<1$$

$$\delta_{(1+3)}=\frac{3\rho_{(1+3)}}{Et}=\frac{3\times0.142}{Et}=0.426\frac{1}{Et}$$

$i=2$ 段：

$$\rho_{21}=\frac{h_{21}}{b_{21}}=\frac{2.50}{5.07}=0.493<1,\qquad \rho_{22}=\rho_{21}$$

$$k_{21}=k_{22}=\frac{1}{3\rho}Et=\frac{1}{3\times0.493}Et=0.676Et$$

$$\delta_2=\frac{1}{\Sigma k_r}=\frac{1}{2\times0.676Et}=0.740\frac{1}{Et}$$

单位力作用下总侧移

$$\delta=\Sigma\delta_i=(0.426+0.740)\frac{1}{Et}=1.166\frac{1}{Et}$$

侧移刚度

$$k=\frac{1}{\Sigma\delta_i}=\frac{1}{1.166}Et=0.858Et$$

于是，首层横墙总侧移刚度

$$\Sigma k=(0.405\times7+0.331\times1+0.858\times2)Et=4.882Et$$

2）计算首层顶板建筑面积 F_1 和所验算横墙承载面积 F_{12}

$$F_1 = 16.74 \times 11.64 = 195\text{m}^2$$

$$F_{12} = (4.8 + 0.9 + 0.12) \times 3.30 = 19.2\text{m}^2$$

3）计算②轴Ⓒ—Ⓓ墙片分担的地震剪力

$$V_{12} = \frac{1}{2}\left(\frac{k_{12}}{\Sigma k} + \frac{F_{12}}{F_1}\right)V_1 = \frac{1}{2}\left(\frac{0.331}{4.882} + \frac{19.2}{195}\right)1535 = 127.61\text{kN}$$

4）计算②轴Ⓒ—Ⓓ墙各墙段分配的地震剪力

② 轴Ⓒ—Ⓓ墙片虽被门洞分割成两个墙段，但靠近走道的墙段 $\rho > 4$，故地震剪力 V_{12} 应完全由另一端墙段承受。

5）砌体截面平均压应力 σ_0 的计算

取 1m 宽墙段计算：

楼板传来重力荷载

$$\left[\left(5.35 + \frac{1}{2} \times 0.30\right) + \left(3.10 + \frac{1}{2} \times 1.50\right) \times 3\right] \times 3.3 \times 1 = 56.26\text{kN}$$

墙自重$\left(\text{算至首层}\frac{1}{2}\text{高度处}\right)$

$$\left[(3.60 - 0.20) \times 3 + (4.25 - 0.20)\frac{1}{2}\right] \times 5.33^{❶} \times 1 = 65.16\text{kN}$$

$\frac{1}{2}$首层计算高度处的平均压应力

$$\sigma_0 = \frac{56.26 + 65.16}{1 \times 0.24} = 505.9\text{kN/m}^2 = 0.51\text{N/mm}^2$$

6）验算砌体截面抗震承载力

由表 18-6 查得，当砂浆为 M7.5 和黏土砖时 $f_v = 0.14\text{N/mm}^2$；由表 16-11 查得，$\gamma_{RE} = 1.0$。

按式（18-26）计算砌体强度正应力影响系数

$$\zeta_N = \frac{1}{1.2}\sqrt{1 + 0.42\frac{\sigma_0}{f_v}} = \frac{1}{1.2}\sqrt{1 + 0.42 \times \frac{0.51}{0.14}} = 1.32$$

按式（18-25）算出 f_{vE}：

$$f_{vE} = \zeta_N f_v = 1.32 \times 0.14 = 0.190\text{N/mm}^2$$

按式（18-24）验算截面抗震承载力

$$\frac{f_{vE}A}{\gamma_{RE}} = \frac{0.190 \times 3680 \times 240}{1.0} = 167808\text{N} > V$$

$$= \gamma_{Eh}S_{Ehk} = \gamma_{Eh}V_{12} = 1.3 \times 127610 = 165893\text{N}$$

符合要求。

（2）首层外纵墙窗间墙验算（取Ⓐ轴）

1）计算内、外纵墙侧移刚度

（a）外纵墙侧移刚度（一片）（图 18-12a）

$i=1$，3 段：

---

❶ 5.33kN/m² 为双面抹灰240mm 厚的砖墙沿墙面每平方米的重力荷载标准值。

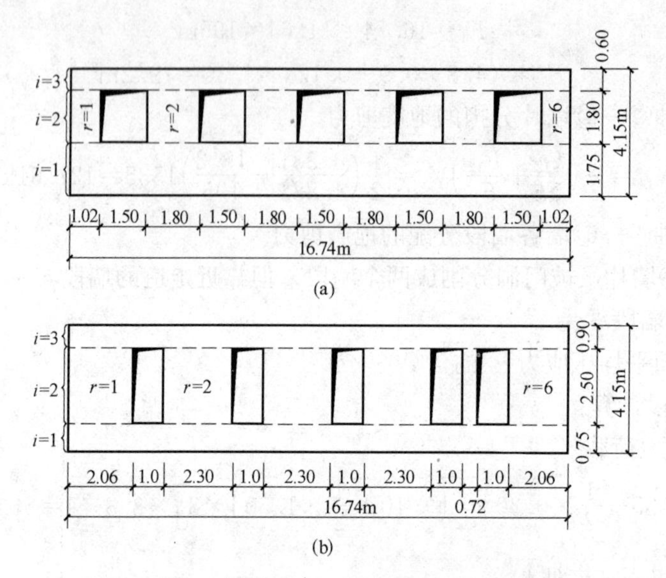

图 18-12　【例题 18-1】附图之四纵墙刚度计算

$$\rho_{(1+3)}=\frac{h_1+h_3}{b}=\frac{1.75+0.6}{16.74}=0.140<1$$

$$\delta_{(1+3)}=\frac{3\rho_{(1+3)}}{Et}=\frac{3\times0.140}{Et}=0.420\frac{1}{Et}$$

$i=2$ 段，$r=1$，6 墙肢：

$$\rho_{2(1,6)}=\frac{h}{b}=\frac{1.80}{1.02}=1.76>1$$

$$k_{2(1,6)}=\frac{Et}{3\rho+\rho^3}=\frac{Et}{3\times1.76+1.76^3}=0.093Et$$

$r=2\sim5$ 墙肢：

$$\rho_{2(2\sim5)}=\frac{h}{b}=\frac{1.80}{1.80}=1$$

$$k_{2(2\sim5)}=\frac{Et}{3\times1+1^3}=0.25Et$$

$i=2$ 段墙肢总侧移刚度

$$\Sigma k_{2r}=(0.093\times2+0.25\times4)Et=1.186Et$$

$i=2$ 段墙肢侧移

$$\delta_2=\frac{1}{\Sigma k_{2r}}=\frac{1}{1.186Et}=0.843\frac{1}{Et}$$

外纵墙侧移

$$\delta=\Sigma\delta_i=(0.420+0.843)\frac{1}{Et}=1.263\frac{1}{Et}$$

外纵墙侧移刚度：

$$k=\frac{1}{\Sigma\delta_i}=\frac{Et}{1.263}=0.792Et$$

（b）内纵墙侧移刚度（一片）（图 18-12b）

$i=1$，3段

$$\rho_{(1+3)}=\frac{h_1+h_2}{b}=\frac{0.75+0.90}{16.74}=0.0986<1$$

$$\delta_{(1+3)}=\frac{3\rho_{(1+3)}}{Et}=\frac{3\times0.0986}{Et}=0.296\,\frac{1}{Et}$$

$i=2$段，$r=1$，6墙肢：

$$\rho_{2(1,6)}=\frac{h}{b}=\frac{2.50}{2.06}=1.214>1$$

$$k_{2(1,6)}=\frac{Et}{3\rho+\rho^3}=\frac{Et}{3\times1.214+1.214^3}=0.184Et$$

$r=2$，3，4墙肢：

$$\rho_{2(2,3,4)}=\frac{2.50}{2.30}=1.087>1$$

$$k_{2(2,3,4)}=\frac{Et}{3\rho+\rho^3}=\frac{Et}{3\times1.087+1.087^3}=0.220Et$$

$r=5$墙肢：

$$\rho_{2,5}=\frac{2.50}{0.72}=3.472>1$$

$$k_{2,5}=\frac{Et}{3\rho+\rho^3}=\frac{Et}{3\times3.472+3.472^3}=0.019Et$$

$i=2$段墙肢总侧移刚度：

$$\Sigma k_{2r}=(0.184\times2+0.220\times3+0.019\times1)Et=1.047Et$$

$i=2$段墙肢侧移：

$$\delta_2=\frac{1}{\Sigma k_{2r}}=\frac{1}{1.047Et}=0.955\,\frac{1}{Et}$$

内纵墙总侧移：

$$\delta=\Sigma\delta_i=(0.296+0.955)\,\frac{1}{Et}=1.251\,\frac{1}{Et}$$

内纵墙侧移刚度

$$k=\frac{1}{\Sigma\delta_i}=\frac{Et}{1.251}=0.799Et$$

首层纵墙总侧移刚度

$$\Sigma k=2(0.792+0.799)Et=3.182Et$$

2）计算Ⓐ轴外纵墙片分配的地震剪力

$$V_{1A}=\frac{k_{1A}}{\Sigma k}V_1\text{❶}=\frac{0.792}{3.182}\times1535=382.1\text{kN}$$

3）计算外纵墙窗间墙分配的地震剪力

$$V_{2r}=\frac{k_{2r}}{\Sigma k_{2r}}V_{1A}=\frac{0.25}{1.186}\times382.1=80.54\text{kN}$$

❶　多层砌体结构房屋因纵、横方向基本周期接近（$T_1=0.2\sim0.3$s），两个方向的地震影响系数均为α_{max}，故纵向地震作用标准值与横向相同。

4）窗间墙截面平均压应力 σ_0 的计算

作用在首层半高截面上墙的重力荷载：

$$N=\left[(3.60\times 3+0.80)\times 3.3-(1.5\times 1.8)\times 3+\left(\frac{4.15}{2}-0.60\right)\times 1.8\right]\times 5.33$$

$=175.01\text{kN}$

平均压应力

$$\sigma_0=\frac{N}{A}=\frac{175010}{1800\times 240}=0.405\text{N/mm}^2$$

由表 18-6 查得 $f_{\text{v}}=0.14\text{N/mm}^2$。

按式（18-26）计算：

$$\zeta_{\text{N}}=\frac{1}{1.2}\sqrt{1+0.42\frac{\sigma_0}{f_{\text{v}}}}=\frac{1}{1.2}\sqrt{1+0.42\times\frac{0.405}{0.14}}=1.24$$

按式（18-25）计算：

$$f_{\text{vE}}=\zeta_{\text{N}}f_{\text{v}}=1.24\times 0.14=0.174\text{N/mm}^2$$

因为外纵墙为自承重墙，且墙两端设置构造柱，故 $\gamma_{\text{RE}}=0.75\times 0.9=0.675$

按式（18-24）验算窗间墙截面抗震承载力

$$\frac{f_{\text{vE}}A}{\gamma_{\text{RE}}}=\frac{0.174\times 1800\times 240}{0.675}=111360\text{N}>1.3\times 80540=104702\text{N}$$

符合要求。

§18.4 抗震构造措施

一、多层砖砌体房屋抗震构造措施

（一）设置现浇钢筋混凝土构造柱

震害分析和试验表明，多层砖砌体房屋中在适当部位设置钢筋混凝土构造柱（以下简称构造柱）并与圈梁连接使之共同工作，可以增加房屋的延性，提高房屋的抗侧力能力。减轻房屋在大震下的破坏程度或防止发生突然倒塌，因此，设置钢筋混凝土构造柱是提高房屋抗震能力的有效措施之一。

1. 各类多层砖砌体房屋，应按下列要求设置构造柱：

（1）构造柱设置部位（图 18-13），一般情况下应符合表 18-12 的要求。

（2）外廊式和单面走廊式的多层房屋，应根据房屋增加一层后的层数，按表 18-12 要求设置构造柱，且单面走廊两侧的纵墙均应按外墙处理。

（3）横墙较少的房屋，应根据房屋增加一层后的层数，按表 18-12 的要求设置构造柱；当横墙较少的房屋为外廊式或单面走廊式时，应按第（2）款要求设置构造柱，但 6 度不超过四层、7 度不超过三层和 8 度不超过二层时，应按增加二层后的层数对待。

（4）各层横墙很少的房屋，应按增加二层的层数设置构造柱。

（5）采用蒸压灰砂砖和蒸压粉煤灰砖的砌体房屋，当砌体抗剪强度仅达到普通黏土砖的 70%时，应按增加一层的层数按（1）～（4）款的要求设置构造柱；但 6 度不超过四层、7 度不超过三层和 8 度不超过二层时，应按增加二层后的层数对待。

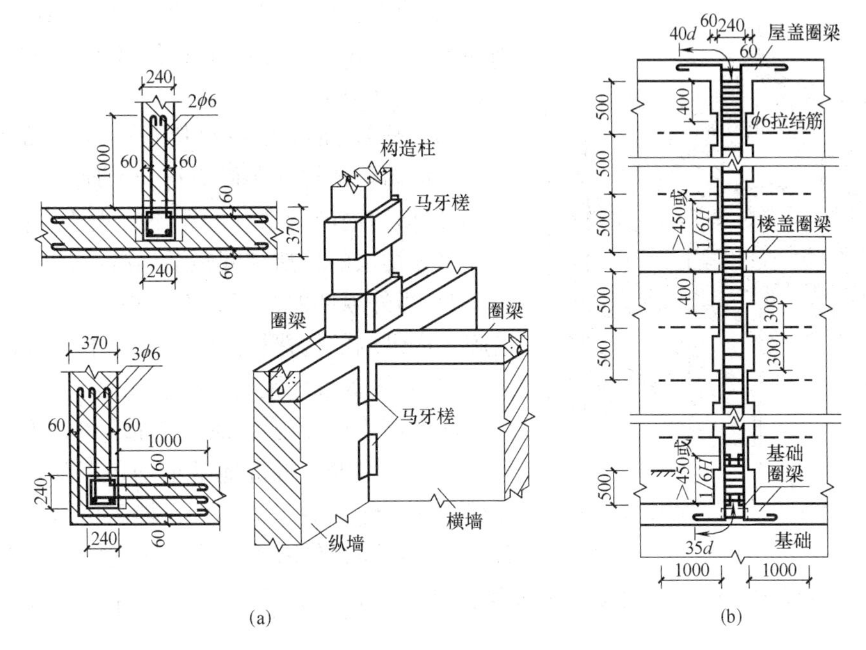

图 18-13　构造柱示意图

多层砖砌体房屋构造柱设置要求　　表 18-12

<table>
<tr><th colspan="4">房屋层数</th><th colspan="2" rowspan="2">设置部位</th></tr>
<tr><th>6 度</th><th>7 度</th><th>8 度</th><th>9 度</th></tr>
<tr><td>四、五</td><td>三、四</td><td>二、三</td><td></td><td rowspan="3">楼、电梯间四角，楼梯斜段上下端对应的墙体处；
外墙四角和对应转角；
错层部位横墙与外纵墙交接处；
大房间内外墙交接处；
较大洞口两侧</td><td>每隔 12m 或单元横墙与外纵墙交接处；
楼梯间对应的另一侧内横墙与外纵墙交接处</td></tr>
<tr><td>六</td><td>五</td><td>四</td><td>二</td><td>隔开间横墙(轴线)与外墙交接处；
山墙与内纵墙交接处</td></tr>
<tr><td>七</td><td>≥六</td><td>≥五</td><td>≥三</td><td>内墙(轴线)与外墙交接处；
内墙的局部较小墙垛处；
内纵墙与横墙(轴线)交接处</td></tr>
</table>

注：较大洞口，内墙指宽度不小于 2.1m 的洞口；外墙在内外墙交接处已设置构造柱时允许适当放宽，但洞侧墙体应加强。

2. 多层砖砌体房屋构造柱的构造应符合下列要求：

(1) 构造柱最小截面可采用 180mm×240mm（墙厚 190mm 时为 180mm×190mm），纵向钢筋宜采用 4ϕ12，箍筋间距不宜大于 250mm，且在柱上下端应适当加密；6、7 度时超过六层、8 度时超过五层和 9 度时，构造柱纵向钢筋宜采用 4ϕ14，箍筋间距不应大于 200mm；房屋四角的构造柱可适当加大截面及配筋。

(2) 构造柱与墙连接处应砌成马牙槎，沿墙高每隔 500mm 设 2ϕ6 水平钢筋和 ϕ4 分布短筋平面内点焊组成的拉结网片或 ϕ4 点焊钢筋网片，每边伸入墙内不宜小于 1m。6、7 度时底部 1/3 楼层，8 度时底部 1/2 楼层，9 度时全部楼层，上述拉结钢筋网片应沿墙体水平通长放置。

(3) 构造柱与圈梁连接处，构造柱的纵筋应在圈梁纵筋内侧穿过，保证构造柱纵筋上下贯通。

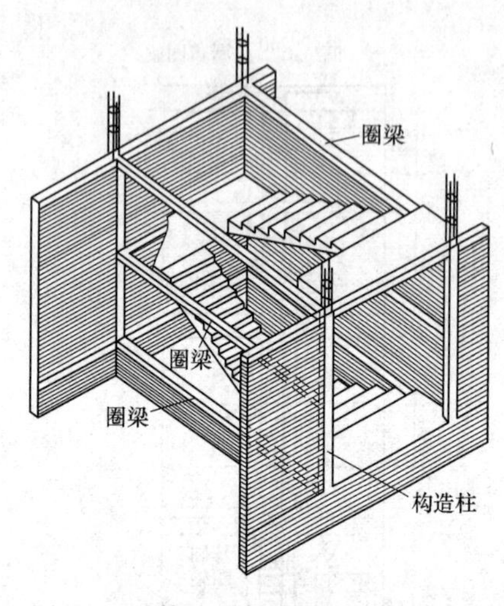

图 18-14　构造柱与圈梁和地梁的连接

(4) 构造柱可不单独设置基础，但应伸入室外地面下 500mm，或与埋深小于 500mm 的基础圈梁相连（图 18-19）。

(5) 房屋高度和层数接近表 18-1 的限值时，纵、横墙内构造柱间距尚应符合下列要求：

1) 横墙内的构造柱间距不宜大于层高的二倍，下部 1/3 楼层的构造柱间距适当减小；

2) 当外纵墙的开间大于 3.9m 时，应另设加强措施。内纵墙的构造柱间距不宜大于 4.2m。

(二) 设置现浇钢筋混凝土圈梁

现浇钢筋混凝土圈梁是增加墙体的连接，提高楼盖、屋盖刚度，抵抗地基不均匀沉降，限制墙体裂缝开展，保证房屋整体性，提高房屋抗震能力的有效措施，而且是减小构造柱计算长度（图18-14），充分发挥构造柱抗震作用不可缺少的连接构件。因此，钢筋混凝土圈梁在砌体房屋中获得了广泛采用。

1. 多层砖砌体房屋的现浇钢筋混凝土圈梁设置应符合下列要求；

(1) 装配式钢筋混凝土楼盖、屋盖或木屋盖的砖房，应按表 18-13 的要求设置圈梁；纵墙承重时，抗震横墙上的圈梁间距应比表内要求适当加密。

多层砖砌体房屋现浇钢筋混凝土圈梁设置要求　　表 18-13

墙　类	烈　度		
	6、7	8	9
外墙和内纵墙	屋盖处及每层楼盖处	屋盖处及每层楼盖处	屋盖处及每层楼盖处
内横墙	同上； 屋盖处间距不应大于 4.5m； 楼盖处间距不应大于 7.2m； 构造柱对应部位	同上； 各层所有横墙，且间距不应大于 4.5m； 构造柱对应部位	同上； 各层所有横墙

(2) 现浇或装配整体式钢筋混凝土楼盖、屋盖与墙体有可靠连接的房屋，应允许不另设圈梁，但楼板沿抗震墙体周边均应加强配筋并应与相应的构造柱钢筋可靠连接。

2. 多层砖砌体房屋的现浇钢筋混凝土圈梁的构造应符合下列要求；

(1) 圈梁应闭合，遇有洞口时圈梁应上下搭接，圈梁宜与预制板设在同一标高处或紧靠板底（图 18-15）。

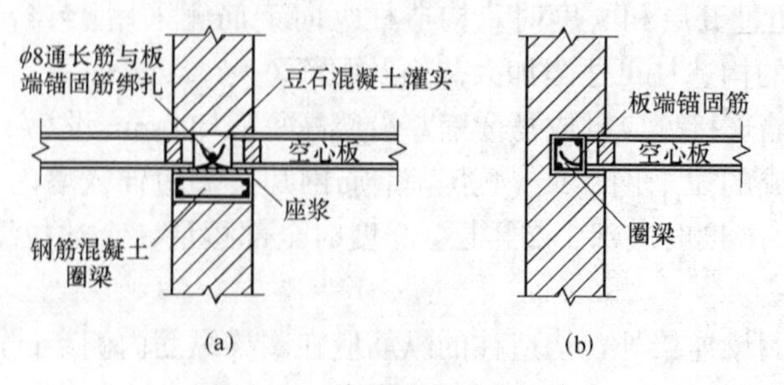

图 18-15　楼盖处圈梁的构造

（2）圈梁在表 18-13 要求的间距内无横墙时，应利用梁或板缝中配筋替代圈梁（图 18-16）。

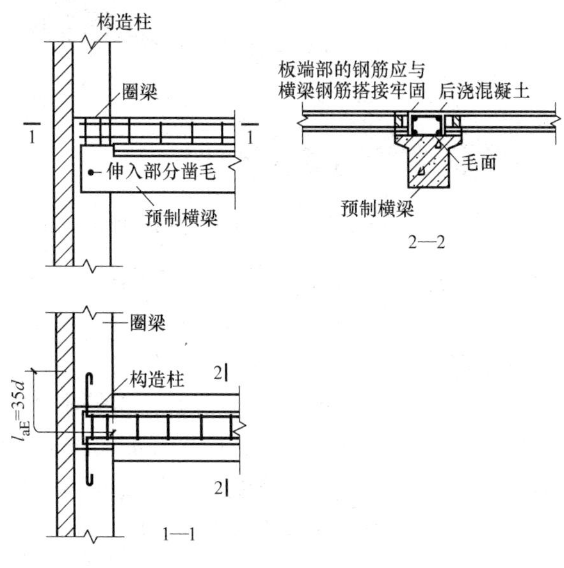

图 18-16　预制梁上圈梁的设置

（3）圈梁的截面高度不应小于 120mm，配筋应符合表 18-14 的要求，但在软弱黏性土、液化土、新近填土或严重不均匀土层上的砌体房屋的基础圈梁，截面高度不应小于 180mm，配筋不应少于 4ϕ12。

多层砖砌体房屋圈梁配筋要求　　表 18-14

配　筋	烈　度		
	6、7	8	9
最小纵筋	4ϕ10	4ϕ12	4ϕ14
箍筋最大间距(mm)	250	200	150

（三）楼、屋盖构件应具有足够的搭接长度和可靠的连接

1. 现浇钢筋混凝土楼板或屋面板伸进纵、横墙内的长度，均不宜小于 120mm。

2. 装配式钢筋混凝土楼板或屋面板，当圈梁未设在板的同一标高时，板端伸进外墙的长度不应小于 120mm，伸进内墙的长度不应小于 100mm，或采用硬架支模连接，在梁上不应小于 80mm，或采用硬架支模连接。

3. 当板的跨度大于 4.8m 并与外墙平行时，靠外墙的预制板侧边应与墙或圈梁拉结（图 18-17）。

4. 房屋端部大房间的楼盖，6 度时房屋的屋盖和 7～9 度时房屋的楼盖、屋盖，当圈梁设在板底时，钢筋混凝土预制板应相互拉结，并应与梁、墙或圈梁拉结。

5. 楼、屋盖的钢筋混凝土梁或屋架应与墙、柱（包括构造柱）或圈梁可靠连接；不得采用独立砖柱。跨度不小于 6m 大梁的支承构件应采用组合砌体等加强措施，并满足承载力要求。

6. 6、7 度时长度大于 7.2m 的大房间，以及 8、9 度时外墙转角及内外墙交接处，应

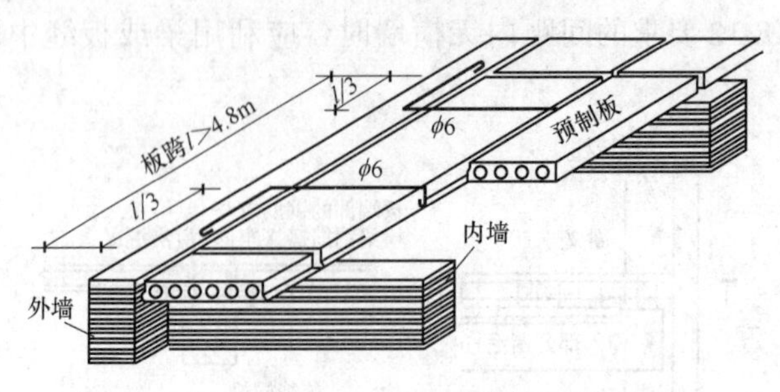

图 18-17　板跨大于 4.8m 时墙与预制板拉结

沿墙高每隔 500mm 配置 2ϕ6 的通长钢筋和 ϕ4 分布短筋平面内点焊组成的拉结网片或 ϕ4 点焊钢筋网片。

（四）楼梯间应符合的要求

1. 顶层楼梯间墙体应沿墙高每隔 500mm 设 2ϕ6 通长钢筋和 ϕ4 分布短筋平面内点焊组成的钢筋网片或 ϕ4 点焊网片；7～9 度时其他各层楼梯间墙体应在休息平台或楼层半高处设置 60mm 厚、纵向钢筋不少于 2ϕ10 的钢筋混凝土带或配筋砖带，配筋砖带不少于 3 皮，每皮的配筋不少于 2ϕ6，砂浆的强度等级不应低于 M7.5 且不低于同层墙体的砂浆的强度等级。

2. 楼梯间及门厅内墙阳角处的大梁支承长度不应小于 500mm，并应与圈梁连接。

3. 装配式楼梯段应与平台板的梁可靠连接，8 度和 9 度时不应采用装配式楼梯段；不应采用墙中悬挑式踏步或踏步竖肋插入墙体的楼梯，不应采用无筋砖砌栏板。

4. 突出屋顶的楼、电梯间，构造柱应伸到顶部，并与顶部圈梁连接。所有墙体沿墙高每隔 500mm 设 2ϕ6 通长钢筋和 ϕ4 分布短筋平面内点焊组成的拉结网片或 ϕ4 点焊钢筋网片。

（五）坡屋顶房屋屋架的连接

坡屋顶房屋的屋架应与顶层圈梁可靠连接，檩条或屋面板应与墙或屋架可靠连接，房屋出入口的檐口瓦应与屋面构件锚固；采用硬山搁檩时，顶层内纵墙顶宜增砌支撑端山墙的踏步式墙垛，并设置构造柱。

（六）门窗洞口处的过梁

门窗洞口不应采用砖过梁。过梁支承长度，6～8 度时不应小于 240mm，9 度时不应小于 360mm。

（七）预制阳台

预制阳台 6、7 度时应与圈梁和楼板的现浇板带可靠连接（图 18-18），8、9 度时不应采用预制阳台。

（八）后砌的非承重砌体隔墙

后砌的非承重砌体隔墙应沿墙高每隔 500mm 配置 2ϕ6 钢筋与承重墙或柱拉结，并每边伸入墙内不应小于 500mm（图 18-19）；8 度和 9 度时长度大于 5.0m 的后砌非承重砌体隔墙的墙顶，尚应与楼板或梁拉结。

（九）同一结构单元的基础（或桩承台）

同一结构单元的基础（或桩承台）宜采用同一类型的基础，底面宜埋在同一标高上，否则应增设基础圈梁并应按 1：2 的台阶逐步放坡。

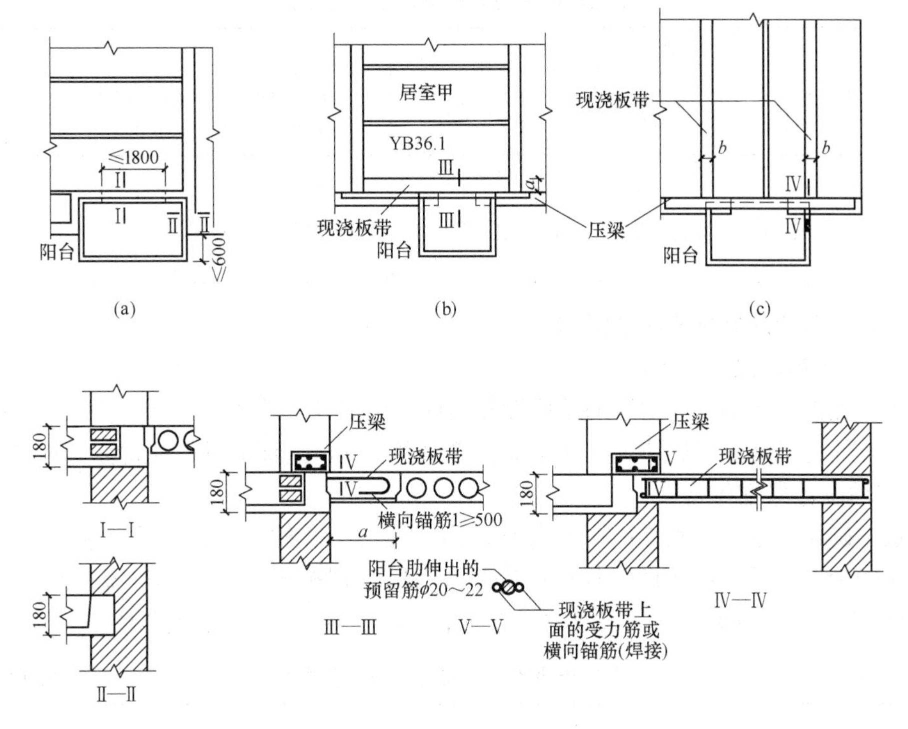

图 18-18　预制阳台的锚固

（十）丙类的多层砖砌体房屋

丙类的多层砖砌体房屋当横墙较少且总高度和层数接近或达到表 18-1 规定限值时，应采取下列加强措施：

1. 房屋的最大开间尺寸不宜大于 6.60m。

2. 同一个结构单元内横墙错位数量不宜超过横墙总数的 1/3，且连续错位不宜多于两道；错位的墙体交接处均应增设构造柱，且楼、屋面板应采用现浇钢筋混凝土板。

3. 横墙和内纵墙上洞口的宽度不宜大于 1.5m；外纵墙上洞口的宽度不宜大于 2.1m 或开间尺寸的一半；且内外墙上洞口位置不应影响外纵墙与横墙的整体连接。

4. 所有纵横墙均应在楼、屋盖标高处设置加强的现浇钢筋混凝土圈梁，圈梁的截面高度不宜小于 150mm，上下纵筋各不应少于 3ϕ10，箍筋不小于 ϕ6，间距不大于 300mm。

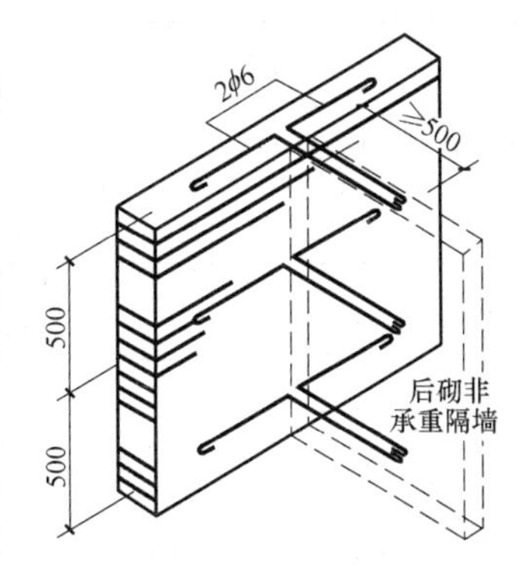

图 18-19　后砌非承重与承重墙的拉结

5. 所有纵、横墙交接处及横墙的中部，均应增设满足下列要求的构造柱：在纵、横墙内的柱距不宜大于 3m，最小截面尺寸不宜小于 240mm×240mm（墙厚 190mm 时为 240mm×190mm），配筋宜符合表 18-15 的要求。

6. 同一结构单元的楼、屋面板应设在同一标高处。

7. 房屋的底层和顶层的窗台标高处，宜设置沿纵横墙通长的水平现浇钢筋混凝土带，其截面高度不小于 60mm，宽度不小于墙厚，纵向钢筋不少于 2ϕ10，横向分布筋不小于 ϕ6，间距不大于 200mm。

增设构造柱的纵筋和箍筋设置要求　　**表 18-15**

位置	纵向钢筋			箍筋		
	最大配筋率(%)	最小配筋率(%)	最小直径	加密区范围(mm)	加密区间距(mm)	最小直径
角柱	1.8	0.8	ϕ14	全高	100	ϕ6
边柱	1.8	0.8	ϕ14	上端 700		
中柱	1.4	0.4	ϕ12	下端 500		

二、多层砌块房屋抗震构造措施

（一）设置钢筋混凝土芯柱

为了增加混凝土小砌块房屋的整体性和延性，提高其抗震能力，可结合空心砌块的特点，在墙体的适当部位将砌块竖孔浇筑成钢筋混凝土柱，这样形成的柱就称为芯柱。

1. 芯柱设置部位和数量

多层小砌块房屋应按表 18-16 要求设置钢筋混凝土芯柱。对外廊式和单面走廊式房屋、横墙较少的房屋、各层横墙很少的房屋，尚应分别按多层砖砌体房屋抗震构造措施（一）款中 2、3、4 条关于增加层数的对应要求，按表 18-16 要求设置芯柱。

混凝土小砌块房屋芯柱设置要求　　**表 18-16**

房屋层数				设置部位	设置数量
6度	7度	8度	9度		
四、五	三、四	二、三		外墙转角，楼、电梯间四角，楼梯斜梯段上下端对应的墙体处； 大房间内外墙交界处； 错层部位横墙与外纵墙交界处； 隔 12m 或单元横墙与外纵墙交界处	外墙转角，灌实 3 个孔； 内外墙交接处，灌实 4 个孔； 楼梯斜梯段上下端对应的墙体处，灌实 2 个孔
六	五	四		同上； 隔开间横墙（轴线）与外纵墙交界处	
七	六	五	二	同上； 各内墙（轴线）与外纵墙交接处； 内纵墙与横墙（轴线）交接处和洞口两侧	外墙转角，灌实 5 个孔； 内外墙交接处，灌实 4 个孔； 内墙交接处，灌实 4～5 个孔； 洞口两侧各灌实 1 个孔
	七	≥六	≥三	同上； 横墙内芯柱间距不宜大于 2m	外墙转角，灌实 7 个孔； 内外墙交接处，灌实 5 个孔； 内墙交接处，灌实 4～5 个孔； 洞口两侧各灌实 1 个孔

注：外墙转角、内外墙交接处，楼、电梯间四角等部位，应允许采用钢筋混凝土构造柱代替部分芯柱。

2. 芯柱截面尺寸、混凝土强度等级和配筋

（1）混凝土小砌块房屋芯柱截面不宜小于 120mm×120mm。

（2）芯柱混凝土强度等级，不宜小于 Cb20。

（3）芯柱的竖向插筋应贯通墙身且与圈梁连接，插筋不应小于 1ϕ12，6、7 度时超过五层、8 度时超过四层和 9 度时，插筋不应小于 1ϕ14。

（4）芯柱应伸入室外地面下 500mm，或与埋深小于 500mm 的基础圈梁相连。

（5）为提高墙体抗震受剪承载力而设置的芯柱，宜在墙体内均匀布置，最大净距不宜

大于2.0m。

(6) 多层小砌块房屋墙体交接处或芯柱与墙体连接处应设置拉结钢筋网片，网片可采用直径4mm的钢筋点焊而成，沿墙高间距不大于600mm，并应沿墙体水平通长设置。6、7度时底部1/3楼层，8度时底部1/2楼层，9度时全部楼层，上述拉结钢筋网片沿墙高间距不大于400mm。

3. 小砌块房屋中替代芯柱的钢筋混凝土构造柱

(1) 构造柱最小截面可采用190mm×190mm，纵向钢筋宜采用4ϕ12，箍筋间距不宜大于250mm，且在柱上下端应适当加密；6、7度时超过五层、8度时超过四层和9度时，构造柱纵向钢筋宜采用4ϕ14，箍筋间距不应大于200mm；外墙转角的构造柱可适当加大截面及配筋。

(2) 构造柱与砌块墙连接处应砌成马牙槎，与构造柱相邻的砌块孔洞，6度时宜填实，7度时应填实，8、9度时应填实并插筋。构造柱与砌块之间沿墙高每隔600mm设置ϕ4点焊钢筋网片，并沿墙体水平通长设置。6、7度时底部1/3楼层，8度时底部1/2楼层，9度时全部楼层，上述拉结钢筋网片沿墙高间距不大于400mm。

(3) 构造柱与圈梁连接处，构造柱的纵筋应在圈梁纵筋内侧穿过，保证构造柱纵筋上下贯通。

(4) 构造柱可不单独设置基础，但应伸入室外地面下500mm，或与埋深小于500mm的基础圈梁相连。

(二) 设置钢筋混凝土圈梁

1. 多层小砌块房屋现浇钢筋混凝土圈梁的设置位置应按多层砖砌体房屋圈梁的要求确定。

2. 圈梁宽度不应小于190mm，混凝土强度等级不应低于C20。

3. 配筋不应小于4ϕ12，箍筋间距不应大于200mm。

(三) 设置钢筋混凝土带

多层小砌块房屋的层数，6度时超过五层、7度时超过四层、8度时超过三层和9度时，在底层和顶层的窗台标高处，沿纵横墙应设置通长的水平现浇钢筋混凝土带；其截面高度不小于60mm，纵筋不少于2ϕ10，并应有分布拉结钢筋；其混凝土强度等级不应低于C20。

(四) 多层小砌块房屋的加强措施

丙类的多层小砌块房屋，当横墙较少且总高度和层数接近或达到表18-1规定限值时，应按丙类的多层砖砌体房屋的要求采取抗震加强措施。其中，墙体中部的构造柱可采用芯柱替代，芯柱的灌孔数量不应少于2孔，每孔插筋的直径不应小于18mm。

(五) 其他抗震构造措施

多层小砌块房屋的其他抗震构造措施，尚应符合多层砖砌体房屋（三）至（九）款有关要求。

小　　结

1. 进行多层砌体房屋抗震设计时，应注意《抗震规范》的一些设计规定：

（1）房屋高度的限制；（2）房屋最大高宽比的限制；（3）抗震横墙间距的限制；（4）房屋局部尺寸的限制。

这些规定是我国几十年来抗震设计经验的总结。它是提高砌体房屋抗震能力的有效措施。

2. 多层砌体房屋抗震设计的步骤可归纳为：

（1）分别按式（18-1）、（18-2）计算房屋底部剪力和各质点水平地震作用；

（2）按式（18-3）计算楼层地震剪力；

（3）计算各墙体上的分配地震剪力和各墙段上的地震剪力；

（4）按式（18-24）验算墙体截面抗震承载力。

3. 房屋抗震构造措施是抗震设计的重要的一部分。因此，在抗震设计中必须予以重视。多层砌体房屋抗震构造措施包括：（1）设置钢筋混凝土构造柱；（2）设置钢筋混凝土圈梁；（3）墙体之间要有可靠连接；（4）构件要具有足够的搭接长度和可靠连接；（5）加强楼梯间的整体性；（6）采用同一类型基础。

思　考　题

18-1　为什么要限制多层砌体房屋的总高度和层数？为什么要控制房屋最大高宽比的数值？

18-2　多层砌体房屋的结构体系应符合哪些要求？

18-3　为什么要限制多层砌体房屋抗震墙的间距？

18-4　多层砌体房屋的局部尺寸有哪些限制？

18-5　怎样进行多层砌体房屋的抗震验算？

18-6　多层砖房的现浇钢筋混凝土构造柱和圈梁应符合哪些要求？

18-7　在建筑抗震设计中为什么要重视构造措施？

附录 A 《混凝土结构设计规范》GB 50010—2010（2015 版）材料力学指标

混凝土轴心抗压强度标准值（N/mm^2） **附表 A-1**

强度	混凝土强度等级													
	C15	C20	C25	C30	C35	C40	C45	C50	C55	C60	C65	C70	C75	C80
f_{ck}	10.0	13.4	16.7	20.1	23.4	26.8	29.6	32.4	35.5	38.5	41.5	44.5	47.4	50.2

混凝土轴心抗拉强度标准值（N/mm^2） **附表 A-2**

强度	混凝土强度等级													
	C15	C20	C25	C30	C35	C40	C45	C50	C55	C60	C65	C70	C75	C80
f_{tk}	1.27	1.54	1.78	2.01	2.20	2.39	2.51	2.64	2.74	2.85	2.93	2.99	3.05	3.11

混凝土轴心抗压强度设计值（N/mm^2） **附表 A-3**

强度	混凝土强度等级													
	C15	C20	C25	C30	C35	C40	C45	C50	C55	C60	C65	C70	C75	C80
f_c	7.2	9.6	11.9	14.3	16.7	19.1	21.1	23.1	25.3	27.5	29.7	31.8	33.8	35.9

混凝土轴心抗拉强度设计值（N/mm^2） **附表 A-4**

强度	混凝土强度等级													
	C15	C20	C25	C30	C35	C40	C45	C50	C55	C60	C65	C70	C75	C80
f_t	0.91	1.10	1.27	1.43	1.57	1.71	1.80	1.89	1.96	2.04	2.09	2.14	2.18	2.22

混凝土的弹性模量（$\times 10^4 N/mm^2$） **附表 A-5**

混凝土强度等级	C15	C20	C25	C30	C35	C40	C45	C50	C55	C60	C65	C70	C75	C80
E_c	2.20	2.55	2.80	3.00	3.15	3.25	3.35	3.45	3.55	3.60	3.65	3.70	3.75	3.80

注：1. 当有可靠试验依据时，弹性模量值也可根据实测数据确定；
2. 当混凝土中掺有大量矿物掺合料时，弹性模量可按规定龄期根据实测数据确定。

普通钢筋强度标准值 **附表 A-6**

牌 号	符号	公称直径 d(mm)	屈服强度标准值 f_{yk}(N/mm^2)	极限强度标准值 f_{stk}(N/mm^2)
HPB300	Φ	6～14	300	420
HRB335	Φ	6～14	335	455
HRB400 HRBF400 RRB400	Φ $Φ^F$ $Φ^R$	6～50	400	540
HRB500 HRBF500	Φ $Φ^F$	6～50	500	630

预应力筋强度标准值（N/mm²） **附表 A-7**

种类		符号	公称直径 d(mm)	屈服强度标准值 f_{pyk}	极限强度标准值 f_{ptk}
中强度预应力钢丝	光面	ϕ^{PM}	5、7、9	620	800
				780	970
	螺旋肋	ϕ^{HM}		980	1270
预应力螺纹钢筋	螺纹	ϕ^{T}	18、25、32、40、50	785	980
				930	1080
				1080	1230
消除应力钢丝	光面	ϕ^{P}	5	—	1570
				—	1860
			7	—	1570
	螺旋肋	ϕ^{H}	9	—	1470
				—	1570
钢绞线	1×3（三股）	ϕ^{S}	8.6、10.8、12.9	—	1570
				—	1860
				—	1960
	1×7（七股）		9.5、12.7、15.2、17.8	—	1720
				—	1860
				—	1960
			21.6	—	1860

注：极限强度标准值为1960MPa级的钢绞线作后张预应力配筋时，应有可靠的工程经验。

普通钢筋强度设计值（N/mm²） **附表 A-8**

牌号	抗拉强度设计值 f_y	抗压强度设计值 f'_y
HPB300	270	270
HRB335、HRBF335	300	300
HRB400、HRBF400、RRB400	360	360
HRB500、HRBF500	435	435

预应力筋强度设计值（N/mm²） **附表 A-9**

种类	f_{ptk}	抗拉强度设计值 f_{py}	抗压强度设计值 f'_{py}
中强度预应力钢丝	800	510	410
	970	650	
	1270	810	
消除应力钢丝	1470	1040	410
	1570	1110	
	1860	1320	
钢绞线	1570	1110	390
	1720	1220	

续表

种　　类	f_{ptk}	抗拉强度设计值 f_{py}	抗压强度设计值 f'_{py}
钢绞线	1860	1320	390
	1960	1390	
预应力螺纹钢筋	980	650	400
	1080	770	
	1230	900	

注：当预应力筋的强度标准值不符合本表的规定时，其强度设计值应进行相应的比例换算。

钢筋的弹性模数（$\times 10^5 N/mm^2$）　　附表A-10

牌号或种类	弹性模量 E_s
HPB300钢筋	2.10
HRB335、HRB400、HRB500钢筋 HRBF335、HRBF400、HRBF500钢筋 RRB400钢筋 预应力螺纹钢筋	2.00
消除应力钢丝、中强度预应力钢丝	2.05
钢绞线	1.95

注：必要时可采用实测的弹性模量。

普通钢筋及预应力筋在最大力下的总伸长率限值　　附表A-11

钢筋品种	普通钢筋			预应力筋
	HPB300	HRB335、HRBF335、HRB400、HRBF400、HRB500、HRBF500	RRB400	
δ_{gt}(%)	10.0	7.5	5.0	3.5

附录 B 钢筋公称直径和截面面积

钢筋的公称直径、公称截面面积及理论重量 **附表 B-1**

公称直径(mm)	不同根数钢筋的公称截面面积(mm²)									单根钢筋理论重量(kg/m)
	1	2	3	4	5	6	7	8	9	
6	28.3	57	85	113	142	170	198	226	255	0.222
8	50.3	101	151	201	252	302	352	402	453	0.395
10	78.5	157	236	314	393	471	550	628	707	0.617
12	113.1	226	339	452	565	678	791	904	1017	0.888
14	153.9	308	461	615	769	923	1077	1231	1385	1.21
16	201.1	402	603	804	1005	1206	1407	1608	1809	1.58
18	254.5	509	763	1017	1272	1527	1781	2036	2290	2.00(2.11)
20	314.2	628	942	1256	1570	1884	2199	2513	2827	2.47
22	380.1	760	1140	1520	1900	2281	2661	3041	3421	2.98
25	490.9	982	1473	1964	2454	2945	3436	3927	4418	3.85(4.10)
28	615.8	1232	1847	2463	3079	3695	4310	4926	5542	4.83
32	804.2	1609	2413	3217	4021	4826	5630	6434	7238	6.31(6.65)
36	1017.9	2036	3054	4072	5089	6107	7125	8143	9161	7.99
40	1256.6	2513	3770	5027	6283	7540	8796	10053	11310	9.87(10.34)
50	1963.5	3928	5892	7856	9820	11784	13748	15712	17676	15.42(16.28)

注：括号内为预应力螺纹钢筋的数值。

每米板宽内的钢筋截面面积表 **附表 B-2**

钢筋间距(mm)	当钢筋直径(mm)为下列数值时的钢筋截面面积(mm²)													
	3	4	5	6	6/8	8	8/10	10	10/12	12	12/14	14	14/16	16
70	101	179	281	404	561	719	920	1121	1369	1616	1908	2199	2536	2872
75	94.3	167	262	377	524	671	859	1047	1277	1508	1780	2053	2367	2681
80	88.4	157	245	354	491	629	805	981	1198	1414	1669	1924	2218	2513
85	83.2	148	231	333	462	592	758	924	1127	1331	1571	1811	2088	2365
90	78.5	140	218	314	437	559	716	872	1064	1257	1484	1710	1972	2234
95	74.5	132	207	298	414	529	678	826	1008	1190	1405	1620	1868	2116
100	70.6	126	196	283	393	503	644	785	958	1131	1335	1539	1775	2011
110	64.2	114	178	257	357	457	585	714	871	1028	1214	1399	1614	1828
120	58.9	105	163	236	327	419	537	654	798	942	1112	1283	1480	1676
125	56.5	100	157	226	314	402	515	628	766	905	1068	1232	1420	1608
130	54.4	96.6	151	218	302	387	495	604	737	870	1027	1184	1366	1547
140	50.5	89.7	140	202	281	359	460	561	684	808	954	1100	1268	1436
150	47.1	83.8	131	189	262	335	429	523	639	754	890	1026	1188	1340
160	44.1	78.5	123	177	246	314	403	491	599	707	834	962	1110	1257
170	41.5	73.9	115	166	231	296	379	462	564	665	786	906	1044	1183

续表

钢筋间距(mm)	当钢筋直径(mm)为下列数值时的钢筋截面面积(mm^2)													
	3	4	5	6	6/8	8	8/10	10	10/12	12	12/14	14	14/16	16
180	39.2	69.8	109	157	218	279	358	436	532	628	742	855	985	1117
190	37.2	66.1	103	149	207	265	339	413	504	595	702	810	934	1053
200	35.3	62.8	98.2	141	196	251	322	393	479	565	668	770	888	1005
220	32.1	57.1	89.3	129	178	228	292	357	436	514	607	700	807	914
240	29.4	52.4	81.9	118	164	209	268	327	399	471	556	641	740	838
250	28.3	50.2	78.5	113	157	201	258	314	383	452	534	616	710	804
260	27.2	48.3	75.5	109	151	193	248	302	368	435	514	592	682	773
280	25.2	44.9	70.1	101	140	180	230	281	342	404	477	550	634	718
300	23.6	41.9	65.5	94	131	168	215	262	320	377	445	513	592	670
320	22.1	39.2	61.4	88	123	157	201	245	299	353	417	481	554	628

注：表中钢筋直径中的6/8、6/10等系指两种直径的钢筋间隔放置。

钢筋组合表 **附表 B-3**

1根				2根		3根		4根	
直径	面积(mm^2)	周长(mm)	每米质量(kg/m)	根数及直径	面积(mm^2)	根数及直径	面积(mm^2)	根数及直径	面积(mm^2)
ϕ3	7.1	9.4	0.055	2ϕ10	157	3ϕ12	339	4ϕ12	452
ϕ4	12.6	12.6	0.099	1ϕ10+ϕ12	192	2ϕ12+1ϕ14	380	3ϕ12+1ϕ14	493
ϕ5	19.6	15.7	0.154	2ϕ12	226	1ϕ12+2ϕ14	421	2ϕ12+2ϕ14	534
ϕ5.5	23.8	17.3	0.197	1ϕ12+ϕ14	267	3ϕ14	461	1ϕ12+3ϕ14	575
ϕ6	28.3	18.9	0.222	2ϕ14	308	2ϕ14+1ϕ16	509	4ϕ14	615
ϕ6.5	33.2	20.4	0.260	1ϕ14+ϕ16	355	1ϕ14+2ϕ15	556	3ϕ14+1ϕ16	663
ϕ7	38.5	22.0	0.302	2ϕ16	402	3ϕ16	603	2ϕ14+2ϕ16	710
ϕ8	50.3	25.1	0.395	1ϕ16+ϕ18	456	2ϕ16+1ϕ18	657	1ϕ14+3ϕ16	757
ϕ9	63.6	28.3	0.499	2ϕ18	509	1ϕ16+2ϕ18	710	4ϕ16	804
ϕ10	78.5	31.4	0.617	1ϕ18+ϕ20	569	3ϕ18	7603	3ϕ16+1ϕ18	858
ϕ12	113	37.7	0.888	2ϕ20	628	2ϕ18+1ϕ20	823	2ϕ16+2ϕ18	911
ϕ14	154	4.0	1.21	1ϕ20+ϕ22	694	1ϕ18+2ϕ20	883	1ϕ16+3ϕ18	965
ϕ16	201	50.3	1.58	2ϕ22	760	3ϕ20	941	4ϕ18	1017
ϕ18	255	56.5	2.00	1ϕ22+ϕ25	871	2ϕ20+1ϕ22	1009	3ϕ18+1ϕ20	1078
ϕ19	284	59.7	2.23	2ϕ25	982	1ϕ20+2ϕ22	1074	2ϕ18+2ϕ20	1137
ϕ20	321.4	62.8	2.47			3ϕ22	1140	1ϕ18+3ϕ20	1197
ϕ22	380	69.1	2.98			2ϕ22+1ϕ25	1251	4ϕ20	1256
ϕ25	491	78.5	3.85			1ϕ22+2ϕ25	1362	3ϕ20+1ϕ22	1323
ϕ28	615	88.0	4.83			3ϕ25	1473	2ϕ20+2ϕ22	1389
ϕ30	707	94.2	5.55					1ϕ20+3ϕ22	1455
ϕ32	804	101	6.31					4ϕ22	1520
ϕ36	1020	113	7.99					3ϕ22+1ϕ25	1631
ϕ40	1260	126	9.87					2ϕ22+2ϕ25	1742
								1ϕ22+3ϕ25	1853
								4ϕ25	1964

续表

5根		6根		7根		8根	
根数及直径	面积（mm²）	根数及直径	面积（mm²）	根数及直径	面积（mm²）	根数及直径	面积（mm²）
5φ12	565	6φ12	678	7φ12	791	8φ12	904
4φ12＋1φ14	606	4φ12＋2φ14	760	5φ12＋2φ14	873	6φ12＋2φ14	986
3φ12＋2φ14	647	3φ12＋3φ14	801	4φ12＋3φ14	914	5φ12＋3φ14	1027
2φ12＋3φ14	688	2φ12＋4φ14	842	3φ12＋4φ14	955	4φ12＋4φ14	1068
1φ12＋4φ14	729	1φ12＋5φ14	883	2φ12＋5φ14	996	3φ12＋5φ14	1109
5φ14	769	6φ14	923	7φ14	1077	2φ12＋6φ14	1150
4φ14＋1φ16	817	4φ14＋2φ16	1018	5φ14＋2φ16	1172	8φ14	1231
3φ14＋2φ16	864	3φ14＋3φ16	1065	4φ14＋3φ16	1219	6φ14＋2φ16	1326
2φ14＋3φ16	911	2φ14＋4φ16	1112	3φ14＋4φ16	1266	5φ14＋3φ16	1373
1φ14＋4φ16	958	1φ14＋5φ16	1159	2φ14＋5φ16	1313	4φ14＋4φ16	1420
5φ16	1005	6φ16	1206	7φ16	1407	3φ14＋5φ16	1467
4φ16＋1φ18	1059	4φ16＋2φ18	1313	5φ16＋2φ18	1514	2φ14＋6φ16	1514
3φ16＋2φ18	1112	3φ16＋3φ18	1367	4φ16＋3φ18	1568	8φ16	1608
2φ16＋3φ18	1166	2φ16＋4φ18	1420	3φ16＋4φ18	1621	6φ16＋2φ18	1716
1φ16＋4φ18	1219	1φ16＋5φ18	1474	2φ16＋5φ18	1675	5φ16＋3φ18	1769
5φ18	1272	6φ18	1526	7φ18	1780	4φ16＋4φ18	1822
4φ18＋1φ20	1332	4φ18＋2φ20	1646	5φ18＋2φ20	1901	3φ16＋5φ18	1876
3φ18＋2φ20	1392	3φ18＋3φ20	1706	4φ18＋3φ20	1961	2φ16＋6φ18	1929
2φ18＋3φ20	1452	2φ18＋4φ20	1766	3φ18＋4φ20	2020	8φ18	2036
1φ18＋4φ20	1511	1φ18＋5φ20	1826	2φ18＋5φ20	2080	6φ18＋2φ20	2155
5φ20	1570	6φ20	1884	7φ20	2200	5φ18＋3φ20	2215
4φ20＋1φ122	1634	φ20＋2φ227	2017	5φ20＋2φ22	2331	4φ18＋4φ22	2275
3φ20＋2φ22	1703	3φ20＋3φ22	2083	4φ20＋3φ22	2397	3φ18＋5φ20	2335
2φ20＋3φ22	1769	2φ20＋4φ22	2149	3φ20＋4φ22	2463	2φ18＋6φ20	2304
1φ20＋4φ22	1835	1φ20＋5φ22	2215	2φ20＋5φ22	2529	8φ20	2513
5φ22	1900	6φ22	2281	7φ22	2661	6φ20＋2φ22	2646
4φ22＋1φ25	2011	4φ22＋2φ25	2502	5φ22＋2φ25	2882	5φ20＋3φ22	2711
3φ22＋2φ25	2122	3φ22＋3φ25	2613	4φ22＋3φ25	2993	4φ20＋4φ22	2777
2φ22＋3φ25	2233	2φ22＋4φ25	2724	3φ22＋4φ25	3104	3φ20＋5φ22	2843
1φ22＋4φ25	2344	1φ22＋5φ25	2835	2φ22＋5φ25	3215	2φ20＋6φ22	2909
5φ25	2454	6φ25	2945	72φ25	3436	8φ22	3041
						6φ22＋φ25	3263
						5φ22＋φ325	3373
						4φ22＋4φ25	3484
						3φ22＋5φ25	3595
						2φ22＋6φ25	3706
						8φ25	3927

钢绞线的公称直径、公称截面面积及理论重量　　附表 B-4

种　类	公称直径(mm)	公称截面面积(mm^2)	理论重量(kg/m)
1×3	8.6	37.7	0.296
	10.8	58.9	0.462
	12.9	84.8	0.666
1×7 标准型	9.5	54.8	0.430
	12.7	98.7	0.775
	15.2	140	1.101
	17.8	191	1.500
	21.6	285	2.237

钢丝的公称直径、公称截面面积及理论重量　　附表 B-5

公称直径(mm)	公称截面面积(mm^2)	理论重量(kg/m)	公称直径(mm)	公称截面面积(mm^2)	理论重量(kg/m)
3.0	7.07	0.055	7.0	38.48	0.302
4.0	12.57	0.099	8.0	50.26	0.394
5.0	19.63	0.154	9.0	63.62	0.499
6.0	28.27	0.222			

附录C 《混凝土结构设计规范》GB 50010—2010（2015版）有关规定

混凝土保护层的最小厚度 c（mm） 附表 C-1

环境类别	板、墙、壳	梁、柱、杆	环境类别	板、墙、壳	梁、柱、杆
一	15	20	三 a	30	40
二 a	20	25	三 b	40	50
二 b	25	35			

注：1. 混凝土强度等级不大于C25时，表中保护层厚度数值应增加5mm；
2. 钢筋混凝土基础宜设置混凝土垫层，基础中钢筋的混凝土保护层厚度应从垫层顶面算起，且不应小于40mm。

纵向受力钢筋的最小配筋百分率 ρ_{min}（%） 附表 C-2

受力类型			最小配筋百分率
受压构件	全部纵向钢筋	强度等级500MPa	0.50
		强度等级400MPa	0.55
		强度等级300MPa、335MPa	0.60
	一侧纵向钢筋		0.20
受弯构件、偏心受拉、轴心受拉构件一侧的受拉钢筋			0.20和$45f_t/f_y$中的较大值

注：1. 受压构件全部纵向钢筋最小配筋百分率，当采用C60以上强度等级的混凝土时，应按表中规定增加0.10；
2. 板类受弯构件（不包括悬臂板）的受拉钢筋，当采用强度等级400MPa、500MPa的钢筋时，其最小配筋百分率应允许采用0.15和$45f_t/f_y$中的较大值；
3. 偏心受拉构件中的受压钢筋，应按受压构件一侧纵向钢筋考虑；
4. 受压构件的全部纵向钢筋和一侧纵向钢筋的配筋率以及轴心受拉构件和小偏心受拉构件一侧受拉钢筋的配筋率，均应按构件的全截面面积计算；
5. 受弯构件、大偏心受拉构件一侧受拉钢筋的配筋率应按全截面面积扣除受压翼缘面积$(b_f'-b)h_f'$后的截面面积计算；
6. 当钢筋沿构件截面周边布置时，“一侧纵向钢筋”系指沿受力方向两个对边中一边布置的纵向钢筋。

受弯构件的挠度限值 附表 C-3

构件类型	挠度限值	
吊车梁	手动吊车	$l_0/500$
	电动吊车	$l_0/600$
屋盖、楼盖及楼梯构件	当$l_0<7$m时	$l_0/200(l_0/250)$
	当$7m\leqslant l_0\leqslant 9$m时	$l_0/250(l_0/300)$
	当$l_0>9$m时	$l_0/300(l_0/400)$

注：1. 表中l_0为构件的计算跨度；计算悬臂构件的挠度限值时，其计算跨度l_0按实际悬臂长度的2倍取用；
2. 表中括号内的数值适用于使用上对挠度有较高要求的构件；
3. 如果构件制作时预先起拱，且使用上也允许，则在验算挠度时，可将计算所得的挠度值减去起拱值；对预应力混凝土构件，尚可减去预加力所产生的反拱值；
4. 构件制作时的起拱值和预加力所产生的反拱值，不宜超过构件在相应荷载组合作用下的计算挠度值。

结构构件的裂缝控制等级及最大裂缝宽度的限值（mm）　　附表 C-4

<table>
<tr><th rowspan="2">环境类别</th><th colspan="2">钢筋混凝土结构</th><th colspan="2">预应力混凝土结构</th></tr>
<tr><th>裂缝控制等级</th><th>w_{lim}</th><th>裂缝控制等级</th><th>w_{lim}</th></tr>
<tr><td>一</td><td rowspan="4">三级</td><td>0.30(0.40)</td><td rowspan="2">三级</td><td>0.20</td></tr>
<tr><td>二 a</td><td rowspan="3">0.20</td><td>0.10</td></tr>
<tr><td>二 b</td><td>二级</td><td>—</td></tr>
<tr><td>三 a、三 b</td><td>一级</td><td>—</td></tr>
</table>

注：1. 对处于年平均相对湿度小于60%地区一类环境下的受弯构件，其最大裂缝宽度限值可采用括号内的数值；
2. 在一类环境下，对钢筋混凝土框架、托架及需作疲劳验算的吊车梁，其最大裂缝宽度限值应取为0.20mm；对钢筋混凝土屋面梁和托梁，其最大裂缝宽度限值应取为0.30mm；
3. 在一类环境下，对预应力混凝土屋架、托架及双向板体系，应按二级裂缝控制等级进行验算；对一类环境下的预应力混凝土屋面梁、托梁、单向板，应按表中二a级环境的要求进行验算；在一类和二a类环境下需作疲劳验算的预应力混凝土吊车梁，应按裂缝控制等级不低于二级的构件进行验算；
4. 表中规定的预应力混凝土构件的裂缝控制等级和最大裂缝宽度限值仅适用于正截面的验算；预应力混凝土构件的斜截面裂缝控制验算应符合本规范第7章的有关规定；
5. 对于烟囱、筒仓和处于液体压力下的结构，其裂缝控制要求应符合专门标准的有关规定；
6. 对于处于四、五类环境下的结构构件，其裂缝控制要求应符合专门标准的有关规定；
7. 表中的最大裂缝宽度限值为用于验算荷载作用引起的最大裂缝宽度。

截面抵抗矩塑性影响系数基本值 γ_m　　附表 C-5

<table>
<tr><td>项次</td><td>1</td><td>2</td><td colspan="2">3</td><td colspan="2">4</td><td>5</td></tr>
<tr><td rowspan="2">截面形状</td><td rowspan="2">短形截面</td><td rowspan="2">翼缘位于受压区的T形截面</td><td colspan="2">对称I形截面或箱形截面</td><td colspan="2">翼缘位于受拉区的倒T形截面</td><td rowspan="2">圆形和环形截面</td></tr>
<tr><td>$b_f/b \leqslant 2$、h_f/h为任意值</td><td>$b_f/b > 2$、$h_f/h < 0.2$</td><td>$b_f/b \leqslant 2$、h_f/h为任意值</td><td>$b_f/b > 2$、$h_f/h < 0.2$</td></tr>
<tr><td>γ_m</td><td>1.55</td><td>1.50</td><td>1.45</td><td>1.35</td><td>1.50</td><td>1.40</td><td>$1.6-0.24r_1/r$</td></tr>
</table>

注：1. 对 $b_f' > b_f$ 的I形截面，可按项次2与项次3之间的数值采用；对 $b_f' < b_f$ 的I形截面，可按项次3与项次4之间的数值采用；
2. 对于箱形截面，b 系指各肋宽度的总和；
3. r_1 为环形截面的内环半径，对圆形截面取 r_1 为零。

附录D　等截面等跨连续梁在常用荷载作用下内力系数表

连续梁跨度数	序号	荷载简图	跨内最大弯矩			支座弯矩	横向剪力				
			M_1		M_2	M_B	V_A		$V_{B左}$	$V_{B右}$	V_C
两跨梁	1	g; A, B, C; l_0, l_0	k_1	0.070	0.070	−0.125①	k_3	0.375	−0.625②	0.625②	−0.375
	2	q; M_1, M_2	k_2	0.096	−0.025	−0.063	k_4	0.437	−0.563	0.063	0.063
	3	G, G	k_1	0.156	0.156	−0.188①	k_3	0.312	−0.688②	0.688②	−0.312
	4	Q	k_2	0.203	0.047	−0.094	k_4	0.406	−0.594	0.094	0.094
	5	G, G, G, G	k_1	0.222	0.222	−0.333①	k_3	0.667	−1.334②	1.334②	−0.667
	6	Q, Q	k_2	0.278	−0.056	−0.167	k_4	0.833	−1.167	0.167	0.167

续表

连续梁跨度数	序号	荷载简图	跨内最大弯矩			支座弯矩		横向剪力						
				M_1	M_2	M_B	M_C		V_A	$V_{B左}$	$V_{B右}$	$V_{C左}$	$V_{C右}$	V_D
三跨梁	1	g; A B C D; l_0 l_0 l_0	k_1	0.080	0.025	−0.010	−0.100	k_3	0.400	−0.600	0.500	−0.500	0.600	−0.400
	2	q; M_1 M_2 M_3	k_2	0.101	−0.050	−0.050	−0.050	k_4	0.450	−0.550	0.000	0.000	0.550	−0.450
	3	q	k_2	−0.025	0.075	−0.050	−0.050	k_4	−0.050	−0.050	0.500	−0.500	0.050	0.050
	4	q	k_2	0.073	0.054	−0.117	−0.033	k_4	0.383	−0.617	0.583	−0.417	0.033	0.033
	5	q	k_2	0.094	—	−0.067	−0.017	k_4	0.433	−0.597	0.083	0.083	−0.017	−0.017
	6	G G G	k_1	0.175	0.100	−0.150	−0.150	k_3	0.350	−0.650	0.500	−0.500	0.650	−0.350
	7	Q Q	k_2	0.213	−0.075	−0.075	−0.075	k_4	0.420	−0.575	0.000	0.000	0.575	−0.425
	8	Q	k_2	−0.038	0.175	−0.075	−0.075	k_4	−0.075	−0.075	0.500	−0.500	0.075	0.075
	9	Q Q	k_2	0.162	0.137	−0.175	−0.050	k_4	0.325	−0.675	0.625	−0.375	0.050	0.050
	10	Q	k_2	0.200	—	−0.100	−0.025	k_4	0.400	−0.600	0.125	0.125	−0.025	−0.025

续表

连续梁跨度数	序号	荷载简图	跨内最大弯矩			支座弯矩		横向剪力						
				M_1	M_2	M_B	M_C		V_A	$V_{B左}$	$V_{B右}$	$V_{C左}$	$V_{C右}$	V_D
三跨梁	11		k_1	0.244	0.067	−0.267	−0.267	k_3	0.733	−1.267	1.000	−1.000	1.267	−0.733
	12		k_2	0.289	−0.133	−0.133	−0.133	k_4	0.866	−1.134	0.000	0.000	1.134	−0.866
	13		k_2	−0.044	0.200	−0.133	−0.133	k_4	−0.133	−0.133	1.000	−1.000	0.133	0.133
	14		k_2	0.229	0.170	−0.311	−0.089	k_4	0.689	−1.311	1.222	−0.778	0.089	0.089
	15		k_2	0.274	—	−0.178	−0.044	k_4	0.822	−1.178	0.222	0.222	−0.044	−0.044

连续梁跨度数	序号	荷载简图	跨内最大弯矩					支座弯矩			横向剪力								
				M_1	M_2	M_3	M_4	M_B	M_C	M_D		V_A	$V_{B左}$	$V_{B右}$	$V_{C左}$	$V_{C右}$	$V_{D左}$	$V_{D右}$	V_B
四跨梁	1		k_1	0.077	0.036	0.036	0.077	−0.107	−0.071	−0.107	k_3	0.393	−0.607	0.536	−0.464	0.464	−0.536	0.607	−0.393
	2		k_2	0.100	−0.045	0.081	−0.023	−0.054	−0.036	−0.054	k_4	0.446	−0.554	0.018	0.018	0.482	−0.518	0.054	0.054
	3		k_2	0.072	0.061	—	0.098	−0.121	−0.018	−0.058	k_4	0.380	−0.620	−0.603	−0.397	−0.040	−0.040	0.558	−0.442
	4		k_2	—	0.056	0.056	—	−0.036	−0.107	−0.036	k_4	−0.036	−0.036	0.429	−0.571	0.571	−0.429	0.036	0.036
	5		k_2	0.094	—	—	—	−0.067	−0.018	−0.004	k_4	0.433	−0.567	0.085	0.085	−0.022	−0.022	0.004	0.004

续表

连续梁跨度数	序号	荷载简图		跨内最大弯矩				支座弯矩				横向剪力							
				M_1	M_2	M_3	M_4	M_B	M_C	M_D		V_A	$V_{B左}$	$V_{B右}$	$V_{C左}$	$V_{C右}$	$V_{D左}$	$V_{D右}$	V_B
四跨梁	6	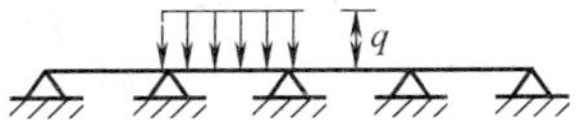	k_2	—	0.074	—	—	−0.049	−0.054	0.013	k_4	0.049	−0.049	0.496	−0.504	0.067	0.067	−0.013	−0.015
	7	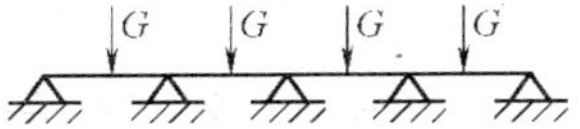	k_1	0.169	0.116	0.116	0.169	−0.161	−0.107	−0.161	k_3	0.339	−0.661	0.558	−0.446	0.446	−0.554	0.661	−0.339
	8	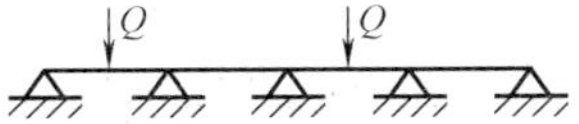	k_2	0.210	−0.067	0.183	−0.040	−0.080	−0.054	−0.080	k_4	0.420	−0.580	0.027	0.027	0.473	−0.527	0.080	0.080
	9	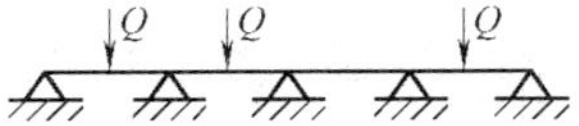	k_2	0.159	0.146	—	0.206	−0.181	−0.027	−0.087	k_4	0.319	−0.681	0.654	−0.346	−0.060	−0.060	0.587	−0.413
	10	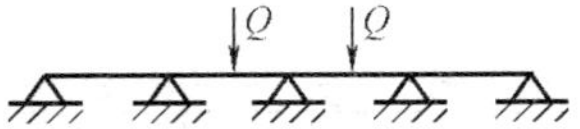	k_2	—	0.142	0.142	—	−0.054	−0.161	−0.054	k_4	−0.054	−0.054	0.393	−0.607	0.607	−0.393	0.054	0.054
	11		k_2	0.200	—	—	—	−0.100	0.027	−0.007	k_4	0.400	−0.600	0.127	0.127	−0.033	−0.033	0.007	0.007
	12	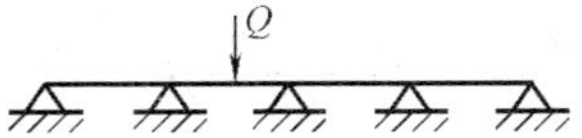	k_2	—	0.173	—	—	−0.074	−0.080	0.020	k_4	−0.074	−0.074	0.493	−0.507	0.100	0.100	−0.020	−0.202
	13	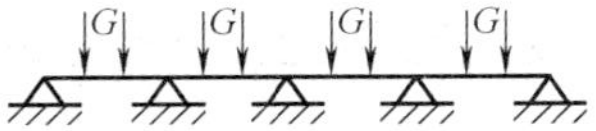	k_1	0.238	0.111	0.111	0.238	−0.286	−0.191	−0.286	k_3	0.714	−1.286	1.095	−0.905	0.905	−1.095	1.286	−0.714
	14	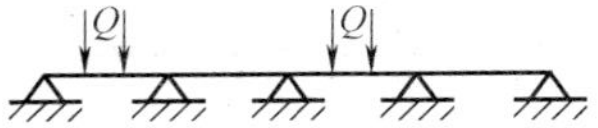	k_2	0.286	−0.111	0.222	−0.048	−0.143	−0.095	−0.143	k_4	0.857	−1.143	0.048	0.048	0.952	−1.048	0.143	0.143
	15	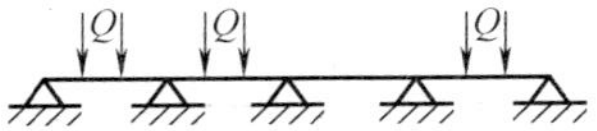	k_2	0.226	0.194	—	0.282	−0.321	−0.048	−0.155	k_4	0.679	−1.321	1.274	−0.726	−0.107	−0.107	1.155	−0.845

续表

连续梁跨度数	序号	荷载简图	跨内最大弯矩					支座弯矩			横向剪力								
				M_1	M_2	M_3	M_4	M_B	M_C	M_D		V_A	$V_{B左}$	$V_{B右}$	$V_{C左}$	$V_{C右}$	$V_{D左}$	$V_{D右}$	V_B
四跨梁	16		k_2	—	0.175	0.175	—	−0.095	−0.286	−0.095	k_4	−0.095	−0.095	0.810	−1.190	1.190	−0.810	0.095	0.095
	17		k_2	0.274	—	—	—	−0.178	0.048	−0.012	k_4	0.822	−1.178	0.226	0.226	−0.060	−0.060	0.012	0.012
	18		k_2	—	0.198	—	—	−0.131	−0.143	0.036	k_4	−0.131	−0.131	0.988	−1.012	0.178	0.178	−0.036	−0.036

连续梁跨度数	序号	荷载简图	跨内最大弯矩			支座弯矩				横向剪力											
				M_1	M_2	M_3	M_B	M_C	M_D	M_E		V_A	$V_{B左}$	$V_{B右}$	$V_{C左}$	$V_{C右}$	$V_{D左}$	$V_{D右}$	$V_{E左}$	$V_{E右}$	V_F
五跨度	1		k_1	0.0781	0.0331	0.462	−0.105	−0.079	−0.079	−0.105	k_3	0.394	−0.606	0.526	−0.474	0.500	−0.500	0.474	−0.526	0.606	−0.394
	2		k_2	0.1000	−0.0461	0.855	−0.053	−0.040	−0.040	−0.053	k_4	0.447	−0.553	0.013	0.013	0.500	−0.500	−0.013	−0.013	0.553	−0.447
	3		k_2	−0.0263	0.0787	−0.395	−0.053	−0.040	−0.040	−0.053	k_4	−0.053	−0.053	0.513	−0.487	0.000	0.000	0.487	−0.513	0.053	0.053
	4		k_2	0.073	$\frac{0.059③}{0.078}$	—	−0.119	−0.022	−0.044	−0.051	k_4	0.380	−0.620	0.598	−0.402	−0.023	−0.023	0.493	−0.507	0.052	0.052
	5		k_2	$\frac{—④}{0.098}$	0.055	0.064	−0.035	−0.111	−0.020	−0.057	k_4	−0.035	−0.035	0.424	−0.576	0.591	−0.409	−0.037	−0.037	0.557	−0.443
	6		k_2	0.094	—	—	−0.067	0.018	−0.005	0.001	k_4	0.433	−0.567	0.085	0.085	−0.023	−0.023	0.006	0.006	−0.001	−0.001
	7		k_2	—	0.074	—	−0.049	−0.054	−0.014	−0.004	k_4	−0.049	−0.049	0.495	−0.505	−0.068	−0.068	−0.018	0.018	0.004	0.004

续表

连续梁跨度数	序号	荷载简图	跨内最大弯矩				支座弯矩				横向剪力										
				M_1	M_2	M_3	M_B	M_C	M_D	M_E		V_A	$V_{B左}$	$V_{B右}$	$V_{C左}$	$V_{C右}$	$V_{D左}$	$V_{D右}$	$V_{E左}$	$V_{E右}$	V_F
五跨梁	8	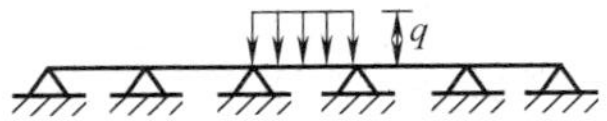	k_4	—	—	0.072	0.013	−0.053	−0.053	0.013	k_4	0.013	0.013	−0.066	−0.066	−0.500	−0.500	0.066	0.066	−0.013	−0.013
	9	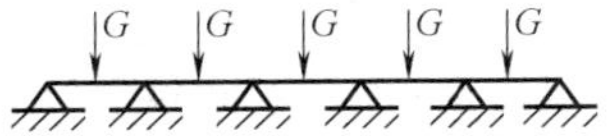	k_1	0.171	0.112	0.132	−0.158	−0.118	−0.118	−0.158	k_3	0.342	−0.658	0.540	−0.460	0.500	−0.500	0.460	−0.540	−0.658	−0.342
	10	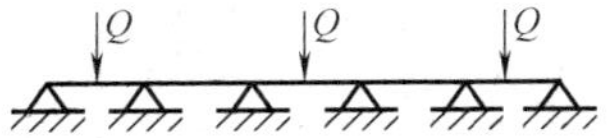	k_2	0.211	−0.069	0.191	−0.079	−0.059	−0.059	−0.079	k_4	0.421	−0.579	0.020	0.020	0.500	−0.500	−0.020	−0.020	0.279	−0.421
	11	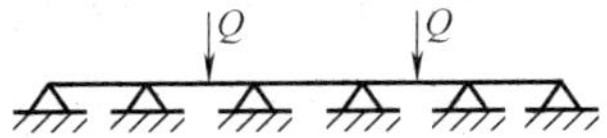	k_2	0.039	0.181	−0.059	−0.079	−0.059	−0.059	−0.079	k_4	−0.079	−0.079	0.520	−0.480	0.000	0.000	0.480	−0.520	0.079	0.079
	12	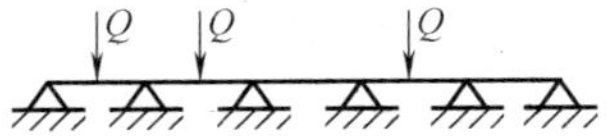	k_2	0.160	$\frac{0.144③}{0.178}$	—	−0.179	−0.032	−0.066	−0.077	k_4	0.321	−0.679	0.647	−0.353	−0.034	−0.034	0.489	−0.511	0.077	0.077
	13	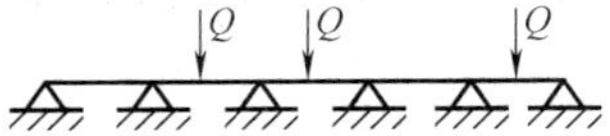	k_2	$\frac{—④}{0.207}$	0.140	0.151	−0.052	−0.167	−0.031	−0.086	k_4	−0.052	−0.052	0.385	−0.615	0.637	−0.363	−0.056	−0.056	0.586	−0.414
	14		k_2	0.200	—	—	−0.100	0.027	−0.007	0.002	k_4	0.400	−0.600	0.127	0.127	−0.034	−0.034	0.009	0.009	−0.002	−0.002
	15		k_2	—	0.173	—	−0.073	−0.081	0.022	−0.005	k_4	−0.073	−0.073	0.493	−0.507	0.102	0.102	−0.027	−0.027	0.005	0.005
	16	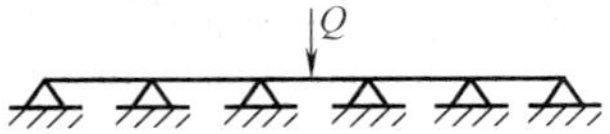	k_2	—	—	0.171	0.020	−0.079	0.079	0.020	k_4	0.020	0.020	−0.099	−0.099	0.500	−0.500	0.099	0.099	−0.020	−0.020
	17	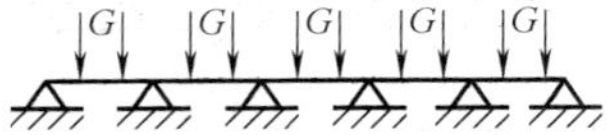	k_1	0.240	0.100	0.122	−0.281	−0.211	−0.211	−0.281	k_3	0.719	−1.281	1.070	−0.930	1.000	−1.000	0.930	−1.070	1.281	−0.719
	18	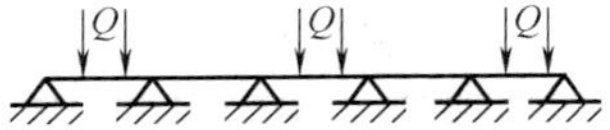	k_2	0.287	−0.117	0.228	−0.140	−0.105	−0.105	−0.140	k_4	0.860	−1.140	0.035	0.035	1.000	−1.000	−0.035	−0.035	1.140	−0.860

续表

连续梁跨度数	序号	荷载简图		跨内最大弯矩			支座弯矩					横向剪力									
				M_1	M_2	M_3	M_B	M_C	M_D	M_E		V_A	$V_{B左}$	$V_{B右}$	$V_{C左}$	$V_{C右}$	$V_{D左}$	$V_{D右}$	$V_{E左}$	$V_{E右}$	V_F
五跨梁	19		k_2	−0.047	−0.0216	−0.105	−0.140	−0.105	−0.105	−0.140	k_4	−0.140	−0.140	1.035	−0.965	0.000	0.000	0.965	−1.035	0.140	0.140
	20		k_2	0.227	$\frac{0.189③}{0.209}$	—	−0.319	−0.057	−0.118	−0.137	k_4	0.681	−1.319	1.262	−0.738	−0.061	−0.061	0.981	−1.019	0.137	0.137
	21		k_2	$\frac{—④}{0.282}$	0.172	0.198	−0.093	−0.297	−0.054	−0.153	k_4	−0.093	−0.093	0.796	−1.204	1.243	−0.757	−0.099	−0.099	1.153	−0.847
	22		k_2	0.274	—	—	−0.179	0.048	−0.013	0.003	k_4	0.821	−1.179	0.227	0.227	−0.061	−0.061	0.016	0.016	−0.003	−0.003
	23		k_2	—	0.198	—	−0.131	−0.144	0.038	−0.010	k_4	−0.131	−0.131	0.987	−1.013	0.182	0.182	−0.048	−0.048	0.010	0.010
	24		k_2	—	—	0.193	0.035	−0.140	−0.140	0.035	k_4	0.035	0.035	−0.175	−0.175	1.000	−1.000	0.175	0.175	−0.035	−0.035

① 在两跨都布置活荷载时，系数 k_2 取此处 k_1 数值。

② 在两跨都布置活荷载时，系数 k_4 取此处 k_3 数值。

均布荷载　$M=K_1gl_0^2+K_2ql_0^2$　$V=K_3gl_0+K_4ql_0$

均布荷载　$M=K_1Gl_0+K_2Ql_0$　$V=K_3G+K_4Q$

式中　g——单位长度上的均布恒载；

q——单位长度上的均布活荷载；

G——集中恒载；

Q——集中活荷载；

K_1～K_4——由表中相应栏内查得。

③ 分子及分母分别为 M_2 及 M_4 的弯矩系数。

④ 分子及分母分别为 M_1 及 M_5 的弯矩系数。

附录 E 《砌体结构工程施工质量验收规范》GB 50203—2011 有关规定

施工质量控制等级 **附表 E-1**

项目	施工质量控制等级		
	A	B	C
现场质量管理	监督检查制度健全，并严格执行；施工方有在岗专业技术管理人员，人员齐全，并持证上岗	监督检查制度基本健全，并能执行；施工方有在岗专业技术管理人员，人员齐全，并持证上岗	有监督检查制度；施工方有在岗专业技术管理人员
砂浆、混凝土强度	试块按规定制作，强度满足验收规定，离散性小	试块按规定制作，强度满足验收规定，离散性较小	试块按规定制作，强度满足验收规定，离散性大
砂浆拌合	机械拌合；配合比计量控制严格	机械拌合；配合比计量控制一般	机械或人工拌合；配合比计量控制较差
砌筑工人	中级工以上，其中高级工不少于 30%	高、中级工不少于 70%	初级工以上

注：1. 砂浆、混凝土强度离散性大小，根据强度标差确定；
2. 配筋砌体不得为 C 级施工。

附录F 我国主要城镇抗震设防烈度、设计基本地震加速度和设计地震分组（节录）

本附录仅提供我国各县级及县级以上城镇地区建筑工程抗震设计所采用的抗震设防烈度（以下简称“烈度”）、设计基本地震动加速度值（以下简称“加速度”）和所属的设计地震动分组（以下简称“分组”）。

A.0.1 北京市

烈度	加速度	分组	县级及县级以上城镇
8度	0.20g	第二组	东城区、西城区、朝阳区、丰台区、石景山区、海淀区、门头沟区、房山区、通州区、顺义区、昌平区、大兴区、怀柔区、平谷区、密云区、延庆区、

A.0.2 天津市

烈度	加速度	分组	县级及县级以上城镇
8度	0.20g	第二组	和平区、河东区、河西区、南开区、河北区、红桥区、东丽区、津南区、北辰区、武清区、宝坻区、滨海新新、宁河区
7度	0.15g	第二组	西青区、静海区、蓟县

A.0.3 河北省

城市	烈度	加速度	分组	县级及县级以上城镇
石家庆市	7度	0.15g	第一组	辛集市
	7度	0.10g	第一组	赵县
	7度	0.10g	第二组	长安区、桥西区、新华区、井陉矿区、裕华区、栾城区、藁城区、鹿泉区、井陉县、正定县、高邑县、深泽县、无极县、平山县、元氏县、晋州市
	7度	0.10g	第三组	灵寿县
	6度	0.05g	第三组	行唐县、赞皇县、新乐市
唐山市	8度	0.30g	第二组	路南区、丰南区
	8度	0.20g	第二组	路北区、古冶区、开平区、丰润区、滦县
	7度	0.15g	第二组	曹妃甸区（唐县）、乐亭县、玉田县
	7度	0.15g	第二组	滦南县、迁安市
	7度	0.15g	第二组	迁西县、遵化市
秦皇岛市	7度	0.15g	第二组	卢龙县
	7度	0.10g	第三组	青龙满族自治县、海港区
	7度	0.10g	第二组	抚宁区、北戴河区、昌黎县
	6度	0.05g	第三组	山海关区
邯郸市	8度	0.20g	第二组	峰峰矿区、临漳县、磁县
	7度	0.15g	第二组	邯山区、丛台区、复兴区、邯郸县、成安县、大名县、成安县、魏县、武安市
	7度	0.15g	第一组	永年县
	7度	0.10g	第三组	邱县、馆陶县
	7度	0.10g	第二组	涉县、肥乡县、鸡泽县、广平县、曲周县

续表

城市	烈度	加速度	分组	县级及县级以上城镇
邢台市	7度	0.15g	第一组	桥东区、桥西区、邢台县①、内丘县、柏乡县、隆尧县、任县、南和县、宁晋县、巨鹿县、新河县、沙河市
	7度	0.10g	第二组	临城县、广宗县、平乡县、南宫市
	6度	0.05g	第三组	威县、清河县、临西县
保定市	7度	0.15g	第二组	涞水县、定兴县、州市、高碑店市
	7度	0.10g	第二组	竞秀区、莲池区、徐水区、高阳县、容城县、安新县、易县、蠡县、博野县、雄县
	7度	0.10g	第三组	清苑区、涞源县、安国市
	6度	0.05g	第三组	满城区、阜平县、唐县、望都县、曲阳县、顺平县、定州市
张家口市	8度	0.20g	第二组	下花园区、环来县、涿鹿县
	7度	0.15g	第二组	桥东区、桥西区、宣化区、宣化县②、蔚县、阳原县、怀安县、万全县
	7度	0.10g	第三组	赤城县
	7度	0.10g	第二组	张北县、尚义县、崇礼县
	6度	0.05g	第三组	沽源县
	6度	0.05g	第二组	康保县
承德市	7度	0.10g	第三组	鹰手营子矿区、兴隆县
	6度	0.05g	第三组	双桥区、双滦区、承德县、平泉县、滦平县、隆化县、丰宁满族自治县、宽城满族自治县
	6度	0.05g	第一组	围场满族蒙古族自治县
沧州市	7度	0.15g	第二组	表县
	7度	0.15g	第一组	肃宁县、献县、任丘市、河间市
	7度	0.10g	第三组	黄骅市
	7度	0.10g	第二组	新华区、运河区、沧县③、东光县、南皮县、吴桥县、泊关市
	6度	0.05g	第三组	海兴县、盐山县、孟村回
廊坊市	8度	0.20g	第二组	安次区、广阳区、香河县、大厂回族自治县、三河市
	7度	0.15g	第二组	固安县、永清县、文安县
	7度	0.15g	第一组	大城县
	7度	0.10g	第二组	霸州市
衡水市	7度	0.15g	第一组	饶阳县、深州市
	7度	0.10g	第二组	桃城区、武强县、冀州市
	7度	0.10g	第一组	安平县、
	6度	0.05g	第三组	枣强县、武邑县、故城县、阜城县
	6度	0.05g	第二组	景县

① 邢台县政府驻邢台市桥东区；

② 宣化县政府驻张家口市宣化区；

③ 沧县政府驻沧州市新华区。

A.0.4　山西省

城市	烈度	加速度	分组	县级及县级以上城镇
太原市	8度	0.20g	第二组	小店区、迎泽区、杏花岭区、尖草坪区、万柏林区、晋源区、清徐县、阳曲县
	7度	0.15g	第二组	古交市
	7度	0.10g	第三组	娄烦县
大同市	8度	0.20g	第二组	城区、矿区、页郊区、大同县
	7度	0.15g	第三组	浑源县
	7度	0.15g	第二组	新荣县、阳高县、天镇县、广灵县、灵丘县、左云县

续表

城市	烈度	加速度	分组	县级及县级以上城镇
阳泉市	7度	0.10g	第二组	盂县
	7度	0.10g	第三组	城区、矿区、郊区、平定县
长治市	7度	0.10g	第三组	平顺县、武乡县、沁县、沁源襄县
	7度	0.10g	第二组	城区、郊区、长治县、黎城县、壶关县、潞城县
	6度	0.05g	第三组	襄垣县、屯留县、长子县
晋城市	7度	0.10g	第三组	沁水县、陵川县
	6度	0.05g	第三组	城区、阳城县、泽州县、高平市
朔州市	8度	0.20g	第二组	山阴县、应县、怀仁县
	7度	0.15g	第二组	朔城县、平鲁区、右玉县
晋中市	8度	0.20g	第二组	榆次区、太谷县、祁县、平遥县、灵石县、介休市
	7度	0.10g	第三组	榆社县、和顺县、故地县
	7度	0.10g	第二组	昔阳县、
	6度	0.05g	第三组	左权县
运城市	8度	0.20g	第三组	永济市
	7度	0.15g	第三组	临猗县、万荣县、闻喜县、稷山县、绛县
	7度	0.15g	第二组	盐湖区、新绛县、夏县、平陆县、芮城县、河津市
	7度	0.10g	第二组	垣曲县
忻州市	8度	0.20g	第二组	忻府区、定襄县、五台县、代县、原平市
	7度	0.15g	第三组	宁武县
	7度	0.15g	第二组	繁峙县
	7度	0.10g	第三组	静乐县、神池县、五寨县
	6度	0.05g	第三组	岢岚县、河曲县、保德县、偏关县
临汾市	8度	0.30g	第二组	洪洞县、
	8度	0.20g	第二组	尧都区、襄汾县、古县、浮山市、汾西县、霍州市
	7度	0.15g	第二组	曲沃县、翼城县、蒲县、侯马市
	7度	0.10g	第三组	安泽县、吉县、乡宁县、隰县
	6度	0.05g	第三组	大宁县、永和县
吕梁市	8度	0.20g	第二组	文水县、交城县、孝义市、汾阳市
	7度	0.10g	第三组	离石区、岚县、中阳县、交口县
	6度	0.05g	第三组	兴县、临县、柳林县、石楼县、方山县

A.0.5 内蒙古自治区

城市	烈度	加速度	分组	县级及县级以上城镇
呼和浩特市	8度	0.20g	第二组	新城区、回民区、玉泉区、赛罕区、土默特左旗
	7度	0.15g	第二组	托克托县。和林格尔县、武川县
	7度	0.10g	第二组	清水河县
包头市	8度	0.30g	第二组	土默特右旗
	8度	0.20g	第三组	东河区、石拐区、九原区、昆都仑区、
	7度	0.15g	第二组	固阳县
	6度	0.05g	第三组	白云鄂博矿区、达尔汗茂明安联合旗
乌海市	8度	0.20g	第二组	海勃湾区、海南区、乌达区
赤峰市	8度	0.20g	第一组	元宝山区、宁城县、
	7度	0.15g	第一组	红山区、喀喇沁旗
	7度	0.10g	第一组	松山区、阿鲁科尔沁旗、敖汉旗
	6度	0.05g	第一组	巴林左旗、巴林右旗、林西县、克什克腾旗

续表

城市	烈度	加速度	分组	县级及县级以上城镇
通辽市	7 度	0.10*g*	第一组	科尔沁区、开鲁县
	6 度	0.05*g*	第一组	科尔沁左翼中旗、科尔沁左翼后旗、库伦旗、奈曼旗、扎鲁特旗、霍林郭勒旗
鄂尔多斯市	8 度	0.20*g*	第二组	达拉特旗
	7 度	0.10*g*	第三组	东胜区、准格尔旗
	6 度	0.05*g*	第三组	鄂托克前旗、鄂托克旗、杭锦旗、伊金霍洛旗
	6 度	0.05*g*	第一组	乌审旗
呼伦贝尔市	7 度	0.10*g*	第一组	扎赉诺尔区、新巴尔虎右旗、扎兰屯市
	6 度	0.05*g*	第一组	海拉尔区、阿荣区、莫力达瓦达斡尔族自治旗、鄂伦春自治旗、鄂温克族自治旗、陈巴尔虎旗、陈巴尔虎左旗、满洲里市、牙克石市、额尔古纳市、根河市
巴彦淖尔市	8 度	0.20*g*	第二组	杭锦后旗、
	8 度	0.20*g*	第一组	磴口县、乌拉特前旗、乌拉特后旗
	7 度	0.15*g*	第二组	临河区、五原县
	7 度	0.10*g*	第二组	乌拉特中旗
乌兰察布市	7 度	0.15*g*	第二组	凉城县、察哈尔右翼前旗、丰镇市
	7 度	0.10*g*	第三组	察哈尔右翼中旗
	7 度	0.10*g*	第二组	集宁区、卓资县、兴和县
	6 度	0.05*g*	第三组	四子王旗
	6 度	0.05*g*	第二组	化德县、商都县、察哈尔右翼后旗
兴安盟	6 度	0.05*g*	第一组	乌兰浩特市、阿尔山市、科尔沁右翼中旗、扎赉特旗、突泉县
锡林郭勒盟	6 度	0.05*g*	第三组	太仆寺旗
	6 度	0.05*g*	第二组	正蓝旗
	6 度	0.05*g*	第一组	二连浩特市、锡林浩特市、阿巴嘎旗、苏尼特左旗、苏尼特右旗、东乌珠穆沁旗、西乌珠穆沁旗、镶黄旗、正镶白旗、多伦县
阿拉善盟	8 度	0.20*g*	第二组	阿拉善左旗、阿拉善右旗
	6 度	0.05*g*	第一组	额济纳旗

A.0.6　辽宁省

城市	烈度	加速度	分组	县级及县级以上城镇
沈阳市	7 度	0.10*g*	第一组	和平区、沈河区、大东区、皇姑区、铁本区、苏家屯区、浑南区、(原东陵区)、沈北新区、于洪区、辽中县
	6 度	0.05*g*	第一组	康平县、法库县、新民市
大连市	8 度	0.20*g*	第一组	瓦房店市、普兰店市、
	7 度	0.15*g*	第一组	金州区
	7 度	0.10*g*	第二组	中山区、本岗区、沙河口区、甘井子区、旅顺口区
	6 度	0.05*g*	第二组	长海县
	6 度	0.05*g*	第一组	庄河市
鞍山市	8 度	0.20*g*	第二组	海城市
	7 度	0.10*g*	第二组	铁东区、铁本区、立山区、千山区、岫岩满族自治区
	7 度	0.10*g*	第一组	台安县
抚顺市	7 度	0.10*g*	第一组	新阜区、东洲区、望花区、顺城区、抚顺县①
	6 度	0.05*g*	第一组	新宾满族自治县、清原满族自治县
本溪市	7 度	0.10*g*	第二组	南芬区、
	7 度	0.10*g*	第一组	平山区、溪湖区、明山区
	6 度	0.05*g*	第一组	本溪满族自治县、桓仁满族自治县

续表

城市	烈度	加速度	分组	县级及县级以上城镇
丹东市	8度	0.20g	第一组	东港市、
	7度	0.15g	第一组	元宝区、振兴区、振安区
	6度	0.05g	第二组	凤城市
	6度	0.05g	第一组	宽甸满族自治县
锦州市	6度	0.00g	第二组	古塔区、凌河区、太和区、凌海市
	6度	0.05g	第一组	黑山县、义县、北镇市
营口市	8度	0.20g	第二组	老边区、盖州市、大石桥市、
	7度	0.15g	第二组	站前区、西市区、鲅鱼圈区
阜新市	6度	0.05g	第一组	海州区、新邱区、太平区、清河门区、细河区、阜新蒙古族自治区、彰武县
辽阳市	7度	0.10g	第二组	弓张岭区、宏伟区、辽阳县
	7度	0.10g	第一组	白塔区、文圣区、帮子河区、灯塔市
盘锦市	7度	0.10g	第二组	双台子区、兴隆台区、大洼县、盘山县
铁岭市	7度	0.10g	第一组	银州区、清河区、铁岭县②、昌图县、开原市
	6度	0.05g	第一组	本丰县、调兵山市
朝阳市	7度	0.10g	第二组	凌源县
	7度	0.10g	第一组	双塔区、龙城区、朝阳县③、建平县、北票市
	6度	0.05g	第二组	喀喇沁左翼蒙古族自治县
葫芦岛市	6度	0.05g	第二组	连山区、龙港区、南票区
	6度	0.05g	第三组	绥中县、建昌县、兴城县

① 抚顺县政府驻抚顺市顺城区新城路中段；

② 铁岭县政府驻铁岭市银州区工人街道；

③ 朝阳县政府驻朝阳市双塔区前进街道。

A.0.7 四川省

城市	烈度	加速度	分组	县级及县级以上城镇
成都市	8度	0.20g	第二组	都江堰市
	7度	0.15g	第二组	彭州市
	6度	0.10g	第三组	锦江区、青羊区、金牛区、武侯区、成华区、龙泉驿区、青白江区、新都区、温江区、金堂县、双流县、郫县、大邑县、蒲江县、新津县、邛崃市、崇州市
自贡市	7度	0.10g	第二组	富顺县
	7度	0.10g	第一组	自流井区、贡井区、大安区、沿滩区
	6度	0.05g	第三组	东区、西区、仁和区、米易县、盐边县
攀枝花市	7度	0.15g	第三组	海城市
泸州市	6度	0.05g	第二组	泸县
	6度	0.05g	第一组	江阳区、纳溪区、龙马潭区、合江县、叙永县、古蔺县
德阳市	7度	0.15g	第二组	什邡市、绵竹市
	7度	0.10g	第一组	广汉市
	7度	0.10g	第一组	旌阳区、中江县、罗江县
绵阳市	8度	0.20g	第二组	平武县
	7度	0.15g	第二组	北川羌族自治县(新)、江油市
	7度	0.10g	第二组	涪城区、游仙区、安县
	6度	0.05g	第二组	三台县、盐亭县、梓潼县
广元市	7度	0.15g	第二组	朝天区、青川县
	7度	0.10g	第二组	利州区、昭化区、剑阁县
	6度	0.05g	第二组	旺苍县、苍溪县

续表

城市	烈度	加速度	分组	县级及县级以上城镇
遂宁市	6 度	0.05g	第一组	船山区、安居区、蓬溪县、射洪县、大英县
内江市	7 度	0.10g	第一组	隆昌县
	6 度	0.05g	第二组	威远县
	6 度	0.05g	第一组	市中县、东兴市、资中县
乐山市	7 度	0.15g	第三组	金口河区
	7 度	0.15g	第二组	沙湾区、沐川县、峨边彝族自治县、马边彝族自治县
	7 度	0.10g	第三组	五通桥区、犍为县、夹江县
	7 度	0.10g	第二组	市中区、峨眉山市
	6 度	0.05g	第三组	井研县
南充市	6 度	0.05g	第二组	阆中市
	6 度	0.05g	第一组	顺庆市、高坪区、嘉陵区、南部县、营山县、蓬安县、仪陇县、西充县
眉山市	7 度	0.10g	第三组	东坡区、彭山区、洪雅县、丹棱县、青神县
	6 度	0.05g	第二组	仁寿县
宜宾市	7 度	0.10g	第三组	高县
	7 度	0.10g	第二组	翠屏区、宜宾县、屏山县
	6 度	0.05g	第三组	珙县、筠连县
	6 度	0.05g	第二组	南溪区、江安县、长宁县
	6 度	0.05g	第一组	兴文县
广安市	6 度	0.05g	第一组	广安区、前锋区、岳池县、武胜县、邻水县、华莹县
达州市	6 度	0.05g	第一组	通川区、达川区、宣汉县、开江县、大竹县、渠县、万源市
雅安市	8 度	0.20g	第三组	石棉县
	8 度	0.20g	第一组	宝兴县
	7 度	0.15g	第三组	荥经县、汉源县
	7 度	0.15g	第二组	天全县、芦山县
	7 度	0.10g	第三组	名山区
	7 度	0.10g	第二组	雨夸区
巴中市	6 度	0.05g	第一组	巴州区、恩阳区、通江县、平昌县
	6 度	0.05g	第二组	南江县
资阳市	6 度	0.05g	第一组	雁江区、安岳县、乐至县
	6 度	0.05g	第二组	简阳市
阿坝藏族羌族自治州	8 度	0.20g	第三组	九寨沟县
	8 度	0.20g	第二组	松潘县
	8 度	0.20g	第一组	汶川县、茂县
	7 度	0.15g	第二组	理县、阿坝县
	7 度	0.10g	第三组	金川县、小金县、黑水县、壤塘县、若尔盖县、红原县
	7 度	0.10g	第二组	马尔康县
甘孜藏族自治州	9 度	0.40g	第二组	康定县
	8 度	0.30g	第二组	道孚县、炉霍县
	8 度	0.20g	第三组	理塘县、甘孜县
	8 度	0.20g	第二组	泸定县、德格县、白玉县、巴塘县、得荣县
	7 度	0.15g	第三组	九龙县、雅江县、新龙县
	7 度	0.15g	第二组	丹巴县
	7 度	0.10g	第三组	石渠县、色达县、稻城县
	7 度	0.10g	第二组	乡城县
凉山彝族自治州	9 度	0.40g	第三组	西昌市
	8 度	0.30g	第三组	宁南县、普格县、冕宁县
	8 度	0.20g	第三组	盐源县、德昌县、布拖县、昭觉县、喜德县、越西县、雷波县
	7 度	0.15g	第三组	木里藏族自治县、会东县、金阳县、甘洛县、美姑县
	7 度	0.10g	第三组	会理县

参 考 文 献

[1] 建筑结构可靠度设计统一标准 GB 50068—2001．北京：中国建筑工业出版社，2002.

[2] 混凝土结构设计规范 GB 50010—2010（2015 年版）．北京：中国建筑工业出版社，2015.

[3] 建筑结构荷载规范 GB 50009—2012．北京：中国建筑工业出版社，2012.

[4] 砌体结构设计规范 GB 50010—2011．北京：中国建筑工业出版社，2011.

[5] 建筑抗震设计规范 GB 50009—2011（2016 年版）．北京：中国建筑工业出版社，2016.

[6] 中国地震动参数区划图 GB 183068—2015．北京：中国标准出版社，2015.

[7] 东南大学，天津大学，同济大学．混凝土结构（第五版）．北京：中国建筑工业出版社，2012.

[8] 铁摩辛柯（S. Timoshenko）．材料力学（中译本），季文美译．上海龙门联合书局出版，1950.

[9] 魏巍．考虑非弹性及二阶效应特征的钢筋混凝土框架柱的强度问题与稳定问题．重庆大学博士论文．2004.

[10] 梁兴文，史庆轩．混凝土结构设计原理（第二版）．北京：中国建筑工业出版社，2016.

[11] 王依群．混凝土结构设计计算（第三版）．北京：中国建筑工业出版社，2016.

[12] 白生翔．不对称配筋小偏心受压构件计算方法的合理应用（一），北京：《建筑结构》，1995，5.

[13] 蓝宗建主编．混凝土结构设计原理．南京：东南大学出版社，2002.

[14] 王振东，叶英华．混凝土结构设计计算．北京：中国建筑工业出版社，2008.

[15] 刘立新，叶燕华主编．混凝土结构原理．武汉：武汉理工大学出版社，2010.

[16] 夏志斌，姚谏．钢结构—原理与设计．北京：中国建筑工业出版社，2004.

[17] 清华大学土木与环境工程系，混合结构．北京：中国建筑工业出版社，1979.

[18] 杨霞林，丁小军主编．混凝土结构设计原理．北京：中国建筑工业出版社，2011.

[19] 郭继武．混凝土结构设计与算例．北京：中国建筑工业出版社，2014..

[20] 郭继武．建筑抗震设计（第四版）．北京：中国建筑工业出版社，2017.

[21] 郭继武．混凝土结构基本构件设计与计算．北京：中国建材工业出版社，2010.

[22] 郭继武主编．混凝土结构与砌体结构．北京：高等教育出版社，1990.

[23] 郭继武，黎钟主编．建筑结构设计实用手册．北京：高等教育出版社，1991.